通信与导航专业系列教材

数字信号处理

（第2版）

苏令华 主 编

林永照 李开明 樊昌周 副主编

李宏伟 霍文俊 参 编

電子工業出版社

Publishing House of Electronics Industry

北京 • BEIJING

内 容 简 介

根据“数字信号处理”课程教学要求，通过对多次再版教学讲义内容的整合修订，本书主要介绍数字信号处理的基本概念、理论及方法，适度引入现代信号处理概念。

全书内容包括：离散时间信号和离散时间系统、时域离散信号和系统的频域分析、离散傅里叶变换及其快速算法、无限脉冲响应数字滤波器设计、有限脉冲响应数字滤波器设计、系统网络结构、多采样频率数字信号处理基础及 MATLAB 中的滤波器设计工具等。参考课时为 60 学时。

为便于读者学习，各章均附有主要知识点、实现程序、思考题、练习题和讲授视频二维码，并提供相应的课堂教学课件。

本书可作为普通高等学校电子信息类专业和相近专业的本科教材，也可供从事数字信号处理的工程技术人员参考。

图书在版编目（CIP）数据

数字信号处理 / 苏令华主编. —2 版. —北京：电子工业出版社，2023.7
ISBN 978-7-121-46050-0

Ⅰ. ①数… Ⅱ. ①苏… Ⅲ. ①数字信号处理－高等学校－教材 Ⅳ. ①TN911.72

中国国家版本馆 CIP 数据核字（2023）第 136828 号

责任编辑：赵玉山　　文字编辑：竺南直
印　　刷：北京七彩京通数码快印有限公司
装　　订：北京七彩京通数码快印有限公司
出版发行：电子工业出版社
　　　　　北京市海淀区万寿路 173 信箱　邮编 100036
开　　本：787×1 092　1/16　印张：20.75　字数：586 千字
版　　次：2015 年 1 月第 1 版
　　　　　2023 年 7 月第 2 版
印　　次：2024 年 8 月第 2 次印刷
定　　价：66.00 元

凡所购买电子工业出版社图书有缺损问题，请向购买书店调换。若书店售缺，请与本社发行部联系，联系及邮购电话：（010）88254888，88258888。

质量投诉请发邮件至 zlts@phei.com.cn，盗版侵权举报请发邮件至 dbqq@phei.com.cn。

本书咨询联系方式：（010）88254556，zhaoys@phei.com.cn。

前　言

“数字信号处理”是高等院校电子信息类专业的一门重要专业基础课程，应在学习“信号与系统”“复变函数”等课程之后学习。

本书是作者根据多年的教学改革实践，在“数字信号处理”讲义基础上，汲取国内外同类教材优点，并结合大学本科三年级学生的学习特点，不断修改完善编写而成的。

本书主要介绍数字信号处理的基本概念、理论和方法，为进一步学习随机信号处理、信号检测与估计、现代信号处理、时频分析与小波变换、数字图像处理、雷达信号处理、语音信号处理、DSP 系统原理及应用等系列课程和信号处理理论技术奠定基础。其特色在于既能反映信号处理学科的基础理论体系，又能在一定程度上反映现代信号处理理论。

教材注重基础知识的系统性、实践性和应用性。在详细论述数字信号处理的基本概念、基本理论及重要算法基础上，引入“短时傅里叶变换”等现代信号处理基本理论。结合教材内容，说明语音短时频谱分析、雷达回波分析、正交频分复用等技术方法。将语音去噪、心电图市电信号滤除、图像增强等应用实例融入教材，使读者在拓展知识的同时，对理论有更深入的理解。

教材将基本概念、基本理论及算法思想等采用 MATLAB 进行释义和实现验证。为便于读者学习，在章节中和每章后包含了大量 MATLAB 函数和调用说明，以及与知识点对应的应用举例，并提供了部分自定义的功能函数。

本书共涵盖绪论、第 1～7 章和附录共九部分内容，参考课时为 60 学时，目录中打“*”的章节，可根据情况选学。

绪论部分对数字信号处理的概念、系统组成、实现方法及典型应用进行概要描述。

第 1 章是离散时间信号和离散时间系统。讲述离散时间信号与系统的基础理论知识，包括离散信号的运算、系统的因果稳定性、线性时不变系统的输入输出关系、连续时间信号的采样等。

第 2 章是对离散时间信号和系统的频域分析。主要讨论序列的傅里叶变换、序列的 Z 变换和系统函数的概念，包括频率响应的意义和几何确定方法、几种特殊系统的概念特点等。此外，作为序列傅里叶变换的延伸，本章还介绍了短时傅里叶变换的概念，并进行了应用实例说明。第 1、2 章除带*内容外是本书的基础部分。

第 3 章介绍离散傅里叶变换及其快速算法。着重阐述离散傅里叶变换与傅里叶变换和 Z 变换的关系、离散傅里叶变换的应用、基 2 快速算法，并简要介绍了任意基数的 FFT 算法。

第 4 章探讨无限脉冲响应数字滤波器理论与设计方法。首先讨论模拟滤波器设计，继而阐述模拟滤波器映射为数字滤波器的方法。

第 5 章讨论有限脉冲响应数字滤波器理论与设计方法。介绍窗函数法和频率采样法设计线性相位 FIR 数字滤波器的方法，并给出了 FIR 数字滤波器应用实例。第 3、4、5 三章是本书的核心内容。

第 6 章讨论系统的网络结构。讨论了无限脉冲响应和有限脉冲响应数字滤波器的几种常用结构形式及其特点。

第 7 章介绍多采样频率数字信号处理的基础知识，包括信号的抽取、信号的插值、三种常用采样频率转换基本系统的原理、构成和实现方法。

附录 A 中介绍了 MATLAB 数字信号处理工具箱中的 FDAtool 和 SPtool 工具。举例说明利用 FDAtool 可以方便地设计出满足各种性能指标的滤波器，利用 SPtool 能容易实现信号频谱分析和滤波。

教材各章附有提炼的主要知识点、实现程序、思考题与练习题，为读者留有足够的阅读空间、思考空间和练习空间。

本书附有教研室老师对重要知识点讲授视频的二维码，供读者参考使用，读者也可结合教学团队制作的在线课程自主学习。

本书提供课堂教学课件和源程序等教学资源，任课老师可登录华信教育资源网（http://www.hxedu.com.cn）免费注册下载。教学课件设计科学、内容丰富、文字清晰、动画形象，是对课堂内容的梳理和进一步的补充，所有程序均经过调试。

本教材编写团队成员均在教学一线工作，长期从事信号处理学科方向教学和科研工作。绪论由李宏伟编写，第 1 章由樊昌周编写，第 2 章由李开明编写，第 3、7 章由苏令华编写，第 4、5 章由林永照编写，第 6 章和附录由霍文俊编写。苏令华和林永照对全书进行统稿，李宏伟和林永照完成了全部内容的详细审阅，梁佳、王聃、倪嘉成等录制了部分知识点讲授视频，罗迎等提供了部分应用实例的相关资料和程序。衷心感谢段艳丽副教授、王敏副教授在本书第一版出版中所做的工作，感谢郭英教授在讲义编写期间给予的指导和帮助，感谢张群教授在教材出版过程中给予的关心和支持。

本书在编写过程中参考了国内外众多同行的优秀教材，吸取了多名学生和其他教师的宝贵建议，还采纳了微信公众号、知乎、个人网站、论坛等互联网资源。

由于本书内容涉及面广，并有一定深度，加上作者水平有限，书中不妥之处在所难免，恳请读者给予批评指正，在此表示衷心感谢。

作　者

2022 年 11 月

目　　录

绪　论

信号是指携带信息的物理量，如电、声、光等。数字信号处理（Digital Signal Processing，DSP）就是研究利用计算机或通用（专用）处理设备，以数值计算的方法对信号进行加工处理（如滤波、增强、识别、估计、压缩、变换等），从而提取信息并进行应用的一门科学。

由于对信号的所有变换、分析、识别及处理都可以归结为以信号为对象的运算模型，因此，数学理论、信号与系统理论是数字信号处理的理论基础；同时，数字信号处理又是最优控制、通信理论、人工智能、模式识别、神经网络等学科的理论基础之一。数字信号处理随着计算机和信息科学的发展应运而生并迅速发展，其主要理论和方法已广泛应用于语音处理、数据处理、图像处理、通信、雷达、信息安全、振动学、地震学、生物医学、自动控制等方面。

概述

1．信号分类

信号通常是一个可度量的物理量，可以用数学函数描述。根据自变量和函数的取值特点及函数的特征，可以将信号分为不同类型。下面列出几种常见的信号分类。

（1）实信号与复信号

信号取值为实数的信号称为实值信号，简称实信号；信号取值为复数的信号称为复值信号，简称复信号。虽然实际工程中测得的信号都是实信号，但是在信号分析时，用两个实信号构成一个复信号往往有利于信号的分析。因此，复信号的应用很普遍。

（2）单通道信号与多通道信号

多数情况下，信号在每个时刻的取值是一个数值，称该信号为单通道信号。如心音信号、灰度图像信号都是单通道信号。在有些应用中，信号来自多个信号源或传感器，这样，信号在每个时刻的取值不是一个值而是多个值组成的一个向量，则称该信号为多通道信号。如阵列天线同时接收的多个目标信号；进行大楼振动实验时，数据采集系统同时接收到的不同楼层和不同位置的传感器信号，都是多通道信号。

（3）一维信号与多维信号

根据自变量的个数，将信号分为一维信号和多维信号。一维信号是一个自变量的函数；二维信号是两个自变量的函数；三维以上信号称为多维信号，是多个自变量的函数。如语音信号表示声压随时间变化的函数，是一维信号 $f(t)$；黑白照片中每个点具有不同的光强度，是空间坐标变量的二维信号 $f(x,y)$；而视频图像是多维信号，视频流中任一帧上的亮度值是时间和空间的三维信号 $f(t,x,y)$。若非特别说明，本书中将视一维信号为随时间变化的函数。

（4）确定信号与随机信号

根据信号随时间变化的规律不同，可将信号分为确定信号与随机信号。取值是预先可知的信号称为确定信号，否则，称为随机信号。确定信号可以用某种方式（如解析式、波形或数据表格等）精确描述，随机信号事先无法对其取值精确预测，只能通过统计学方法来描述。如正弦信号 $x_a(t)=A\sin(2\pi f+\psi)$，当 A、f、ψ 确定时，是一个确定信号。若 A 一定，f 一定，而 ψ 是在 $[-\pi,\pi)$ 之间服从某种分布的随机变量，则信号 $x_a(t)$ 表示一个随机信号。工程实际中的信号大多为随机信号，如语音、振动、视频、雷达、脑电波、股票价格等。

（5）连续时间信号与离散时间信号

若自变量是定义在时间轴上的连续变量，则称该信号为连续时间信号。若自变量仅在时间轴的离散点上取值，则称该信号为离散时间信号。离散时间信号可以由信号源产生，也可以通过对连续信号采样得到。如化学反应容器中的温度是一个连续时间信号，用监测装置每隔一分钟测量（即采样）一次化学反应容器中的温度，得到的就是离散时间信号。

幅度取值连续、自变量取值也连续的信号称为模拟信号，通常以自然方式产生，如通过麦克风获得的音乐信号就是模拟信号的一个例子。时间取值连续，幅度取值离散的信号称为幅度离散信号，如振幅键控信号（ASK）。时间和幅度上都取离散值的信号称为数字信号。如证券交易所一段时间综合指数随时间的变化就是一个典型的数字信号，存储在 MP3 中的音乐信号是对模拟信号采样量化编码后的数字信号。数字信号处理最终要处理的是数字信号，离散时间信号和数字信号的差别仅在于量化误差。本书主要讨论一维确定离散时间信号的处理。

2. 数字信号处理系统的典型组成

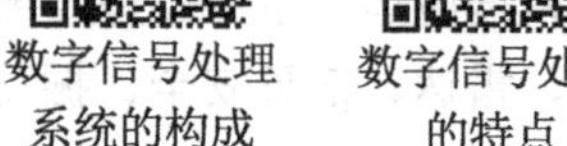

数字信号处理系统的构成　　数字信号处理的特点

大多数实际工程中直接获得的是模拟信号，利用模拟系统处理信号难以做到高精度、高可靠性、强灵活性。而数字信号处理除具有精度高、可靠性高、灵活性强这些特点外，还可获得模拟系统难以得到的某些高性能指标（如 FIR 可获得线性相位特性），并且数字系统便于大规模集成，大规模生产，有利于降低产品价格。随着大规模集成电路技术和计算机技术的飞速发展，以及数字信号处理理论与技术的不断丰富和完善，在很多应用场合已逐渐用数字信号处理取代模拟信号处理。典型数字信号处理系统基本结构如图 0.1 所示。

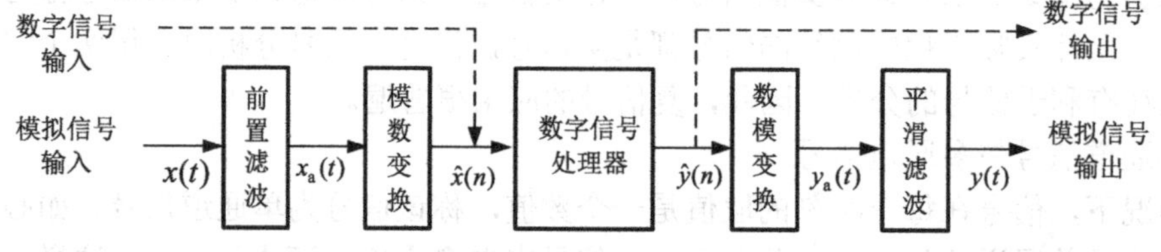

图 0.1　典型数字信号处理系统基本结构

当对一个模拟信号进行数字处理时，首先通过一个前置滤波器，滤除模拟输入信号 $x(t)$ 中的带外分量以防频谱混叠。模数变换（Analog Digital Converter，ADC）对模拟信号 $x_a(t)$ 进行采样保持、量化编码得到数字信号 $\hat{x}(n)$。数字信号处理器是数字信号处理系统的核心，其功能是按照预定要求，寻找有效算法，编写实现算法的程序代码，完成对数字信号 $\hat{x}(n)$ 的加工处理，得到符合要求的数字信号 $\hat{y}(n)$。数模变换（Digital Analog Converter，DAC）将数字信号变换成幅度离散信号 $y_a(t)$。经过平滑滤波器后，输出所需模拟信号 $y(t)$。各点所对应的信号时间波形如图 0.2 所示。当需要处理的信号是数字信号，输出也需要数字信号时，图 0.1 系统中就不需要 A/D 变换和 D/A 变换，如输入输出都是数字信号的股票报价系统。也有的系统需要 A/D 变换，无 D/A 变换，如心音听诊系统，其输出是提取的心音信号特征，为数字信号。

在数字信号处理系统中，A/D 变换和 D/A 变换通常由专用集成电路芯片实现。数字信号处理器主要由一片或多片核心芯片（通常是微处理器）构成，它可以是一台 PC，也可以是专用或通用 DSP 处理器。

3. 数字信号处理的实现

数字信号处理的实现–几个例子

数字信号处理的主要研究对象是数字信号，采用数值运算的方法达到处理的目的，可以软件实现，也可以硬件实现。

数字信号处理的软件实现是按照原理和算法，在通用计算机上，通过软件编程对输入信号进行预期处理。信号处理软件使用各种计算机语言编写，也可使用各研究机构推出的软件包。目前，被广泛使用的算法仿真软件工具是 MATLAB，该软件由美国 Math Works 公司开发，是一种功能强大的高级计算机语言并具有内容丰富的软件工具箱。它以矩阵和向量的运算以及运算结果的可视化为基础，把广泛应用于各个学科领域的数值分析、矩阵计算、函数生成、信号处理、图形及图像处理、建模与仿真等诸多强大功能集成在一个便于用户使用的交互式环境之中，为使用者提供了一个高效的编程工具及丰富的算法资源。MATLAB 中的信号处理工具箱（signal processing toolbox），是我们学习、应用数字信号处理的一个极好工具，它将常用的算法如 FFT、卷积、相关、滤波器设计、参数模型等编写为函数，方便使用者调用。

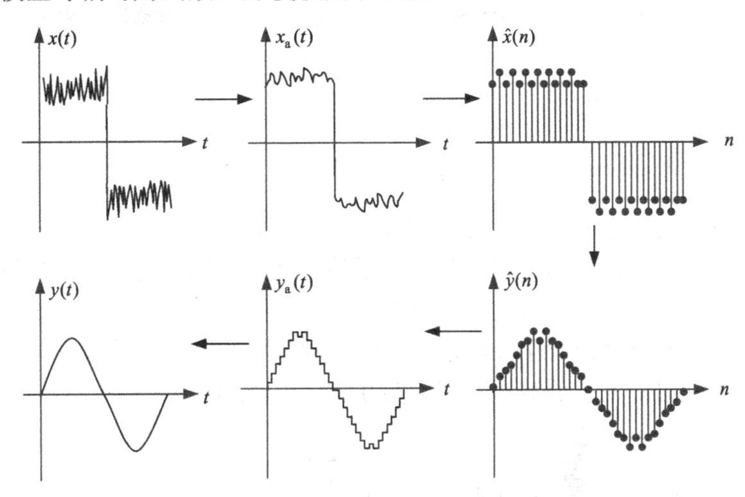

图 0.2　图 0.1 系统框图中各点所对应信号时间波形

硬件实现是指采用通用或专用 DSP 芯片及其他 IC 构成的硬件系统，实现信号处理。许多高性能的 DSP 专用芯片和可编程的数字信号处理器的出现，使复杂的信号处理算法得以实时实现。各种数字信号处理快速算法及 DSP 器件的飞速发展为信号处理的实时实现提供了可能。DSP 芯片比单片机有更为突出的优点，如内部带有硬件乘法器、累加器，采用流水线工作方式及并行结构，多总线，速度快，配有适于信号处理的指令等。目前市场上的 DSP 芯片有美国 TI（Texas Instruments）公司的 TMS320 系列，ADI（Analog Device Inc）公司的 ADSP21X 系列，AT&T（Lucent）公司的 DSP6X、DSP32X 系列，Motorola 公司的 DSP56X 系列等。

显然软件实现方法灵活，通过修改程序中的有关参数即可改变算法功能，但其运算速度较慢；而硬件实现方法运算速度快，但灵活性不够。

4．信号处理应用举例

数字信号处理的应用

为了对数字信号处理应用有一个直观的认识，更好地理解数字信号处理的任务，下面介绍几个典型信号例子及其相应处理。

（1）心电图信号

心电图信号是心脏活动情况的最直观反映。一个典型的心电图信号由一系列不相同的“波组”构成，如图 0.3 所示。通常一个心动周期包括 P 波、P-R 间期、QRS 波群、S-T 段、T 波、U 波。Q-T 间期各波及波段，代表着心房、心室各阶段的活动情况。心电图波形的每个部分为医生分析病人的心脏情况提供各种不同类型的信息。实际测量中，往往产生较强的工频干扰信号（如图 0.4 所示），这给医生的诊断带来一定困难。对心电图信号进行数据处理，就是要滤除干扰信号，提取心音信号特征参数，为医生诊断提供方便。

（2）语音信号

语音信号是一种有声的物理波形，它包括的信息有讲话的内容和讲话者，可以是孤立的单字，也可以是连续的词语。语音信号处理的目的是得到一些语音参数以便高效地传输或存储，或达到某种用途，如语音降噪，人工合成出语音，辨识出讲话者，识别出讲话内容等。语音信号处理是数字信号处理技术的一个典型应用。

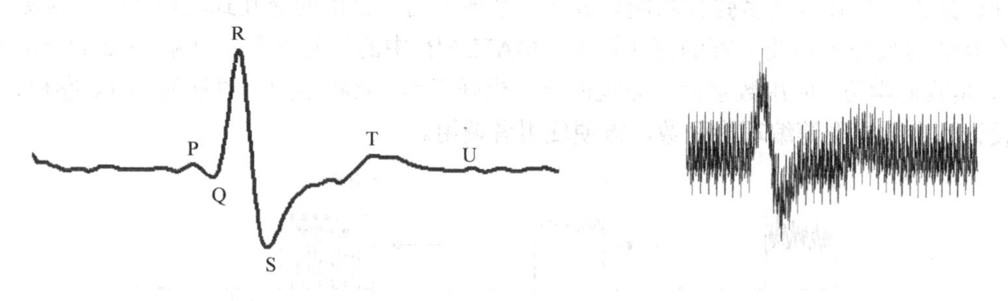

图 0.3　纯净心电信号的一个波组　　　　图 0.4　某测量仪器获取的一个心电波组

图 0.5(a)所示为某无线电台发出的一句呼叫语音时域波形，信号持续时间大约 2.3s。图 0.5(b)为同型号接收电台接收到的语音输出波形。由于信道及系统本身的干扰，接收信号中混杂着一种持续不断的啸叫干扰声，严重地影响了接收语音质量。图 0.5(c)为对图 0.5(b)进行增强后的信号，明显消除了干扰声，显著地改善了接收语音质量。对应原始语音 A 附近 40ms 语音片段，原始语音、带噪语音和增强语音的扩展波形分别如图 0.5(d)、(e)、(f)所示。

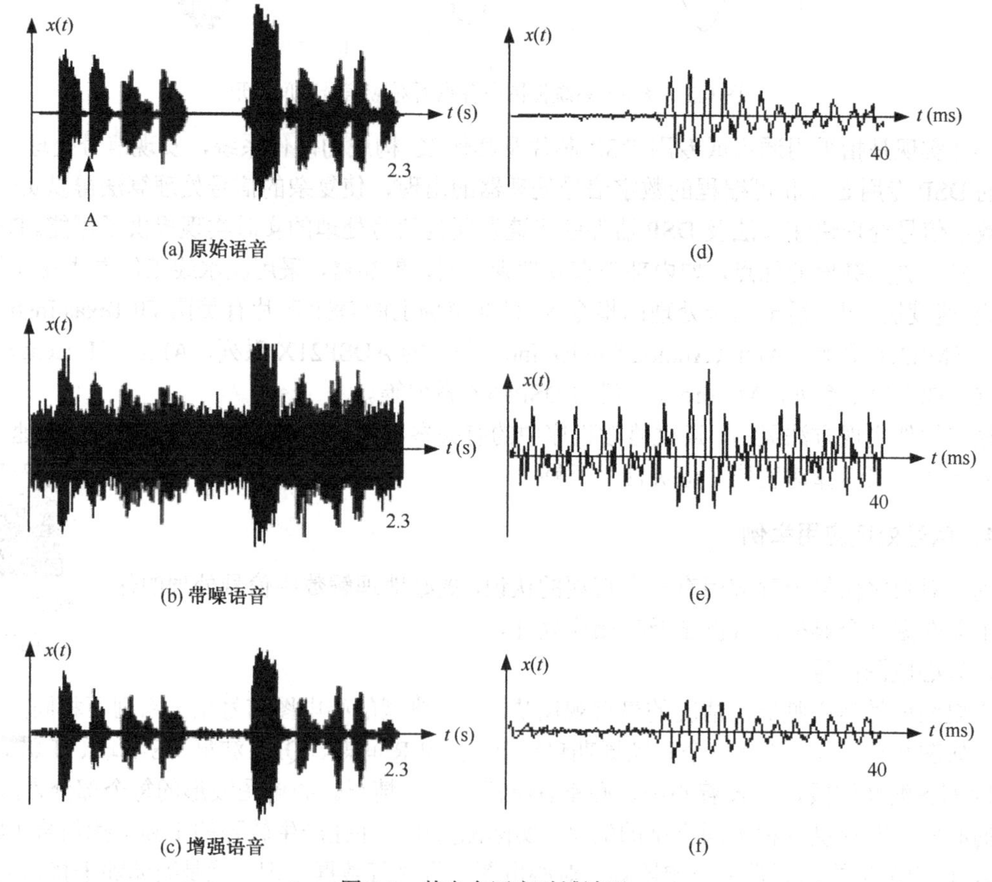

图 0.5　某电台语音时域波形

（3）图像信号

图像处理科学对人类具有重要意义，是人们从客观世界获取信息的重要来源，是人类视觉延伸的重要手段。一幅图像是一个二维信号，它在任何点的强度是两个空间变量的函数。常见的例子有静态图像、雷达和声呐图像、医学图像等。图像处理过程实际上就是二维数字信号处理过程，主要包括图像增强、恢复、重建、分割、目标检测与识别以及编码等。如图 0.6 所示，这是一个图像增强的例子，经过处理后明显增强了图像的可视化效果，提高了图像的可判别能力。作为一类信号处理技术，数字图像处理技术发展迅速，目前已成为工程学、计算机科学、信息科学、物理、生物学、医学等领域研究的对象，并在各个领域的应用取得了巨大的成功和显著的经济效益。例如：通过分析资源卫星得到的照片可以获得地下矿藏资源的分布及埋藏量；利用红外线、微波遥感技术不仅可以进行农作物估产、环境污染监测、国土普查，而且还可以侦察到隐蔽的军事设施；在信息安全中的信息隐蔽及数字水印技术以其不可替代的优势也正受到广泛关注。因此，图像处理技术在国计民生中的重要意义是显而易见的。

(a) 滤波前

(b) 滤波后

图 0.6　滤波前后图片

（4）振动信号

机械振动信号的分析与处理技术已应用于汽车、飞机、船只、机械设备、房屋建筑、水坝设计等方面的研究和生产中。在测试体上加一激振力作为输入信号，在测量点上监测输出信号。输出信号与输入信号 Z 变换之比称为由测试体构成系统的传递函数。根据得到的传递函数进行模态参数识别，从而计算出系统的模态刚度、模态阻尼等主要参数。这样就建立起系统的数学模型，进而可以进行结构的动态优化设计，如建筑结构的抗震性能分析。这种系统分析方法称为模态分析法，是数字信号处理在振动工程中应用的主要体现。

第1章 离散时间信号和离散时间系统

本章作为全书的基础，讲述离散时间信号与系统的基础理论知识。从序列的表示着手，介绍序列的基本运算和一些典型序列，讨论周期序列、序列的对称性和线性卷积运算，分析离散线性时不变系统的时域描述方法和输入输出运算关系，最后讨论模拟信号数字化处理的过程。

本章主要知识点

- ✧ 序列的概念、表示、基本运算及常用序列的定义
- ✧ 共轭对称序列、共轭反对称序列的定义及序列的对称分解
- ✧ 循环共轭对称序列、循环共轭反对称序列的定义及序列的对称分解
- ✧ 有限长序列的几何对称性
- ✧ 单位脉冲响应的概念
- ✧ 线性时不变系统输入输出的关系
- ✧ 因果稳定系统的概念及判定定理
- ✧ 线性卷积运算
- ✧ 时域采样定理

1.1 离散时间信号

离散时间信号是一组有序的复数或实数，也称为序列，通常用 $x(n)$ 表示，n 为整型变量，表示序列中数的先后顺序。有些信号源产生的信号是离散时间信号，如一个时期内某股票每天的价格，这里 n 代表天。大多数信号源产生的是模拟信号，如声音、图像、振动等信号。通过对模拟信号 $x_a(t)$ 在时间域采样，可以得到离散时间信号 $x(n)$，离散时间信号的第 n 个数值等于模拟信号 $x_a(t)$ 在 nT_s 时刻的取值，它们的关系表示为

$$x(n) = x_a(nT_s) = x_a(t)\big|_{t=nT_s} \tag{1.1}$$

式中，T_s 为采样间隔。

1.1.1 序列的表示

基本离散信号

通常，序列有以下几种表示方法。

（1）数学表达式表示

例如，$x(n)=\begin{cases}3, & n=0,1,2,3\\ -5, & n=4,5,6,7\end{cases}$、$x(n)=A\cos(\omega_0 n+\phi)$

（2）图形表示

用 $x(n)\sim n$ 坐标系中的竖直点画线图形表示。这种表示非常直观，在分析问题时常用。如图1.1表示了一个具体的离散时间信号。

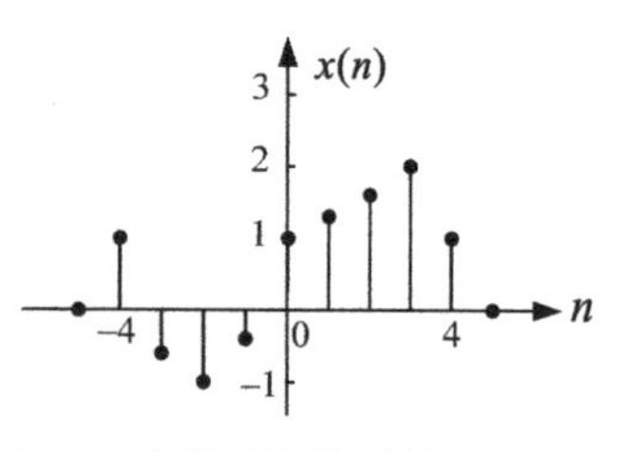

图1.1 离散时间信号的图形表示

（3）集合表示

用集合 $\{x(n), -\infty<n<\infty\}$ 表示序列，其中集合的元素 $x(n)$ 表示序列在序号为 n 时的取值。例如：

$$\{x(n)\}=\{\cdots,x(-1),\underset{\uparrow}{x(0)},x(1),x(2),\cdots\}$$

或 $\{x(n)\}=\{\cdots,x(-1),x(0),x(1),x(2),\cdots;n=\cdots,-1,0,1,2,\cdots\}$，箭头标示序号为 0 的元素点位置。当集合标明具体取值范围时，集合元素对应的序号已然明了，不再用箭头在下面标示；第一个样本对应的时间序号 $n=0$ 时，箭头也可省略。

（4）列表表示

即用列表表示序列，例如

n	…	5	6	7	8	9	10	11	12	13	14	15	…
$x(n)$	…	3.0	0.8	3.2	6.7	0	0	4.5	2.1	3.4	9.1	5.6	…

（5）矩阵表示

序列可表示成矩阵（或向量）形式；对于二维序列（如图像灰度），可表示成二维矩阵形式，如：

$$\begin{bmatrix} x(1,1) & x(1,2) & x(1,3) \\ x(2,1) & x(2,2) & x(2,3) \\ x(3,1) & x(3,2) & x(3,3) \end{bmatrix}$$

注意：序列的所有表示形式中，自变量只能取整数。对于非整数 n 和 m，序列无定义，并非意味着序列在非整数位置处取值为零。

序列定义在 $-\infty<n<+\infty$ 整个时间区间，可以是无限长序列，也可以是有限长序列。对取正或负整数的 n_1 和 n_2，可以做如下约定：在 $n<n_1$ 区间，序列取值为零的序列称为右边序列；在 $n>n_1$ 区间，序列取值为零的序列称为左边序列；在 $-\infty<n<+\infty$ 整个时间区间，有非零值的序列称为双边序列。显然，一个双边序列可分解为一个右边序列和一个左边序列之和。右边序列、左边序列和双边序列都是无限长序列。在 $n_1\leqslant n\leqslant n_2$ 区间内有非零值，在该区间外均为零值的序列称为有限长序列，该有限长序列的长度为

$$N=n_2-n_1+1$$

这个长度为 N 的序列叫作 N 点长序列。如无特别说明，本书所说 N 点长序列均指 $0\leqslant n\leqslant N-1$ 区间的有限长序列。

无论我们所获得的序列持续时间有多长，在实际做计算处理时，由于存储空间有限，有时需要对序列做分段处理，这就意味着每次处理都是针对一个特定长度的信号序列。因此，定义有限长序列的各种运算，研究有限长序列所具有的性质，有实际意义。

序列的运算

1.1.2 序列的基本运算

序列的基本运算包括相加、相乘、标量乘、移位、反转等。

（1）序列相加

相加运算是指将两个（或多个）序列相同序号点的值对应相加，表示了传统意义上的信号叠加。两个序列 $x_1(n)$ 和 $x_2(n)$ 相加定义为

$$y(n)=x_1(n)+x_2(n) \tag{1.2}$$

（2）序列相乘

两个序列 $x_1(n)$ 和 $x_2(n)$ 相乘定义为

$$y(n)=x_1(n)\cdot x_2(n) \tag{1.3}$$

相乘运算可用于实现通信中的信号调制。

(3) 序列的标量乘

序列 $x(n)$ 的标量乘定义为

$$y(n) = c \cdot x(n) \tag{1.4}$$

式中，c 为复或实常数，若为复常数，可用于同时表示对信号幅度的放大、衰减和对信号相位的偏移；若 c 为实常数，则仅用于表示对信号 $x(n)$ 的放大或衰减。

(4) 序列的移位

序列 $x(n)$ 的移位运算定义为

$$y(n) = x(n-m)\text{，}m\text{ 为整数} \tag{1.5}$$

当 m 为正整数时，$y(n)$ 是指序列 $x(n)$ 逐项依次右移（延迟）m 个序号所得到的新序列；当 m 为负整数时，$y(n)$ 是将序列 $x(n)$ 沿横轴左移（超前）m 个序号。如图 1.2 所示。

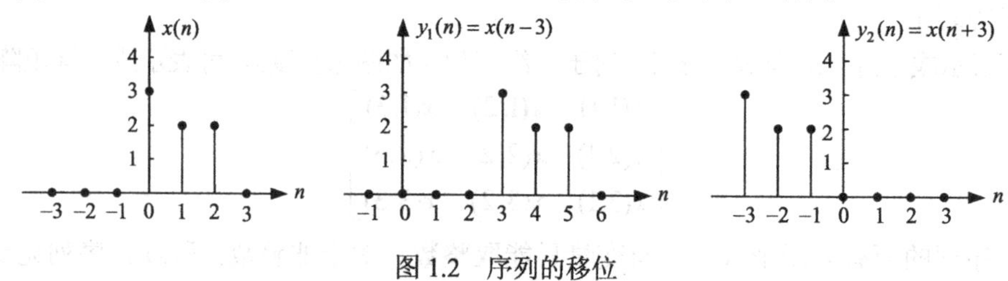

图 1.2　序列的移位

(5) 序列的反转

序列 $x(n)$ 的反转定义为

$$y(n) = x(-n) \tag{1.6}$$

表示序列 $x(n)$ 的每个样值相对于 $n=0$ 的镜像反转序列。

如序列
$$x(n) = \begin{cases} (1/2)^{n+1}, & n \geqslant -1 \\ 0\ , & n < -1 \end{cases}$$

则反转序列
$$y(n) = \begin{cases} (1/2)^{1-n}, & n \leqslant 1 \\ 0\ , & n > 1 \end{cases}$$

$x(n)$ 和 $y(n)$ 如图 1.3 所示。

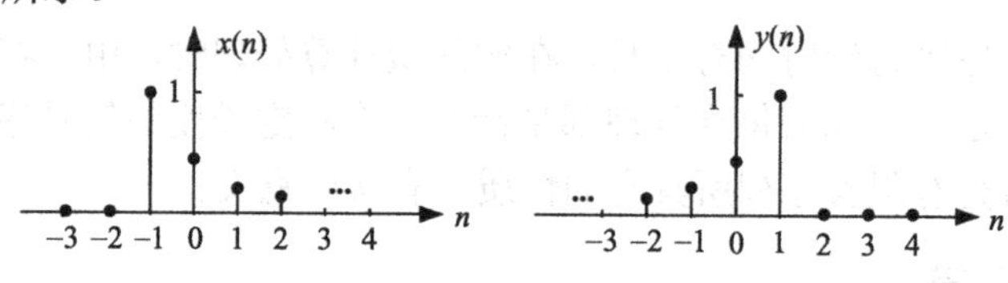

图 1.3　序列的反转

1.1.3　常用典型序列

下面介绍一些常用的序列。

1. 单位脉冲序列 $\delta(n)$

单位脉冲序列为

$$\delta(n) = \begin{cases} 1, & n = 0 \\ 0, & n \neq 0 \end{cases} \tag{1.7}$$

单位脉冲序列也称为单位取样序列，它在离散信号和系统中的作用类似于模拟信号和系统中的单位冲激函数 $\delta(t)$。其移位序列为

$$\delta(n-m)=\begin{cases}1, & n=m\\ 0, & n\neq m\end{cases} \tag{1.8}$$

如图 1.4 所示。

利用单位脉冲序列，任意序列 $x(n)$ 可以表示成 $\delta(n)$ 及其移位加权和：

$$x(n)=\sum_{m=-\infty}^{\infty}x(m)\cdot\delta(n-m) \tag{1.9}$$

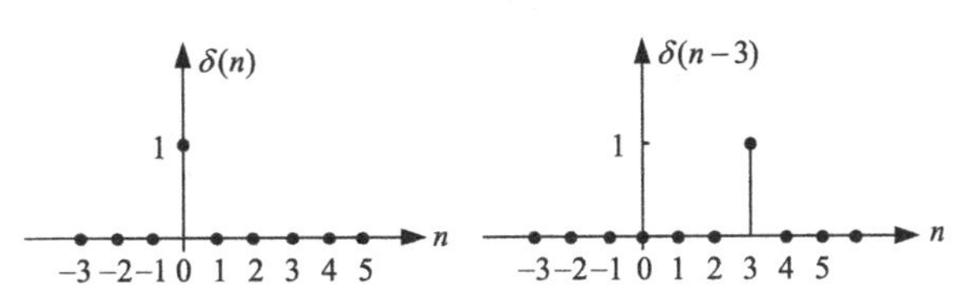

图 1.4　单位脉冲序列

如图 1.5 所示的序列 $x(n)$ 可表示为

$$x(n)=x(-3)\delta(n+3)+x(1)\delta(n-1)+x(2)\delta(n-2)+x(5)\delta(n-5)$$

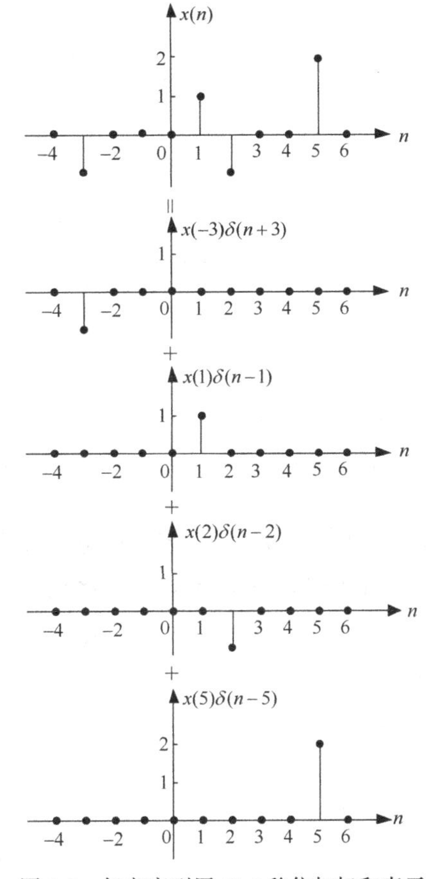

图 1.5　任意序列用 $\delta(n)$ 移位加权和表示

2．单位阶跃序列 $u(n)$

单位阶跃序列为

$$u(n)=\begin{cases}1, & n\geqslant 0\\ 0, & n<0\end{cases} \tag{1.10}$$

如图 1.6 所示，它类似于模拟系统中的单位阶跃函数 $u(t)$。单位阶跃序列的移位表示为

$$u(n-m)=\begin{cases}1, & n\geqslant m\\ 0, & n<m\end{cases} \tag{1.11}$$

$\delta(n)$ 和 $u(n)$ 的关系为

$$\delta(n)=u(n)-u(n-1)$$

$$u(n)=\sum_{k=0}^{\infty}\delta(n-k)$$

3．矩形序列 $R_N(n)$

矩形序列为

$$R_N(n)=\begin{cases}1, & 0\leqslant n\leqslant N-1\\ 0, & 其他\end{cases} \tag{1.12}$$

矩形序列也称矩形窗函数，长度为 N 的矩形序列如图 1.7 所示，它与单位阶跃序列的关系为

$$R_N(n)=u(n)-u(n-N)$$

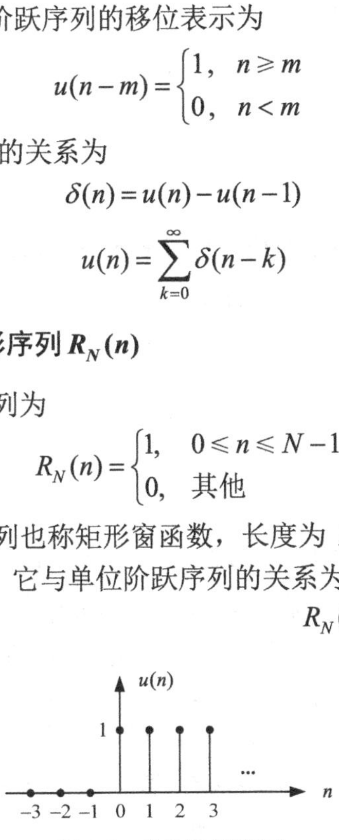

图 1.6　单位阶跃序列

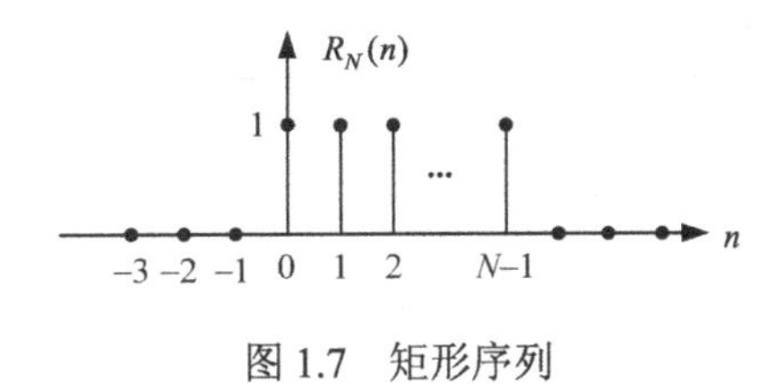

图 1.7　矩形序列

4. 实指数序列

实指数序列为

$$x(n)=a^n,\ -\infty<n<\infty,\ a\text{为实数} \tag{1.13}$$

根据参数 a 的取值不同，实指数序列可分为四种情况，如图 1.8 所示。图 1.8(a)和图 1.8(b)所示对应 $|a|<1$，随 n 增大，$x(n)$ 模值递减；图 1.8(c)和图 1.8(d)所示对应 $|a|>1$，随着 n 增大，$x(n)$ 模值递增；图 1.8(a)和图 1.8(c)都是 $a>0$ 的情况，此时 $x(n)$ 恒为正；而图 1.8(b)和图 1.8(d)是 $a<0$ 的情况，这时 $x(n)$ 取值呈正负交替变化。

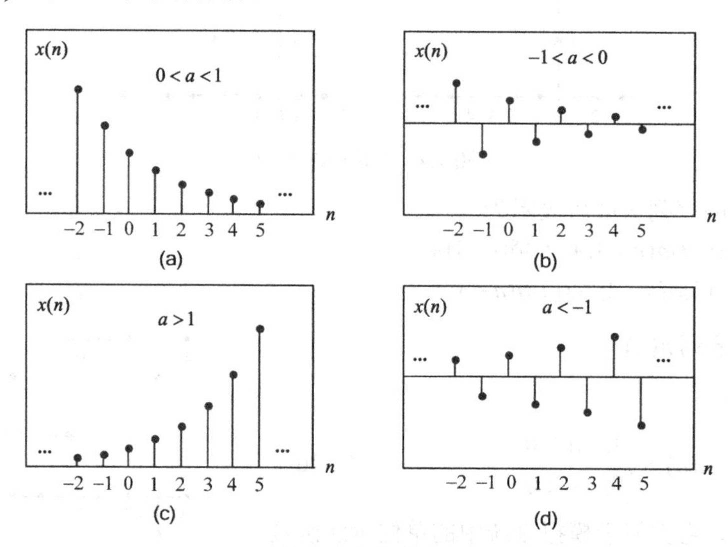

图 1.8　实指数序列

5. 正弦序列

正弦序列为

$$x(n)=A\sin(\omega n+\phi) \tag{1.14}$$

式中，A 为振幅，ϕ 为起始相位，ω 称为数字角频率。

当 $A=1$，$\phi=0$ 时，正弦序列 $x(n)=\sin(\omega n)$，可看成是对模拟信号 $x_a(t)=\sin(\Omega t)$ 的采样。

$$x(n)=x_a(nT_s)=\sin(\Omega t)\big|_{t=nT_s}=\sin(n\Omega T_s)$$

则

$$\omega=\Omega T_s \tag{1.15}$$

因为

$$\Omega=2\pi f \tag{1.16}$$

所以，有

$$\omega=2\pi fT_s=2\pi f/f_s \tag{1.17}$$

式（1.15）和式（1.17）表明了 Ω、ω、f_s 的关系。Ω 称为模拟角频率（单位是 rad/s），以区别于模拟频率 f（单位是 Hz），$f_s=1/T_s$ 为采样频率，数字角频率 ω（单位是 rad）是离散正弦序列的数字域频率。显然，数字角频率是模拟角频率相对于采样频率 f_s 的归一化频率，它表示序列两个相邻样值之间相位变化的弧度数。例如 $\phi=0,\omega=\pi/6,A=1$ 时的正弦序列如图 1.9 所示。

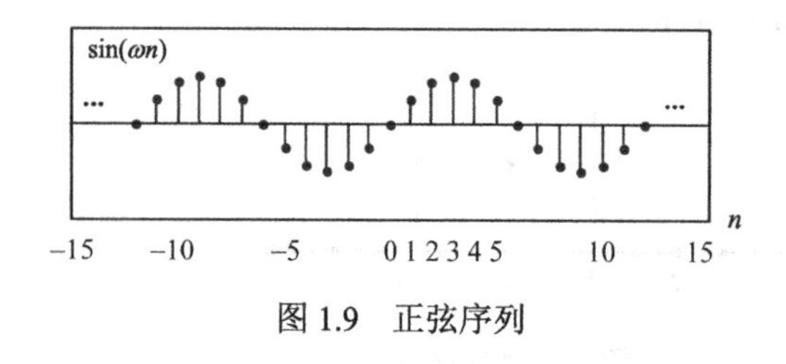

图 1.9　正弦序列

6．复指数序列

复指数序列为

$$x(n)=\mathrm{e}^{(\sigma+\mathrm{j}\omega)n},\quad -\infty<n<\infty \tag{1.18}$$

式中，若令 $a=\mathrm{e}^{\sigma}$，有 $x(n)=a^n\cdot\mathrm{e}^{\mathrm{j}\omega n}=x_1(n)\cdot x_2(n)$，即 $x(n)$ 是实指数序列与复正弦序列 $\mathrm{e}^{\mathrm{j}\omega n}$ 的乘积。

由于
$$\mathrm{e}^{\mathrm{j}\omega n}=\cos(\omega n)+\mathrm{j}\sin(\omega n)$$
所以
$$x(n)=a^n\cos\omega n+\mathrm{j}a^n\sin\omega n=\mathrm{Re}[x(n)]+\mathrm{j}\,\mathrm{Im}[x(n)]$$
$x(n)$ 的实部和虚部都是以 a^n 为包络的正弦序列。当 $a=0.9,\omega=0.5$ 时，复指数序列 $x(n)=a^n\cdot\mathrm{e}^{\mathrm{j}\omega n}$ 的实部和虚部如图 1.10 所示。

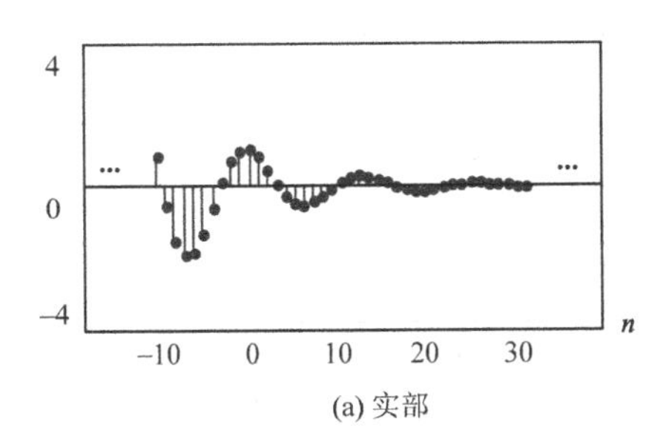

(a) 实部

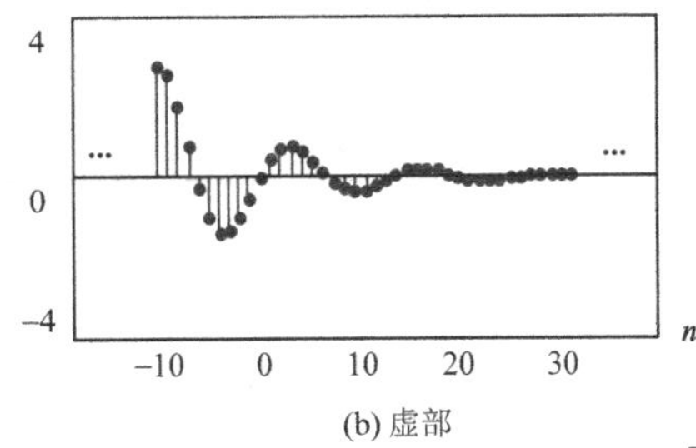

(b) 虚部

图 1.10　$a=0.9,\omega=0.5$ 时的复指数序列

序列的性质

1.1.4　序列的周期性

对任意 n，若序列 $\tilde{x}(n)$ 满足：

$$\tilde{x}(n)=\tilde{x}(n+rN)，\ r\ 为任意整数，\ N\ 是正整数 \tag{1.19}$$

则该序列称为周期序列，满足式（1.19）的最小 N 值称为周期序列的周期。本书中，为区别周期序列和非周期序列，在周期序列的上方加一个符号“~”。序列并不都具有周期性，在某些场合，为了特定目的经常有意识地对序列进行周期化处理。

因为周期序列的全部信息已包含在一个周期内，因而定义 $n=0$ 到 $n=N-1$ 的区间为 $\tilde{x}(n)$ 的主值区间，由主值区间内 N 个样本组成的有限长序列 $x_N(n)$，称为 $\tilde{x}(n)$ 的主值序列，表示为

$$x_N(n)=\tilde{x}(n)\cdot R_N(n)$$

1．有限长序列的周期延拓

把一个周期序列截取一个或几个周期，得到的是一个长度有限的序列。反之，把一个有限长序列进行周期延拓，就能得到一个周期序列。

对于 N 点长序列 $x(n)$，$0\leqslant n\leqslant N-1$，以 L 为周期的周期延拓序列定义为

$$\tilde{x}_L(n)=\sum_{r=-\infty}^{\infty}x(n+rL)=x((n))_L \tag{1.20}$$

式中，$((n))_L$ 表示 n 对 L 求余运算，即如果 $n=ML+n_1$，$0\leqslant n_1\leqslant L-1$，$M$ 为整数，则 $x((n))_L=x(n_1)$。显然序列 $\tilde{x}_L(n)$ 的周期是 L，其主值序列 $x_L(n)=\tilde{x}_L(n)R_L(n)$。

【例 1.1】 一个 $N=11$ 点长序列 $x(n)$，如图 1.11(a)所示。当延拓周期 L 分别取大于、等于和小于序列长度时，周期延拓序列 $\tilde{x}_L(n)$ 分别图 1.11(b)、(c)、(d)所示。

（1）$L>N$ 时，$x_L(n)=\begin{cases}x(n), & 0\leqslant n\leqslant N-1\\ 0, & N\leqslant n\leqslant L-1\end{cases}$。

（2）$L=N$ 时，$x_L(n)=x(n)$。

$$\tilde{x}(11)=x((11))_{11}=x(0)，\quad \tilde{x}(13)=x((13))_{11}=x(2)$$

（3）$L<N$ 时，$x(n)$ 周期延拓产生混叠。

因此，上述（1）、（2）两种情况可通过加窗截取周期序列的一段恢复出原序列，而（3）则不能。

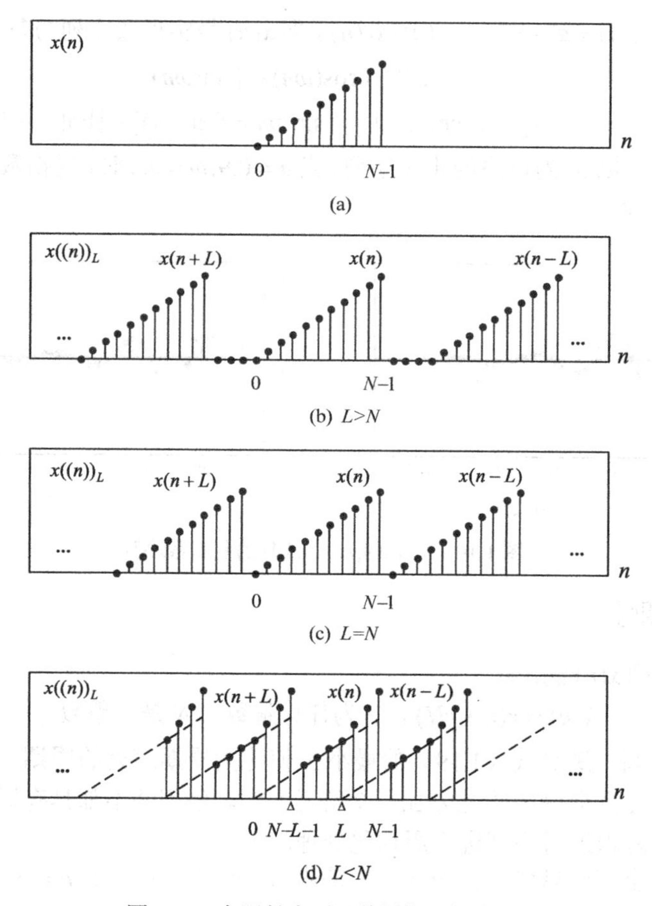

图 1.11　有限长序列及其周期延拓序列

2. 有限长序列的循环移位

有限长序列 $x(n)(0\leqslant n\leqslant N-1)$ 的循环移位序列定义为

$$y(n)=x((n+m))_N\cdot R_N(n) \tag{1.21}$$

可以看到，将 N 点长序列 $x(n)$ 以 N 为周期进行周期延拓得到的周期序列 $\tilde{x}(n)=x((n))_N$ 进行移位 m 个样值，仍然是一个周期为 N 的周期序列 $\tilde{x}(n+m)=x((n+m))_N$，这个周期序列的主值序列就是 $x(n)$ 的循环移位序列 $y(n)$。$y(n)$ 仍然是一个 N 点长序列。实际上，有限长序列的循环移位等同于从 $n=0$ 到 $N-1$ 的主值区间内的循环取值，即当某些样点从主值区间一端移出时，这些样值从该区间的另一端顺序移入。也可以形象地看作把 $x(n)$ 按逆时针方向排列在一个 N 等分的圆周上，$x(n)$ 在圆周上顺时针（当 $m>0$ 时）旋转 m 位，或 $x(n)$ 在圆周上逆时针（当 $m<0$ 时）旋转 $-m$ 位。因此，循环移位也叫圆周移位。如图 1.12 所示，为一个左移 2 位的循环移位示意图。

显然，有限长序列的循环移位和序列的移位是序列本身两种不同的运算。

3. 正弦序列的周期性

正弦信号 $x_a(t)=\sin(\Omega t)$ 一定是周期信号，对于任意 Ω，在实数集总能找到一个正实数 T（$T=2\pi/\Omega$），使其满足 $x_a(t)=x_a(t+T)$。但是以 T_s 为采样间隔对 $x_a(t)$ 采样，得到的正弦序列

$x(n)=\sin(\omega n)$ 并非一定为周期序列。下面讨论正弦序列 $x(n)=\sin(\omega n)$ 的周期性。

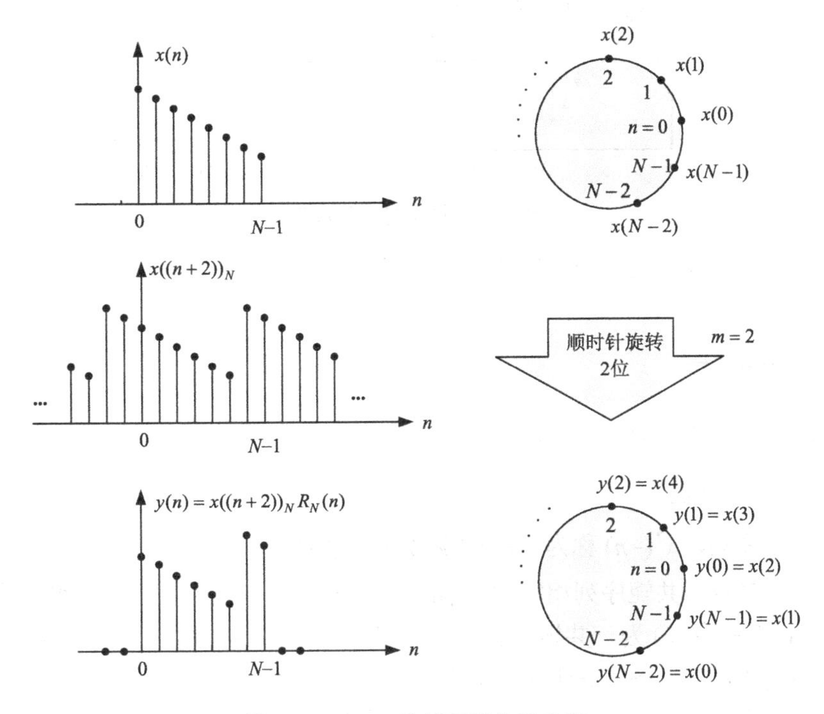

图 1.12　$m=2$ 的循环移位示意图

对于任意 N，都有 $x(n+N)=\sin[\omega(n+N)]=\sin(\omega n+\omega N)$。由周期序列的定义知，当且仅当满足 $\omega N=2\pi k$ 的正整数 k 存在时，该正弦序列方为周期序列，才有 $\sin(\omega n+\omega N)=\sin(\omega n)=x(n)$，正弦序列就是周期为 $N=2\pi k/\omega$ 的周期序列。

正弦序列的周期性与 $2\pi/\omega$ 密切相关，下面分析 $2\pi/\omega=2\pi/(\Omega T_s)=T/T_s$ 的取值对正弦序列周期性的影响。

（1）当 $2\pi/\omega$ 为整数（即 T/T_s 为整数）时，只需取 $k=1$，就能保证 N 为最小正整数，此时，序列的周期 $N=2\pi/\omega$。即若正弦函数的周期是采样间隔的整数倍，则正弦序列的周期 N 就是正弦函数一个周期内的采样点数。

（2）当 $2\pi/\omega$ 不为整数，而是一有理数 r/l（r,l 均为正整数）时，$N=\dfrac{2\pi}{\omega}k=\dfrac{r}{l}k$，取 $k=l$，则 $N=r$ 为最小正整数，亦为 $x(n)$ 的周期。这时 $T/T_s=r/l$ 即 $lT=rT_s$，从时间区间上看，l 个模拟正弦信号的周期恰好等于 r 个采样周期，即正弦序列周期为 $N=r$。如图 1.13 所示，$2\pi/\omega=T/T_s=4.5/1=9/2$，取 $k=2$ 可保证 $N=2\pi k/\omega$ 为最小正整数。故序列的周期 $N=(2\pi/\omega)\times 2=9$。

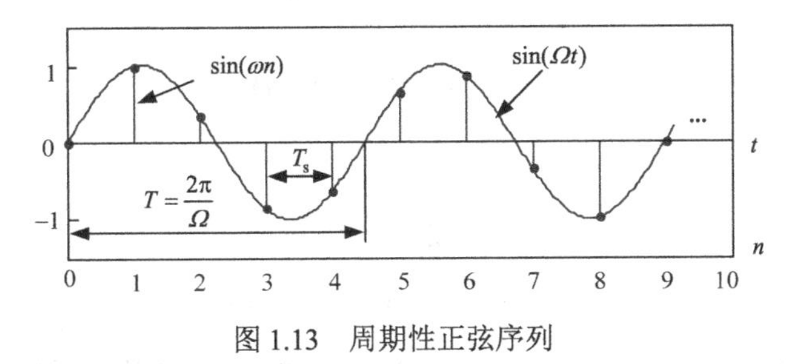

图 1.13　周期性正弦序列

（3）$2\pi/\omega$ 为无理数时，无论怎样选取 k，都不能使 N 为整数，这时正弦序列不是周期序列。如图 1.14 所示，序列 $\sin(n/2)$ 为一非周期序列。这一点与时间连续正弦信号不同。

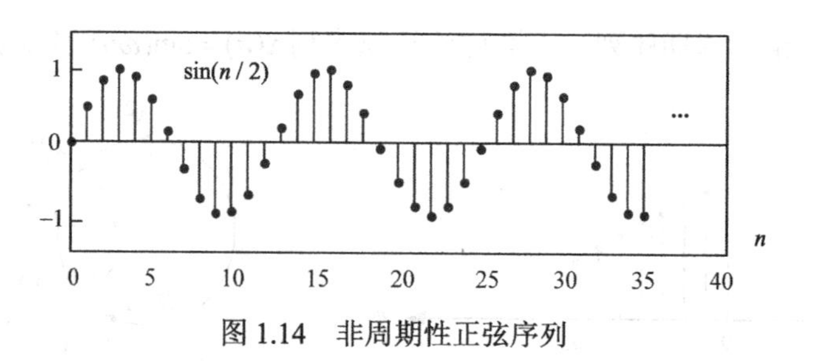

图 1.14　非周期性正弦序列

【结论】连续正弦信号一定是周期信号，而离散正弦信号仅当采样率满足一定条件时，才具有周期性。

1.1.5　序列的对称性

根据序列对称位置的不同，介绍以下三种对称关系。

1．序列的共轭对称性

设 $x(n)$ 为一复序列，$x^*(-n)$ 称为 $x(n)$ 的反转共轭序列。

若序列 $x(n)$ 与其反转共轭序列相等，即满足 $x(n)=x^*(-n)$，称该序列为共轭对称序列，用 $x_e(n)$ 表示。如 $x(n)=e^{j\omega n}=x^*(-n)$ 为一共轭对称序列。当 $x(n)$ 为实序列时，$x(n)=x(-n)$ 成立，称为偶序列，如图 1.15(a)所示，偶序列关于纵轴对称。

若序列 $x(n)$ 满足 $x(n)=-x^*(-n)$，称该序列为共轭反对称序列，用 $x_o(n)$ 表示。如 $x(n)=\sin(\omega n)+j\cos(\omega n)$ 为一共轭反对称序列。当 $x(n)$ 为实序列时，$x(n)=-x(-n)$ 成立，称为奇序列。奇序列关于原点对称，如图 1.15(b)所示。

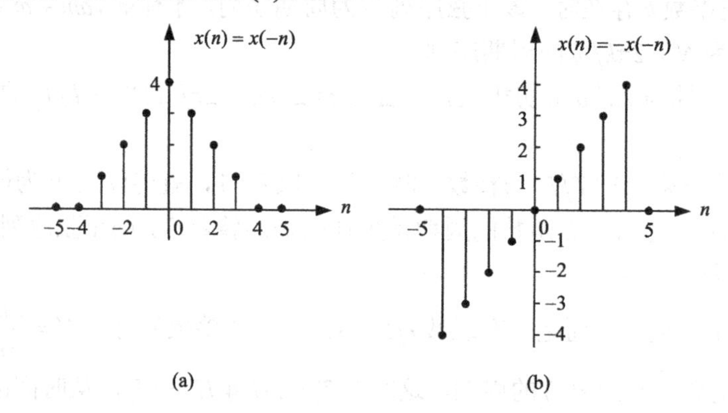

图 1.15　偶序列与奇序列

可以证明（见习题 1-7）任意序列 $x(n)$ 都可以表示为一个共轭对称序列和一个共轭反对称序列之和：

$$x(n)=x_e(n)+x_o(n) \tag{1.22}$$

式中，

$$x_e(n)=\frac{1}{2}[x(n)+x^*(-n)] \tag{1.23a}$$

$$x_o(n)=\frac{1}{2}[x(n)-x^*(-n)] \tag{1.23b}$$

$x_e(n)$、$x_o(n)$ 分别称作 $x(n)$ 的共轭对称分量（共轭对称部分）和共轭反对称分量（共轭反对称部分）。当 $x(n)$ 为实序列时，$x_{\mathrm{e}}(n)=\dfrac{1}{2}[x(n)+x(-n)]$，$x_{\mathrm{o}}(n)=\dfrac{1}{2}[x(n)-x(-n)]$，分别称作 $x(n)$ 的偶分量和奇分量。

【例 1.2】 已知序列 $x(n)=\{0,\ 1+\mathrm{j}4,\ -2+\mathrm{j}3,\ \underset{\uparrow}{4}-\mathrm{j}2,\ -5-\mathrm{j}6,\ -\mathrm{j}2,\ 3\}$，求序列 $x(n)$ 的共轭对称分量和共轭反对称分量。

解：

$$x^*(n)=\{0,\ 1-\mathrm{j}4,\ -2-\mathrm{j}3,\ \underset{\uparrow}{4}+\mathrm{j}2,\ -5+\mathrm{j}6,\ \mathrm{j}2,\ 3\}$$

$$x^*(-n)=\{3,\ \mathrm{j}2,\ -5+\mathrm{j}6,\ \underset{\uparrow}{4}+\mathrm{j}2,\ -2-\mathrm{j}3,\ 1-\mathrm{j}4,\ 0\}$$

$$x_{\mathrm{e}}(n)=\{1.5,\ 0.5+\mathrm{j}3,\ -3.5+\mathrm{j}4.5,\ \underset{\uparrow}{4},\ -3.5-\mathrm{j}4.5,\ 0.5-\mathrm{j}3,\ 1.5\}$$

$$x_{\mathrm{o}}(n)=\{-1.5,\ 0.5+\mathrm{j},\ 1.5-\mathrm{j}1.5,\ -\mathrm{j}\underset{\uparrow}{2},\ -1.5-\mathrm{j}1.5,\ -0.5+\mathrm{j},\ 1.5\}$$

容易得出 $\qquad x_{\mathrm{e}}^*(-n)=x_{\mathrm{e}}(n)\ ,\qquad x^*_{\mathrm{o}}(-n)=-x_{\mathrm{o}}(n)$

【例 1.3】 求实因果序列 $x(n)=(1/2)^n u(n)$ 的偶分量和奇分量。

解：

$$x_{\mathrm{e}}(n)=\frac{1}{2}[x(n)+x(-n)]=\frac{1}{2}\left[\left(\frac{1}{2}\right)^n u(n)+\left(\frac{1}{2}\right)^{-n}u(-n)\right]$$

$$x_{\mathrm{o}}(n)=\frac{1}{2}[x(n)-x(-n)]=\frac{1}{2}\left[\left(\frac{1}{2}\right)^n u(n)-\left(\frac{1}{2}\right)^{-n}u(-n)\right]$$

图 1.16(a)、(b)、(c)分别为 $x(n)$序列及其偶分量和奇分量。

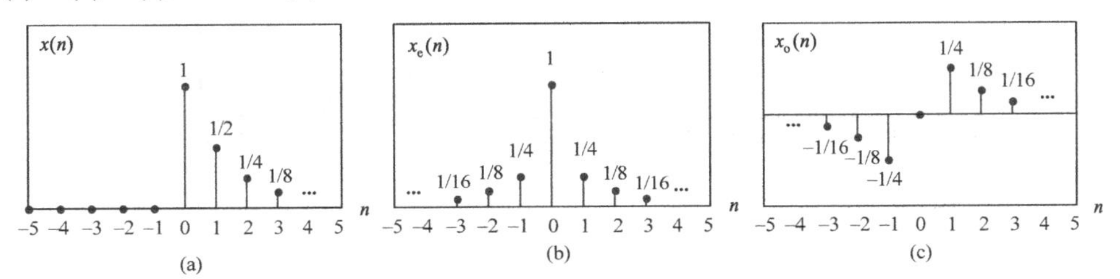

图 1.16 因果序列及其偶分量和奇分量

2. 有限长序列的共轭对称性

以上描述的序列的共轭对称性是关于 $n=0$ 的对称性，适用于任意长度的序列。对于定义在区间 $0\leqslant n\leqslant N-1$ 上的有限长序列 $x(n)$，定义一种关于区间 $1\leqslant n\leqslant N-1$ 的中心对称性，我们把这种对称性称之为有限长序列的共轭对称性，以区别于序列的共轭对称性。

（1）循环共轭对称序列

若序列满足 $x^*(N-n)=x(n)$，则称为循环共轭对称序列，用 $x_{\mathrm{ep}}(n)$ 表示：

$$x_{\mathrm{ep}}(n)=x_{\mathrm{ep}}^*(N-n),\quad 0\leqslant n\leqslant N-1 \tag{1.24}$$

这里补充定义：$x_{\mathrm{ep}}^*(N)=x_{\mathrm{ep}}(0)$。

循环共轭对称序列可以看作按逆时针方向均匀排列在圆周上的序列 $x(n)$，与从同一位置起始按顺时针方向排列在圆周上的 $x^*(n)$ 序列相等，故又称其为圆周共轭对称序列，如图 1.17 所示。序列 $x(n)=\cos(\pi n/6)+\mathrm{j}\sin(\pi n/6)(0\leqslant n\leqslant 11)$ 即为一循环共轭对称序列。

（2）循环共轭反对称序列

若 $x^*(N-n)=-x(n)$，则称为循环共轭反对称序列，用 $x_{\mathrm{op}}(n)$ 表示：

$$x_{op}(n) = -x_{op}^*(N-n),\quad 0 \leqslant n \leqslant N-1 \tag{1.25}$$

这里补充定义：$x_{op}^*(N) = -x_{op}(0)$。

$x_{op}(n)$可以看作逆时针方向均匀排列在圆周上的序列$x(n)$，与从同一位置起始按顺时针方向排列在圆周上的$-x^*(n)$序列相等，故又称其为圆周共轭反对称序列，如图 1.18 所示。序列$\sin(\pi n/6) + \mathrm{j}\cos(\pi n/6)$ $(0 \leqslant n \leqslant 11)$即为一循环共轭反对称序列。

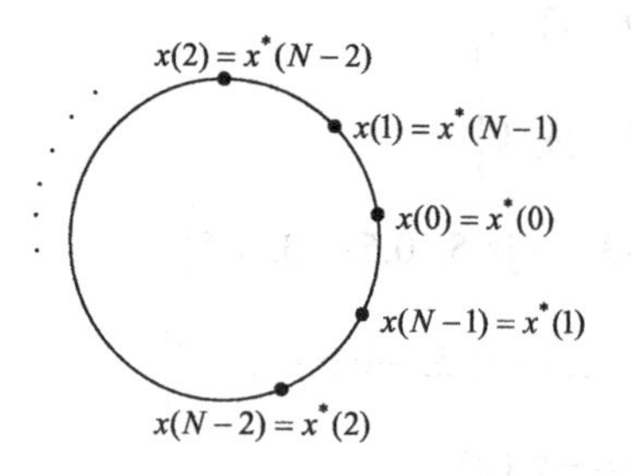

图 1.17　循环共轭对称序列示意图

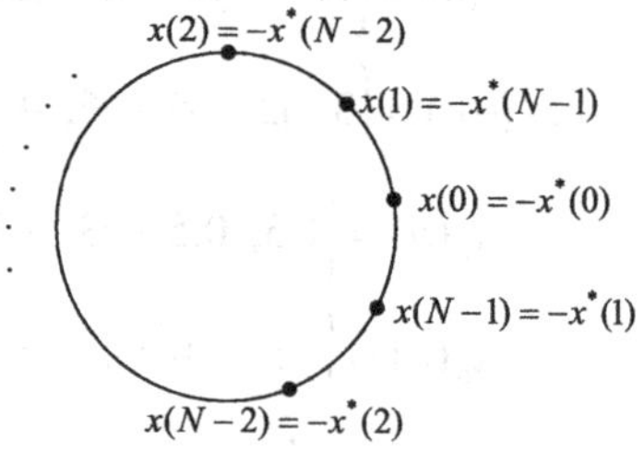

图 1.18　循环共轭反对称序列示意图

对于实序列，$x_{ep}(n)$关于序列中心点偶对称，$x_{op}(n)$关于序列中心点奇对称。当N为偶数时，中心点是序列的一个数值点，$N=8$的情况如图 1.19(c)、(d)所示，中心点为$n=4$。当N为奇数时，中心点不是序列的数值点，$N=7$的情况如图 1.20(c)、(d)所示。

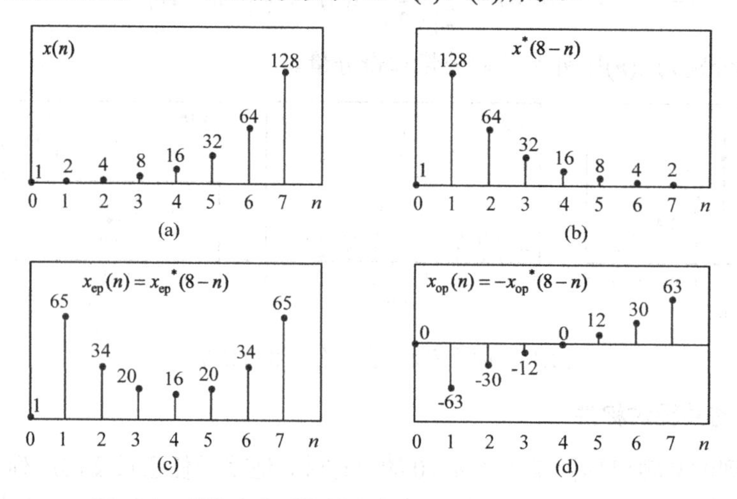

图 1.19　偶数点序列的循环共轭对称与循环共轭反对称序列

（3）有限长序列的对称分解

容易证明（见习题 1-8），任意N点长序列$x(n)$可以表示为一个循环共轭对称序列和一个循环共轭反对称序列之和：

$$x(n) = x_{ep}(n) + x_{op}(n),\quad 0 \leqslant n \leqslant N-1 \tag{1.26}$$

式中，

$$x_{ep}(n) = \frac{1}{2}[x(n) + x^*(N-n)],\quad 0 \leqslant n \leqslant N-1 \tag{1.27a}$$

$$x_{op}(n) = \frac{1}{2}[x(n) - x^*(N-n)],\quad 0 \leqslant n \leqslant N-1 \tag{1.27b}$$

例如序列$x(n) = 2^n (0 \leqslant n \leqslant 7)$可分解为如图 1.19(c)、(d)所示的$x_{ep}(n)$和$x_{op}(n)$；如果序列为$x(n) = 2^n (0 \leqslant n \leqslant 6)$，分解结果如图 1.20(c)、(d)所示。请读者自行完成分解过程。

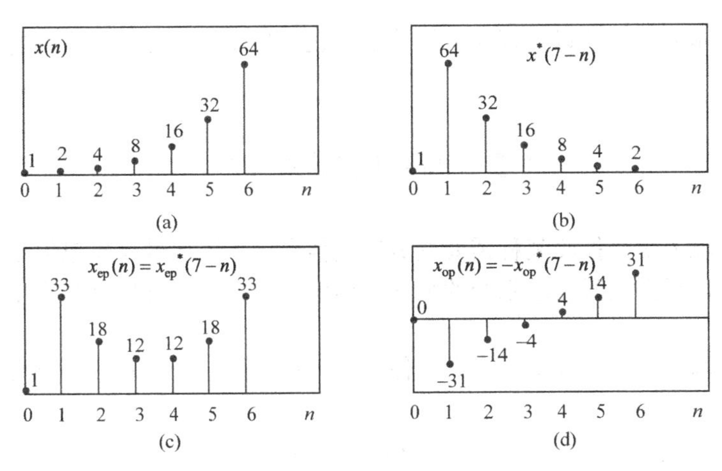

图 1.20　奇数点序列的循环共轭对称与循环共轭反对称序列

【例 1.4】 求 4 点长序列 $x(n), 0 \leqslant n \leqslant 3$ 的循环共轭对称分量和循环共轭反对称分量。

$$x(n) = \{1+\mathrm{j}4,\ -2+\mathrm{j}3,\ 4-\mathrm{j}2,\ -5-\mathrm{j}6\}$$

解：

$$x^*(n) = \{1-\mathrm{j}4,\ -2-\mathrm{j}3,\ 4+\mathrm{j}2,\ -5+\mathrm{j}6\}$$

$$x^*(4-n) = \{1-\mathrm{j}4, -5+\mathrm{j}6,\ 4+\mathrm{j}2,\ -2-\mathrm{j}3\}$$

$$x_{\mathrm{ep}}(n) = \{1,\ -3.5+\mathrm{j}4.5,\ 4,\ -3.5-\mathrm{j}4.5\}$$

$$x_{\mathrm{op}}(n) = \{\mathrm{j}4,\ 1.5-\mathrm{j}1.5,\ -\mathrm{j}2,\ -1.5-\mathrm{j}1.5\}$$

显然 $x_{\mathrm{ep}}(n) = x_{\mathrm{ep}}^*(4-n)$，$x_{\mathrm{op}}(n) = -x_{\mathrm{op}}^*(4-n)$，$0 \leqslant n \leqslant 3$。

3. 有限长序列的几何对称性

对于有限长序列 $x(n)(0 \leqslant n \leqslant N-1)$，除上述关于对称区间 $1 \leqslant n \leqslant N-1$ 的循环共轭对称和循环共轭反对称序列的定义外，另一类关于区间 $0 \leqslant n \leqslant N-1$ 的对称性，称为几何对称性。

若序列满足：

$$x(n) = x^*(N-1-n) \tag{1.28a}$$

称该序列为几何对称序列，当 $x(n)$ 为实数时称为偶对称序列。

若序列满足：

$$x(n) = -x^*(N-1-n) \tag{1.28b}$$

称该序列为几何反对称序列，当 $x(n)$ 为实数时称为奇对称序列。

与 $x_{\mathrm{ep}}(n)$ 和 $x_{\mathrm{op}}(n)$ 不同的是，几何对称和反对称序列，在 N 为偶数时，中心点不是序列的数值点；N 为奇数时，中心点是序列的一个数值点。当 $N=8$ 和 $N=7$ 时，实序列的几何对称性如图 1.21 所示，图中虚线为对称中心。

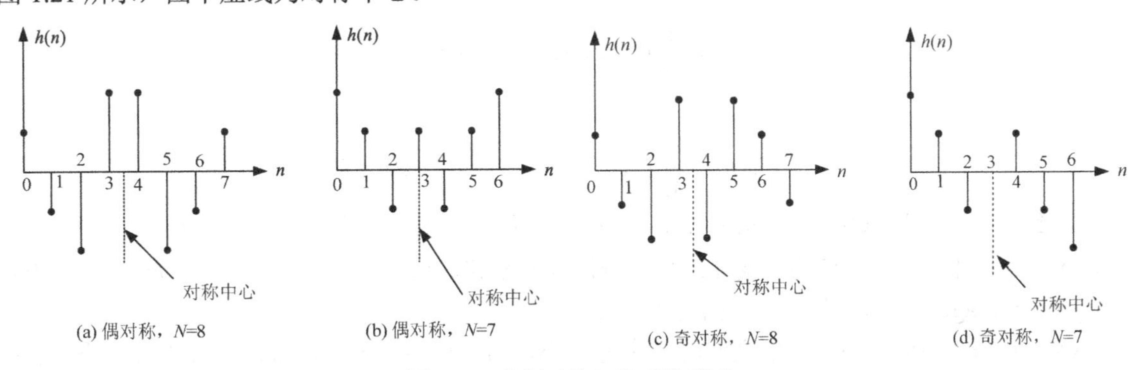

图 1.21　几何对称与反对称序列

任意一个序列在本质上都可以进行对称性分解，在信号变换处理中，序列的对称性经常被用来降低运算复杂度。

离散时间系统

1.2　离散时间系统

系统的作用是将输入信号按照某种需要变成输出信号。如同信号有模拟信号、离散时间信号和数字信号之分一样，根据信号处理系统的输入输出信号形式，系统也可分为模拟系统、离散时间系统和数字系统。

离散时间系统可以抽象为一种变换或者一种映射，它将输入序列 $x(n)$ 映射为输出序列 $y(n)$ ，表示为

$$y(n)=T[x(n)] \tag{1.29}$$

$T[\,]$ 表示变换关系或映射，该变换可以由软、硬件完成。在系统分析时，该变换表示了系统本身所具有的特性；在系统综合时，该变换表示了我们所期望的特性。例如，输入信号可能受到加性噪声干扰，我们就需要设计一个离散时间系统，以便消除这些噪声分量。输入 $x(n)$ 通常称为“激励”，输出 $y(n)$ 称为系统对输入 $x(n)$ 的“响应”。一个离散时间系统也称为数字滤波器(digital filter)，其输入、输出关系如图 1.22 所示。一般情况下离散时间系统是一个单输入单输出的系统，在一些应用中，离散时间系统也可以有多个输入和多个输出。M 输入和 N 输出的离散时间系统能完成对 M 个输入信号的运算，得到 N 个输出信号。调制器和加法器就是双输入单输出离散时间系统的例子。

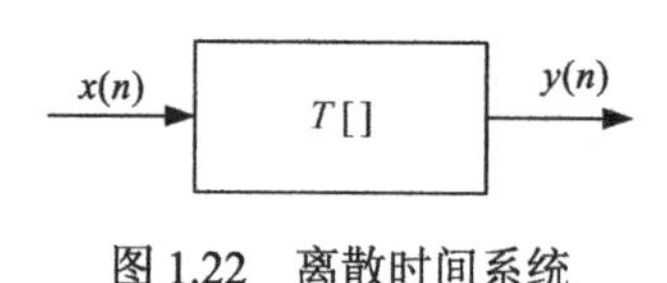

图 1.22　离散时间系统

【例 1.5】 运算关系

$$y(n)=\sum_{l=-\infty}^{n}x(l) \tag{1.30}$$

描述的系统，将 n 时刻及其之前全部输入样本之和作为系统在该时刻的输出，实现输入序列的累积相加，该系统称为累加器。

【例 1.6】 输入输出关系为

$$y(n)=\frac{1}{M}\sum_{k=0}^{M-1}x(n-k) \tag{1.31}$$

的系统，将输入序列 n 时刻及其之前共 M 个样值进行算术平均作为 n 时刻的输出。由上式易写出：

$$y(0)=\frac{1}{M}\left[x(0)+x(-1)+\cdots+x(-M+1)\right]$$

$$y(1)=\frac{1}{M}\left[x(1)+x(0)+\cdots+x(1-M+1)\right]$$

$$\vdots$$

$$y(n)=\frac{1}{M}\left[x(n)+x(n-1)+\cdots+x(n-M+1)\right]$$

可以看到，在顺序计算 $0,1,2,\cdots,n,n+1,n+2,n+3,\cdots$ 各个时刻输出序列的值时，参加运算的 M 个输入序列的样本，随着 n 值的改变而改变，依次向右平移。这样的系统称为 M 点滑动平均滤波器(Moving Average Filter)，常用于数据的平滑处理。

【例 1.7】 为估计两个样值之间的样本值大小，常采用线性插值的办法。线性插值系统将插值过程等效为图 1.23 所示两个系统的处理结果。

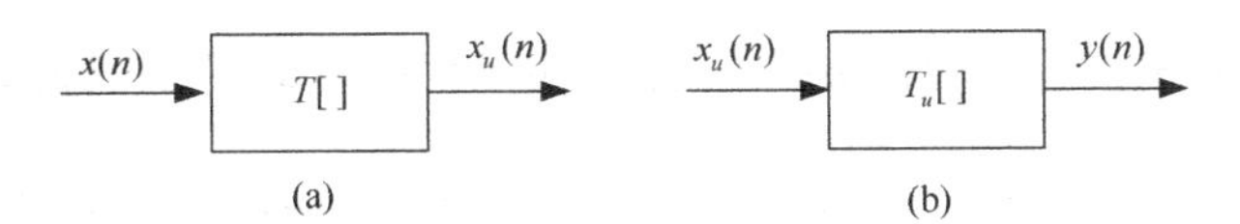

图 1.23　两点线性插值等效系统

首先系统(a)给待内插的输入序列 $x(n)$ 两样本之间补零，得到 $x_u(n)$，然后将 $x_u(n)$ 输入给系统(b)，再由系统(b)完成对 $x_u(n)$ 序列中插入的零值重新“填入”，“填入”的数据是 $x(n)$ 中相邻两个样本值的线性内插值。序列的两点线性插值过程如图 1.24 所示，其计算关系为

$$y(n)=x_u(n)+\frac{1}{2}\left[x_u(n-1)+x_u(n+1)\right] \tag{1.32}$$

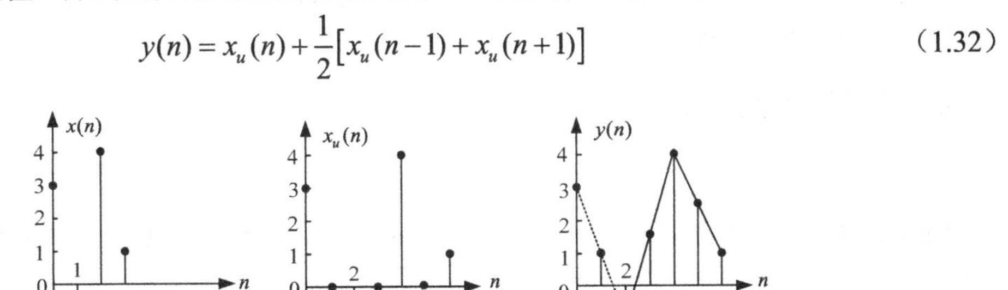

图 1.24　两点线性插值

1.2.1　系统的单位脉冲响应

设系统初始状态为零，输入序列 $x(n)=\delta(n)$ 时，输出序列 $y(n)$ 是由单位脉冲序列 $\delta(n)$ 激励该系统所产生的响应，称为该系统的单位脉冲响应，记作：

$$T[\delta(n)]\triangleq h(n) \tag{1.33}$$

即 $h(n)$ 是系统对 $\delta(n)$ 的零状态响应。

系统不同，对 $\delta(n)$ 的响应不同，即不同的系统 $h(n)$ 不同。当系统 1 输入 $\delta(n)$ 时，输出 $T_1[\delta(n)]=h_1(n)$；当系统 2 输入为 $\delta(n)$ 时，输出 $T_2[\delta(n)]=h_2(n)$，如图 1.25 所示。因此，$h(n)$ 是系统的固有特征，也是离散系统的一个重要参数，是从时域对系统的描述。如 M 点滑动平均滤波器的单位脉冲响应为

$$h(n)=\frac{1}{M}\sum_{m=0}^{M-1}\delta(n-m)$$

可表示为

$$\{h(n)\}=\left\{\frac{1}{M},\frac{1}{M},\cdots,\frac{1}{M};n=0,1,2,\cdots,M-1\right\}$$

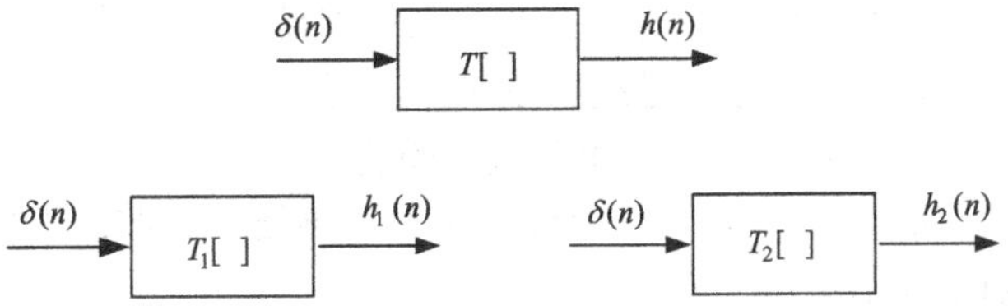

δ(n) → T[ ] → h(n)

δ(n) → T_1[ ] → $h_1(n)$　　δ(n) → T_2[ ] → $h_2(n)$

图 1.25　不同系统的单位脉冲响应

两点线性插值系统[见图 1.23(b)]的单位脉冲响应为

$$h_u(n)=\delta(n)+\frac{1}{2}\left[\delta(n-1)+\delta(n+1)\right]$$

系统的时域特征也可用单位阶跃响应来描述，其定义为：当系统初始状态为零，输入序列为

$x(n)=u(n)$ 时系统的输出，记作 $T[u(n)]\triangleq s(n)$。如 M 点滑动平均滤波器的单位阶跃响应为 $s(n)=\dfrac{1}{M}\sum_{m=0}^{M-1}u(n-m)$，两点线性插值系统的单位阶跃响应为 $s(n)=u(n)+\dfrac{1}{2}\left[u(n-1)+u(n+1)\right]$。单位脉冲响应和单位阶跃响应都是对系统的时域描述。

对变换 $T[\ ]$ 加上种种约束条件，就可以定义出各类时域离散系统。例如线性、非线性、时不变或时变系统等，其中线性时不变系统（Linear Time Invariant System，LTI），是最基本也是最重要的一类系统。许多实际系统都能近似为线性时不变系统，并且这类系统很容易用数学关系描述，也易于设计与实现，因此，我们以讨论这类系统为主。

LTI 系统性质

1.2.2 线性时不变系统

1. 线性系统

线性系统是满足叠加原理的一类系统。如图 1.26 所示，如果一个离散系统的输入分别为 $x_1(n)$、$x_2(n)$，其相应的输出为 $y_1(n)$、$y_2(n)$，即

$$y_1(n)=T[x_1(n)],\quad y_2(n)=T[x_2(n)]$$

若系统输入 $x(n)=ax_1(n)+bx_2(n)$，a、b 为任意常数，系统输出满足：

$$\begin{aligned}T[ax_1(n)+bx_2(n)]&=T[ax_1(n)]+T[bx_2(n)]\\&=aT[x_1(n)]+bT[x_2(n)]=ay_1(n)+by_2(n)\end{aligned}\tag{1.34}$$

即系统满足比例性和叠加性，则称该系统为线性系统（Linear System），否则称为非线性系统（Nonlinear System）。

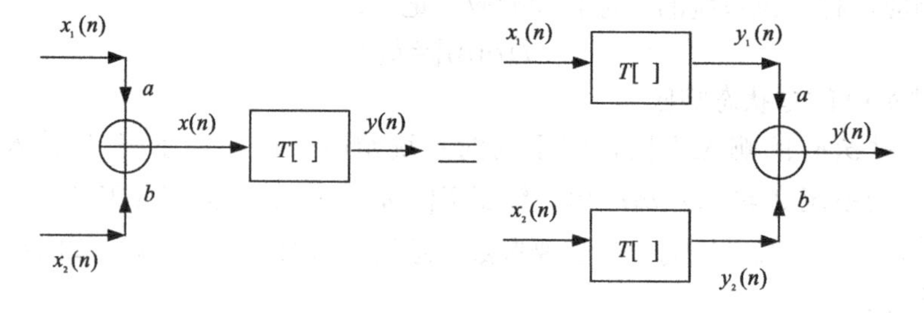

图 1.26 线性系统等效框图

对于有 M 个输入的系统，线性性质可表示成：

$$T\left[\sum_{k=1}^{M}a_kx_k(n)\right]=\sum_{k=1}^{M}T\left[a_kx_k(n)\right]=\sum_{k=1}^{M}a_ky_k(n)$$

线性系统是使用最广泛的一种离散时间系统，系统满足线性性质，可以简化系统对复杂信号的响应分析。当某一叠加型复杂信号通过线性系统时，可分解成几个简单信号响应的叠加。

【例 1.8】 分析式（1.30）描述的累加器的线性特性。

解：设输入分别为 $x_1(n)$、$x_2(n)$ 时，根据式（1.30）描述的离散时间累加器的输入输出关系，可得到系统的输出 $y_1(n)$、$y_2(n)$ 为

$$y_1(n)=\sum_{l=-\infty}^{n}x_1(l),\quad y_2(n)=\sum_{l=-\infty}^{n}x_2(l)$$

当输入为 $ax_1(n)+bx_2(n)$ 时，输出 $y(n)$ 为

$$y(n)=T\left[ax_1(l)+bx_2(l)\right]=\sum_{l=-\infty}^{n}\left[ax_1(l)+bx_2(l)\right]$$

$$=a\sum_{l=-\infty}^{n}x_1(l)+b\sum_{l=-\infty}^{n}x_2(l)=ay_1(n)+by_2(n)$$

因此，式（1.30）描述的离散时间系统是线性系统。

2．时不变系统

若系统对于任意激励的响应不随时间变化而变化，该系统称为时不变系统（也叫非移变系统），否则称为时变系统。通常如果系统的元器件参数值及组成结构不随时间变化，则系统的全部特性都不会随时间而发生变化。对于时不变系统，输入序列的移位或延迟将引起输出序列相应的移位或延迟，如图 1.27 所示。具体来说，设系统的输入序列为 $x(n)$ 时，输出序列为 $y(n)$，若 n_0 个单位时间（n_0 个样点时间）以后用同一个序列激励该系统，即输入为 $x(n-n_0)$，而系统此时的输出与 $y(n)$ 相比除了时间上滞后 n_0 个单位时间外，其他完全一样，即

$$y(n)=T[x(n)],\quad y(n-n_0)=T[x(n-n_0)] \tag{1.35}$$

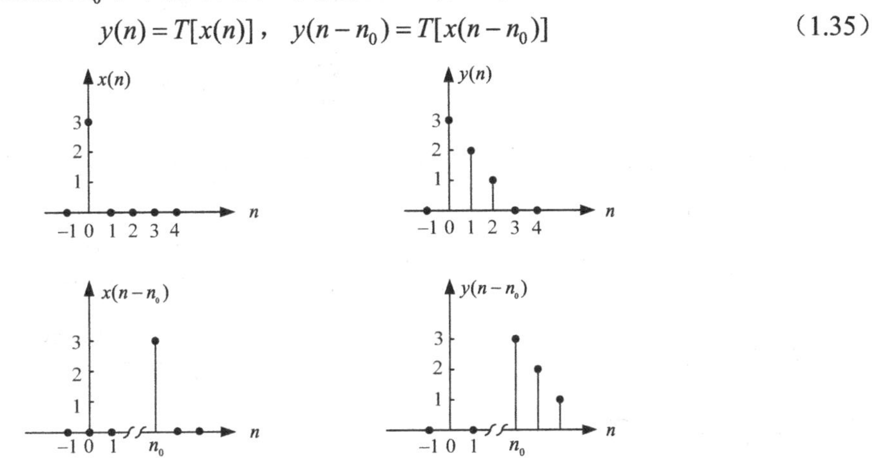

图 1.27　时不变系统的输入、输出

【例 1.9】 系统的输入输出关系为 $y(n)=cx(n)$，c 为任意常数，判断系统是否为时不变系统。

解： 当输入为 $x_1(n)=x(n-n_0)$ 时，该系统的输出为

$$y_1(n)=cx_1(n)=cx(n-n_0)$$

与输出 $y(n)$ 做 n_0 点的移位 $y(n-n_0)$ 相同，即 $y_1(n)=y(n-n_0)$，此系统为时不变系统。

如果将 c 换成 n 即得到另外一个系统　$y(n)=nx(n)$

则当输入为 $x_1(n)=x(n-n_0)$ 时，输出为

$$y_1(n)=nx_1(n)=nx(n-n_0)$$

而 $y(n)$ 做 n_0 点的移位得　　$y(n-n_0)=(n-n_0)x(n-n_0)$

此时 $y_1(n)\neq y(n-n_0)$，所以该系统为时变系统。

系统 $y(n)=cx(n)$ 可理解为恒定增益放大系统，而系统 $y(n)=nx(n)$ 的增益随时间变化。

3．线性时不变系统的输入输出关系

同时满足线性和时不变性的系统称为线性时不变系统，这种系统的外部特性使得系统可以由它的单位脉冲响应完全描述，即如果知道了系统的单位脉冲响应，就可以得到系统对任意输入的输出响应。详细讨论如下：

对时不变系统，当输入依次为 $\cdots\delta(n+1),\delta(n),\delta(n-1),\cdots,\delta(n-m),\cdots$ 时，系统的输出依次为…

$h(n+1), h(n), h(n-1), \cdots, h(n-m), \cdots$ 。

将任意序列

$$x(n)=\sum_{m=-\infty}^{\infty} x(m)\cdot\delta(n-m)$$

作为系统的输入，则系统的输出为

$$y(n)=T[x(n)]=T\left[\sum_{m=-\infty}^{\infty} x(m)\cdot\delta(n-m)\right]$$

此时将 $\delta(n-m)$ 视为系统的输入序列，$x(m)$ 为 $\delta(n-m)$ 序列的加权系数，系统的输入由多个 $\delta(n)$ 的移位加权和构成，则当系统是线性系统时，满足叠加原理，必有：

$$T\left[\sum_{m=-\infty}^{\infty} x(m)\cdot\delta(n-m)\right]=\sum_{m=-\infty}^{\infty} x(m)\cdot T\left[\delta(n-m)\right] \tag{1.36}$$

若系统为时不变系统，$T[\delta(n-m)]=h(n-m)$ 成立。因此，系统输出为

$$y(n)=\sum_{m=-\infty}^{\infty} x(m)\cdot h(n-m) \tag{1.37}$$

式（1.37）表示线性时不变系统的输出等于输入序列与单位脉冲响应的线性卷积运算，也叫离散卷积运算，记为

$$y(n)=x(n)*h(n) \tag{1.38}$$

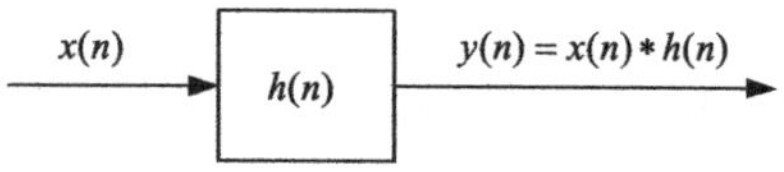

图 1.28　线性时不变系统

由上式可以看出，给定 $h(n)$ 可以计算出任意输入时系统的所有输出值。所以一个线性时不变系统可以完全由其单位脉冲响应来表征，如图 1.28 所示。

1.2.3　线性卷积运算

如上所述，线性时不变系统的输出可以通过计算输入序列 $x(n)$ 和单位脉冲响应序列 $h(n)$ 的线性卷积来完成。线性卷积运算，常用来实现信号的增强、去噪、参数提取、滤波和相关运算等功能。因此，探索两个序列的线性卷积运算及其运算规律是有意义的。

1．线性卷积运算步骤

序列 $x_1(n)$ 和 $x_2(n)$ 的线性卷积运算表示为

$$y(n)=\sum_{m=-\infty}^{\infty} x_1(m)x_2(n-m) \tag{1.39}$$

由上式可知，卷积计算过程包括：序列的翻转、移位、相乘和求和四个步骤。

步骤 1：将 $x_1(n)$ 、$x_2(n)$ 进行变量代换，n 都换成 m ，得到 $x_1(m)$ 、$x_2(m)$ ，并按式（1.39）的要求将 $x_2(m)$ 翻转得到序列 $x_2(-m)$ 。

步骤 2：将 $x_2(-m)$ 平移 n 个样点得到 $x_2(n-m)$ ，当 n 为正数时，沿 m 轴右移；当 n 为负数时，沿 m 轴左移；$n=0$ 时，不移位。

步骤 3：$x_1(m)$ 与 $x_2(n-m)$ 沿 m 轴逐点对应相乘。

步骤 4：对乘积序列逐点累加，得到序列 $y(n)$ 在 n 时刻的值，当 n 取遍整个整数集时得到 $y(n)$ 在各时刻的值。

例如，对于 $n=0,1,2$ ，计算输出 $y(n)$ 的表示式是

$$y(0)=\sum_{m=-\infty}^{\infty}x_1(m)x_2(-m)$$

$$y(1)=\sum_{m=-\infty}^{\infty}x_1(m)x_2(1-m)$$

$$y(2)=\sum_{m=-\infty}^{\infty}x_1(m)x_2(2-m)$$

【例 1.10】 求解图 1.29(a)、(b)所示序列 $x_1(n)$ 与 $x_2(n)$ 的线性卷积。

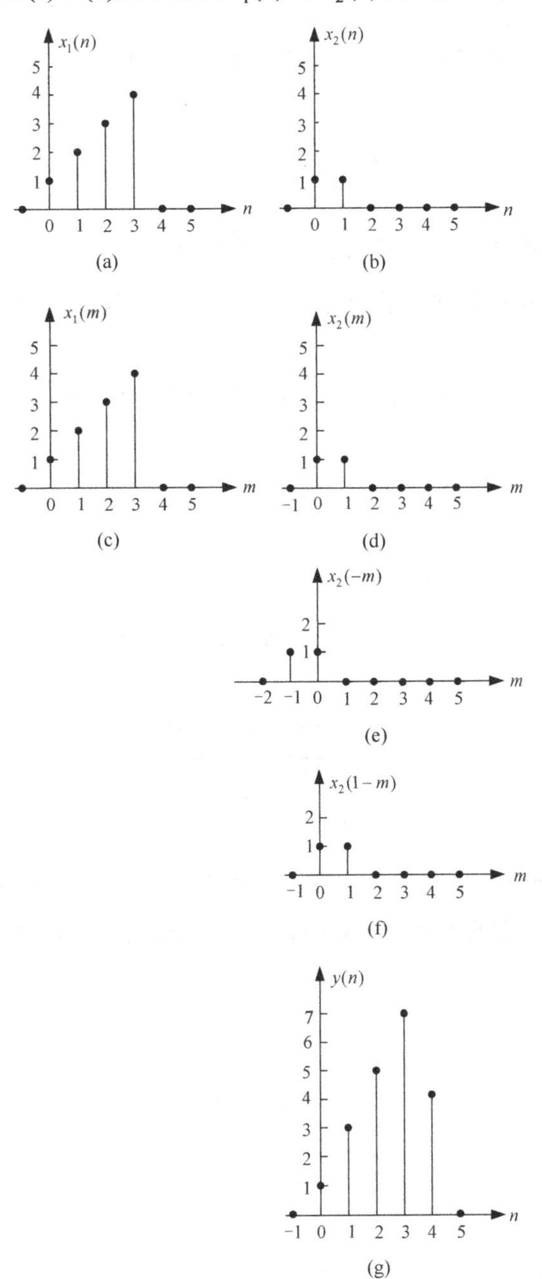

图 1.29 图解法求有限长序列线性卷积

解：(1)变量代换结果如图 1.29(c)、(d)所示，并将序列 $x_2(m)$ 翻转得到序列 $x_2(-m)$，如图 1.29(e)所示。图 1.29(c)、(e)所示两个序列相乘后逐点相加得到 $y(0)=1$。

（2）n 取 1，即将序列 $x_2(-m)$ 右移 1 个样点，右移结果如图 1.29(f)所示，此时用于计算 $y(1)$ 的值。由图 1.29(c)、(f)所示两个序列运算得到 $y(1)=3$。

（3）当 n 分别取 2,3,4 时，与步骤（2）所述方法同样计算，得到的 $y(n)$ 依次为

$$y(2)=5, y(3)=7, y(4)=4$$

（4）当 $n<0$ 或 $n>4$ 时，由于相乘的两个序列没有对应点上共同的非零取值，此时 $y(n)=0$。$x_1(n)$ 与 $x_2(n)$ 的线性卷积结果 $y(n)$ 序列如图 1.29(g)所示。

这种借助画图求得卷积和的方法，称作图解法，适用于短序列的卷积。直接利用序列求卷积和的方法，称作直接计算法。

【例 1.11】 计算（1）$x(n)*\delta(n)$；　（2）$x(n)*\delta(n-n_0)$

解：由卷积定义得：

$$x(n)*\delta(n)=\sum_{m=-\infty}^{\infty} x(m)\cdot\delta(n-m)=x(n)$$

$$x(n)*\delta(n-n_0)=\sum_{m=-\infty}^{\infty} x(m)\cdot\delta(n-m-n_0)=x(n-n_0)$$

即任意序列 $x(n)$ 与单位脉冲序列卷积的结果仍是 $x(n)$ 本身，而与单位脉冲序列的移位卷积，相当于对序列 $x(n)$ 进行移位。

【例 1.12】 已知 $x_1(n)=a^n u(n)$，$|a|<1$，$x_2(n)=u(n)$，计算两个序列的线性卷积。

解：由卷积定义得：

$$y(n)=x_1(n)*x_2(n)=\sum_{m=-\infty}^{\infty} x_1(m)x_2(n-m)$$

$$=\sum_{m=-\infty}^{\infty} a^m u(m)u(n-m)$$

因为对于 $m<0$，$u(m)=0$；对于 $m>n$，$u(n-m)=0$。当 $n<0$ 时，求和无非零项，$y(n)=0$。当 $n\geqslant 0$ 时，有：

$$y(n)=\sum_{m=0}^{n} 1\cdot a^m=\frac{1-a^{n+1}}{1-a}$$

所以

$$y(n)=\frac{1-a^{n+1}}{1-a}u(n)$$

在 MATLAB 环境下内置有线性卷积函数，可以直接调用。若序列 $x_1(n)$、$x_2(n)$ 写成向量形式并分别用 x1 和 x2 表示，两者的卷积可由 conv(x1,x2)直接计算。例 1.10 中的两个序列线性卷积的计算程序如下：

```
%samp1_01.m
x1n=[1 2 3 4];   x2n=[1 1];
yn=conv(x1n,x2n)                    %调用函数 conv 计算线性卷积
运行结果:
yn=[1 3 5 7 4]
```

2．线性卷积的长度

若 $x_1(n)$ 是长度为 N_1 的有限长序列，并设 $0\leqslant n\leqslant N_1-1$，$x_2(n)$ 是长度为 N_2 的有限长序列，并设 $0\leqslant n\leqslant N_2-1$。则它们的线性卷积：

$$y(n)=\sum_{m=-\infty}^{+\infty} x_1(m)x_2(n-m)=\sum_{m=0}^{N_1-1} x_1(m)x_2(n-m) \tag{1.40}$$

$x_1(m)$ 的非零区间为 $0 \leqslant m \leqslant N_1-1$，$x_2(n-m)$ 的非零区间为 $0 \leqslant n-m \leqslant N_2-1$，即 $m \leqslant n \leqslant N_2+m-1$，所以两式在区间 $0 \leqslant n \leqslant N_1+N_2-2$ 内有非零值的重叠，即结果序列的长度为 N_1+N_2-1。需要说明的是，卷积结果 $y(n)$ 的长度仅与卷积的两个序列的长度 N_1 和 N_2 有关，与各序列非零值区间的位置无关。起始点位置任意的两个有限长序列 $x_1(n)$ 和 $x_2(n)$，其卷积长度的讨论见思考题 1-5。

3. 线性卷积运算规律

可以证明，序列线性卷积满足以下三条定律：

（1）交换律

$$x_1(n)*x_2(n)=x_2(n)*x_1(n) \tag{1.41}$$

即卷积结果与进行卷积的两个序列次序无关。

（2）结合律

$$x_1(n)*x_2(n)*x_3(n)=[x_1(n)*x_2(n)]*x_3(n)=x_1(n)*[x_2(n)*x_3(n)] \tag{1.42}$$

（3）分配律

$$x_1(n)*[x_2(n)+x_3(n)]=x_1(n)*x_2(n)+x_1(n)*x_3(n) \tag{1.43}$$

上述三条定律为系统结构的灵活实现奠定了坚实基础。

【例 1.13】 已知 $x_1(n)=a^n u(n)$，$|a|<1$，$x_2(n)=R_N(n)$，求两个序列的线性卷积。

解： 由卷积定义得：

$$y(n)=x_1(n)*x_2(n)=\sum_{m=-\infty}^{\infty}x_1(m)x_2(n-m)=\sum_{m=-\infty}^{\infty}a^m u(m)R_N(n-m)$$

对 $x_2(m)$ 进行翻转后，进行 n 取值范围不同的平移，参见图 1.30(c)、(d)、(e)，则有以下结果：

当 $n<0$ 时，$y(n)=0$；

当 $0 \leqslant n \leqslant N-1$ 时，

$$y(n)=\sum_{m=0}^{n}1\cdot a^m=\frac{1-a^{n+1}}{1-a}$$

当 $n>N-1$ 时，

$$y(n)=\sum_{m=n-N+1}^{n}a^m=a^{n-N+1}\frac{1-a^N}{1-a}$$

所以

$$y(n)=\begin{cases}0, & n<0\\ \dfrac{1-a^{n+1}}{1-a}, & 0 \leqslant n \leqslant N-1\\ a^{n-N+1}\dfrac{1-a^N}{1-a}, & n>N-1\end{cases} \tag{1.44}$$

根据卷积交换律，

$$y(n)=x_2(n)*x_1(n)=\sum_{m=-\infty}^{\infty}x_2(m)x_1(n-m)=\sum_{m=-\infty}^{\infty}R_N(m)a^{n-m}u(n-m)$$

对 $x_1(m)$ 进行翻转、平移，参见图 1.30(f)、(g)、(h)，再与 $x_2(m)$ 的对应点相乘得到和式（1.44）同样的结果，序列 $y(n)$ 如图 1.30(i)所示。

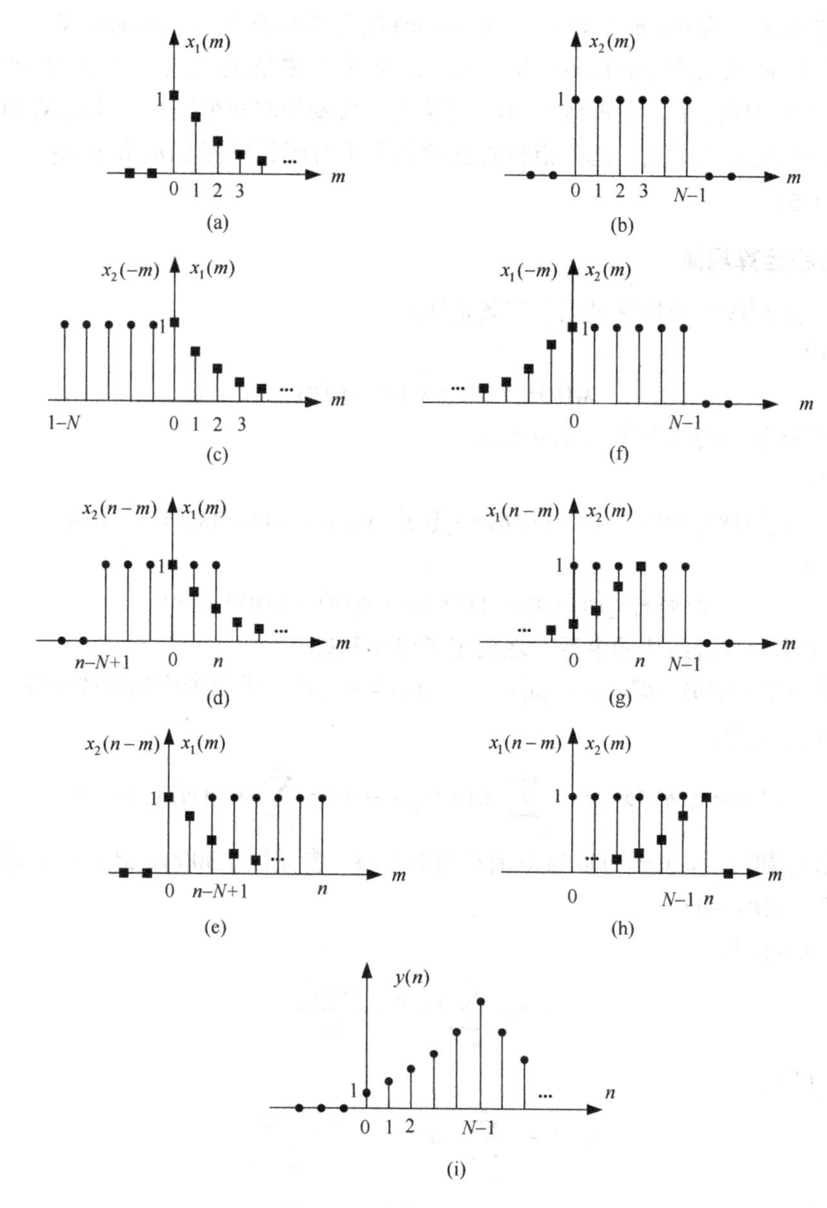

图 1.30　线性卷积交换律图解

4．线性时不变系统的串并联关系

根据序列卷积运算的交换律，有 $y(n)=x(n)*h(n)=h(n)*x(n)$ 。即序列 $x(n)$ 通过单位脉冲响应为 $h(n)$ 的系统与序列 $h(n)$ 通过单位脉冲响应为 $x(n)$ 的系统具有同样的输出。如图 1.31 所示。

x(n) → [h(n)] → y(n) = h(n) → [x(n)] → y(n)

图 1.31　卷积交换律

根据序列卷积的结合律，两个线性时不变系统 $h_1(n)$、$h_2(n)$ 级联，等效为单位脉冲响应为 $h(n)=h_1(n)*h_2(n)$ 的线性时不变系统，且系统的级联与级联次序无关，如图 1.32 所示。

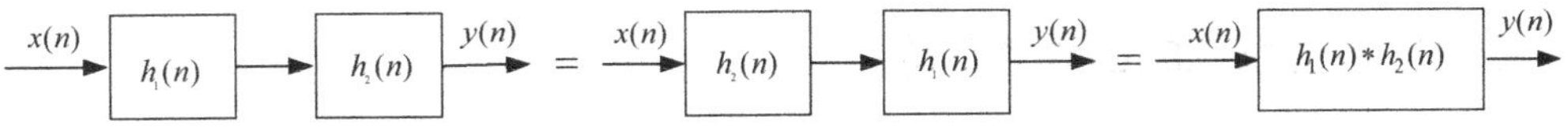

图 1.32　系统的级联

根据序列卷积的分配律，两个线性时不变系统 $h_1(n)$、$h_2(n)$ 并联，可以等效为单位脉冲响应为 $h(n)=h_1(n)+h_2(n)$ 的线性时不变系统，如图 1.33 所示。

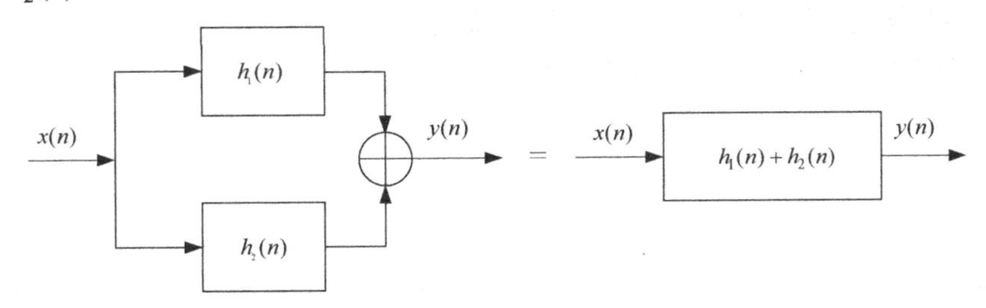

图 1.33　系统的并联

需要说明的是，以上系统的等效关系基于线性卷积的运算规律，而系统输出与输入和单位脉冲响应之间的线性卷积关系，是基于线性时不变系统的叠加原理和时不变特性。因此，对于非线性系统和时变系统，这些等效关系不存在。

【例 1.14】 已知图 1.34 所示系统中，$h_1(n)=\delta(n)+\frac{1}{2}\delta(n-1)$，$h_2(n)=\frac{1}{2}\delta(n)-\frac{1}{4}\delta(n-1)$，$h_3(n)=2\delta(n)$，$h_4(n)=-2\left(\frac{1}{2}\right)^n u(n)$，求系统的单位脉冲响应 $h(n)$。

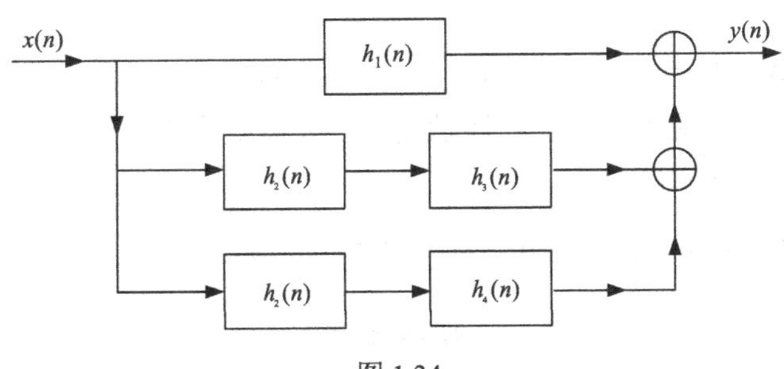

图 1.34

解：

$$h(n)=h_1(n)+h_2(n)*h_3(n)+h_2(n)*h_4(n)$$

$$h_2(n)*h_3(n)=\left[\frac{1}{2}\delta(n)-\frac{1}{4}\delta(n-1)\right]*2\delta(n)=\delta(n)-\frac{1}{2}\delta(n-1)$$

$$h_2(n)*h_4(n)=\left[\frac{1}{2}\delta(n)-\frac{1}{4}\delta(n-1)\right]*\left[-2\left(\frac{1}{2}\right)^n u(n)\right]$$

$$=-\left(\frac{1}{2}\right)^n u(n)+\frac{1}{2}\left(\frac{1}{2}\right)^{n-1} u(n-1)$$

$$=-\left(\frac{1}{2}\right)^n [u(n)-u(n-1)]=-\left(\frac{1}{2}\right)^n \delta(n)=-\delta(n)$$

$$h(n)=\delta(n)+\frac{1}{2}\delta(n-1)+\delta(n)-\frac{1}{2}\delta(n-1)-\delta(n)=\delta(n)$$

1.2.4 线性时不变系统的因果性与稳定性

1. 因果性

对于实际应用系统，我们强调其因果性，它反映了系统的物理可实现性。

定义：如果系统在n时刻的输出只取决于n时刻和n时刻以前的输入，而与n时刻以后的输入无关，那么，该系统是因果系统，否则为非因果系统。

定理：线性时不变系统为因果系统的充要条件是

$$h(n) = h(n) \cdot u(n) \tag{1.45}$$

证明：（1）充分性：

因为 $$h(n)\big|_{n<0} = 0$$

所以 $$y(n) = \sum_{m=-\infty}^{\infty} h(m)x(n-m) = \sum_{m=0}^{\infty} h(m)x(n-m) = h(0)x(n) + h(1)x(n-1) + h(2)x(n-2) + \cdots$$

上式说明，$y(n)$只与$x(n)$、$x(n-1)$、$x(n-2)$、…有关，而与$x(n+1)$、$x(n+2)$、…无关。因此，$n<0$时，$h(n)=0$是因果系统的充分条件。

（2）必要性：用反证法

如果$n<0$时，$h(n) \neq 0$，则n_0时刻的输出为

$$y(n_0) = \sum_{m=-\infty}^{n_0} x(m)h(n_0-m) + \sum_{m=n_0+1}^{\infty} x(m)h(n_0-m)$$

系统的输出$y(n_0)$不但同$m<n_0$的$x(m)$有关，而且还同$m>n_0$的$x(m)$有关，即同未来输入序列有关，这同因果性矛盾。

故$h(n)\big|_{n<0} = 0$是线性时不变系统为因果系统的充要条件。

对于一个物理系统，响应不能发生在激励之前。因果系统是非超前的，称为物理可实现的系统。否则，就不是物理可实现的系统。

例如，$y(n) = \sum_{m=0}^{2} b(m)x(n-m)$，$b(0)$、$b(1)$、$b(2)$为常数：

$$y(n) = nx(n)$$

以及M点滑动平均滤波器$y(n) = \frac{1}{M}\sum_{m=0}^{M-1} x(n-m)$等都是因果系统。而系统$y(n) = x(n+1)$，$y(n) = x(-n)$，$y(n) = \sum_{m=-1}^{1} b(m)x(n-m)$，$b(-1)$、$b(0)$、$b(1)$为常数，都是非因果系统。

把非因果系统通过延迟可以得到因果系统。如例 1.7 的两点线性插值系统[见图 1.23(b)]：

$$y(n) = x_u(n) + \frac{1}{2}[x_u(n-1) + x_u(n+1)]$$

其单位脉冲响应为

$$h_u(n) = \delta(n) + \frac{1}{2}[\delta(n-1) + \delta(n+1)]$$

显然，$h_u(n)\big|_{n<0} \neq 0$，为非因果系统。

若这样计算系统输出：

$$y_{\mathrm{d}}(n) = x_u(n-1) + \frac{1}{2}[x_u(n-2) + x_u(n)]$$

则 $y_d(n)$ 仅仅比 $y(n)$ 延迟了一个样点，此时，系统的单位脉冲响应 $h_d(n)=\delta(n-1)+[\delta(n-2)+\delta(n)]/2$ 也仅是原来单位脉冲响应 $h(n)$ 的移位，但却是因果系统，如图 1.35 所示。

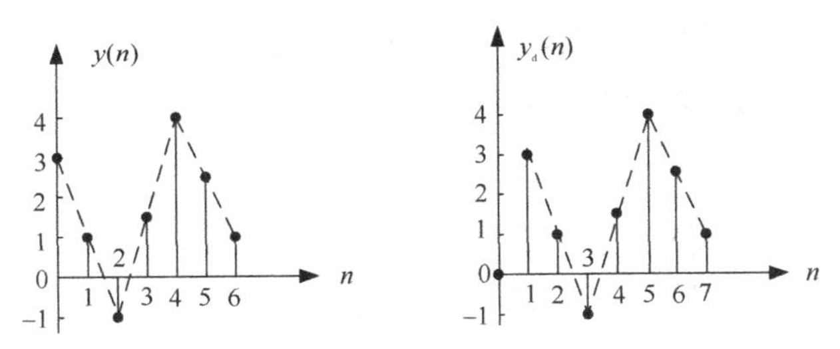

图 1.35　非因果系统通过延迟得到因果系统

2．稳定性

希望一个系统能够对有限的激励信号产生有限度的响应。若响应是无限大的，则可能系统瞬间消耗无限的能量。对数字系统，则意味着输出响应序列无法用有限字长来表示。

定义：当输入有界时，输出也有界的系统，称为稳定系统，否则称为非稳定系统。

定理：线性时不变系统是一个稳定系统的充要条件是

$$\sum_{n=-\infty}^{\infty}|h(n)|<\infty \tag{1.46}$$

即系统单位脉冲响应序列绝对可和。

证明：（1）充分性

$$y(n)=\sum_{m=-\infty}^{\infty}x(m)\cdot h(n-m)$$

$$|y(n)|\leqslant\sum_{m=-\infty}^{\infty}|x(m)|\cdot|h(n-m)|$$

因为输入序列 $x(n)$ 有界，即

$$|x(n)|\leqslant R \qquad \text{对}\ \forall\ n\ \text{成立，}$$

所以

$$|y(n)|\leqslant R\sum_{m=-\infty}^{\infty}|h(n-m)|$$

而系统单位脉冲响应 $h(n)$ 满足式（1.46），那么，输出一定有界。

因此

$$|y(n)|<\infty$$

（2）必要性：用反证法

若不满足式（1.46）条件，即 $\sum\limits_{n=-\infty}^{\infty}|h(n)|=\infty$

则当 $x(n)$ 为如下有界序列时，

$$x(n)=\begin{cases}h^*(-n)/|h(-n)|, & |h(-n)|\neq 0\\ 0\end{cases}$$

输出序列 $y(n)$ 在 $n=0$ 点值为

$$y(0)=\sum_{m=-\infty}^{\infty}x(0-m)h(m)=\sum_{m=-\infty}^{\infty}\frac{|h(m)|^2}{|h(m)|}=\infty$$

即在 $n=0$ 点得到了无穷大的输出，证明式（1.46）是系统稳定的必要条件。

因此，$\sum_{n=-\infty}^{\infty}|h(n)|<\infty$ 是线性时不变系统为稳定系统的充要条件。

【例 1.15】 讨论线性时不变系统 $h(n)=a^n u(n)$ 的因果稳定性。

解： 因为 $n<0$ 时，$h(n)=0$，所以系统是因果系统。

由于

$$\sum_{n=-\infty}^{\infty}\left|h(n)\right|=\sum_{n=0}^{\infty}\left|a^n\right|=\begin{cases}\dfrac{1}{1-|a|}, & |a|<1,\\ \infty, & |a|\geqslant 1,\end{cases}$$

因此，$|a|<1$ 时，该系统为稳定系统；$|a|\geqslant 1$ 时，为非稳定系统。

同时满足稳定性和因果性条件，即满足

$$h(n)\big|_{n<0}=0 \quad \text{和} \quad \sum_{n=-\infty}^{\infty}|h(n)|<\infty$$

条件的系统称为稳定的因果系统。这种系统既是可实现的又是可稳定工作的。

差分方程描述

1.2.5 线性时不变系统的差分方程

在连续时间系统的时域分析中，系统数学模型可用微分方程描述。在离散线性时不变系统中，系统输入输出关系常用差分方程描述。

【例 1.16】 考察一个银行存款本息总额的计算问题。储户每月定期在银行存款。设第 n 个月的存款是 $x(n)$，银行支付月利率为 β，每月利息按复利结算，那么储户在 n 个月后的本息总额 $y(n)$ 应包括以下三部分款项：（1）前面 $n-1$ 个月的本息总额 $y(n-1)$；（2）$y(n-1)$ 的月息 $\beta y(n-1)$；（3）第 n 个月的存款 $x(n)$。于是有：

$$y(n)=y(n-1)+\beta y(n-1)+x(n)=(1+\beta)y(n-1)+x(n)$$

上述本息总额计算过程是一个银行本息结算系统，储户每月存款 $x(n)$ 是系统的输入，本息总额 $y(n)$ 为系统的输出。

【例 1.17】 一个具有单位脉冲响应 $h(n)=a^n u(n)$（a 为常数）的线性时不变系统输出为

$$y(n)=h(n)*x(n)=\sum_{m=0}^{\infty}a^m x(n-m)$$

由这个计算式可求得任何输入 $x(n)$ 时系统的输出，但从计算的角度来看，这种输入输出关系的表示并不是最为有效的。因为

$$y(n)=x(n)+\sum_{m=1}^{\infty}a^m x(n-m)$$

上式中第二项变量代换 $m'=m-1$，得到：

$$y(n)=x(n)+\sum_{m'=0}^{\infty}a^{m'+1}x(n-m'-1)$$

上面的系统可以更简洁地表示为

$$y(n)=ay(n-1)+x(n)$$

上式表示，系统现时刻的输出 $y(n)$ 等于上一时刻的输出 $y(n-1)$ 乘以常数 a 再加上现在的输入 $x(n)$。这种输入序列项和输出序列项组成的时间递推方程称为差分方程（difference equation）。常系数线性差分方程的一般表达式为

$$y(n)-\sum_{k=1}^{N}a_k y(n-k)=\sum_{k=0}^{M}b_k x(n-k) \tag{1.47}$$

或

$$y(n)=\sum_{k=0}^{M}b_k x(n-k)+\sum_{k=1}^{N}a_k y(n-k) \tag{1.48}$$

式中，$x(n)$ 和 $y(n)$ 分别为系统的输入和输出序列，系数 $a_k(k=0,1,2,\cdots,N)$（$a_0\equiv1$），$b_k(k=0,1,2,\cdots,M)$ 决定了输入和输出序列中每一项的权重，是由系统结构决定的常数，不随时间的改变而改变。方程式中仅有 $x(n-k)$、$y(n-k)$ 的一次幂，即 n 时刻的输出 $y(n)$ 由 n 时刻及以前 M 个输入与 n 时刻以前 N 个输出的线性组合来表示。习惯上，差分方程用系数矩阵表示，即 $\boldsymbol{B}=[b_0,b_1,\cdots,b_M]$，$\boldsymbol{A}=[1,-a_1,\cdots,-a_N]$，并以 $y(n-k)$ 中 k 的最大取值 N 作为方程的阶数，所以式（1.48）称为 N 阶线性差分方程。

【例 1.18】 累加器系统

$$y(n)=\sum_{l=-\infty}^{n}x(l)$$

可表示为

$$y(n)=\sum_{l=-\infty}^{n-1}x(l)+x(n)$$

将 $y(n-1)=\sum\limits_{l=-\infty}^{n-1}x(l)$ 代入上式，得到差分方程：

$$y(n)=y(n-1)+x(n)$$

这是一个一阶（$N=1$）差分方程，系数 $b_0\equiv1$，$b_k=0(k\neq0)$，$a_1\equiv1$，$a_k=0(k\neq0,1)$，n 时刻的输出仅与该时刻的输入和 $n-1$ 时刻的输出有关。

而滑动平均滤波器的差分方程 $y(n)=\dfrac{1}{M}\sum\limits_{k=0}^{M-1}x(n-k)$ 中，阶数 $N=0$，系数 $b_k=\dfrac{1}{M}$ $(k=0,1,2,\cdots,M-1)$，$a_k=0(k=1,2,\cdots)$，n 时刻的输出只取决于该时刻及以前 M 个输入，与输出没有关系。

式（1.48）表明，给定输入信号 $x(n)$ 及系统的初始条件，可求出差分方程的解 $y(n)$。求解差分方程有变换域法、经典法和递推法三种基本求解方法。变换域法将差分方程变换到 z 域求解，是一种有效的求解方法。经典法类似于模拟系统中求解微分方程的方法，差分方程的解包括零状态响应和零输入响应。在数字信号处理中人们关心的是 LTI 系统的稳态输出。当系统为零状态时，用递推法求解简单而直观，并且递推法适合用计算机求解。下面举例说明递推法。

【例 1.19】 对于离散时间系统 $y(n)=ay(n-1)+x(n)$，输入序列 $x(n)=\delta(n)$，分别求解系统在下列初始条件下的输出 $y(n)$。

（1）$y(-1)=0$；（2）$y(1)=0$

解：依题意，输入序列 $x(n)=\delta(n)$ 时，输出 $y(n)=h(n)$，由差分方程得：

$$h(n)=ah(n-1)+\delta(n)$$

（1）初始条件 $y(-1)=0$

$$h(-1)=0$$

当 $n\geqslant0$ 时，递推求解：

$$h(0)=ah(-1)+\delta(0)=1$$

$$h(1)=ah(0)+\delta(1)=a$$

$$h(2) = ah(1) + \delta(2) = a^2$$

$$\vdots$$

$$h(n) = ah(n-1) + 0 = a^n$$

当 $n < 0$ 时，改写式 $h(n) = ah(n-1) + \delta(n)$ 为

$$h(n-1) = \frac{1}{a}[h(n) - \delta(n)]$$

得：

$$h(-2) = 0, h(-3) = 0, h(-4) = 0, \cdots$$

所以

$$h(n) = a^n u(n)$$

（2）初始条件 $y(1) = 0$

$$h(1) = 0$$

当 $n > 0$ 时，由 $h(n) = ah(n-1) + \delta(n)$，得：

$$h(2) = 0, h(3) = 0, h(4) = 0, \cdots$$

当 $n \leqslant 0$ 时，由 $h(n-1) = \frac{1}{a}[h(n) - \delta(n)]$ 递推求解，得：

$$h(0) = \frac{1}{a}[h(1) - \delta(1)] = 0$$

$$h(-1) = \frac{1}{a}[h(0) - \delta(0)] = -a^{-1}$$

$$h(-2) = \frac{1}{a}[h(-1) - \delta(-1)] = -a^{-2}$$

$$\vdots$$

$$h(-n) = -a^{-n}$$

因此，

$$h(n) = -a^{-n}u(-n-1)$$

该例表明，因初始条件不同，对给定的差分方程和输入信号可以得到完全不同的解。

上例中，初始条件 $y(-1) = 0$ 时，单位脉冲响应 $h(n) = a^n u(n)$ 对应于因果系统；初始条件 $y(1) = 0$ 时，$h(n) = -a^{-n}u(-n-1)$ 对应于非因果系统。因此，满足线性常系数差分方程的系统不一定是因果系统，即若无附加条件限制，差分方程不能唯一地确定系统的输入输出关系。

能够证明，如果系统为零起始状态，则该系统就是因果的线性时不变系统。如无特别说明，本书中的常系数线性差分方程都默认为是描述了一个线性时不变的因果系统。

MATLAB 信号处理工具箱提供的 filter 函数实现线性常系数差分方程的递推求解，调用格式如下：

```
yn=filter(B,A,xn)
```

其中，$B = [b_0, b_1, \cdots, b_M]$，$A = [1, -a_1, \cdots, -a_N]$，为式（1.48）所给差分方程的系数矩阵，求得的结果 yn 是输入信号向量为 xn 时系统的零状态响应，且 yn 与 xn 长度相等。

例 1.19 第（1）种情况的 MATLAB 求解程序如下：

```
%samp1_02.m
a=0.8;                          %设差分方程系数 a=0.8
xn=[1,zeros(1,30)];             %输入 x(n)为单位脉冲序列，长度=31
B=1;A=[1,-a];
yn=filter(B,A,xn);              %使用函数 filter 求输出序列
subplot(2,1,1);stem(xn)
subplot(2,1,2);stem(yn)
```

1.3　时域连续信号的采样及恢复

如绪论所述，要实现模拟信号的数字化处理，首先必须经过 A/D 变换将模拟信号转换成数字信号，如果需要，处理后的数字信号再经 D/A 变换恢复成模拟信号。信号采样应满足什么条件？怎样由采样信号恢复原模拟信号？本节通过分析信号采样前后的傅里叶变换，说明不失真采样应满足的条件，揭示从采样值恢复原模拟信号的原理。

时域采样

1.3.1　信号采样

模拟信号的采样可看作是模拟信号通过一个采样开关来完成的。理想采样时，采样开关每隔 T_s 秒闭合一次，闭合持续时间趋于零，得到的采样信号 $x_s(t)$ 在数学上可表述为 $x_a(t)$ 与周期为 T_s 的单位冲激序列 $s(t)=\sum\limits_{n=-\infty}^{\infty}\delta(t-nT_s)$ 的相乘运算，即

$$x_s(t)=x_a(t)\cdot s(t)=x_a(t)\cdot\sum_{n=-\infty}^{\infty}\delta(t-nT_s) \tag{1.49}$$

通过单位冲激函数 $\delta(t)$ 的“筛选性”，$x_s(t)$ 可表示为

$$x_s(t)=\sum_{n=-\infty}^{\infty}x_a(nT_s)\delta(t-nT_s) \tag{1.50}$$

可见，采样信号 $x_s(t)$ 是一个时间间隔为 T_s 的冲激序列，它在 nT_s 时的幅度等于模拟信号 $x_a(t)$ 在 nT_s 时刻的值，即 $x_s(t)=x_a(t)\big|_{t=nT_s}$，而在非整数倍的 T_s 时刻取值为零。T_s 称为采样周期或采样间隔，其倒数 $1/T_s=f_s$ 称为采样频率（Sampling Rate）或采样率。采样信号 $x_s(t)$ 在采样点上这一串样本数据，就是序列 $x(n)$。当 n 为整数时，序列的取值等于模拟信号在 nT_s 时刻的幅度，即 $x(n)=x_a(nT_s)=x_a(t)\big|_{t=nT_s}$，在 n 为非整数值时序列无定义。理想采样过程如图 1.36 所示。

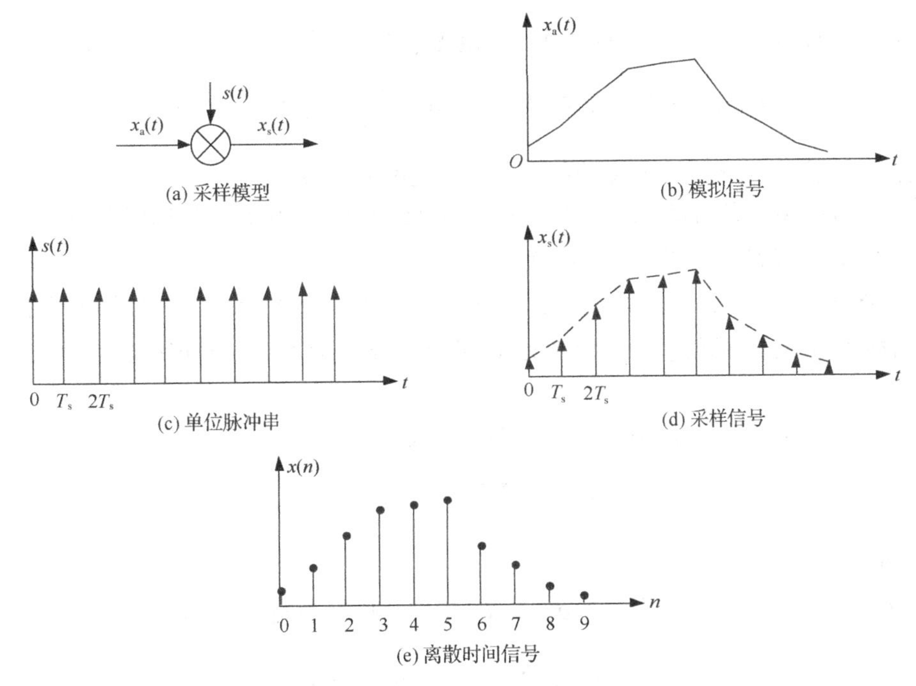

图 1.36　理想采样

图 1.36 表示的原模拟信号和对应的离散时刻点上取得的采样值都表示信号随时间的变化。采样值能否完全代表原模拟信号，主要取决于采样周期 T_s。从时域直观观察，T_s 越大，采样点越稀疏，序列 $x(n)$ 越不能精确表达 $x_a(t)$；T_s 越小，采样点越密集，序列 $x(n)$ 越能反映 $x_a(t)$ 的细节。可见，为了充分地得到一个模拟信号的特征，必须有足够高的采样频率。

例如，对两个正弦信号 $x_1(t)=A\sin(20\pi t)$ 和 $x_2(t)=A\sin(100\pi t)$ 分别采样，当采样频率 $f_s=40\text{Hz}$ 时，得到的离散时间信号为

$$x_1(n)=A\sin(\pi n/2),\quad x_2(n)=A\sin(5\pi n/2)$$

因为 $\sin(5\pi n/2)=\sin(2\pi n+\pi n/2)=\sin(\pi n/2)$，所以 $x_1(n)=x_2(n)$，即两个离散正弦信号相同，如图 1.37 所示。也就是说，以较大采样周期采样导致两个不同频率的连续信号 $x_1(t)$ 和 $x_2(t)$ 具有相同的采样值。这时的 $x_2(n)$ 由于采样速率不足丢失了 $x_2(t)$ 的信息。对于 $x_2(t)$ 来讲，这种不当的采样称为欠速率采样。为找到信号不失真采样的采样频率和模拟信号最高频率的关系，下面研究理想采样前后信号频谱的变化。

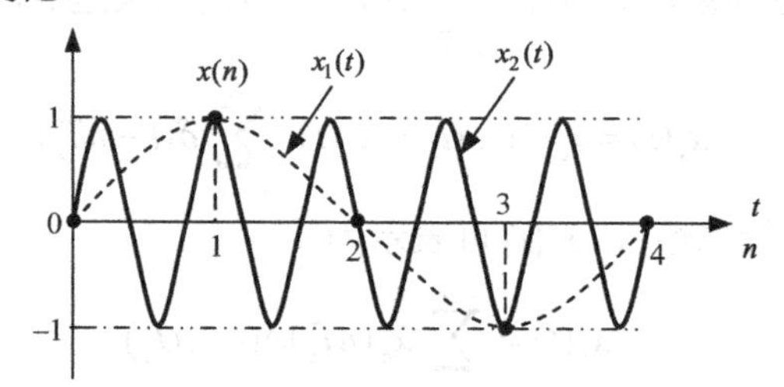

图 1.37　不同的模拟信号具有相同的采样点

周期为 T_s 的单位冲激序列 $s(t)$ 的傅里叶变换 $S(\text{j}\Omega)$ 是一个以 Ω_s 为周期的单位冲激信号，

$$S(\text{j}\Omega)=\frac{2\pi}{T_s}\sum_{k=-\infty}^{\infty}\delta(\Omega-k\Omega_s)$$

这里，$\Omega_s=\dfrac{2\pi}{T_s}=2\pi f_s$。因为 $x_s(t)=x_a(t)\cdot s(t)$，如果 $x_a(t)$ 的傅里叶变换为 $X_a(\text{j}\Omega)$，根据傅里叶变换的频域卷积性质，采样信号 $x_s(t)$ 的傅里叶变换 $X_s(\text{j}\Omega)$ 表示为

$$X_s(\text{j}\Omega)=\frac{1}{2\pi}X_a(\text{j}\Omega)*S(\text{j}\Omega)=\frac{1}{T_s}\sum_{k=-\infty}^{\infty}X_a(\text{j}\Omega-\text{j}k\Omega_s)\tag{1.51}$$

上式描述了采样信号的频谱与原模拟信号频谱之间的关系：

① 采样信号的频谱 $X_s(\text{j}\Omega)$ 是模拟信号频谱 $X_a(\text{j}\Omega)$ 的周期延拓，延拓周期为 $\Omega_s=2\pi/T_s$；

② $X_s(\text{j}\Omega)$ 的幅度是 $X_a(\text{j}\Omega)$ 幅度的 $1/T_s=f_s$ 倍。

如图 1.38(a)表示的是一个带限信号 $x_a(t)$ 的傅里叶变换 $X_a(\text{j}\Omega)$，Ω_m 为最高截止频率。图 1.38(b)为冲激序列 $s(t)$ 的傅里叶变换 $S(\text{j}\Omega)$，图 1.38(c)则是由频域卷积得到采样信号 $x_s(t)$ 的频谱 $X_s(\text{j}\Omega)$。

将 $\Omega=2\pi f$ 代入式（1.51），得到 $X_s(\text{j}f)$ 的表示式为

$$X_s(\text{j}f)=\frac{1}{T_s}\sum_{k=-\infty}^{\infty}X_a[\text{j}2\pi(f-kf_s)]\tag{1.52}$$

如图 1.38(d)所示。

因为 $\delta(t)$ 与 1 是一对傅里叶变换，$\delta(t-nT_s)$ 的傅里叶变换是 $\text{e}^{-\text{j}n\Omega T_s}$。

$$x_s(t)=\sum_{n=-\infty}^{\infty}x_a(nT_s)\delta(t-nT_s)$$

根据傅里叶变换的线性性质，$X_s(\mathrm{j}\Omega)$又可表示为

$$X_s(\mathrm{j}\Omega)=\sum_{n=-\infty}^{\infty}x_a(nT_s)\mathrm{e}^{-\mathrm{j}n\Omega T_s} \tag{1.53}$$

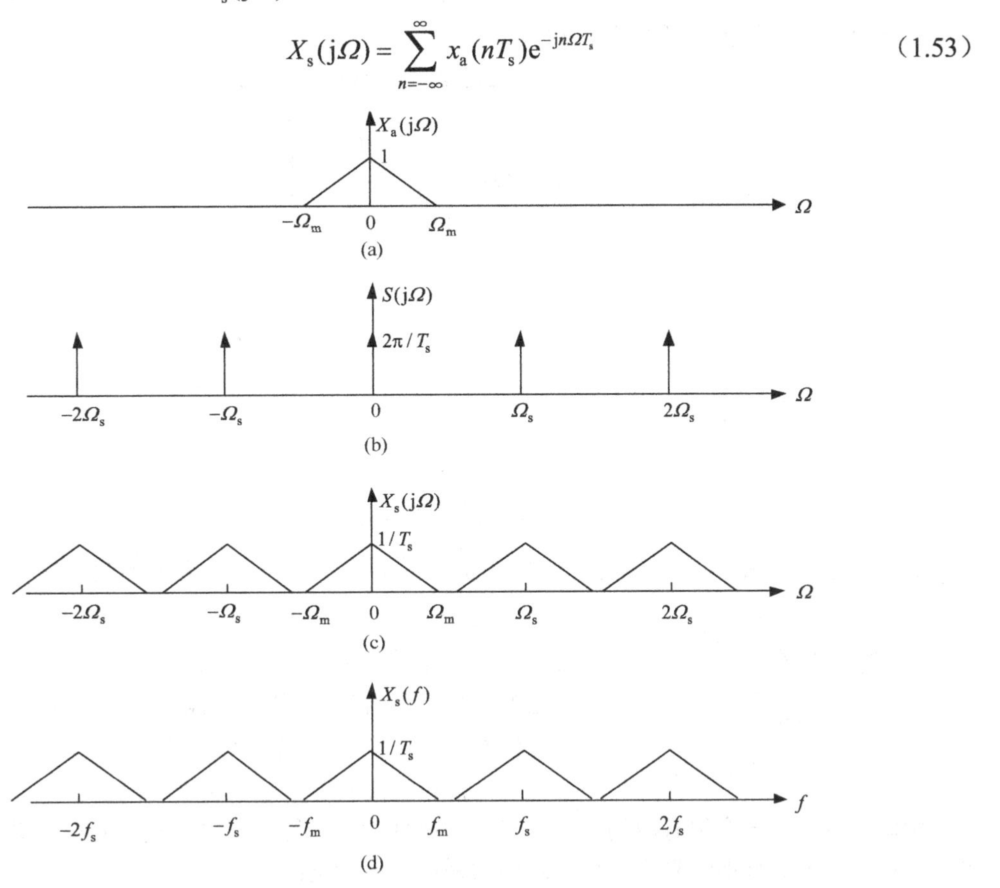

图 1.38　采样前后信号的频谱

图 1.39 表示了模拟信号 $x_a(t)$ 在两种不同采样频率下得到的采样信号的频谱 $X_s(\mathrm{j}\Omega)$，图 1.39(a)和图 1.39(b)分别表示 $\Omega_s>2\Omega_m$ 和 $\Omega_s<2\Omega_m$ 的情况。

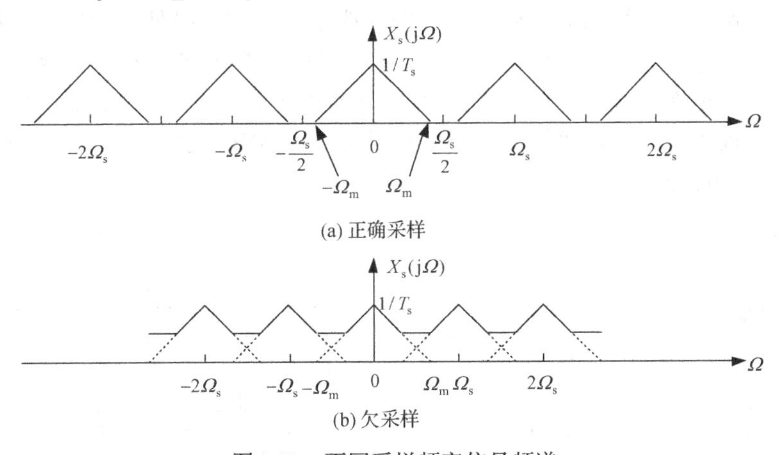

图 1.39　不同采样频率信号频谱

当 $\Omega_s>2\Omega_m$（正确采样）时，$X_a(\mathrm{j}\Omega)$ 各延拓周期互不重叠，并且：

$$X_s(\mathrm{j}\Omega)=\frac{1}{T_s}X_a(\mathrm{j}\Omega),\quad |\Omega|<\frac{\Omega_s}{2}$$

在这种情况下，经过一个截止频率为 $\Omega_s/2$ 的理想低通滤波器 $H(\mathrm{j}\Omega)$ [见图 1.40(a)]，得到 $X_s(\mathrm{j}\Omega)$ 的基带频谱 $Y_a(\mathrm{j}\Omega)$ [见图 1.40(b)]。

$$Y_a(\mathrm{j}\Omega) = H(\mathrm{j}\Omega)\cdot X_s(\mathrm{j}\Omega) = X_a(\mathrm{j}\Omega)$$

$$H(\mathrm{j}\Omega)=\begin{cases} T_s, & |\Omega|<\dfrac{\Omega_s}{2} \\ 0, & |\Omega|\geqslant\dfrac{\Omega_s}{2} \end{cases} \tag{1.54}$$

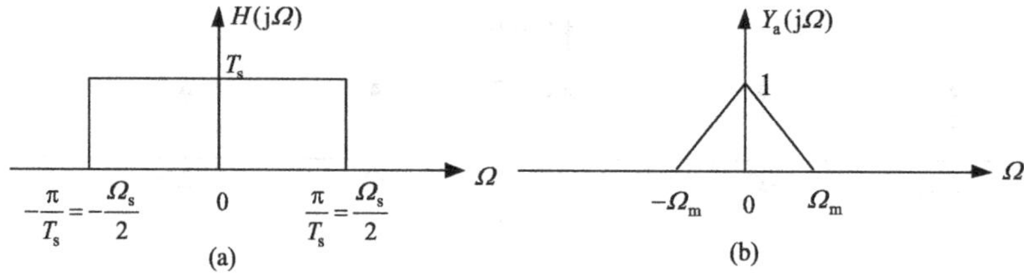

图 1.40　信号的频域恢复

$Y_a(\mathrm{j}\Omega)$ 的傅里叶反变换 $y_a(t)$ 就是原来的模拟信号 $x_a(t)$。采样恢复框图如图 1.41 所示。

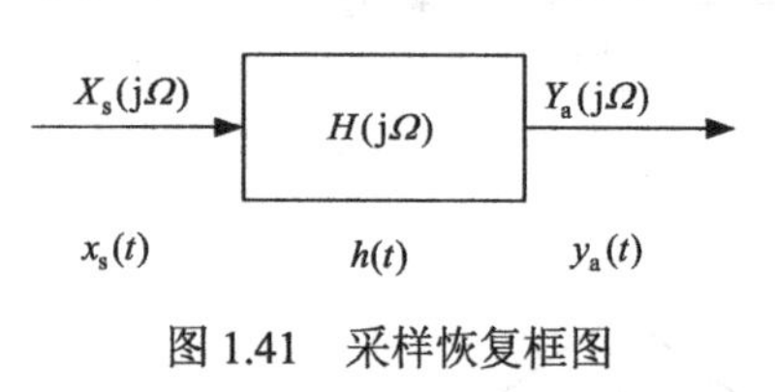

图 1.41　采样恢复框图

当 $\Omega_s < 2\Omega_m$（欠采样）时，$X_a(\mathrm{j}\Omega)$ 各延拓周期互相重叠，这一现象称作频谱混叠失真。出现频谱混叠后，就不可能无失真地提取基带频谱，因而用基带滤波恢复出来的信号就失真了。我们称 $\Omega_s/2=\pi/T_s$ 为折叠频率，它像一面镜子，信号频谱超过它时，就会被折叠回来，造成频谱的混叠。

由此可以得出一个很有用的结论：当采样频率大于或等于有限带宽信号最高频率的两倍时，可从采样信号无失真地恢复原信号，即要求采样频率满足：

$$\Omega_s \geqslant 2\Omega_m，或 f_s \geqslant 2f_m \tag{1.55}$$

这就是所谓时域采样定理（sampling theorem）或奈奎斯特（Nyquist）定理。临界的采样频率 $f_{smin}=2f_m$ 称为奈奎斯特采样频率（Nyquist rate）。实际工作中，为了避免频谱混叠现象发生，采样频率总是选得比两倍信号最高频率更大些，例如选 2.5~4 倍。另外，采用一个称为抗混叠滤波器的低通滤波器，在采样之前，预先滤除信号中高于奈奎斯特频率的部分，这样就可以充分保证对信号不会欠采样，如图 1.42 所示。例如语音信号的主要频率成分在 3400Hz 以下，可以在采样前将信号通过一个前置滤波器，使信号的频率被限定在 3400Hz 之内，即取 $f_m = 3400\mathrm{Hz}$，通常采样频率 f_s 取 $8\mathrm{kHz}$或$10\mathrm{kHz}$。

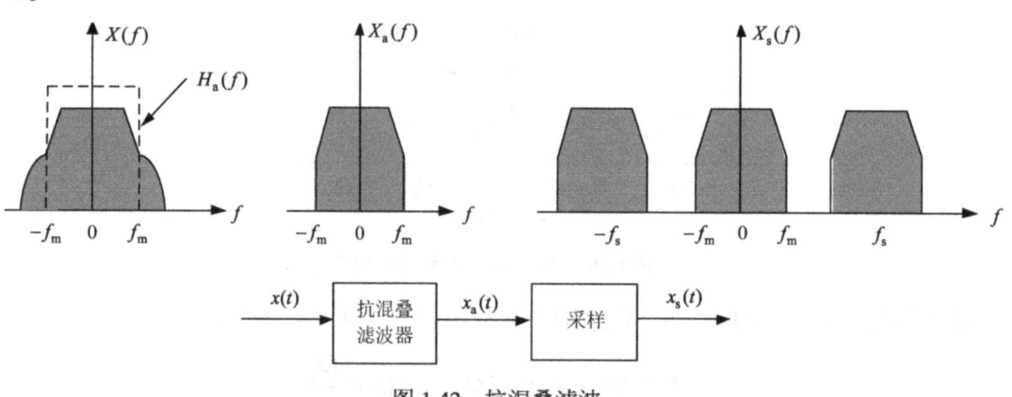

图 1.42　抗混叠滤波

1.3.2 信号恢复

信号恢复

由前面讨论知道，如果模拟信号采样满足时域采样定理，将采样信号通过一个理想低通滤波器，可以不失真地将原始模拟信号恢复出来。下面分析理想低通滤波器的输出 $y_a(t)=x_a(t)$ 的表达式。

理想低通滤波器的冲激响应 $h(t)$ 为

$$h(t)=\frac{1}{2\pi}\int_{-\infty}^{\infty}H(\mathrm{j}\Omega)\mathrm{e}^{\mathrm{j}\Omega}\mathrm{d}\Omega=\frac{T_s}{2\pi}\int_{-\Omega_s/2}^{\Omega_s/2}\mathrm{e}^{\mathrm{j}\Omega t}\mathrm{d}\Omega=\frac{2T_s}{2\pi t}\cdot\sin\frac{\Omega_s t}{2}$$

将 $\Omega_s=2\pi/T_s$ 代入上式，得

$$h(t)=\frac{\sin(\pi t/T_s)}{\pi t/T_s} \tag{1.56}$$

则理想低通滤波器的输出为

$$\begin{aligned}y_a(t)&=x_s(t)*h(t)=\sum_{n=-\infty}^{\infty}x_a(nT_s)\delta(t-nT_s)*h(t)\\&=\sum_{n=-\infty}^{\infty}x_a(nT_s)h(t-nT_s)=\sum_{n=-\infty}^{\infty}x_a(nT_s)\frac{\sin[\pi(t-nT_s)/T_s]}{\pi(t-nT_s)/T_s}\end{aligned} \tag{1.57}$$

简记为

$$y_a(t)=\sum_{n=-\infty}^{\infty}x_a(nT_s)\cdot\varphi_n(t) \tag{1.58}$$

该式称为采样内插公式，$\varphi_n(t)=\dfrac{\sin[\pi(t-nT_s)/T_s]}{\pi(t-nT_s)/T_s}$ 称为内插函数，显然 $\varphi_0(t)=h(t)$。内插函数 $\varphi_n(t)$ 将采样序列 $x(n)$ 与模拟信号 $x_a(t)$ 联系起来，其波形图如图 1.43 所示。

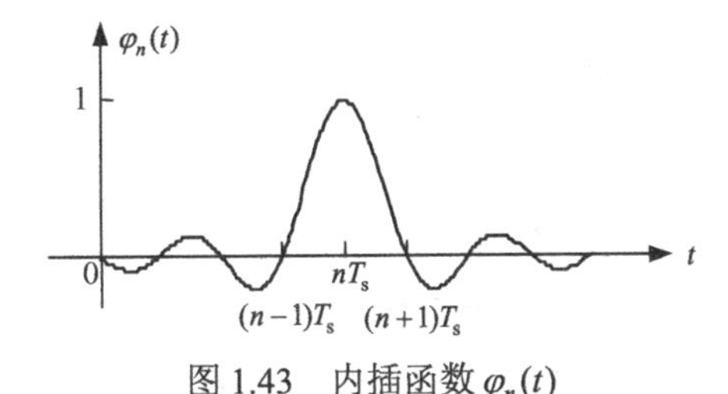

图 1.43 内插函数 $\varphi_n(t)$

可以看到：

$\varphi_n(nT_s)=1$，$\varphi_n(kT_s)=\dfrac{\sin[\pi(kT_s-nT_s)/T_s]}{\pi(kT_s-nT_s)/T_s}=0$（$k$ 为整数，$k\neq n$），这就保证了 $x_a(t)\big|_{t=nT_s}=x_a(nT_s)$，即在每一个采样点上，恢复信号等于序列值。

当 $t=t_0(t_0\neq kT_s,k$ 为任意整数$)$时，$\varphi_n(t_0)\neq 0$，采样点之间的信号则由各采样点内插函数波形的延伸叠加而成。图 1.44 示出了根据内插公式由采样序列恢复模拟信号的过程。

式（1.58）进一步表明，只要采样频率高于两倍信号最高频率分量，则模拟信号就可以完全由它的采样值来表征，而不损失任何信息。综上所述，奈奎斯特采样定理也可以这样叙述：

设 $x_a(t)$ 是一带限信号，其频谱为

$$X_a(\mathrm{j}\Omega)=0,\quad |\Omega|\geqslant\Omega_m$$

如果采样频率 $\Omega_s=2\pi/T_s\geqslant 2\Omega_m$，则 $x_a(t)$ 可由它的采样序列 $x(n)(n=0,\pm1,\pm2,\cdots)$ 唯一确定。

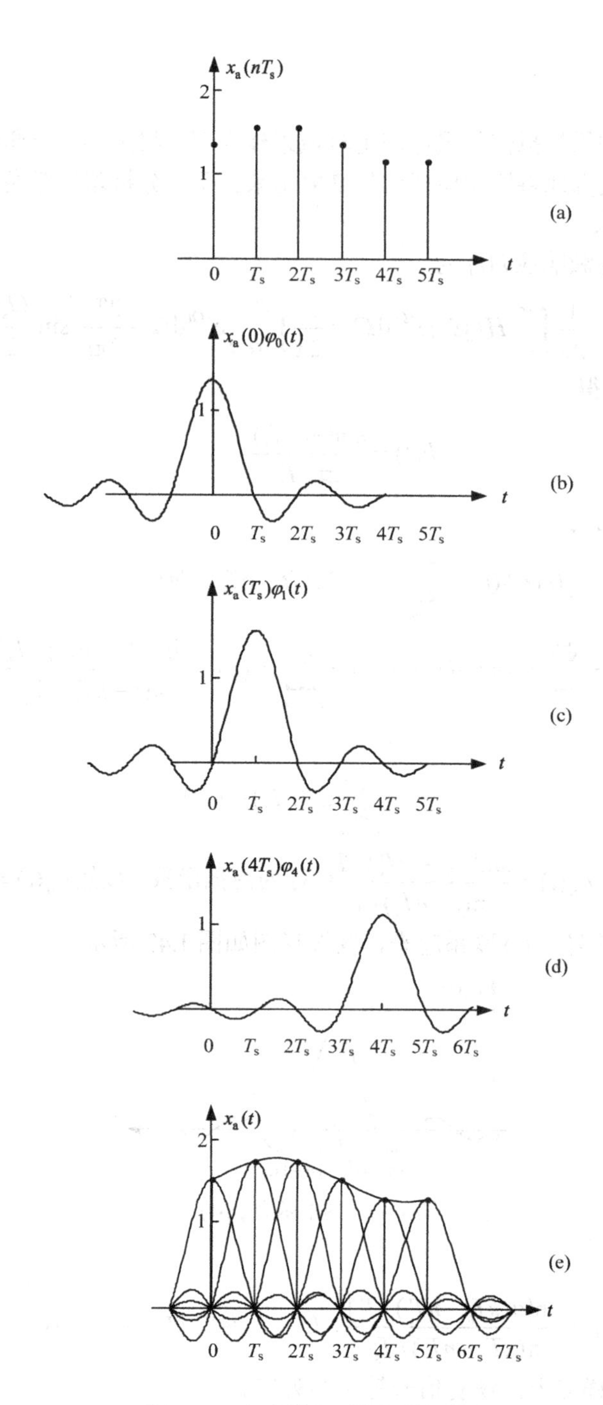

图 1.44　由采样序列恢复模拟信号

1.3.3*　A/D 转换与 D/A 转换

1. A/D 转换

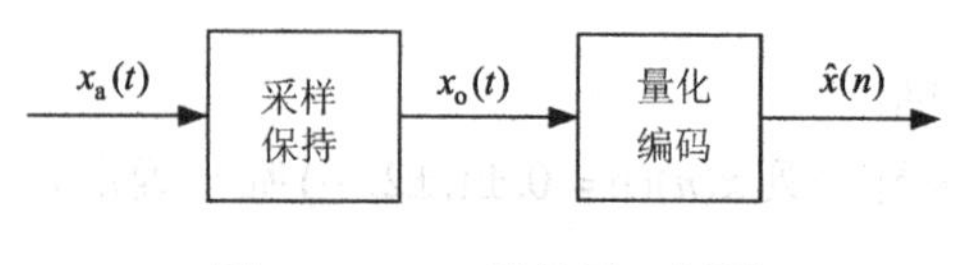

图 1.45　A/D 转换原理框图

实际工程中，模拟信号到数字信号的转换是通过模数转换器来实现的，目前已有很多成熟产品可供选用。A/D 转换原理框图如图 1.45 所示。模拟信号 $x_a(t)$ 经过采样保持电路采样，在每个采样点，采样电路尽可能快地获取信号的电压值，并保持到下一个采样点。采样保持电路的输出称为采样保持信号，是一个阶梯状的模拟信号 $x_{\mathrm{o}}(t)$，如图 1.46(a)所示。每个采样值构成离散序列 $x(n)$，序列经过量化编码得到数字信号 $\hat{x}(n)$，数字信号 $\hat{x}(n)$ 与离散时间信号 $x(n)$ 的关系为

$$\hat{x}(n)=x(n)+q(n) \tag{1.59}$$

式中，$q(n)$ 为量化误差，其大小取决于量化位数。有关量化误差问题，本书不做讨论，有兴趣的读者可参考相关书籍。图 1.46(b)是 3 位量化编码的数字信号。

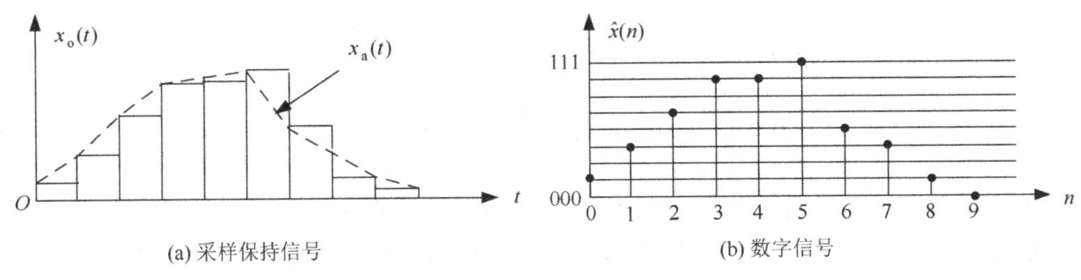

图 1.46　模数转换信号

A/D 转换器常用指标除采样频率和量化位数，还有工作频率及动态工作范围等。商品化 A/D 转换芯片的采样频率可从几千赫兹到几百兆赫兹，字长从 8 位到 24 位，甚至更长。随着超大规模 IC 技术的发展，A/D 转换器的速率与精度也越来越高。当然 A/D 转换的速率与精度越高，其器件成本也越高，对后续处理平台的要求也越高。在一些低成本应用场合，必须综合考虑系统性价比。

2. D/A 转换

有些场合，处理后的数字信号 $y(n)$，不需要转换成模拟信号，如提取的信道参数、结算的银行利息等。但大多数情况下，需要将处理后的数字信号 $y(n)$ 转换为模拟信号，以便于应用，如合成的语音数据信号需要转换成模拟信号才可以听到。

在 1.3.2 节讨论了如何利用理想低通滤波器从一个样本序列恢复模拟信号。实际中，数字信号到模拟信号的转换采用数模转换器来完成，D/A 转换原理框图如图 1.47 所示。首先通过解码器将数字信号 $y(n)$ 转换成时域离散信号 $y_a(nT_{\mathrm{s}})$，然后经过零阶保持器输出一阶梯状的模拟信号 $y_{\mathrm{a}}(t)$，最后由平滑滤波器滤除 $y_{\mathrm{a}}(t)$ 信号中引入的不必要的高频成分，得到输出信号 $y(t)$。零阶保持器的输入输出信号如图 1.48(b)所示。

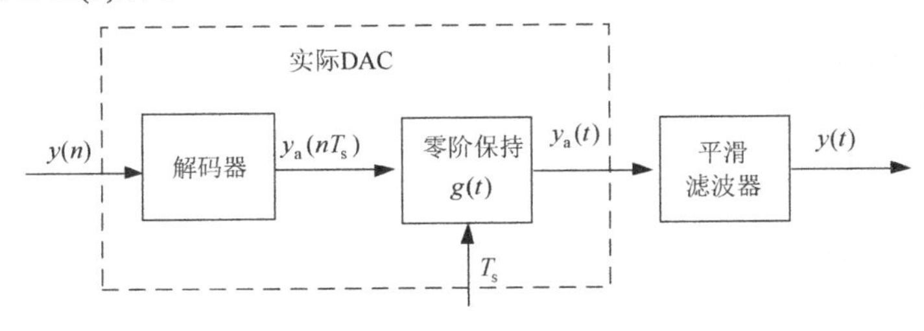

图 1.47　D/A 转换原理框图

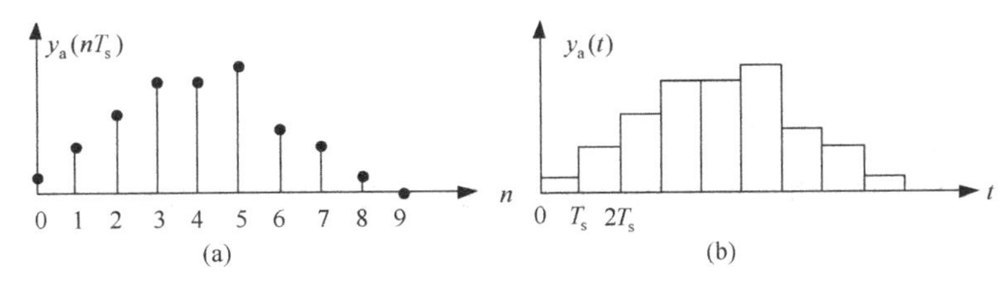

图 1.48　零阶保持器的输入输出信号

通过理想低通滤波器恢复模拟信号，在时域是一个内插过程，内插函数为$\varphi_n(t)$。而序列通过零阶保持器，相当于进行常数内插，内插运算关系为

$$y_{\mathrm{a}}(t)=\sum_{n=-\infty}^{\infty}y_{\mathrm{a}}(nT_{\mathrm{s}})\cdot g(t-nT_{\mathrm{s}}) \tag{1.60}$$

零阶保持器的单位矩形脉冲函数为

$$g(t)=\begin{cases}1, & 0\leqslant t<T_{\mathrm{s}}\\ 0, & -\infty<t<0,T_{\mathrm{s}}\leqslant t<\infty\end{cases} \tag{1.61}$$

对$g(t)$进行傅里叶变换得到传输函数：

$$G(\mathrm{j}\Omega)=\int_{-\infty}^{\infty}g(t)\mathrm{e}^{-\mathrm{j}\Omega t}\mathrm{d}t=\int_{0}^{T_{\mathrm{s}}}\mathrm{e}^{-\mathrm{j}\Omega t}\mathrm{d}t=T_{\mathrm{s}}\frac{\sin(\Omega T_{\mathrm{s}}/2)}{\Omega T_{\mathrm{s}}/2}\mathrm{e}^{-\mathrm{j}\Omega T_{\mathrm{s}}/2} \tag{1.62}$$

单位矩形脉冲函数和其幅频特性如图 1.49 所示。由图看到零阶保持器是一个低通滤波器，能够将时域离散信号恢复成模拟信号。零阶保持器的幅频特性与理想低通滤波器的幅频特性（图中虚线所示）有明显差别，在$\Omega>\pi/T_{\mathrm{s}}$时有较多的频率成分，这样恢复出的模拟信号是阶梯形的，在频域上，会在其采样频率倍频处出现原始信号谐波，引起信号失真，因此需要在 DAC 之后加平滑低通滤波器，滤除多余的高频分量，对时间波形起平滑作用。

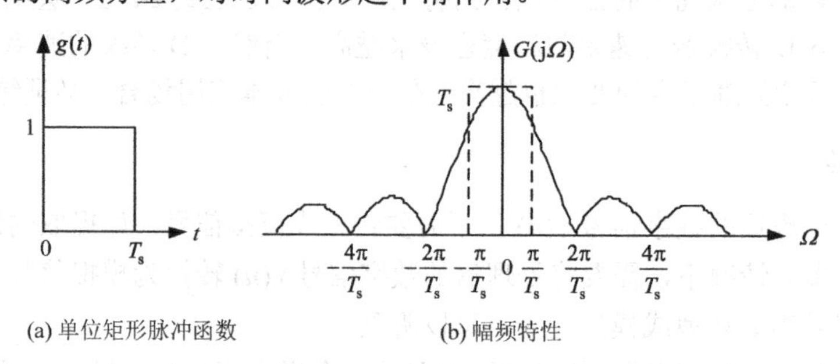

(a) 单位矩形脉冲函数　(b) 幅频特性

图 1.49　零阶保持器特性

1.4　MATLAB 实现举例

本章自定义函数

```
function y=cirshftt(x,m,N)                %cirshftt:实现循环移位函数
if length(x)>N
    error('N 必须>=x 的长度')
end
x=[x zeros(1,N-length(x))];
n=0:N-1;
n=mod(n-m,N);                             %模运算
y=x(n+1);
end
```

1-1　连续信号及其采样信号

对频率为f_1和f_2的两个单频信号构成的时间连续信号$y(t)=A\cdot\sin(2\pi f_1 t)+B\cdot\sin(2\pi f_2 t)$进行采样，得到离散时间序列$y(n)$。

各参数参考取值：f1=50Hz,f2=120Hz,fs=1000Hz,A=1,B=2

```
%pro1_01.m
```

```
f1=input('input f1=');f2=input('input f2=');          %正弦信号频率
fs=input('input fs=');                                %采样频率
A=input('input A=');B=input('input B=');              %正弦信号幅度
t=0:1/fs:1;n=t*fs;
y=A*sin(2*pi*f1*t)+B*sin(2*pi*f2*t);                  %时间连续信号
subplot(211);plot(t(1:50),y(1:50));title('连续信号');
subplot(212);stem(n(1:50),y(1:50));title('离散信号');
```

1-2　产生离散周期方波序列

```
%pro1_02.m
A=1;x=pi/4;
n=-10:10;
x=A*square(x*n);                                      %调用 square 函数，产生周期方波信号
stem(n,x); xlabel(' n');ylabel('x(n) ');
```

1-3　产生随机序列

```
%pro1_03.m
N=input('input  序列长度  N=');
x=rand(1,N);                                          %调用 rand,得到均匀分布的伪随机数
n=0:N-1;
stem(n,x);
```

1-4　产生实指数序列 $x(n)=K\cdot a^{n}$

各参数参考取值：K=0.2，a=1.2，数据长度 N=40。

```
%pro1_04.m
a=input('Type in argument = ');
K=input ('Type in the gain constant = ');
N=input ('type in length of sequence = ');
n=0:N;   x=K*a.^n;
stem(n,x);
```

1-5　产生复指数序列 $x(n)=K\cdot \mathrm{e}^{(a+\mathrm{j}b)n}$

各参数参考取值：K=1,a=-1/12,b=$\pi/6$，数据长度 N=40。

```
%pro1_05.m
a=input('input real exponent a= ');
b=input('input imaginary exponent b= ');
c=a+b*i;
K=input ('input the gain constrant K= ');
N=input ('input length of sequence N= ');
n=1:N;
x=K*exp(c*n);
subplot(211) ;stem(n,real(x)); title('Real part');
subplot(212) ;stem(n,imag(x)); title('Imaginary part');
```

1-6　产生 sinc 序列

```
%pro1_06.m
```

```
fs=5;   t=-8:1/fs:8;   y=sinc(t);   n=t*fs;
stem(y);title('sinc(n/5)');
```

1-7　序列的基本运算

```
%pro1_07.m
n=0:6;x1=[1,2,3,2,1,4,3];N=length(x1);
m=2;n1=1;n2=3;
subplot(231);stem(n,x1);title('x1(n)');
y=[zeros(1,m) x1];                                   %序列 x1 移位
subplot(232);stem(y);title('x1(n-3)');
n1=-6:0;
y=fliplr(x1);                                        %计算序列 x1 的反转
subplot(233);stem(n1,y);title('x1(-n)');
x2=[2,3,1,5,3,4,2];
subplot(234);stem(n,x2);title('x2(n)');
y=x1+x2;
subplot(235); stem(n,y);title('x1(n)+x2(n)');
y=x1.*x2;                                            %序列相乘
subplot(236);stem(n,y);title(' x1(n).*x2(n)');
Ex=sum(abs(x1).^2)                                   %计算序列 x1 平方和
```

1-8　序列的圆周移位

各参数参考取值：x=[1 2 3 4 5 6 7]，m=1。调用自定义的函数 cirshftt。

```
%pro1_08.m
x=input('input 序列 x(n)=');
N=length(x);n=0:N-1;
m=input('input 圆周移位 m=');                        %循环移位样点数
y=cirshftt(x,m,N);
subplot(211);stem(n,x);title('序列 x(n)');text(N-0.5,min(min(x),0),'n');
subplot(212);stem(n,y);title('圆周移位后的序列');text(N-0.5,min(min(x),0),'n');
```

1-9　求时不变系统的输出

时不变系统输入输出满足关系 $y(n)=2x(n)-5$，求输入为 $x(n-m)$ 时系统的输出 $y(n-m)$。各参数参考取值：x(n)=[1 2 5 4 3 4 5]，m=2。

```
%pro1_09.m
x=input('input x(n)=');                              %输入序列
N=length(x);                                         %输入序列的长度
m=input('input 移位 m=');                            %移位样值个数
y=2*x-5;
x1=[zeros(1,m) ,x];
y1=[zeros(1,m) ,y];
subplot(2,1,1) ; stem(x1)
subplot(2,1,2) ; stem(y1)
```

1-10　两个任意序列的线性卷积

```
%pro1_10.m
x1=input('input in the first sequence = ');          %序列 x1
```

```
x2=input ('input in the second seuence = ');           %序列 x2
yl=conv(x1,x2);                                         %计算线性卷积
disp('output sequence =');disp(yl)
```

1-11　线性卷积去噪

若 $s(n)=4\times 0.9^n$， $x(n)=d(n)+s(n)$， $h(n)=\dfrac{1}{M}\sum_{k=0}^{M-1}\delta(n-k)$，求解线性卷积去除信号 $x(n)$ 中的噪声分量 $d(n)$。

各参数参考取值：R=40，M=3。

```
%pro1_11.m
R=input('input R=');                      %R:噪声序列 d(n)的长度
M=input('input M=');                      %M:h(n)的长度
n=0:1:R−1;
d=rand(1,R)-0.5;                          %产生随机噪声
s=10*0.9.^n; x=d+s;                       %产生带噪信号
h=ones(1,M)/M;                            %系统的单位脉冲响应
y=conv(x, h);                             %线性卷积，去除噪声
N=length(y);                              %输出序列的长度
```

绘图部分略。

1-12　系统的级联

各参数参考取值：x(n)=[1 1 1 1 1 1]；h1(n)=[3 0 5 4 1 0 8 4]；h2(n)=[5 4 1 2 8 0 4 6 7 7]

```
%pro1_12.m
x=input('input x(n)=');                                  %输入序列
h1=input('input h1(n)=');h2=input('input h2(n)=');       %级联的两个子系统的单位脉冲响应
y1=conv(x,h1);y1h2=conv(y1,h2);y2=conv(x,h2);            %线性卷积，计算输出序列
y2h1=conv(y2,h1);h=conv(h1,h2);y=conv(x,h);              %线性卷积，计算输出序列
```

绘图部分略。

1-13　系统的并联

各参数参考取值：x(n)=[1 1 1 1 1 1],h1(n)=[3 0 5 4 1 0 8 4],h2(n)=[5 4 1 2 8 0 4 6 7 7]

```
%pro1_13.m
x=input('input x(n)=');
h1=input('input h1(n)=');
h2=input('input h2(n)=');
y1=conv(x,h1);y2=conv(x,h2);                    %线性卷积
if length(y1)>length(y2)
      y2=[y2 zeros(1,length(y1)-length(y2))]
else  y1=[y1 zeros(1,length(y2)-length(y1))]
end
if length(h1)>length(h2)
      h2=[h2 zeros(1,length(h1)-length(h2))]
else  h1=[h1 zeros(1,length(h2)-length(h1))]
end
y1y2=y1+y2; h=h1+h2; y=conv(x,h);
```

绘图部分略。

思 考 题

1-1　关系式$\omega = \Omega T_s = 2\pi f / f_s$中，$\omega$、$\Omega$、$f$、$f_s$物理量的含义是什么？

1-2　对周期为T的连续性周期信号采样，得到的序列是否一定是周期序列？为什么？要使采样序列为周期序列，采样频率f_s应当满足什么条件？（提示：$f_s = \frac{1}{T_s} = \frac{r}{l} \cdot \frac{1}{T}$，其中，$l$，$r$为正整数）。

1-3　$e^{j\omega n}$可看作关于变量n和ω的二维函数，分析$e^{j\omega n}$的周期性。

（a）$e^{j\omega n} = \cos(\omega n) + j\sin(\omega n)$，$\omega$取何值时，$e^{j\omega n}$为周期序列？

（b）说明$e^{j\omega n}$是关于变量ω以2π为周期的周期函数（提示：当r为任意整数时，等式$e^{j\omega n} = e^{jn(\omega+2r\pi)}$成立）。

1-4　N点长序列$x(n)(0 \leqslant n \leqslant N-1)$周期延拓序列的主值序列$x_L(n) = \sum_{r=-\infty}^{\infty} x(n+Lr)R_L(n)$，讨论$x_L(n)$与$x(n)$的关系：

（a）$\mathrm{INT}\left[\frac{N}{2}\right] < L < N$　　（b）$L \leqslant \mathrm{INT}\left[\frac{N}{2}\right]$

INT[ ]表示取整运算。

1-5　若$x_1(n)(l_1 \leqslant n \leqslant N_1 + l_1 - 1)$是长度为$N_1$的有限长序列，$x_2(n)(l_2 \leqslant n \leqslant N_2 + l_2 - 1)$是长度为$N_2$的有限长序列。讨论它们的线性卷积$y_1(n)$的长度和非零区间。

1-6　3点线性插值系统的单位脉冲响应是怎样的？

（提示：3点线性插值计算关系为：

$$y(n) = x_u(n) + \frac{2}{3}[x_u(n-1) + x_u(n+1)] + \frac{1}{3}[x_u(n-2) + x_u(n+2)]$$

1-7　中心滑动滤波器$y(n) = \frac{1}{3}[x(n-1) + x(n) + x(n+1)]$的因果稳定性是怎样的？

1-8　线性时不变系统的输出$y(n)$与输入$x(n)$和单位脉冲响应$h(n)$的关系是什么？

1-9　线性时不变系统为因果系统的充要条件是什么？

1-10　线性时不变系统为稳定系统的充要条件是什么？

1-11　常系数差分方程描述的系统一定是线性非时变系统吗？

1-12　线性时不变系统单位脉冲响应和单位阶跃响应有何关系？

1-13　M点插值系统在两点之间插入$M-1$个零值，$x_u(n)$与$x(n)$的关系是什么？

1-14　序列$x(n)$与采样信号$x_s(t)$的关系是什么？

习　　题

1-1　画出下列时域离散信号：

（a）$x_1(n) = \left(\frac{1}{2}\right)^n u(n)$

（b）$x_2(n) = \delta(n) + u(n-1)$

（c）$x_3(n) = u(n-2)$

（d）$x_4(n) = u(-n+2)$

1-2　使用 MATLAB 产生下列离散序列（设 $-5<n<5$）：

（a）$x_1(n)=2\delta(n-3)-3\delta(n+2)$

（b）$x_2(n)=3\sin(0.2\pi n)$

（c）$x_3(n)=u(n)-u(n+4)$

（d）$x_4(n)=R_4(n)+\delta(n+5)$

（e）$x_5(n)=3\mathrm{e}^{0.2n}u(n)$

1-3　判断下列正弦序列的周期性，并求出周期序列的周期。

（a）$x_1(n)=3\sin(0.05\pi n)$

（b）$x_2(n)=2\sin(0.05\pi n)+3\sin(0.12\pi n)$

（c）$x_3(n)=3\sin(2n)$

1-4　用单位脉冲序列 $\delta(n)$ 及其加权和表示以下序列：

（a）图 P1-1 所示序列

（b）$x(n)=2^n[u(n+2)-u(n-3)]$

1-5　已知 $x(n)$ 如图 P1-2 所示，试画出下面各序列的图形：

$$x((n))_6, x((n))_6 R_3(n), x((-n))_6 R_6(n), x((-n))_5\ , x((n-3))_5 R_5(n), x((n))_7 R_7(n)$$

1-6　已知 $x(n)$ 如图 P1-3 所示。

（a）画出 $x(-n)$ 的图形；

（b）画出 $y_1(n)=2x(n-1)$ 的图形；

（c）画出 $y_2(n)=3x(n+2)$ 的图形；

（d）画出 $y_3(n)=x(-n+1)$ 的图形；

（e）计算 $x_{\mathrm{e}}(n)=\dfrac{1}{2}[x(n)+x(-n)]$，并画出 $x_{\mathrm{e}}(n)$ 的图形；

（f）计算 $x_{\mathrm{o}}(n)=\dfrac{1}{2}[x(n)-x(-n)]$，并画出 $x_{\mathrm{o}}(n)$ 的图形。

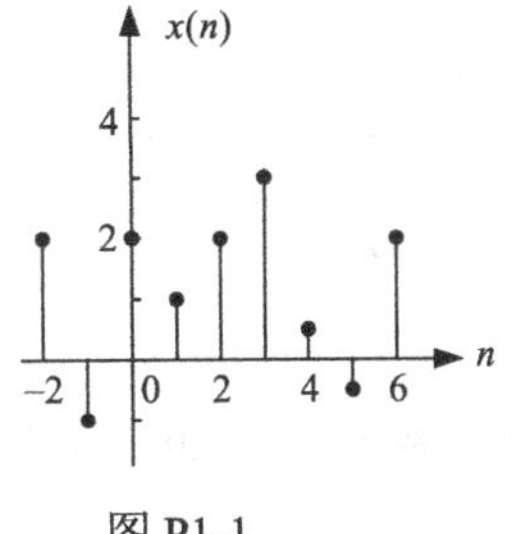

图 P1-1

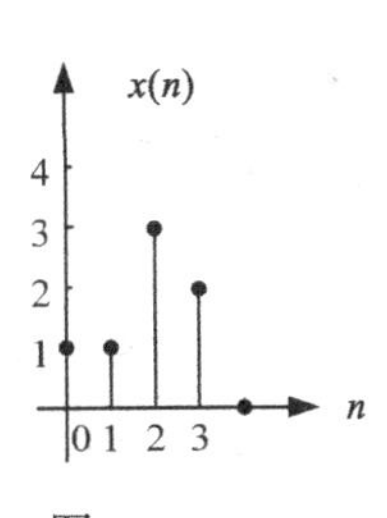

图 P1-2

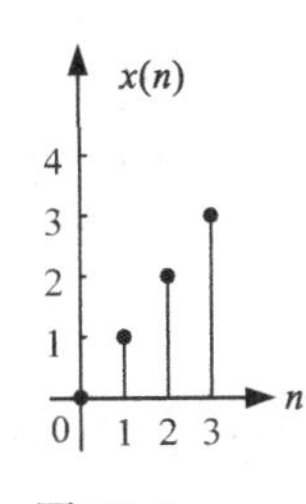

图 P1-3

1-7　证明：任意序列 $x(n)$ 可以表示为一个共轭对称序列和一个共轭反对称序列之和（提示：先构造序列 $x_{\mathrm{e}}(n)=[x(n)+x^*(-n)]/2$ 和 $x_{\mathrm{o}}(n)=[x(n)-x^*(-n)]/2$，再根据共轭对称序列和一个共轭反对称序列的定义证明）。

1-8　证明：N 点长序列 $x(n)$（$0\leqslant n\leqslant N-1$）可以表示为一个循环共轭对称序列和一个循环共轭反对称序列之和（提示：先构造序列 $x_{\mathrm{ep}}(n)=[x(n)+x^*(N-n)]/2$ 和 $x_{\mathrm{op}}(n)=[x(n)-x^*(N-n)]/2$，再证明）。

1-9　若实序列 $x(n)$，当 $n<0$ 时 $x(n)=0$

证明

$$x(n)=\begin{cases}2x_e(n)=2x_0(n), & n>0\\ x_e(n), & n=0\\ 0, & n<0\end{cases}$$

1-10　确定并描绘出下面系统的单位脉冲响应

$$y(n)=\sum_{k=1}^{10}kx(n-k)$$

1-11　计算下列序列的线性卷积：

（a）$x_1(n)=u(n)-u(n-N)$，　　$x_2(n)=nu(n)$

（b）$x_1(n)=u(n-1)-u(n-3)$，　　$x_2(n)=u(n+3)-u(n+1)$

（c）$x_1(n)=u(-n-1)$，　　$x_2(n)=\left(\frac{1}{2}\right)^n u(n)$

1-12　已知 $x(n)=\{x(0),x(1),x(2)\}=\{3,2,1\}$，求：

（a）$y_1(n)=x(n)*x(n)$

（b）$y_2(n)=x(n)*x(n)*x(n)$

1-13　设 $c(n)=a^n$，$x(n)$ 和 $y(n)$ 为两个任意序列，证明：

$$[c(n)x(n)]*[c(n)y(n)]=c(n)[x(n)*y(n)]$$

1-14　已知序列 $x(n)$，$y(n)$ 如图 P1-4 所示。

（a）调用 MATLAB 程序%pro1_07.m，计算 $x_1(n)=x(n)+y(n)$

（b）调用 MATLAB 程序%pro1_07.m，计算 $x_2(n)=x(n)*y(n)$

（c）编写 MATLAB 程序，计算 $x_3(n)=3x(n)$

（d）编写 MATLAB 程序，计算 $x(n)$ 的能量和功率

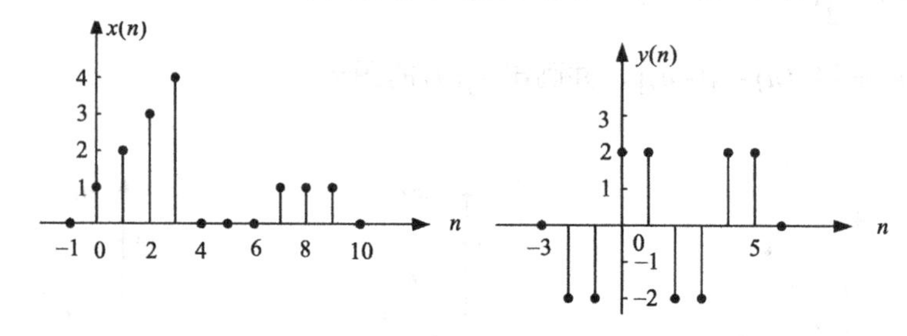

图 P1-4

1-15　设系统输入为 $x(n)$，输出为 $y(n)$，根据下列输出与输入关系判断系统是否线性，是否非时变。

（a）$y(n)=2x(n)+3$

（b）$y(n)=x(n)\sin(\pi n/7+\pi/6)$

（c）$y(n)=[x(n)]^2$

（d）$y(n)=\sum_{m=-\infty}^{n}x(m)$

（e）$y(n)=x(n-n_0)$

1-16　设有如下差分方程确定的系统

$$y(n)+2y(n-1)+y(n-2)=x(n), n\geqslant 0$$

当 $n<0$ 时，$y(n)=0$

（a）计算 $x(n)=\delta(n)$ 时的在 1，2，3，4 和 5 点的值；

（b）求系统的单位脉冲响应 $h(n)$；

（c）计算 $x(n)=u(n)$ 时的 $y(n)$；

（d）该系统稳定吗？为什么？

1-17　若系统的差分方程为 $y(n)=ay(n-1)+x(n)+x(n-1)$

（a）如果 $n<0$ 时 $h(n)=0$，求单位脉冲响应；

（b）如果 $n>0$ 时 $h(n)=0$，求单位脉冲响应。

1-18　一理想采样系统，采样频率为 $\Omega_s=8\pi$，采样后经理想低通 $H(j\Omega)$ 还原：

$$H(j\Omega)=\begin{cases}1/4, & |\Omega|<4\pi \\ 0, & |\Omega|\geqslant 4\pi\end{cases}$$

今有两输入，$x_1(t)=\cos 2\pi t,\ x_2(t)=\cos 5\pi t$。问输出信号 $y_1(t), y_2(t)$ 有无失真？若有失真，为什么失真？

1-19　今对三个正弦信号 $x_1(t)=\cos 2\pi t$，$x_2(t)=-\cos 6\pi t$，$x_3(t)=\cos 10\pi t$ 进行理想采样，采样频率 $\Omega_s=8\pi$。

（a）计算三个采样序列并画图表示；

（b）解释频谱混叠现象。

第2章　时域离散信号和系统的频域分析

对信号和系统的分析方法包括时域分析方法和频域分析方法两种。在模拟域中，时域上信号用模拟信号来表示，系统用微分方程来描述；频域则用连续信号的傅里叶变换（Fourier Transform）或拉普拉斯变换表示。对于时域离散信号和系统，时域使用离散时间信号（序列）表示，系统用差分方程描述；而在频域，则用离散时间信号（序列）的傅里叶变换或Z变换来表示。

本章首先学习时域离散信号和系统分析的重要工具——序列的傅里叶变换，继而利用序列的傅里叶变换和Z变换分析时域离散信号和系统的频域特性，最后对几种特殊系统进行讨论。本章内容是第4章、第5章数字滤波器设计和第6章系统实现结构的基础。

本章主要知识点

- ✧ 离散时间傅里叶变换的定义及性质
- ✧ Z变换的定义及收敛域
- ✧ Z反变换及其求解方法
- ✧ Z变换的基本性质
- ✧ Z变换与拉普拉斯变换、离散时间傅里叶变换的关系
- ✧ 频率响应的概念及物理意义
- ✧ 系统函数的概念及收敛域
- ✧ 频率响应的几何确定方法
- ✧ 梳状滤波器、线性相位系统、全通系统、逆系统、最小相位系统的定义及特点
- ✧ 短时傅里叶变换

2.1　序列的傅里叶变换

序列的傅里叶变换也叫作离散时间傅里叶变换（Discrete Time Fourier Transform，DTFT），是基于复指数序列$e^{-j\omega n}$完备正交函数集的正交性展开的，其作用类似于连续信号的傅里叶变换。序列的傅里叶变换主要用于离散信号的频谱分析、时域离散系统的频域特性研究，以及离散信号通过离散系统的频谱变化分析等方面。

2.1.1　序列傅里叶变换的定义

序列傅里叶变换的定义

若序列$x(n)$满足绝对可和的条件，即

$$\sum_{n=-\infty}^{\infty}|x(n)|<\infty \tag{2.1}$$

则序列$x(n)$的傅里叶变换存在，表示为

$$X(e^{j\omega})=\sum_{n=-\infty}^{\infty}x(n)e^{-j\omega n} \tag{2.2}$$

$X(e^{j\omega})$是频率ω的连续函数，直观地描述了各频率成分的分布，体现了信号的频域特征，称为序列$x(n)$的频谱。通常，$X(e^{j\omega})$是ω的一个复值函数，可以用实部和虚部表示为

$$X(e^{j\omega})=X_R(e^{j\omega})+jX_I(e^{j\omega}) \tag{2.3}$$

或用模和相位表示为

$$X(\mathrm{e}^{\mathrm{j}\omega}) = \left|X(\mathrm{e}^{\mathrm{j}\omega})\right| \mathrm{e}^{\mathrm{j}\arg[X(\mathrm{e}^{\mathrm{j}\omega})]} \tag{2.4}$$

$X_{\mathrm{R}}(\mathrm{e}^{\mathrm{j}\omega})$、$X_{\mathrm{I}}(\mathrm{e}^{\mathrm{j}\omega})$ 分别是 $X(\mathrm{e}^{\mathrm{j}\omega})$ 的实部和虚部，$\left|X(\mathrm{e}^{\mathrm{j}\omega})\right|$ 称为 $X(\mathrm{e}^{\mathrm{j}\omega})$ 的幅频特性，$\arg[X(\mathrm{e}^{\mathrm{j}\omega})]$ 称为 $X(\mathrm{e}^{\mathrm{j}\omega})$ 的相频特性，$\arg[X(\mathrm{e}^{\mathrm{j}\omega})]$ 的主值范围是 $[-\pi,\pi)$。它们的相互关系是

$$\left|X(\mathrm{e}^{\mathrm{j}\omega})\right| = [X_{\mathrm{R}}^2(\mathrm{e}^{\mathrm{j}\omega}) + X_{\mathrm{I}}^2(\mathrm{e}^{\mathrm{j}\omega})]^{1/2}$$

$$\arg[X(\mathrm{e}^{\mathrm{j}\omega})] = \arctan\frac{X_{\mathrm{I}}(\mathrm{e}^{\mathrm{j}\omega})}{X_{\mathrm{R}}(\mathrm{e}^{\mathrm{j}\omega})}$$

为分析方便，有时将 $X(\mathrm{e}^{\mathrm{j}\omega})$ 表示成

$$X(\mathrm{e}^{\mathrm{j}\omega}) = X(\omega)\mathrm{e}^{\mathrm{j}\varphi(\omega)} \tag{2.5}$$

$X(\omega)$ 为实函数，称为 $X(\mathrm{e}^{\mathrm{j}\omega})$ 的幅度特性，$\varphi(\omega)$ 称为 $X(\mathrm{e}^{\mathrm{j}\omega})$ 的相位特性，$\varphi(\omega)$ 的取值范围为 $[-\pi,\pi)$。

幅频、幅度、相频、相位特性之间的关系是

当 $X(\omega)\geqslant 0$ 时，$\left|X(\mathrm{e}^{\mathrm{j}\omega})\right| = X(\omega), \varphi(\omega) = \arg[X(\mathrm{e}^{\mathrm{j}\omega})]$；

当 $X(\omega)<0$ 时，$\left|X(\mathrm{e}^{\mathrm{j}\omega})\right| = -X(\omega), \varphi(\omega) = \arg[X(\mathrm{e}^{\mathrm{j}\omega})]\pm\pi$。

对于任意 ω，当 r 为整数时

$$X(\mathrm{e}^{\mathrm{j}(\omega+2\pi r)}) = \sum_{n=-\infty}^{\infty} x(n)\mathrm{e}^{-\mathrm{j}(\omega+2\pi r)n} = X(\mathrm{e}^{\mathrm{j}\omega}) \tag{2.6}$$

同样可以证明：

$$X_{\mathrm{R}}(\mathrm{e}^{\mathrm{j}(\omega+2\pi r)}) = X_{\mathrm{R}}(\mathrm{e}^{\mathrm{j}\omega}),\quad X_{\mathrm{I}}(\mathrm{e}^{\mathrm{j}(\omega+2\pi r)}) = X_{\mathrm{I}}(\mathrm{e}^{\mathrm{j}\omega})$$

$$|X(\mathrm{e}^{\mathrm{j}(\omega+2\pi r)})| = \left|X(\mathrm{e}^{\mathrm{j}\omega})\right|,\quad \arg[X(\mathrm{e}^{\mathrm{j}(\omega+2\pi r)})] = \arg[X(\mathrm{e}^{\mathrm{j}\omega})]$$

因此，序列的傅里叶变换及其实部、虚部、幅频特性和相频特性均是 ω 的连续函数，且是以 2π 为周期的周期函数。

【例 2.1】 设 $x(n)=R_N(n)$，求 $x(n)$ 的傅里叶变换。

解：因为

$$\sum_{n=-\infty}^{\infty}\left|x(n)\right| = \sum_{n=0}^{N-1} R_N(n) = N < \infty$$

所以，可用傅里叶变换定义式（2.2）直接计算，则有

$$\begin{aligned}X(\mathrm{e}^{\mathrm{j}\omega}) &= \sum_{n=-\infty}^{\infty} R_N(n)\mathrm{e}^{-\mathrm{j}\omega n} = \sum_{n=0}^{N-1}\mathrm{e}^{-\mathrm{j}\omega n} = \frac{1-\mathrm{e}^{-\mathrm{j}\omega N}}{1-\mathrm{e}^{-\mathrm{j}\omega}}\\ &= \frac{\mathrm{e}^{-\mathrm{j}\omega N/2}(\mathrm{e}^{\mathrm{j}\omega N/2}-\mathrm{e}^{-\mathrm{j}\omega N/2})}{\mathrm{e}^{-\mathrm{j}\omega/2}(\mathrm{e}^{\mathrm{j}\omega/2}-\mathrm{e}^{-\mathrm{j}\omega/2})}\\ &= \mathrm{e}^{-\mathrm{j}(N-1)\omega/2}\frac{\sin(\omega N/2)}{\sin(\omega/2)}\end{aligned}$$

$X(\mathrm{e}^{\mathrm{j}\omega})$ 的幅度特性、幅频特性和相频特性分别为

$$X(\omega) = \frac{\sin(\omega N/2)}{\sin(\omega/2)}$$

$$\left|X(\mathrm{e}^{\mathrm{j}\omega})\right| = \left|\frac{\sin(\omega N/2)}{\sin(\omega/2)}\right|$$

$$\arg[X(\mathrm{e}^{\mathrm{j}\omega})] = -(N-1)\omega/2 + \arg[\mathrm{sgn}(X(\omega))] + 2k\pi$$

上式中，k 为整数，其取值应使 $\arg[X(\mathrm{e}^{\mathrm{j}\omega})]$ 在区间 $[-\pi,\pi)$ 之内，$\mathrm{sgn}(\cdot)$ 为符号函数。

$$\arg[\mathrm{sgn}(X(\omega))] = \begin{cases} \pm\pi, & X(\omega) < 0 \\ 0, & X(\omega) \geqslant 0 \end{cases}$$

当 $\omega = 0$ 时，分子分母同时为零，此时由洛必达法则知 $X(\omega)$ 值最大，$X(\omega) = N$；当 $\omega = 2\pi k/N$（k 为整数）时，分子恒等于 0，而分母不为 0，此时 $X(\omega) = 0$。在区间 $[-\pi,\pi)$ 内 $X(\omega)$ 共有 $N-1$ 个零值点，$k=-1$ 和 $k=1$ 分别对应 $\omega = 0$ 两边第一个过零点 $\omega = -2\pi/N$ 和 $\omega = 2\pi/N$。$X(\omega)$ 在 $\omega = -2\pi/N$ 和 $\omega = 2\pi/N$ 之间的部分称为主瓣，主瓣宽度为 $B = 4\pi/N$，主瓣以外的部分称为旁瓣。$N = 5$ 时，$X(\mathrm{e}^{\mathrm{j}\omega})$ 的幅度特性、相频特性和幅频特性分别如图 2.1(b)、(c)、(d)所示。

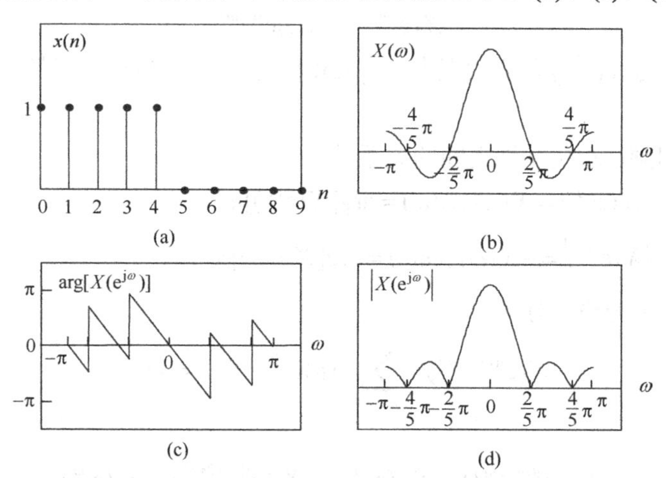

图 2.1　$R_N(n)$ 傅里叶变换的幅度、相频和幅频特性

将 $\omega = \Omega T_{\mathrm{s}}$、$x(n) = x_{\mathrm{a}}(nT_{\mathrm{s}})$ 代入式（2.2），有

$$X(\mathrm{e}^{\mathrm{j}\Omega T_{\mathrm{s}}}) = \sum_{n=-\infty}^{\infty} x_{\mathrm{a}}(nT_{\mathrm{s}})\mathrm{e}^{-\mathrm{j}n\Omega T_{\mathrm{s}}}$$

由傅里叶变换的性质知，$X_{\mathrm{s}}(\mathrm{j}\Omega)$ 可表示为

$$X_{\mathrm{s}}(\mathrm{j}\Omega) = \sum_{n=-\infty}^{\infty} x_{\mathrm{a}}(nT_{\mathrm{s}})\mathrm{e}^{-\mathrm{j}n\Omega T_{\mathrm{s}}}$$

比较以上两式，可得出如下关系式：

$$X_{\mathrm{s}}(\mathrm{j}\Omega) = X(\mathrm{e}^{\mathrm{j}\omega})\Big|_{\omega=\Omega T_{\mathrm{s}}} = X(\mathrm{e}^{\mathrm{j}\Omega T_{\mathrm{s}}}) \tag{2.7}$$

该式表明，$X(\mathrm{e}^{\mathrm{j}\omega})$ 是采样信号频谱 $X_{\mathrm{s}}(\mathrm{j}\Omega)$ 的频率尺度变换的结果，频率尺度因子 $\omega = \Omega T_{\mathrm{s}}$，使得 $X_{\mathrm{s}}(\mathrm{j}\Omega)$ 中 $\Omega = \Omega_{\mathrm{s}}$ 归一化到 $X(\mathrm{e}^{\mathrm{j}\omega})$ 中的 $\omega = 2\pi$。

因为

$$X_{\mathrm{s}}(\mathrm{j}\Omega) = \frac{1}{T_{\mathrm{s}}}\sum_{k=-\infty}^{\infty} X_{\mathrm{a}}[\mathrm{j}(\Omega - k\Omega_{\mathrm{s}})]$$

所以有

$$X(\mathrm{e}^{\mathrm{j}\omega}) = \frac{1}{T_{\mathrm{s}}}\sum_{k=-\infty}^{\infty} X_{\mathrm{a}}\left[\mathrm{j}\left(\frac{\omega}{T_{\mathrm{s}}} - k\frac{2\pi}{T_{\mathrm{s}}}\right)\right]$$

即序列的频谱也是模拟信号频谱的周期延拓，延拓周期为 2π。

2.1.2　序列的傅里叶反变换

用 $\mathrm{e}^{\mathrm{j}\omega m}$ 乘以式（2.2）的两边，并在 $-\pi\sim\pi$ 内对 ω 积分，有

$$\int_{-\pi}^{\pi}X(\mathrm{e}^{\mathrm{j}\omega})\mathrm{e}^{\mathrm{j}\omega m}\mathrm{d}\omega=\int_{-\pi}^{\pi}\left[\sum_{n=-\infty}^{\infty}x(n)\mathrm{e}^{-\mathrm{j}\omega n}\right]\mathrm{e}^{\mathrm{j}\omega m}\mathrm{d}\omega$$

交换积分与求和次序，得到

$$\int_{-\pi}^{\pi}X(\mathrm{e}^{\mathrm{j}\omega})\mathrm{e}^{\mathrm{j}\omega m}\mathrm{d}\omega=\sum_{n=-\infty}^{\infty}x(n)\int_{-\pi}^{\pi}\mathrm{e}^{\mathrm{j}\omega(m-n)}\mathrm{d}\omega$$

因为
$$\int_{-\pi}^{\pi}\mathrm{e}^{\mathrm{j}\omega(m-n)}\mathrm{d}\omega=\begin{cases}2\pi, & m=n\\ 0, & m\neq n\end{cases}=2\pi\delta(m-n)$$

所以
$$\int_{-\pi}^{\pi}X(\mathrm{e}^{\mathrm{j}\omega})\mathrm{e}^{\mathrm{j}\omega m}\mathrm{d}\omega=2\pi\sum_{n=-\infty}^{\infty}x(n)\delta(m-n)=2\pi\cdot x(m)$$

由此得到

$$x(n)=\frac{1}{2\pi}\int_{-\pi}^{\pi}X(\mathrm{e}^{\mathrm{j}\omega})\mathrm{e}^{\mathrm{j}\omega n}\mathrm{d}\omega \tag{2.8}$$

式（2.2）和式（2.8）组成了一对傅里叶变换对，通常式（2.2）称为序列 $x(n)$ 的傅里叶正变换，式（2.8）为 $X(\mathrm{e}^{\mathrm{j}\omega})$ 的傅里叶反变换。事实上，式（2.2）是周期函数 $X(\mathrm{e}^{\mathrm{j}\omega})$ 的傅里叶级数展开式，其傅里叶系数是 $x(n)$。为简便，采用以下符号表示序列的傅里叶变换对

$$X(\mathrm{e}^{\mathrm{j}\omega})=\mathrm{DTFT}[x(n)]=\sum_{n=-\infty}^{\infty}x(n)\mathrm{e}^{-\mathrm{j}\omega n} \tag{2.9}$$

$$x(n)=\mathrm{IDTFT}[X(\mathrm{e}^{\mathrm{j}\omega})]=\frac{1}{2\pi}\int_{-\pi}^{\pi}X(\mathrm{e}^{\mathrm{j}\omega})\mathrm{e}^{\mathrm{j}\omega n}\mathrm{d}\omega \tag{2.10}$$

【例 2.2】 若 $X(\mathrm{e}^{\mathrm{j}\omega})=\begin{cases}1, & |\omega|\leqslant\omega_{\mathrm{c}}\\ 0, & \omega_{\mathrm{c}}<|\omega|\leqslant\pi\end{cases}$，求其傅里叶反变换。

解：
$$x(n)=\frac{1}{2\pi}\int_{-\pi}^{\pi}X(\mathrm{e}^{\mathrm{j}\omega})\cdot\mathrm{e}^{\mathrm{j}\omega n}\mathrm{d}\omega=\frac{1}{2\pi}\int_{-\omega_{\mathrm{c}}}^{\omega_{\mathrm{c}}}\mathrm{e}^{\mathrm{j}\omega n}\mathrm{d}\omega=\frac{\sin\omega_{\mathrm{c}}n}{\pi n}$$

当 $\omega_{\mathrm{c}}=\dfrac{\pi}{2}$ 时，
$$x(n)=\frac{\sin(\pi n/2)}{\pi n}$$

$X(\mathrm{e}^{\mathrm{j}\omega})$ 及其傅里叶反变换 $x(n)$ 如图 2.2 所示。$x(n)$ 为一非因果无限长序列，并且能够证明 $\sum\limits_{n=-\infty}^{\infty}|x(n)|=\infty$。

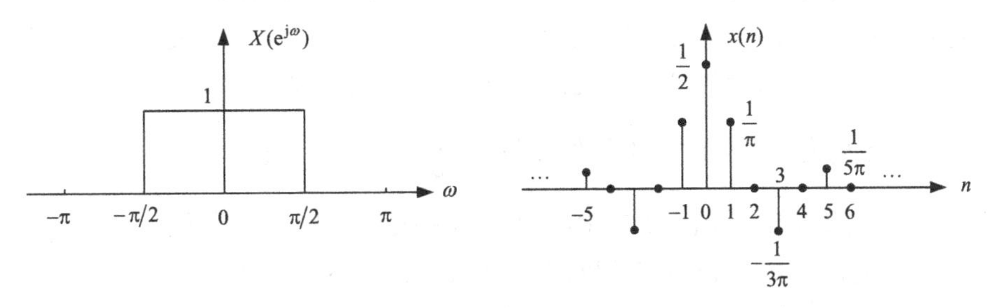

图 2.2　$\omega_{\mathrm{c}}=\pi/2$ 时的 $X(\mathrm{e}^{\mathrm{j}\omega})$ 及其傅里叶反变换

以上我们建立起序列 $x(n)$ 与其傅里叶变换 $X(\mathrm{e}^{\mathrm{j}\omega})$ 之间的一一对应关系。傅里叶变换包括幅频特性和相频特性两部分，相频特性和幅频特性同等重要。

图 2.3 是一个相频特性丢失引起波形失真的例子。图 2.3(a)为一偶序列 $x(n)$，图 2.3(c)为 $x(n)$ 的傅里叶变换 $X(\mathrm{e}^{\mathrm{j}\omega})$（利用 2.1.4 节序列 DTFT 的性质能够证明：实偶序列的傅里叶变换是实偶函数，见习题 2-10），图 2.3(d)为 $X(\mathrm{e}^{\mathrm{j}\omega})$ 的幅频特性 $Y(\mathrm{e}^{\mathrm{j}\omega})=\left|X(\mathrm{e}^{\mathrm{j}\omega})\right|$。若对 $Y(\mathrm{e}^{\mathrm{j}\omega})$ 进行反变换得到图 2.3(b)所示序列 $y(n)$ 与 $x(n)$ 在时域呈现出明显差异。这是因为通过对 $X(\mathrm{e}^{\mathrm{j}\omega})$ 取模运算，丢失了 $X(\mathrm{e}^{\mathrm{j}\omega})$ 在 $(-8\pi/9,-6\pi/9)$、$(-4\pi/9,-2\pi/9)$ 和 $(2\pi/9,4\pi/9)$、$(6\pi/9,8\pi/9)$ 区间的相位 π，得到了零相位的 $Y(\mathrm{e}^{\mathrm{j}\omega})$ 所致。

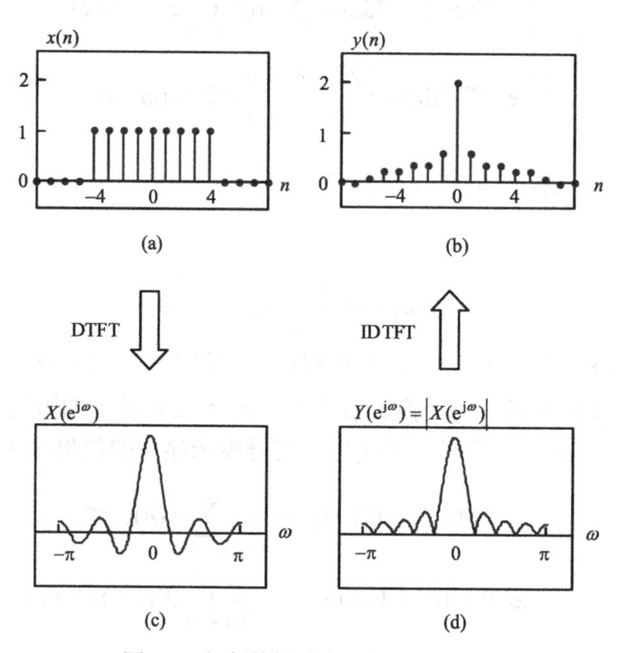

图 2.3　相频特性丢失引起信号失真

2.1.3* 序列傅里叶变换的存在条件

因为

$$\sum_{n=-\infty}^{\infty}\left|x(n)\mathrm{e}^{-\mathrm{j}\omega n}\right|=\sum_{n=-\infty}^{\infty}|x(n)|\left|\mathrm{e}^{-\mathrm{j}\omega n}\right|=\sum_{n=-\infty}^{\infty}|x(n)|$$

所以，条件

$$\sum_{n=-\infty}^{\infty}|x(n)|<\infty \tag{2.11}$$

必能保证级数 $X(\mathrm{e}^{\mathrm{j}\omega})$ 绝对收敛，此时 $X(\mathrm{e}^{\mathrm{j}\omega})$ 是 ω 的连续函数，具有 ω 域上的解析表达形式。可见，序列 $x(n)$ 绝对可和是 $X(\mathrm{e}^{\mathrm{j}\omega})$ 存在的充分条件。很显然，任何一个有限长序列都是绝对可和的，因而都有一个傅里叶变换的解析表达式，如例 2.1 中的矩形序列为有限长序列，其傅里叶变换为连续函数。当一个序列为无限长时，不能保证条件 $\sum_{n=-\infty}^{\infty}|x(n)|<\infty$ 成立，傅里叶变换可能不存在，或表示成非连续函数的形式，如例 2.2 中的 $x(n)$ 为无限长序列，不满足绝对可和，其傅里叶变换 $X(\mathrm{e}^{\mathrm{j}\omega})$ 为分段函数，在 $\omega=\pm\omega_{\mathrm{c}}$ 处有间断点。在很多情况下，对常数序列、复指数序列、周期序列、单位阶跃序列等不满足绝对可和条件的序列，采用广义函数可以将序列的傅里叶变换表示成周期冲激串的形式。

【例 2.3】 计算序列 $x(n)=1,-\infty<n<+\infty$ 的傅里叶变换。

解： 显然，$x(n)$ 不满足绝对可和条件，不能直接用式（2.2）计算傅里叶变换，可参照模拟信号的傅里叶变换分析。

模拟信号 $x_a(t)=1$ 的傅里叶变换是在 $\Omega=0$ 处的单位冲激函数，强度是 2π，即

$$X(\mathrm{j}\Omega)=\mathrm{FT}[x_a(t)]=2\pi\delta(\Omega)$$

对序列 $x(n)=1$，假定其傅里叶变换的形式与上式相同，即在 $\omega=0$ 处也是强度为 2π 的单位冲激函数，因为序列的傅里叶变换是以 2π 为周期的周期函数，所以表示为

$$X(\mathrm{e}^{\mathrm{j}\omega})=2\pi\sum_{r=-\infty}^{\infty}\delta(\omega+2\pi r) \tag{2.12}$$

即 $x(n)=1$ 的傅里叶变换是在 $\omega+2\pi r$ 处强度为 2π 的单位冲激函数，如图 2.4 所示。这种假定如果成立，则按照式（2.8）的反变换必然存在，且唯一等于 1。下面进行验证。

对式（2.12）两边同时进行傅里叶反变换，得到

$$\frac{1}{2\pi}\int_{-\pi}^{\pi}X(\mathrm{e}^{\mathrm{j}\omega})\mathrm{e}^{\mathrm{j}\omega n}\mathrm{d}\omega=\frac{1}{2\pi}\int_{-\pi}^{\pi}2\pi\sum_{r=-\infty}^{\infty}\delta(\omega+2\pi r)\,\mathrm{e}^{\mathrm{j}\omega n}]\mathrm{d}\omega$$

因为在 $[-\pi,\pi)$ 区间内，只包含有一个冲激信号 $\delta(\omega)$，所以有

$$\frac{1}{2\pi}\int_{-\pi}^{\pi}X(\mathrm{e}^{\mathrm{j}\omega})\mathrm{e}^{\mathrm{j}\omega n}\mathrm{d}\omega=\frac{1}{2\pi}\int_{-\pi}^{\pi}\delta(\omega)\mathrm{e}^{\mathrm{j}\omega n}\mathrm{d}\omega=1$$

证明了式（2.12）是 1 的傅里叶变换。序列 $x(n)=1$ 不满足绝对可和，对应的 $X(\mathrm{e}^{\mathrm{j}\omega})$ 是 ω 域上的非解析奇异函数，式（2.12）是傅里叶变换表示的推广形式。

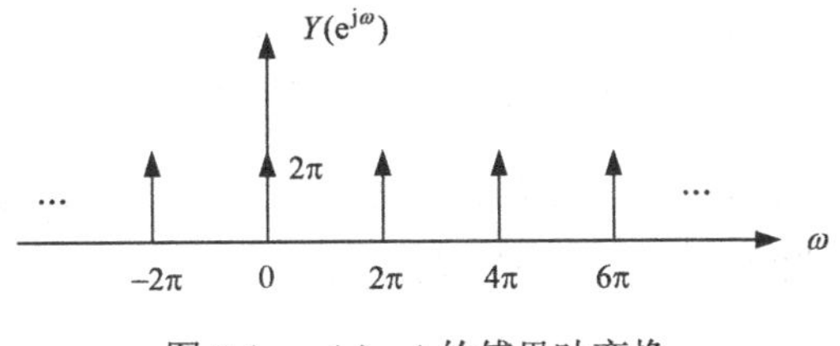

图 2.4　$x(n)=1$ 的傅里叶变换

序列傅里叶变换的性质

2.1.4　序列傅里叶变换的性质

序列的傅里叶变换同连续时间信号傅里叶变换一样，具有许多重要性质，掌握了序列傅里叶变换的这些性质，对于我们更深刻地理解序列傅里叶变换的内涵，并灵活解决实际问题大有裨益。设 $\mathrm{DTFT}[x(n)]=X(\mathrm{e}^{\mathrm{j}\omega})$：

1．线性性质

若
$$X_1(\mathrm{e}^{\mathrm{j}\omega})=\mathrm{DTFT}[x_1(n)],\quad X_2(\mathrm{e}^{\mathrm{j}\omega})=\mathrm{DTFT}[x_2(n)]$$
则
$$\mathrm{FT}[ax_1(n)+bx_2(n)]=aX_1(\mathrm{e}^{\mathrm{j}\omega})+bX_2(\mathrm{e}^{\mathrm{j}\omega})$$
式中 a、b 为常数。证明略。

2．时移性质

若
$$y(n)=x(n-n_0)$$
则
$$Y(\mathrm{e}^{\mathrm{j}\omega})=\mathrm{e}^{-\mathrm{j}\omega n_0}X(\mathrm{e}^{\mathrm{j}\omega}) \tag{2.13}$$

证明：
$$Y(\mathrm{e}^{\mathrm{j}\omega})=\sum_{n=-\infty}^{\infty}x(n-n_0)\mathrm{e}^{-\mathrm{j}\omega n}=\sum_{m=-\infty}^{\infty}x(m)\mathrm{e}^{-\mathrm{j}\omega(m+n_0)}=\mathrm{e}^{-\mathrm{j}\omega n_0}X(\mathrm{e}^{\mathrm{j}\omega})$$

即序列在时域中的位移造成了频域中的相移。

3. 频移性质（调制性质）

若 $y(n)=x(n)\mathrm{e}^{\mathrm{j}\omega_0 n}$

则
$$Y(\mathrm{e}^{\mathrm{j}\omega})=X(\mathrm{e}^{\mathrm{j}(\omega-\omega_0)}) \tag{2.14}$$

证明：
$$Y(\mathrm{e}^{\mathrm{j}\omega})=\sum_{n=-\infty}^{\infty}x(n)\mathrm{e}^{\mathrm{j}\omega_0 n}\cdot\mathrm{e}^{-\mathrm{j}\omega n}=\sum_{n=-\infty}^{\infty}x(n)\mathrm{e}^{-\mathrm{j}(\omega-\omega_0)n}=X(\mathrm{e}^{\mathrm{j}(\omega-\omega_0)})$$

即时域序列乘以复指数序列对应于一个频移。

【例 2.4】 计算复指数序列 $x(n)=\mathrm{e}^{\mathrm{j}\omega_0 n}$ 的傅里叶变换。

解： 由例 2.3 知：$\mathrm{FT}[1]=2\pi\sum_{r=-\infty}^{\infty}\delta(\omega-2\pi r)$，$r$ 为整数

根据频移性质，有 $\mathrm{FT}[x(n)]=\mathrm{FT}[1\cdot\mathrm{e}^{\mathrm{j}\omega_0 n}]=2\pi\sum_{r=-\infty}^{\infty}\delta(\omega-\omega_0-2\pi r)$

如图 2.5 所示。

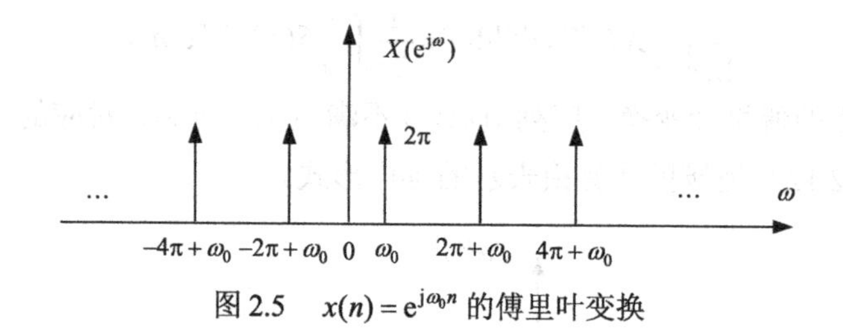

图 2.5 $x(n)=\mathrm{e}^{\mathrm{j}\omega_0 n}$ 的傅里叶变换

【例 2.5】 已知 $X(\mathrm{e}^{\mathrm{j}\omega})=\mathrm{FT}[x(n)]$，$y_1(n)=x(n)\cos(\pi n/2)$，$y_2(n)=x(n)\cos(\pi n)$，求 $y_1(n)$ 和 $y_2(n)$ 的傅里叶变换 $Y_1(\mathrm{e}^{\mathrm{j}\omega})$ 和 $Y_2(\mathrm{e}^{\mathrm{j}\omega})$。

解：
$$\begin{aligned}Y_1(\mathrm{e}^{\mathrm{j}\omega})&=\sum_{n=-\infty}^{\infty}x(n)\cos(\pi n/2)\mathrm{e}^{-\mathrm{j}\omega n}\\&=\sum_{n=-\infty}^{\infty}x(n)\frac{\mathrm{e}^{-\mathrm{j}\pi n/2}+\mathrm{e}^{\mathrm{j}\pi n/2}}{2}\mathrm{e}^{-\mathrm{j}\omega n}\\&=\frac{1}{2}[X(\mathrm{e}^{\mathrm{j}(\omega+\pi/2)})+X(\mathrm{e}^{\mathrm{j}(\omega-\pi/2)})]\end{aligned}$$
$$Y_2(\mathrm{e}^{\mathrm{j}\omega})=\frac{1}{2}[X(\mathrm{e}^{\mathrm{j}(\omega+\pi)})+X(\mathrm{e}^{\mathrm{j}(\omega-\pi)})]$$

可见，时间序列 $x(n)$ 与单频正弦序列的时域乘积，相当于在频域对序列频谱 $X(\mathrm{e}^{\mathrm{j}\omega})$ 的搬移。利用此性质，信息传输系统中常常用远高于基带信号频率的载波频率对基带信号频谱进行高频搬移以利于远距离传输，这一过程通常称为调制。

若 $X(\mathrm{e}^{\mathrm{j}\omega})$ 如图 2.6(a)所示则 $y_1(n)$ 和 $y_2(n)$ 的频谱 $Y_1(\mathrm{e}^{\mathrm{j}\omega})$ 和 $Y_2(\mathrm{e}^{\mathrm{j}\omega})$ 分别如图 2.6(b)、(c)所示。需要注意的是，序列 $x(n)$ 与单频正弦序列时域相乘，则在频域需要对序列频谱 $X(\mathrm{e}^{\mathrm{j}\omega})$ 的每个子带分别进行向上和向下搬移，再相加求和并乘以 $\frac{1}{2}$。由于 $Y_1(\mathrm{e}^{\mathrm{j}\omega})$ 是对 $X(\mathrm{e}^{\mathrm{j}\omega})$ 的每个子带分别向上和向下搬移 $\frac{\pi}{2}$，搬移后各子带没有重叠部分，因此图 2.6(b)中的频谱幅度仍为 $\frac{1}{2}$；而 $Y_2(\mathrm{e}^{\mathrm{j}\omega})$ 是对 $X(\mathrm{e}^{\mathrm{j}\omega})$ 的每个子带分别向上和向下搬移 π，搬移后各子带发生交叠和幅度相加，因此图 2.6(c)中的频谱幅度变为 1。

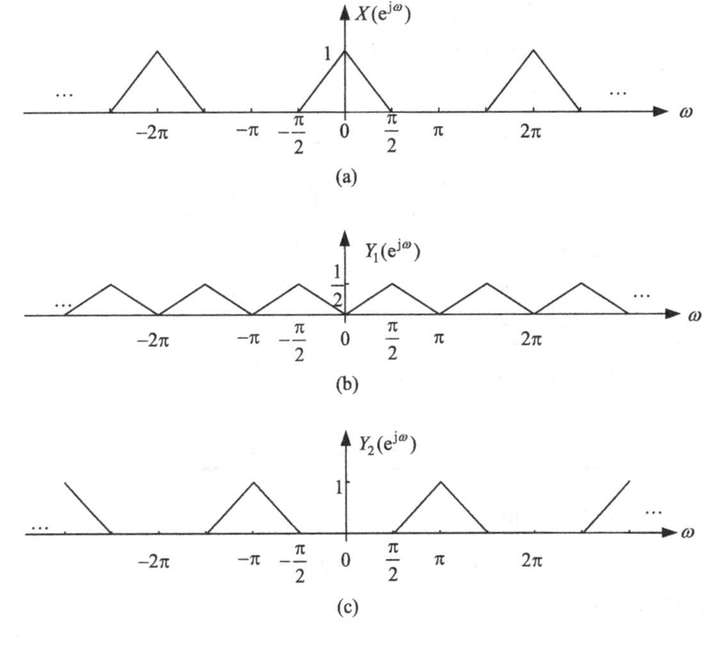

图 2.6　序列的频谱搬移

4．Parseval（帕斯瓦尔）定理

$$\sum_{n=-\infty}^{\infty}|x(n)|^2=\frac{1}{2\pi}\int_{-\pi}^{\pi}|X(\mathrm{e}^{\mathrm{j}\omega})|^2\,\mathrm{d}\omega \tag{2.15}$$

证明：

$$\sum_{n=-\infty}^{\infty}|x(n)|^2=\sum_{n=-\infty}^{\infty}x(n)x^*(n)=\sum_{n=-\infty}^{\infty}x^*(n)\left[\frac{1}{2\pi}\int_{-\pi}^{\pi}X(\mathrm{e}^{\mathrm{j}\omega})\mathrm{e}^{\mathrm{j}\omega n}\mathrm{d}\omega\right]$$

$$=\frac{1}{2\pi}\int_{-\pi}^{\pi}X(\mathrm{e}^{\mathrm{j}\omega})\left[\sum_{n=-\infty}^{\infty}x^*(n)\mathrm{e}^{\mathrm{j}\omega n}\right]\mathrm{d}\omega=\frac{1}{2\pi}\int_{-\pi}^{\pi}X(\mathrm{e}^{\mathrm{j}\omega})X^*(\mathrm{e}^{\mathrm{j}\omega})\mathrm{d}\omega$$

所以

$$\sum_{n=-\infty}^{\infty}|x(n)|^2=\frac{1}{2\pi}\int_{-\pi}^{\pi}|X(\mathrm{e}^{\mathrm{j}\omega})|^2\,\mathrm{d}\omega$$

上式左端等于序列 $x(n)$ 的时域能量，右端为 $x(n)$ 能量在频域的表达形式，$|X(\mathrm{e}^{\mathrm{j}\omega})|^2$ 为能量谱密度函数。Parseval 定理说明，序列的时域总能量等于频域一个周期的总能量。

5．共轭对称性质

（1）复序列的傅里叶变换

若 $x(n)$ 为一复序列，且 $\mathrm{DTFT}[x(n)]=X(\mathrm{e}^{\mathrm{j}\omega})$，则

$$\mathrm{DTFT}[x^*(n)]=X^*(\mathrm{e}^{-\mathrm{j}\omega}) \tag{2.16}$$

证明由读者自行完成。

（2）实序列的傅里叶变换

若 $x(n)$ 为实序列，因 $x(n)=x^*(n)$，由式（2.16）得：

$$X(\mathrm{e}^{\mathrm{j}\omega})=X^*(\mathrm{e}^{-\mathrm{j}\omega}) \tag{2.17}$$

即实序列的傅里叶变换具有共轭对称性。

将上式表示成实部和虚部的形式：

$$X_{\mathrm{R}}(\mathrm{e}^{\mathrm{j}\omega})+\mathrm{j}X_{\mathrm{I}}(\mathrm{e}^{\mathrm{j}\omega})=X_{\mathrm{R}}(\mathrm{e}^{-\mathrm{j}\omega})-\mathrm{j}X_{\mathrm{I}}(\mathrm{e}^{-\mathrm{j}\omega})$$

则 $$X_R(e^{j\omega}) = X_R(e^{-j\omega}),\quad X_I(e^{j\omega}) = -X_I(e^{-j\omega})$$

即实序列傅里叶变换的实部是 ω 的偶函数，虚部是 ω 的奇函数。

将式（2.17）表示成模和相位的形式：

$$\left|X(e^{j\omega})\right| e^{j\arg[X(e^{j\omega})]} = \left|X^*(e^{-j\omega})\right| e^{j\arg[X^*(e^{-j\omega})]}$$

则 $$\left|X(e^{j\omega})\right| = \left|X^*(e^{-j\omega})\right| = \left|X(e^{-j\omega})\right| \tag{2.18}$$

$$\arg[X(e^{j\omega})] = \arg[X^*(e^{-j\omega})] = -\arg[X(e^{-j\omega})] \tag{2.19}$$

即实序列傅里叶变换的幅度是 ω 的偶函数，相位是 ω 的奇函数。

（3）反转共轭序列的傅里叶变换

序列 $x(n)$ 的反转共轭序列为 $x^*(-n)$，其傅里叶变换为

$$\text{DTFT}[x^*(-n)] = \sum_{n=-\infty}^{\infty} x^*(-n)e^{-j\omega n} = \sum_{n=-\infty}^{\infty} x^*(n)e^{j\omega n} = \left[\sum_{n=-\infty}^{\infty} x(n)e^{-j\omega n}\right]^* = X^*(e^{j\omega}) \tag{2.20}$$

（4）复序列实部与虚部的傅里叶变换

若 $$x(n) = x_r(n) + jx_i(n)$$

根据傅里叶变换的线性性质有

$$X(e^{j\omega}) = \text{DTFT}[x(n)] = \text{DTFT}[x_r(n)] + j\text{DTFT}[x_i(n)] = \sum_{n=-\infty}^{\infty} x_r(n)e^{-j\omega n} + j\sum_{n=-\infty}^{\infty} x_i(n)e^{-j\omega n}$$

若用 $X_e(e^{j\omega})$、$X_o(e^{j\omega})$ 分别表示序列 $x(n)$ 的实部和虚部（含 j）的傅里叶变换，

记 $$\text{DTFT}[x_r(n)] = \sum_{n=-\infty}^{\infty} x_r(n)e^{-j\omega n} \triangleq X_e(e^{j\omega}) \tag{2.21a}$$

$$\text{DTFT}[jx_i(n)] = j\sum_{n=-\infty}^{\infty} x_i(n)e^{-j\omega n} \triangleq X_o(e^{j\omega}) \tag{2.21b}$$

则 $$X(e^{j\omega}) = X_e(e^{j\omega}) + X_o(e^{j\omega}) \tag{2.22}$$

显然 $X_e(e^{j\omega})$ 满足共轭对称性，称为共轭对称函数

$$X_e(e^{j\omega}) = X_e^*(e^{-j\omega}) \tag{2.23}$$

$X_o(e^{j\omega})$ 满足共轭反对称性，称为共轭反对称函数

$$X_o(e^{j\omega}) = -X_o^*(e^{-j\omega}) \tag{2.24}$$

序列的对称性

$X_e(e^{j\omega})$、$X_o(e^{j\omega})$ 也分别称作 $X(e^{j\omega})$ 的共轭对称部分和共轭反对称部分，且关系式

$$X_e(e^{j\omega}) = \frac{1}{2}[X(e^{j\omega}) + X^*(e^{-j\omega})] \tag{2.25a}$$

$$X_o(e^{j\omega}) = \frac{1}{2}[X(e^{j\omega}) - X^*(e^{-j\omega})] \tag{2.25b}$$

成立。

结论：（a）复序列实部的傅里叶变换具有共轭对称性；

（b）复序列虚部（含 j）的傅里叶变换具有共轭反对称性。

（5）共轭对称序列与共轭反对称序列的傅里叶变换

$$x(n) = x_e(n) + x_o(n)$$

重写式（1.23a）和式（1.23b）：

$$x_e(n) = \frac{1}{2}[x(n) + x^*(-n)]$$

$$x_o(n)=\frac{1}{2}[x(n)-x^*(-n)]$$

将以上两式分别进行傅里叶变换，得：

$$\begin{aligned}\text{DTFT}[x_e(n)]&=\frac{1}{2}\{\text{DTFT}[x(n)]+\text{DTFT}[x^*(-n)]\}=\frac{1}{2}[X(e^{j\omega})+X^*(e^{j\omega})]\\&=\text{Re}[X(e^{j\omega})]\triangleq X_R(e^{j\omega})\end{aligned}\tag{2.26a}$$

$$\begin{aligned}\text{DTFT}[x_o(n)]&=\frac{1}{2}\{\text{DTFT}[x(n)]-\text{DTFT}[x^*(-n)]\}=\frac{1}{2}[X(e^{j\omega})-X^*(e^{j\omega})]\\&=j\text{Im}[X(e^{j\omega})]\triangleq jX_I(e^{j\omega})\end{aligned}\tag{2.26b}$$

结论：序列共轭对称部分的傅里叶变换是原序列傅里叶变换的实部；序列共轭反对称部分的傅里叶变换是原序列傅里叶变换的虚部（含 j）。

因此，序列 $x(n)$ 的实部、虚部、共轭对称部分、共轭反对称部分与其傅里叶变换的共轭对称部分、共轭反对称部分、实部、虚部的关系如图 2.7 所示。

6．时域卷积定理

设 $x(n)$、$y(n)$、$f(n)$ 三个序列的傅里叶变换分别是 $X(e^{j\omega})$、$Y(e^{j\omega})$、$F(e^{j\omega})$。

若
$$f(n)=x(n)*y(n)$$

则
$$F(e^{j\omega})=X(e^{j\omega})\cdot Y(e^{j\omega})\tag{2.27}$$

证明：
$$f(n)=\sum_{m=-\infty}^{\infty}x(m)y(n-m)$$

$$\begin{aligned}F(e^{j\omega})=\text{DTFT}[f(n)]&=\sum_{n=-\infty}^{\infty}\sum_{m=-\infty}^{\infty}x(m)y(n-m)e^{-j\omega n}\\&=\sum_{m=-\infty}^{\infty}x(m)\sum_{n=-\infty}^{\infty}y(n-m)e^{-j\omega n}\end{aligned}$$

令 $k=n-m$

$$\begin{aligned}F(e^{j\omega})&=\sum_{m=-\infty}^{\infty}x(m)\sum_{k=-\infty}^{\infty}y(k)e^{-j\omega m}e^{-j\omega k}\\&=\sum_{m=-\infty}^{\infty}x(m)e^{-j\omega m}\sum_{k=-\infty}^{\infty}y(k)e^{-j\omega k}=X(e^{j\omega})Y(e^{j\omega})\end{aligned}$$

因此，序列线性卷积的傅里叶变换服从相乘关系。在时域，LTI 系统的输出是通过计算输入序列与系统的单位脉冲响应的卷积求得的。根据 DTFT 的时域卷积定理，在频域分别求输入序列与单位脉冲响应的傅里叶变换并相乘，然后进行反变换，同样可以得到系统输出。LTI 系统输入输出的时域、频域对应关系如图 2.8 所示。

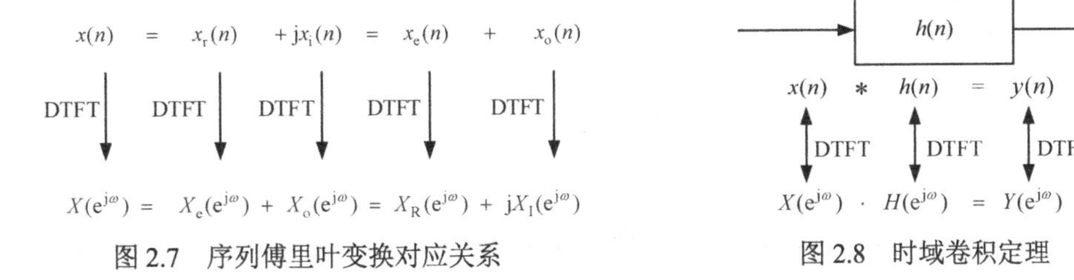

图 2.7　序列傅里叶变换对应关系　　　图 2.8　时域卷积定理

7. 频域卷积定理

若
$$f(n)=x(n)y(n)$$

则
$$F(\mathrm{e}^{\mathrm{j}\omega})=\frac{1}{2\pi}\int_{-\pi}^{\pi}X(\mathrm{e}^{\mathrm{j}\theta})Y(\mathrm{e}^{\mathrm{j}(\omega-\theta)})\mathrm{d}\theta \tag{2.28}$$

证明：
$$F(\mathrm{e}^{\mathrm{j}\omega})=\mathrm{FT}[f(n)]=\sum_{n=-\infty}^{\infty}x(n)y(n)\mathrm{e}^{-\mathrm{j}\omega n}$$
$$=\sum_{n=-\infty}^{\infty}\frac{1}{2\pi}\int_{-\pi}^{\pi}X(\mathrm{e}^{\mathrm{j}\theta})\mathrm{e}^{\mathrm{j}\theta n}\mathrm{d}\theta\cdot y(n)\mathrm{e}^{-\mathrm{j}\omega n}$$
$$=\frac{1}{2\pi}\int_{-\pi}^{\pi}X(\mathrm{e}^{\mathrm{j}\theta})\sum_{n=-\infty}^{\infty}y(n)\mathrm{e}^{-\mathrm{j}(\omega-\theta)n}\mathrm{d}\theta$$
$$=\frac{1}{2\pi}\int_{-\pi}^{\pi}X(\mathrm{e}^{\mathrm{j}\theta})Y(\mathrm{e}^{\mathrm{j}(\omega-\theta)})\mathrm{d}\theta$$

因此，序列乘积的傅里叶变换服从卷积关系。这个性质对于分析序列加窗截断后频谱的变化很有帮助。

8. 频域微分性质

$$\mathrm{DTFT}[nx(n)]=\mathrm{j}\left[\frac{\mathrm{d}X(\mathrm{e}^{\mathrm{j}\omega})}{\mathrm{d}\omega}\right] \tag{2.29}$$

证明：
$$X(\mathrm{e}^{\mathrm{j}\omega})=\sum_{n=-\infty}^{\infty}x(n)\mathrm{e}^{-\mathrm{j}\omega n}$$
$$\frac{\mathrm{d}}{\mathrm{d}\omega}[X(\mathrm{e}^{\mathrm{j}\omega})]=-\mathrm{j}\sum_{n=-\infty}^{\infty}nx(n)\mathrm{e}^{-\mathrm{j}\omega n}=-\mathrm{j}\mathrm{DTFT}[nx(n)]$$

序列傅里叶变换的常用性质归纳如表 2.1 所示。

表 2.1　序列傅里叶变换常用性质

序　列	傅里叶变换
1、$x(n)$	$X(\mathrm{e}^{\mathrm{j}\omega})$
2、$x^*(n)$	$X^*(\mathrm{e}^{-\mathrm{j}\omega})$
3、$ax(n)+by(n)$	$aX(\mathrm{e}^{\mathrm{j}\omega})+bY(\mathrm{e}^{\mathrm{j}\omega})$
4、$x^*(-n)$	$X^*(\mathrm{e}^{\mathrm{j}\omega})$
5、$\mathrm{Re}[x(n)]$	$X_{\mathrm{e}}(\mathrm{e}^{\mathrm{j}\omega})$　[$X(\mathrm{e}^{\mathrm{j}\omega})$ 的共轭对称部分]
6、$\mathrm{j}\,\mathrm{Im}[x(n)]$	$X_{\mathrm{o}}(\mathrm{e}^{\mathrm{j}\omega})$　[$X(\mathrm{e}^{\mathrm{j}\omega})$ 的共轭反对称部分]
7、$x_{\mathrm{e}}(n)$ [$x(n)$ 的共轭对称分量]	$\mathrm{Re}[X(\mathrm{e}^{\mathrm{j}\omega})]$
8、$x_{\mathrm{o}}(n)$ [$x(n)$ 的共轭反对称分量]	$\mathrm{j}\,\mathrm{Im}[X(\mathrm{e}^{\mathrm{j}\omega})]$
9、$x(n-n_0)$	$X(\mathrm{e}^{\mathrm{j}\omega})\cdot\mathrm{e}^{-\mathrm{j}\omega n_0}$
10、$x(n)\cdot\mathrm{e}^{\mathrm{j}\omega_0 n}$	$X(\mathrm{e}^{\mathrm{j}(\omega-\omega_0)})$
11、$nx(n)$	$\mathrm{j}\dfrac{\mathrm{d}X(\mathrm{e}^{\mathrm{j}\omega})}{\mathrm{d}\omega}$
12、$x(n)*y(n)$	$X(\mathrm{e}^{\mathrm{j}\omega})\cdot Y(\mathrm{e}^{\mathrm{j}\omega})$
13、$x(n)\cdot y(n)$	$\dfrac{1}{2\pi}\int_{-\pi}^{\pi}X(\mathrm{e}^{\mathrm{j}\theta})Y(\mathrm{e}^{\mathrm{j}(\omega-\theta)})\mathrm{d}\theta$

续表

序 列	傅里叶变换
14、任意实序列 $x(n)$	$X(e^{j\omega})=X^*(e^{-j\omega})$ [共轭对称函数] $\mathrm{Re}[X(e^{j\omega})]=\mathrm{Re}[X(e^{-j\omega})]$ [实部是 ω 的偶函数] $\mathrm{Im}[X(e^{j\omega})]=-\mathrm{Im}[X(e^{-j\omega})]$ [虚部是 ω 的奇函数] $\left\|X(e^{j\omega})\right\|=\left\|X(e^{-j\omega})\right\|$ [幅频响应是 ω 的偶函数] $\arg[X(e^{j\omega})]=-\arg[X(e^{-j\omega})]$ [相频响应是 ω 的奇函数]
15、帕斯瓦尔定理	$\sum_{n=-\infty}^{\infty}\left\|x(n)\right\|^2=\frac{1}{2\pi}\int_{-\pi}^{\pi}\left\|X(e^{j\omega})\right\|^2\mathrm{d}\omega$

比较表 2.1 中时移和频移性质，时域卷积定理和频域卷积定理，时域共轭对称分解和频域共轭对称分解等，可以看出傅里叶变换在时频域具有对偶性。利用表中的定理和变换对可以进行简化计算。

2.1.5 序列截断对频谱的影响

工程上无法处理时间上无限长的信号，因此常常利用一个窗函数对信号进行截断，并对截断信号分段进行处理。例如由于语音信号具有短时平稳特性，通常按大约 20~30ms 分段截取。下面通过例子，说明序列通过矩形窗截断后频谱的变化。

【例 2.6】 $x(n)=e^{j\omega_1 n},-\infty<n<+\infty$，将其做 N 点截断得到 $x_N(n),n=0,1,\cdots,N-1$，相当于 $x_N(n)=x(n)\cdot R_N(n)$，试研究 $R_N(n)$ 对原信号频谱的影响。

解： 设 $D(e^{j\omega})$ 为序列 $R_N(n)$ 的傅里叶变换。由例 2.1 有

$$D(e^{j\omega})=e^{-j(N-1)\omega/2}\frac{\sin(\omega N/2)}{\sin(\omega/2)}$$

幅度特性

$$D(\omega)=\frac{\sin(\omega N/2)}{\sin(\omega/2)}$$

由例 2.4 的结论可推知

$$X(e^{j\omega})=2\pi\sum_{r=-\infty}^{\infty}\delta(\omega-\omega_1+2\pi r)=X(\omega)$$

因为

$$x_N(n)=x(n)R_N(n)$$

所以

$$X_N(e^{j\omega})=\frac{1}{2\pi}X(e^{j\omega})*D(e^{j\omega})$$

$$\begin{aligned}X_N(e^{j\omega})&=\frac{1}{2\pi}\int_{-\pi}^{\pi}D(e^{j\theta})X(e^{j(\omega-\theta)})\mathrm{d}\theta\\&=\frac{1}{2\pi}\int_{-\pi}^{\pi}D(\theta)e^{-j(N-1)\theta/2}\cdot X(\omega-\theta)\mathrm{d}\theta\\&=\frac{1}{2\pi}\int_{-\pi}^{\pi}D(\theta)e^{-j\frac{N-1}{2}\theta}2\pi\sum_{r=-\infty}^{\infty}\delta(\omega-\theta-\omega_1+2\pi r)\mathrm{d}\theta\\&=e^{-j\frac{N-1}{2}(\omega-\omega_1)}D(\omega-\omega_1)\end{aligned}$$

有

$$X_N(\omega)=D(\omega-\omega_1)\tag{2.30}$$

图 2.9(a)为序列 $x(n)$ 的频谱，图 2.9(b)所示为 $N=10$ 的矩形序列频谱 $D(\omega)$，其主瓣宽度为 $4\pi/N$。式（2.30）表明，时域序列加窗截断后信号频谱发生变化，使复指数序列 $e^{j\omega_1 n}$ 的单根谱线展宽为矩形序列频谱形式，如图 2.9(c)所示。

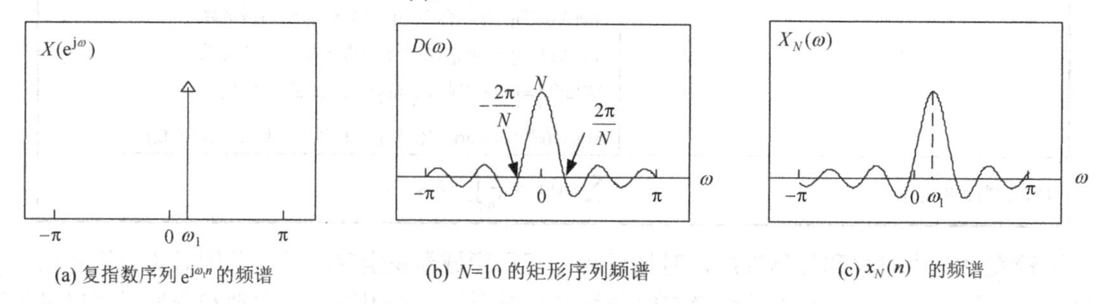

(a) 复指数序列 $e^{j\omega_1 n}$ 的频谱　　(b) N=10 的矩形序列频谱　　(c) $x_N(n)$ 的频谱

图 2.9　矩形序列对复指数序列截断的影响

若信号 $x(n)=e^{j\omega_1 n}+e^{j\omega_2 n},-\infty<n<+\infty$，这时 $X(\omega)$ 为两根分离的谱线，如图 2.10(a)所示。通常，将能够清晰分辨两个独立谱线的最小频率间隔称为频率分辨率。当 $D(\omega)$ 的主瓣宽度 $4\pi/N$ 远大于 $|\omega_1-\omega_2|$，那么卷积的结果使 $X_N(\omega)$ 中两根谱线分辨不明晰，如图 2.10(c)所示，这是由于时域窗函数 $R_N(n)$ 太短，从而频谱的主瓣过宽引起的。若增加数据长度 N，使 $D(\omega)$ 主瓣宽度减小，如图 2.10(d)所示，这时 $4\pi/N<|\omega_1-\omega_2|$，可分辨出这两个谱峰，如图 2.10(e)所示。当 $N\to\infty$ 时，$X_N(\omega)\to X(\omega)$，这时相当于对信号没有截断。由此可以看出，加窗处理对信号频率分辨率有着直接的影响。

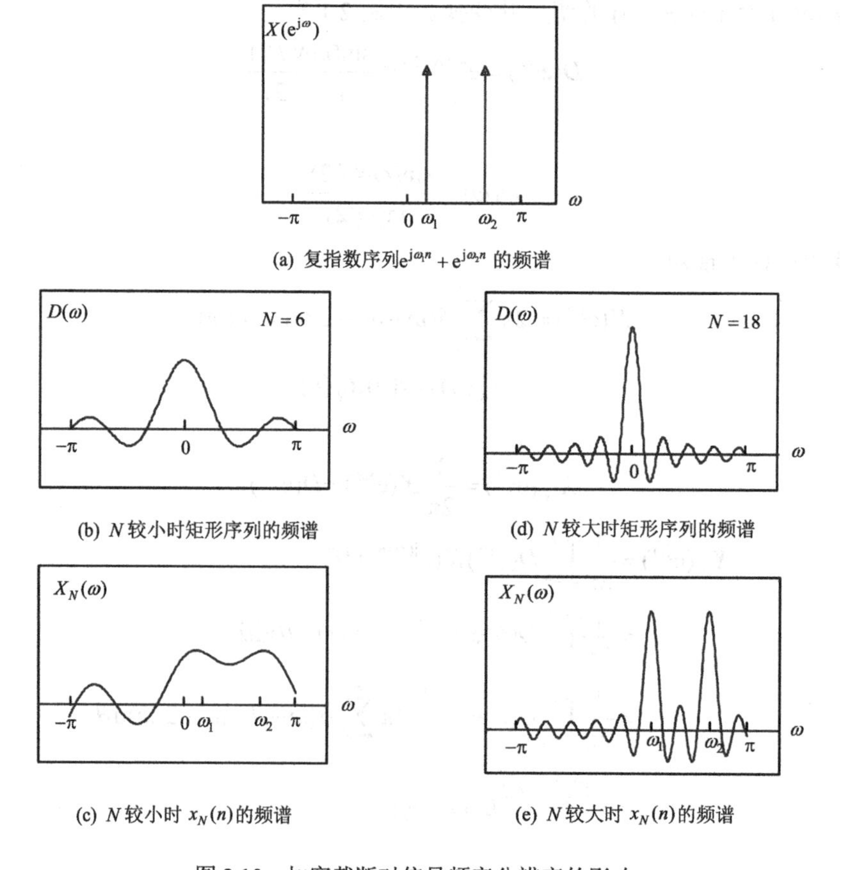

图 2.10　加窗截断对信号频率分辨率的影响

除矩形窗外，窗函数还有三角窗、汉宁窗、哈明窗、布莱克曼窗等多种形状。不同形状、不同持续长度的窗，对信号频率分辨率的影响也不同，关于各种窗函数形状及其特性将在第 5 章讨论。

2.2 序列的 Z 变换

在模拟信号系统中，用连续信号的傅里叶变换进行频域分析，拉普拉斯变换可作为傅里叶变换的推广对信号进行复频域分析；对于离散时间信号和系统，用序列的傅里叶变换进行频域分析，Z 变换则是离散时间信号和系统复频域分析的重要工具，是序列傅里叶变换的推广，在数字信号处理中具有重要的作用和广泛的应用。本节重点介绍 Z 变换的定义、收敛域、性质和 Z 反变换等基本内容。

2.2.1 Z 变换的定义及收敛域

Z变换的定义及收敛域

1. Z 变换的定义

将序列 $x(n)$ 映射到复平面域的变换

$$X(z)=\sum_{n=-\infty}^{\infty}x(n)z^{-n} \tag{2.31}$$

称为 Z 变换，简记为

$$X(z)=\mathrm{ZT}[x(n)]$$

或表示为

$$x(n)\xleftrightarrow{\mathrm{ZT}}X(z)$$

因此说 Z 变换是以 z 为变量的无穷幂级数，z 是一个以实部为横轴，虚部为纵轴的平面上的复变量，这个平面称为 z 平面，用极坐标表示为 $z=r\mathrm{e}^{\mathrm{j}\omega}$，其中 $r=|z|$ 是极坐标平面上的矢径，ω 为其相位角。$r=1$ 为半径的圆称为单位圆，如图 2.11 所示。

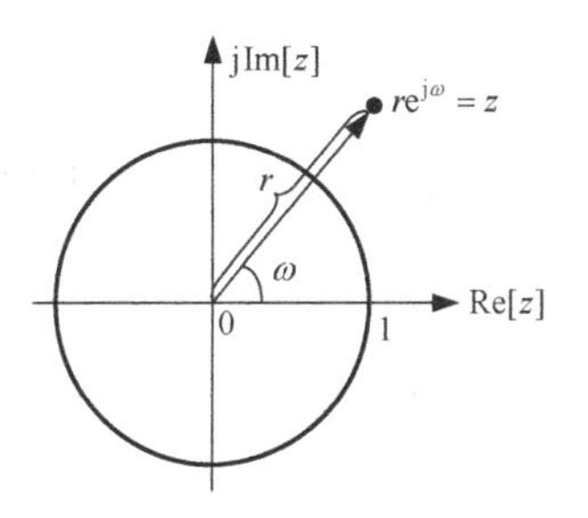

图 2.11 z 平面

【例 2.7】 求单位阶跃序列 $x(n)=u(n)$ 的 Z 变换。

解： $X(z)=\sum_{n=-\infty}^{\infty}u(n)z^{-n}=\sum_{n=0}^{\infty}z^{-n}$ 为一无穷幂级数，

当 $|z^{-1}|\geqslant 1$ 时，该级数发散；

当 $|z^{-1}|<1$ 时，该级数收敛，$X(z)$ 可用封闭形式即解析函数形式表示为

$$X(z)=\frac{1}{1-z^{-1}}=\frac{z}{z-1}$$

这说明，$u(n)$ 的 Z 变换只有当 z 满足 $|z|>1$ 时才有意义。

2. Z 变换的收敛域

对于任意给定的有界序列 $x(n)$，使式（2.31）所表示的级数收敛的一切 z 值的集合，称为 Z 变换 $X(z)$ 的收敛域。根据级数理论，级数收敛的充分条件是其绝对可和，即

$$\sum_{n=-\infty}^{\infty}\left|x(n)z^{-n}\right|<\infty \tag{2.32}$$

或
$$\sum_{n=-\infty}^{\infty}\left|x(n)r^{-n}\mathrm{e}^{-\mathrm{j}\omega n}\right|=\sum_{n=-\infty}^{\infty}\left|x(n)r^{-n}\right|<\infty \tag{2.33}$$

可见，求 $X(z)$ 的收敛域等效于确定 r 值的范围，该范围使得序列 $x(n)r^{-n}$ 绝对可和。因此，$X(z)$ 的收敛域是 z 平面上以原点为中心的圆盘、空心圆、圆环或整个 z 平面，如图 2.12 所示。Z 变换的收敛域（Region of Convergence，ROC）一般性地表示为

$$R_{x-}<|z|<R_{x+} \tag{2.34}$$

其中，R_{x-} 为 ROC 的内环半径，R_{x+} 为 ROC 的外环半径。

(a) $0\leqslant|z|<R_{x+}, R_{x-}=0$　(b) $R_{x-}<|z|<\infty$，$R_{x+}\to\infty$

(c) $R_{x-}<|z|<R_{x+}$　(d) $0\leqslant|z|<\infty, R_{x-}=0, R_{x+}\to\infty$

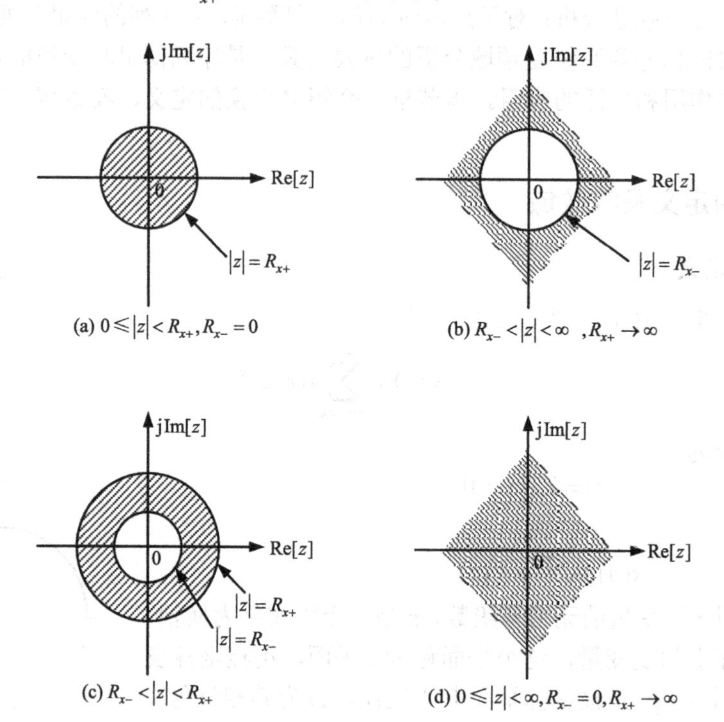

图 2.12　Z 变换的收敛域

Z 变换的解析表达式 $X(z)$ 通常可以表示为多项式之比

$$X(z)=\frac{P(z)}{Q(z)} \tag{2.35}$$

图 2.13　$x(n)=u(n)$ 序列 Z 变换的收敛域及零极点

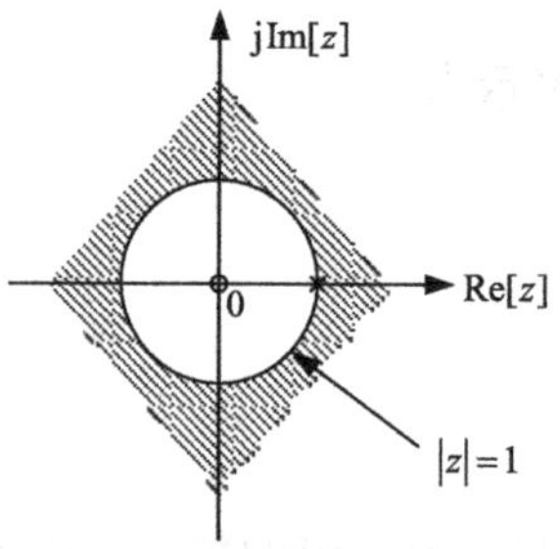

其中，分子多项式 $P(z)=0$ 的解称为 $X(z)$ 的零点，在 z 平面上用符号“。”表示，分母多项式 $Q(z)=0$ 的解称为 $X(z)$ 的极点，在 z 平面上用符号“×”表示。例 2.7 的零点 $z=0$ 在原点，极点 $z=1$ 在单位圆上。图 2.13 所示为序列 $x(n)=u(n)$ 的 Z 变换的收敛域及其零极点。在零点处 $X(z)=0$，在极点处 $X(z)$ 不收敛。换言之，在收敛域内部不得包含任何极点，即 Z 变换的收敛域的边界是由极点来确定的。

不同形式的收敛域反映序列在时域上的不同取值区间，下面分别讨论。

（1）有限长序列

若序列
$$x(n)=\begin{cases}x(n), & n_1\leqslant n\leqslant n_2\\ 0, & 其他\end{cases}$$

则其 Z 变换为

$$X(z)=\sum_{n=n_1}^{n_2}x(n)z^{-n} \tag{2.36}$$

$X(z)$ 是有限项级数之和，只要级数的每一项有界，级数就收敛。当 $x(n)$ 有界时，除了 $z=0$（当 $n_2>0$）或 $z\to\infty$（当 $n_1<0$），这一条件都满足。因此收敛域至少是除 $|z|=0$ 及 $|z|=\infty$ 外的有限 z 平面。在 $n_1\geqslant 0$ 或 $n_2\leqslant 0$ 时，收敛域还可进一步扩大。

$$0<|z|\leqslant\infty,\quad n_1\geqslant 0$$

$$0\leqslant|z|<\infty,\quad n_2\leqslant 0$$

（2）右边序列

若

$$x(n)=\begin{cases}x(n), & n\geqslant n_1\\ 0, & n<n_1\end{cases}$$

则 Z 变换为

$$X(z)=\sum_{n=n_1}^{\infty}x(n)z^{-n}$$

当 $n_1<0$ 时，

$$X(z)=\sum_{n=n_1}^{-1}x(n)z^{-n}+\sum_{n=0}^{\infty}x(n)z^{-n} \tag{2.37}$$

此式右端第一项为有限长序列的 Z 变换，它的收敛域为有限 z 平面 $0\leqslant|z|<\infty$；第二项是 z 的负幂级数，若有 $|z|=R_{x-}$ 使级数绝对收敛，即

$$\sum_{n=0}^{\infty}\left|x(n)R_{x-}^{-n}\right|<\infty$$

则当 $|z|>R_{x-}$ 时，

$$\sum_{n=0}^{\infty}\left|x(n)z^{-n}\right|<\sum_{n=0}^{\infty}\left|x(n)R_{x-}^{-n}\right|<\infty$$

存在一个收敛半径，级数在以原点为中心，以 R_{x-} 为半径的圆外任何一点都绝对收敛，即 $R_{x-}<|z|\leqslant\infty$。

因此，综合式（2.37）中的两项，$X(z)$ 的收敛域为

$$R_{x-}<|z|<\infty$$

需要特别强调的是，因果序列是一种特殊的右边序列，即 $n_1=0$ 的右边序列，其 Z 变换中只有 z 的负幂项，因此级数的收敛域包括 $|z|=\infty$，即

$$X(z)=\sum_{n=0}^{\infty}x(n)z^{-n},\quad R_{x-}<|z|\leqslant\infty \tag{2.38}$$

$|z|=\infty$ 处 Z 变换收敛是因果序列的特征。

【例 2.8】 求序列 $x(n)=a^n u(n)$ 的 Z 变换及收敛域。

解： 这是一个因果序列，其 Z 变换为

$$X(z)=\sum_{n=-\infty}^{\infty}a^n u(n)z^{-n}=\sum_{n=0}^{\infty}a^n z^{-n}=\sum_{n=0}^{\infty}(az^{-1})^n$$

这是一个无穷项等比级数求和，只有在 $\left|az^{-1}\right|<1$，即 $|z|>|a|$ 时收敛，故可以得到表达式

$$X(z)=\frac{1}{1-az^{-1}}=\frac{z}{z-a}$$

又因为该序列为因果序列，所以收敛域包括$|z|=\infty$，为：$|a|<|z|\leqslant\infty$，如图 2.14 所示。

（3）左边序列

若
$$x(n)=\begin{cases}x(n), n\leqslant n_2\\0, \quad n>n_2\end{cases}$$

则 Z 变换为

$$X(z)=\sum_{n=-\infty}^{n_2}x(n)z^{-n}$$

当$n_2>0$时，

$$X(z)=\sum_{n=-\infty}^{0}x(n)z^{-n}+\sum_{n=1}^{n_2}x(n)z^{-n} \tag{2.39}$$

此式第一项是z的正幂级数，右端第二项为有限长序列的 Z 变换。类似于右边序列收敛域分析，得$X(z)$的收敛域为：$0<|z|<R_{x+}$，如图 2.15 所示。

若$n_2\leqslant 0$，式（2.39）右端不存在第二项，级数中只有z的正幂项，故收敛域包括$z=0$，即$|z|<R_{x+}$。

【例 2.9】 求序列$x(n)=-a^n u(-n-1)$的 Z 变换及收敛域。

解：这是一个左边序列，其 Z 变换为

$$X(z)=\sum_{n=-\infty}^{\infty}-a^n u(-n-1)z^{-n}=\sum_{n=-\infty}^{-1}-a^n z^{-n}$$

当$|a^{-1}z|<1$，即$|z|<|a|$时，上式可写成

$$X(z)=1-\frac{1}{1-a^{-1}z}=\frac{z}{z-a}$$

收敛域为：$|z|<|a|$，如图 2.15 所示。

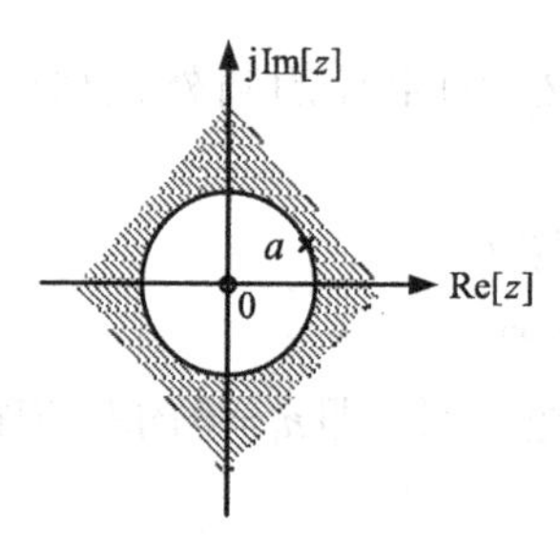

图 2.14 右边序列 $x(n)=a^n u(n)$ Z 变换的收敛域及零极点

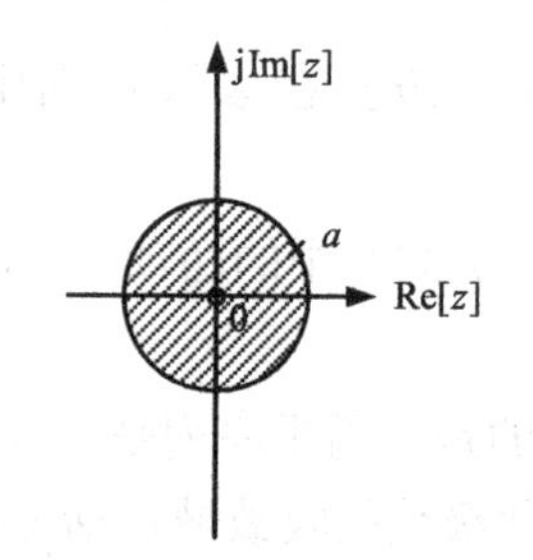

图 2.15 左边序列 $x(n)=-a^n u(-n-1)$ Z 变换的收敛域及零极点

比较例 2.8 和例 2.9 可以看到，两个不同的序列对应同一个 Z 变换的表达式，那么 Z 变换与序列之间的关系是不是一一对应的呢？从求解过程知道，两个序列 Z 变换的收敛域是不同的。右边序列$x(n)=a^n u(n)$的 Z 变换只有当$|z|>|a|$时，幂级数才收敛于$z/(z-a)$，而左边序列$x(n)=-a^n u(-n-1)$的 Z 变换只有当$|z|<|a|$时，幂级数才收敛于$z/(z-a)$。所以，只给出 Z 变换的表达式是不能完全确定原序列的，必须同时给出收敛域的范围，才能唯一地确定一个序列。由此可见，Z 变换表达式只表示收敛域内的函数而不代表收敛域以外的函数。在收敛域内由于不存在奇异点，Z 变换及其导数必然为z的连续函数，也就是说，Z 变换表示存在于收敛域内每一点上的

解析函数。

（4）双边序列

双边序列可以看成为一个右边序列和一个左边序列之和，Z 变换为

$$X(z)=\sum_{n=-\infty}^{\infty}x(n)z^{-n}=\sum_{n=-\infty}^{-1}x(n)z^{-n}+\sum_{n=0}^{\infty}x(n)z^{-n}$$

等式右端第一项为左边序列对应的幂级数，其收敛域为$|z|<R_{x+}$；第二项为右边序列对应的幂级数，其收敛域为$|z|>R_{x-}$。因此双边序列的收敛域是右边序列和左边序列收敛域的重叠部分。如果$R_{x-}<R_{x+}$，则两个幂级数的收敛域有重叠，重叠部分为一环状区域，收敛域为

$$R_{x-}<|z|<R_{x+}$$

如果$R_{x-}>R_{x+}$，则由于两个幂级数的收敛域互不重叠，所以$X(z)$的收敛域不存在。

【例 2.10】 $x(n)=\begin{cases}a^n, & n\geqslant 0\\ b^n, & n<0\end{cases}$，求其 Z 变换及收敛域。

解：给定序列可写成 $x(n)=a^n u(n)+b^n u(-n-1)$

由例 2.8 和例 2.9 可知，上式中第一项和第二项的 Z 变换及其收敛域分别为

$$a^n u(n)\xleftrightarrow{\text{ZT}}\frac{z}{z-a},\ |z|>|a|$$

$$b^n u(-n-1)\xleftrightarrow{\text{ZT}}-\frac{z}{z-b},\ |z|<|b|$$

因此，当$|b|>|a|$时 $x(n)$ 的 Z 变换为

$$X(z)=\frac{z}{(z-a)}-\frac{z}{(z-b)}=\frac{z(a-b)}{(z-a)(z-b)}\qquad |a|<|z|<|b|$$

该 Z 变换有两个极点：$z=a,z=b$，一个零点为$z=0$，零极点分布和收敛域如图 2.16(a)所示。两组斜线的重叠区就是该 Z 变换的收敛域。当$|b|<|a|$时，两组斜线不重叠，如图 2.16(b)所示，$x(n)$的 Z 变换不存在。

至此，可归纳出收敛域的几个特点：

① 收敛域是 z 平面上以原点为中心以极点为边界的环状区域，即$R_-<|z|<R_+$；

② 有限长序列 Z 变换的收敛域为$0<|z|<\infty$；

③ 右边序列 Z 变换的收敛域为$R_-<|z|<\infty\ (R_->0)$；

④ 左边序列 Z 变换的收敛域为$0<|z|<R_+\ (R_+<\infty)$；

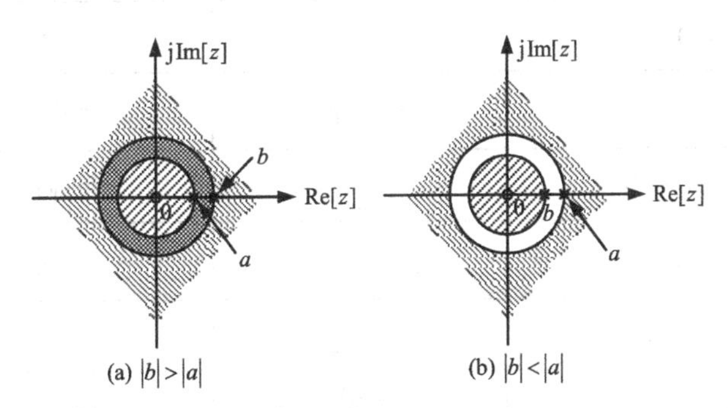

图 2.16　$x(n)=a^n u(n)+b^n u(-n-1)$　Z 变换的零极点和收敛域

⑤ 双边序列 Z 变换的收敛域是以极点为界的环状区域。

若 Z 变换 $X(z)$ 有三个极点$z=z_1$、$z=z_2$和$z=z_3$，如图 2.17(a)所示，其收敛域有多种可能的

形式，图 2.17(b)、(c)、(d)、(e)表示了四种可能的收敛域。由于收敛域不同，对应的时间序列也不同。图 2.17(b)对应于右边序列，图 2.17(e)对应于左边序列，图 2.17(c)、(d)对应于两个不同的双边序列。请读者思考图 2.17(c)、(d)两个双边序列有何不同。

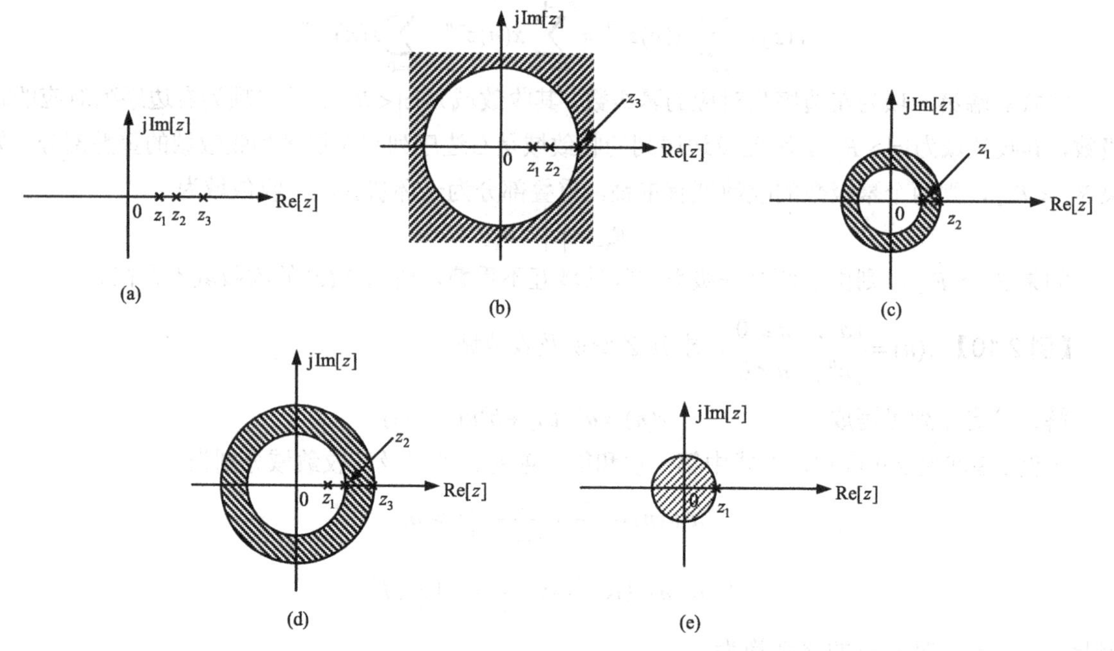

图 2.17　三个极点 Z 变换可能的几种收敛域

为了应用方便，将一些常用序列的 Z 变换及其收敛域列于表 2.2 中，以备查用。

表 2.2　常用序列的 Z 变换及其收敛域

序列	Z 变换	收敛域
1. $\delta(n)$	1	$0 \leqslant \|z\| \leqslant \infty$
2. $\delta(n-m)$	z^{-m}	$0 < \|z\| < \infty$
3. $u(n)$	$\dfrac{1}{1-z^{-1}}$	$\|z\| > 1$
4. $R_N(n)$	$\dfrac{1-z^{-N}}{1-z^{-1}}$	$\|z\| > 0$
5. $nu(n)$	$\dfrac{z^{-1}}{(1-z^{-1})^2}$	$\|z\| > 1$
6. $a^n u(n)$	$\dfrac{1}{1-az^{-1}}$	$\|z\| > \|a\|$
7. $na^n u(n)$	$\dfrac{az^{-1}}{(1-az^{-1})^2}$	$\|z\| > \|a\|$
8. $-a^n u(-n-1)$	$\dfrac{1}{1-az^{-1}}$	$\|z\| < \|a\|$
9. $-na^n u(-n-1)$	$\dfrac{az^{-1}}{(1-az^{-1})^2}$	$\|z\| < \|a\|$
10. $\mathrm{e}^{-\mathrm{j}\omega_0 n}u(n)$	$\dfrac{1}{1-\mathrm{e}^{-\mathrm{j}\omega_0}z^{-1}}$	$\|z\| > 1$
11. $\sin(\omega_0 n)u(n)$	$\dfrac{(\sin\omega_0)z^{-1}}{1-2(\cos\omega_0)z^{-1}+z^{-2}}$	$\|z\| > 1$
12. $\cos(\omega_0 n)u(n)$	$\dfrac{1-(\cos\omega_0)z^{-1}}{1-2(\cos\omega_0)z^{-1}+z^{-2}}$	$\|z\| > 1$

续表

序列	Z 变换	收敛域
13. $a^n\sin(\omega_0 n)u(n)$	$\dfrac{a(\sin\omega_0)z^{-1}}{1-2a(\cos\omega_0)z^{-1}+a^2z^{-2}}$	$\|z\|>\|a\|$
14. $a^n\cos(\omega_0 n)u(n)$	$\dfrac{1-a(\cos\omega_0)z^{-1}}{1-2a(\cos\omega_0)z^{-1}+a^2z^{-2}}$	$\|z\|>\|a\|$

Z 反变换

2.2.2 Z 反变换

从 $X(z)$ 恢复原序列 $x(n)$ 称为 Z 反变换，记作 $x(n)=\mathrm{IZT}[X(z)]$。Z 反变换的求解有三种常用方法：幂级数展开法、留数定理法和部分分式展开法。

1．幂级数展开法

（1）级数公式展开

如果能运用高等数学理论中的函数级数展开公式将 $X(z)$ 展开成 z 的幂级数形式，则对照 Z 变换定义式，序列 $x(n)$ 是幂级数展开式中 z^n 的系数。

【例 2.11】 已知 $X(z)=\ln(1+az^{-1})$，$|a|<|z|$，求 $x(n)$。

解： 根据幂级数展开公式

$$\ln(1+x)=\sum_{n=1}^{\infty}\frac{(-1)^{n+1}x^n}{n},\quad |x|<1$$

由于 $|az^{-1}|<1$

可得
$$X(z)=\sum_{n=1}^{\infty}\frac{(-1)^{n+1}a^nz^{-n}}{n}=\sum_{n=1}^{\infty}x(n)z^{-n}$$

于是
$$x(n)=\begin{cases}(-1)^{n+1}\dfrac{a^n}{n}, & n\geqslant 1\\ 0, & n\leqslant 0\end{cases}$$

【例 2.12】 已知 $X(z)=\ln(1-bz)$，$|z|<1/|b|$，求 $x(n)$。

解： 根据幂级数展开形式

$$\ln(1-x)=-\sum_{n=1}^{\infty}\frac{x^n}{n},\quad -1\leqslant x<1$$

由于 $|bz|<1$，故

$$X(z)=-\sum_{n=1}^{\infty}\frac{(bz)^n}{n}=\sum_{n=-1}^{-\infty}\frac{b^{-n}}{n}z^{-n}=\sum_{n=-1}^{-\infty}x(n)z^{-n}$$

所以

$$x(n)=\begin{cases}0, & n\geqslant 0\\ \dfrac{b^{-n}}{n}, & n\leqslant -1\end{cases}$$

（2）长除法

用 $X(z)$ 的分母多项式直接除分子多项式可得到 $X(z)$ 的级数形式，根据 $X(z)$ 收敛域情况，可把 $X(z)$ 展开成相应的升幂或降幂级数。对照 Z 变换定义即可直接对应出序列 $x(n)$。

【例 2.13】 已知 $X(z)=1/(1-az^{-1})$，分别求出 $|z|>a$ 及 $|z|<a$ 的序列 $x(n)$。

解： 对于 $|z|>a$，$x(n)$ 为一右边序列，$X(z)$ 应展成 z^{-1} 的升幂级数形式：

$$
\begin{array}{r l}
 & 1+az^{-1}+a^{2}z^{-2}\quad+\cdots \\ \cline{2-2}
1-az^{-1}\big) & 1 \\
 & 1-az^{-1} \\ \cline{2-2}
 & \quad az^{-1} \\
 & \quad az^{-1}-a^{2}z^{-2} \\ \cline{2-2}
 & \qquad a^{2}z^{-2} \\
 & \qquad \vdots
\end{array}
$$

故
$$X(z)=1+az^{-1}+a^{2}z^{-2}+\cdots=\sum_{n=0}^{\infty}a^{n}z^{-n}=\sum_{n=0}^{\infty}x(n)z^{-n}$$

$$x(n)=a^{n}u(n)$$

对$|z|<a$，$x(n)$为一左边序列，$X(z)$应展成z^{-1}的降幂级数形式（z的升幂级数形式）：

$$
\begin{array}{r l}
 & -a^{-1}z-a^{-2}z^{2}-a^{-3}z^{3}\cdots \\ \cline{2-2}
-a+z\;\big) & \quad z \\
 & \quad z-a^{-1}z^{2} \\ \cline{2-2}
 & \qquad a^{-1}z^{2} \\
 & \qquad a^{-1}z^{2}+a^{-2}z^{3} \\ \cline{2-2}
 & \qquad\quad -a^{-2}z^{3} \\
 & \qquad\quad \vdots
\end{array}
$$

故
$$X(z)=-a^{-1}z-a^{-2}z^{2}-a^{-3}z^{3}-\cdots=\sum_{n=1}^{\infty}-a^{-n}z^{n}=\sum_{n=-\infty}^{-1}-a^{n}z^{-n}=\sum_{n=-1}^{-\infty}x(n)z^{-n}$$

所以
$$x(n)=-a^{n}u(-n-1)$$

2．留数定理法

按照Z变换的定义

$$X(z)=\sum_{n=-\infty}^{\infty}x(n)z^{-n}\,,\quad R_{x-}<|z|<R_{x+}$$

将上式两端各乘以z^{k-1}并沿围线c积分，得

$$\oint_{c}X(z)z^{k-1}\mathrm{d}z=\oint_{c}\sum_{n=-\infty}^{\infty}x(n)z^{-n}z^{k-1}\mathrm{d}z=\sum_{n=-\infty}^{\infty}x(n)\oint_{c}z^{k-n-1}\mathrm{d}z$$

c为被积函数$X(z)z^{k-1}$收敛域内一条逆时针闭合曲线。

根据复变函数中的柯西定理：

$$\oint_{c}z^{-n}\mathrm{d}z=\begin{cases}2\pi\mathrm{j}, & n=1\\ 0, & n\neq 1\end{cases}$$

所以
$$\oint_{c}X(z)z^{k-1}\mathrm{d}z=\sum_{n=-\infty}^{\infty}x(n)\oint_{c}z^{k-n-1}\mathrm{d}z=2\pi\mathrm{j}x(k)$$

故得
$$x(n)=\frac{1}{2\pi\mathrm{j}}\oint_{c}X(z)z^{n-1}\mathrm{d}z \tag{2.40}$$

式（2.40）即为$X(z)$的Z反变换积分公式。若$X(z)z^{n-1}$在围线c以内的所有极点集合为$\{z_k\}$，则根据留数定理，$x(n)$等于被积函数$X(z)z^{n-1}$在围线c以内的所有极点留数之和。

$$\frac{1}{2\pi \mathrm{j}}\oint_c X(z)z^{n-1}\mathrm{d}z=\sum_k \mathrm{Res}\left[X(z)z^{n-1},z_k\right] \tag{2.41}$$

如果 z_k 为单阶极点，则

$$\sum_k \mathrm{Res}\left[X(z)z^{n-1},z_k\right]=(z-z_k)X(z)z^{n-1}\Big|_{z=z_k} \tag{2.42}$$

当 z_k 为 N 阶极点时，

$$\sum_k \mathrm{Res}\left[X(z)z^{n-1},z_k\right]=\frac{1}{(N-1)!}\frac{\mathrm{d}^{N-1}}{\mathrm{d}z^{N-1}}\left[(z-z_k)^N X(z)z^{n-1}\right]\Big|_{z=z_k} \tag{2.43}$$

【例 2.14】 求下列 $X(z)$ 的 Z 反变换：

$$X(z)=\frac{1}{1-az^{-1}},\quad |z|>|a|$$

解：

$$x(n)=\frac{1}{2\pi \mathrm{j}}\oint_c \frac{z^{n-1}}{1-az^{-1}}\mathrm{d}z=\frac{1}{2\pi \mathrm{j}}\oint_c \frac{z^n}{z-a}\mathrm{d}z$$

围线 c 以内包含极点 a，并且当 $n<0$ 时，在 $z=0$ 处有极点。因此，

$$x(n)=\begin{cases}\mathrm{Res}\left[\dfrac{z^n}{z-a},a\right], & n\geqslant 0\\[2ex] \mathrm{Res}\left[\dfrac{z^n}{z-a},a\right]+\mathrm{Res}\left[\dfrac{z^n}{z-a},0\right], & n<0\end{cases}$$

a 是单阶极点，所以

$$\mathrm{Res}\left[\frac{z^n}{z-a},a\right]=z^n\big|_{z=a}=a^n$$

$n<0$ 时，在 $z=0$ 为 $N=|n|=-n$ 阶极点：

$$\begin{aligned}\mathrm{Res}\left[\frac{z^n}{z-a},0\right]&=\frac{1}{(-n-1)!}\frac{\mathrm{d}^{-n-1}}{\mathrm{d}z^{-n-1}}\left[z^{-n}\frac{z^n}{z-a}\right]\Big|_{z=0}\\&=(-1)^{-n-1}(z-a)^n\big|_{z=0}=-a^n\end{aligned}$$

因此

$$x(n)=\begin{cases}a^n, & n\geqslant 0\\ a^n-a^n=0, & n<0\end{cases}$$

即

$$x(n)=a^n u(n)$$

实际上，可由收敛域判定出该序列为一因果序列，因此可免去求 $n<0$ 时的留数。

3．部分分式展开法

通常，序列的 Z 变换可用有理函数表示，即

$$X(z)=\frac{P(z)}{Q(z)}=\frac{\sum_{i=0}^{M}b_i z^i}{\sum_{i=0}^{N}a_i z^i},\quad b_i\text{ 不全为零} \tag{2.44}$$

（1）$N\geqslant M$ 时，可把 $X(z)$ 分解成许多简单的部分分式之和。再对各部分分别求 Z 反变换得到各子序列，各子序列之和即为原序列 $x(n)$。

如果 $X(z)$ 的 N 个极点都是单阶的 $z=z_i$，那么可以展开成部分分式：

$$X(z)=A_0+\sum_{i=1}^{N}\frac{A_i z}{z-z_i} \tag{2.45}$$

式中，A_i 为$\dfrac{X(z)}{z}$在极点 z_i 处的留数：

$$A_i=\mathrm{Res}\left[\frac{X(z)}{z}\right]\Big|_{z=z_i}=\left[(z-z_i)\frac{X(z)}{z}\right]\Big|_{z=z_i} \tag{2.46}$$

$$\mathrm{IZT}[A_0]=A_0\delta(n)=x_0(n)$$

$\dfrac{A_i z}{z-z_i}$可按 $X(z)$ 收敛域对应为下列两种序列之一：

$$A_i(z_i)^n u(n)=x_i(n) \quad 或 \quad -A_i(z_i)^n u(-n-1)=x_i(n)$$

$$x(n)=x_0(n)+\sum_{i=1}^{N}x_i(n)$$

【例 2.15】 已知 $X(z)=\dfrac{5z}{z^2+z-6}$，$2<|z|<3$，求 $x(n)$。

解：

$$X(z)=\frac{5z}{z^2+z-6}=\frac{5z}{(z-2)(z+3)}=\frac{A_1 z}{z-2}+\frac{A_2 z}{z+3}$$

$$A_1=\left[(z-2)\frac{X(z)}{z}\right]\Big|_{z=2}=\frac{5}{z+3}\Big|_{z=2}=1$$

$$A_2=\left[(z+3)\frac{X(z)}{z}\right]\Big|_{z=-3}=\frac{5}{z-2}\Big|_{z=-3}=-1$$

所以

$$X(z)=\frac{z}{z-2}-\frac{z}{z+3}$$

因给定的收敛域是$|z|>2$，故可知第一项对应的是因果序列，$\mathrm{IZT}\left[\dfrac{z}{(z-2)}\right]=2^n u(n)$

由收敛域$|z|<3$，可知第二项对应的是左边序列，$\mathrm{IZT}\left[\dfrac{z}{(z+3)}\right]=-(-3)^n u(-n-1)$

所以

$$x(n)=2^n u(n)+(-3)^n u(-n-1)$$

该例表明，如果是双边序列，则可根据 $X(z)$ 极点分布情况来判断序列的性质，进而求出原序列。由于收敛域是以极点为界的，所以将极点分开便于求解。

（2）$N<M$ 时，利用多项式长除可以将 $X(z)$ 化为如下形式：

$$X(z)=C_N z^{M-N}+C_{N-1}z^{M-N-1}+\cdots+C_1 z+\frac{P'(z)}{Q(z)} \tag{2.47}$$

此时，$P'(z)$ 的阶次 $M'\leqslant N$，$\dfrac{P'(z)}{Q(z)}$按照上述因果序列处理，而据 Z 变换的移位性质有：

$$\mathrm{IZT}[C_1 z+\cdots+C_{N-1}z^{M-N-1}+C_N z^{M-N}]=C_1\delta(n+1)+\cdots+C_{N-1}\delta(n+M-N-1)+C_N\delta(n+M-N) \tag{2.48}$$

序列为非因果左边序列。

注意：对于因果序列，其 Z 变换的收敛域为$R<|z|\leqslant\infty$。因此，为保证 $z=\infty$ 处收敛，上式分母多项式的阶次不能低于分子多项式，即 $N\geqslant M$。当然 $N\geqslant M$ 并不是 $X(z)$ 为因果序列的充分条件。

2.2.3　Z 变换的基本性质

Z 变换的性质

Z 变换的性质表明了序列的时域特性和复频域特性之间的关系，Z 变换的某些性质起着简化运算的作用。搞清楚 Z 变换的性质并能熟练地运用，将为解决数字信号处理中的一些问题提供方便。现就几种主要的性质和定理介绍如下。

若

$$\mathrm{ZT}[x(n)]=X(z)\,,\qquad \mathrm{ROC:}\ R_{x-}<|z|<R_{x+} \tag{2.49}$$

$$\mathrm{ZT}[y(n)]=Y(z)\,,\qquad \mathrm{ROC:}\ R_{y-}<|z|<R_{y+} \tag{2.50}$$

则可得出如下性质。

（1）线性性质

$$\mathrm{ZT}[ax(n)+by(n)]=aX(z)+bY(z),\ \mathrm{ROC:}\ R_{-}<|z|<R_{+} \tag{2.51}$$

$$R_{-}=\max[R_{x-},R_{y-}]\qquad R_{+}=\min[R_{x+},R_{y+}]$$

这里，收敛域 $R_{-}<|z|<R_{+}$ 是 $X(z)$ 和 $Y(z)$ 的公共收敛域，如果没有公共收敛域，则 Z 变换 $aX(z)+bY(z)$ 不存在。

（2）移位性质

$$\mathrm{ZT}[x(n-k)]=z^{-k}X(z),\ k\text{为常数}\qquad \mathrm{ROC:}\ R_{x-}<|z|<R_{x+} \tag{2.52}$$

（3）尺度变换

$$\mathrm{ZT}[a^{n}x(n)]=X(a^{-1}z),\ a\text{为常数}\qquad \mathrm{ROC:}\ |a|R_{x-}<|z|<|a|R_{x+} \tag{2.53}$$

（4）时间翻转

$$\mathrm{ZT}[x(-n)]=X(z^{-1}),\qquad \mathrm{ROC:}\ \frac{1}{R_{x+}}<|z|<\frac{1}{R_{x-}} \tag{2.54}$$

（5）共轭序列的 Z 变换

若 $x(n)$ 的共轭序列为 $x^{*}(n)$，则

$$\mathrm{ZT}[x^{*}(n)]=X^{*}(z^{*})\,,\qquad \mathrm{ROC:}\ R_{x-}<|z|<R_{x+} \tag{2.55}$$

（6）z 域中的微分性质

$$\mathrm{ZT}[nx(n)]=-z\frac{\mathrm{d}X(z)}{\mathrm{d}z},\qquad \mathrm{ROC:}\ R_{x-}<|z|<R_{x+} \tag{2.56}$$

（7）初值定理

若 $x(n)$ 为一因果序列，则

$$x(0)=\lim_{z\to\infty}X(z) \tag{2.57}$$

（8）终值定理

若 $x(n)$ 为一因果序列，且 $X(z)$ 除在 $z=1$ 处可以有一阶极点外，其他极点都在单位圆内，则有

$$\lim_{n\to\infty}x(n)=\lim_{z\to 1}[(z-1)X(z)] \tag{2.58}$$

（9）时域卷积定理

若 $w(n)=x(n)*y(n)$

则

$$W(z)=X(z)\cdot Y(z)\qquad \mathrm{ROC:}\ R_{-}<|z|<R_{+} \tag{2.59}$$

$$R_{-}=\max[R_{x-},R_{y-}]\qquad R_{+}=\min[R_{x+},R_{y+}]$$

证明：

$$W(z)=\mathrm{ZT}[x(n)*y(n)]=\sum_{n=-\infty}^{\infty}\left[\sum_{m=-\infty}^{\infty}x(m)y(n-m)\right]z^{-n}$$

$$=\sum_{m=-\infty}^{\infty}x(m)\left[\sum_{n=-\infty}^{\infty}y(n-m)z^{-n}\right]=\sum_{m=-\infty}^{\infty}x(m)z^{-m}Y(z)$$

$$= X(z)Y(z) \qquad \text{ROC：} R_- < |z| < R_+$$

$$R_- = \max[R_{x-}, R_{y-}] \qquad R_+ = \min[R_{x+}, R_{y+}]$$

$W(z)$ 的收敛域 $R_- < |z| < R_+$ 是 $X(z)$ 和 $Y(z)$ 的公共收敛域。

（10）复卷积定理

若 $w(n) = x(n)y(n)$

则
$$W(z) = \frac{1}{2\pi \mathrm{j}} \oint_c X(v) Y\left(\frac{z}{v}\right) v^{-1} \mathrm{d}v \qquad \text{ROC：} R_{x-}R_{y-} < |z| < R_{x+}R_{y+} \tag{2.60}$$

其中，c 是复变量 v 平面上被积函数收敛域内一条逆时针闭合围线，该收敛域是 $X(v)$ 与 $Y(z/v)$ 的公共收敛域，满足

$$\max\left[R_{x-}, \frac{|z|}{R_{y+}}\right] < |v| < \min\left[R_{x+}, \frac{|z|}{R_{y-}}\right]$$

因为对于 $X(v)$ 与 $Y(z/v)$ 限定：

$$\begin{cases} R_{x-} < |v| < R_{x+} \\ R_{y-} < \left|\dfrac{z}{v}\right| < R_{y+} \end{cases}$$

所以得到 $W(z)$ 的 ROC：

$$R_{x-}R_{y-} < |z| < R_{x+}R_{y+}$$

证明：
$$W(z) = \mathrm{ZT}[x(n)y(n)] = \sum_{n=-\infty}^{\infty} x(n)y(n)z^{-n} = \sum_{n=-\infty}^{\infty} y(n)\left[\frac{1}{2\pi \mathrm{j}} \oint_c X(v) v^{n-1} \mathrm{d}v\right] z^{-n}$$

$$= \frac{1}{2\pi \mathrm{j}} \sum_{n=-\infty}^{\infty} y(n)\left[\oint_c X(v) v^n \frac{\mathrm{d}v}{v}\right] z^{-n} = \frac{1}{2\pi \mathrm{j}}\left[\oint_c X(v) \sum_{n=-\infty}^{\infty} y(n)\left(\frac{z}{v}\right)^{-n}\right] \frac{\mathrm{d}v}{v}$$

$$= \frac{1}{2\pi \mathrm{j}} \oint_c X(v) Y\left(\frac{z}{v}\right) v^{-1} \mathrm{d}v, \quad R_{x-}R_{y-} < |z| < R_{x+}R_{y+}$$

不难证明，复卷积公式中 X、Y 位置可以对调。

$$W(z) = \frac{1}{2\pi \mathrm{j}} \oint_c Y(v) X\left(\frac{z}{v}\right) v^{-1} \mathrm{d}v \qquad R_{x-}R_{y-} < |z| < R_{x+}R_{y+}$$

这时 c 所在的收敛域为

$$\max\left[R_{y-}, \frac{|z|}{R_{x+}}\right] < |v| < \min\left[R_{y+}, \frac{|z|}{R_{x-}}\right]$$

复卷积可用留数定理求解。

（11）Parseval（帕斯瓦尔）定理

若
$$R_{x-}R_{y-} < 1, \quad R_{x+}R_{y+} > 1$$

则

$$\sum_{n=-\infty}^{\infty} x(n) y^*(n) = \frac{1}{2\pi \mathrm{j}} \oint_c X(v) Y^*(1/v^*) v^{-1} \mathrm{d}v \tag{2.61}$$

c 所在的收敛域为

$$\max\left[R_{x-}, \frac{1}{R_{y+}}\right] < |v| < \min\left[R_{x+}, \frac{1}{R_{y-}}\right]$$

证明：令
$$w(n) = x(n) y^*(n)$$

由于 $$\mathrm{ZT}[y^*(n)] = Y^*(z^*)$$

利用复卷积公式可得：

$$W(z) = \mathrm{ZT}[w(n)] = \sum_{n=-\infty}^{\infty} x(n)y^*(n)z^{-n}$$

$$= \frac{1}{2\pi \mathrm{j}} \oint_c X(v)Y^*\left(\frac{z^*}{v^*}\right)v^{-1}\mathrm{d}v \qquad R_{x-}R_{y-} < |z| < R_{x+}R_{y+}$$

因为 $$R_{x-}R_{y-} < 1;\quad R_{x+}R_{y+} > 1$$

故 $|z| = 1$ 在 z 的收敛域内，即 $Y(z)$ 在单位圆上收敛，则有：

$$W(z)\Big|_{z=1} = \sum_{n=-\infty}^{\infty} x(n)y^*(n) = \frac{1}{2\pi \mathrm{j}} \oint_c X(v)Y^*\left(\frac{1}{v^*}\right)v^{-1}\mathrm{d}v \tag{2.62}$$

由于 $X(z)$、$Y(z)$ 在单位圆上都收敛，c 可取为单位圆，即 $v = \mathrm{e}^{\mathrm{j}\omega}$，则得到帕斯瓦尔定理的另一种表达形式：

$$\sum_{n=-\infty}^{\infty} x(n)y^*(n) = \frac{1}{2\pi}\int_{-\pi}^{\pi} X(\mathrm{e}^{\mathrm{j}\omega})Y^*(\mathrm{e}^{\mathrm{j}\omega})\mathrm{d}\omega \tag{2.63}$$

若 $y(n) = x(n)$，则有：

$$\sum_{n=-\infty}^{\infty} |x(n)|^2 = \frac{1}{2\pi}\int_{-\pi}^{\pi} \left|X(\mathrm{e}^{\mathrm{j}\omega})\right|^2 \mathrm{d}\omega$$

帕斯瓦尔定理的这种形式常用来计算序列的能量。

为便于参考，将 Z 变换的基本性质归纳在表 2.3 中。

表 2.3 Z 变换的基本性质

序列	Z 变换	收敛域
1． $ax(n)+by(n)$	$aX(z)+bY(z)$	$\max[R_{x-},R_{y-}]<\|z\|<\min[R_{x+},R_{y+}]$
2． $x(n-k)$	$z^{-k}X(z)$	$R_{x-}<\|z\|<R_{x+}$
3． $a^n x(n)$	$X(a^{-1}z)$	$\|a\|R_{x-}<\|z\|<\|a\|R_{x+}$
4． $x(-n)$	$X(z^{-1})$	$1/R_{x+}<\|z\|<1R_{x-}$
5． $x^*(n)$	$X^*(z^*)$	$R_{x-}<\|z\|<R_{x+}$
6． $nx(n)$	$-z\dfrac{\mathrm{d}X(z)}{\mathrm{d}z}$	$R_{x-}<\|z\|<R_{x+}$
7． $w(n)=x(n)*y(n)$	$W(z)=X(z)\cdot Y(z)$	$\max[R_{x-},R_{y-}]<\|z\|<\min[R_{x+},R_{y+}]$
8． $w(n)=x(n)y(n)$	$W(z)=\dfrac{1}{2\pi\mathrm{j}}\oint_c X(v)Y\left(\dfrac{z}{v}\right)v^{-1}\mathrm{d}v$	$R_{x-}R_{y-}<\|z\|<R_{x+}R_{y+}$

2.2.4 Z 变换与拉普拉斯变换和 DTFT 的关系

拉氏变换、傅氏变换与 Z 变换的关系

傅里叶变换和拉普拉斯变换是连续信号频域分析的重要数学工具，离散时间傅里叶变换和 Z 变换是离散信号频域分析的重要数学工具。1.3 节讨论的理想采样，将连续信号与离散信号联系起来。现在我们将通过理想采样实现连续信号的傅里叶变换、拉普拉斯变换与离散信号的傅里叶变换和 Z 变换的沟通。

1. 序列的 Z 变换与采样信号拉普拉斯变换的关系

重写式（1.50）

$$x_s(t)=x_a(t)\cdot s(t)=x_a(t)\cdot\sum_{n=-\infty}^{\infty}\delta(t-nT_s)$$

若 $x(t)$ 的拉普拉斯变换为 $X(s)$，$x_s(t)$ 的拉普拉斯变换为 $X_s(s)$，$x(n)$ 的 Z 变换为 $X(z)$。将上式两边取拉普拉斯变换得

$$\begin{aligned}X_s(s)&=\int_{-\infty}^{\infty}x_s(t)\mathrm{e}^{-st}\mathrm{d}t\\&=\int_{-\infty}^{\infty}x_a(t)\sum_{n=-\infty}^{\infty}\delta(t-nT_s)\mathrm{e}^{-st}\mathrm{d}t=\sum_{n=-\infty}^{\infty}x_a(nT_s)\mathrm{e}^{-nsT_s}\end{aligned}\tag{2.64}$$

而

$$X(z)=\sum_{n=-\infty}^{\infty}x(n)z^{-n}=\sum_{n=-\infty}^{\infty}x_a(nT_s)z^{-n}\tag{2.65}$$

比较式（2.64）与式（2.65）可见，当 $z=\mathrm{e}^{sT_s}$ 时，序列的 Z 变换就等于采样信号的拉普拉斯变换，即

$$X(z)\big|_{z=\mathrm{e}^{sT_s}}=X_s(s)\tag{2.66}$$

这说明，从理想采样序列的拉普拉斯变换到序列的 Z 变换，就是由复变量 s 平面到复变量 z 平面的映射变换，其映射关系为

$$z=\mathrm{e}^{sT_s}\tag{2.67}$$

变量 s 的直角坐标形式和 z 的极坐标形式分别为

$$s=\sigma+\mathrm{j}\Omega,\quad z=r\mathrm{e}^{\mathrm{j}\omega}$$

代入到（2.67）式，得

$$|z|=r=\mathrm{e}^{\sigma T_s}\tag{2.68a}$$

$$\omega=\Omega T_s\tag{2.68b}$$

下面，我们在式（2.68a）和式（2.68b）表示的 s 平面和 z 平面关系的基础上，通过理想采样提供的桥梁，找寻采样序列 Z 变换 $X(z)$ 与连续信号 $x_a(t)$ 的拉普拉斯变换 $X_a(s)$ 的关系。

$\sum_{n=-\infty}^{\infty}\delta(t-nT_s)$ 是周期为 T_s 的周期函数，将其展开为傅里叶级数的形式：

$$\sum_{n=-\infty}^{\infty}\delta(t-nT_s)=\sum_{m=-\infty}^{\infty}A_m\mathrm{e}^{\mathrm{j}m\frac{2\pi}{T_s}t}$$

级数的系数

$$A_m=\frac{1}{T}\int_{-T_s/2}^{T_s/2}\sum_{n=-\infty}^{\infty}\delta(t-nT_s)\mathrm{e}^{-\mathrm{j}m\frac{2\pi}{T_s}t}\mathrm{d}t=\frac{1}{T_s}$$

所以

$$\sum_{n=-\infty}^{\infty}\delta(t-nT_s)=\frac{1}{T_s}\sum_{m=-\infty}^{\infty}\mathrm{e}^{\mathrm{j}m\frac{2\pi}{T_s}t}\tag{2.69}$$

将式（2.69）代入式（2.64），得：

$$X_s(s)=\frac{1}{T_s}\sum_{m=-\infty}^{\infty}\int_{-\infty}^{\infty}x_a(t)\mathrm{e}^{-\left(s-\mathrm{j}m\frac{2\pi}{T_s}\right)t}\mathrm{d}t=\frac{1}{T_s}\sum_{m=-\infty}^{\infty}X_a\left(s-\mathrm{j}m\frac{2\pi}{T_s}\right)\tag{2.70}$$

上式是连续时间信号的拉普拉斯变换和采样信号的拉普拉斯变换的关系，它表明时域采样后使信号的拉普拉斯变换在 s 平面上沿虚轴周期延拓，如图 2.18 所示。

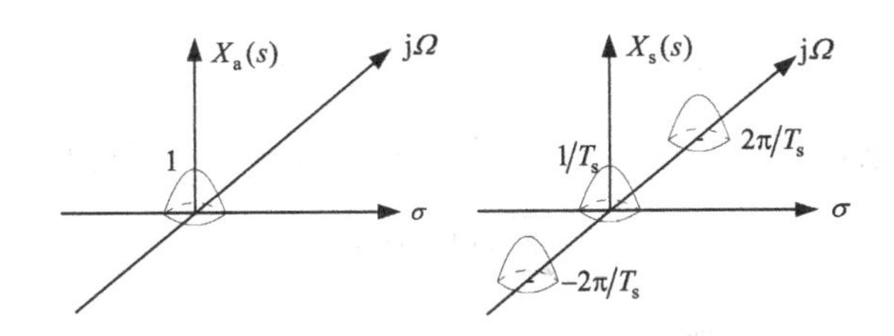

图 2.18　连续时间信号与采样信号拉普拉斯变换的关系

2. 序列的 Z 变换与连续时间信号拉普拉斯变换的关系

将式（2.70）代入式（2.66）得连续时间信号 $x_a(t)$ 的拉普拉斯变换 $X_a(s)$ 与采样序列的 Z 变换的关系为

$$X(z)\Big|_{z=e^{sT_s}} = \frac{1}{T_s}\sum_{m=-\infty}^{\infty} X_a\left(s - jm\frac{2\pi}{T_s}\right) \tag{2.71}$$

综上所述，通过理想取样信号把连续时间信号与离散时间信号的频域分析统一起来，把序列 Z 变换与连续信号的拉普拉斯变换联系起来。

进一步，将 $s = j\Omega$ 及 $z = e^{j\Omega T_s}$（傅里叶变换是拉普拉斯变换在虚轴的特例）代入式（2.71），还会得到序列 Z 变换与连续信号傅里叶变换的关系：

$$X(z)\Big|_{z=e^{j\Omega T_s}} = \frac{1}{T_s}\sum_{m=-\infty}^{\infty} X_a\left(j\Omega - jm\frac{2\pi}{T_s}\right) \tag{2.72}$$

3. 序列 Z 变换与傅里叶变换的关系

当序列 $x(n)$ 满足 $\sum\limits_{n=-\infty}^{\infty}|x(n)| < \infty$ 时，其傅里叶变换和 Z 变换分别为

$$X(e^{j\omega}) = \sum_{n=-\infty}^{\infty} x(n)e^{-j\omega n}$$

$$X(z) = \sum_{n=-\infty}^{\infty} x(n)z^{-n}$$

所以

$$X(z)\Big|_{z=e^{j\omega}} = X(e^{j\omega})$$

即单位圆上的 Z 变换是序列的傅里叶变换。因此，Z 变换是序列傅里叶变换的推广。

时域离散系统的频域分析

2.3　系统的频域描述

第 1 章讨论了离散线性时不变系统的时域描述——差分方程和单位脉冲响应。本节在频域和复频域进行系统分析，对于离散线性时不变系统，频域描述更能简洁明了地表达系统的某些性能。

2.3.1　系统的频率响应

离散线性时不变系统的单位脉冲响应 $h(n)$ 是对系统时间特性的描述，将单位脉冲响应 $h(n)$ 的傅里叶变换定义为系统的频率响应（frequency response），记作：

$$H(e^{j\omega}) = \sum_{n=-\infty}^{\infty} h(n)e^{-j\omega n} \tag{2.73}$$

则
$$h(n)=\frac{1}{2\pi}\int_{-\pi}^{\pi}H(\mathrm{e}^{\mathrm{j}\omega})\mathrm{e}^{\mathrm{j}\omega n}\mathrm{d}\omega \tag{2.74}$$
按照傅里叶变换的存在条件，线性时不变系统的单位脉冲响应绝对可和，即
$$\sum_{n=-\infty}^{\infty}|h(n)|<\infty$$
是频率响应 $H(\mathrm{e}^{\mathrm{j}\omega})$ 存在的充分条件。

线性时不变系统的频率响应 $H(\mathrm{e}^{\mathrm{j}\omega})$ 是以 2π 为周期的连续周期函数，且为复函数，可表示为
$$H(\mathrm{e}^{\mathrm{j}\omega})=\left|H(\mathrm{e}^{\mathrm{j}\omega})\right|\mathrm{e}^{\mathrm{j}\arg[H(\mathrm{e}^{\mathrm{j}\omega})]} \tag{2.75}$$
式中，$\left|H(\mathrm{e}^{\mathrm{j}\omega})\right|$ 称作系统的幅频响应，$\arg[H(\mathrm{e}^{\mathrm{j}\omega})]$ 称作系统的相频响应。幅频响应反映了系统对各频率分量的选择性，允许通过的频率分量所占频带称为系统的通频带或简称通带，不允许通过频率所占频带称为阻带。相频响应反映了各频率分量通过该系统后的时间延迟。

由序列傅里叶变换时域卷积定理可得，线性时不变系统输出与输入信号在频域的关系为
$$Y(\mathrm{e}^{\mathrm{j}\omega})=X(\mathrm{e}^{\mathrm{j}\omega})\cdot H(\mathrm{e}^{\mathrm{j}\omega})$$
即输出序列的傅里叶变换 $Y(\mathrm{e}^{\mathrm{j}\omega})$ 等于输入序列的傅里叶变换 $X(\mathrm{e}^{\mathrm{j}\omega})$ 乘以系统的频率响应 $H(\mathrm{e}^{\mathrm{j}\omega})$。信号处理中所涉及的滤波操作，在时域用卷积实现，在频域用乘积实现。对 $Y(\mathrm{e}^{\mathrm{j}\omega})$ 取傅里叶反变换，可得到系统的输出序列
$$y(n)=\frac{1}{2\pi}\int_{-\pi}^{\pi}H(\mathrm{e}^{\mathrm{j}\omega})\cdot X(\mathrm{e}^{\mathrm{j}\omega})\mathrm{e}^{\mathrm{j}\omega n}\mathrm{d}\omega$$
为了研究线性时不变系统的频域特性，下面讨论系统对复指数序列的响应。

当输入序列为 $x(n)=\mathrm{e}^{\mathrm{j}\omega n},-\infty<n<\infty$ 时，系统的输出
$$y(n)=h(n)*\mathrm{e}^{\mathrm{j}\omega n}=\sum_{k=-\infty}^{\infty}h(k)\mathrm{e}^{\mathrm{j}\omega(n-k)}$$
$$=\mathrm{e}^{\mathrm{j}\omega n}H(\mathrm{e}^{\mathrm{j}\omega})=\mathrm{e}^{\mathrm{j}\omega n}\left|H(\mathrm{e}^{\mathrm{j}\omega})\right|\mathrm{e}^{\mathrm{j}\arg[H(\mathrm{e}^{\mathrm{j}\omega})]} \tag{2.76}$$
该式表明，当线性时不变系统的输入是频率为 ω 的复指数序列时，输出为同频率复指数序列乘以加权函数 $H(\mathrm{e}^{\mathrm{j}\omega})$。显然，$H(\mathrm{e}^{\mathrm{j}\omega})$ 描述了复指数序列通过时不变系统后幅度和相位随频率 ω 的变化。可以说，系统的频率响应描述了系统对不同频率复指数序列的传递能力。例如，一个线性时不变系统对输入 $x(n)=\sum_{k=1}^{N}a_k\mathrm{e}^{\mathrm{j}n\omega_k}$ 的响应是 $y(n)=\sum_{k=1}^{N}a_kH(\mathrm{e}^{\mathrm{j}\omega_k})\mathrm{e}^{\mathrm{j}n\omega_k}$。正弦序列可以表示为复指数序列的线性组合，因此，频率响应也可以描述正弦序列通过线性时不变系统后，振幅和相位的变化。

【例 2.16】 若线性时不变系统的输入 $x(n)=\cos\omega_0 n$，求输出 $y(n)$。

解：
$$x(n)=\cos\omega_0 n=\mathrm{Re}[\mathrm{e}^{\mathrm{j}\omega_0 n}]$$
$$y(n)=\cos(\omega_0 n)*h(n)=\frac{1}{2}(\mathrm{e}^{\mathrm{j}\omega_0 n}+\mathrm{e}^{-\mathrm{j}\omega_0 n})*h(n)$$
$$=\frac{1}{2}[\mathrm{e}^{\mathrm{j}\omega_0 n}\cdot H(\mathrm{e}^{\mathrm{j}\omega_0})+\mathrm{e}^{-\mathrm{j}\omega_0 n}\cdot H(\mathrm{e}^{-\mathrm{j}\omega_0})]$$
若 $h(n)$ 为实序列，则 $H(\mathrm{e}^{\mathrm{j}\omega})$ 是共轭对称的，即 $H(\mathrm{e}^{-\mathrm{j}\omega})=H^*(\mathrm{e}^{\mathrm{j}\omega})$

所以
$$y(n)=\frac{1}{2}H(\mathrm{e}^{\mathrm{j}\omega_0})\mathrm{e}^{\mathrm{j}\omega_0 n}+\frac{1}{2}H^*(\mathrm{e}^{\mathrm{j}\omega_0})\mathrm{e}^{-\mathrm{j}\omega_0 n}=\mathrm{Re}[H(\mathrm{e}^{\mathrm{j}\omega_0})\mathrm{e}^{\mathrm{j}\omega_0 n}]$$
$$=\left|H(\mathrm{e}^{\mathrm{j}\omega_0})\right|\cdot\cos[\omega_0 n+\arg[H(\mathrm{e}^{\mathrm{j}\omega_0})]]$$

可以看出，当系统输入为零相位正弦序列时，输出亦为正弦序列，其幅度受幅频响应$\left|H(\mathrm{e}^{\mathrm{j}\omega_0})\right|$的加权影响，而相位为系统相频响应$\arg[H(\mathrm{e}^{\mathrm{j}\omega_0})]$。若$x(n)$含有多个频率成分，那么$x(n)$通过系统后各频率成分衰减情况由幅频响应决定，而$x(n)$中各频率成分通过系统后在时间上的移位情况取决于相频响应。

2.3.2 系统函数

前面讨论了用单位脉冲响应的傅里叶变换（即系统的频率响应）来描述线性时不变系统。现在讨论用单位脉冲响应的Z变换来描述线性时不变系统。

单位脉冲响应$h(n)$的Z变换$H(z)$定义为系统函数，记作：

$$H(z)=\sum_{n=-\infty}^{\infty}h(n)z^{-n} \tag{2.77}$$

显然，系统函数和频率响应的关系就是Z变换和傅里叶变换的关系，在单位圆$(z=\mathrm{e}^{\mathrm{j}\omega})$上计算的系统函数就是系统的频率响应：

$$H(\mathrm{e}^{\mathrm{j}\omega})=H(z)\big|_{z=\mathrm{e}^{\mathrm{j}\omega}} \tag{2.78}$$

设$x(n)$、$y(n)$和$h(n)$分别表示系统的输入、输出和单位脉冲响应，对于线性时不变系统其输入、输出和单位脉冲响应服从卷积关系：

$$y(n)=x(n)*h(n)$$

根据Z变换的时域卷积定理，它们的Z变换满足乘积关系：

$$Y(z)=X(z)H(z)$$

则

$$H(z)=\frac{Y(z)}{X(z)}$$

即系统函数是系统输出、输入Z变换的比值。

如前所述，用N阶常系数线性差分方程来描述的线性时不变系统，输入和输出关系为

$$y(n)-\sum_{k=1}^{N}a_k y(n-k)=\sum_{k=0}^{M}b_k x(n-k)$$

对上式两边取Z变换，应用Z变换的线性和移位特性，可以得到：

$$Y(z)-\sum_{k=1}^{N}a_k z^{-k}Y(z)=\sum_{k=0}^{M}b_k z^{-k}X(z)$$

则

$$H(z)=\frac{Y(z)}{X(z)}=\frac{\sum_{k=0}^{M}b_k z^{-k}}{1-\sum_{k=1}^{N}a_k z^{-k}} \tag{2.79}$$

上式分母多项式中只要有一个系数$a_k\neq 0,k=1,2,\cdots,N$，则$H(z)$在z平面上将出现极点。若极点不被零点所抵消，即式（2.79）中分子多项式不能整除分母多项式，$H(z)$必定是z^{-1}的无穷项幂次多项式，其Z反变换$h(n)$就会有无穷多项，也就是说系统的单位脉冲响应将无限长，这样的系统被称为无限脉冲响应系统（Infinite Impulse Response，IIR）。这种情况下，输出不仅与输入有关，而且还与以前的输出$y(n-k)$有关。$a_k\neq 0$，说明任意时刻$y(n)$必有延时输出序列$y(n-k)$“反馈”部分参与。因为有反馈环路，所以这种结构也称为递归系统。

若所有a_k全等于零，此时，$H(z)$仅在原点处有极点。

$$H(z)=\sum_{k=0}^{M}b_k z^{-k}$$

经过反变换可以得到系统的单位脉冲响应$h(n)=b_n, n=1,2,\cdots,N$，其持续时间为有限长，称这样的系统为有限脉冲响应系统（Finite Impulse Response，FIR）。则系统的差分方程变为

$$y(n)=\sum_{k=0}^{M}b_k x(n-k)$$

这种结构输出只与输入有关，不存在输出对输入的反馈，这种结构通常称为非递归系统。

IIR 系统和 FIR 系统在特性和设计方法上都不同，这一点我们将在第 4 章和第 5 章数字滤波器设计中分别介绍。

由式（2.79）看到，系统函数是两个z^{-1}的多项式之比，其分子、分母多项式的系数分别与差分方程的系数相同。对分子、分母多项式进行因式分解，得：

$$H(z)=A\frac{\prod_{r=1}^{M}(1-c_r z^{-1})}{\prod_{r=1}^{N}(1-d_r z^{-1})}=Az^{N-M}\frac{\prod_{r=1}^{M}(z-c_r)}{\prod_{r=1}^{N}(z-d_r)} \tag{2.80}$$

其中，c_r为$H(z)$的零点，d_r为$H(z)$的极点，当$N>M$时，在$z=0$处有一个$N-M$阶零点，$N<M$时，$z=0$处为$N-M$重极点。这些零点和极点分别由差分方程的系数b_k和a_k决定。可见，除常数A外，系统函数完全由它的全部零、极点确定。系统函数的零、极点图，可通过调用 MATLAB 工具箱中的函数 zplane 绘制，说明如下：

zplane（B,A）绘制$H(z)$的零、极点图。B 和 A 为系统函数分子和分母多项式的系数矢量：

$$\mathrm{B}=[b_0\ b_1\ b_2\ \cdots\ b_M],\quad \mathrm{A}=[1-a_1-a_2\ \cdots-a_N]$$

从以上讨论可以看到，线性时不变系统的系统函数和差分方程之间存在直接关系。只要知道系统函数，便可直接确定其差分方程，反之亦然。因此式（2.79）表示的系统函数，有几种收敛域的可能。对于一个给定的多项式，每一种收敛域都将导致不同的单位脉冲响应，但它们对应的是同一个差分方程。因此，差分方程不能唯一地确定一个线性时不变系统单位脉冲响应。然而，若假定系统是因果的，那么$h(n)$就必须是一个右边序列。因此可以说，差分方程（及初始条件）、频率响应、系统函数（及收敛域）与单位脉冲响应都是线性时不变系统输入、输出关系的等价描述。各描述方法之间的关系如图 2.19 所示。

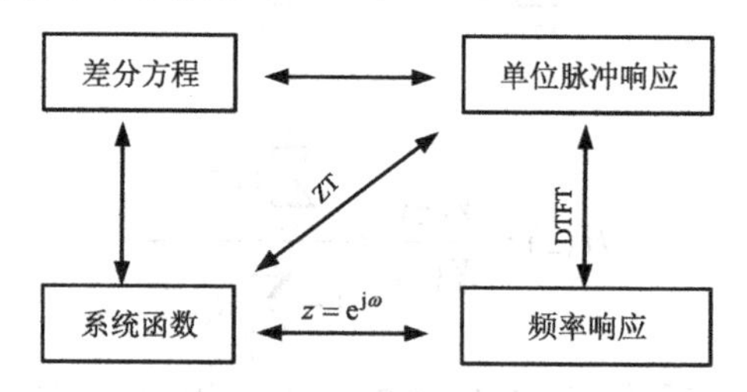

图 2.19　系统四种描述方法之间的关系

【例 2.17】 假设一个线性时不变系统的系统函数为

$$H(z)=\frac{(1+z^{-1})^2}{\left(1-\frac{1}{2}z^{-1}\right)\left(1+\frac{3}{4}z^{-1}\right)}$$

确定系统的差分方程。

解： 将系统函数展开成如下形式

$$H(z)=\frac{1+2z^{-1}+z^{-2}}{1+\frac{1}{4}z^{-1}-\frac{3}{8}z^{-2}}=\frac{Y(z)}{X(z)}$$

于是

$$\left(1+\frac{1}{4}z^{-1}-\frac{3}{8}z^{-2}\right)Y(z)=(1+2z^{-1}+z^{-2})X(z)$$

因此，差分方程为

$$y(n)+\frac{1}{4}y(n-1)-\frac{3}{8}y(n-2)=x(n)+2x(n-1)+x(n-2)$$

2.3.3 利用系统函数的零极点分析系统特性

1. 系统函数的收敛域

线性时不变系统的系统函数和收敛域都给定时才能唯一地确定一个系统。对式（2.79）确定的系统函数，选择不同的收敛域，其所代表的系统就完全不同。下面讨论不同类型系统函数收敛域的特点。

若系统是因果的，$h(n)|_{n<0}=0$

$$H(z)=\sum_{n=0}^{\infty}h(n)z^{-n}=h(0)+h(1)z^{-1}+\ldots$$

$H(z)$ 只含 z 的负幂项，因此级数的收敛域包括 $|z|=\infty$，为某圆外区域 $R_{-}<|z|\leqslant\infty$（R_{-} 为 $H(z)$ 模值最大极点所在圆的半径）。**即因果系统的收敛域是以最大极点为界的圆外部分，且包含无穷远点。**

若系统是稳定的，$\sum_{n=-\infty}^{\infty}|h(n)|<\infty$，当 $|z|=1$ 时，$\sum_{n=-\infty}^{\infty}|h(n)z^{-n}|=\sum_{n=-\infty}^{\infty}|h(n)||z^{-n}|<\infty$，$Z$ 变换存在。所以，**稳定系统的收敛域包括单位圆。**

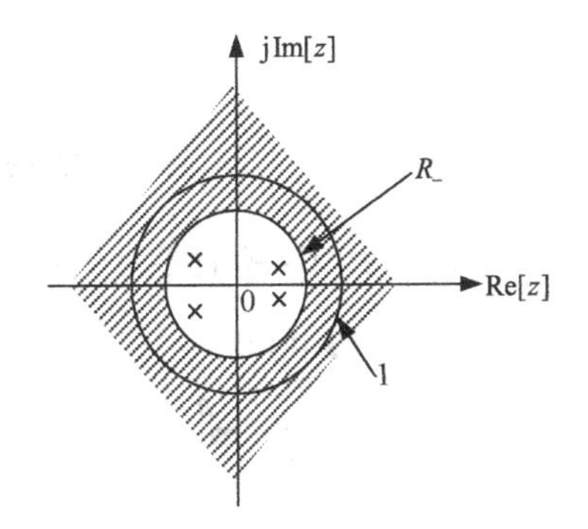

图 2.20 因果稳定系统的收敛域

由以上讨论可知，一个因果稳定系统其系统函数的收敛域，$R_{-}<|z|\leqslant\infty$，必有 $R_{-}<1$，如图 2.20 所示，故有：**因果稳定系统的系统函数全部极点必须在单位圆内**。可见，系统的因果性和稳定性可由系统函数的极点分布和收敛域确定。

2. 频率响应的几何确定法

频率响应的几何确定法

根据式（2.80），由系统函数可得其系统的频率响应：

$$H(\mathrm{e}^{\mathrm{j}\omega})=H(z)\big|_{z=\mathrm{e}^{\mathrm{j}\omega}}=A\mathrm{e}^{\mathrm{j}\omega(N-M)}\frac{\prod_{r=1}^{M}(\mathrm{e}^{\mathrm{j}\omega}-c_r)}{\prod_{r=1}^{N}(\mathrm{e}^{\mathrm{j}\omega}-d_r)} \tag{2.81}$$

上式表明，系统的频率响应由系统函数 $H(z)$ 的全部零、极点确定。因此，研究系统零点极点对频率响应的影响，对系统设计具有指导意义。频率响应的几何确定法，就是根据 z 平面上零极点的分布，采用几何方法直观、定性地确定频率响应的大致函数曲线。

如图 2.21 所示，$\overrightarrow{Oc_r}$ 是由原点指向零点的矢量，$\overrightarrow{Od_r}$ 是由原点指向极点的矢量。$\mathrm{e}^{\mathrm{j}\omega}$ 是由原点指向单位圆上的一点 B 的矢量，其模（长度）值为 1，相角为 ω。由矢量减法知，$\overrightarrow{c_rB}=\mathrm{e}^{\mathrm{j}\omega}-\overrightarrow{Oc_r}$

为从零点指向 B 点的矢量，简称零点矢量；$\overrightarrow{d_rB}=\mathrm{e}^{\mathrm{j}\omega}-d_r$ 为从极点指向 B 点的矢量，简称极点矢量。将 $\overrightarrow{c_rB}$ 和 $\overrightarrow{d_rB}$ 用模和相位表示为

$$\overrightarrow{c_rB}=c_rB\cdot\mathrm{e}^{\mathrm{j}\alpha_r}$$
$$\overrightarrow{d_rB}=d_rB\cdot\mathrm{e}^{\mathrm{j}\beta_r}$$

式中，c_rB 为零点矢量 $\overrightarrow{c_rB}$ 的模，α_r 为 $\overrightarrow{c_rB}$ 的相角；d_rB 为极点矢量 $\overrightarrow{d_rB}$ 的模，β_r 为 $\overrightarrow{d_rB}$ 的相角。将 $\overrightarrow{c_rB}$ 和 $\overrightarrow{d_rB}$ 代入式（2.81），得

$$H(\mathrm{e}^{\mathrm{j}\omega})=A\mathrm{e}^{\mathrm{j}\omega(N-M)}\frac{\prod\limits_{r=1}^{M}\overrightarrow{c_rB}}{\prod\limits_{r=1}^{N}\overrightarrow{d_rB}} \tag{2.82}$$

将上式用模和相位表示为

$$H(\mathrm{e}^{\mathrm{j}\omega})=\left|H(\mathrm{e}^{\mathrm{j}\omega})\right|\mathrm{e}^{\mathrm{j}\arg[H(\mathrm{e}^{\mathrm{j}\omega})]} \tag{2.83}$$

则有

$$\left|H(\mathrm{e}^{\mathrm{j}\omega})\right|=|A|\frac{\prod\limits_{r=1}^{M}c_rB}{\prod\limits_{r=1}^{N}d_rB} \tag{2.84a}$$

$$\arg[H(\mathrm{e}^{\mathrm{j}\omega})]=\sum_{r=1}^{M}\alpha_r-\sum_{r=1}^{N}\beta_r+(N-M)\omega+\arg[\mathrm{sgn}(A)] \tag{2.84b}$$

即

$$\left|H(\mathrm{e}^{\mathrm{j}\omega})\right|=|A|\cdot\frac{\text{所有零点矢量长度之积}}{\text{所有极点矢量长度之积}}$$

$\arg[H(\mathrm{e}^{\mathrm{j}\omega})]$ =所有零点矢量相角之和－所有极点矢量相角之和 $+(N-M)\omega+\arg[\mathrm{sgn}(A)]$

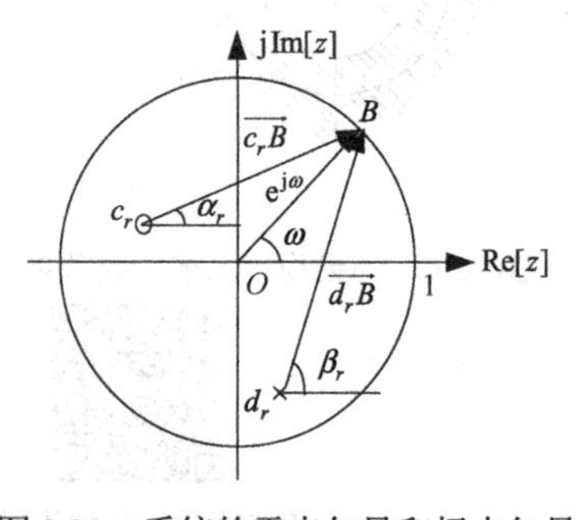

图 2.21　系统的零点矢量和极点矢量

其中

$$\arg[\mathrm{sgn}(A)]=\begin{cases}\pm\pi, A<0\\ 0, A\geqslant 0\end{cases}$$

式（2.84a）和式（2.84b）描述了零极点位置对系统频率响应的影响，幅频响应和相频响应由所有零极点共同确定。当 ω 在 $[0\sim 2\pi)$ 之间变化时，每个零点矢量和极点矢量的长度和方向都发生改变。由幅频特性表示式可以看出，c_rB 越小，$\left|H(\mathrm{e}^{\mathrm{j}\omega})\right|$ 越小，当 $c_rB=0$ 时，$\left|H(\mathrm{e}^{\mathrm{j}\omega})\right|=0$；$d_rB$ 越小，$\left|H(\mathrm{e}^{\mathrm{j}\omega})\right|$ 越大。

系统函数的频率响应，可调用 MATLAB 工具箱中的函数 freqz 计算，函数 freqz 功能如下：

freqz(B,A)计算系统函数 $H(z)$ 在 $[0,\pi)$ 范围内对应的 512 个频点的采样值，其中 B 和 A 为系统函数 $H(z)$ 分子和分母多项式的系数矢量：

$$\mathrm{B}=[b_0\ b_1\ b_2\ \cdots\ b_M],\quad \mathrm{A}=[1\ -a_1\ -a_2\ \cdots\ -a_N]$$

H=freqz(B,A,M) 计算 $[0,\pi)$ 范围内 M 个频率点上的频率响应的值。

[H,w]=freqz(B,A,M,‘whole’) 计算 $[0,2\pi)$ 范围内对应的 M 个频点的采样值，将 M 个频率值存放在矢量 w 中。

分别由以下两式计算幅频响应和相频响应：

$$\left|H(\mathrm{e}^{\mathrm{j}\omega})\right| = \mathrm{abs}(H)，\quad \arg[H(\mathrm{e}^{\mathrm{j}\omega})] = \mathrm{angle}(H)$$

计算 5 点长矩形序列幅频响应和相频响应的程序如下：

```
%samp2_01.m
h1 = ones(1,5)/5;
[H1,w] = freqz(h1, 1, 256);
m1 = abs(H1);                                    %计算幅频响应
figure( )
plot(w/pi, m1,'r-');
ylabel('Magnitude'); xlabel('\omega/\pi');
legend('M=5');
pause
ph1 = angle(H1)*180/pi;                          %计算相频响应
plot(w/pi, ph1);
ylabel('Phase, degrees');xlabel('\omega/\pi');
legend('M=5','M=14');
```

【例 2.18】 用几何确定法，分析差分方程为 $y(n) = dy(n-1) + x(n), 0 < d < 1$ 的一阶系统的幅频响应和相频响应。

解： 由差分方程得到系统函数

$$H(z) = \frac{1}{1 - dz^{-1}}，\quad |z| > |d|$$

系统零点 $z = 0$，极点 $z = d$。当单位圆上任一点 B 从 $\omega = 0$ 逆时针旋转一周到 $\omega = 2\pi$ 时，零点矢量始终与 $\mathrm{e}^{\mathrm{j}\omega}$ 重合，$\alpha = \omega$，长度为 1，对幅频响应没有贡献，幅频响应完全由极点矢量长度决定。若极点矢量记为 $\overrightarrow{dB} = dB \cdot \mathrm{e}^{\mathrm{j}\beta}$，则

$$\left|H(\mathrm{e}^{\mathrm{j}\omega})\right| = 1/dB，\quad \arg[H(\mathrm{e}^{\mathrm{j}\omega})] = \alpha - \beta$$

当 $\omega = 0$ 时，$\beta = 0, \arg[H(\mathrm{e}^{\mathrm{j}\omega})] = 0$，$dB = 1 - d$，极点矢量长度最短，幅频响应形成波峰 $\left|H(\mathrm{e}^{\mathrm{j}\omega})\right| = 1/(1-d)$，并且极点越靠近单位圆，$dB$ 越小，幅频特性曲线峰值越尖锐。当极点 d 处在单位圆上时，$dB = 0$，$\left|H(\mathrm{e}^{\mathrm{j}\omega})\right| = \infty$，这相当于在该频率处出现无耗谐振。当极点越出单位圆时，系统不稳定。

当 $0 < \omega < \pi$ 时，$\beta > \alpha$，$\arg[H(\mathrm{e}^{\mathrm{j}\omega})] < 0$（相频特性始终为负），随着 ω 增大，相频特性先减小再增大，极点矢量长度增长，幅频特性减小。

当 $\omega = \pi$ 时，$\beta = \pi, \alpha = \pi$，$\arg[H(\mathrm{e}^{\mathrm{j}\omega})] = 0$，此时极点矢量最长，幅频响应形成波谷 $\left|H(\mathrm{e}^{\mathrm{j}\omega})\right| = 1/(1+d)$。

当 $\pi < \omega < 2\pi$ 时，$\alpha > \beta$，$\arg[H(\mathrm{e}^{\mathrm{j}\omega})] > 0$（相频特性始终为正），随着 ω 增大，相频特性先增大再减小，极点矢量长度减小，幅频特性增大。

当频率从 0 到 2π 时，B 点从 $z = 1$ 沿单位圆逆时针旋转一周，就得到幅频响应和相频响应随所有零点矢量和极点矢量变化而变化的曲线。调用函数 zplane 和 freqz 绘制出系统的零极点图、幅频响应和相频响应如图 2.22(a)所示。

系统 $H(z) = 1 - bz^{-1}, 0 < b < 1$ 的情况刚好相反。极点矢量与 $\mathrm{e}^{\mathrm{j}\omega}$ 重合，$\beta = \omega$，长度为 1，对幅频响应没有贡献，幅频响应完全由零点矢量长度决定。$\omega = 0$ 时，幅频特性曲线出现谷点，零点越

接近单位圆，谷点越接近零。当零点处在单位圆上时，谷点幅频响应为零。零点可以走出单位圆以外，不受稳定性约束。系统的零极点图、幅频响应和相频响应如图 2.22(b)所示，实现程序如下：

```
%samp2_02.m
 a=1;b=[1 -0.7];
 [h f]=freqz(b,a,'whole');
 s=f/pi;
 hh=abs(h);
 xiangpin=angle(h);
figure( )
 subplot(2,3,1)
 zplane(b,a);
 subplot(2,3,2)
 plot(s,hh)
 subplot(2,3,3)
 plot(s,xiangpin)
```

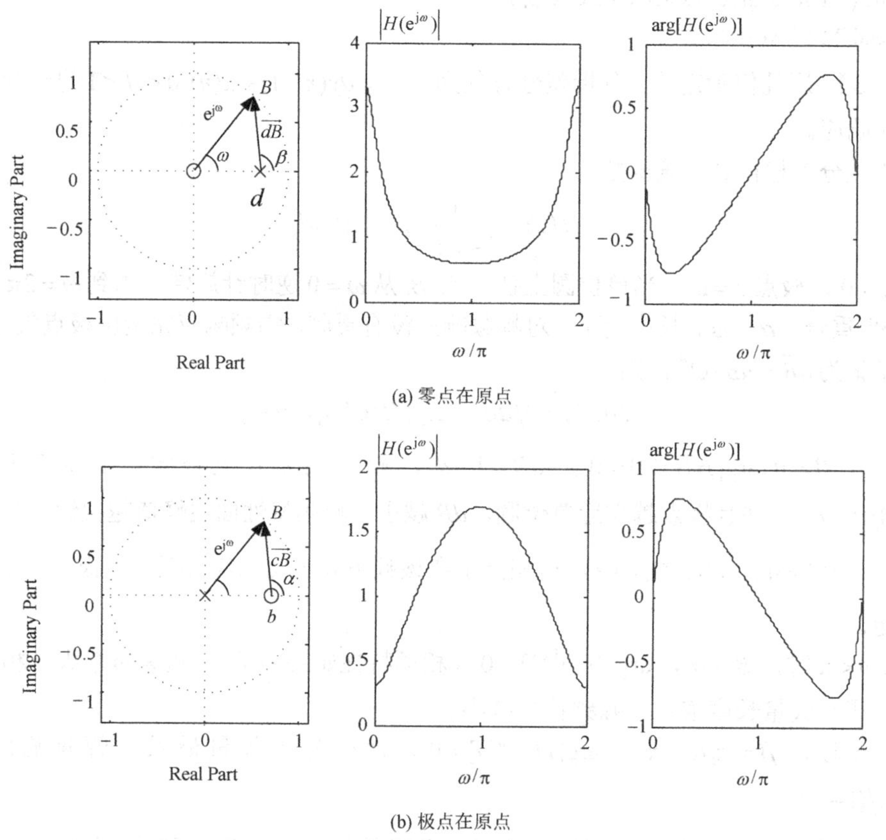

图 2.22　一阶系统零极点分布及其频率响应

【例 2.19】 分析零极点如图 2.23(a)所示二阶系统的幅频响应和相频响应。

解： 该系统有两个零点、两个极点，$M=2, N=2$。零点 c_1 位于原点，c_2 位于实轴负半轴，d_1 和 d_2 为一对共轭极点。

对于 $A=1$，幅频响应和相频响应分别为

$$\left|H(\mathrm{e}^{\mathrm{j}\omega})\right| = \frac{c_2B}{d_1B \cdot d_2B}$$

$$\arg[H(\mathrm{e}^{\mathrm{j}\omega})] = (\alpha_1 + \alpha_2) - (\beta_1 + \beta_2)$$

当 $\mathrm{e}^{\mathrm{j}\omega}$ 所对应的 B 点在极点 d_1（d_2）附近时，矢量 $\overrightarrow{d_1B}$（$\overrightarrow{d_2B}$）长度最短，因而幅频特性曲线在该频率点可能出现峰值。$\omega = \pi$ 时，矢量 $\overrightarrow{c_1B}$ 长度最短，幅频特性曲线出现谷点。

当 $\omega = 0$ 时，$\alpha_1 = \alpha_2 = 0, \beta_1 = -\beta_2$ $\arg[H(\mathrm{e}^{\mathrm{j}\omega})] = 0$；

当 $\omega = \pi$ 时，$\alpha_1 = \alpha_2 = \pi, \beta_1 = -\beta_2$，$\arg[H(\mathrm{e}^{\mathrm{j}\omega})] = 2\pi$。

幅频响应和相频响应曲线如图 2.23(b)和图 2.23(c)所示。

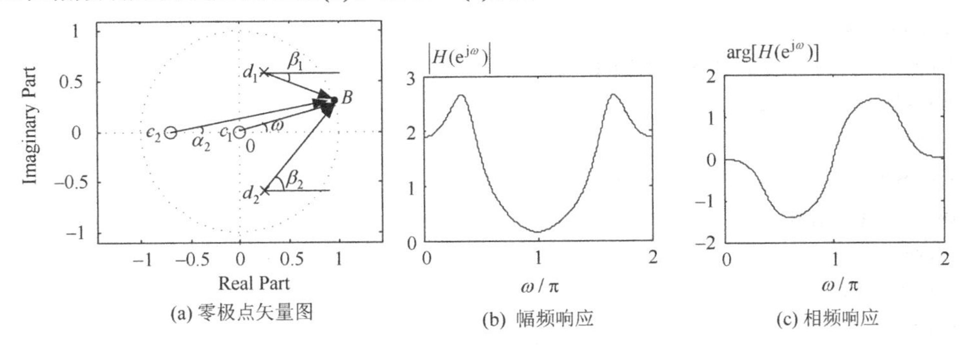

图 2.23　二阶系统零极点分布及其频率响应

可见，根据需要设置系统函数零极点的位置分布，就能改变数字滤波器的峰值和谷值位置，得到所需频率响应特性。具体来说，若要衰减某特定频率分量，需要在 z 平面上与该频点对应的径向方向，把零点放到非常靠近单位圆的位置或直接放到单位圆上；若要强化某特定频率分量，需要在该频点对应的径向上将极点放到与单位圆非常靠近的位置。需要说明的是，用几何方法确定频率响应可以直观地看出极零点分布对系统性能的影响，但是要准确实现一定频率响应的系统设计，往往需要多个零极点配对，而且要经过多次尝试。实际设计中，零极点位置的设计及幅频响应特性的确定通常要借助计算机来完成。

2.4　几种特殊系统

几种特殊系统

本节介绍几种常用的特殊系统——梳状滤波器、线性相位系统、全通系统、逆系统和最小相位系统的定义及特点。

2.4.1　梳状滤波器

幅频响应在区间 $[0, 2\pi)$ 上是以 $2\pi/N$ 为周期的周期函数，且有 N 个等间隔的零极点 $\omega_k = 2\pi k/N\ (k = 0, 1, 2, \cdots, N-1)$，$H(z) = 1 - z^{-N}$ 的系统称为梳状滤波器。

【例 2.20】 分析系统 $H(z) = 1 - z^{-N}$ 的零极点分布和幅频响应。

解：（1）求系统零极点　　$H(z) = 1 - z^{-N} = \dfrac{z^N - 1}{z^N}$

系统函数的极点 $z = 0$ 为 N 阶极点。由 $z^N - 1 = 0$，求得 N 个零点：

$$z = \mathrm{e}^{\mathrm{j}2\pi k/N},\quad k = 0, 1, 2, \cdots, N-1$$

等间隔地分布在单位圆上。

（2）根据频率响应的几何确定法，分析幅频响应曲线。当 ω 从 0 逆时针旋转到 2π 时，极点矢量长度始终不变，不影响幅频特性，在每个零点处，幅频响应为零，在两个零点之间幅度最大。

（3）由频率响应的表达式得到幅频响应函数。将 $z=\mathrm{e}^{\mathrm{j}\omega}$ 代入 $H(z)=1-z^{-N}$，得到

$$H(\mathrm{e}^{\mathrm{j}\omega})=1-\mathrm{e}^{-\mathrm{j}\omega N}$$

$$\left|H(\mathrm{e}^{\mathrm{j}\omega})\right|=\left|\sin\frac{\omega N}{2}\right|$$

可见，幅频响应具有正弦特性，N 个零点位于 $\omega_k=2\pi k/N, k=0,1,2,\cdots,N-1$。从整个频带看，幅频响应曲线呈梳齿状，故称为梳状滤波器。当 $N=8$ 时，零极点分布和幅频响应如图 2.24 所示，实现程序如下：

```
%samp2_03.m
d=0; b=[1 0 0 0 0 0 0 0 -1]; a=[1 0 0 0 0 0 0 0 -d];
[h f]=freqz(b,a,'whole');
s=f/pi;
hh=abs(h);
xiangpin=angle(h);
figure( )
subplot(2,2,1)
zplane(b,a);
subplot(2,2,2)
plot(s,hh)
axis([0 2 0 2.5])
```

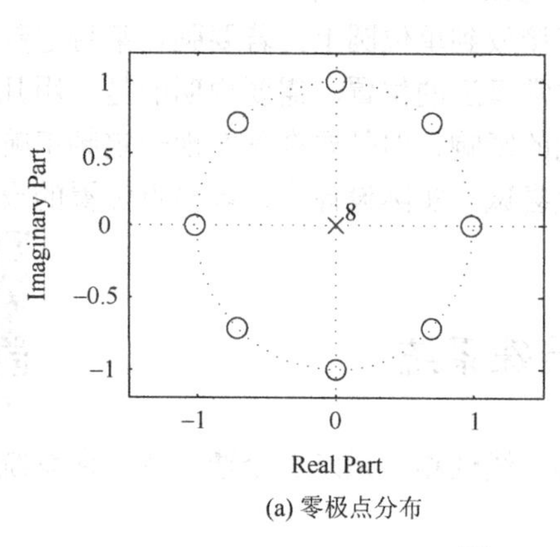

(a) 零极点分布

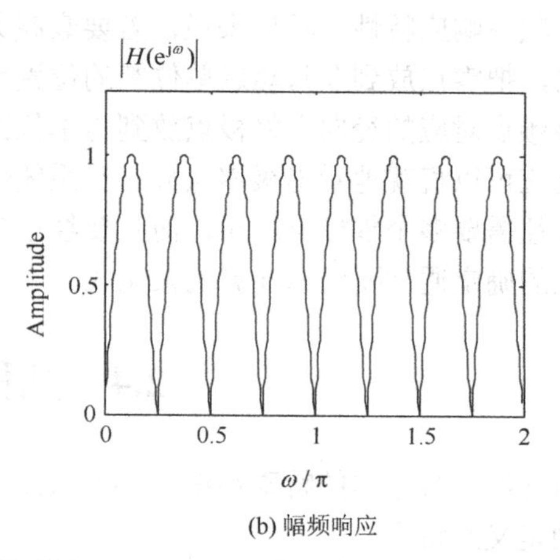

(b) 幅频响应

图 2.24　梳状滤波器

由以上分析知，梳状滤波器能够用于抑制周期性谐波干扰。但由图 2.24 显见，该梳状滤波器的幅频特性在零值附近的变化不够尖锐，即凹口之间不够平坦，对 $|H(\mathrm{e}^{\mathrm{j}\omega})|$ 为非零值处信号加权小于 1，尤其是零值附近的频率权值很小。这样，在滤除零值处的谐波干扰的同时，对零值附近频率点信号有较大的削弱。因此，需要对系统函数进行修正。

通常意义上的梳状滤波器，是对 $H(z)=1-z^{-N}$ 进行修正后的系统函数，其形式为

$$H(z)=\frac{1-z^{-N}}{1-dz^{-N}},\quad d<1 \tag{2.85}$$

N 个零点等间隔地分布在单位圆上，N 个极点 $z_k=\sqrt[N]{d}\,\mathrm{e}^{\mathrm{j}\frac{2\pi}{N}k}, k=0,1,2,\cdots,N-1$ 等间隔地分布在圆 $|z|=\sqrt[N]{d}$ 上，所有极点位于单位圆内，且与对应的零点位于同一径向上。

当矢量$e^{j\omega}$旋转至某零点左右时，此时零点矢量长度十分小，但零点附近极点矢量长度也很小，使得$|H(e^{j\omega})|$曲线上零点左右的值得以提升，幅频响应$|H(e^{j\omega})|$曲线变得平坦。极点越靠近单位圆（d趋于1），幅频响应$|H(e^{j\omega})|$曲线越平坦。当$N=8,d=0.2$和$N=8,d=0.9$时，$H(z)=(1-z^{-N})/(1-dz^{-N})$的零极点分布和幅频响应如图2.25所示。比较图2.25(b)和图2.25(d)，幅频响应形状相似，但是通带的平坦度不同。

梳状滤波器滤可滤除输入信号中$z=\exp(\mathrm{j}2\pi k/N)$，$k=0,1,2,\cdots,N-1$的频率分量。图2.25(d)为$d$=0.9时的梳状滤波器，可滤除电网谐波干扰和其他频谱等间隔分布的干扰。如绪论中所述，接收机信号中天线阵子旋转干扰信号，就是基频及其谐波信号，采用梳状滤波器能滤除大部分谐波干扰。图2.25(b)所示梳状滤波器适用于分离两路频谱等间隔交错分布的信号，如对彩色电视接收机中的亮色信号进行分离。

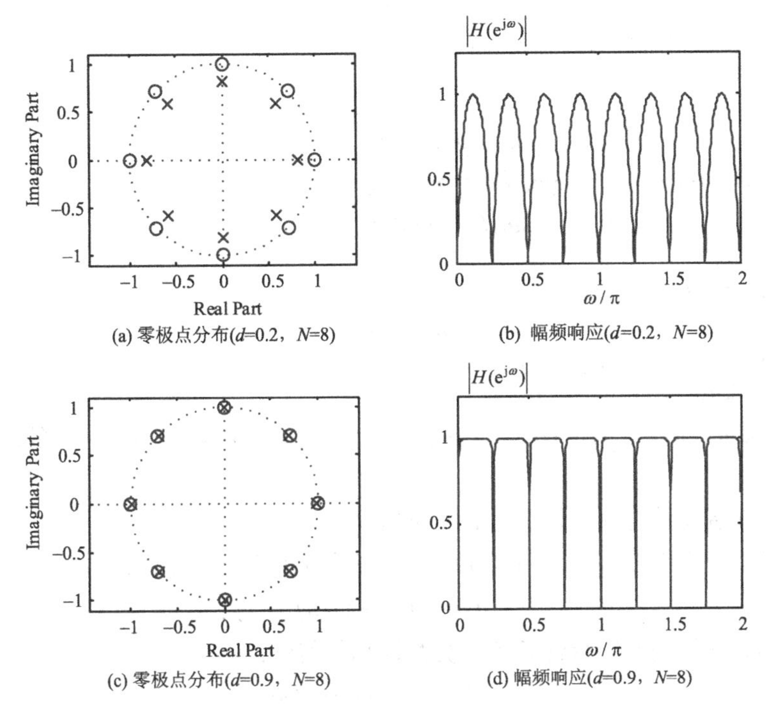

(a) 零极点分布(d=0.2，N=8)　(b) 幅频响应(d=0.2，N=8)

(c) 零极点分布(d=0.9，N=8)　(d) 幅频响应(d=0.9，N=8)

图2.25　梳状滤波器的零极点分布和幅频响应

2.4.2　线性相位系统

为便于讨论，将系统的频率响应写成

$$H(e^{j\omega})=H(\omega)e^{j\varphi(\omega)} \tag{2.86}$$

这里，$H(\omega)$称为幅度响应，$\varphi(\omega)$称为相位响应。

系统的群延时定义为

$$\tau(\omega)=-\frac{\mathrm{d}\varphi(\omega)}{\mathrm{d}\omega} \tag{2.87}$$

当系统的群延时为常数，即$\tau(\omega)=\alpha$时，相位响应是频率ω的线性函数，该系统称为线性相位系统。通常，线性函数关系有两种形式：

$$\varphi(\omega)=-\omega\alpha \tag{2.88}$$

$$\varphi(\omega)=-\omega\alpha+\beta \tag{2.89}$$

其中，α、β为常数，且$\beta\neq0$。式（2.88）称为第一类线性相位，式（2.89）称为第二类线性相位，如图 2.26 所示。

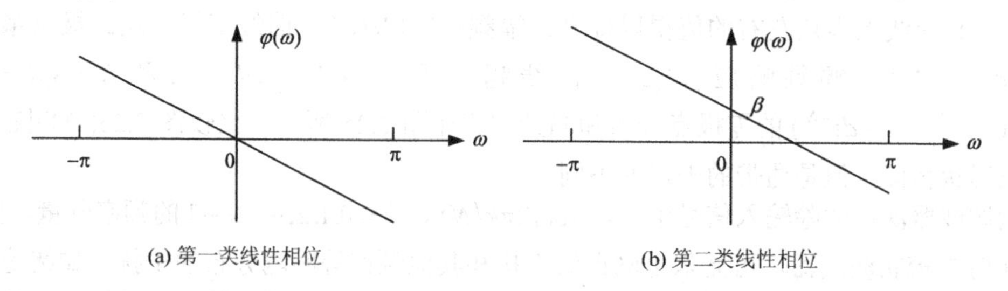

图 2.26　线性相位关系

信号通过系统的输出取决于系统的特性，下面举例说明同一信号通过几种不同系统的情形。

【例 2.21】 分析 $x(n)=\sin(\omega_0 n)+0.5\sin(2\omega_0 n)$，通过以下线性时不变系统的输出 $y(n)$。

（1）$H(\mathrm{e}^{\mathrm{j}\omega})=\mathrm{e}^{-\mathrm{j}\omega n_0}$，$|\omega|<\pi$，$n_0$ 为常数

（2）$H(\mathrm{e}^{\mathrm{j}\omega})=\mathrm{e}^{-\mathrm{j}(\omega n_0-\beta)}$

（3）$H(\omega)=1$，$\varphi(\omega)=\begin{cases}\pi, & -\pi\leqslant\omega<-3\omega_0/2\\ 0, & -3\omega_0/2\leqslant\omega\leqslant 3\omega_0/2\\ -\pi, & 3\omega_0/2<\omega\leqslant\pi\end{cases}$

（4）$H(\omega)=\begin{cases}\dfrac{1}{2\omega_0}\omega, & 0\leqslant\omega\leqslant\pi\\ -\dfrac{1}{2\omega_0}\omega, & -\pi<\omega<0\end{cases}$，$\varphi(\omega)=-\omega n_0$

解：记 $x_1(n)=\sin(\omega_0 n)$，$x_2(n)=0.5\sin(2\omega_0 n)$，则 $x(n)=x_1(n)+x_2(n)$，它们的波形如图 2.27(a) 所示。

设 $x_1(n)$、$x_2(n)$ 通过系统输出分别为 $y_1(n)$ 和 $y_2(n)$。

因为系统为线性时不变系统，$x_1(n)$、$x_2(n)$ 通过系统后输出满足线性叠加原理，则

$$y(n)=y_1(n)+y_2(n)$$

（1）该系统具有平坦的幅度特性和第一类线性相位特性：

$$H(\omega)=1,\quad \varphi(\omega)=-\omega n_0$$

当信号 $x(n)$ 通过系统后，输出 $y(n)$ 的傅里叶变换

$$Y(\mathrm{e}^{\mathrm{j}\omega})=X(\mathrm{e}^{\mathrm{j}\omega})\cdot H(\mathrm{e}^{\mathrm{j}\omega})=X(\mathrm{e}^{\mathrm{j}\omega})\cdot \mathrm{e}^{-\mathrm{j}\omega n_0}$$

所以

$$y(n)=x(n-n_0)$$

即该系统是一个“理想延迟”系统，输出 $y(n)$ 仅仅是输入 $x(n)$ 在时间轴上平移 n_0 个样值（n_0 为系统引入的延迟)，不会产生波形失真。

$x_1(n)$、$x_2(n)$ 和 $x(n)$ 经过系统的输出分别为

$$y_1(n)=x_1(n-n_0)=\sin(\omega_0(n-n_0))$$
$$y_2(n)=x_2(n-n_0)=0.5\sin(2\omega_0(n-n_0))$$
$$y(n)=x(n-n_0)=\sin[\omega_0(n-n_0)]+0.5\sin[2\omega_0(n-n_0)]$$

$y_1(n)$、$y_2(n)$、$y(n)$ 如图 2.27(b)所示。

（2）该系统具有平坦的幅度特性和第二类线性相位特性：

$$H(\omega)=1,\quad \varphi(\omega)=-\omega n_0+\beta$$

由于 $H(e^{j\omega}) = e^{-j(\omega n_0 - \beta)} = e^{j\beta}e^{-j\omega n_0}$， $e^{j\beta}$ 为一复常数因子，因此

$$Y(e^{j\omega}) = X(e^{j\omega}) \cdot e^{-j\omega n_0} \cdot e^{j\beta}$$

有

$$y(n) = x(n - n_0)e^{j\beta}$$

可见，信号通过系统后除增加 n_0 个样值的延迟外，还受复数因子 $e^{j\beta}$ 的影响，$y(n)$ 的波形随参数 β 的取值改变。 $\beta = \pi/2$ 时， $y(n) = x(n - n_0)e^{j\pi/2} = jx(n - n_0)$ ，波形发生 $\pi/2$ 相移； $\beta = \pi$ 时， $y(n) = x(n - n_0)e^{j\pi} = -x(n - n_0)$ ，波形发生 π 相移，此时 $y_1(n)$、$y_2(n)$、$y(n)$ 波形如图 2.27(c)所示。

（3）该系统为一非线性相位系统。信号 $x_1(n)$、$x_2(n)$ 经过系统后，输出分别为

$$y_1(n) = x_1(n) = \sin\omega_0 n$$

$$y_2(n) = x_2(n - \pi/2\omega_0) = 0.5\sin(2\omega_0 n - \pi)$$

即两个不同频率分量的信号延迟不同。那么系统输出

$$y(n) = \sin(\omega_0 n) + 0.5\sin(2\omega_0 n - \pi)$$

如图 2.27(d)所示，输出信号波形明显失真。即非线性相位系统造成波形失真。

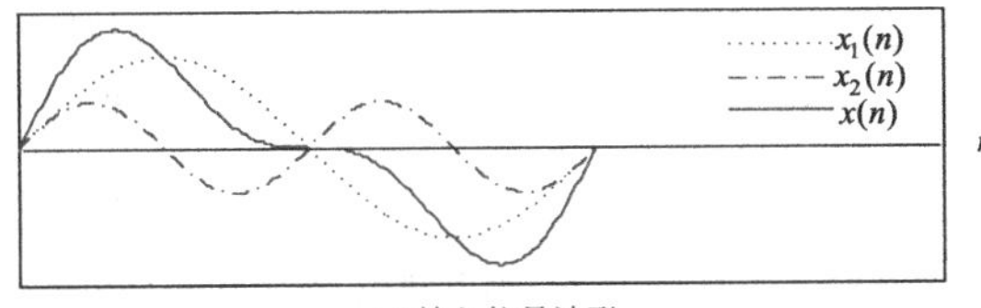

(a) 输入信号波形

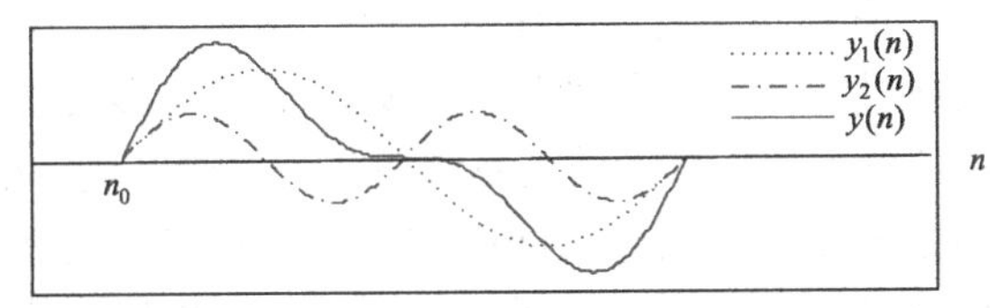

(b) 通过理想延迟系统的输出

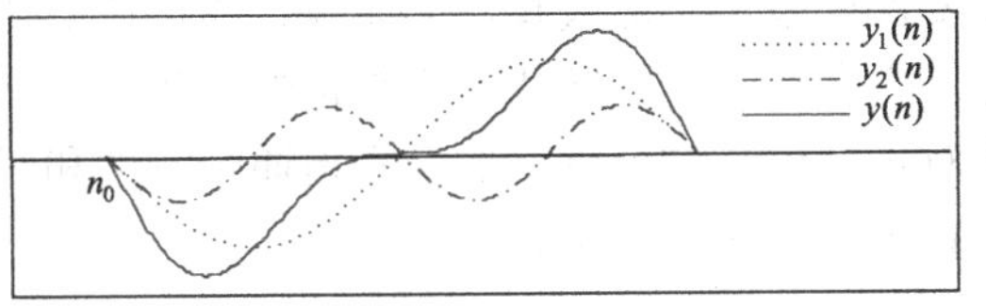

(c) 通过第二类线性相位系统的输出

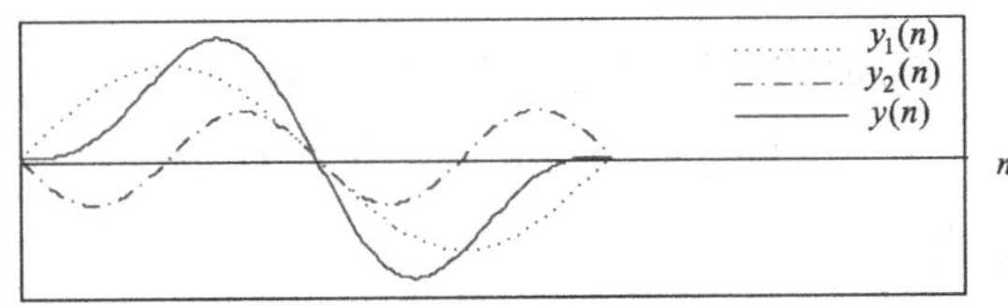

(d) 通过非线性相位系统的输出

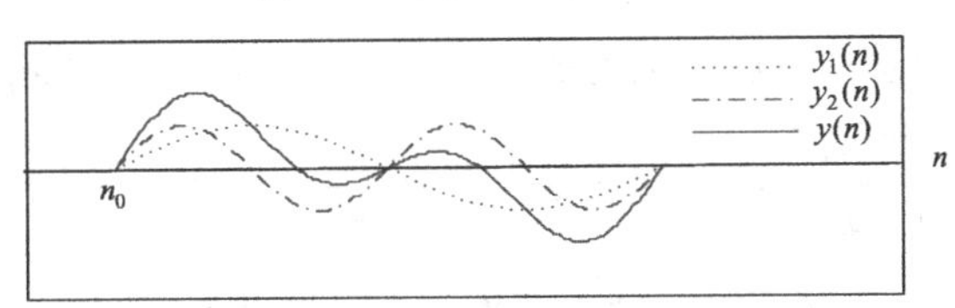

(e) 通过幅度滤波和理想延迟级联系统的输出

图 2.27　不同频响特性系统对信号的影响

（4）系统为一非恒定幅度响应的线性相位系统，其频率响应

$$H(\mathrm{e}^{\mathrm{j}\omega})=H(\omega)\mathrm{e}^{-\mathrm{j}\omega n_0}, \qquad |\omega|<\pi$$

信号 $x(n)$ 通过该系统，等价于先经过一个幅度特性为 $H(\omega)$ 的零相位响应系统进行幅度滤波，然后将滤波输出"延迟" n_0 个样值，如图 2.28(a)所示。图 2.28(b)画出该系统的幅度响应。

因为

$$Y(\mathrm{e}^{\mathrm{j}\omega})=X(\mathrm{e}^{\mathrm{j}\omega})H(\omega)\mathrm{e}^{-\mathrm{j}\omega n_0}$$

对输入信号 $x(n)$ 的两个不同频率分量有同样的延迟 n_0，幅度加权不同。

$$y_1(n)=0.5x_1(n-n_0)=0.5\sin(\omega_0(n-n_0))$$

$$y_2(n)=x_2(n-n_0)=0.5\sin(2\omega_0(n-n_0))$$

$$y(n)=0.5\sin(\omega_0(n-n_0))+0.5\sin(2\omega_0(n-n_0))$$

系统输出如图 2.27(e)所示，非平坦幅度特性也会造成信号波形失真。

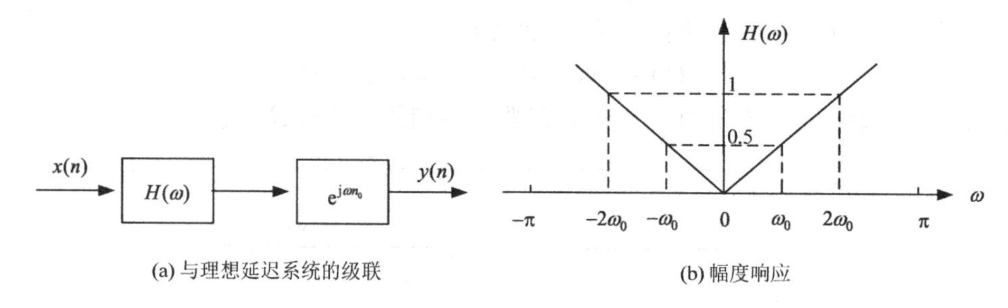

(a) 与理想延迟系统的级联　　(b) 幅度响应

图 2.28　幅度滤波器

以上例子分别展示了同一信号分别通过"理想延迟"系统、第二类线性相位系统、非线性相位系统和非恒定幅频响应的线性相位系统的效果。可见，引起波形失真的主要因素有两个：系统幅度响应不具备平坦特性，造成各频率分量通过系统后放大比例不同；相位响应不具备线性特性，造成频率分量经过该系统后延迟不同。后者引起的波形失真称相位失真。因此，只有传输系统具有平坦幅度特性（至少在信号各频率分量上的增益相同）和理想延迟特性，才能保证信号无失真传输。在许多应用领域，需要保证波形不能失真，如图像合成、波形传输等方面。对于一般信号的处理，幅频特性函数在通带内存在一定的起伏，相频特性函数不是严格线性相位都是允许的。在波形失真要求不高时，如对声音信号的处理，放松平坦通带特性和线性相位特性的要求，对于降低滤波器的实现复杂度具有明显的现实意义。

2.4.3　全通系统

幅频响应在所有频率均为常数的系统称为全通系统，即

$$\left|H_{\mathrm{ap}}(\mathrm{e}^{\mathrm{j}\omega})\right|=A, \qquad 0\leqslant\omega<2\pi \tag{2.90}$$

全通系统的频率响应可表示为

$$H_{\mathrm{ap}}(\mathrm{e}^{\mathrm{j}\omega})=A\mathrm{e}^{\mathrm{j}\arg[H_{\mathrm{ap}}(\mathrm{e}^{\mathrm{j}\omega})]} \tag{2.91}$$

所有频率分量的信号经过全通系统后，幅度放大 A 倍，相位的改变由 $\arg[H_{\mathrm{ap}}(\mathrm{e}^{\mathrm{j}\omega})]$ 决定。

假设系统函数 $H_1(z)=\dfrac{z^{-1}-a^*}{1-az^{-1}}$，易知其零点在 $z=\dfrac{1}{a^*}$，极点在 $z=a$ 处，频率响应为

$$H_1(\mathrm{e}^{\mathrm{j}\omega})=\frac{\mathrm{e}^{-\mathrm{j}\omega}-a^*}{1-a\mathrm{e}^{-\mathrm{j}\omega}}=\mathrm{e}^{-\mathrm{j}\omega}\frac{1-a^*\mathrm{e}^{\mathrm{j}\omega}}{1-a\mathrm{e}^{-\mathrm{j}\omega}}$$

$$\left|H_1(\mathrm{e}^{\mathrm{j}\omega})\right|=\left|\frac{1-a^*\mathrm{e}^{\mathrm{j}\omega}}{1-a\mathrm{e}^{-\mathrm{j}\omega}}\right|=1$$

当a为实数时，

$$\arg[H_1(\mathrm{e}^{\mathrm{j}\omega})]=\arctan\left[\frac{(a^{-1}-a)\sin\omega}{2-(a+a^{-1})\cos\omega}\right]$$

$H_1(z)$的频率响应的幅频特性与ω无关，该系统对输入信号的任意频率成分幅度增益为1，称$H_1(z)$为全通因子。$|a|<1$时零极点分布和幅频响应如图2.29所示。

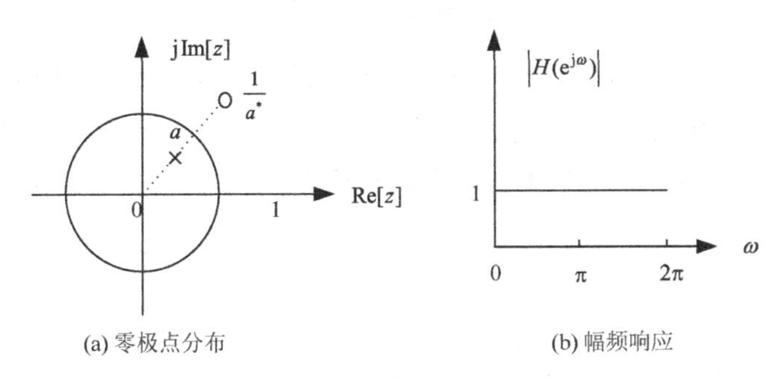

(a) 零极点分布　　(b) 幅频响应

图2.29　一阶全通系统

通常全通系统是由一串形如$H_1(z)$的一阶系统级联而成的。若使$H_{\mathrm{ap}}(z)$分子分母多项式系数为实数，全通系统的系统函数更一般形式为

$$H_{\mathrm{ap}}(z)=A\prod_{k=1}^{m_r}\frac{z^{-1}-d_k}{1-d_kz^{-1}}\prod_{k=1}^{m_c}\frac{(z^{-1}-p_k^*)(z^{-1}-p_k)}{(1-p_kz^{-1})(1-p_k^*z^{-1})} \tag{2.92}$$

式中，A为某一正数，d_k为$H_{\mathrm{ap}}(z)$的实数极点，p_k是$H_{\mathrm{ap}}(z)$的复数极点。对于因果稳定的全通系统，$|d_k|<1$和$|p_k|<1$。式（2.92）中的全通系统有$2m_c+m_r$个极点和零点。若$m_r=2$，$m_c=1$，当极点$d_1=-3/4, d_2=1/2, p_1=(\sqrt{2}/2+\mathrm{j}\sqrt{2}/2)$时，所有零极点分布如图2.30所示。由此可见，全通系统的极点与零点互为共轭倒数。

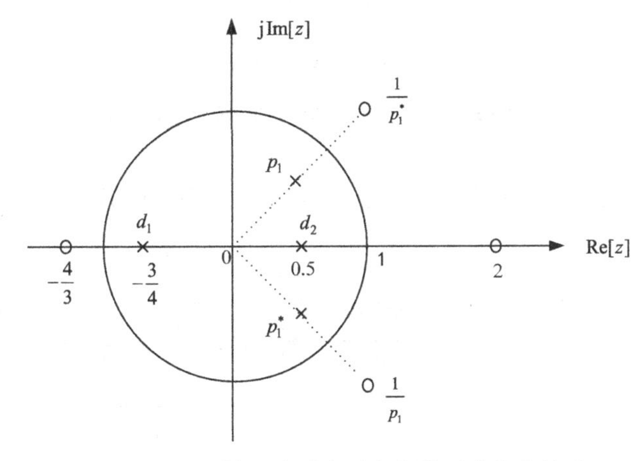

图2.30　全通系统零极点的共轭倒数对称约束关系

在实际工程上，可以用一个全通滤波器与IIR系统的级联，在不改变幅频响应的情况下用$H_{\mathrm{ap}}(z)$的相位对$H(z)$的相位进行补偿性矫正。下面通过例题说明。

【例 2.22】 一个数字滤波器的系统函数为$H(z)=\dfrac{1-0.2z^{-1}}{1-0.5z^{-1}}$，如果它和全通滤波器$H_{\mathrm{ap}}(z)=\dfrac{z^{-1}-0.2}{1-0.2z^{-1}}$级联，级联框图如图2.31(a)所示，试简单分析级联对系统的影响。

解：系统函数为 $H(z)$ 的系统在 z=0.2 处存在零点，在 z=0.5 处存在极点，零点处常是幅频特性出现极性反转之处，造成相频不连续。全通滤波器 $H_{ap}(z)$ 在 z=5 处存在零点，在 z=0.2 存在极点。因 $H_{ap}(z)$ 的极点与 $H(z)$ 的零点在同一位置处，两系统级联后，$H(z)$ 的一个零点被对消，新的滤波器的系统函数为

$$G(z)=\frac{z^{-1}-0.2}{1-0.5z^{-1}}$$

如图 2.31(b)所示，该级联等价于把 $H(z)$ 中 z=0.2 的零点反转到它的倒数点 z=5。因全通滤波器的幅频响应为常数，因此级联后滤波器的幅频响应只是进行了等比例放大，放大因子为 $\left|H_{ap}(e^{j\omega})\right|=A$，而相频响应等于两个子系统相频响应的和，从而达到相位矫正的目的。因此，以单位圆镜像反转系统函数的一个或多个零点，不改变幅频特性，还能起到相位矫正的目的，但是要校正到线性相位还是比较复杂的。

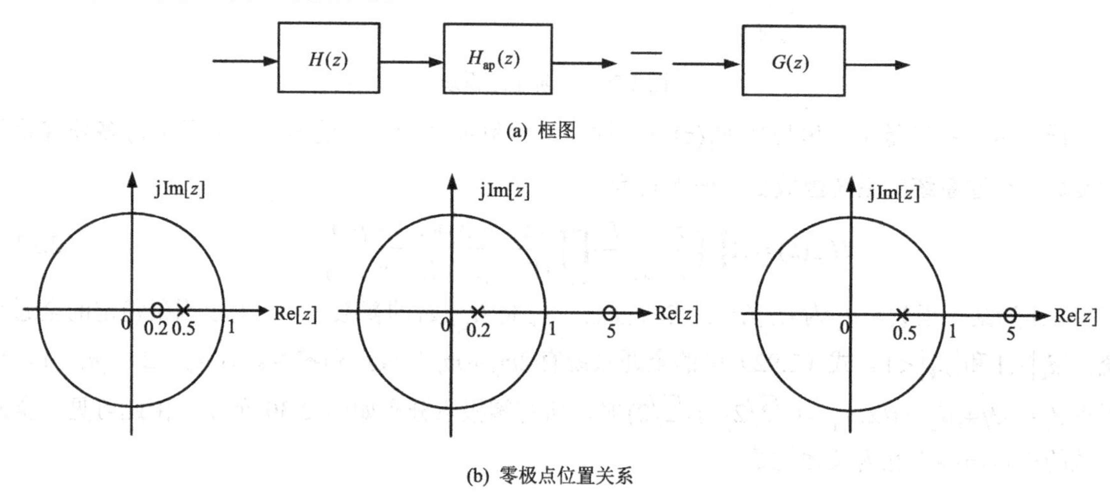

图 2.31 实现相位矫正

如果设计的系统是一个非稳定系统，可用级联全通系统的办法将其变成一个稳定的滤波器。下面通过语音信号模型参数提取进行说明。

通常语音信号 $x(n)$ 可以看作是激励信号 $g(n)$ 通过系统 $H(z)$ 的输出，如图 2.32(a)所示。

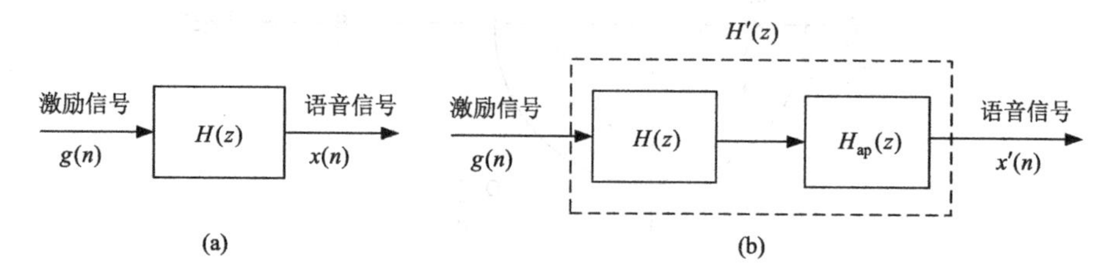

图 2.32 语音信号模型框图

进行语音信号分析合成时，常常采用线性预测模型：

$$H(z)=\frac{G}{1-\sum_{i=1}^{p}a_i z^{-i}}$$

式中，$H(z)$ 代表声道系统函数，G 为增益因子，a_i 为滤波器系数，p 为滤波器的阶数。要得到系统模型参数通常要解一组线性方程，求解方法有自相关法、协方差法两种基本方法。两种方法

所得系统的稳定性有所不同。对于自相关法，在理论上$H(z)$的极点位于单位圆内，能够保证系统是稳定的，协方差法则得不到这种稳定性的保证。但是，如果自相关函数的计算精度不够，也会使生成的滤波器明显地不稳定。这时，采取的补救方法之一是找出分母多项式的根，并把每个位于单位圆外的根用其共轭倒数取而代之，新的滤波器将具有相同的幅频特性而且是稳定的。

若

$$H(z)=\frac{1}{1-z_1z^{-1}}\cdot\frac{1}{1-z_1^*z^{-1}}$$

一对共轭极点z_1,z_1^*位于单位圆外，如图2.33(a)所示，则级联的全通系统为

$$H_{\mathrm{ap}}(z)=\frac{1-z_1z^{-1}}{1-\frac{1}{z_1^*}z^{-1}}\cdot\frac{1-z_1^*z^{-1}}{1-\frac{1}{z_1}z^{-1}}$$

那么，得到的稳定系统如图2.33(c)所示，为

$$H'(z)=H(z)\cdot H_{\mathrm{ap}}(z)=\frac{1}{1-\frac{1}{z_1^*}z^{-1}}\cdot\frac{1}{1-\frac{1}{z_1}z^{-1}}$$

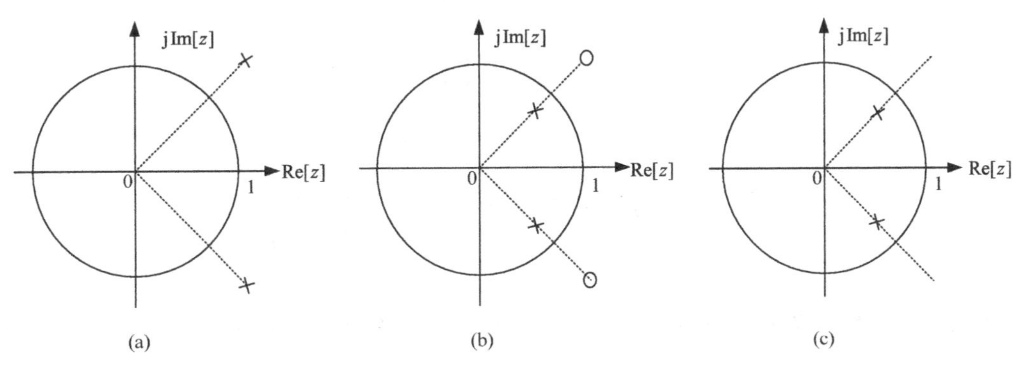

图2.33　实现系统稳定

此时，系统的幅频响应为

$$\left|H'(\mathrm{e}^{\mathrm{j}\omega})\right|=\left|H(\mathrm{e}^{\mathrm{j}\omega})\right|\cdot\left|H_{\mathrm{ap}}(\mathrm{e}^{\mathrm{j}\omega})\right|=\left|H(\mathrm{e}^{\mathrm{j}\omega})\right|$$

2.4.4　逆系统

两个线性时不变系统，其单位脉冲响应分别为$h(n)$和$h_\mathrm{I}(n)$，它们对应的系统函数分别为$H(z)$和$H_\mathrm{I}(z)$。若$h(n)*h_\mathrm{I}(n)=\delta(n)$，则有

$$H(z)\cdot H_\mathrm{I}(z)=1 \tag{2.93}$$

称系统$H_\mathrm{I}(z)$与系统$H(z)$互为逆系统。

当信号$x(n)$先后通过系统函数分别为$H(z)$和$H_\mathrm{I}(z)$的两个线性时不变系统后，系统输出为

$$y(n)=x(n)*h(n)*h_\mathrm{I}(n)$$

$$Y(z)=X(z)\cdot H(z)\cdot H_\mathrm{I}(z)=X(z)$$

说明信号$x(n)$先后经过互逆的系统后可以精确恢复或重构，这一点在信号传输和压缩中有非常重要的意义。

若$H(z)$是一有理系统函数：

$$H(z)=A\frac{\prod_{k=1}^{M}(1-c_k z^{-1})}{\prod_{k=1}^{N}(1-d_k z^{-1})}$$

$z=c_k$ 为零点， $z=d_k$ 为极点（可能在 $z=0$ 和 $z=\infty$ 处有零点或极点）。

则
$$H_{\mathrm{I}}(z)=\frac{1}{A}\frac{\prod_{k=1}^{N}(1-d_k z^{-1})}{\prod_{k=1}^{M}(1-c_k z^{-1})}$$

可见，$H_{\mathrm{I}}(z)$ 的极点是 $H(z)$ 的零点，$H_{\mathrm{I}}(z)$ 的零点是 $H(z)$ 的极点。为保证式（2.93）成立，$H(z)$ 与 $H_{\mathrm{I}}(z)$ 的收敛域必须有重叠部分。如果 $H(z)$ 是因果系统，在 $c_k(k=1,2,\cdots,M)$ 处具有零点，只有当其逆系统的收敛域为 $|z|>\max\limits_k|c_k|$ 时，逆系统才是因果的。

显然，互逆系统的频率响应互为倒数关系。

$$H(\mathrm{e}^{\mathrm{j}\omega})=A\mathrm{e}^{\mathrm{j}\omega(N-M)}\frac{\prod_{r=1}^{M}(\mathrm{e}^{\mathrm{j}\omega}-c_r)}{\prod_{r=1}^{N}(\mathrm{e}^{\mathrm{j}\omega}-d_r)}$$

$$H_{\mathrm{I}}(\mathrm{e}^{\mathrm{j}\omega})=\frac{1}{H(\mathrm{e}^{\mathrm{j}\omega})}=\frac{1}{A}\mathrm{e}^{\mathrm{j}\omega(M-N)}\frac{\prod_{r=1}^{N}(\mathrm{e}^{\mathrm{j}\omega}-d_r)}{\prod_{r=1}^{M}(\mathrm{e}^{\mathrm{j}\omega}-c_r)}$$

【例 2.23】 系统函数 $H(z)=\dfrac{1-0.5z^{-1}}{1-0.7z^{-1}},|z|>0.7$，求逆系统的系统函数 $H_{\mathrm{I}}(z)$ 的收敛域和单位脉冲响应 $h_{\mathrm{I}}(n)$。

解：逆系统的系统函数为
$$H_{\mathrm{I}}(z)=\frac{1-0.7z^{-1}}{1-0.5z^{-1}}$$
$H_{\mathrm{I}}(z)$ 的收敛域有两种可能：$|z|>0.5$ 或 $|z|<0.5$，只有收敛域 $|z|>0.5$，才能保证与 $H(z)$ 的收敛域 $|z|>0.7$ 有重叠部分。这样，逆系统的单位脉冲响应应为
$$h_{\mathrm{I}}(n)=(0.5)^n u(n)-0.7\times(0.5)^{n-1}u(n-1)$$
该系统是因果稳定的。

2.4.5 最小相位系统

在某些应用场合，不仅要求系统 $H(z)$ 是因果稳定的，还要求其逆系统 $H_{\mathrm{I}}(z)$ 也是因果稳定的。要使 $H_{\mathrm{I}}(z)$ 满足因果性，其收敛域必须为某圆的圆外区域，并且包含 $z=\infty$ 点。而满足 $H_{\mathrm{I}}(z)$ 的稳定性，则其收敛域必须是 $R_{-}<1$ 的圆外区域。这意味着 $\max\limits_k|c_k|<1$，换句话说 $H(z)$ 的全部零点必须在单位圆内。因此，只有当 $H(z)$ 的全部极点和零点都在单位圆内，线性时不变系统 $H(z)$ 才是因果稳定的，而且存在一个因果稳定的逆系统，这类系统通常称为最小相位系统，记为 $H_{\min}(z)$。

1. 零极点分布与相位变化量

若系统有 M 个零点（圆内 m_{i} 个，圆外 m_{o} 个，$M=m_{\mathrm{i}}+m_{\mathrm{o}}$），$N$ 个极点（圆内 n_{i} 个，圆外 n_{o}

个 $N=n_{\mathrm{i}}+n_{\mathrm{o}}$ ），系统函数表示为

$$H(z)=A\cdot z^{N-M}\frac{\prod_{k=1}^{m_{\mathrm{i}}}(z-c_k)\prod_{k=1}^{m_{\mathrm{o}}}(z-q_k^{-1})}{\prod_{k=1}^{n_{\mathrm{i}}}(z-d_k)\prod_{k=1}^{n_{\mathrm{o}}}(z-p_k^{-1})},\qquad |c_k|,|d_k|,|p_k|,|q_k|<1 \tag{2.94}$$

则系统的频率响应为

$$H(\mathrm{e}^{\mathrm{j}\omega})=A\cdot \mathrm{e}^{\mathrm{j}\omega(N-M)}\frac{\prod_{k=1}^{m_{\mathrm{i}}}(\mathrm{e}^{\mathrm{j}\omega}-c_k)\prod_{k=1}^{m_{\mathrm{o}}}(\mathrm{e}^{\mathrm{j}\omega}-q_k^{-1})}{\prod_{k=1}^{n_{\mathrm{i}}}(\mathrm{e}^{\mathrm{j}\omega}-d_k)\prod_{k=1}^{n_{\mathrm{o}}}(\mathrm{e}^{\mathrm{j}\omega}-p_k^{-1})},\qquad |c_k|,|d_k|,|p_k|,|q_k|<1 \tag{2.95}$$

当 ω 从 0 变化到 2π，圆内极点（零点）矢量相位变化量为 2π，而圆外极点（零点）矢量相位变化量为零，按照式（2.95），频率响应的相位变化量为

$$\Delta\arg[H(\mathrm{e}^{\mathrm{j}\omega})]=\arg[H(\mathrm{e}^{\mathrm{j}2\pi})]-\arg[H(\mathrm{e}^{\mathrm{j}0})]=2\pi m_{\mathrm{i}}-2\pi n_{\mathrm{i}}+2\pi(N-M)=2\pi(n_{\mathrm{o}}-m_{\mathrm{o}})$$

可见，频率响应的相位变化量取决于圆外极点和零点的个数之差 $(n_{\mathrm{o}}-m_{\mathrm{o}})$。

若全部极点和零点都在单位圆内，则频率响应的相位变化量为 $\Delta\arg[H(\mathrm{e}^{\mathrm{j}\omega})]=0$ ，称为最小相位系统。

若全部极点都在单位圆内，而全部零点都在单位圆外，则频率响应的相位变化量为 $\Delta\arg[H(\mathrm{e}^{\mathrm{j}\omega})]=-2\pi m_{\mathrm{o}}=-2\pi M$ ，称为最大相位系统。

若全部极点在单位圆内，而零点在单位圆内外都有，则频率响应的相位变化量为 $\Delta\arg[H(\mathrm{e}^{\mathrm{j}\omega})]=-2\pi m_{\mathrm{o}},\ m_{\mathrm{o}}<M$ 。

以上三种情况中，最常用且最重要的是最小相位系统。全部极点和零点都在单位圆内的系统之所以称为最小相位系统，是由于与其他极点和零点位置分布系统（极点在单位圆内，零点全部或部分在单位圆外）相比，这类系统当 ω 从 0 变化到 2π 时，频率响应的相位变化量为零。

2. 由平方幅度函数确定最小相位系统

为了便于讨论，给出系统的幅频响应平方函数：

$$\left|H(\mathrm{e}^{\mathrm{j}\omega})\right|^2=H(\mathrm{e}^{\mathrm{j}\omega})H^*(\mathrm{e}^{\mathrm{j}\omega}) \tag{2.96}$$

假设系统函数 $H(z)$为有理函数形式，即

$$H(z)=A\frac{\prod_{k=1}^{M}(1-c_kz^{-1})}{\prod_{k=1}^{N}(1-d_kz^{-1})},\quad A\text{为实数} \tag{2.97}$$

则

$$H^*\left(\frac{1}{z^*}\right)=A\frac{\prod_{k=1}^{M}(1-c^*{}_kz)}{\prod_{k=1}^{N}(1-d^*{}_kz)} \tag{2.98}$$

令 $C(z)=H(z)\cdot H^*\left(\frac{1}{z^*}\right)$，则

$$C(z)=A^2\frac{\prod_{k=1}^{M}(1-c_kz^{-1})(1-c_k^*z)}{\prod_{k=1}^{N}(1-d_kz^{-1})(1-d_k^*z)} \tag{2.99}$$

由于$H^*(\mathrm{e}^{\mathrm{j}\omega})=H^*(\frac{1}{z^*})\Big|_{z=\mathrm{e}^{\mathrm{j}\omega}}$，频率响应的平方幅度就是$C(z)$在单位圆上的值：

$$\left|H(\mathrm{e}^{\mathrm{j}\omega})\right|^2=H(z)\cdot H^*\left(\frac{1}{z^*}\right)\Big|_{z=\mathrm{e}^{\mathrm{j}\omega}}$$

由式（2.99）看到，对于$H(z)$的每个极点，$C(z)$必有极点d_k和$(d_k^*)^{-1}$；类似地，$H(z)$的每个零点c_k，$C(z)$必有零点c_k和$(c_k^*)^{-1}$。因此，$C(z)$的极点和零点都是以共轭倒数对的形式出现，且每一对极点（或零点）里有一个是属于$H(z)$的，另一个是属于$H^*(1/z^*)$的。如果每一对极点（或零点）中的一个在单位圆内部，则另一个（共轭倒数）必在单位圆外部，只有在单位圆上的零点，才可能有两个零点在相同位置上。$C(z)$的零极点分布如图 2.34 所示。

如果规定其中$H(z)$系统是最小相位系统，则$H(z)$能由$C(z)$在单位圆内的所有极点和零点唯一地确定。而仅从频率响应的幅度平方函数不能唯一地确定系统函数$H(z)$。

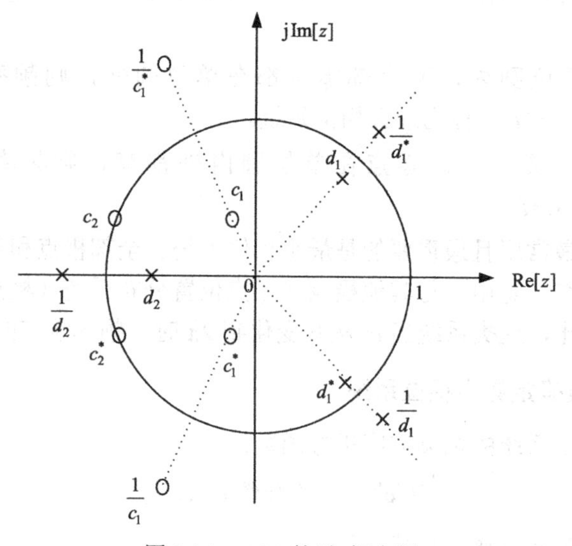

图 2.34　$C(z)$的零-极点图

【例 2.24】 求幅频响应平方函数为

$$\left|H(\mathrm{e}^{\mathrm{j}\omega})\right|^2=\frac{17}{16}-\frac{1}{2}\cos\omega$$

的最小相位系统。

解：

$$\left|H(\mathrm{e}^{\mathrm{j}\omega})\right|^2=\frac{17}{16}-\frac{1}{4}\mathrm{e}^{\mathrm{j}\omega}-\frac{1}{4}\mathrm{e}^{-\mathrm{j}\omega}$$

用z代替$\mathrm{e}^{\mathrm{j}\omega}$，得到

$$C(z)=H(z)H^*\left(\frac{1}{z^*}\right)=\frac{17}{16}-\frac{1}{4}z-\frac{1}{4}z^{-1}=\left(1-\frac{1}{4}z^{-1}\right)\left(1-\frac{1}{4}z\right)$$

因此，最小相位系统为

$$H(z)=1-\frac{1}{4}z^{-1}$$

3．最小相位系统与全通系统的级联

一个稳定的因果系统总可以分解成一个由最小相位因子构成的最小相位系统和一个由全通因子构成的全通系统的乘积：

$$H(z)=H_{\min}(z)H_{\mathrm{ap}}(z) \tag{2.100}$$

完成这个因式分解的过程是：把 $H(z)$ 的所有单位圆外的零点映射到它在单位圆内的共轭倒数点，形成一个最小相位系统 $H_{\min}(z)$；再根据 $H(z)$ 单位圆外的零点位置确定全通滤波器。

【例 2.25】 将系统函数

$$H(z)=\frac{1-2z^{-1}}{(1-0.2z^{-1})(1-0.7z^{-1})}$$

分解为一个最小相位系统和一个全通系统。

解： $H(z)$ 在单位圆外只有一个零点 $z=2$，该零点在单位圆内的共轭倒数点是 $z=0.5$，因此，最小相位因子为

$$H_{\min}(z)=\frac{z^{-1}-2}{(1-0.2z^{-1})(1-0.7z^{-1})}$$

全通因子为

$$H_{\mathrm{ap}}(z)=\frac{1-2z^{-1}}{z^{-1}-2}$$

下式必然成立

$$H(z)=H_{\min}(z)\cdot H_{\mathrm{ap}}(z)$$

*2.5 序列的短时傅里叶变换

2.1 节介绍的序列傅里叶变换描述了时间序列 $x(n)$ 及其频谱 $X(\mathrm{e}^{\mathrm{j}\omega})$ 的一一对应关系，它们是从不同角度对同一信号的两种观察方式。$X(\mathrm{e}^{\mathrm{j}\omega})$ 反映了信号 $x(n)$ 中各频率分量在整个时间区间内积累的总强度，通常不能提供有关频谱分量随时间的变化情况，因此这种变换不适于分析非平稳信号。对于语音、雷达、声呐等特性随时间变化的信号需要进行时变傅里叶变换，才能得到频谱分量的时间局域化的信息。时变傅里叶变换也叫短时傅里叶变换（Short Time Fourier Transform，STFT)，本节简要介绍序列短时傅里叶变换的定义和基本特性。

2.5.1 STFT 的定义

序列 $x(n)$ 的短时傅里叶变换定义为

$$X_n(\mathrm{e}^{\mathrm{j}\omega})=\sum_{m=-\infty}^{\infty}g(n-m)x(m)\mathrm{e}^{-\mathrm{j}\omega m} \tag{2.101}$$

式中，$g(n)$($0\leqslant n\leqslant N-1$) 是一个实数“窗”序列，$g(n-m)$ 在特定的时间 n 上从输入信号强调出一个信号段。

式（2.101）的含义为：用位于 n 时刻的窗序列截取信号 $x(m)$（截取的信号取决于窗的形状和长度)，对窗选信号段进行傅里叶变换，可得到 n 时刻该段信号的傅里叶变换。不断移动窗，即可得到不同时刻的傅里叶变换，图 2.35 所示为窗移动截取信号的示意图，这些截取信号段可能会重叠。显然短时傅里叶变换是离散时间变量 n 和连续频率变量 ω 的二维函数。也就是说 STFT 将一个一维序列 $x(n)$ 映射为二维函数 $X_n(\mathrm{e}^{\mathrm{j}\omega})$ 。

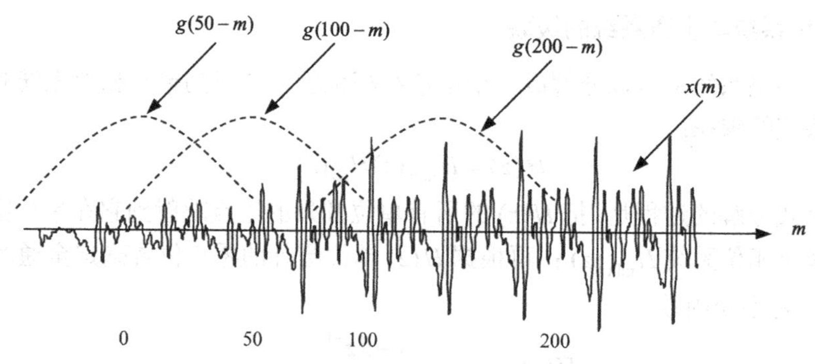

图 2.35　在几个 n 值上 $x(m)$ 与 $g(n-m)$ 的示意图

在大多数应用中，关心的是短时傅里叶变换的幅度。短时傅里叶变换的幅度随时间和频率的变化图称为谱图（spectrogram）。然而，由于短时傅里叶变换是一个双变量函数，正常情况下显示其幅度需要三维空间。通常将它绘制在二维空间中，用颜色深度表示幅度。这里，白色区域表示零值幅度，灰色区域表示非零幅度，黑色表示最大幅度。在二维平面图中，垂直轴表示频率变量 ω，水平轴表示时间序号 n。如果在三维空间坐标系中用网格化进行可视化表示，那么短时傅里叶变换的幅度就是 $x \sim y$ 平面上的 z 方向上的一个点。

一个典型的时变信号的例子是通过对连续时间信号 $x_a(t) = A\cos(\Omega_0 t^2)$ 采样得到的离散时间信号

$$x(n) = A\cos(\omega_0 n^2) \tag{2.102}$$

瞬时频率 $\omega_0 n$ 不是一个常数，而是随时间变化的。式（2.102）描述的信号通常称为线性调频信号，图 2.36 所示为一线性调频信号及其短时傅里叶变换。从图 2.36(b)所示的谱图可以清楚地看到频率随着时间线性增加。

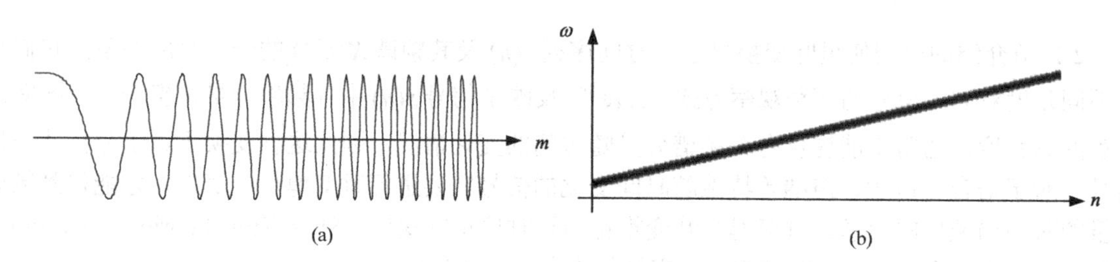

图 2.36　线性调频信号及其短时傅里叶变换

【例 2.26】 信号 $x(n)(n = 0,1,\cdots,499)$ 由两个单频信号拼接而成，在[50,150]和[250,300]范围内分别有两个频率不同的正弦信号：

$$x(n) = \begin{cases} \cos\left(\dfrac{2\pi}{15} nT_s\right), & 50 \leqslant n \leqslant 150 \\ \cos\left(\dfrac{2\pi}{60} nT_s\right), & 250 \leqslant n \leqslant 350 \\ 0, & \text{其他} \end{cases}$$

式中，$T_s = 1\text{s}$，该信号的分析结果如图 2.37 所示。其中图(a)为时域波形，图(b)、(c)、(d)均是信号 $x(n)$ 的频率特性。图(b)为信号的傅里叶变换，图(c)和图(d)均为短时傅里叶变换的结果，图(c)为立体表示，图(d)为平面表示。图(b)中包含了两个频率分量(1/15Hz,1/60 Hz)，但是并没有反映出频率随时间的变化。在图(c)和图(d)中，我们不仅能看到信号的两个频率，而且还能看到两个频率所在的时间段（1/15Hz 的频率出现在 50~150s，1/60 Hz 的频率出现在 250~350s）。

由式（2.101）可以看到，当n固定不变时，$X_n(\mathrm{e}^{\mathrm{j}\omega})$是序列$g(n-m)x(m),-\infty<m<\infty$的傅里叶变换。因此对于固定的$n$值，$X_n(\mathrm{e}^{\mathrm{j}\omega})$与傅里叶变换特性相同。

（1）存在性。若$g(n-m)x(m)$能满足绝对可和条件，则其短时傅里叶变换存在。因此，如果$g(n-m)$为有限时间宽度窗，且$x(n)$为有界序列，则$X_n(\mathrm{e}^{\mathrm{j}\omega})$满足存在性条件。

（2）周期性。与序列傅里叶变换相同，短时傅里叶变换$X_n(\mathrm{e}^{\mathrm{j}\omega})$是$\omega$的周期函数，周期为$2\pi$。

（3）反变换。由式（2.101）可知：

$$g(n-m)x(m)=\frac{1}{2\pi}\int_{-\pi}^{\pi}X_n(\mathrm{e}^{\mathrm{j}\omega})\mathrm{e}^{\mathrm{j}\omega m}\mathrm{d}\omega \tag{2.103}$$

当$m=n$时，若$g(0)\neq 0$，有

$$x(n)=\frac{1}{2\pi g(0)}\int_{-\pi}^{\pi}X_n(\mathrm{e}^{\mathrm{j}\omega})\mathrm{e}^{\mathrm{j}\omega n}\mathrm{d}\omega \tag{2.104}$$

因此，只要对窗加上简单的限制，就能从$X_n(\mathrm{e}^{\mathrm{j}\omega})$恢复出序列$x(n)$。

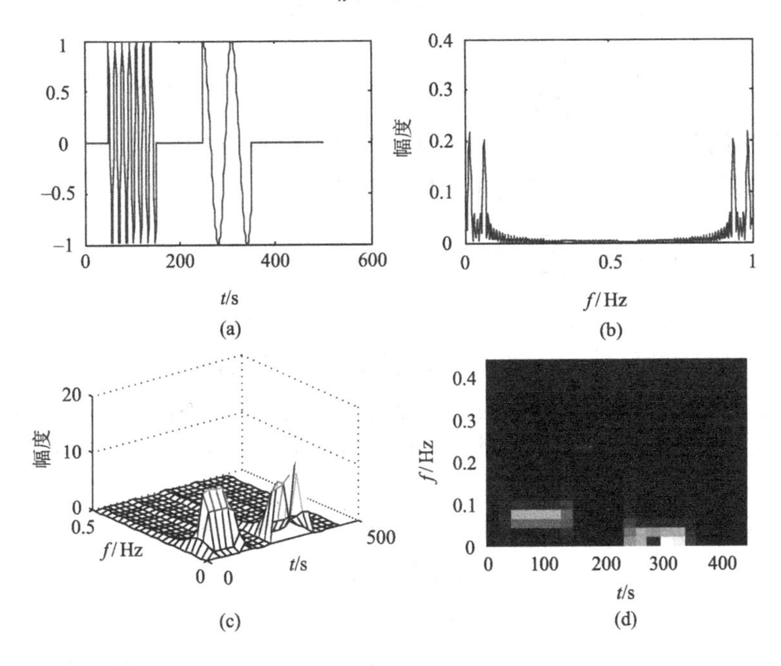

图 2.37　例 2.26 信号及其变换

MATLAB 工具箱中的函数 spectrogram 可用于计算序列的短时傅里叶变换。该函数有许多形式，如：

S=spectrogram（x,window,noverlap,nfft）计算信号变量 x 的短时傅里叶变换。其中，window 为窗函数，默认为 Hamming 窗，nfft 为窗长，noverlap 为相邻两段信号重叠点数。长度为N的 Hamming 窗定义为

$$w_{\mathrm{Hm}}(n)=\left[0.54-0.46\cos\frac{2\pi n}{N-1}\right]R_N(n)$$

2.5.2　STFT 的分辨率

短时傅里叶变换中窗的作用是强化窗附近的信号，希望在窗的持续时间信号特性是平稳的。这样，信号特性变化越快，窗应当越短，即短的时间窗对应强的时间分辨能力。但是，窗长度减小时，频率分辨率也会随之降低，这一点在 2.1.5 节讨论“序列截断对频率的影响”时

已得到说明。因此，选择窗的长度应在频率分辨率和时间分辨率之间进行折中。

假定 $x(m)$ 和 $g(m)$ 的傅里叶变换分别为

$$X(e^{j\omega})=\sum_{m=-\infty}^{\infty}x(m)e^{-j\omega m} \tag{2.105}$$

$$G(e^{j\omega})=\sum_{m=-\infty}^{\infty}g(m)e^{-j\omega m} \tag{2.106}$$

则当 n 固定时，$g(n-m)x(m)$ 的傅里叶变换是 $g(n-m)$ 与 $x(m)$ 傅里叶变换的卷积：

$$X_n(e^{j\omega})=\frac{1}{2\pi}\int_{-\pi}^{\pi}G(e^{j\theta})e^{-j\theta n}X(e^{j(\omega-\theta)})d\theta \tag{2.107}$$

将 θ 改为 $-\theta$，得

$$X_n(e^{j\omega})=\frac{1}{2\pi}\int_{-\pi}^{\pi}G(e^{j\theta})e^{j\theta n}X(e^{j(\omega+\theta)})d\theta$$

【例 2.27】 计算序列 $x(n)=\delta(n-n_0)$ 的短时傅里叶变换。

解：

$$X_n(e^{j\omega})=\sum_{m=-\infty}^{\infty}g(n-m)\delta(m-n_0)e^{-j\omega m}=g(n-n_0)e^{-j\omega n_0}$$

该例子说明，STFT 的时间分辨率由窗函数的 $g(m)$ 的宽度决定。

【例 2.28】 计算序列 $x(n)=e^{j\omega_0 n}$ 的短时傅里叶变换。

解：

$$X_n(e^{j\omega})=\sum_{m=-\infty}^{\infty}g(n-m)e^{j\omega_0 m}e^{-j\omega m}=G(e^{j(\omega-\omega_0)})e^{-j(\omega-\omega_0)n}$$

该例子说明，STFT 的频率分辨率由 $g(m)$ 的频谱宽度 $G(e^{j\omega})$ 来决定。

这两个例子给出的是极端情况，即 $x(n)$ 分别是时域的单位脉冲序列和频域的单位冲激函数。显然，计算 STFT 时，若希望能得到好的时间分辨率和频率分辨率，或好的时频定位，应当选取时宽和带宽都比较窄的函数 $g(m)$。遗憾的是，这两者不能同时兼顾。为了说明这一点，分析以下两种极限情况。

（1）$g(m)$ 是无限长矩形窗，$g(m)=1,-\infty<m<\infty$（没有加窗），则

$$G(e^{j\theta})=\delta(\theta)$$

这时

$$X_n(e^{j\omega})=X(e^{j\omega})$$

即 $X_n(e^{j\omega})$ 是 $X(e^{j\omega})$ 的完全再现，但反映不出频谱随时间的变化特征，即无任何时域定位功能。

（2）窗的长度为 1，$g(m)=\delta(m)$，由式（2.101）得到：

$$X_n(e^{j\omega})=x(n)e^{j\omega n}$$

$$\left|X_n(e^{j\omega})\right|=\left|x(n)\right|$$

$X_n(e^{j\omega})$ 在时间域被很好地局域化了，能得到较好的时间分辨率，但反映不出任何频率信息。

【例 2.29】 采用窗长分别为 61 和 201 的 Hamming 窗，计算例 2.26 中的信号 $x(n)$ 的短时傅里叶变换。

窗长度 N=61，窗长度 N=201 的短时傅里叶变换如图 2.38 所示。通过对比可以看出，图(a)比图(b)有较好的时间分辨率，图(b)频率分辨率明显优于图(a)。

以上几个例子均是使用同一形状窗函数（Hamming 窗）的短时傅里叶变换的结果，说明了窗函数宽度的选择对时间和频率分辨率的影响。一个提高了，另一个必然降低。

当然，窗的形状不同短时傅里叶变换的结果不同。关于窗的形状对短时傅里叶变换的影响在这里不做讨论。

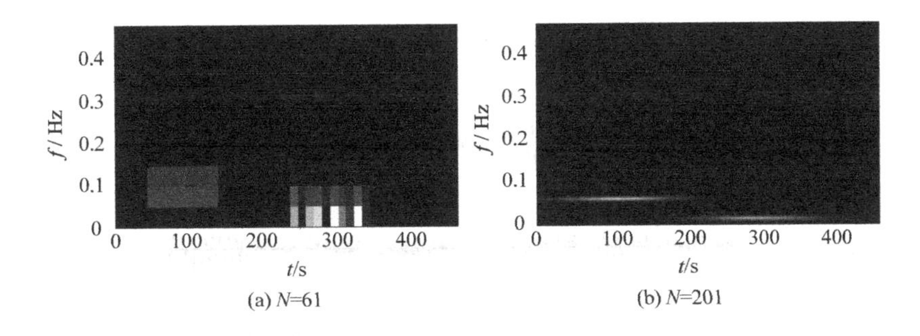

图 2.38　两种长度窗的短时傅里叶变换

2.5.3　短时傅里叶变换应用举例

1. 语音信号分析

语音是由肺部气流激励声道产生的。对于固定的声道形状，语音信号可看作线性时不变系统的输出。而说话过程中声道形状随时间发生缓慢改变，语音信号实则是一个时变系统的输出。

图 2.39 是一段语音“数字信号处理”的时域波形。明显看出，该波形由浊音语音段和类似噪音的清音语音段组成，浊音段比清音段幅度大得多。对于浊音语音能量集中在低频（3kHz 以下），而清音语音多数能量却出现在高频（可以到 10kHz）。

虽然语音信号随时间变化很快，但语言信号的特性随时间缓慢变化，可认为语言信号的特性在 25~35ms 时间范围内基本保持不变。那么在做语音分析时就可以把语音信号分隔为一些短段再加以处理，即进行短时分析。语音的频谱分析用以获得语音的特征信息（反映激励参数的基音周期和反映声道特性的共振峰），也要用短时傅里叶变换来实现。

读取语音信号“数字信号处理”并进行短时傅里叶变换分析程序为

```
%samp2_04.m
 clear all;
 close all;
 [s,fs,nbits]=wavread('shuzixinhaochuli.wav');
 N=length(s);
 t=0:1:N-1;
 [B1,f1,t]= spectrogram (s,21,16000,hamming(21),10);
 B=abs(B1);
 s=max(max(B))*ones(size(B))-B;
 figure( )
 pcolor(t,f1,s),xlabel('t / s'),ylabel('f / Hz');
 colormap(gray)
 shading interp
```

图 2.40 给出了图 2.39 中所示句子波形及其短时傅里叶变换的谱图。该信号的采样频率 f_s=16000Hz。图 2.40(b)是一个宽带谱图，图 2.40(c)是一个窄带谱图，变换均采用 Hamming 窗，窗间重叠为 R=10。图 2.40(b)中使用的窗时宽为 1.3ms（对应 N=21），比较波形图和谱图中的变化，可以清楚地看到，谱图在垂直方向有明显的条纹形状，能够反映浊音的准周期特性，即较高的时间分辨率。图 2.40(c)中使用的窗时宽为 25ms（对应 N=401），谱图在水平方向有明显的条纹形状，较好地反映了声道的共振峰变化，即具有较高的频率分辨率。

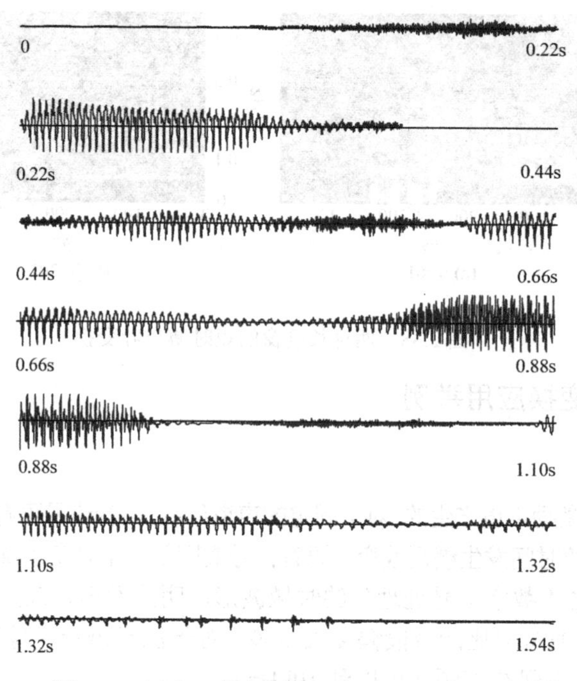

图 2.39　语音“数字信号处理”的时域波形

短时傅里叶变换是语音分析处理的重要手段之一，常用于语音识别、噪声消除、语音编码等方面。

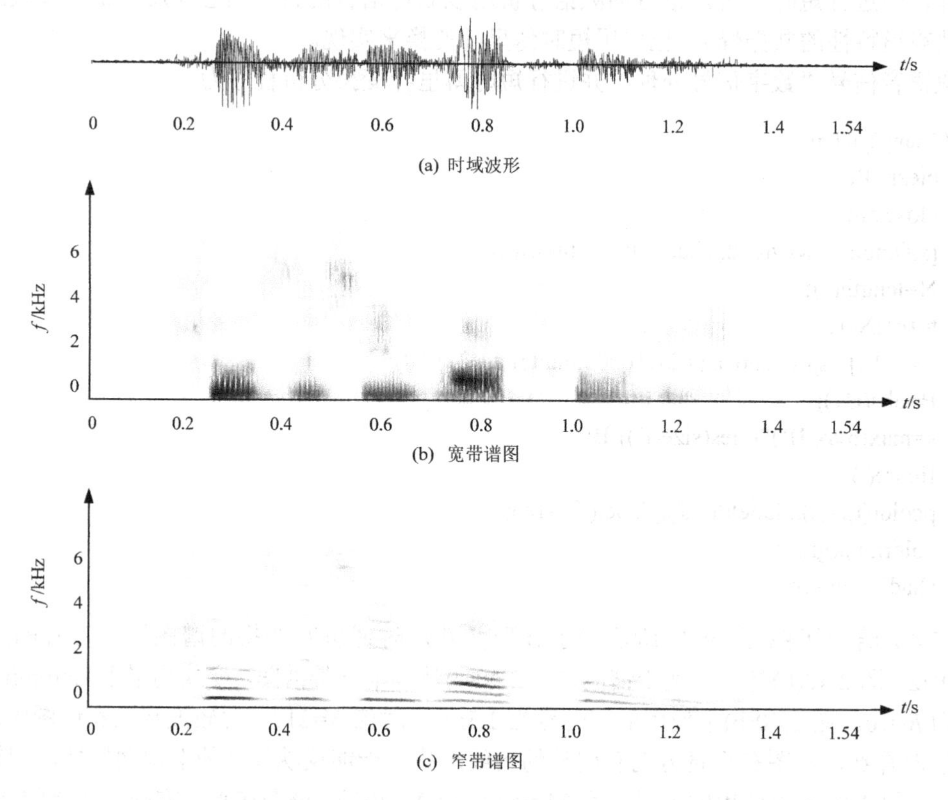

图 2.40　语音信号时域波形及其谱图

2．雷达信号分析

雷达信号分析是短时傅里叶变换的另一个重要应用领域。雷达接收到的回波中的多普勒频率是目标的重要信息，描述了目标的径向运动情况，常用于目标检测、跟踪和成像。

一个典型的雷达系统由天线、发射机和接收机组成，发射机发射的单频连续波信号以光速传播，经目标反射回到天线。假设发射信号为余弦脉冲 $\cos(\Omega_0 t)$，从天线到目标的距离为 $\rho(t)$，则接收到的信号为

$$s(t)=\cos[\Omega_0(t-2\rho(t)/c)] \tag{2.108}$$

式中，c 为光速。若目标相对于天线没有运动，则 $\rho(t)=\rho_0$。由于在发射脉冲和接收脉冲之间的时延为 $2\rho_0/c$，所以时延的测量可用于估计距离。但 $\rho(t)$ 通常并不是常量，接收信号是一个调角的正弦信号，并且相位差同时包含着目标对于天线的距离和相对运动信息。将 $\rho(t)$ 用泰勒级数展开

$$\rho(t)=\rho_0+\dot{\rho}_0 t+\frac{1}{2!}\ddot{\rho}_0 t^2+\ldots \tag{2.109}$$

其中，ρ_0 为标称距离，$\dot{\rho}_0$ 为速度，$\ddot{\rho}_0$ 为加速度等。假设目标以恒定速度运动，则 $\ddot{\rho}_0=0$，将式（2.109）代入式（2.108）中得：

$$s(t)=\cos[(\Omega_0-2\Omega_0\dot{\rho}_0/c)t-2\Omega_0\rho_0/c] \tag{2.110}$$

此时，接收信号的频率不同于发射信号的频率，相差为多普勒频率，定义为

$$-2\Omega_0\dot{\rho}_0/c \tag{2.111}$$

时延仍可用于估计距离，并且如果我们能够确定多普勒频率，就可确定目标相对于天线的速度。对式（2.110）以 T_s 为周期采样，得到离散时间信号

$$s(n)=\cos[(\omega_0-2\omega_0\dot{\rho}_0/c)n-2\omega_0\rho_0/c] \tag{2.112}$$

式中，$\omega_0=\Omega_0 T_s$。在很多情况下，目标运动比我们假设的复杂得多，式（2.109）中存在高阶项使接收信号中产生更为复杂的角度调制。

以悬停的直升机为例，直升机水平旋翼的高速旋转运动会导致回波信号产生时变的多普勒频率。当旋翼匀速旋转时，旋翼翼尖散射点相对于天线的速度呈现为正弦周期变化规律，因此该点回波的多普勒频率也呈现出正弦周期变化的特点；且当旋翼翼尖散射点朝向雷达运动时，多普勒频率为正；当旋翼翼尖散射点远离雷达运动时，多普勒频率为负。图 2.41 给出欧洲直升机公司生产的 AS350“松鼠”直升机模型，该直升机具有 3 片长为 5.345m 的水平旋翼，转速为 394 转/分，即 6.5667 转/秒。设雷达发射信号载频为 1GHz，回波采样频率为 10kHz，对回波采用短时傅里叶变换分析的结果如图 2.42 所示，该正弦曲线的周期也反映了直升机旋翼的旋转周期。

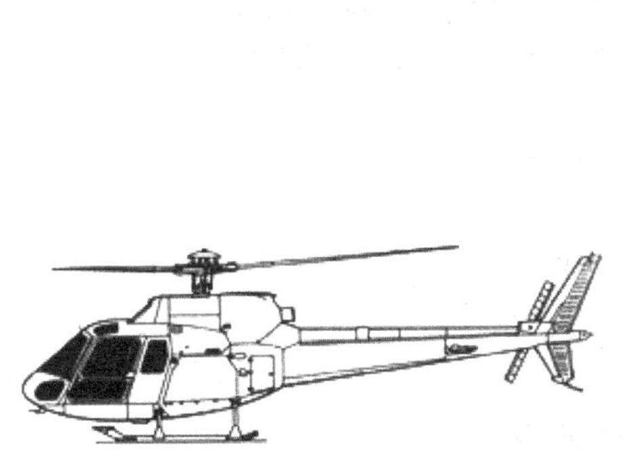

图 2.41　直升机模型

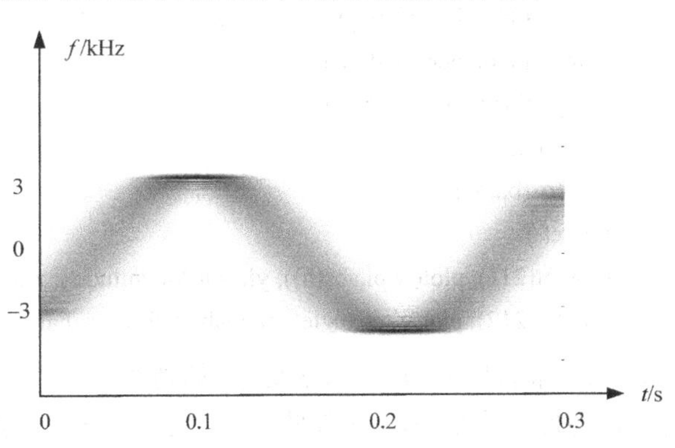

图 2.42　直升机回波的多普勒频率

2.6 MATLAB 实现举例

本章首先自定义函数 impseq.m

```
function[x,n]=impseq(n0,n1,n2)                %impseq:构造单位采样序列函数
n=[n1:n2]; x=[(n-n0)==0];
end
```

1．已知的差分方程为$a_1y(n)+a_2y(n-1)=b_1x(n)+b_2x(n-2)$，求单位脉冲响应、幅频响应和相频响应

%各参数参考取值：$a_1=1,a_2=-0.5,b_1=1,b_2=0.5$

```
%pro2_01
b=[1,0.5]; a=[1,-0.5];                        %差分方程的系数
d=impseq(0,0,30);                             %构造单位采样序列，调用函数 impseq.m
n=0:30; h=filter(b,a,d);                      %生成单位脉冲响应 h
figure( )
subplot(221); stem(n,d); title('单位取样序列');
axis([0,30,0,2]); text(33,0. ,'n');
subplot(222); stem(n,h); title('单位脉冲响应');
axis([0,30,0,2]); text(33,0. ,'n');
w=[0:500]*2*pi/500;
H=freqz(b,a,w);                               %求系统频率响应
M=abs(H); A=angle(H);
subplot(223); plot(w/pi,M); title('幅频响应');
text(2.2,0,'\omega');
subplot(224); plot(w/pi,A/pi); title('相频响应');
text(2.2,-0.4,'\omega')
```

2．已知系统函数$H(z)=\dfrac{b_0+b_1z^{-1}+b_2z^{-2}+b_3z^{-3}+b_4z^{-4}}{1-a_1z^{-1}-a_2z^{-2}-a_3z^{-3}-a_4z^{-4}}$，确定系统幅频响应、相频响应

%各参数参考取值：

```
%k=256; %b=[0.008 -0.033 0.05 -0.033 0.008]; %a=[1 2.37 2.7 1.6 0.41]
%pro2_02
k=input('Number of frequency points =');      %计算频率响应的点数
b=input('Number coefficients =');             %系统函数分子多项式的系数
a=input('denominator coefficients =');        %系统函数分母多项式的系数
w=0:pi/k:pi;
h=freqz(b,a,w);                               %计算频率响应
figure( )
subplot(211); plot(w/pi,abs(h)); ylabel('Magnitude'); xlabel(' w/pi ')
subplot(212); plot(w/pi,angle(h)); ylabel('phase,radians'); xlabel(' w/pi ')
```

3．求有限长序列$x(n)=[1,3,5,3,1]$的傅里叶变换，画出它在$\omega=-8\sim8$rad/s 范围内的频率特征，讨论其对称性。再把$x(n)$左右平移，讨论时移对序列傅里叶变换的影响

```
%pro2_03
```

```
x=[1,3,5,3,1]; nx=[-1:3];
w=linspace(-8,8,1000);                                   %设定频率矢量
X=x*exp(-j*nx'*w);                                       %计算序列的傅里叶变换
figure( )
subplot(5,3,1), stem(nx,x,'.'), axis([-2,6,-1,6]); title('原始序列'); ylabel('x(n)'); %画序列图
subplot(5,3,4), plot(w,abs(X)),ylabel('幅度');           %画幅频相频曲线
subplot(5,3,7), plot(w,angle(X)), ylabel('相角');
subplot(5,3,10), plot(w,real(X)), ylabel('实部');        %画频率响应的实部和虚部
subplot(5,3,13), plot(w,imag(X)),ylabel('虚部');
nx1=nx+2; X1=x*exp(-j*nx1'*w);                           %x 右移两位，计算傅里叶变换
subplot(5,3,2), stem(nx1,x,'.'), axis([-2,6,-1,6]), title('右移两位')
subplot(5,3,5), plot(w,abs(X1)), subplot(5,3,8), plot(w,angle(X1))
subplot(5,3,11), plot(w,real(X1)), subplot(5,3,14), plot(w,imag(X1))
nx2=nx-1; X2=x*exp(-j*nx2'*w);                           %x 左移一位，计算傅里叶变换
subplot(5,3,3), stem(nx2,x,'.'), axis([-2,6,-1,6]), title('左移一位')
subplot(5,3,6), plot(w,abs(X2)), subplot(5,3,9), plot(w,angle(X2))
subplot(5,3,12), plot(w,real(X2)), subplot(5,3,15), plot(w,imag(X2))
set(gcf,'color','w')                                     %置图形背景色为白色
```

4．计算复指数序列的傅里叶变换

```
%pro2_04
n = 0:10; x =(0.8*exp(j*pi/3)).^n;                       %给定输入序列 x
k = -200:200; w =(pi/100)*k;                             %很密的频率下标和频率矢量
X = x *(exp(-j*pi/100)).^(n'*k);                         %计算 x 的傅里叶变换
x1 =(0.8).^n;                                            %给定输入序列 x 的实部
X1 = x1 *(exp(-j*pi/100)).^(n'*k);                       %计算 x1 的傅里叶变换
figure( )
subplot(4,2,1); stem(n,real(x));grid                     %以下绘制时间序列
title('复序列'), ylabel('实部')
subplot(4,2,3); stem(n,imag(x)); grid,ylabel('虚部')
subplot(4,2,2); stem(n,real(x1)); grid,title('实序列')
subplot(4,2,4); stem(n,imag(x1));grid
subplot(4,2,5); plot(w,abs(X)); grid, ylabel('幅度')     %以下绘制频谱图
subplot(4,2,7); plot(w,angle(X)); grid,ylabel('相角')
subplot(4,2,6); plot(w,abs(X1)); grid
subplot(4,2,8); plot(w,angle(X1)); grid
set(gcf,'color','w')                                     %置图形背景色为白色
```

思 考 题

2-1　Z 变换与傅里叶变换的关系是什么？

2-2　序列绝对可和是傅里叶变换存在的充分条件还是充要条件？

2-3　如何理解序列傅里叶变换的周期性和连续性？

2-4　矩形序列 $R_N(n)$ 的傅里叶变换旁瓣宽度是多少？有何变化规律？

2-5　$X(\mathrm{e}^{\mathrm{j}\omega})$、$X_{\mathrm{s}}(\mathrm{j}\Omega)$ 和 $X_{\mathrm{a}}(\mathrm{j}\Omega)$ 三者的关系是怎样的？

2-6 实序列的傅里叶变换是共轭对称函数还是共轭反对称函数？

2-7 实序列的傅里叶变换的幅频特性和相频特性是偶函数还是奇函数？

2-8 Parseval（帕斯瓦尔）定理代表的物理意义是什么？

2-9 因果稳定系统的极点位于 z 平面的什么范围？

2-10 系统函数的零极点位置距离单位圆的远近对系统的幅频特性有何影响？

2-11 z 平面上原点处的零极点是否影响系统的幅频响应和相频响应？

2-12 何谓全通系统？其零极点分布有何特点？

2-13 何谓最小相位系统？其零极点分布有何特点？

2-14 如果要消除谐波干扰的某一次或某几次谐波，梳状滤波器的极点应怎样设置？

2-15 如果频率响应满足第二类线性相位特性，信号通过系统后是否会产生波形失真？

2-16 在信号参数估计中，若由于计算误差或其他原因，使系统模型 $H(z)$ 某一极点落在单位圆外，导致系统不稳定，可采取何种办法校正？

习　题

2-1 设 $X(\mathrm{e}^{\mathrm{j}\omega})$、$Y(\mathrm{e}^{\mathrm{j}\omega})$ 分别是 $x(n)$、$y(n)$ 的傅里叶变换，求如下序列的傅里叶变换。

（a）$\delta(n)$　（b）$\delta(n-3)$　（c）$\frac{1}{2}\delta(n+1)+\delta(n)+\frac{1}{2}\delta(n-1)$

（d）$a^n u(n),\ 0<a<1$　（e）$u(n+3)-u(n-4)$　（f）$x^*(n)$

（g）$x(n)*y(n)$　（h）$x(2n)$　（i）$x^2(n)$

（j）$nx(n)$　（k）$\begin{cases} x(n/2), & n\text{为偶数} \\ 0, & n\text{为奇数} \end{cases}$

2-2 证明序列 $x(n)$ 傅里叶变换 $X(\mathrm{e}^{\mathrm{j}\omega})$ 的实部 $X_\mathrm{R}(\mathrm{e}^{\mathrm{j}\omega})$、虚部 $X_\mathrm{I}(\mathrm{e}^{\mathrm{j}\omega})$、幅频特性 $|X(\mathrm{e}^{\mathrm{j}\omega})|$ 和相频特性 $\arg[X(\mathrm{e}^{\mathrm{j}\omega})]$ 都是以 2π 为周期的周期函数。

2-3 证明序列 $x(n)=\dfrac{\sin\frac{\pi}{2}n}{\pi n}$，不满足 $\sum_{n=-\infty}^{\infty}|x(n)|<\infty$。

2-4 设图 P2-1 所示序列的傅里叶变换为 $X(\mathrm{e}^{\mathrm{j}\omega})$，不直接求出 $X(\mathrm{e}^{\mathrm{j}\omega})$，完成下列运算。

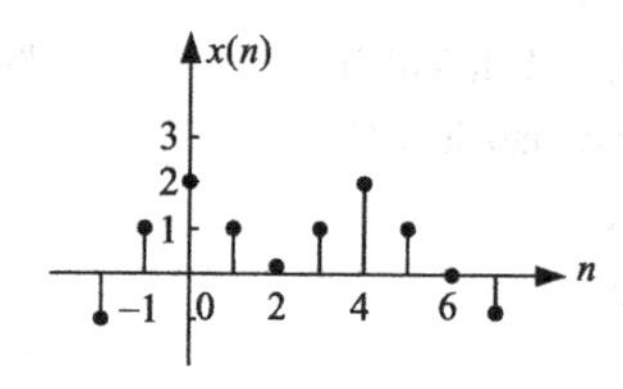

图 P2-1　序列 $x(n)$ 的时域表示

（a）$X(\mathrm{e}^{\mathrm{j}0})$　（b）$\int_{-\pi}^{\pi}X(\mathrm{e}^{\mathrm{j}\omega})\mathrm{d}\omega$　（c）$X(\mathrm{e}^{\mathrm{j}\pi})$

（d）确定并画出傅里叶变换为 $X_\mathrm{R}(\mathrm{e}^{\mathrm{j}\omega})$ 的时间序列 $x_\mathrm{e}(n)$

（e）$\int_{-\pi}^{\pi}\left|X(\mathrm{e}^{\mathrm{j}\omega})\right|^2\mathrm{d}\omega$　（f）$\int_{-\pi}^{\pi}\left|\dfrac{\mathrm{d}X(\mathrm{e}^{\mathrm{j}\omega})}{\mathrm{d}\omega}\right|^2\mathrm{d}\omega$

2-5 一个线性时不变系统的单位脉冲响应和输入分别为 $h(n)=2\delta(n)-\delta(n-1)$、

$x(n)=\delta(n)+2\delta(n-1)$，求 $x(n)$ 和 $h(n)$ 的傅里叶变换 $X(\mathrm{e}^{\mathrm{j}\omega})$ 和 $H(\mathrm{e}^{\mathrm{j}\omega})$。

2-6　设 $x(n)=a^n u(n),\ 0<a<1$，分别求出其偶分量 $x_{\mathrm{e}}(n)$ 和奇分量 $x_{\mathrm{o}}(n)$ 的傅里叶变换。

2-7　设系统的单位脉冲响应 $h(n)=a^n u(n),\ 0<a<1$，输入序列 $x(n)=\delta(n)+2\delta(n-2)$，求

（a）输出序列 $y(n)$　　　（b）$x(n)$、$h(n)$ 和 $y(n)$ 的傅里叶变换

2-8　若序列 $h(n)$ 为实因果序列，$h(0)=1$，其傅里叶变换的虚部为 $H_{\mathrm{I}}(\mathrm{e}^{\mathrm{j}\omega})=-\sin\omega$，求序列 $h(n)$ 及其傅里叶变换 $H(\mathrm{e}^{\mathrm{j}\omega})$。

2-9　若 $h(n)$ 是实因果序列，其傅里叶变换变换实部 $H_{\mathrm{R}}(\mathrm{e}^{\mathrm{j}\omega})=1+\cos\omega$，求 $h(n)$ 及其傅里叶变换 $H(\mathrm{e}^{\mathrm{j}\omega})$。

2-10　试证明实偶序列的傅里叶变换是实偶函数，实奇序列的傅里叶变换是纯虚奇函数。

2-11　求以下序列的 Z 变换，并指出收敛域。

（a）$x(n)=a^{|n|}, 0<a<1$　　（b）$x(n)=a^n u(n)$，$0<a<1$　　（c）$x(n)=R_{\mathrm{N}}(n)$

（d）$x(n)=3\left(-\dfrac{1}{2}\right)^n u(n)-2(3)^n u(-n-1)$　　（e）$x(n)=\dfrac{1}{2}\delta(n)+\delta(n-1)-\dfrac{1}{3}\delta(n-2)$

2-12　研究一个 Z 变换为 $X(z)$ 的序列 $x(n)$，$X(z)$ 的零点、极点示于图 P2-2。若已知序列的傅里叶变换是收敛的，试求 $X(z)$ 的收敛域，并确定这个序列是右边序列、左边序列还是双边序列。

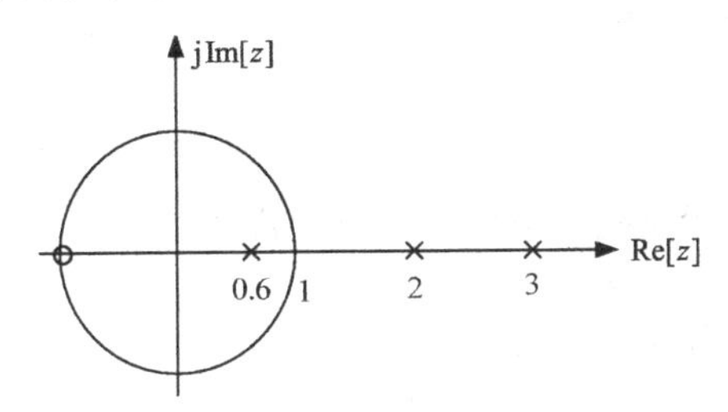

图 P2-2　$X(z)$ 的零极点分布图

2-13　设 $H(z)$ 是一个因果系统，$H(z)=\dfrac{-3z^{-1}}{2-5z^{-1}+2z^{-2}}$，求单位脉冲响应 $h(n)$。

2-14　序列 $x(n)$ 和 $y(n)$ 的 Z 变换分别为 $X(z)$ 和 $Y(z)$，证明：

（a）$x(n-n_0)\Leftrightarrow z^{-n_0}X(z)$　　（b）$x^*(n)\Leftrightarrow X^*(z^*)$

（c）$x(-n)\Leftrightarrow X\left(\dfrac{1}{z}\right)$　　（d）$x(n)*y(n)\Leftrightarrow Y(z)X(z)$

2-15　设序列 $x(n)$ 的自相关序列定义为 $\varphi(n)=\sum\limits_{k=-\infty}^{\infty}x(k)x(n+k)$，试用 $x(n)$ 的 Z 变换 $X(z)$ 和 $x(n)$ 的傅里叶变换 $X(\mathrm{e}^{\mathrm{j}\omega})$ 表示 $\varphi(n)$ 的 Z 变换 $\varPhi(z)$ 和 $\varphi(n)$ 的傅里叶变换 $\varPhi(\mathrm{e}^{\mathrm{j}\omega})$。

2-16　线性非时变系统差分方程为 $y(n-1)-\dfrac{5}{2}y(n)+y(n+1)=x(n)$，求系统单位脉冲响应的三种可能选择方案。

2-17　设因果系统由下面差分方程描述

$$y(n)=\frac{1}{2}y(n-1)+x(n)+\frac{1}{2}x(n-1)$$

利用递推法求系统的单位脉冲响应。

2-18　因果系统的差分方程为 $y(n)=\dfrac{1}{2}x(n)+x(n-1)+\dfrac{1}{2}y(n-1)$。求系统函数、单位脉冲响应和频率响应，并画出零、极点图。

2-19　一个系统具有如下的单位脉冲响应 $h(n)=-\frac{1}{4}\delta(n+1)+\frac{1}{2}\delta(n)-\frac{1}{4}\delta(n-1)$ 求系统的频率响应 $H(\mathrm{e}^{\mathrm{j}\omega})$，并画出 $\left|H(\mathrm{e}^{\mathrm{j}\omega})\right|$ 和 $\arg[H(\mathrm{e}^{\mathrm{j}\omega})]$。

2-20　已知线性时不变系统用差分方程描述

$$y(n)=-\frac{1}{4}y(n-2)+x(n)+\frac{1}{2}x(n-1)，\quad n<0 \text{时} \ y(n)=0$$

（a）求系统函数 $H(z)$，画出零、极点图；

（b）定性画出幅频特性 $\left|H(\mathrm{e}^{\mathrm{j}\omega})\right|$。

2-21　已知 $x_{\mathrm{a}}(t)$ 的傅里叶变换如图 P2-3 所示，对 $x_{\mathrm{a}}(t)$ 进行等间隔采样而得到 $x(n)$，采样周期 $T_{\mathrm{s}}=0.25\mathrm{ms}$。试画出 $x(n)$ 傅里叶变换 $X(\mathrm{e}^{\mathrm{j}\omega})$ 的图形。

2-22　求如图 P2-4 所示梳状滤波器当 N=6 时系统的差分方程、系统函数、零极点图、单位脉冲响应和频率响应。该系统是 IIR 系统还是 FIR 系统？是递归还是非递归结构？

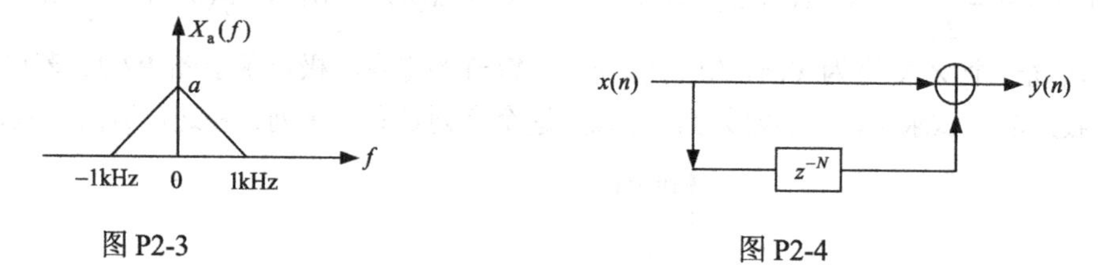

图 P2-3　　　　图 P2-4

2-23　某一因果线性时不变系统由下列差分方程描述

$$y(n)-ay(n-1)=x(n)-bx(n-1)$$

试确定能使该系统成为全通系统的 b 值 $(b\neq a)$。

2-24　全通系统的系统函数 $H(z)=\frac{z^{-1}-a^{*}}{1-az^{-1}},|a|<1$，试证明 $0\leqslant\omega\leqslant\pi$ 时，$\left|H(\mathrm{e}^{\mathrm{j}\omega})\right|=1$。

2-25　一个具有下列系统函数的线性时不变因果系统 $H(z)=\frac{1-a^{-1}z^{-1}}{1-az^{-1}}$，$a$ 为实数。

（a）a 值在哪些范围内该系统是稳定的？

（b）如果 $0<a<1$，画出零、极点图，并将收敛域画上斜线；

（c）用几何法证明该系统是一个全通系统。

第 3 章　离散傅里叶变换及其快速算法

序列的傅里叶变换和 Z 变换都是连续自变量的变换域函数。由于计算机的单纯数字计算功能以及有限存储空间特点，它只能处理离散的有限长数值序列，因此傅里叶变换和 Z 变换无法直接利用计算机进行数值计算。本章将定义时域和频域长度有限且离散的一种变换——离散傅里叶变换（Discrete Fourier Transform，DFT），并讨论 DFT 的性质、DFT 与傅里叶变换和 Z 变换的关系、DFT 的应用及其快速算法——快速傅里叶变换（Fast Fourier Transform，FFT）。

本章主要知识点

- ✧ 离散傅里叶级数的概念
- ✧ 离散傅里叶变换的定义、性质
- ✧ 循环卷积的定义、计算
- ✧ 循环卷积与线性卷积的关系
- ✧ 离散傅里叶变换与傅里叶变换和 Z 变换的关系
- ✧ 频域采样定理
- ✧ 用离散傅里叶变换进行频谱分析
- ✧ 用离散傅里叶变换实现线性卷积
- ✧ 线性卷积的重叠相加法和重叠保留法
- ✧ 用离散傅里叶变换实现正交频分复用
- ✧ 时间抽取基 2-FFT 算法理论
- ✧ 频率抽取基 2-FFT 算法理论
- ✧ 快速傅里叶反变换算法

3.1　傅里叶变换的几种形式

傅里叶变换的几种形式

傅里叶变换是以时间为自变量的“信号”与以频率为自变量的“频谱”函数之间的特定变换关系。当自变量“时间”或“频率”取连续形式和离散形式的不同组合，就可以形成各种不同的傅里叶变换对。下面对已学过的几种形式的傅里叶变换进行简要归纳。

1．非周期连续时间信号的傅里叶变换

非周期连续时间信号 $x_a(t)$ 的傅里叶变换 $X_a(j\Omega)$ 表示为

正变换

$$X_a(j\Omega)=\int_{-\infty}^{\infty}x_a(t)e^{-j\Omega t}dt \tag{3.1a}$$

反变换

$$x_a(t)=\frac{1}{2\pi}\int_{-\infty}^{\infty}X_a(j\Omega)e^{j\Omega t}d\Omega \tag{3.1b}$$

图 3.1(a)是这一变换对的示意图。可以看到，非周期连续时间函数对应于非周期连续频率变换函数。

2. 周期连续时间信号的傅里叶变换——连续傅里叶级数

周期为$T_{\rm p}$的连续时间信号$x_{\rm a}(t)$，可以展开成傅里叶级数的形式，级数的系数为$X_{\rm a}({\rm j}k\varOmega_0)$。$x_{\rm a}(t)$和$X_{\rm a}({\rm j}k\varOmega_0)$组成的变换对为

正变换

$$X_{\rm a}({\rm j}k\varOmega_0)=\frac{1}{T_{\rm p}}\int_{-T_{\rm p}/2}^{T_{\rm p}/2}x_{\rm a}(t){\rm e}^{-{\rm j}k\varOmega_0 t}{\rm d}t \tag{3.2a}$$

反变换

$$x_{\rm a}(t)=\sum_{k=-\infty}^{\infty}X_{\rm a}({\rm j}k\varOmega_0){\rm e}^{{\rm j}k\varOmega_0 t} \tag{3.2b}$$

其中，$X_{\rm a}({\rm j}k\varOmega_0)$为离散频率的非周期函数，$\varOmega_0=2\pi f_{\rm p}=2\pi/T_{\rm p}$为离散频谱相邻两谱线之间的角频率增量，也称基波频率，k为谐波次数,$k\varOmega_0$为k次谐波频率。

式（3.2b）表明，周期性时间连续信号$x_{\rm a}(t)$可分解为无限多次谐波的叠加和，级数系数的模$|X_{\rm a}({\rm j}k\varOmega_0)|$代表谐波成分的大小。时域周期$T_{\rm p}$越大，则频域谱线间隔越小，谱线越密集。当周期$T_{\rm p}\to\infty$时，则时域周期信号演变为非周期信号，频域谱线间隔趋于零，成为连续谱。图 3.1(b)给出这一变换关系的示意图。这里，周期性的连续时间函数对应于非周期性离散频率变换函数。

3. 非周期离散时间信号的傅里叶变换

这是第 2 章讨论的序列及其频域表示的情况，其变换对为

正变换

$$X({\rm e}^{{\rm j}\omega})=\sum_{n=-\infty}^{\infty}x(n){\rm e}^{-{\rm j}\omega n} \tag{3.3a}$$

反变换

$$x(n)=\frac{1}{2\pi}\int_{-\pi}^{\pi}X({\rm e}^{{\rm j}\omega}){\rm e}^{{\rm j}\omega n}{\rm d}\omega \tag{3.3b}$$

图 3.1(c)是$x(n)$与$X({\rm e}^{{\rm j}\omega})$之间的变换关系示意图。当$k$取整数时，$X({\rm e}^{{\rm j}(\omega+2k\pi)})=X({\rm e}^{{\rm j}\omega})$，$X({\rm e}^{{\rm j}\omega})$是以$2\pi$为周期的周期连续函数。

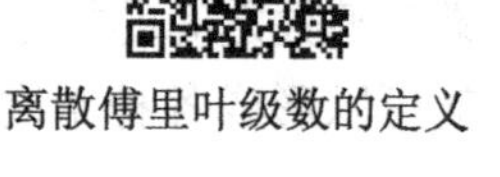
离散傅里叶级数的定义

4. 周期离散时间信号的傅里叶变换——离散傅里叶级数

上面讨论的三种傅里叶变换对，都不适于在计算机上运算，因为至少在一个域（时域或频域）中，函数是连续的。将这些变换的形式和特点简要归纳于表 3.1 中。

表 3.1　三种形式的傅里叶变换时域频域特点

时间函数	频率函数
连续、非周期	非周期、连续
连续、周期($T_{\rm p}$)	非周期、离散($\varOmega_0=2\pi/T_{\rm p}$)
离散、非周期	周期(2π)、连续

从表 3.1 不难得出结论：一个域（时域或频域）的离散化必然造成另一个域的周期延拓。如果信号频域是离散的，则该信号时域就表现为周期性的时间函数。相反，在时域上是离散的，则该信号在频域必然表现为周期性的频率函数。设想一下，如果时域信号不仅是离散的而且是周期的，那么由于时域离散，其频谱必是周期的，又由于时域是周期的，相应的频谱必是离散的。即一个离散周期序列，它一定具有既周期又离散的频谱，见图 3.1(d)，这就是周期性序列的离散傅里叶级数。下面推导离散傅里叶级数变换关系。

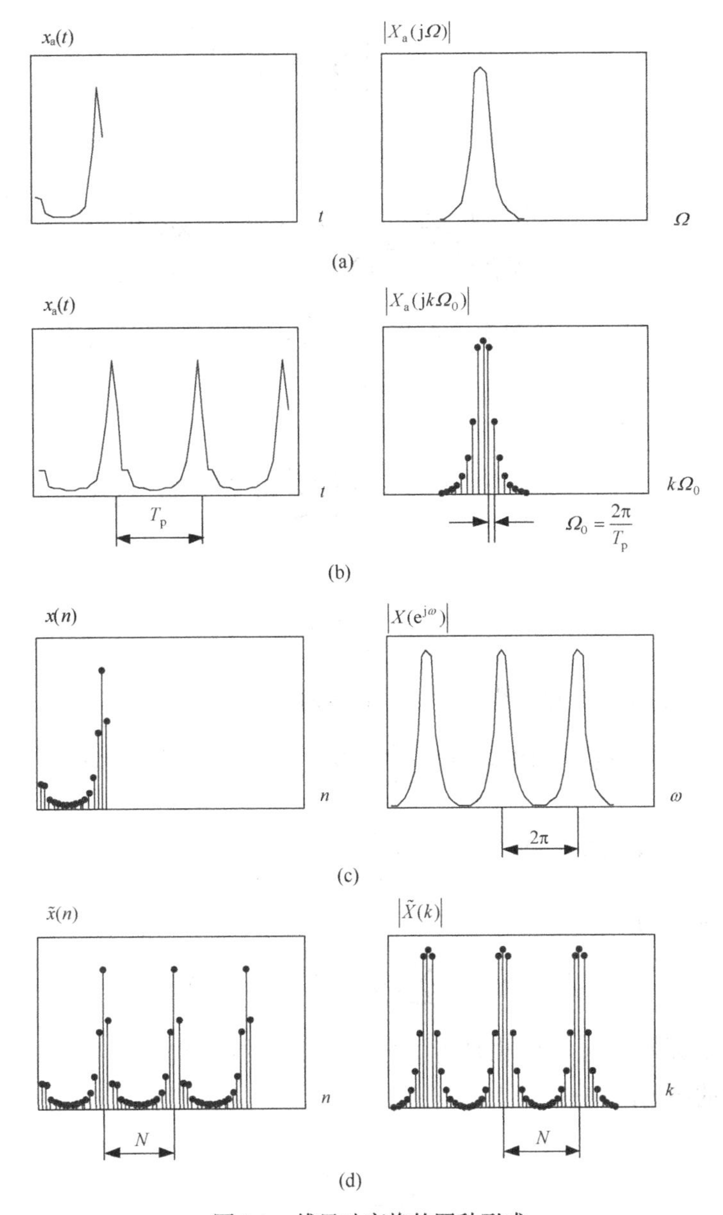

图 3.1　傅里叶变换的四种形式

设 $\tilde{x}(n)$ 的周期为 N，正如周期性时间连续信号可用傅里叶级数表示一样，离散周期序列也可以用周期为 N 的复指数序列来表示。将 $\tilde{x}(n)$ 表示成级数的形式：

$$\tilde{x}(n) = \sum_{k=-\infty}^{\infty} A(k) e^{j\frac{2\pi}{N}kn} \tag{3.4}$$

式中，$2\pi/N$ 称为基波频率，记为 ω_1，k 次谐波频率为 $\omega_k = 2\pi k/N$，$A(k)$ 为 k 次谐波的振幅。

考虑到复指数序列 $e^{j\frac{2\pi}{N}kn}$ 对于变量 k 是以 N 为周期的周期序列，即

$$e^{j\frac{2\pi}{N}(k+rN)n} = e^{j\frac{2\pi}{N}kn},\quad r\text{为任意整数}$$

成立，那么，$k = 0,1,2,\cdots,N-1$ 的 N 个复指数序列构成了频率为 $2\pi/N$ 整数倍的一个完整复指数序列，即离散傅里叶级数所有谐波成分中只有 N 个独立的分量。因此，合并式（3.4）中的相同谐波项，将 $\tilde{x}(n)$ 的傅里叶级数表示为

$$\tilde{x}(n)=\frac{1}{N}\sum_{k=0}^{N-1}\tilde{X}(k)\mathrm{e}^{\mathrm{j}\frac{2\pi}{N}kn} \tag{3.5}$$

这里，$1/N$ 为习惯上采用的常系数，式中的 $\tilde{X}(k)$ 称为傅里叶级数的系数，下面求 $\tilde{X}(k)$。

利用性质

$$\frac{1}{N}\sum_{n=0}^{N-1}\mathrm{e}^{\mathrm{j}\frac{2\pi}{N}rn}=\begin{cases}1, & r=mN,\ m\text{取整数}\\0, & \text{其他}\end{cases} \tag{3.6}$$

式（3.5）两端同乘以 $\mathrm{e}^{-\mathrm{j}\frac{2\pi}{N}rn}$，$r$ 为整数，$0\leqslant r\leqslant N-1$，并对一个周期求和：

$$\begin{aligned}\sum_{n=0}^{N-1}\tilde{x}(n)\mathrm{e}^{-\mathrm{j}\frac{2\pi}{N}rn}&=\frac{1}{N}\sum_{n=0}^{N-1}\sum_{k=0}^{N-1}\tilde{X}(k)\mathrm{e}^{\mathrm{j}\frac{2\pi}{N}(k-r)n}\\&=\sum_{k=0}^{N-1}\tilde{X}(k)\left[\frac{1}{N}\sum_{n=0}^{N-1}\mathrm{e}^{\mathrm{j}\frac{2\pi}{N}(k-r)n}\right]=\tilde{X}(r)\end{aligned}$$

故有

$$\tilde{X}(k)=\sum_{n=0}^{N-1}\tilde{x}(n)\mathrm{e}^{-\mathrm{j}\frac{2\pi}{N}kn} \tag{3.7}$$

式（3.5）和式（3.7）组成傅里叶级数变换对，简写为

$$\tilde{X}(k)=\mathrm{DFS}[\tilde{x}(n)]=\sum_{n=0}^{N-1}\tilde{x}(n)\mathrm{e}^{-\mathrm{j}\frac{2\pi}{N}kn},\quad -\infty<k<\infty \tag{3.8a}$$

$$\tilde{x}(n)=\mathrm{IDFS}[\tilde{X}(k)]=\frac{1}{N}\sum_{k=0}^{N-1}\tilde{X}(k)\mathrm{e}^{\mathrm{j}\frac{2\pi}{N}kn},\quad -\infty<n<\infty \tag{3.8b}$$

由式（3.8a），可以得到：

$$\tilde{X}(k+mN)=\sum_{n=0}^{N-1}\tilde{x}(n)\mathrm{e}^{-\mathrm{j}\frac{2\pi}{N}(k+mN)n}=\tilde{X}(k)$$

说明周期序列 $\tilde{x}(n)$ 的频域表示 $\tilde{X}(k)$ 也是离散的周期为 N 的周期序列，即 $\tilde{x}(n)$、$\tilde{X}(k)$ 为不同域上的两个同周期长度的序列。

定义

$$W_N\triangleq\mathrm{e}^{-\mathrm{j}\frac{2\pi}{N}}$$

则离散傅里叶级数可表示为

$$\tilde{X}(k)=\sum_{n=0}^{N-1}\tilde{x}(n)W_N^{kn},\quad -\infty<k<\infty \tag{3.9a}$$

$$\tilde{x}(n)=\frac{1}{N}\sum_{k=0}^{N-1}\tilde{X}(k)W_N^{-kn},\quad -\infty<n<\infty \tag{3.9b}$$

需要说明的是，复指数序列 W_N^{kn}（又称为旋转因子）是关于 n 和 k 的二维序列，且关于 n 和 k 具有对偶性。

容易证明（见习题 3-1、习题 3-2）复指数序列 W_N^{kn} 具有以下性质。

（1）周期性

$$W_N^{kn}=W_N^{(k+N)n}=W_N^{k(N+n)}$$

即 W_N^{kn} 是关于变量 n 和 k 的周期序列。

（2）对称性

$$W_N^{-kn}=(W_N^{kn})^*=W_N^{(N-k)n}=W_N^{k(N-n)}$$

若记 $x(n)=W_N^{kn}$，则 $x^*(n)=W_N^{-kn}$，$W_N^{k(N-n)}=x(N-n)$，$x(n)=x^*(N-n)$，即 W_N^{kn} 是关于变量 n 和 k 的循环共轭对称序列。

离散傅里叶级数的性质

（3）正交性

因为 W_N^{kn} 满足以下关系：

$$\sum_{k=0}^{N-1}W_N^{kn}=\begin{cases}N, & n=mN\\ 0, & 其他\end{cases}，m 为整数$$

$$\sum_{n=0}^{N-1}W_N^{kn}=\begin{cases}N, & k=mN\\ 0, & 其他\end{cases}，m 为整数$$

因此，复指数序列 W_N^{kn} 是关于 n 和 k 的正交序列。

（4）$W_N^0=1$，$W_N^{N/2}=-1$，$N=rM$ 时，$W_N^r=W_{N/r}^1=W_M^1$。

3.2 离散傅里叶变换

上面讨论的四种傅里叶变换中，只有 DFS 在时域和频域中都是周期离散序列，其他三种变换形式中至少在一个域为连续函数。本节对 DFS 在两个域的取值范围上加以限定，引出 DFT 的定义，并讨论其性质。

DFT 的定义

3.2.1 离散傅里叶变换的定义

一个周期序列虽然是无限长序列，但只要知道序列一个周期的内容，其他内容就全知道了，所以像 DFS 这种无限长序列的全部信息实际上只包含在一个周期的 N 个序列值里。限定离散傅里叶级数变换对式（3.9a）和式（3.9b）中 k 和 n 的取值范围在 $0\sim N-1$，得到的如下变换对称为离散傅里叶变换对。

$$X(k)=\tilde{X}(k)\cdot R_N(k)=\sum_{n=0}^{N-1}x(n)W_N^{kn}，\quad 0\leqslant k\leqslant N-1 \tag{3.10a}$$

$$x(n)=\tilde{x}(n)\cdot R_N(n)=\frac{1}{N}\sum_{k=0}^{N-1}X(k)W_N^{-kn}，\quad 0\leqslant n\leqslant N-1 \tag{3.10b}$$

简写为

$$X(k)=\mathrm{DFT}[x(n)]，\quad 0\leqslant k\leqslant N-1$$
$$x(n)=\mathrm{IDFT}[X(k)]，\quad 0\leqslant n\leqslant N-1$$

可见，$x(n)$ 与 $X(k)$ 是同样长度的两个序列，具有一一对应关系，已知其中一个就能唯一确定另一个。

【例 3.1】 计算 N 点长序列 $x(n)$, $0\leqslant n\leqslant N-1$ 的离散傅里叶变换。

（1）$x(n)=\begin{cases}1, & n=0\\ 0, & 1\leqslant n\leqslant N-1\end{cases}$

（2）$x(n)=\begin{cases}1, & n=m\\ 0, & n\neq m\end{cases}，\quad 0\leqslant m\leqslant N-1$

（3）$x(n)=\cos(2\pi rn/N)，\quad 0\leqslant r\leqslant N-1$

解： 将 $x(n)$ 代入式（3.10a）得：

（1）$X(k)=1$，$0 \leqslant k \leqslant N-1$

（2）$X(k)=W_N^{km}$，$0 \leqslant k \leqslant N-1$

（3）$X(k)=\sum_{n=0}^{N-1}\cos(2\pi rn/N)W_N^{kn}=\sum_{n=0}^{N-1}\frac{1}{2}(\mathrm{e}^{\mathrm{j}\frac{2\pi}{N}rn}+\mathrm{e}^{-\mathrm{j}\frac{2\pi}{N}rn})W_N^{kn}$

$$=\begin{cases}N/2, & k=r\\ N/2, & k=N-r\\ 0, & \text{其他}\end{cases},\quad 0 \leqslant k \leqslant N-1$$

DFT 的定义式（3.10a）可以表示成矩阵形式：

$$\boldsymbol{X}=\boldsymbol{D}_N\boldsymbol{x} \tag{3.11}$$

这里，$\boldsymbol{x}$ 是 N 点序列 $x(n)$ 构成的向量：

$$\boldsymbol{x}=[x(0)\ \ x(1)\ \ x(2)\ \ \cdots\ \ x(N-1)]^{\mathrm{T}} \tag{3.12}$$

$\boldsymbol{X}$ 是由 N 点 $X(k)$ 构成的向量：

$$\boldsymbol{X}=[X(0)\ \ X(1)\ \ X(2)\ \ \cdots\ \ X(N-1)]^{\mathrm{T}} \tag{3.13}$$

“T”代表转置，$\boldsymbol{D}_N$ 是 $N\times N$ 系数矩阵：

$$\boldsymbol{D}_N=\begin{bmatrix}1 & 1 & 1 & \cdots & 1\\ 1 & W_N^1 & W_N^2 & \cdots & W_N^{N-1}\\ 1 & W_N^2 & W_N^4 & \cdots & W_N^{2(N-1)}\\ \vdots & \vdots & \vdots & \ddots & \vdots\\ 1 & W_N^{N-1} & W_N^{2(N-1)} & \cdots & W_N^{(N-1)\times(N-1)}\end{bmatrix} \tag{3.14}$$

这样，DFT 关系矩阵表示形式为

$$\begin{bmatrix}x(0)\\ x(1)\\ \vdots\\ x(N-1)\end{bmatrix}=\boldsymbol{D}_N^{-1}\begin{bmatrix}X(0)\\ X(1)\\ \vdots\\ X(N-1)\end{bmatrix} \tag{3.15}$$

这里，$\boldsymbol{D}_N^{-1}$ 是 $\boldsymbol{D}_N$ 的逆阵，也为 $N\times N$ 系数矩阵：

$$\boldsymbol{D}_N^{-1}=\frac{1}{N}\begin{bmatrix}1 & 1 & 1 & \cdots & 1\\ 1 & W_N^{-1} & W_N^{-2} & \cdots & W_N^{-(N-1)}\\ 1 & W_N^{-2} & W_N^{-4} & \cdots & W_N^{-2(N-1)}\\ \vdots & \vdots & \vdots & \ddots & \vdots\\ 1 & W_N^{-(N-1)} & W_N^{-2(N-1)} & \cdots & W_N^{-(N-1)\times(N-1)}\end{bmatrix} \tag{3.16}$$

由式（3.14）和式（3.16）可以得到：

$$\boldsymbol{D}_N^{-1}=\frac{1}{N}\boldsymbol{D}_N^{*} \tag{3.17}$$

“*”代表共轭。

在例 3.1 第（1）题中，$x(n)=\begin{cases}1, & n=0\\ 0, & 1 \leqslant n \leqslant N-1\end{cases}$，当 $N=4$ 时 DFT 的矩阵表示为

$$\boldsymbol{X}=\begin{bmatrix}X(0)\\ X(1)\\ X(2)\\ X(3)\end{bmatrix}=\begin{bmatrix}1 & 1 & 1 & 1\\ 1 & W_4^1 & W_4^2 & W_4^3\\ 1 & W_4^2 & W_4^4 & W_4^6\\ 1 & W_4^3 & W_4^6 & W_4^9\end{bmatrix}\begin{bmatrix}1\\ 0\\ 0\\ 0\end{bmatrix}=\begin{bmatrix}1\\ 1\\ 1\\ 1\end{bmatrix}$$

$$\boldsymbol{x}=\begin{bmatrix}x(0)\\x(1)\\x(2)\\x(3)\end{bmatrix}=\frac{1}{4}\begin{bmatrix}1&1&1&1\\1&W_4^{-1}&W_4^{-2}&W_4^{-3}\\1&W_4^{-2}&W_4^{-4}&W_4^{-6}\\1&W_4^{-3}&W_4^{-6}&W_4^{-9}\end{bmatrix}\begin{bmatrix}1\\1\\1\\1\end{bmatrix}=\begin{bmatrix}1\\0\\0\\0\end{bmatrix}$$

在 MATLAB 的信号处理工具箱中，用函数 dftmtx 得到旋转因子矩阵 $\boldsymbol{D}_N$，用函数 conj(dftmtx(N))得到旋转因子矩阵 $\boldsymbol{D}_N^{-1}$，其调用格式为

DN=dftmtx(N)

DN1=conj(dftmtx(N))/N

计算序列 $x(n)$ 的 DFT 代码如下：

```
%samp3_01.m
n= linspace(0.001,0.1,10);              %n 在 0.001 到 0.1 之间等间隔取 10 个数
xn=sin(100*2*pi*n);                     %产生有限长序列 x(n）
N=length(xn);
DN=dftmtx(N);                           %计算旋转因子矩阵
Xk= DN *xn';                            %计算 x(n)的 DFT
subplot(211);stem(xn);xlabel('n');ylabel('x(n)');
subplot(212);stem(abs(Xk)); xlabel('k');ylabel('X(k)');
```

计算序列 IDFT 代码如下：

```
%samp3_02.m
%输入 samp3_01.m 中的 Xk 数据
N=length(Xk);
DN1=conj(dftmtx(N))/N;
xn=DN1*Xk;                              %计算 IDFT
subplot(211);stem(abs(Xk)); xlabel('k');ylabel('X(k)');
subplot(212);stem(xn);xlabel('n');ylabel('x(n)');
```

【例 3.2】 已知 $x(n)=R_5(n)$，

（1）将 $x(n)$ 以 5 为周期延拓得 $\tilde{x}(n)$，求 $\tilde{x}(n)$ 的离散傅里叶级数 $\tilde{X}(k)$；

（2）计算 $x(n)$ 的离散傅里叶变换 $X(k)$。

解：（1）

$$\tilde{X}(k)=\sum_{n=0}^{5-1}\tilde{x}(n)\mathrm{e}^{-\mathrm{j}\frac{2\pi}{5}kn},\quad -\infty<k<\infty$$

$$=\frac{1-\mathrm{e}^{-\mathrm{j}2\pi k}}{1-\mathrm{e}^{-\mathrm{j}\frac{2\pi}{5}k}}=\begin{cases}5, & k=5r\\0, & k\neq 5r\end{cases}，\ r \text{ 为任意整数}$$

（2）$X(k)=\tilde{X}(k)\cdot R_5(k)=\begin{cases}5, & k=0\\0, & k=1,2,3,4\end{cases}$，如图 3.2 所示。

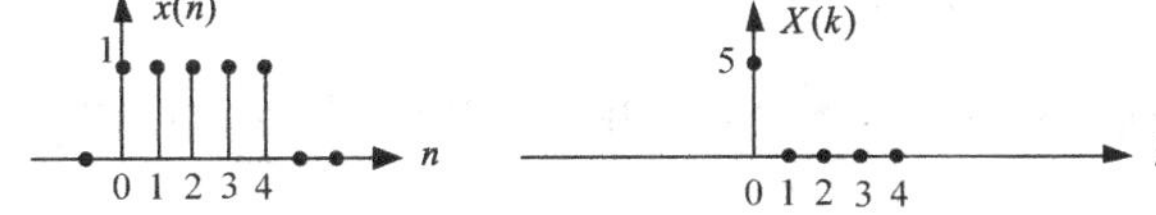

图 3.2 序列 $\tilde{x}(n)$ 的 DFS 和 $x(n)$ 的 DFT

【例 3.3】 由序列 $x(n)=R_5(n)$ 构造 $y(n)$ 序列：

$$y(n)=\begin{cases}x(n), & 0\leqslant n\leqslant 4\\ 0, & 5\leqslant n\leqslant 9\end{cases}$$

写出 $Y(k)$ 的表达式。

解：

$$\begin{aligned}Y(k)&=\sum_{n=0}^{9}y(n)W_{10}^{kn},\quad k=0,1,2,\cdots,9\\&=\sum_{n=0}^{4}x(n)W_{10}^{kn}=\sum_{n=0}^{4}x(n)W_5^{\frac{k}{2}n}=\frac{1-\mathrm{e}^{-\mathrm{j}\pi k}}{1-\mathrm{e}^{-\mathrm{j}\frac{\pi}{5}k}}\\&=\begin{cases}X\left(\dfrac{k}{2}\right), & k=0,2,4,6,8\\ \dfrac{2}{1-\mathrm{e}^{-\mathrm{j}\frac{\pi}{5}k}}, & k=1,3,5,7,9\end{cases}\end{aligned}$$

这里，$Y(k)$ 和 $X(k)$ 分别是同一序列 $x(n)$ 的 10 点 DFT 和 5 点 DFT，$Y(k)$ 在 k 为偶数时的取值等于 $X(k/2)$。本书中如无特别说明，N 点长序列 $x(n)$ 的离散傅里叶变换均指 N 点 DFT。

【例 3.4】 已知 $x(n)=R_5(n)$，10 点长序列

$$y(n)=\begin{cases}x\left(\dfrac{n}{2}\right), & n=0,2,4,6,8\\ 0, & n=1,3,5,7,9\end{cases}$$

计算 $Y(k)$。

解：

$$\begin{aligned}Y(k)&=\sum_{n=0}^{9}y(n)W_{10}^{kn},\quad k=0,1,2,\cdots,9\\&=\sum_{i=0}^{4}x(i)W_{10}^{k2i}=\sum_{i=0}^{4}x(i)W_5^{ki}=\frac{1-\mathrm{e}^{-\mathrm{j}2\pi k}}{1-\mathrm{e}^{-\mathrm{j}\frac{2\pi}{5}k}}=X((k))_5\cdot R_{10}(n)\end{aligned}$$

序列 $x(n)$、$y(n)$、$Y(k)$ 如图 3.3 所示。

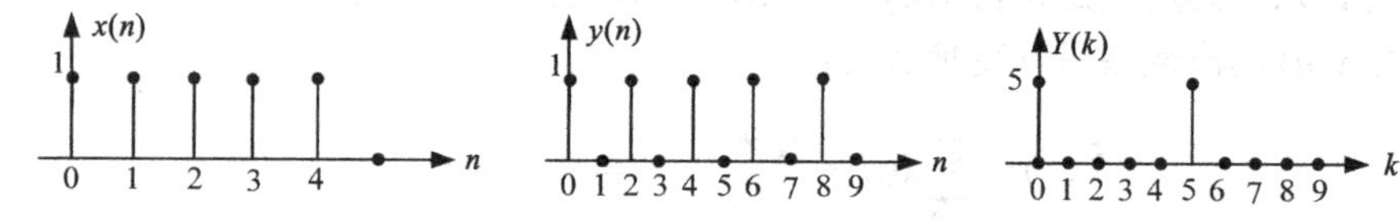

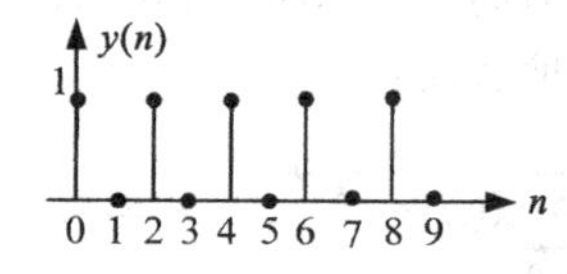

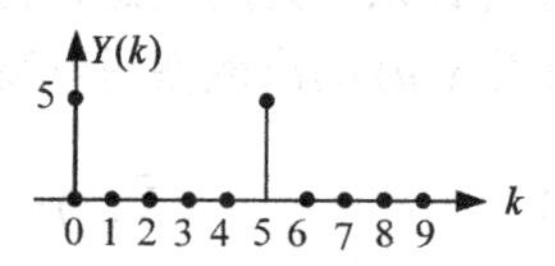

图 3.3 零插值序列的 DFT

3.2.2 离散傅里叶变换的隐含周期性

式（3.10a）和式（3.10b）定义的离散傅里叶变换对中，$x(n)$ 与 $X(k)$ 均为有限长序列，但由于 W_N^{kn} 的周期性，使得 $x(n)$ 与 $X(k)$ 具有隐含周期性，且周期为 N。

很明显，式（3.10a）中的 $X(k)$ 满足：

$$X(k+mN)=\sum_{n=0}^{N-1}x(n)W_N^{(k+mN)n}=\sum_{n=0}^{N-1}x(n)W_N^{kn}=X(k)\text{，}m\text{ 为任意整数} \tag{3.18}$$

同样，式（3.10b）中的 $x(n)$ 满足：

$$x(n+mN)=\frac{1}{N}\sum_{k=0}^{N-1}X(k)\cdot W_N^{-k(n+mN)}=\frac{1}{N}\sum_{k=0}^{N-1}X(k)W_N^{-kn}=x(n) \tag{3.19}$$

因此，在对有限长序列进行 DFT 时可把要处理的数据看作周期序列的一个主值序列。

3.2.3 离散傅里叶变换的基本性质

设 $x_1(n)$ 和 $x_2(n)$ 是两个有限长序列，长度分别为 N_1 和 N_2。取 $N=\max[N_1,N_2]$，计算：

$$X_1(k)=\text{DFT}[x_1(n)],\quad 0\leqslant k\leqslant N-1$$

$$X_2(k)=\text{DFT}[x_2(n)],\quad 0\leqslant k\leqslant N-1$$

设 $x(n)$ 和 $y(n)$ 都是 N 点长序列，它们的离散傅里叶变换

$$X(k)=\text{DFT}[x(n)],\quad 0\leqslant k\leqslant N-1$$

$$Y(k)=\text{DFT}[y(n)],\quad 0\leqslant k\leqslant N-1$$

有以下性质。

DFT 的性质 1

1. 线性性质

若

$$y(n)=ax_1(n)+bx_2(n)$$

则

$$Y(k)=aX_1(k)+bX_2(k) \tag{3.20}$$

式中，a、b 为常数。

2. 循环移位性质

（1）时域循环移位定理

若

$$y(n)=x((n-m))_N\cdot R_N(n)$$

则

$$Y(k)=W_N^{km}X(k) \tag{3.21}$$

（2）频域循环移位定理

若

$$Y(k)=X((k-l))_N\cdot R_N(k)$$

则

$$y(n)=\text{IDFT}[Y(k)]=W_N^{-nl}x(n) \tag{3.22}$$

证明略。

3. 卷积特性——循环卷积定理

时域循环卷积定理是 DFT 中非常重要的定理，具有很强的实用性。如计算序列通过线性时不变系统的输出可以借助该定理（参见 3.4.1 节）。下面首先介绍有限长序列循环卷积的定义和计算，然后介绍时域和频域循环卷积定理。

（1）有限长序列的循环卷积

设 $x_1(n)$、$x_2(n)$ 均为 N 点长序列，$x_1(n)$、$x_2(n)$ 的循环卷积定义为

$$x(n)=\sum_{m=0}^{N-1}x_1(m)x_2((n-m))_N\cdot R_N(n) \tag{3.23}$$

简记为 $x(n)=x_1(n)\,Ⓝ\,x_2(n)$，圆圈内的 N 表示是对两个 N 点长序列所做的循环卷积（也叫圆周卷积）。一个实序列的循环卷积过程如图 3.4 所示，具体计算步骤如下。

步骤 1：将 $x_2(m)$ 反转后进行以 N 为周期的周期延拓，得到 $x_2((-m))_N$

步骤 2：将 $x_2((-m))_N$ 平移 n 个样值得到 $x_2((n-m))_N$

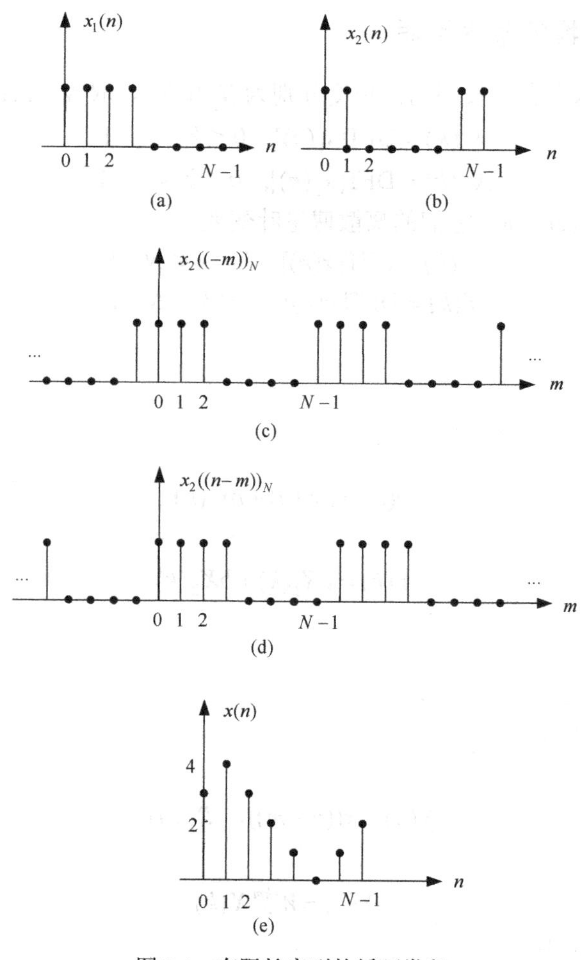

图 3.4　有限长序列的循环卷积

步骤 3：$x_2((n-m))_N$ 与 $x_1(m)$ 对应点相乘。

步骤 4：将以上对应点乘积在一个周期范围内的非零值相加，得到循环卷积 $x(n)$ 在 n 点的取值。

步骤 5：取 $n=0,1,2,\cdots,N-1$，重复以上步骤 2~4 得到 $x(n)$ 的 N 个取值。

式（3.23）所示的循环卷积 $x(n)$ 可以看作一个周期序列 $\tilde{x}(n)$ 的主值序列，由于这个周期序列是序列 $x_2(-m)$ 的循环移位 $x_2((n-m))_N \cdot R_N(m)$ 与 $x_1(m)$ 相乘求和所得：

$$\tilde{x}(n)=\sum_{m=0}^{N-1} x_2((n-m))_N R_N(m) x_1(m)$$

所以称式（3.23）的运算为循环卷积。这样，两个序列的循环卷积在 n 点的取值，可以想象为按逆时针方向排列在圆周上的一个序列与按顺时针方向排列在圆周上的另一个序列的 n 点循环移位序列对应相乘求和的结果。图 3.5 所示为求图 3.4 中 $x_1(n)$ 与 $x_2(n)$ 的循环卷积在 $n=0$、$n=1$ 点值时，两相乘序列的位置示意图。

因为

$$x(n)=x_1(n) \circledN x_2(n)=\sum_{m=0}^{N-1} x_1(m) x_2((n-m))_N \cdot R_N(n)=\sum_{m=0}^{N-1} x_1((m))_N x_2((n-m))_N \cdot R_N(n)$$

令 $n-m=m'$，上式变为：

$$x(n)=\sum_{m'=n}^{n-(N-1)} x_1((n-m'))_N x_2((m'))_N \cdot R_N(n)$$

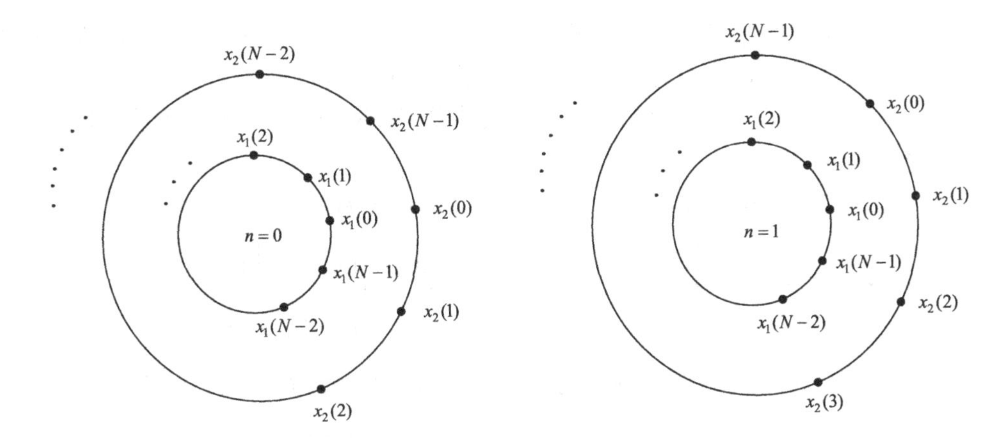

图 3.5　循环卷积示意图

由于 $x_1((n-m'))_N$ 、 $x_2((m'))_N$ 均为周期序列，因此，它们之积序列依然为周期相同的周期序列，而周期序列在任一周期内的数值之和均相等，故有：

$$x(n)=\sum_{m'=0}^{N-1}x_2(m')x_1((n-m'))_N\cdot R_N(n)=x_2(n)\,\circledN\,x_1(n)$$

所以说循环卷积亦满足交换律，即

$$x(n)=x_1(n)\,Ⓝ\,x_2(n)=x_2(n)\,Ⓝ\,x_1(n) \tag{3.24}$$

（2）时域循环卷积定理

若

$$X(k)=X_1(k)\cdot X_2(k)$$

则

$$x(n)=\text{IDFT}[X(k)]=x_1(n)\,Ⓝ\,x_2(n)=x_2(n)\,Ⓝ\,x_1(n) \tag{3.25}$$

（3）频域循环卷积定理

如果　　$x(n)=x_1(n)\cdot x_2(n)$

则

$$X(k)=\text{DFT}[x(n)]=\frac{1}{N}X_1(k)\,Ⓝ\,X_2(k)=\frac{1}{N}\sum_{l=0}^{N-1}X_1(l)\cdot X_2((k-l))_N\cdot R_N(k)$$

或

$$X(k)=\text{DFT}[x(n)]=\frac{1}{N}X_2(k)\,Ⓝ\,X_1(k)=\frac{1}{N}\sum_{l=0}^{N-1}X_2(l)\cdot X_1((k-l))_N\cdot R_N(k) \tag{3.26}$$

【例 3.5】 设有两个 N 点长序列 $x_1(n)$、$x_2(n)$，且

$$x_1(n)=x_2(n)=\begin{cases}1, & 0\leqslant n\leqslant N-1\\ 0, & \text{其他}\end{cases}$$

用时域循环卷积定理计算 $x_1(n)\,Ⓝ\,x_2(n)$。

解： 因为　　$X_1(k)=X_2(k)=\sum_{n=0}^{N-1}W_N^{kn}=\begin{cases}N, & k=0\\ 0, & \text{其他}\end{cases}$

令　　$X_3(k)=X_1(k)\cdot X_2(k)=\begin{cases}N^2, & k=0\\ 0, & \text{其他}\end{cases}$

所以　　$x_3(n)=x_1(n)\,Ⓝ\,x_2(n)=\text{IDFT}[X_3(k)]=N,\quad 0\leqslant n\leqslant N-1$

对照傅里叶变换的时域卷积定理和频域卷积定理，可以看到，两个任意长序列的线性卷积对应数字频域（ω域）的乘积，两个有限等长序列的循环卷积对应离散数字频域（k域）的乘积，如图 3.6 所示。两个任意长序列的乘积对应ω域线性卷积，两个同样长度序列的乘积对应k域的循环卷积，如图 3.7 所示。

$$X(\mathrm{e}^{\mathrm{j}\omega}) = X_1(\mathrm{e}^{\mathrm{j}\omega}) \times X_2(\mathrm{e}^{\mathrm{j}\omega}) \qquad X(k) = X_1(k) \times X_2(k)$$

$$\downarrow \text{IFT} \qquad \downarrow \text{IFT} \qquad \downarrow \text{IFT} \qquad\qquad \downarrow \text{IDFT} \qquad \downarrow \text{IDFT} \qquad \downarrow \text{IDFT}$$

$$x(n) = x_1(n) * x_2(n) \qquad x(n) = x_1(n) \; \textcircled{N} \; x_2(n)$$

图 3.6　傅里叶变换和离散傅里叶变换时域卷积定理图示

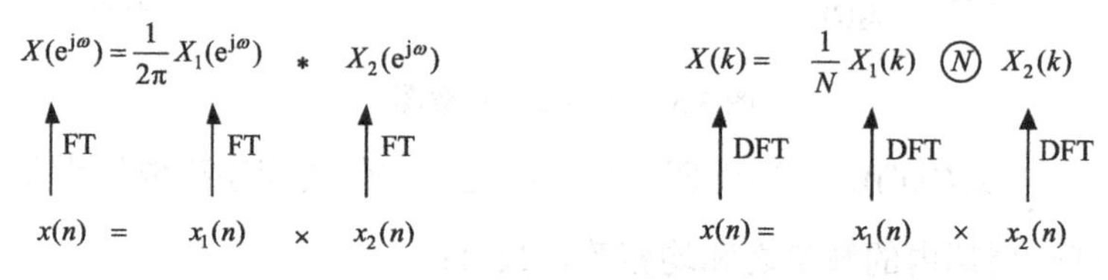

图 3.7　傅里叶变换和离散傅里叶变换频域卷积定理图示

DFT 的性质 2

4．共轭对称性

如同序列傅里叶变换的共轭对称性质，离散傅里叶变换也具有共轭对称性质，利用这些对称性可以简化运算。

由 1.1.5 节有限长序列的共轭对称性知，任意 N 点长序列 $x(n)$ 可以表示为一个循环共轭对称序列和一个循环共轭反对称序列之和。

$$x(n) = x_{\mathrm{ep}}(n) + x_{\mathrm{op}}(n), \quad 0 \leqslant n \leqslant N-1$$

$$x_{\mathrm{ep}}(n) = \frac{1}{2}[x(n) + x^*(N-n)]$$

$$x_{\mathrm{op}}(n) = \frac{1}{2}[x(n) - x^*(N-n)]$$

式中，$x_{\mathrm{ep}}(n)$ 为 $x(n)$ 的循环共轭对称分量，$x_{\mathrm{op}}(n)$ 为 $x(n)$ 的循环共轭反对称分量。对于 $X(k)$ 也有类似的关系。

根据以上关系，能够推导出 DFT 的下列对称性质。

若 $x^*(n)$ 是 $x(n)$ 的复共轭序列，则

（1）$\mathrm{DFT}[x^*(n)] = X^*(N-k)$，$X(N) = X(0)$　　（3.27）

（2）$\mathrm{DFT}[x^*(N-n)] = X^*(k)$，$X(N) = X(0)$　　（3.28）

（3）若

$$x(n) = x_{\mathrm{ep}}(n) + x_{\mathrm{op}}(n)$$

则

$$\mathrm{DFT}[x_{\mathrm{ep}}(n)] = \mathrm{Re}[X(k)] \triangleq X_{\mathrm{R}}(k) \tag{3.29}$$

$$\mathrm{DFT}[x_{\mathrm{op}}(n)] = \mathrm{j}\,\mathrm{Im}[X(k)] \triangleq \mathrm{j}X_{\mathrm{I}}(k) \tag{3.30}$$

（4）若

$$x(n) = x_{\mathrm{r}}(n) + \mathrm{j}x_{\mathrm{i}}(n)$$

则

$$\mathrm{DFT}[x_{\mathrm{r}}(n)] = X_{\mathrm{ep}}(k) \tag{3.31a}$$

$$\mathrm{DFT}[\mathrm{j}x_{\mathrm{i}}(n)] = X_{\mathrm{op}}(k) \tag{3.31b}$$

证明：
$$x_{\mathrm{r}}(n) = \mathrm{Re}[x(n)] = \frac{1}{2}[x(n) + x^*(n)]$$

$$\mathrm{DFT}[x_{\mathrm{r}}(n)] = \frac{1}{2}\mathrm{DFT}[x(n) + x^*(n)] = \frac{1}{2}[X(k) + X^*(N-k)] = X_{\mathrm{ep}}(k) \tag{3.32}$$

$$\mathrm{j}x_{\mathrm{i}}(n) = \mathrm{j}\mathrm{Im}[x(n)] = \frac{1}{2}[x(n) - x^*(n)]$$

$$\mathrm{DFT}[\mathrm{j}x_{\mathrm{i}}(n)] = \frac{1}{2}\mathrm{DFT}[x(n) - x^*(n)] = \frac{1}{2}[X(k) - X^*(N-k)] = X_{\mathrm{op}}(k) \tag{3.33}$$

$X_{\mathrm{ep}}(k)$为$X(k)$的共轭对称分量，$X_{\mathrm{op}}(k)$为$X(k)$的共轭反对称分量。

总结以上讨论有：序列共轭对称部分的离散傅里叶变换是原序列离散傅里叶变换的实部。序列共轭反对称部分的离散傅里叶变换是原序列离散傅里叶变换的虚部（含 j）。

序列$x(n)$的实部、虚部、共轭对称部分、共轭反对称部分与其离散傅里叶变换的共轭对称部分、共轭反对称部分、实部、虚部关系如图 3.8 所示。

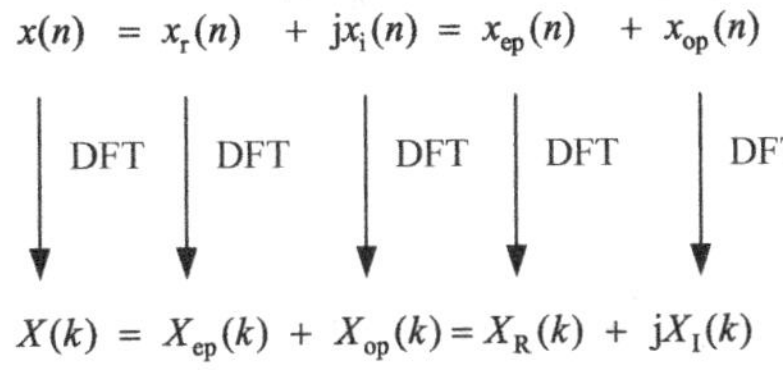

$$\begin{array}{ccccccccc} x(n) & = & x_{\mathrm{r}}(n) & + & \mathrm{j}x_{\mathrm{i}}(n) & = & x_{\mathrm{ep}}(n) & + & x_{\mathrm{op}}(n) \\ & & \downarrow \mathrm{DFT} & & \downarrow \mathrm{DFT} & & \downarrow \mathrm{DFT} & & \downarrow \mathrm{DFT} \\ X(k) & = & X_{\mathrm{ep}}(k) & + & X_{\mathrm{op}}(k) & = & X_{\mathrm{R}}(k) & + & \mathrm{j}X_{\mathrm{I}}(k) \end{array}$$

图 3.8　序列及其离散傅里叶变换之间的对应关系

（5）用 DFT 的共轭对称性降低运算量。

在实际应用中常常需要计算实序列的 DFT，这时可借助 DFT 的共轭对称性，用一个N点长序列 DFT 实现两个实序列的N点 DFT，提高运算效率。

如果直接计算两个N点长实序列$x_1(n)$和$x_2(n)$的N点 DFT $X_1(k)$和$X_2(k)$，需要计算两次N点 DFT。若用$x_1(n)$和$x_2(n)$构造一个N点长复序列$x(n)$：

$$x(n) = x_1(n) + \mathrm{j}x_2(n)$$

对$x(n)$计算N点 DFT 得到$X(k)$，再按照式（3.32）和式（3.33）求得$X_1(k)$和$X_2(k)$，只需要计算一次N点 DFT。$X_1(k)$和$X_2(k)$分别为

$$X_1(k) = X_{\mathrm{ep}}(k) = \frac{1}{2}[X(k) + X^*(N-k)] \tag{3.34}$$

$$X_2(k) = \frac{1}{\mathrm{j}}X_{\mathrm{op}}(k) = \frac{1}{2\mathrm{j}}[X(k) - X^*(N-k)] \tag{3.35}$$

【例 3.6】 已知
$$x_1(n) = \{1, 2, 0, 1; n = 0, 1, 2, 3\}$$
$$x_2(n) = \{2, 2, 1, 1; n = 0, 1, 2, 3\}$$

它们的 4 点 DFT 分别为$X_1(k)$和$X_2(k)$，只用一次 4 点 DFT 计算$X_1(k)$和$X_2(k)$。

解： 由$x_1(n)$和$x_2(n)$构造复序列$x(n)$：

$$x(n) = x_1(n) + \mathrm{j}x_2(n)$$

$$\{x(n)\} = \{1+\mathrm{j}2,\ 2+\mathrm{j}2,\ \mathrm{j},\ 1+\mathrm{j};\ n = 0, 1, 2, 3\}$$

$$X(k) = \sum_{n=0}^{3} x(n) W_4^{kn}$$

写成矩阵形式：

$$\begin{bmatrix} X(0) \\ X(1) \\ X(2) \\ X(3) \end{bmatrix} = \begin{bmatrix} 1 & 1 & 1 & 1 \\ 1 & -\mathrm{j} & -1 & \mathrm{j} \\ 1 & -1 & 1 & -1 \\ 1 & \mathrm{j} & -1 & -\mathrm{j} \end{bmatrix} \begin{bmatrix} 1+\mathrm{j}2 \\ 2+\mathrm{j}2 \\ \mathrm{j} \\ 1+\mathrm{j} \end{bmatrix} = \begin{bmatrix} 4+\mathrm{j}6 \\ 2 \\ -2 \\ \mathrm{j}2 \end{bmatrix}$$

由此得到：

$$X^*(k) = \{4-\mathrm{j}6,\quad 2,\quad -2,\quad -\mathrm{j}2\}$$

$$X^*(N-k) = \{4-\mathrm{j}6,\quad -\mathrm{j}2,\quad -2,\quad 2\}$$

代入式（3.34）和式（3.35）得：

$$X_1(k) = \{4,\ 1-\mathrm{j},\ -2,\ 1+\mathrm{j}\}$$

$$X_2(k) = \{6,\ 1-\mathrm{j},\ 0,\ 1+\mathrm{j}\}$$

5. DFT 的 Parseval 定理

$$\sum_{n=0}^{N-1} x(n)y^*(n) = \frac{1}{N}\sum_{k=0}^{N-1} X(k)Y^*(k) \tag{3.36}$$

证明：令 $f(n) = x(n)y^*(n)$

则

$$\begin{aligned} F(k) &= \mathrm{DFT}[f(n)] = \sum_{n=0}^{N-1} x(n)y^*(n)W_N^{kn} \\ &= \sum_{n=0}^{N-1} \frac{1}{N}\sum_{l=0}^{N-1} X(l)W_N^{-nl} y^*(n)W_N^{kn} = \frac{1}{N}\sum_{l=0}^{N-1} X(l)\sum_{n=0}^{N-1} y^*(n)W_N^{(k-l)n} \\ &= \frac{1}{N}\sum_{l=0}^{N-1} X(l)\left[\sum_{n=0}^{N-1} y(n)W_N^{(l-k)n}\right]^* \\ &= \frac{1}{N}\sum_{l=0}^{N-1} X(l)Y^*(l-k) \end{aligned}$$

当 $k=0$ 时，$F(0) = \sum_{n=0}^{N-1} x(n)y^*(n) = \frac{1}{N}\sum_{l=0}^{N-1} X(l)Y^*(l)$，式（3.36）得证。

当 $x(n) = y(n)$ 时，

$$\sum_{n=0}^{N-1} x^2(n) = \frac{1}{N}\sum_{l=0}^{N-1} X^2(l) \tag{3.37}$$

3.3 频域采样理论

时域采样理论告诉我们，在一定条件下，可以通过时域离散采样信号恢复时间连续信号。那么怎样实现序列傅里叶变换 $X(\mathrm{e}^{\mathrm{j}\omega})$ 的采样，又如何通过频域离散采样值恢复连续频谱信号？条件是什么？内插公式的形式又是什么？本节从序列的 Z 变换、傅里叶变换和离散傅里叶变换关系入手，就上述问题进行讨论。

3.3.1 频域采样

频域采样定理 1

N 点长序列 $x(n)(0 \leqslant n \leqslant N-1)$ 的 Z 变换、傅里叶变换和离散傅里叶变换分别为

$$X(z)=\sum_{n=0}^{N-1}x(n)z^{-n}$$

$$X(\mathrm{e}^{\mathrm{j}\omega})=\sum_{n=0}^{N-1}x(n)\mathrm{e}^{-\mathrm{j}\omega n}$$

$$X(k)=\sum_{n=0}^{N-1}x(n)W_N^{kn}, \quad 0\leqslant k\leqslant N-1$$

比较以上三式有：

$$X(\mathrm{e}^{\mathrm{j}\omega})=X(z)\big|_{z=\mathrm{e}^{\mathrm{j}\omega}} \tag{3.38a}$$

$$X(k)=X(\mathrm{e}^{\mathrm{j}\omega})\Big|_{\omega=\frac{2\pi}{N}k}, \quad 0\leqslant k\leqslant N-1 \tag{3.38b}$$

$$X(k)=X(z)\Big|_{z=\mathrm{e}^{\mathrm{j}\frac{2\pi}{N}k}}, \quad 0\leqslant k\leqslant N-1 \tag{3.38c}$$

式（3.38a）表明N点长序列$x(n)$的傅里叶变换是该序列Z变换在单位圆上的取值。式（3.38b）说明序列$x(n)$的离散傅里叶变换$X(k)$是该序列傅里叶变换$X(\mathrm{e}^{\mathrm{j}\omega})$在$[0,2\pi)$区间上等间隔离散采样值。式（3.38c）说明序列$x(n)$的离散傅里叶变换$X(k)$是该序列$z$变换在单位圆上的$N$点等间隔采样值，$W_N^{-k}$是单位圆上幅角为$\omega=2\pi k/N$的点，也即$z$平面单位圆$N$等分后的第$k$点，如图3.9所示。

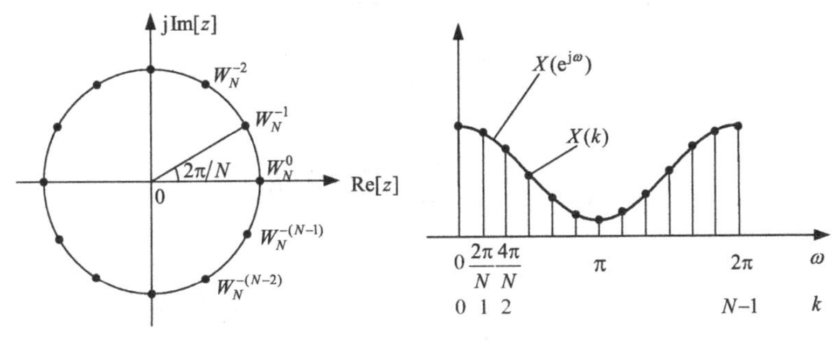

图 3.9　频域采样

例 2.1、例 3.2 和例 3.3 分别计算了$x(n)=R_5(n)$的傅里叶变换$X(\mathrm{e}^{\mathrm{j}\omega})$、5 点离散傅里叶变换$X_5(k)$和 10 点离散傅里叶变换$X_{10}(k)$，它们之间的关系如图3.10(b)、(c)所示，图中虚线表示$X(\mathrm{e}^{\mathrm{j}\omega})$的幅频特性曲线。可以看到$X_5(k)$是$X(\mathrm{e}^{\mathrm{j}\omega})$在$[0,2\pi)$区间的 5 点离散采样值，采样频率间隔为$2\pi/5$；$X_{10}(k)$是$X(\mathrm{e}^{\mathrm{j}\omega})$在$[0,2\pi)$区间的 10 点离散采样值，采样频率间隔为$2\pi/10$。显而易见，DFT 的变换长度$N$不同，对$X(\mathrm{e}^{\mathrm{j}\omega})$在$[0,2\pi)$区间上的采样间隔和采样点数不同，因而 DFT 的结果不同。随着N的增大，采样序列变得密集，这时$X(k)$能更细致地反映$X(\mathrm{e}^{\mathrm{j}\omega})$的特性。

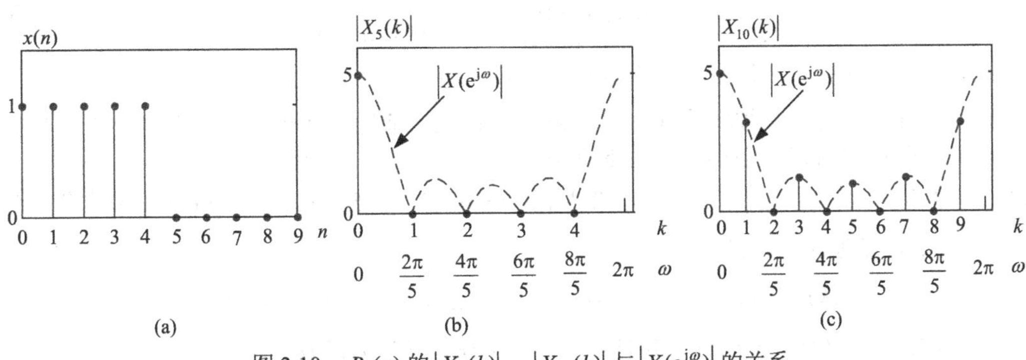

图 3.10　$R_5(n)$的$|X_5(k)|$、$|X_{10}(k)|$与$|X(\mathrm{e}^{\mathrm{j}\omega})|$的关系

因此，有限长序列的离散傅里叶变换与其 Z 变换 $X(z)$、傅里叶变换 $X(e^{j\omega})$ 之间是频域采样关系。

3.3.2 频域采样定理

DFT 理论实现了频域的离散化，开辟了用数字技术在频域对信号处理的新途径。究竟采样点数 N 的最少取值为多少，$X(k)$ 才是频域不失真的表示？

设任意序列 $x(n)$ 的 z 变换为

$$X(z)=\sum_{n=-\infty}^{\infty}x(n)z^{-n}$$

在 z 平面单位圆上等间隔采样 N 点，得到 N 点 DFT 的值：

$$X_N(k)=X(z)\Big|_{z=e^{j\frac{2\pi}{N}k}}=\sum_{n=-\infty}^{\infty}x(n)e^{-j\frac{2\pi}{N}k},\quad k=0,1,\cdots,N-1$$

N 点 $X_N(k)$ 的离散傅里叶反变换表示为

$$x_N(n)=\text{IDFT}[X_N(k)],\ n=0,1,\cdots,N-1$$

下面讨论 $x_N(n)$ 与原序列 $x(n)$ 的关系。

$$\begin{aligned}x_N(n)=\text{IDFT}[X_N(k)]&=\frac{1}{N}\sum_{k=0}^{N-1}X_N(k)W_N^{-kn}R_N(n)\\&=\frac{1}{N}\sum_{k=0}^{N-1}\left[\sum_{m=-\infty}^{\infty}x(m)z^{-m}\Big|_{z=W_N^{-k}}\right]\cdot W_N^{-kn}R_N(n)\\&=\sum_{m=-\infty}^{\infty}x(m)\left[\frac{1}{N}\sum_{k=0}^{N-1}W_N^{(m-n)k}\right]R_N(n)\end{aligned}$$

因为

$$\frac{1}{N}\sum_{k=0}^{N-1}W_N^{(m-n)k}=\begin{cases}1, & m=n+rN,r\text{为任意整数}\\0, & \text{其他}\end{cases}$$

得到 $x_N(n)$ 与 $x(n)$ 的关系：

$$x_N(n)=\sum_{r=-\infty}^{\infty}x(n+rN)R_N(n)\tag{3.39}$$

由上式看出，$x_N(n)$ 是 $x(n)$ 以 N 为周期进行延拓后的主值序列，即频域采样造成了时域的周期延拓，延拓周期为频域采样点数 N。因此有：

频域采样定理 设 $x(n)$ 是长度为 M 的有限长序列，频域采样点数为 N，当 $N\geqslant M$ 时，

$$x_N(n)=\text{IDFT}[X(k)]=\begin{cases}x(n), & 0\leqslant n\leqslant M-1\\0, & M\leqslant n\leqslant N-1\end{cases}\tag{3.40}$$

可由频域采样序列恢复原序列 $x(n)$，否则在时域产生混淆。

因此，有限长序列可在频域采样，只要采样点数大于或等于序列长度，即为不失真采样。无限长序列 $x(n)$ 在频域内采样必然会产生混叠失真。

【例 3.7】 对 6 点长序列 $\{x(n)\}=\{0,1,2,3,4,5;n=0,1,2,3,4,5\}$ 的 Z 变换 $X(z)$ 在单位圆上分别进行 4 点、6 点、8 点等间隔采样，得到：

$$X_4(k)=X(z)\Big|_{z=W_4^{-k}},\quad X_6(k)=X(z)\Big|_{z=W_6^{-k}},\quad X_8(k)=X(z)\Big|_{z=W_8^{-k}}$$

计算 $x_4(n)=\text{IDFT}[X_4(k)]$，$x_6(n)=\text{IDFT}[X_6(k)]$，$x_8(n)=\text{IDFT}[X_8(k)]$。

解：由式（3.39），得：

$$x_4(n)=[\cdots+x(n+4)+x(n)+x(n-4)+\cdots]R_4(n)=\{4,6,2,3;n=0,1,2,3\}$$
$$x_6(n)=[\cdots+x(n+6)+x(n)+x(n-6)+\cdots]R_6(n)=\{0,1,2,3,4,5;n=0,1,2,3,4,5\}$$
$$x_8(n)=[\cdots+x(n+8)+x(n)+x(n-8)+\cdots]R_8(n)=\{0,1,2,3,4,5,0,0;n=0,1,2,3,4,5,6,7\}$$

3.3.3 频域恢复

频域采样定理 2

满足频域采样定理时，对 $X(k)$ 进行 N 点 IDFT 即得到原序列 $x(n)$，那么由采样值 $X(k)$ 必可恢复连续函数 $X(z)$ 和 $X(\mathrm{e}^{\mathrm{j}\omega})$。下面推导由 $X(k)$ 表示 $X(z)$ 和 $X(\mathrm{e}^{\mathrm{j}\omega})$ 的内插公式。

当 $x(n)$ 为 N 点长序列，频域采样点数为 N 时，满足采样定理最低采样点数要求。

$$X(z)=\sum_{n=0}^{N-1}x(n)z^{-n}$$

$$X(k)=X(z)\Big|_{z=\mathrm{e}^{\mathrm{j}\frac{2\pi}{N}k}},\quad k=0,1,2,\cdots,N-1$$

$$x(n)=\mathrm{IDFT}[X(k)]=\frac{1}{N}\sum_{k=0}^{N-1}X(k)W_N^{-kn}$$

将上式代入 $X(z)$ 的表达式中，得：

$$X(z)=\sum_{n=0}^{N-1}\left[\frac{1}{N}\sum_{k=0}^{N-1}X(k)\cdot W_N^{-kn}\right]\cdot z^{-n}=\frac{1}{N}\sum_{k=0}^{N-1}X(k)\sum_{n=0}^{N-1}W_N^{-kn}\cdot z^{-n}=\frac{1}{N}\sum_{k=0}^{N-1}X(k)\frac{1-W_N^{-kN}\cdot z^{-N}}{1-W_N^{-k}\cdot z^{-1}}$$

因为 $W_N^{-kN}=1$，有：

$$X(z)=\frac{1}{N}\sum_{k=0}^{N-1}X(k)\frac{1-(W_N^{-k}z^{-1})^N}{1-W_N^{-k}\cdot z^{-1}}\tag{3.41}$$

式（3.41）称为频域内插公式，简写为

$$X(z)=\sum_{k=0}^{N-1}X(k)\cdot\phi_k(z)\tag{3.42}$$

式中，

$$\phi_k(z)=\frac{1}{N}\cdot\frac{1-(W_N^{-k}z^{-1})^N}{1-W_N^{-k}\cdot z^{-1}}\tag{3.43}$$

称为频域内插函数。由上式易得，$z=0$ 是 $\phi_k(z)$ 的 $N-1$ 阶极点。令上式分子为零，得到均匀分布在单位圆上的 N 个零点：

$$z_m=W_N^{-m},\quad m=0,1,\cdots,k,\cdots,N-1$$

令分母为零，得到 $\phi_k(z)$ 的一阶极点 $z=W_N^{-k}$，它与第 k 个零点重合，因此只有 $N-1$ 个零点（即采样点），称 $z=W_N^{-k}$ 为本采样点。因而内插函数 $\phi_k(z)$ 只在本采样点 $m=k$ 处不为零，在其他 $N-1$ 个采样点 m 上（$m=0,1,\cdots,N-1,$ 但 $m\neq k$ 处）都是零。

$\phi_0(z)=\dfrac{1}{N}\cdot\dfrac{1-z^{-N}}{1-z^{-1}}=\mathrm{ZT}[\dfrac{1}{N}R_N(n)]$，$N-1$ 个零点 $z_m=W_N^{-m},m=1,2,\cdots,N-1$，在 $z=1$ 处零点与极点重合。$\phi_1(z)=\dfrac{1}{N}\cdot\dfrac{1-(W_N^{-1}z^{-1})^N}{1-W_N^{-1}\cdot z^{-1}}=\phi_0(W_Nz)$，$N-1$ 个零点 $z_m=W_N^{-m},m=0,2,3,\cdots,N-1$，在 $z=W_N^{-1}$ 处零点与极点重合。图 3.11 所示分别为 $N=8$ 时 $\phi_0(z)$ 和 $\phi_1(z)$ 的零极点分布图。

当$z=W_N^{-m}, 0\leqslant m\leqslant N-1$时，$\phi_k(z)=\begin{cases}0, k\neq m\\1, k=m\end{cases}$，由式（3.42）易得

$$X(z)=X(k),\ 0\leqslant k\leqslant N-1$$

即在每个采样点处，恢复信号等于采样信号。

当$z\neq W_N^{-m}, 0\leqslant m\leqslant N-1$时，$\phi_k(z)\neq 0$，$X(z)$由$N$个$X(k)$按式（3.42）插值构成。

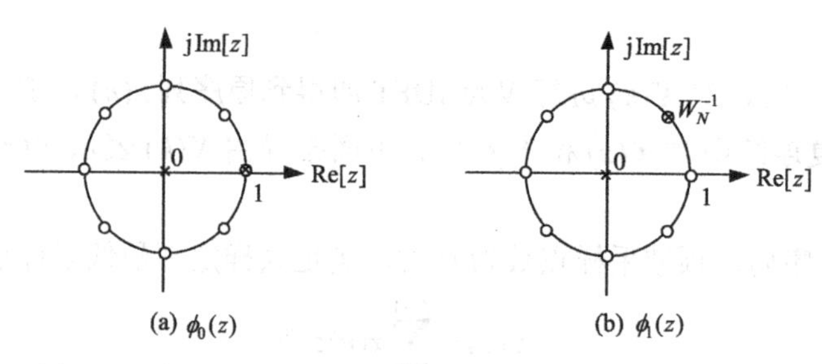

图 3.11　内插函数$\phi_0(z)$和$\phi_1(z)$的零极点分布图（$N=8$）

对于傅里叶变换$X(\mathrm{e}^{\mathrm{j}\omega})$，内插公式为

$$X(\mathrm{e}^{\mathrm{j}\omega})=\sum_{k=0}^{N-1}X(k)\cdot\phi_k(\omega) \tag{3.44}$$

$$\phi_k(\omega)=\frac{1}{N}\cdot\frac{1-\mathrm{e}^{-\mathrm{j}\left(\omega-\frac{2\pi k}{N}\right)N}}{1-\mathrm{e}^{-\mathrm{j}\left(\omega-\frac{2\pi k}{N}\right)}}$$

$N=8$时，内插函数$\phi_0(\omega)=\dfrac{1}{N}\dfrac{1-\mathrm{e}^{-\mathrm{j}\omega N}}{1-\mathrm{e}^{-\mathrm{j}\omega}}$的幅频特性与相频特性如图 3.12(a)所示；内插函数$\phi_1(\omega)=\dfrac{1}{N}\dfrac{1-\mathrm{e}^{-\mathrm{j}\left(\omega-\frac{2\pi}{N}\right)N}}{1-\mathrm{e}^{-\mathrm{j}\left(\omega-\frac{2\pi}{N}\right)}}$的幅频特性与相频特性如图 3.12(b)所示。

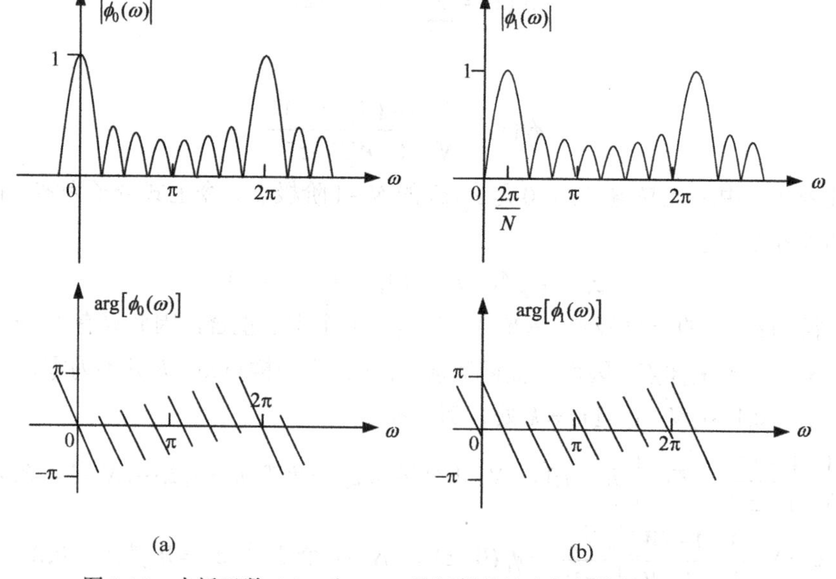

图 3.12　内插函数$\phi_0(\omega)$和$\phi_1(\omega)$的幅频特性和相频特性（$N=8$）

当 $\omega=\frac{2\pi}{N}m, 0\leqslant m\leqslant N-1$ 时，$\phi_k(\omega)=\begin{cases}0, k\neq m\\ 1, k=m\end{cases}$，$X(\mathrm{e}^{\mathrm{j}\omega})=X(k)$，$0\leqslant k\leqslant N-1$

当 $\omega\neq\frac{2\pi}{N}m$,（$0\leqslant m\leqslant N-1$ 时，$\phi_k(\omega)\neq 0(0\leqslant m\leqslant N-1)$，所有 $X(k)$ 对 $X(\mathrm{e}^{\mathrm{j}\omega})$ 在 ω 处的值均有贡献。$X(\mathrm{e}^{\mathrm{j}\omega})$ 由 N 个 $X(k)$ 按式 $X(\mathrm{e}^{\mathrm{j}\omega})=\sum\limits_{k=0}^{N-1}X(k)\cdot\phi_k(\omega)$ 插值而成。

3.4　离散傅里叶变换应用举例

离散傅里叶变换有许多重要应用，可以用于线性卷积计算、频谱分析、正交频分复用调制等，下面分别进行讨论。

快速卷积

3.4.1　计算序列线性卷积

如果

$$y(n)=x_1(n)\,Ⓛ\,x_2(n),\qquad 0\leqslant n\leqslant L-1$$
$$X_1(k)=\mathrm{DFT}[x_1(n)],\qquad 0\leqslant k\leqslant L-1$$
$$X_2(k)=\mathrm{DFT}[x_2(n)],\qquad 0\leqslant k\leqslant L-1$$

其中Ⓛ表示 L 点长序列的循环卷积，则由时域循环卷积定理有：

$$Y(k)=\mathrm{DFT}[y(n)]=X_1(k)\cdot X_2(k),\qquad 0\leqslant k\leqslant L-1$$
$$y(n)=\mathrm{IDFT}[Y(k)],\qquad 0\leqslant n\leqslant L-1$$

可见，循环卷积既可在时域直接计算，也可按照图 3.13 所示框图在频域计算，所以 DFT 可直接用来计算循环卷积。但在实际应用中，为了计算时域离散信号通过线性时不变系统的响应或对序列进行滤波，往往需要计算两个序列的线性卷积。能否借助 DFT 完成线性卷积运算？下面首先分析线性卷积与循环卷积的关系，然后讨论用 DFT 完成线性卷积的计算方法。

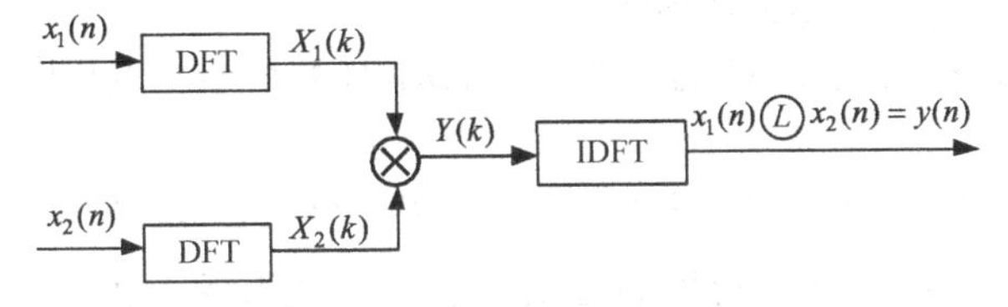

图 3.13　用 DFT 计算循环卷积

1．有限长序列线性卷积与循环卷积的关系

比较线性卷积与循环卷积运算过程可以看到，两种运算都要经过序列的反转、移位、相乘、求和四个步骤，所不同的是 L 点循环卷积对反转序列循环移位，求和范围限定在区间 $0\leqslant n\leqslant L-1$，并对计算结果取主值序列。

设 $x_1(n)$ 是长度为 N_1 的有限长序列 $0\leqslant n\leqslant N_1-1$，$x_2(n)$ 是长度为 N_2 的有限长序列 $0\leqslant n\leqslant N_2-1$，则它们的线性卷积：

$$y(n)=\sum_{m=-\infty}^{+\infty}x_1(m)x_2(n-m)=\sum_{m=0}^{N_1-1}x_1(m)x_2(n-m)\tag{3.45}$$

是长度为 $L_1=N_1+N_2-1$ 的有限长序列。

因为循环卷积要求两个序列具有相同长度，因此可将 $x_1(n)$ 和 $x_2(n)$ 均看成 L 点长的序列。这里，$L\geqslant\max\{N_1,N_2\}$

$$x_1(n)=\begin{cases}x_1(n), & 0\leqslant n\leqslant N_1-1\\0, & N_1\leqslant n\leqslant L-1\end{cases},\qquad x_2(n)=\begin{cases}x_2(n), & 0\leqslant n\leqslant N_2-1\\0, & N_2\leqslant n\leqslant L-1\end{cases}$$

即给 $x_1(n)$ 的末尾补 $L-N_1$ 个零，给 $x_2(n)$ 的末尾补 $L-N_2$ 个零，则它们的循环卷积：

$$\begin{aligned}y_{\mathrm{c}}(n)&=\sum_{m=0}^{L-1}x_1(m)x_2((n-m))_L\cdot R_L(n)=\sum_{m=0}^{L-1}x_1(m)\sum_{r=-\infty}^{\infty}x_2(n+rL-m)\cdot R_L(n)\\&=\sum_{r=-\infty}^{\infty}\sum_{m=0}^{L-1}x_1(m)x_2(n+rL-m)\cdot R_L(n)=\sum_{r=-\infty}^{\infty}\sum_{m=0}^{N_1-1}x_1(m)x_2(n+rL-m)\cdot R_L(n)\end{aligned}\tag{3.46}$$

对照 $y(n)$ 表达式与式（3.46）得到线性卷积和循环卷积的关系为

$$y_{\mathrm{c}}(n)=\sum_{r=-\infty}^{\infty}y(n+rL)R_L(n)=y((n))_L R_L(n)\tag{3.47}$$

所以 L 点循环卷积 $y_{\mathrm{c}}(n)$ 是线性卷积 $y(n)$ 以 L 为周期进行延拓的主值序列。

根据序列周期延拓的结论，为了使 $y(n)$ 延拓时各周期互不重叠，延拓周期 L 必须满足 $L\geqslant L_1$，这时

$$y_{\mathrm{c}}(n)=y(n)\tag{3.48}$$

即，要使循环卷积等于线性卷积而不产生混叠失真的充要条件是：

$$L\geqslant N_1+N_2-1\tag{3.49}$$

如果 $\frac{L_1}{2}<L<L_1$，则

$$y_{\mathrm{c}}(n)\begin{cases}\neq y(n), & 0\leqslant n\leqslant L_1-L-1\\=y(n), & L_1-L\leqslant n\leqslant L-1\end{cases}\tag{3.50}$$

即在 0 到 L_1-L-1 的范围内的 L_1-L 个点将产生混叠失真，而在 L_1-L 到 $L-1$ 范围内，循环卷积仍与线性卷积保持一致。上述结论在实际中用循环卷积实现线性卷积是非常有用的。

【例 3.8】 $x_1(n)=R_4(n)$，$x_2(n)=R_6(n)$，如图 3.14(a)、(b)所示，画出两序列线性卷积、6 点、7 点、8 点、9 点和 10 点的循环卷积结果图，并比较。

解： $N_1=4,N_2=6$，$x_1(n)$ 与 $x_2(n)$ 的线性卷积 $y(n)$ 为 4+6−1=9 点长序列，由式（3.45）计算出的 $y(n)$ 如图 3.14(c)所示。

对 $y(n)$ 分别以 $L=6,7,8,9,10$ 为周期进行周期延拓，得到 6 点、7 点、8 点、9 点和 10 点的循环卷积如图 3.14(d)~(h)所示。循环卷积的结果与卷积点数有关，由于 L=6、7、8 时，不满足 $L\geqslant N_1+N_2-1$，因此 6 点、7 点、8 点循环卷积与线性卷积结果不同，L=9、10 时，满足循环卷积和线性卷积的等价条件 $L\geqslant N_1+N_2-1$，所以，9 点和 10 点的循环卷积与线性卷积结果相同。

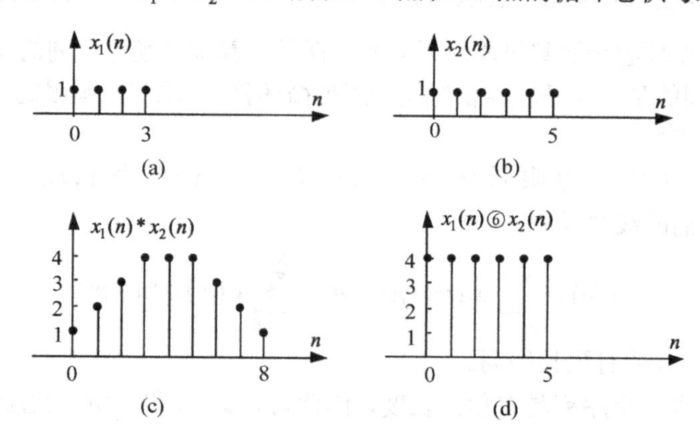

图 3.14　有限长序列线性卷积和循环卷积

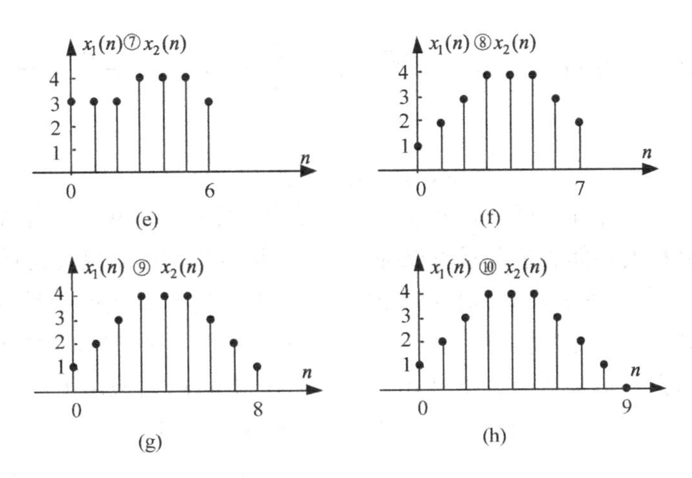

图 3.14　有限长序列线性卷积和循环卷积（续）

2．用 DFT 计算线性卷积的步骤

根据以上讨论结果，可以用计算循环卷积的方法计算线性卷积。例如，一线性时不变系统单位取样响应 $h(n)(0 \leqslant n \leqslant M-1)$，输入为 $x(n)(0 \leqslant n \leqslant N-1)$，用 DFT 计算输出 $y(n)$ 的步骤如下。

步骤 1　对 $h(n)$ 和 $x(n)$ 补零增长至 L 点，即

$$h(n)=\begin{cases} h(n), & 0 \leqslant n \leqslant M-1 \\ 0, & M \leqslant n \leqslant L-1 \end{cases}, \quad x(n)=\begin{cases} x(n), & 0 \leqslant n \leqslant N-1 \\ 0, & N \leqslant n \leqslant L-1 \end{cases}$$

其中 L 不小于 $x(n) * h(n)$ 的长度，即 $L \geqslant N+M-1$。

步骤 2　计算 $X(k)=\mathrm{DFT}[x(n)]$，$0 \leqslant k \leqslant L-1$。

步骤 3　计算 $H(k)=\mathrm{DFT}[h(n)]$，$0 \leqslant k \leqslant L-1$。

步骤 4　计算 $Y(k)=H(k) \cdot X(k)$，$0 \leqslant k \leqslant L-1$。

步骤 5　计算 $y(n)=\mathrm{IDFT}[Y(k)]$，$0 \leqslant n \leqslant L-1$。

由于计算 DFT 有其快速算法（见 3.5 节快速傅里叶变换），因此通过计算循环卷积来计算线性卷积要比直接计算线性卷积快得多，尤其当 M、N 较大时，效果更好。利用 FFT 计算线性卷积的方法称为快速卷积（Fast convolution）。

实际上，经常遇到两个序列长度相差很大的情况，例如 $N >> M$，如果选取 $L=N+M-1$，以 L 为运算区间，用上述快速卷积法计算线性卷积，要等 $x(n)$ 全部输入后才能进行计算，并对短序列 $h(n)$ 补很多零点，这样计算机的存储容量过大，等待输入的时间过长，难以实现实时处理。为了解决这一问题，采用分段卷积，将 $x(n)$ 分成较小的段，每一段与 $h(n)$ 做卷积，再按一定的规则将每段的卷积结果合并起来，即可得到完整的输出 $y(n)$。有两种分段卷积的方法，一是重叠相加法（Overlap-Add Method），二是重叠保留法（Overlap-Save Method）。

3．线性卷积的重叠相加法

设序列 $h(n)$ 长度为 M，$x(n)$ 为无限长序列。将 $x(n)$ 均匀分段，每段长度取 N 点，则

$$x(n)=\sum_{r=0}^{\infty} x_r(n) \tag{3.51}$$

式中，

$$x_r(n)=x(n) \cdot R_N(n-rN) \tag{3.52}$$

于是输出

$$y(n)=h(n)*x(n)=h(n)*\sum_{r=0}^{\infty}x_r(n)=\sum_{r=0}^{\infty}h(n)*x_r(n)=\sum_{r=0}^{\infty}y_r(n) \tag{3.53}$$

式中，

$$y_r(n)=h(n)*x_r(n) \tag{3.54}$$

式（3.53）表明，只要将 $x(n)$ 的每一段分别与 $h(n)$ 卷积，然后将卷积结果相加，便可得到输出序列 $y(n)$。这样对计算机的存储容量要求可以降低，而且运算量和延时也大大减小。但是必须注意，每段卷积结果 $y_r(n)$ 的长度为 $L=N+M-1$，大于 $x_r(n)$ 的长度 N 及 $h(n)$ 的长度 M。因此相邻两段 $y_r(n)$ 序列，必有 $(M-1)$ 个点重叠，把这些重叠部分相加后再连接起来，才能构成输出序列 $y(n)$。

一个重叠相加法例题示意如图 3.15 所示。注意，在求 $y_r(n)$ 时应用了：

$$Y_r(k)=X_r(k)H(k),\quad 0\leqslant k\leqslant L-1$$

$$y_r(n)=\mathrm{IDFT}[Y_r(k)],\quad 0\leqslant n\leqslant L-1$$

即对 $x_r(n)$，$h(n)$ 均作 L 点 DFT，然后对其乘积进行 L 点 IDFT。

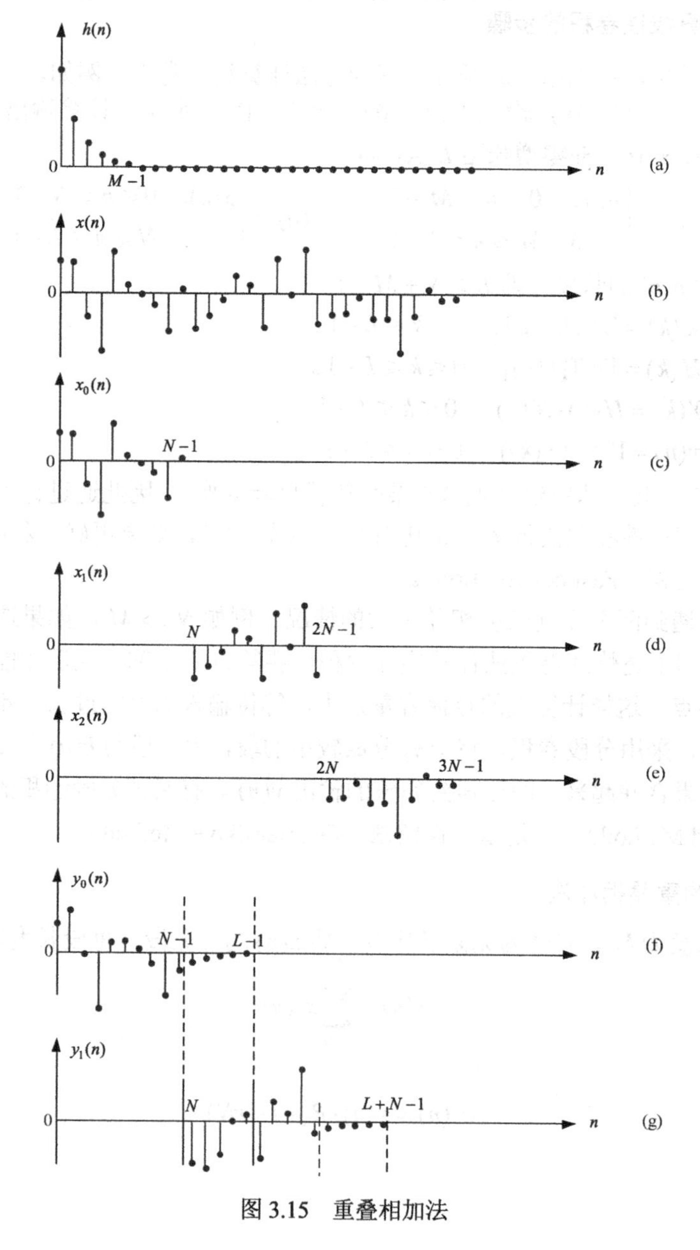

图 3.15　重叠相加法

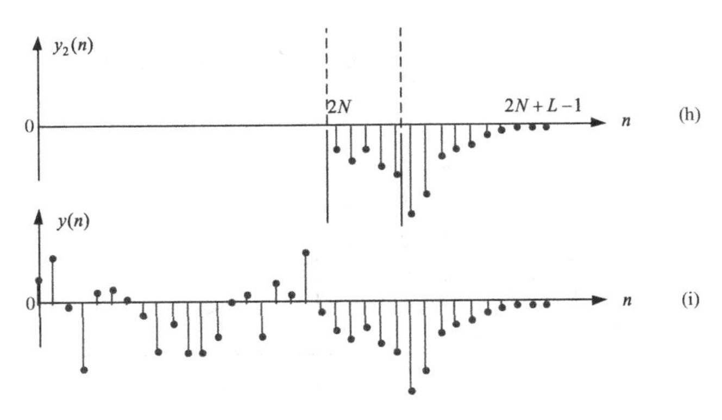

图 3.15　重叠相加法（续）

4. 线性卷积的重叠保留法

用 DFT 进行线性卷积的第二种方法是重叠保留法。该方法的基本思想是去掉循环卷积与线性卷积不相等点的序列取样值，将循环卷积与线性卷积相等的部分顺次连接起来。$h(n)$ 长为 M，$x(n)$ 分段时，相邻两段有 $M-1$ 个点重叠，即每一段开始的 $M-1$ 个点的序列取样值是前一段最后 $M-1$ 个点的序列取样值。每段序列的长度选为循环卷积的长度 L，则

$$x_i(n)=\begin{cases}x(n+iN-M+1), & 0\leqslant n\leqslant L-1\\ 0, & 其他\end{cases} \tag{3.55}$$

其中，$N=L-M+1$ 是每段比前一段新增点数。分段示意如图 3.16 所示。

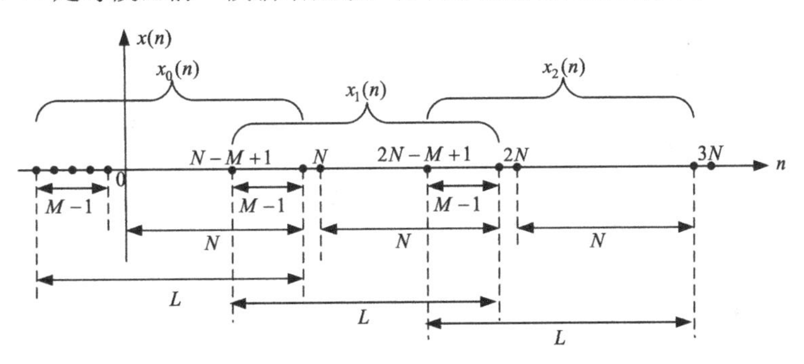

图 3.16　重叠保留法分段示意图

为便于计算，将每段坐标原点移到每段起点。利用 L 点的 DFT 算法，分别计算：

$$y_{ci}(n)=x_i(n) Ⓛ h(n)=\sum_{m=0}^{L-1}x_i(m)h((n-m))_L R_L(n) \tag{3.56}$$

$$y_i(n)=x_i(n)*h(n) \tag{3.57}$$

$$y_{ci}(n)=\sum_{r=-\infty}^{\infty}y_i(n+rL)\cdot R_L(n) \tag{3.58}$$

$y_i(n)$ 长度为 $M+L-1$，$y_{ci}(n)$ 是 $y_i(n)$ 以 L 为周期延拓后的主值序列，在 $M-1\sim L-1$ 范围内无混叠，其关系如图 3.17 所示，表示为

$$y_{ci}(n)\begin{cases}=y_i(n), & M-1\leqslant n\leqslant L-1\\ \neq y_i(n), & 其他\end{cases} \tag{3.59}$$

取

$$y_i(n)=\begin{cases}y_{ci}(n), & M-1\leqslant n\leqslant L-1\\ 0, & \text{其他}\end{cases} \tag{3.60}$$

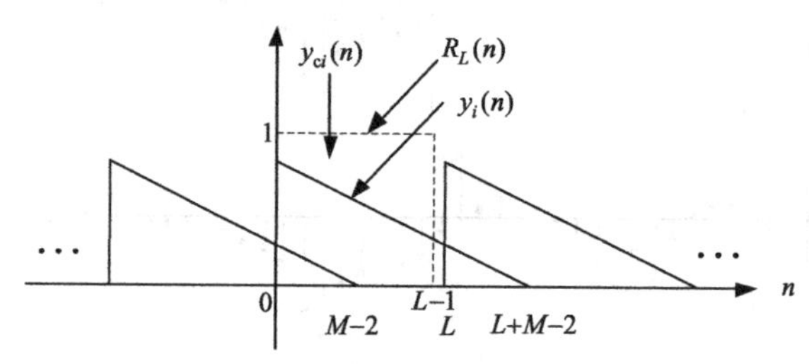

图 3.17 第 i 段信号 $y_{ci}(n)$ 和 $y_i(n)$ 的关系

将各段 $y_i(n)$ 顺次连接起来，就构成了最后的输出序列：

$$y(n)=\sum_{i=0}^{\infty}y_i(n-iN+M-1) \tag{3.61}$$

图 3.18 所示为重叠保留法计算过程示意图。

重叠保留法与重叠相加法相比，二者的运算量相当，不同的是重叠保留法可以省去最后一步相加运算。

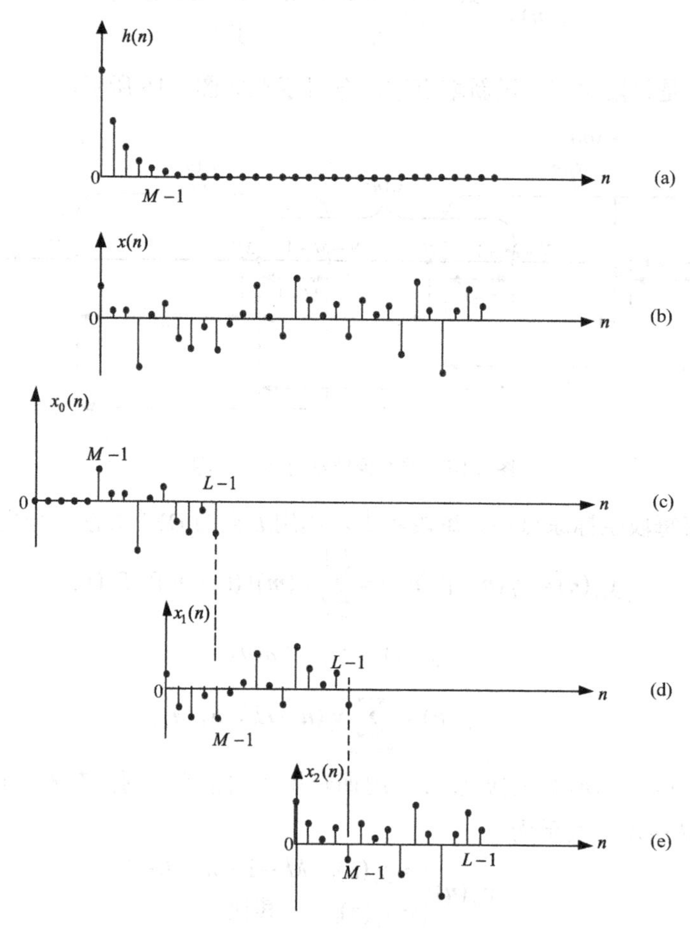

图 3.18 重叠保留法

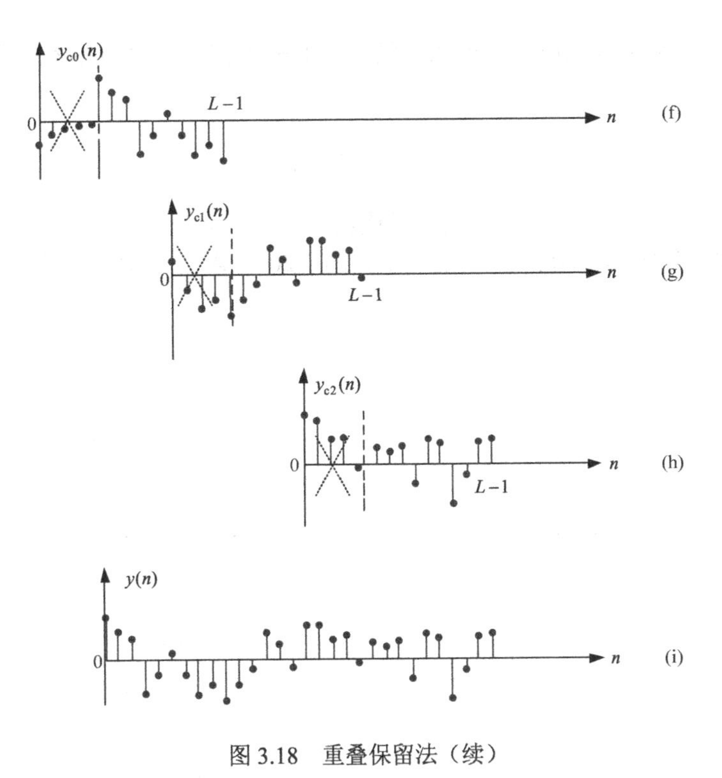

图 3.18 重叠保留法（续）

DFT 做频谱分析 1

3.4.2 信号频谱分析

DFT 的主要应用之一就是连续信号的傅里叶分析。为了防止时域采样后产生频谱混叠失真，首先使 $x(t)$ 通过抗混叠低通滤波器进行限带处理，得到带限信号 $x_a(t)$，然后经 A/D 变换器对 $x_a(t)$ 进行采样保持、量化编码得到数字信号 $x(n)$，再对 $x(n)$ 进行 DFT 得到 $X(k)$，就实现了时域连续信号的频谱分析，如图 3.19 所示。

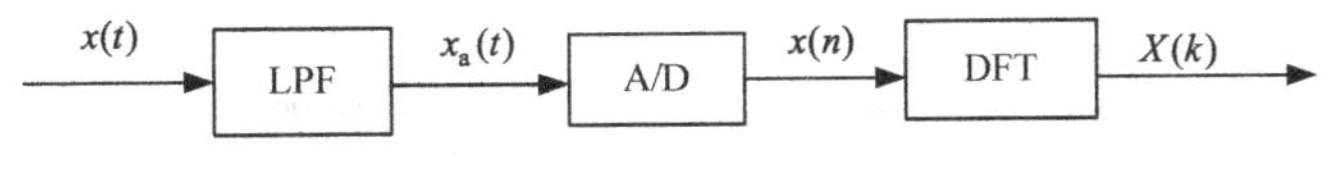

图 3.19 用 DFT 对时域连续信号的频谱分析

1. 频谱分析原理

设连续时间信号 $x_a(t)$ 的持续时间为 T_c，最高频率为 f_m，其傅里叶变换为

$$X_a(jf) = X_a(j\Omega)\big|_{\Omega=2\pi f} \tag{3.62}$$

注意：严格地讲，持续时间有限的带限信号是不存在的，但从工程实际角度讲，滤除幅度很小的高频成分和截去幅度很小的时间拖延信号是允许的。

若对 $x_a(t)$ 以 $T_s \leqslant 1/(2f_m)$ 间隔采样（采样频率为 $f_s = 1/T_s$），得到 N 点长序列 $x(n)$，那么 $NT_s = T_c$。

式（2.7）给出的采样信号与对应序列的傅里叶变换为

$$X_s(j\Omega) = X(e^{j\omega})\big|_{\omega=\Omega T_s} = X(e^{j\Omega T_s})$$

将 $\Omega = 2\pi f$ 代入上式得：

$$X_s(jf) = X(e^{j\omega})\big|_{\omega=2\pi f T_s} \tag{3.63}$$

因为 $X(k)$ 是 $X(e^{j\omega})$ 在区间 $[0,2\pi)$ 内以 $2\pi/N$ 为间隔的采样，也即为 $X_s(jf)$ 在区间 $[0,f_s)$ 以 f_s/N 为

间隔的采样，f_s/N 反映了我们所能得到的对频率 f 的辨析精度，称为频率分辨率，用符号 F 表示，则

$$F = \frac{f_s}{N} = \frac{1}{NT_s} \tag{3.64}$$

显然，F 值越小，即频率分辨率越高，对连续时间信号的分析越精确、细致。这意味着在一定的 f_s 下，提高频率分辨率应增加 DFT 的点数。图 3.20 示意了用 DFT 对连续时间信号频谱分析原理。

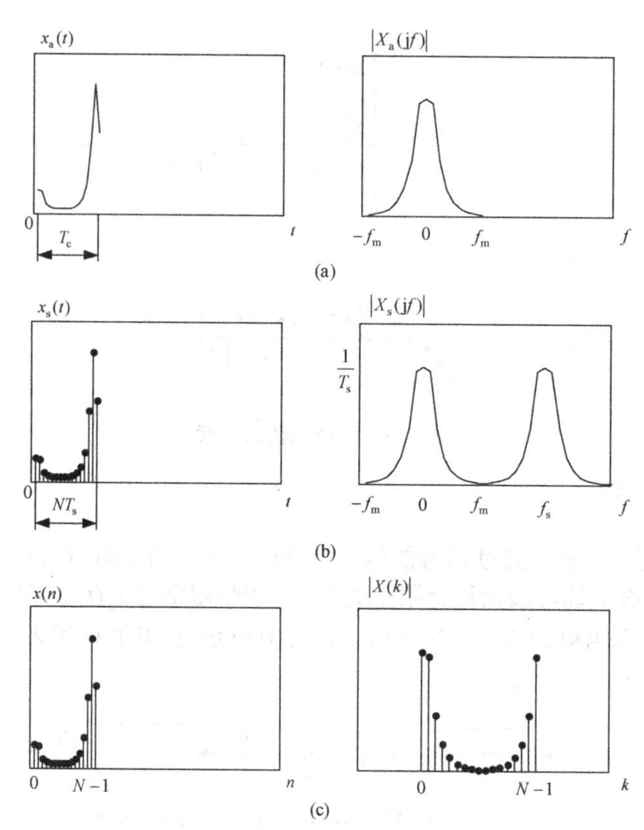

图 3.20　用 DFT 对连续时间信号频谱分析原理

图 3.21(a)为某航模机飞行声音信号及频谱。航模机声信号主要由发动机转动产生，由频谱图可看出明显的基音及其倍频谐波特征。图 3.21(b)为声音信号“他”字的起始时间段信号及其频谱，含清音/t/和浊音/a/的频谱成分。

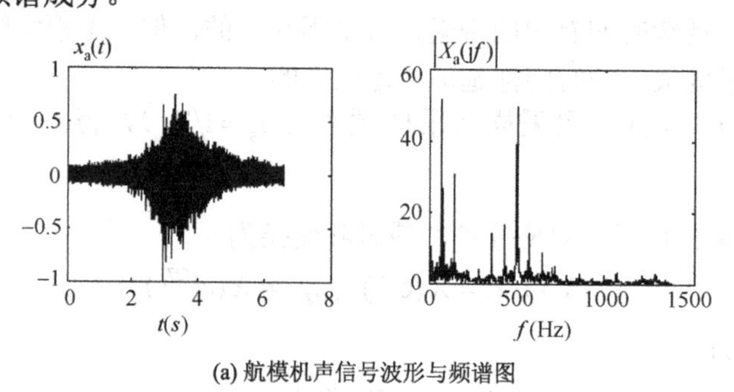

(a) 航模机声信号波形与频谱图

图 3.21　航模机和声音信号“他”的频谱图

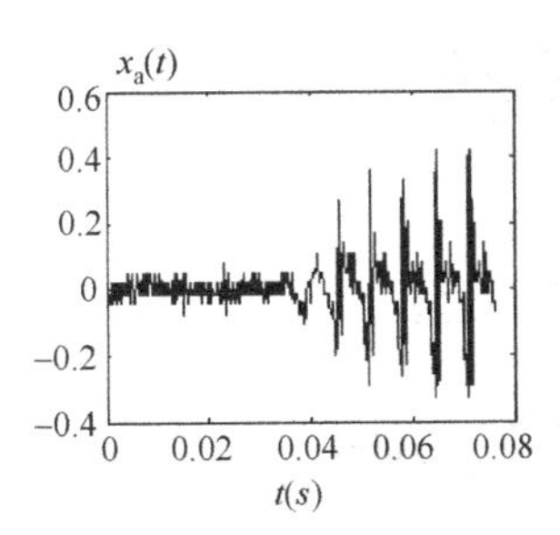

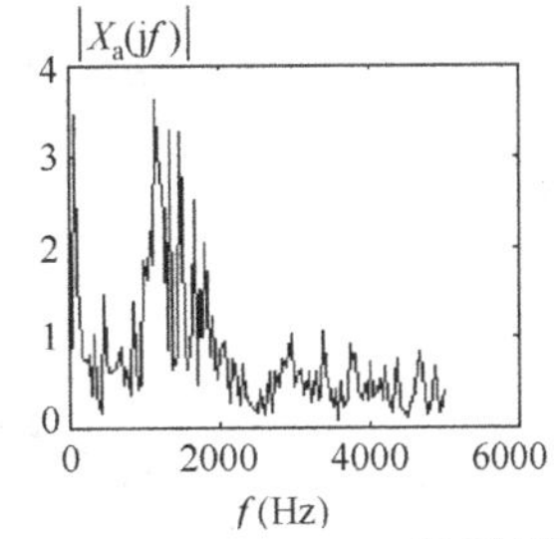

(b) 语音“他”的起始段信号及其频谱

图 3.21　航模机和语音“他”的频谱图（续）

DFT 做频谱分析 2　DFT 做频谱分析 3

2. 误差问题

实际应用中，用 DFT 对时域连续信号进行分析，可能遇到的主要问题有：混叠失真，栅栏效应，泄露效应及 DFT 参数的选择。

（1）混叠失真

在进行频谱分析过程中，A/D 变换前利用模拟低通滤波器进行抗混叠预滤波，使 $x_a(t)$ 频谱中最高频率分量不超过 f_m。假设 A/D 变换器中采样频率为 f_s，按照奈奎斯特采样定理，为了不产生混叠，必须满足：

$$f_s \geqslant 2f_m$$
$$T_s = 1/f_s \leqslant \frac{1}{2f_m} \tag{3.65}$$

如果不能满足这些要求，将会产生频谱混叠，称为混叠失真。

将式（3.65）代入式（3.64），可得：

$$F \geqslant 2f_m/N \tag{3.66}$$

信号的最高频率 f_m 可以称为信号的识别带宽。由式（3.66）看出，信号识别带宽与频率分辨率间有矛盾。在采样点数 N 给定情况下增加 f_m 必然使 F 增加，即分辨率下降。相反，要提高分辨率（减少 F），当 N 一定时，必须减小识别带宽。所以在 f_m 和频率分辨率 F 两参数中保持其中一个不变，而使另一个性能提高的唯一方法是增加采样点数 N。如果 f_m 和 F 都给定，则

$$N \geqslant 2f_m/F \tag{3.67}$$

【例 3.9】 现用 DFT 频谱分析设备对最高频率为 $f_m = 2.5\text{kHz}$ 的模拟信号进行分析。若要求频率分辨率 $F \leqslant 10\text{Hz}$，请确定最小记录时间 $T_{c\min}$，最大采样间隔 $T_{\max}$，最少采样点数 $N_{\min}$。如果 f_m 不变，要求频率分辨率增加一倍，最少的采样点数和最小的记录时间是多少？

解：因为 $NT_s = T_c$，由式（3.64）得：

$$T_c = \frac{1}{F} \geqslant \frac{1}{10} = 0.1\text{s}$$

所以

$$T_{c\min} = 0.1\text{s}$$

因为

$$f_s \geqslant 2f_m$$

所以

$$T_{\max} = \frac{1}{2f_m} = \frac{1}{2\times 2500} = 0.2\times 10^{-3}\text{s}$$

由式（3.67）得：

$$N_{\min}=\frac{2f_{\mathrm{m}}}{F}=\frac{2\times 2500}{10}=500$$

当频率分辨率 $F=5\text{Hz}$ 时，

$$T_{\mathrm{c\,min}}=\frac{1}{5}=0.2s$$

$$N_{\min}=\frac{2\times 2500}{5}=1000$$

（2）栅栏效应

用 DFT 计算频谱，只给出频谱的 $\omega_k=2\pi k/N$ 或 $\Omega_k=2\pi k/NT_{\mathrm{s}}$ 的频率分量，即频谱的采样值，而不可能得到连续的频谱函数。就好像通过一个“栅栏”看信号频谱，只能在离散点上看到信号频谱，这就是“栅栏效应”。即使在两个离散的谱线之间有一个特别大的频谱分量，也无法检测出来。减少“栅栏效应”的方法是在待分析时间信号数据的 $x(n)$ 末端补一些零值点，使 DFT 计算点数增加，但又不改变原有的记录数据。这样做可以在保持原来频谱形状不变的情况下，使谱线加密，频域采样点增加。图 3.22(a)为一有限长序列的频谱，图 3.22(b)、(c)、(d)分别是该序列的 16、64、128 点的 DFT，显然，当进行 DFT 的点数增大时，“栅栏效应”减少。

需要说明的是补零增加了频谱采样的点数，所以能够提高截取数据的频率分辨率。但是因为补零并没有增加信号的任何信息，因而不能提高信号的频谱分辨率。频谱分辨率与截取数据的窗长有关（参见 2.1.5 节和 2.4.2 节的分析）。

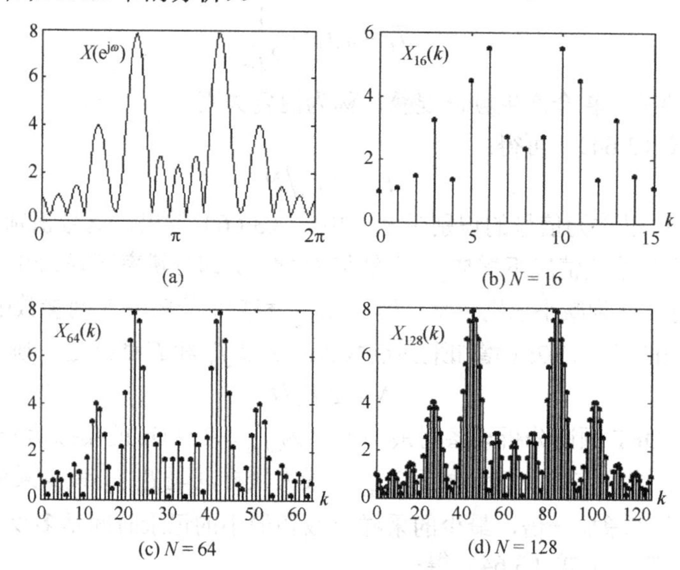

图 3.22　不同点数 DFT 的栅栏效应

（3）泄露效应

实际工作中，时域离散信号 $x(n)$ 的时宽是很长的，甚至是无限长的（例如语音或音乐信号）。由于离散傅里叶变换的需要，必须把 $x(n)$ 限制在一定的时间间隔之内，即进行数据截断。数据的截断过程相当于加窗处理，在频域表现为卷积的形式。

$$x_2(n)=x_1(n)w(n) \tag{3.68a}$$

$w(n)$ 为窗函数（如矩形窗、汉宁窗或哈明窗等），根据傅里叶变换的频域卷积定理有：

$$X_2(\mathrm{e}^{\mathrm{j}\omega})=\frac{1}{2\pi}X_1(\mathrm{e}^{\mathrm{j}\omega})*W(\mathrm{e}^{\mathrm{j}\omega}) \tag{3.68b}$$

由于 $W(\mathrm{e}^{\mathrm{j}\omega})\neq\delta(\omega)$，故截断后序列 $x_2(n)$ 的频谱 $X_2(\mathrm{e}^{\mathrm{j}\omega})$ 与原序列 $x_1(n)$ 的频谱 $X_1(\mathrm{e}^{\mathrm{j}\omega})$ 必然有

差别，称为泄露效应。例 2.6 讨论了单频和两个频率信号加窗截断的影响。图 3.23 为 $x_1(n)$ 加矩形窗前后频谱变化示意图。

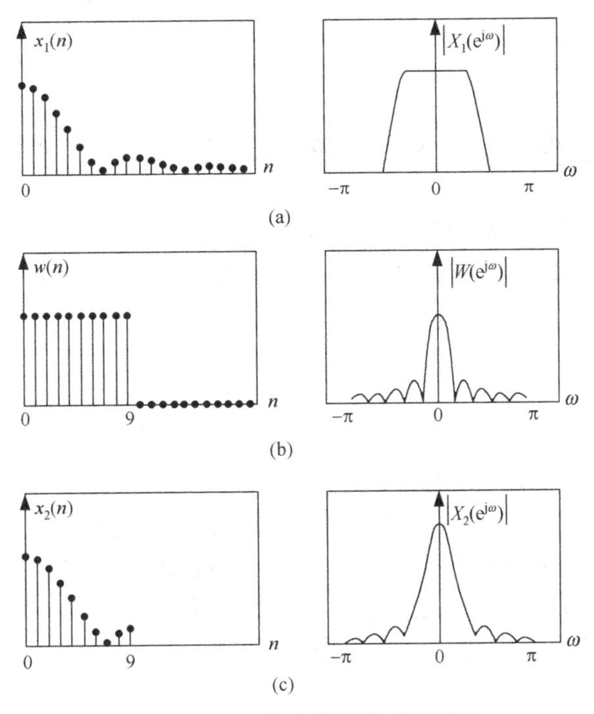

图 3.23　序列加窗截断前后的频谱

3.4.3　实现正交频分复用

正交频分复用（Orthogonal Frequency Division Multiplexing，OFDM）是使用并行的多路正交载波来传输信息的一种数字多载波调制（MCM）技术。它把高速符号流分成若干个并行的低速符号流，分别调制到多个子载波上，以并行方式进行传输。由于每个子载波上的符号周期相对增加，因此，可以减轻无线传输中由多径效应造成的符号间干扰（ISI），而且 OFDM 的各个子载波相互正交，因此可以有效地提高频谱利用率。

OFDM 在 20 世纪 60 年代被提出，应用于高频军事通信系统。由于使用模拟滤波器实现的系统复杂度较高，所以一直没有发展起来。70 年代，S.B.Weinstein 提出用离散傅里叶变换实现多载波调制，为 OFDM 的实用化奠定了理论基础。目前，该技术已经成功地应用于欧洲数字音频广播（DAB）、数字视频广播（DVB-T）、高清晰度电视 HDTV（High-definition Television）、无线局域网 WLAN（Wireless Local Area Network）以及 LTE（Long Term Evelution）蜂窝移动通信网等。1999 年 IEEE 通过了一个 5GHz 的无线局域网标准，即 IEEE802.11a，其中 OFDM 调制技术被采用并作为它的物理层标准。Wi-Fi 也是采用此规范而发展起来的无线接入网技术。

图 3.24(a)用来说明 OFDM 调制解调的工作原理。在发送端，把串行的二进制数据流转换成并行的 N 个 M 进制复数据 $d_i(i=0,1,\cdots,N-1)$，每个复数据调制一路复子载波 $e^{j2\pi f_i t}$，然后，将所有已调制的子载波相加就得到一个 OFDM 符号的载波信号。在接收端，把接收的 OFDM 信号分成 N 路，分别与各路子载波进行相关运算（与共轭子载波相乘，并在 OFDM 符号起止时间内对乘积信号积分），就可以解调出各路子载波上调制的复数据，然后，按照与发送端相逆的方法进行并串转换就可以恢复出串行的二进制数据流。

需要注意的是，各路子载波频率的选择。如图 3.24(a)所示，第 i 路子载波解调数据的表达式为

$$s(t)=\sum_{i=0}^{N-1}d_i\cdot \mathrm{e}^{\mathrm{j}2\pi f_i t}$$

$$\tilde{d}_i=\frac{1}{T}\int_{lT}^{(l+1)T}s(t)\cdot \mathrm{e}^{-\mathrm{j}2\pi f_i t}\mathrm{d}t=\frac{1}{T}\int_{lT}^{(l+1)T}\sum_{n=0}^{N-1}d_n \mathrm{e}^{\mathrm{j}2\pi f_n t}\cdot \mathrm{e}^{-\mathrm{j}2\pi f_i t}\mathrm{d}t$$
$$=\sum_{n=0}^{N-1}d_n\cdot\frac{1}{T}\int_{lT}^{(l+1)T}\mathrm{e}^{\mathrm{j}2\pi(f_n-f_i)t}\mathrm{d}t=d_i+\sum_{\substack{n=0\\n\neq i}}^{N-1}d_n\cdot\frac{1}{T}\int_{lT}^{(l+1)T}\mathrm{e}^{\mathrm{j}2\pi(f_n-f_i)t}\mathrm{d}t$$

式中，第一项是发送端在第 i 路子载波上的调制数据，第二项则表示了发送端在其他各路子载波上调制的数据对第 i 路子载波解调数据的影响。为消除此影响，应使第二项等于零。因此，子载波的选择应满足以下条件：

$$\frac{1}{T}\int_{lT}^{(l+1)T}\mathrm{e}^{\mathrm{j}2\pi(f_n-f_i)t}\mathrm{d}t=\begin{cases}1, & f_n-f_i=0\\0, & f_n-f_i=k/T\neq 0\end{cases}$$

即，各个子载波应该是在区间 $(0,T)$ 内正交的复正弦信号。这样的话，式中第二项等于零，第 i 路子载波上的调制数据就可以被正确解调。

图 3.24(a)是用模拟方法实现的 OFDM 调制解调，这样的系统过于复杂。图 3.24(b)给出了用 DFT 来实现的 OFDM 调制解调器的原理框图。图中，OFDM 系统使用了 N 个子载波，其中，第 k 个子载波记作 $\mathrm{e}^{\mathrm{j}2\pi nk/N}(0\leqslant k\leqslant N-1)$，$d_k$ 是第 k 个子载波的调制数据，一个 OFDM 符号的基带信号可以采用离散傅里叶反变换（IDFT）方法来实现。

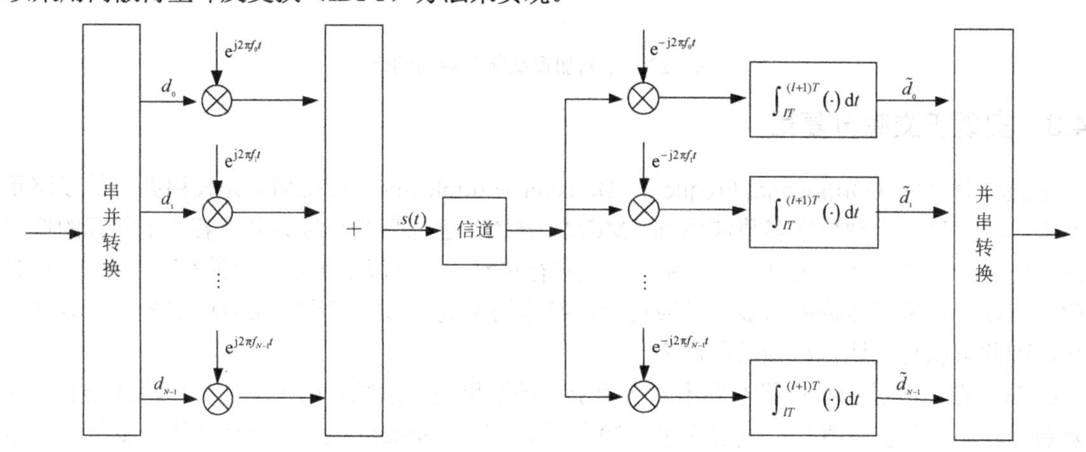

(a) OFDM调制解调原理框图

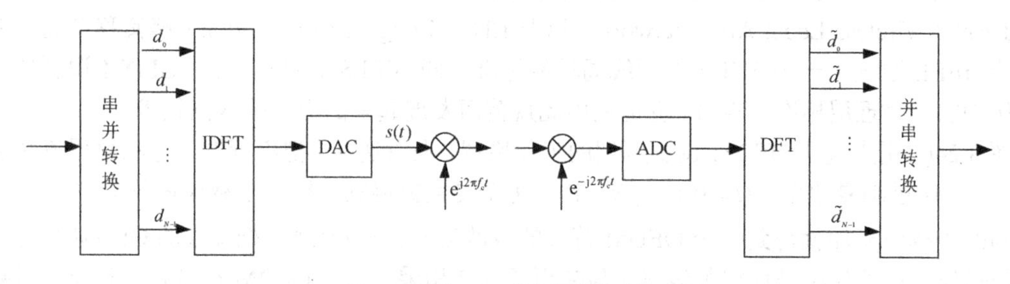

(b) 用DFT实现的OFDM数字调制解调原理框图

图 3.24

为了叙述简便，对图 3.24(a)表示的信号 $s(t)$ 以 T/N 为周期进行采样，即令 $t=kT/N(k=0,1,\cdots,N-1)$，则得到 $s(t)$ 的数字序列 $s(n)$ 的表达式：

$$s_n = \frac{1}{N}\sum_{k=0}^{N-1} d_k W_N^{-kn} = \text{IDFT}[d_k], \quad 0 \leqslant n \leqslant N-1 \tag{3.69}$$

可以看出，序列 s_n 可以用对 N 个并行复数据 d_k 的 N 点离散傅里叶反变换来表示。

在接收端，对输入序列 s_n 进行 N 点离散傅里叶变换，就可以恢复出各子载波的调制数据 $\tilde{d}_k$，即

$$\tilde{d}_k = \sum_{n=0}^{N-1} s_n W_N^{kn} = \text{DFT}[s_n], \quad 0 \leqslant k \leqslant N-1 \tag{3.70}$$

根据以上分析，OFDM 系统的调制和解调可以分别由 IDFT 和 DFT 来代替。通过 N 点的 IDFT 运算，把频域数据符号 d_k 变换为时域数据符号 s_n，经过射频载波调制之后，发送到无线信道中。其中每个 IDFT 输出的数据符号 s_n，都是由所有子载波信号经过叠加而生成的，即对连续的多个经过调制的子载波的叠加信号进行采样得到的。

如图 3.25(a)为在一个 OFDM 符号内包含 4 个子载波的实例，其中，所有的子载波都具有相同的幅值和相位。但在实际应用中，根据数据符号的调制方式，每个子载波的幅值和相位是由调制数据决定的。每个子载波在一个 OFDM 符号周期内都包含整数倍个周期，而且各个相邻的子载波之间相差 1 个周期。这是为了保证子载波之间的正交性。图 3.25(b)是该 OFDM 信号的频谱。可以看出，相邻子载波的频谱重合，这使得频谱利用率得以提高，但不影响各子载波调制信息的提取。

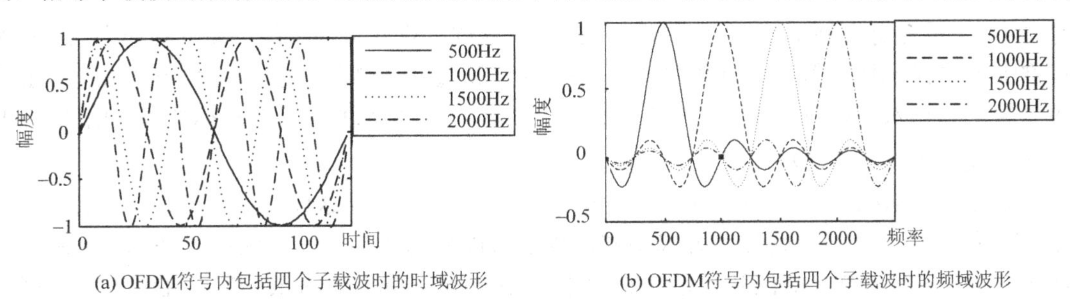

(a) OFDM符号内包括四个子载波时的时域波形　　(b) OFDM符号内包括四个子载波时的频域波形

图 3.25

3.5　快速傅里叶变换

离散傅里叶变换实现了有限长序列的频谱采样，在数字信号处理中起着极其重要的作用。如在信号的频谱分析、系统的分析、设计和实现等方面都要用到 DFT 的计算问题。但是由于离散傅里叶变换的计算量太大，在相当长的时间里，DFT 并没有得到真正的运用。直到 1965 年库利（J.W.Cooley）和图基（J.W.Tukey）提出了 DFT 的一种快速算法，情况才发生了根本的改变。经过人们对算法的改进，发展和完善了一套 DFT 的高速有效算法——快速傅里叶变换（Fast Fourier Transform，FFT），从而使 DFT 在实际中得以广泛应用，并促进了数字信号处理技术的迅猛发展。

3.5.1　减少 DFT 运算量的途径

减少 DFT 运算量的途径

信号处理无论是时域处理还是频域的运算都是以复数的乘法、加法及信号移位作为基本运算形式，因此对某一算法可以用所需乘法和加法运算次数来衡量算法的复杂度和效率。当算法应用在处理器上时，乘法和加法的次数直接决定着能否实时处理。

设 $x(n)$ 为 N 点长序列，其 DFT 为

$$X(k) = \sum_{n=0}^{N-1} x(n) W_N^{kn}, \quad k = 0,1,\cdots,N-1 \tag{3.71}$$

通常 $x(n)$、$X(k)$、W_N^{kn} 都是复数，因而计算一个 $X(k)$ 的值需 N 次复数乘法和 $N-1$ 次复数加法，

计算 $X(k)$ 的 N 个值共需 N^2 次复数乘法和 $N(N-1)$ 次复数加法。当 $N>>1$ 时，$N(N-1)\approx N^2$。可见，N 点 DFT 的复数乘法和加法运算量均与 N^2 成正比。随着 N 的增大，运算次数迅速增加。例如 $N=8$ 时，N^2=64；$N=1024$ 时，N^2=1048576。而且，一次复数加法相当于两次实数加法，一次复数乘法相当于四次实数乘法和两次实数加法，这样式（3.71）可写成：

$$X(k)=\sum_{n=0}^{N-1}\left\{(\mathrm{Re}[x(n)]\cdot\mathrm{Re}[W_N^{kn}]-\mathrm{Im}[x(n)]\cdot\mathrm{Im}[W_N^{kn}])+\mathrm{j}(\mathrm{Re}[x(n)]\cdot\mathrm{Im}[W_N^{kn}]+\mathrm{Im}[x(n)]\cdot\mathrm{Re}[W_N^{kn}]\right\}$$

所以，计算一个 $X(k)$ 需要 $4N$ 次实数乘法，$2(2N-1)$ 次实数加法。N 个 $X(k)$，共需 $4N^2$ 次实数乘法和 $2N(2N-1)$ 次实数加法（包括 $W_N^0=1$，$W_N^{N/2}=-1$，$W_N^{N/4}=-\mathrm{j}$ 等不需做乘法运算的少数几项），特别是当 N 很大时，如果信号处理要求实时进行，这就对计算机速度提出了很高的要求。

对于离散傅里叶反变换：

$$x(n)=\frac{1}{N}\sum_{k=0}^{N-1}X(k)W_N^{-kn},\qquad n=0,1,\cdots,N-1$$

由于 IDFT 与 DFT 有相同的运算结构，只是多乘一个常数 $1/N$，因而具有几乎相同的运算量。

既然运算量与 N^2 成正比，那么当 N 很大时，可以将大点数的 DFT 分解成很多小点数的 DFT 的组合，达到减少运算量的目的。例如可将 N 点 DFT 分解为 M 个 N/M 点的 DFT（在 M 和 N/M 为整数时），因而有多种不同的分解方法。N 减小导致运算量急剧下降，使分解的小点数序列的 DFT 的运算量总和比分解前大点数序列的 DFT 的运算量要小得多。另一方面，离散傅里叶正变换和反变换都是输入序列与旋转因子 W_N^{kn} 乘积的求和运算，利用系数 W_N^{kn} 的对称性和周期性，在 DFT 运算中有些项可以合并，从而减少运算量。

上述是减少 DFT 运算量的两条基本途径，FFT 算法正是基于这样的基本思想发展起来的。FFT 算法有多种形式，按照序列分解方式不同，算法可以分为两类——时间抽取 FFT（Decimation-In-Time FFT，DIT-FFT）算法和频率抽取 FFT（Decimation-In-Frequency FFT，DIF-FFT）算法。

当 $N=2^M$，M 为正整数时，首先将一个 N 点长序列的 DFT 分解为两个 $N/2$ 点长序列的 DFT，再将一个 $N/2$ 点长序列的 DFT 分解为两个 $N/4$ 点长序列的 DFT，依次继续，最终分解为 $N/2$ 个 2 点长序列的 DFT。这种序列长度 N 为 2 的整数幂的 FFT 分解算法，称为基 2-FFT 算法。

3.5.2 时间抽取基 2-FFT 算法

DIT 基 2FFT 算法 1

1. 算法原理

（1）一个 N 点 DFT 分解成两个 $N/2$ 点 DFT

设序列 $x(n)$ 长 $N=2^M$，M 为自然数，将 $x(n)$，$n=0,1,\cdots,N-1$ 按 N 为奇数和偶数分为二组：

$$x_1(r)=x(2r),\qquad r=0,1,\cdots,N/2-1 \tag{3.72a}$$

$$x_2(r)=x(2r+1),\qquad r=0,1,\cdots,N/2-1 \tag{3.72b}$$

则 $x(n)$ 的 DFT 为

$$\begin{aligned}X(k)&=\sum_{n=0}^{N-1}x(n)\cdot W_N^{kn},\qquad k=0,1,2,\cdots,N-1\\&=\sum_{n\text{为偶数}}x(n)\cdot W_N{}^{kn}+\sum_{n\text{为奇数}}x(n)\cdot W_N^{kn}\\&=\sum_{r=0}^{N/2-1}x(2r)\cdot W_N^{k2r}+\sum_{r=0}^{N/2-1}x(2r+1)\cdot W_N^{k(2r+1)}\end{aligned}$$

由于

$$W_N^{k2r}=W_{N/2}^{kr}$$

所以

$$X(k)=\sum_{r=0}^{N/2-1}x(2r)\cdot W_{N/2}^{kr}+W_N^k\sum_{r=0}^{N/2-1}x(2r+1)\cdot W_{N/2}^{kr}$$
$$=\sum_{r=0}^{N/2-1}x_1(r)\cdot W_{N/2}^{kr}+W_N^k\sum_{r=0}^{N/2-1}x_2(r)\cdot W_{N/2}^{kr} \tag{3.73}$$

用 $X_1(k)$、$X_2(k)$ 分别表示 $x_1(r)$、$x_2(r)$ 的 $N/2$ 点 DFT，即

$$X_1(k)=\sum_{r=0}^{N/2-1}x_1(r)\cdot W_{N/2}^{kr}, \qquad k=0,1,\cdots,N/2-1 \tag{3.74a}$$

$$X_2(k)=\sum_{r=0}^{N/2-1}x_2(r)\cdot W_{N/2}^{kr}, \qquad k=0,1,\cdots,N/2-1 \tag{3.74b}$$

则

$$X(k)=X_1(k)+W_N^k\cdot X_2(k), \qquad k=0,1,\cdots,N/2-1 \tag{3.75}$$

将 $k+N/2$ 代入上式，得：

$$X\left(k+\frac{N}{2}\right)=X_1\left(k+\frac{N}{2}\right)+W_N^{k+N/2}\cdot X_2\left(k+\frac{N}{2}\right), \qquad k=0,1,\cdots,\frac{N}{2}-1$$

根据 $X(k)$ 的隐含周期性，有：

$$X_1\left(k+\frac{N}{2}\right)=X_1(k)$$
$$X_2\left(k+\frac{N}{2}\right)=X_2(k)$$

所以，

$$X\left(k+\frac{N}{2}\right)=X_1(k)+W_N^{k+N/2}X_2(k)=X_1(k)-W_N^kX_2(k), \qquad k=0,1,\cdots,N/2-1 \tag{3.76}$$

将 $X(k)$ 表达成前后两部分：

$$X(k)=X_1(k)+W_N^kX_2(k), \qquad k=0,1,\cdots,N/2-1 \tag{3.77a}$$

$$X\left(k+\frac{N}{2}\right)=X_1(k)-W_N^kX_2(k), \qquad k=0,1,\cdots,N/2-1 \tag{3.77b}$$

式(3.77a)计算 $X(k)$ 前半部分（$0\leqslant k\leqslant N/2-1$），式(3.77b)计算 $X(k)$ 后半部分（$N/2\leqslant k\leqslant N-1$）。

这样，只要求出偶数项序列 $x_1(r)$ 的离散傅里叶变换 $X_1(k)$ 和奇数项序列 $x_2(r)$ 的离散傅里叶变换 $X_2(k)$ 在 $k=0\sim N/2-1$ 范围内的值，便可求出 k 在 $0\sim N-1$ 范围内的全部 $X(k)$ 值。因此 N 点 DFT 能分解为两个 $N/2$ 点的 DFT；反过来，两个 $N/2$ 点 DFT 可以组合成一个 N 点 DFT。式(3.77a)和式（3.77b）的运算可用图 3.26 所示的蝶形运算流图（也叫“蝶形结”）来表示，图 3.26(b)是图 3.26(a)的简化表示形式，也是图 3.26(a)运算过程的专用表示符号。每个“蝶形结”需要一次复数乘法和两次复数加（减）法，左面两支为输入，中间小圆圈表示加或减运算，右上支为相加输出，右下支为相减输出。当 $N=8$ 时上述分解如图 3.27(a)所示。

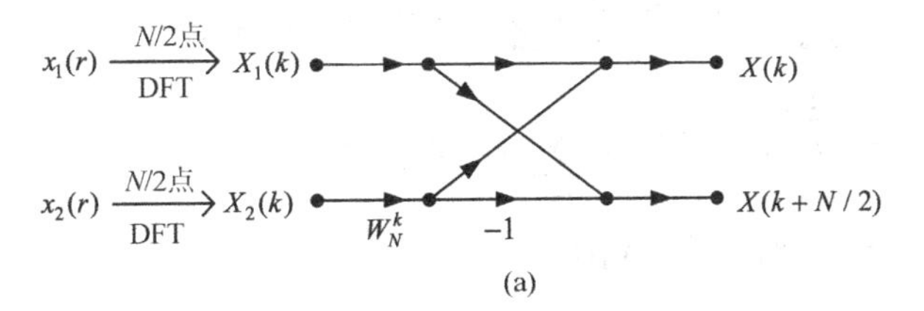

图 3.26　蝶形运算流图

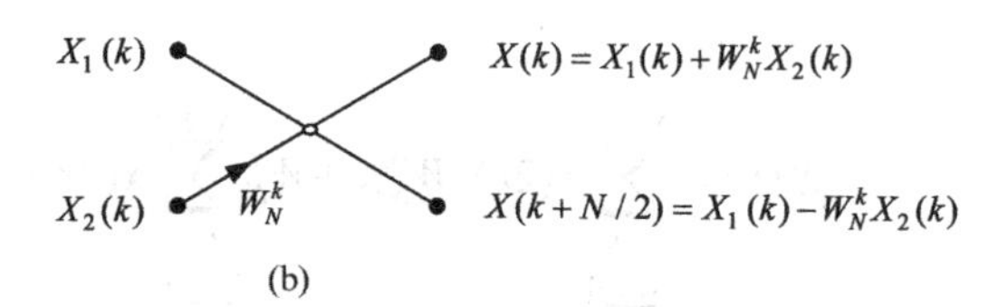

(b)

图 3.26　蝶形运算流图（续）

表 3.2 列出了 N 点 DFT 分解成为两个 $N/2$ 点 DFT 后所需的运算量。

表 3.2　一次分解运算量

	复乘次数	复加次数
两个 $N/2$ 点序列 DFT	$2\times(N/2)^2$	$2\times(N/2)\times(N/2-1)$
$N/2$ 个蝶形运算	$N/2$	N
总运算量	$N(N+1)/2$	$N^2/2$

当 $N>>1$ 时，$N(N+1)/2\approx N^2/2$。可见，通过第一次分解，运算量几乎减少一半。由于 $N=2^M$，$N/2$ 仍为偶数。因此，可以对两个 $N/2$ 点的 DFT 再分别分解为两个 $N/4$ 点 DFT 的组合。

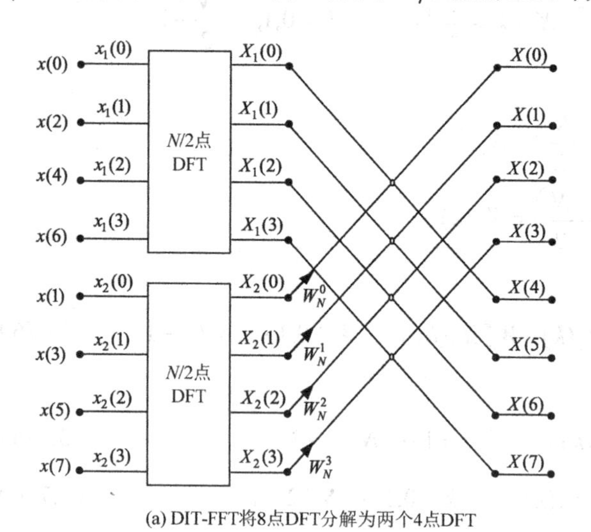

(a) DIT-FFT将8点DFT分解为两个4点DFT

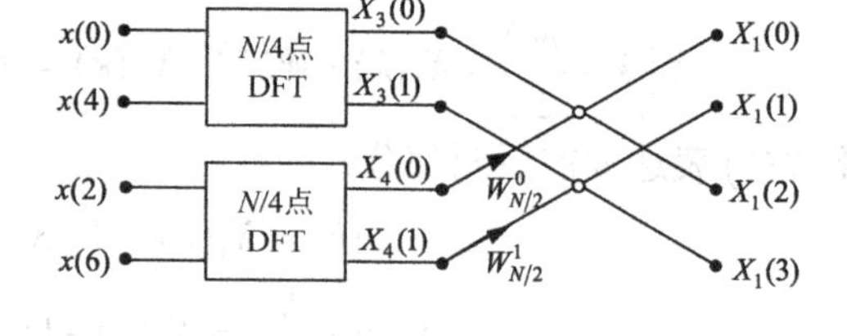

(b) DIT-FFT将4点DFT分解为两个2点DFT

图 3.27

（2）一个 $N/2$ 点 DFT 分解成两个 $N/4$ 点 DFT

令

$$x_3(l)=x_1(2l),\qquad l=0,1,\cdots,N/4-1 \tag{3.78a}$$

$$x_4(l)=x_1(2l+1),\qquad l=0,1,\cdots,N/4-1 \tag{3.78b}$$

$$\begin{aligned}X_1(k)&=\sum_{r=0}^{N/2-1}x_1(r)\cdot W_{N/2}^{kr},\qquad k=0,1,\cdots,N/2-1\\&=\sum_{l=0}^{N/4-1}x_1(2l)\cdot W_{N/2}^{k2l}+\sum_{l=0}^{N/4-1}x_1(2l+1)\cdot W_{N/2}^{k(2l+1)}\\&=\sum_{l=0}^{N/4-1}x_3(l)W_{N/4}^{kl}+\sum_{l=0}^{N/4-1}x_4(l)W_{N/4}^{kl}W_{N/2}^{k}\\&=X_3(k)+W_{N/2}^kX_4(k)\end{aligned}$$

其中，

$$X_3(k)=\sum_{l=0}^{N/4-1} x_3(l)\cdot W_{N/4}^{kl}, \quad k=0,1,\cdots,N/4-1 \tag{3.79a}$$

$$X_4(k)=\sum_{l=0}^{N/4-1} x_4(l)\cdot W_{N/4}^{kl}, \quad k=0,1,\cdots,N/4-1 \tag{3.79b}$$

有

$$\begin{cases} X_1(k)=X_3(k)+W_N^{2k}X_4(k) \\ X_1\left(k+\dfrac{N}{4}\right)=X_3(k)-W_N^{2k}X_4(k), \end{cases} \quad k=0,1,\cdots,N/4-1 \tag{3.80}$$

图 3.27(b)给出了 $N=8$ 时，将一个 $N/2$ 点 DFT 分解为两个 $N/4$ 点 DFT 的流图。

$x_2(r)$ 也可进行同样的分解：

$$\begin{cases} x_5(l)=x_2(2l) \\ x_6(l)=x_2(2l+1), \end{cases} \quad l=0,1,\cdots,N/4-1$$

$$\begin{cases} X_2(k)=X_5(k)+W_N^{2k}X_6(k) \\ X_2\left(k+\dfrac{N}{4}\right)=X_5(k)-W_N^{2k}X_6(k), \end{cases} \quad k=0,1,\cdots,N/4-1 \tag{3.81}$$

其中，

$$X_5(k)=\sum_{l=0}^{N/4-1} x_5(l)\cdot W_{N/4}^{kl}, \quad k=0,1,\cdots,N/4-1 \tag{3.82a}$$

$$X_6(k)=\sum_{l=0}^{N/4-1} x_6(l)\cdot W_{N/4}^{kl}, \quad k=0,1,\cdots,N/4-1 \tag{3.82b}$$

将一个 8 点 DFT 分解为四个 2 点 DFT 流图如图 3.28 所示。

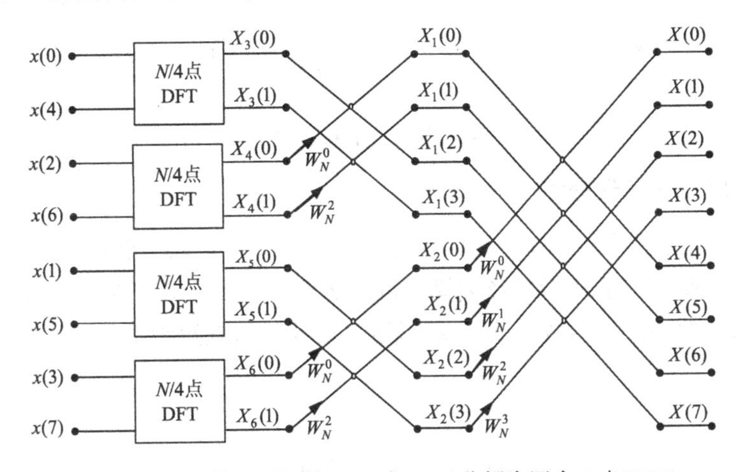

图 3.28 DIT 基 2-FFT 将 N=8 点 DFT 分解为四个 2 点 DFT

利用四个 $N/4$ 点的 DFT 及两级蝶形组合运算计算 N 点 DFT，比只用两个 $N/2$ 点的 DFT 及一级蝶形组合运算计算 N 点 DFT，计算量又减少了大约一半。请读者自行分析。

（3）2 点长序列的 DFT

$N=2^M$ 点长序列 $x(n)$ 经过 $M-1$ 级分解，最终成为 $N/2$ 组 2 点长序列，例如 $N=8$ 时，序列 $x(n)$ 被分解成 $x_3(l)$、$x_4(l)$、$x_5(l)$、$x_6(l)$ 四个 2 点长序列，对于 $x_3(l)$，其 DFT 为

$$X_3(k)=\sum_{l=0}^{1} x_3(l)\cdot W_2^{kl}=x_3(0)W_2^0+W_2^k x_3(1), \quad k=0,1$$

即

$$X_3(0)=x_3(0)+W_2^0x_3(1)$$

$$X_3(1)=x_3(0)+W_2^1x_3(1)$$

因为 $x_3(0)=x(0),x_3(1)=x(4),W_2^0=1,W_2^1=-1$，可以得到

$$X_3(0)=x(0)+x(4)=x(0)+W_N^0x(4)$$

$$X_3(1)=x(0)-x(4)=x(0)-W_N^0x(4)$$

可见，2 点长序列的 DFT 是 $x(n)$ 的简单加减运算，流图依然为蝶形单元，如图 3.29 所示。

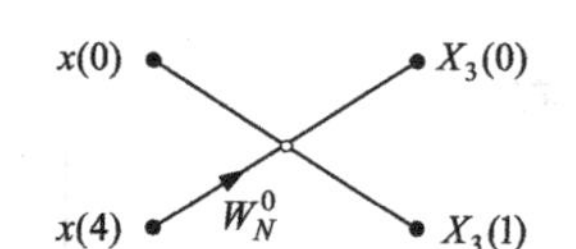

图 3.29　2 点长序列 DFT

图 3.30、图 3.31 分别示出了一个完整的 8 点、16 点 DIT 基 2-FFT 算法流图。图中输入序列不是自然顺序排列的，排列规律在后述算法特点中总结。

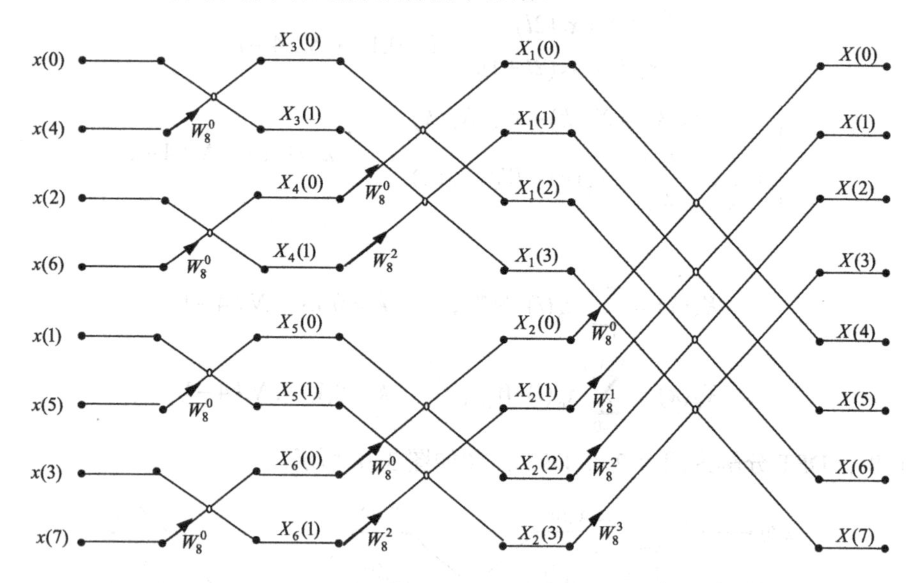

图 3.30　8 点序列 DIT 基 2-FFT 算法流图

2．DIT 基 2-FFT 运算量分析

由 DIT 基 2-FFT 算法的分解过程和运算流图可见，一个 $N=2^M$ 点长序列的 DFT，由 $N/2$ 个 2 点 DFT 依次组合而成，共有 M 级蝶形运算。每级运算由 $N/2$ 个蝶形单元构成，全部 N 点的 FFT 运算共进行 $(N/2)\cdot M$ 次蝶形运算。每个蝶形运算需要一次复数乘法和二次复数加法运算。因此共需要：

复乘次数

$$M_{\mathrm{F}}=\frac{N}{2}\cdot M=\frac{N}{2}\cdot\log_2 N \tag{3.83}$$

复加次数

$$a_{\mathrm{F}}=2\times\frac{N}{2}\cdot M=N\cdot\log_2 N \tag{3.84}$$

直接计算 DFT 与时间抽取 FFT 算法所需复数乘法次数之比为 $\dfrac{2N}{\log_2 N}$。与直接计算算法相比，DIT 基 2-FFT 算法运算量显著减少，N 愈大，减少量愈大。例如 $N=1024$ 时，$N^2=1048576$ 次，$M_{\mathrm{F}}=5120$ 次，两者之比为 204.8。表 3.3 列出了 FFT 算法与直接算法乘法运算量的比较。

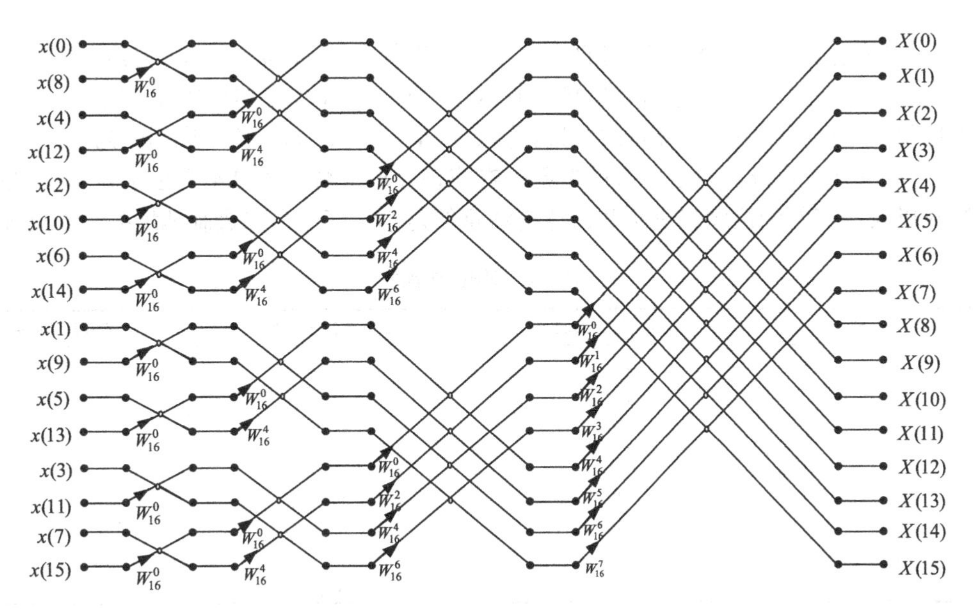

图 3.31　16 点序列 DIT 基 2-FFT 算法流图

表 3.3　DIT 基 2-FFT 算法与 DFT 算法的比较

N	N^2	$\frac{N}{2}\cdot\log_2 N$	$\frac{2N}{\log_2 N}$
2	4	1	4.0
4	16	4	4.0
8	64	12	5.4
16	256	32	8.0
32	1024	80	12.8
64	4096	192	21.4
128	16384	448	36.6
256	65536	1024	64.0
512	262144	2304	113.8
1024	1048576	5120	204.8
2048	4194304	11264	372.4

3. DIT 基 2-FFT 算法的特点

DIT 基 2FFT 算法 1

由图 3.30 可以看出 DIT 基 2-FFT 运算的一些规律和特点。

（1）组合/分解方式——蝶形运算。整个流图全部由蝶形运算组成，因此蝶形运算是 FFT 运算的核心，是最基本的运算。

（2）运算方式——原位运算。任何一个蝶形的两个输入数据经蝶形运算后，便不再使用，亦无需保存，因此可以实现同址运算，即经过某一级蝶形运算后的结果可以存放在原来该输入数据同一地址的单元中。每级的 $N/2$ 个蝶形运算全部完成后，再开始下一级的蝶形运算，每级运算均在原位进行，这样存储数据只需 N 个存储单元。这种原位运算的结构可以节省存储单元，降低硬件成本。

（3）输入排序——倒位序排列（Bit-Reversal Process）。对于同址运算结构，运算完毕后输出结果 $X(k)$ 按自然顺序顺次排列在存储单元中，比如 8 点序列 $x(n)$，其 $X(k)$ 按 $X(0),X(1),\cdots,X(7)$ 的顺序排列，称为正位序。但输入 $x(n)$ 却不是按自然顺序存储的，而是按 $x(0),x(4),x(2),x(6)\cdots$ 的排序存储，称为倒位序，是指二进制数的倒位序。

仍以 8 点序列为例，如果输入序列的序号 N 用二进制数 $(n_0\ n_1\ n_2)$ 表示，则其倒位序号 n' 为二进制数 $(n_2\ n_1\ n_0)$，这样，在原来自然顺序应存放 $x(n)$ 的单元，现在倒位序后应存放 $x(n')$。这是由于逐次按偶、奇时间顺序抽取分解的结果。例如，$N=8$ 时，$n=1$ 的二进制码为 001，倒位序后为 100，对应 $n'=4$。因此，存放 $x(1)$ 的单元现在应该存放 $x(4)$。表 3.4 列出了 $N=8$ 时的自然顺序二进制数以及相应的倒位序二进制数。值得注意的是倒位序号与二进制地址编码长度 M 有关。

表 3.4　码位的倒序

自然顺序（n）	自然顺序二进制数	倒位序二进制数	倒位序顺序
0	000	000	0
1	001	100	4
2	010	010	2
3	011	110	6
4	100	001	1
5	101	101	5
6	110	011	3
7	111	111	7

实际运算中，先按自然顺序输入存储单元，再通过变址运算将自然顺序的存储变为倒位序顺序存储，然后按图 3.30 的流图进行原位运算。变址运算按图 3.32 完成。这样，原位运算前，存储单元 $A(0),A(1),\cdots,A(7)$ 中依次存放的是数据 $x(0),x(4),x(2),\cdots,x(7)$。原位运算后，存储单元 $A(0),A(1),\cdots,A(7)$ 中依次存放的是 FFT 结果 $X(0),X(1),\cdots,X(7)$，对应图 3.30 的 8 点序列 DIT 基 2-FFT 算法原位运算如图 3.33 所示。

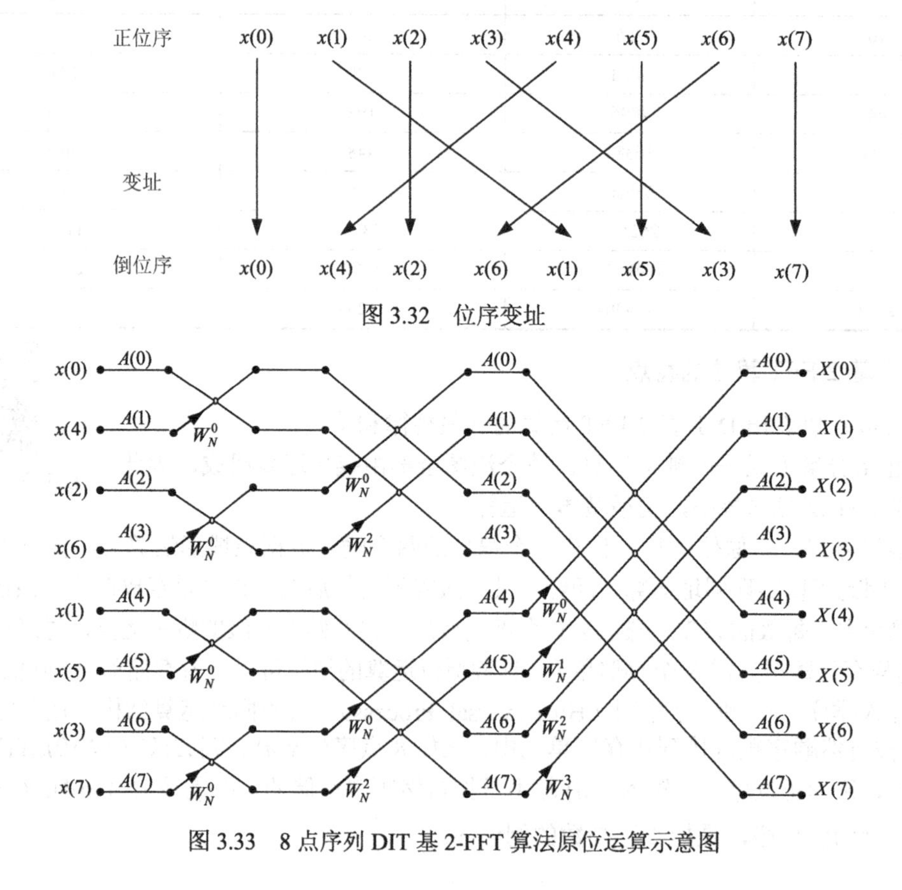

图 3.32　位序变址

图 3.33　8 点序列 DIT 基 2-FFT 算法原位运算示意图

3.5.3 频率抽取基 2-FFT 算法

DIF 基 2FFT 算法 2

时间抽取基2-FFT算法的基本思想是把输入序列 $x(n)$ 按时序 n 的偶数和奇数分成两段长度相同的短序列。对于 $N=2^M$ 情况，另一种 FFT 算法是把输入序列 $x(n)$ 按时序 n 先后分为两个长度相同的短序列，这种分解的结果将使输出序列 $X(k)$ 按 k 值分成奇、偶两部分，故称为频率抽取基 2-FFT 算法。

1. 算法原理

将输入序列 $x(n)$ 按前一半，后一半分开，把 N 点 DFT 写成：

$$\begin{aligned}X(k)&=\sum_{n=0}^{N-1}x(n)\cdot W_N^{kn}, \qquad k=0,1,\cdots,N-1\\&=\sum_{n=0}^{N/2-1}x(n)\cdot W_N^{kn}+\sum_{n=N/2}^{N-1}x(n)\cdot W_N^{kn}\end{aligned}$$

上式中第二项变量代换 $n=n'+N/2$，得

$$\begin{aligned}X(k)&=\sum_{n=0}^{N/2-1}x(n)\cdot W_N^{kn}+\sum_{n'=0}^{N/2-1}x\left(n'+\frac{N}{2}\right)\cdot W_N^{k(n'+N/2)}\\&=\sum_{n=0}^{N/2-1}x(n)\cdot W_N^{kn}+W_N^{kN/2}\cdot\sum_{n=0}^{N/2-1}x\left(n+\frac{N}{2}\right)\cdot W_N^{kn}\end{aligned}$$

注意：$\sum_{n=0}^{N/2-1}x(n)\cdot W_N^{kn}$ 和 $\sum_{n=0}^{N/2-1}x\left(n+\frac{N}{2}\right)\cdot W_N^{kn}$ 并非 $N/2$ 点 DFT。由于 $W_N^{kN/2}=(-1)^k$，可将 $X(k)$ 表示成：

$$X(k)=\sum_{n=0}^{N/2-1}\left[x(n)+(-1)^k x\left(n+\frac{N}{2}\right)\right]\cdot W_N^{kn}, \qquad k=0,1,\cdots,N-1 \tag{3.85}$$

k 为偶数时，$(-1)^k=1$，k 为奇数时，$(-1)^k=-1$。因此，$X(k)$ 可按 k 是偶数或是奇数将 $X(k)$ 分成两部分。

$k=2r$ 时，

$$X(2r)=\sum_{n=0}^{N/2-1}\left[x(n)+x\left(n+\frac{N}{2}\right)\right]\cdot W_N^{2rn}=\sum_{n=0}^{N/2-1}\left[x(n)+x\left(n+\frac{N}{2}\right)\right]\cdot W_{N/2}^{rn},\quad r=0,1,\cdots,N/2-1 \tag{3.86a}$$

$k=2r+1$ 时，

$$X(2r+1)=\sum_{n=0}^{N/2-1}\left[x(n)-x\left(n+\frac{N}{2}\right)\right]\cdot W_N^{(2r+1)n}=\sum_{n=0}^{N/2-1}\left\{\left[x(n)-x\left(n+\frac{N}{2}\right)\right]\cdot W_N^{n}\right\}\cdot W_{N/2}^{rn},\quad r=0,1,\cdots,N/2-1 \tag{3.86b}$$

令

$$x_1(n)=x(n)+x\left(n+\frac{N}{2}\right),\quad n=0,1,\cdots,N/2-1 \tag{3.87a}$$

$$x_2(n)=\left[x(n)-x\left(n+\frac{N}{2}\right)\right]W_N^n,\quad n=0,1,\cdots,N/2-1 \tag{3.87b}$$

即 $x_1(n)$ 为 $x(n)$ 前一半与后一半对应点之和，$x_2(n)$ 为 $x(n)$ 前一半与后一半对应点之差再与 W_N^n 之积。时间序列的组合关系可用图 3.34 所示蝶形运算符号表示。

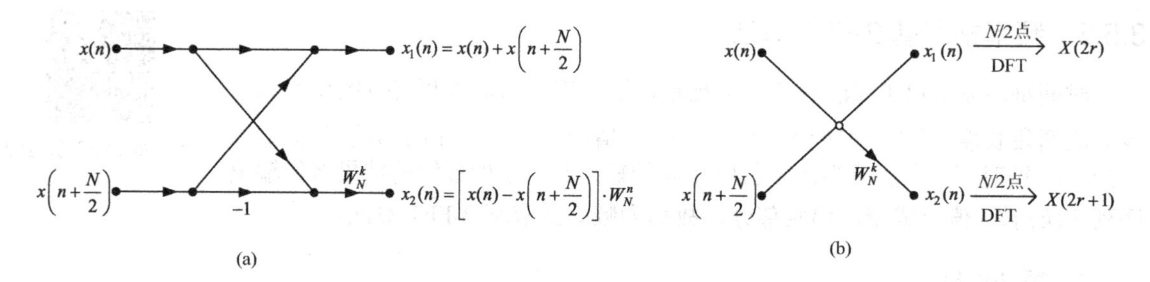

图 3.34 DIF-FFT 的蝶形运算符号

将式（3.87）代入式（3.86），式（3.86a）和式（3.86b）可简化为

$$X(2r)=\sum_{n=0}^{N/2-1} x_1(n)\cdot W_{N/2}^{rn},\quad r=0,1,\cdots,N/2-1 \tag{3.88a}$$

$$X(2r+1)=\sum_{n=0}^{N/2-1} x_2(n)\cdot W_{N/2}^{rn},\quad r=0,1,\cdots,N/2-1 \tag{3.88b}$$

显然上两式为$N/2$点长序列$x_1(n)$和$x_2(n)$的 DFT。因此，可将 N 点序列$x(n)$的 DFT，按频率的偶数或奇数分解成两个$N/2$点序列$x_1(n)$和$x_2(n)$的 DFT，$N=8$时，分解过程如图 3.35 所示。

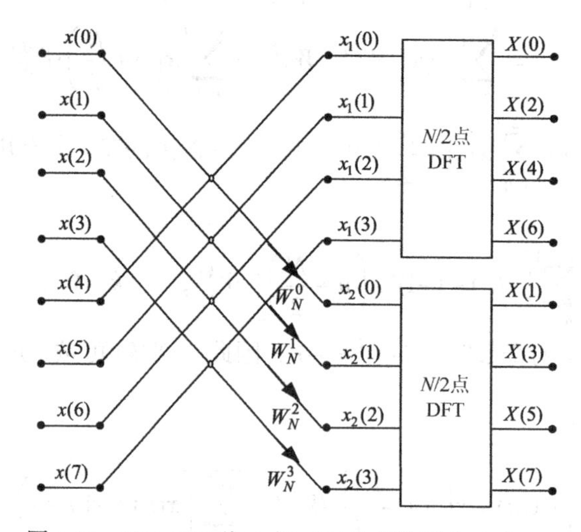

图 3.35 DIF- FFT 将 8 点 DFT 分解为两个 4 点 DFT

与时域抽取法的推导过程一样，由于$N/2$仍为一个偶数，因而可将每个$N/2$点 DFT 的输出再分解为偶数组和奇数组，这样每个$N/2$点 DFT 可继续分解为两个$N/4$点 DFT。图 3.36 示出了这一分解过程。这一级时间序列的组合关系为

$$x_3(n)=\left[x_1(n)+x_1\left(n+\frac{N}{4}\right)\right],\quad n=0,1,\cdots,N/4-1 \tag{3.89a}$$

$$x_4(n)=\left[x_1(n)-x_1\left(n+\frac{N}{4}\right)\right]\cdot W_N^{2n},\quad n=0,1,\cdots,N/4-1 \tag{3.89b}$$

分解一直进行 M 次，第 M 次实际上是做 2 点 DFT，而 2 点 DFT 只有加减运算。但是为了统一运算结构，仍采用系数为W_N^0的蝶形运算来表示，这$N/2$个 2 点 DFT 的N个输出就是$x(n)$ N点 DFT 的结果$X(k)$。图 3.37 表示了一个$N=8$的完整的频率抽取的 FFT 运算流图。

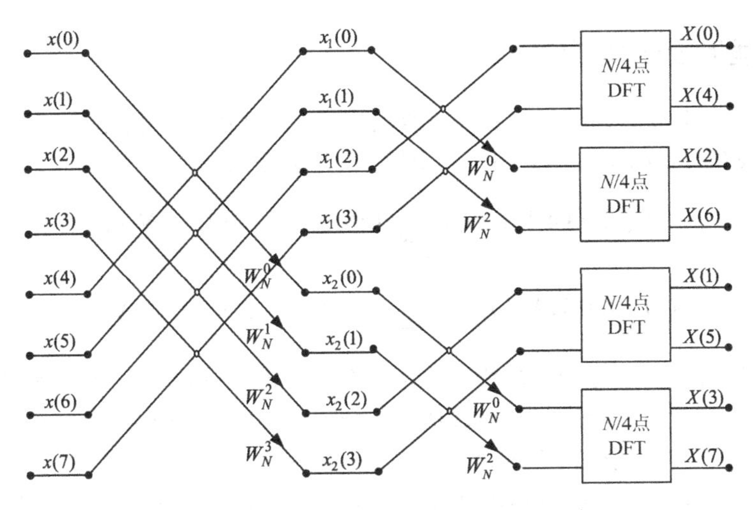

图 3.36　DIF-FFT 将 8 点 DFT 分解为四个 2 点 DFT

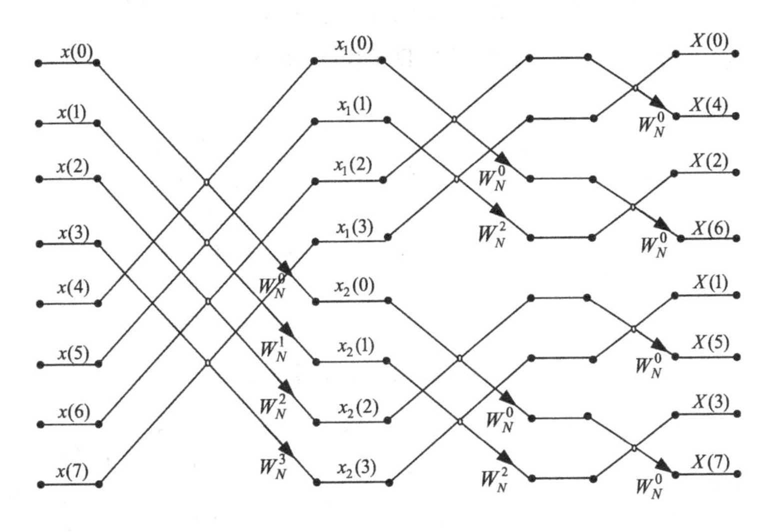

图 3.37　8 点序列 DIF-FFT 运算流图

2．频率抽取法与时间抽取法的异同

时间抽取和频率抽取两种方法都是针对 $N=2^M$ 长度的序列，利用旋转因子的周期性和对称性，将 N 点长序列的 DFT 逐级分解。比较图 3.30 与图 3.37 可以看出，DIF 基 2-FFT 与 DIT 基 2-FFT 算法相同之处有两点：一是两种算法都要经过 M 级运算，每级 $N/2$ 个蝶形运算，因而运算量相同；二是两种算法都进行原位运算，因而需要的存储单元数相同。不同的是蝶形运算有差异，导致输入输出顺序不同。DIT 基 2-FFT 是频域序列的蝶形运算，先作复乘后作加减法；DIF 基 2-FFT 是时间序列的蝶形运算，复数乘法出现在加减法之后。DIT 基 2-FFT 算法输入为倒位序排列，输出为自然顺序；DIF 基 2-FFT 算法则相反，输入为自然顺序，输出为倒位序排列。因此，计算机完成时间抽取快速傅里叶变换运算时，先对输入数据进行倒位序，再逐级蝶形运算；完成频率抽取快速傅里叶变换运算时，先进行逐级蝶形运算，最后对输出数据码位倒序排列。好在对计算机而言，将序列按二进制进行码位倒序排列是一个简单的操作，因此，并不增加算法实现的复杂度。因此说快速傅里叶变换是一个低成本、易实现、高效率的频谱分析算法。通用 DSP 芯片提供了专门的码位倒序寻址方式，为实际应用提供了方便。

3.5.4 快速傅里叶反变换（IFFT）

IFFT 与实序列 FFT

以上所讨论的 FFT 算法同样可用于离散傅里叶反变换（IDFT）的运算，即快速傅里叶反变换（IFFT）。比较 DFT 与 IDFT 的运算公式：

$$X(k)=\mathrm{DFT}[x(n)]=\sum_{n=0}^{N-1}x(n)W_N^{kn},\quad k=0,1,\cdots,N-1 \tag{3.90a}$$

$$x(n)=\mathrm{IDFT}[X(k)]=\frac{1}{N}\sum_{k=0}^{N-1}X(k)W_N^{-kn},\quad n=0,1,\cdots,N-1 \tag{3.90b}$$

可见，只要将 DFT 运算中的每一个系数 W_N^{kn} 改为 W_N^{-kn}，再乘以 $1/N$，即可将 FFT 的算法直接用于 IDFT。只是输入变量由时域序列 $x(n)$ 改成了频域序列 $X(k)$。这样，原来按 $x(n)$ 的奇偶次序分组的时间抽取法 FFT，变为按 $X(k)$ 的奇偶次序抽取了，称之为频率抽取的 IFFT；而频率抽取的 FFT 运用于 IDFT，就是时间抽取的 IFFT 运算。通常将常数 $1/N$ 分解为 $(1/2)^M$ 分散于各级运算中，每级运算均乘以 $1/2$ 因子，这样所得的两种基本蝶形运算单元如图3.38 所示。图 3.39 所示为改变图 3.37 中的系数 W_N^{kn}，每级乘以 $1/2$ 后所得的 DIT-IFFT 流图。

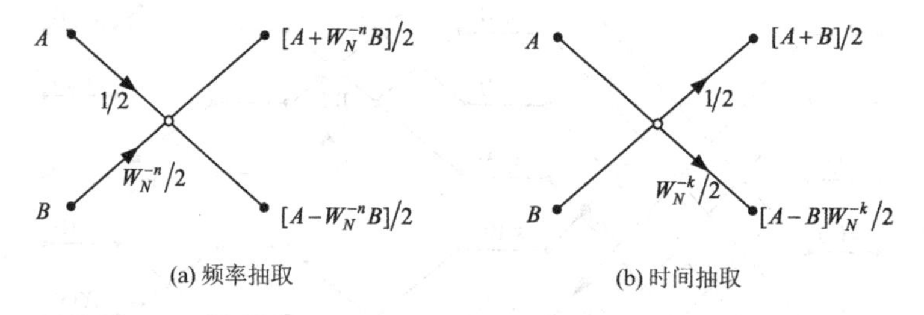

(a) 频率抽取　　(b) 时间抽取

图 3.38　IFFT 蝶形运算单元

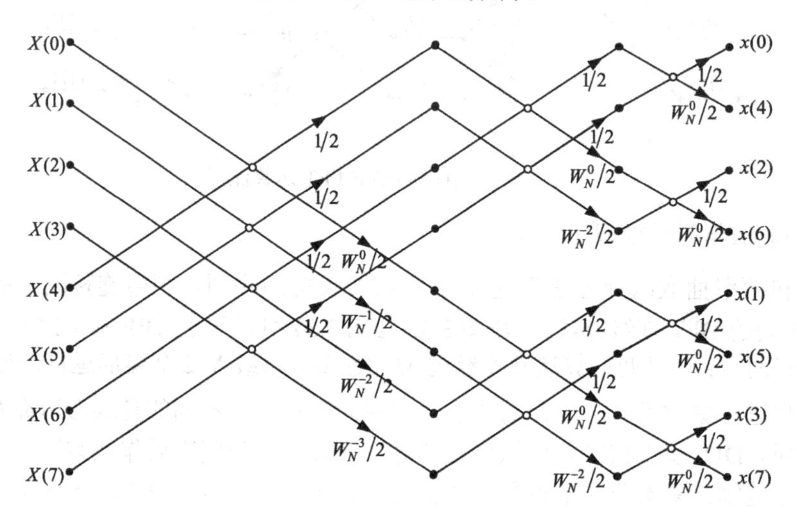

图 3.39　8 点时间抽取 IFFT 流图

这种方法虽然编程方便，但是需改动 FFT 程序和参数才能实现。下面讨论的方法，可以直接调用 FFT 程序计算 IFFT。

方法 1：对式（3.90b）右端进行两次共轭运算，得：

$$x(n)=\frac{1}{N}\left[\sum_{k=0}^{N-1}X^*(k)W_N^{kn}\right]^*=\frac{1}{N}\{\mathrm{DFT}[X^*(k)]\}^* \tag{3.91}$$

这样，可以直接对 $X(k)$ 的共轭序列调用 FFT 子程序，结果再取共轭，并乘以 $1/N$ 得到序列 $x(n)$。

方法 2：由式（3.90b）得到：

$$x(N-n)=\frac{1}{N}\sum_{k=0}^{N-1}X(k)W_N^{-(N-n)k}=\frac{1}{N}\sum_{k=0}^{N-1}X(k)W_N^{kn}=\frac{1}{N}\mathrm{DFT}\big[X(k)\big] \tag{3.92}$$

该方法是对 $X(k)$ 直接调用 FFT 子程序计算 $\mathrm{DFT}[X(k)]$，再乘以 $1/N$，最后将计算结果顺序倒排，得到序列 $x(n)$。注意序列倒排时，$x(N)=x(0)$。

用这两种方法计算 IFFT，都可与 FFT 运算共用一个子程序。另外，需要说明的是，由于反变换与正变换的差别仅在于 W_N 的指数符号不同，以及差一个常数乘因子 $1/N$，因而无论用哪种方法，反变换与正变换的运算量都相同。

由以上分析知，DIT 基 2-FFT、DIF 基 2-FFT、DIT 基 2-IFFT、DIF 基 2-IFFT 均由 M 级蝶形运算来实现，都可进行原位运算，并且具有相同的运算量，只是输入输出序列的顺序和参与蝶形运算的对象及加减乘法的次序不同，如表 3.5 所示。

表 3.5　基 2 快速傅里叶变换算法正变换和反变换特点

快速算法	输入序列	输出顺序	蝶形运算		运算量		运算特点
			对象	次序	乘法次数	加法次数	
DIT 基 2-FFT	时序倒序	频序顺序	频域序列	先乘后加减	$(N/2)\log_2 N$	$N\cdot\log_2 N$	原位运算
DIF 基 2-FFT	时序顺序	频序倒序	时域序列	先加减后乘	$(N/2)\log_2 N$	$N\cdot\log_2 N$	原位运算
DIT 基 2-IFFT	频序顺序	时序倒序	频域序列	先加减后乘	$(N/2)\log_2 N$	$N\cdot\log_2 N$	原位运算
DIF 基 2-IFFT	频序倒序	时序顺序	时域序列	先乘后加减	$(N/2)\log_2 N$	$N\cdot\log_2 N$	原位运算

3.5.5　任意基数的 FFT 算法简介

前面讨论的 FFT 算法均是以 2 为基数的 FFT 算法，即 $N=2^M$。当 $N\neq 2^M$ 时，一般有两种处理办法。一是将 $x(n)$ 用补零的办法延长，使 N 增长到最邻近的一个 2^M 数值，再使用基 2-FFT 程序。如 $N=30$ 时，令 $x(30)=x(31)=0$，直接使用基 2-FFT 程序计算 $N=2^5$ 点的 FFT。但是这种处理对于 N 值比较大，且 $N>2^{M-1}$，但 N 又比 2^M 小得多的情况，$x(n)$ 需要补零的个数很大，使得基 2-FFT 运算效率大打折扣，比如 $N=1025$，需补 1023 个零，才能使用 $N=2048$ 点基 2-FFT。这种情况可以采用任意基数的 FFT 算法。

快速傅里叶变换的基本思想就是要将进行 DFT 运算的序列长度尽量变短。因此，在 $N=p\cdot q$ 的情况下，将 N 点的 DFT 分解为 p 个 q 点 DFT 或者 q 个 p 点的 DFT，同样可减少运算量。

设 $N=p\cdot q$，则将 $x(n)$ 分解为 p 组，每组长 q 点，构成时间抽取算法。

$$p\text{组}\begin{cases}x(pr)\\x(pr+1)\\x(pr+2)\\\quad\vdots\\x(pr+p-1)\end{cases},\qquad r=0,1,\cdots,q-1 \tag{3.93}$$

这 p 组序列每一组都是一个长度为 q 的有限长序列。

令

$$x_l(r)=x(pr+l)$$

将 N 点 DFT 运算也相应分解为 p 组：

$$X(k)=\sum_{n=0}^{N-1}x(n)\cdot W_N^{kn}=\sum_{r=0}^{q-1}x(pr)\cdot W_N^{prk}+\sum_{r=0}^{q-1}x(pr+1)\cdot W_N^{(pr+1)k}+\cdots+$$

$$\sum_{r=0}^{q-1}x(pr+p-1)\cdot W_N^{(pr+p-1)k}$$

$$=\sum_{r=0}^{q-1}x(pr)\cdot W_N^{prk}+W_N^{k}\sum_{r=0}^{q-1}x(pr+1)\cdot W_N^{prk}+\cdots+$$

$$W_N^{(p-1)k}\cdot\sum_{r=0}^{q-1}x(pr+p-1)\cdot W_N^{prk}$$

$$=\sum_{l=0}^{p-1}W_N^{lk}\sum_{r=0}^{q-1}x(pr+l)\cdot W_N^{prk} \tag{3.94}$$

因为

$$W_N^{prk}=W_{p\cdot q}^{prk}=W_q^{rk}$$

上式化简为

$$X(k)=\sum_{l=0}^{p-1}W_N^{lk}\sum_{r=0}^{q-1}x_l(r)\cdot W_q^{rk}=\sum_{l=0}^{p-1}W_N^{lk}\cdot X_l(k) \tag{3.95}$$

其中

$$X_l(k)=\mathrm{DFT}[x_l(r)]=\sum_{r=0}^{q-1}x_l(r)W_q^{rk},\quad k=0,1,\cdots,q-1 \tag{3.96}$$

因为 DFT 的隐含周期性 $X_l(k+q)=X_l(k)$，有：

$$\begin{cases} X(k)=\sum_{l=0}^{p-1}W_N^{lk}\cdot X_l(k) \\ X(k+q)=\sum_{l=0}^{p-1}W_N^{l(k+q)}\cdot X_l(k) \\ \vdots \\ X(k+(p-1)q)=\sum_{l=0}^{p-1}W_N^{l[k+(p-1)q]}\cdot X_l(k) \end{cases},\quad k=0,1,\cdots,q-1 \tag{3.97}$$

这表明一个 $N=p\cdot q$ 点的 DFT 可以用 p 组 q 点 DFT 来合成。

当 N 可分解为 m 个质数因子 $p_1,p_2,\cdots,p_m$，即 $N=p_1p_2\cdots p_m$ 时，分解步骤如下：

第一步，$N=p_1q_1$，其中 $q_1=p_2\cdots p_m$，将 N 点 DFT 分解为 p_1 个 q_1 点 DFT。

第二步，$q_1=p_2q_2$，$q_2=p_3\cdots p_m$，将 q_1 点 DFT 分解为 p_2 个 q_2 点的 DFT。

第三步，通过 m 次分解，一直分到最少点数 p_m 的 DFT 运算，从而使运算获得最高效率。

【例 3.10】 用三个 5 点长序列的 DFT 表示一个 15 点长序列 $x(n)$，$n=0,1,\cdots,14$ 的 DFT。

解： $N=15$，$p=3$，$q=5$ 时，将 $x(n)$ 分解为 3 组，每组长 5 点。

第一组　$x(3r)$：　$x(0)$ $x(3)$ $x(6)$ $x(9)$ $x(12)$

第二组　$x(3r+1)$：　$x(1)$ $x(4)$ $x(7)$ $x(10)$ $x(13)$

第三组　$x(3r+2)$：　$x(2)$ $x(5)$ $x(8)$ $x(11)$ $x(14)$

第 l 组　$x_l(r)=x(3r+l)$：$l=0,1,2$，$r=0,1,2,3,4$

由式（3.97），$X(k)$ 可表示为：

$$
\begin{cases}
X(k) = \sum_{l=0}^{2} W_N^{lk} \cdot X_l(k) \\
X(k+5) = \sum_{l=0}^{2} W_N^{l(k+5)} \cdot X_l(k) \\
\quad\vdots \\
X(k+10) = \sum_{l=0}^{2} W_N^{l(k+10)} \cdot X_l(k)
\end{cases}, \quad k = 0,1,2,3,4 \tag{3.98}
$$

式中，

$$
X_l(k) = \sum_{r=0}^{4} x_l(r) W_5^{rk}, \quad k = 0,1,2,3,4
$$

分解流图如图 3.40 所示。

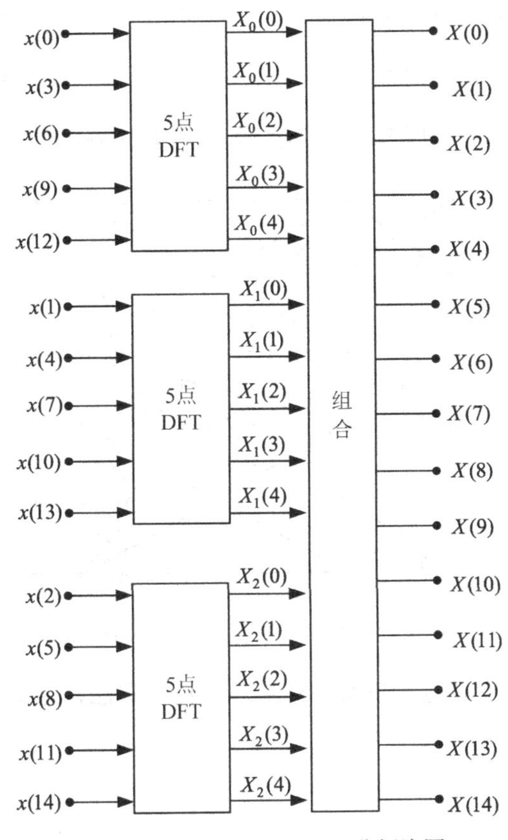

图 3.40　$N=15, p=3, q=5$ 分解流图

【例 3.11】 用两个 3 点长序列的 DFT 表示一个 6 点长序列 $x(n)$, $n=0,1,\cdots,5$ 的 DFT。

解： $N=6$， $p=2$， $q=3$ 时，将 $x(n)$ 分解为 2 组，每组长 3 点。

第一组　$x_1(r)=x(2r)$ ：　　$x(0)$　$x(2)$　$x(4)$

第二组　$x_2(r)=x(2r+1)$：　　$x(1)$　$x(3)$　$x(5)$ ，　$r=0,1,2$

$$
\begin{aligned}
X(k) &= \sum_{n=0}^{5} x(n) W_6^{kn} = \sum_{r=0}^{2} x_1(r) \cdot W_6^{k2r} + \sum_{r=0}^{2} x_2(r) \cdot W_6^{k(2r+1)} \\
&= \sum_{r=0}^{2} x_1(r) \cdot W_3^{kr} + W_6^{k} \sum_{r=0}^{2} x_2(r) \cdot W_3^{kr} = X_1(k) + W_6^{k} \cdot X_2(k), \quad k=0,1,2
\end{aligned}
$$

$$X(k+3)=X_1(k)+W_6^{k+3}\cdot X_2(k)=X_1(k)-W_6^k\cdot X_2(k),\quad k=0,1,2$$

分解流图如图 3.41 所示。

同理也可将 $N=6$ 的序列分解为 $p=3$，$q=2$ 的三个两点 DFT，请读者自行完成分解运算关系推导，分解流图如图 3.42 所示。

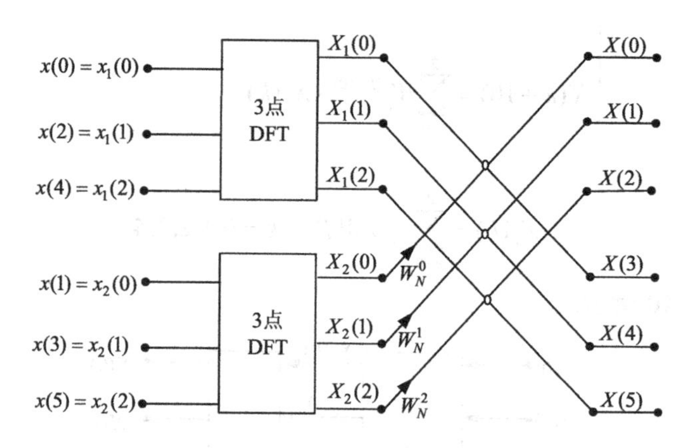

图 3.41　$N=6,p=2,q=3$ 的分解流图

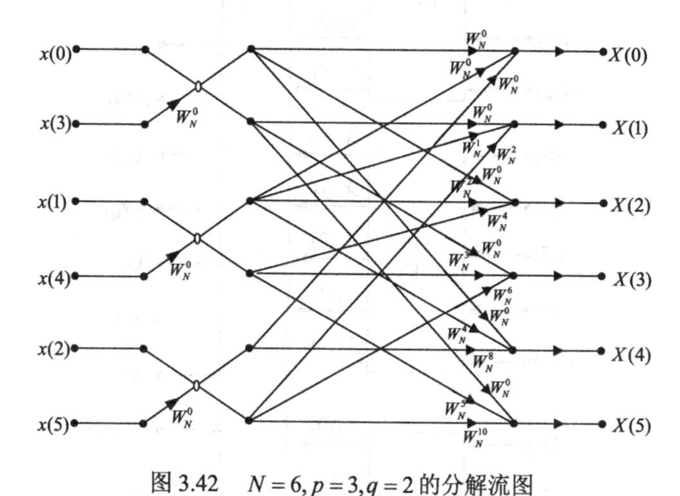

图 3.42　$N=6,p=3,q=2$ 的分解流图

类似于上述 DIT-FFT 原理，也可以有任意基 DIF-FFT 算法，这里不再阐述，感兴趣的读者可参考相关文献。

3.5.6　实序列的 FFT

前面讨论的 FFT 都是针对复序列的，但在实际应用中 $x(n)$ 往往都是实序列。当然可以把 $x(n)$ 看作是虚部为零的复序列，按照复序列的 FFT 进行运算，显然这样增加了存储量和运算时间，不是一种有效的办法。下面举例说明实序列的 FFT 算法。

为了使用基 2-FFT 算法，这里，假定序列的长度为 2 的整次幂。

1. 用一个 N 点的 FFT 实现两个 N 点实序列的 FFT

3.2.3 节中用 DFT 的共轭对称性降低运算量的方法，就是用一个 N 点复序列的 DFT 实现了两个 N 点实序列的 DFT。将 DFT 改为 FFT，就可用一次复序列的 N 点 FFT 运算，实现两个实序列的 N 点 FFT 运算。

2. 用 N 点复序列的 FFT 实现 $2N$ 点实序列的 FFT

设 $x(n)$ 是 $2N$ 点长实序列。以 $x(n)$ 的偶数点构成 $x_1(n)$，以 $x(n)$ 的奇数点构成 $x_2(n)$：

$$x_1(n) = x(2r), \quad r = 0,1,\cdots,N-1 \tag{3.99}$$

$$x_2(n) = x(2r+1), \quad r = 0,1,\cdots,N-1 \tag{3.100}$$

将 $x_1(n)$ 和 $x_2(n)$ 构成复序列：

$$g(n) = x_1(n) + \mathrm{j}x_2(n) \tag{3.101}$$

根据离散傅里叶变换的线性性质，有：

$$G(k) = \mathrm{DFT}[x_1(n) + \mathrm{j}x_2(n)] = X_1(k) + \mathrm{j}X_2(k), \quad k = 0,1,\cdots,N-1 \tag{3.102}$$

根据离散傅里叶变换的共轭对称性，有：

$$X_1(k) = G_{\mathrm{ep}}(k) = \frac{1}{2}[G(k) + G^*(N-k)] \tag{3.103}$$

$$X_2(k) = \frac{1}{\mathrm{j}}G_{\mathrm{op}}(k) = \frac{1}{2\mathrm{j}}[G(k) - G^*(N-k)] \tag{3.104}$$

根据式（3.77a）和式（3.77b），有：

$$X(k) = X_1(k) + W_{2N}^k X_2(k), \quad k = 0,1,\cdots,N-1 \tag{3.105}$$

$$X(k+N) = X_1(k) - W_{2N}^k X_2(k), \quad k = 0,1,\cdots,N-1 \tag{3.106}$$

可见，只要计算出复序列 $g(n)$ 的 N 点 FFT，就可由式（3.103）和式（3.104）计算出 $g(n)$ 实部 $x_1(n)$ 和虚部 $x_2(n)$ 两个实序列的 N 点 FFT $X_1(k)$ 和 $X_2(k)$，进而由式（3.105）和式（3.106）求出 $2N$ 点实序列 $x(n)$ 的 FFT。

3. 用一个 N 点复序列的 IFFT 实现两个 N 点实序列的 IFFT

设 $x_1(n)$ 和 $x_2(n)$ 是 N 点长实序列，已知 $X_1(k)$ 和 $X_2(k)$，求 $x_1(n)$ 和 $x_2(n)$。

若设 $f(n)$ 为 $x_1(n)$ 和 $x_2(n)$ 构成的复序列：

$$f(n) = x_1(n) + \mathrm{j}x_2(n) \tag{3.107}$$

由于

$$F(k) = \mathrm{FFT}[x_1(n) + \mathrm{j}x_2(n)] = X_1(k) + \mathrm{j}X_2(k), \quad k = 0,1,\cdots,N-1 \tag{3.108}$$

计算

$$f(n) = \mathrm{IFFT}[F(k)], \quad n = 0,1,\cdots,N-1$$

则

$$x_1(n) = \frac{1}{2}[f(n) + f^*(n)] \tag{3.109}$$

$$x_2(n) = \frac{1}{2\mathrm{j}}[f(n) - f^*(n)] \tag{3.110}$$

即只需计算一次 N 点 IFFT，可由式（3.109）和式（3.110）求出两个实序列。

4. 用一个 N 点复序列的 IFFT 实现一个 $2N$ 点实序列的 IFFT

该高效算法，请读者自行完成分析（习题 3-20）。

快速傅里叶变换算法是信号处理领域重要的研究课题。自从 1965 年提出基 2-FFT 算法以来，已陆续出现多种快速算法，如分裂基 FFT 算法、离散哈特莱变换（DHT）、基 4-FFT、基 8-FFT、混合基 FFT 等。本节介绍了最基本的 FFT 算法原理，其他高效快速算法，可参考相关文献进行学习。不同基数的 FFT 算法运算效率不同，实际中可根据需求选用。

在 MATLAB 信号处理工具箱中 FFT 函数调用格式为

y=fft(x)

式中，x 是时间序列，y 是序列 x 的快速傅里叶变换。若 x 的长度是 2 的整次幂，则按该长度实现 x 的基 2-FFT 算法，否则实现混合基算法。

FFT 函数的另一种调用格式为

y=fft(x,n)

n 为正整数。若 x 的长度小于 n，则函数将 x 补零至长度 n，若 x 的长度大于 n， 则函数截断 x 使之长度为 n。

快速傅里叶反变换 IFFT 函数的调用格式与 FFT 函数相同

y=ifft(x)或 y=ifft(x,n)

y 是序列 x 的 IFFT，通常包含实部和虚部两部分，n 的意义与正变换一样。

计算 FFT 的代码如下：

```
%samp3_03.m
n=0:15;
xn=[1 1 2 3 4 5 4 3 2 1];
yn=fft(xn,10)
运行结果：
26.0000   –9.4721   1.0000   –0.5279   1.0000   0   1.0000   –0.5279   1.0000   –9.4721
```

因为 xn 是实循环共轭对称序列，所以傅里叶变换是实循环共轭对称序列。

下面的程序是 3.4.2 节中对语音“他”和航模机声信号所做的频谱分析，使用 MATLAB 软件编程，直接调用“FFT”语句即可。

```
%samp3_04.m
N1=input('Input data start-point N1=');              %N:数据段起始点
N2=input('Input data end-point N2=');                %N2:数据段结束点
M= input('Input number of FFT points M=');           %M:FFT 点数
[DataFile,Fs]=wavread('ta.wav');                     %Fs:采样率
N=length(DataFile);                                  %N:数据文件长度
DataFile=DataFile-mean(DataFile);                    %零均值化处理
DataFile1=DataFile/[max(DataFile)];                  %归一化处理
DataFile2=DataFile1(N1:N2);
x=fft(DataFile2,M);                                  %快速傅里叶变换
y=abs(x);
t=(N1:N2)/Fs;
subplot(2,1,1); plot(t,DataFile2);xlabel('t/s'); ylabel('x(t)');
f=(1:M)*(Fs/M);
subplot(2,1,2);plot(f(1:M/2),y(1:M/2)); xlabel('f/Hz'); ylabel('幅度');
```

3.6 MATLAB 实现举例

本章自定义函数：

```
function[Xk]=dft(xn,N)                    %dft:计算 DFT 的函数
n=[0:1:N–1];                              %n 的行向量
k=[0:1:N–1];                              %k 的行向量
WN=exp(–j*2*pi/N);                        %旋转因子
nk=n'*k;                                  %产生一个含 nk 值的 N 乘 N 维矩阵
```

```
WNnk=WN.^nk;                              %DFT 矩阵
Xk=xn*WNnk;                               %DFT 系数的行向量
end

function y=cirshftt(x,m,N)                %cirshftt:实现循环移位函数
if length(x)>N
    error('N 必须>=x 的长度')
end
x=[x zeros(1,N–length(x))];
n=0:N–1;
n=mod(n–m,N);
y=x(n+1);
end

function[y]=circonvt(x1,x2,N)             %circonvt:计算序列的循环卷积函数
n=0:N–1;n11=–(N–1):0;
x1=[x1 zeros(1,N–length(x1))];
x2=[x2 zeros(1,N–length(x2))];
x22=fliplr(x2);
for k=0:N–1,
    y=cirshftt(x22,k+1,N);
    z=x1.*y;
    r(1,k+1)=sum(z);
end
y=r;
end

function[y]=ovrlpsav(x,h,N)               %ovrlpsav:重叠保留法计算线性卷积的函数
Lenx=length(x);M=length(h);               %x:输入序列,h:脉冲响应
M1=M–1;L=N–M1;                            %N:段长
h=[h zeros(1,N–M)];
x=[zeros(1,M1)x zeros(1,N–1)];            %预置 M–1 个零
K=floor((Lenx+M1–1)/(L));                 %段数
Y=zeros(K+1,N);
for k=0:K                                 %各段循环圈积
    xk=x(k*L+1:k*L+N);
    Y(k+1,:)=circonvt(xk,h,N);
end
Y=Y(:,M:N)';                              %去掉前 M–1 个值
y=(Y(:))';
end
```

1．计算序列的离散傅里叶变换

```
%pro3_01.m
x=input('input  序列 x(n)=');N=input('input N=');        %参考取值 x(n)=[1 4 5 2 1 3 4 5 6]; %N=10
if N<length(x)
```

```
        disp('N 必须大于等于 length(x)');
        N=input('input again N=');
end
if length(x)<N
        x=[x,zeros(1,N–length(x))];
end
n=0:1:N–1;X=dft(x,N);                                   %N 点离散傅里叶变换
magX=abs(X);phaX=angle(X)*180/pi;
subplot(311);stem(n,x); ylabel('x(n)'); xlabel('n');
subplot(312);stem(n,magX); ylabel('|X(k)|'); xlabel('k');
subplot(313);stem(n,phaX); ylabel('phaX'); xlabel('k');
```

2．计算序列的离散傅里叶反变换

```
%pro3_02.m
x=input('input 序列 x(n)=');N=input('input N=');
if N<length(x)
        disp('N 必须大于等于 length(x)');
        N=input('input again N=');
end
if length(x)<N
        x=[x,zeros(1,N–length(x))]
end
n=0:1:N–1;X=dft(x,N);                                   %N 点离散傅里叶变换
magX=abs(X);phaX=angle(X)*180/pi;
subplot(311);stem(n,magX); ylabel('|X(k)|'); xlabel('k');
subplot(312);stem(n,phaX); ylabel('phaX'); xlabel('k');
x=ifft(X,N);                                            %N 点离散傅里叶反变换
subplot(313);stem(n,x);ylabel('x(n)'); xlabel('n');
```

3．离散时间傅里叶变换与离散傅里叶变换的关系

```
%pro3_03.m
n=0:4;x=[ones(1,5)];
k=0:999;w=(pi/500)*k;
X=x*(exp(–j*pi/500)).^(n'*k);                           %计算离散时间傅里叶变换 X(e^jω)
Xe=abs(X);
subplot(312);plot(w/pi,Xe); ylabel('|X(w)|'); xlabel('\omega');   %绘出 X(e^jω) 的幅频特性
text(0.25,–0.5,'\pi');text(0.45,–0.5,'\pi');text(0.65,–0.5,'\pi')
text(0.85,–0.5,'\pi');text(0.995,–0.5,'\pi');text(1.25,–0.5,'\pi');text(1.45,–0.5,'\pi')
text(1.65,–0.5,'\pi');text(1.85,–0.5,'\pi');text(2.02,–0.5,'\pi');
N=10;x=[ones(1,5),zeros(1,N–5)];
n=0:1:N–1;
X=dft(x,N);                                             %N=10 点离散傅里叶变换
magX=abs(X);phaX=angle(X)*180/pi;
k=(0:length(magX)'–1)*N/length(magX);
subplot(311); stem(n,x);ylabel('x(n)'); xlabel('n');
subplot(313);stem(k,magX);axis([0,10,0,5]);ylabel('|X(k)|'); xlabel('k');   %绘出 X(k) 的幅频特性
```

4．复共轭序列的 DFT

```
%pro3_04.m
xn=input('input x(n)=');                                    %参考取值 xn=[1–j,2+2j,3–3j,–4+4j,5–5j]
N=length(xn);
n=0:N–1;
subplot(221);stem(n,abs(xn)); ylabel('x(n)'); xlabel('n');
Xk=dft(xn,N);
subplot(222);stem(n,abs(Xk)); ylabel('|X(k)|'); xlabel('k');
x1=(xn').';
subplot(223);stem(n,abs(x1)); ylabel(' x*(n)'); xlabel('n');
X=dft(x1,N);
subplot(224);stem(n,abs(X)); ylabel('|X*(N–k)'); xlabel('k');
```

5．重叠相加法计算线性卷积

```
%pro3_05.m
M=8;n=0:M–1;h=0.5.^n;                                       %h:单位取样响应，长度为 M
N=10; x=rand(1,3*N);                                        %x:输入序列，长度为 3N
figure(1);subplot(411);stem(x);text(–4,1,'x(n)');text(3*N+1,0,'n');
for n=0:3*N–1
x1(1,n+1)=0; x2(1,n+1)=0; x3(1,n+1)=0;
end
for n=0:N–1                                                 %输入序列分段
    x1(1,n+1)=x(1,n+1);
    x2(1,n+N+1)=x(1,n+N+1);
    x3(1,n+2*N+1)=x(1, n+2*N +1);
end
subplot(412);stem(x1); text(–4,1,'x1(n)');text(3*N+1,0,'n');
subplot(413);stem(x2); text(–4,1,'x2(n)');text(3*N+1,0,'n');
subplot(414);stem(x3); text(–4,1,'x3(n)');text(3*N+1,0,'n');
y1=conv(x1,h);y2=conv(x2,h);y3=conv(x3,h);                  %分段计算线性卷积
y1=[y1,zeros(1,length(y3)–length(y1))];
y2=[y2,zeros(1,length(y3)–length(y2))];
y=y1+y2+y3;                                                 %重叠相加
figure(2);
subplot(411);stem(y1); axis([0 length(y)–1,0,2]);text(–4,1,'y1(n)');text(3*N+M,0,'n');
subplot(412);stem(y2); axis([0 length(y)–1,0,2]);text(–4,1,'y2(n)');text(3*N+M,0,'n');
subplot(413);stem(y3); axis([0 length(y)–1,0,2]);text(–4,1,'y3(n)');text(3*N+M,0,'n');
subplot(414);stem(y); axis([0 length(y)–1,0,2]);text(–4,1,'y(n)');text(3*N+M,0,'n');
```

6．重叠保留法计算线性卷积

```
%pro3_06.m
x=rand(1,10);                              %产生 10 个随机数，输入序列 x(n)长度 N=10
h=[1,1,–1];                                %产生单位取样序列，M=3
for i=0:1   x1(1,i+1)=0;end                %x(n)分段,每段重叠两个样值
for i=2:5   x1(1,i+1)=x(1,i–1);end
for i=0:5   x2(1,i+1)=x(1,i+3);end
```

```
for i=0:3   x3(1,i+1)=x(1,i+7);end
for i=4:5   x3(1,i+1)=0;end
n=0:5;
figure(1)
subplot(411);stem(0:length(x)-1,x); axis([-2,11,0,1]);
subplot(412);stem(0:length(x1)-1,x1); axis([-2,11,0,1]);
subplot(413);stem(0:length(x2)-1); axis([-2,11,0,1]);
subplot(414);stem(0:length(x3)-1,x3); axis([-2,11,0,1]);
figure(2)
y1=circonvt(x1,h,6);y2=circonvt(x2,h,6);y3=circonvt(x3,h,6);     %分段循环卷积
y=ovrlpsav(x,h,6);                                               %重叠保留法计算线性卷积
subplot(411);stem(0: length(y1)-1,y1); axis([0,11,0,2]);
subplot(412);stem(0: length(y2)-1,y2); axis([0,11,0,2]);
subplot(413);stem(0: length(y3)-1,y3); axis([0,11,0,2]);
subplot(414);stem(0: length(y)-1,y); axis([0,11,0,2]);
```

7．用 FFT 进行频谱分析

```
%pro3_07.m
T=0.01;N=40;n=0:N-1;t=n*T;                  %T:采样间隔;N:数据长度
xn=sin(16*pi*t)+5*cos(64*pi*t);             %产生输入序列
Xk=fft(xn,N);                               %FFT
magXk=abs(Xk);
k=(0:length(magXk)'-1)*N/length(magXk);
subplot(211);plot(t,xn);
xlabel('t(s)');ylabel('x(t)');
subplot(212);stem(k,magXk);
xlabel('k'); ylabel('|X(k)|');
```

8．序列的循环卷积运算

各参数参考取值：x1=[1,2,2,3];x2=[1,2,3,4,3,2]; Lc=10。

```
%pro3_08.m
x1=input('input x1=');x2=input('input x2=');
Ll=length(x1)+length(x2)-1;
disp('Ll=');
Lc=input('input 圆周圈积点数 Lc=');
n=0:Lc-1;
yc=circonvt(x1,x2,Lc);                      %调用自定义的函数 circonvt
subplot(311);stem(x1(1:length(x1))); axis([0, Ll,0,max(x1)+1])
subplot(312);stem(x2(1:length(x2)));axis([0, Ll,0,max(x2)+1])
subplot(313);stem(yc(1:Lc));axis([0, Ll,0,max(yc)+1])
```

9．调用 FFT 程序计算 IFFT

```
%pro3_09.m
x=input('input x=');                        %x:输入时间序列
N=input('input N=');                        %N:FFT 点数
xk=fft(x,N);                                %计算 FFT(x)
```

```
xk=conj( xk);                                   %取复共轭
xn=fft(xk);                                     %计算 FFT[X(k)]
xn= conj(xn)/N;
stem(real(xn));
```

10．用循环卷积定理计算线性卷积

```
%pro3_10.m
x = input('Type in the first sequence = ');
h = input('Type in the second sequence = ');
L = length(x)+length(h)-1;                      %L:线性卷积的长度
XE = fft(x,L);    HE = fft(h,L);                %计算两个序列的 DFT
y1 = ifft(XE.*HE);                              %计算 IDFT
n = 0:L-1;
subplot(2,1,1)
stem(n,y1)
xlabel('Time index n');ylabel('Amplitude');
title('Result of DFT-based linear convolution')
y2 = conv(x,h);                                 %计算线性卷积
error = y1-y2;                                  %误差计算
subplot(2,1,2)
stem(n,error)
xlabel('Time index n');ylabel('Amplitude')
title('Error sequence')
```

思　考　题

3-1　有限长序列的 DFT 与其 Z 变换和傅里叶变换有什么关系？

3-2　有限长序列的线性卷积、循环卷积有什么不同？其关系是怎样的？

3-3　频域采样和时域采样有什么不同？所导致的结果有什么类似的地方？

3-4　用 DFT 计算连续信号频谱时，可能存在哪些误差？

3-5　如何减小“栅栏效应”？

3-6　如何用离散傅里叶变换的程序计算离散傅里叶反变换？

3-7　若 $N \neq 2^M$，你有几种计算 N 点长序列 FFT 的方法？

3-8　什么是频率分辨率？使用 FFT 进行频谱分析时，频率分辨率与所分析信号的最高频率有何关系？

3-9　在序列后添零能否提高频率分辨率？为什么？

3-10　计算有限长序列 $x_1(n)(0 \leqslant n \leqslant N_1-1)$ 和 $x_2(n)(0 \leqslant n \leqslant N_2-1)$ 的线性卷积。直接用线性卷积公式计算，所需的乘法次数和加法次数分别为多少？用 FFT 实现，需要的乘法次数和加法次数分别为多少？

习　　题

3-1　证明：$W_N^{kn} = W_N^{(k+N)n} = W_N^{k(N+n)}$。

3-2　证明：$\sum_{k=0}^{N-1} W_N^{kn} = \begin{cases} N, & n = mN \\ 0, & \text{其他} \end{cases}$，　m 为整数

3-3　求下列序列的 N 点 DFT。

（a）$\{1,1,-1,-1; n=0,1,2,3\}$，$N=4$　　（b）$\{1, j, -1, -j; n=0,1,2,3\}$，$N=4$

（c）$x(n)=c^n$，$0 \leqslant n \leqslant N-1$　　（d）$x(n)=\delta(n)$

（e）$x(n)=\delta(n-n_0)$，　$0<n_0<N$　　（f）$x(n)=\mathrm{e}^{\mathrm{j}\omega_0 n}R_N(n)$

（g）$x(n)=\cos(\omega_0 n)R_N(n)$

3-4　设 $x(n)=R_3(n)$，$\tilde{x}(n)=\sum_{r=-\infty}^{\infty} x(n+7r)$，求 $\tilde{X}(k)$，并作图表示 $\tilde{x}(n)$ 和 $\tilde{X}(k)$。

3-5　长度为 N 的序列 $x(n)$ 的 N 点离散傅里叶变换为 $X(k)$，

（a）证明：若 $x(n)=-x(N-1-n)$，则 $X(0)=0$

（b）证明：若 $x(n)=x(N-1-n)$）且 N 为偶数，则 $X(N/2)=0$

3-6　若 $x(n)$ 是长度为 N 的实序列，$X(k)=\mathrm{DFT}[x(n)]$。

（a）分析 $X(k)$ 的对称性。

（b）若 $x(n)=x(N-n)$，分析 $X(k)$ 的对称性。

（c）若 $x(n)=-x(N-n)$，分析 $X(k)$ 的对称性。

3-7　已知 $X(k)$ 是 $x(n)$ 的 N 点离散傅里叶变换，求证 $\mathrm{DFT}[X(n)]=Nx(N-k)$。

3-8　证明离散相关定理：

若
$$X(k)=X_1^*(k)X_2(k)$$
则
$$x(n)=\mathrm{IDFT}[X(k)]=\sum_{l=0}^{N-1} x_1^*(l)x_2((l+n))_N R_N(n)$$

3-9　已知 $X(k)$ 是 $x(n)$ 的 N 点 DFT，求 $x(n)=\mathrm{IDFT}[X(k)]$，m 为整数。

（a）$X(k)=\begin{cases} \dfrac{N}{2}\mathrm{e}^{\mathrm{j}\theta}, & k=m \\ \dfrac{N}{2}\mathrm{e}^{-\mathrm{j}\theta}, & k=N-m \\ 0, & \text{其他} \end{cases}$

（b）$X(k)=\begin{cases} -\dfrac{N}{2}\mathrm{e}^{\mathrm{j}\theta}\mathrm{j}, & k=m \\ \dfrac{N}{2}\mathrm{j}\mathrm{e}^{-\mathrm{j}\theta}, & k=N-m \\ 0, & \text{其他} \end{cases}$

其中，m 为正整数，$0<m<\dfrac{N}{2}$，N 为变换区间的长度。

3-10　已知序列 $x(n)=\begin{cases} a^n, & 6 \leqslant n \leqslant N-1 \\ 0, & \text{其他} \end{cases}$，求其 $N=10$ 点和 $N=20$ 点离散傅里叶变换。

3-11　已知 $x(n)$ 是长度为 N 的有限长序列，$X(k)=\mathrm{DFT}[x(n)]$。现将 $x(n)$ 的每两点之间补进 $r-1$ 个零值，得到一个长度为 rN 的有限长序列 $y(n)$：

$$y(n)=\begin{cases} x\left(\dfrac{n}{r}\right), & n=ir, i=1,2,\cdots,N-1 \\ 0, & \text{其他} \end{cases}$$

求 DFT$[y(n)]$ 与 $X(k)$ 的关系。

3-12　已知 $x(n)$ 是长度为 N 的有限长序列，$X(k)=\mathrm{DFT}[x(n)]$。现将 $x(n)$ 的长度扩大 r 倍，得到一个长度为 rN 的有限长序列 $y(n)$：

$$y(n)=\begin{cases}x(n), & 0\leqslant n\leqslant N-1\\ 0, & N\leqslant n\leqslant rN-1\end{cases}$$

求 DFT$[y(n)]$ 与 $X(k)$ 的关系。

3-13　已知实序列 $x(n)$ 的 8 点 DFT 的前 5 个值为 0.25，0.125-j0.3018，0，0.125-j0.0518，0。

（a）求 $X(k)$ 其余 3 点的值；

（b）$x_1(n)=\sum\limits_{m=-\infty}^{\infty}x(n+5+8m)R_8(n)$，求 $X_1(k)=\mathrm{DFT}[x_1(n)]_8$；

（c）$x_2(n)=x(n)\mathrm{e}^{\mathrm{j}\pi n/4}$，求 $X_2(k)=\mathrm{DFT}[x_2(n)]_8$。

3-14　长度为 $N=10$ 的两个有限长序列

$$x(n)=\begin{cases}1, & 0\leqslant n\leqslant 4\\ 0, & 5\leqslant n\leqslant 9\end{cases}$$

$$y(n)=\begin{cases}1, & 0\leqslant n\leqslant 4\\ -1, & 5\leqslant n\leqslant 9\end{cases}$$

计算 $f_{\mathrm{c}}(n)=x(n)\,⑩\,y(n)$，并作图表示。

3-15　在图 P3-1 中画出了两个有限长序列，试画出它们的 6 点循环卷积。

3-16 图 P3-2 表示一个 5 点序列 $x(n)$，试画出：

（a）$x(n)*x(n)$　　　　（b）$x(n)\,⑤\,x(n)$　　　　（c）$x(n)\,⑩\,x(n)$

3-17　设 $x(n)$ 为 8 点长序列，$y(n)$ 为 20 点长序列，它们的 20 点离散傅里叶变换分别为 $X(k)$ 和 $Y(k)$，

$$r(n)=\mathrm{IDFT}\left[X(k)\cdot Y(k)\right]$$

问：$r(n)$ 中哪些点等于线性卷积 $f(n)=x(n)*y(n)$ 中的点？

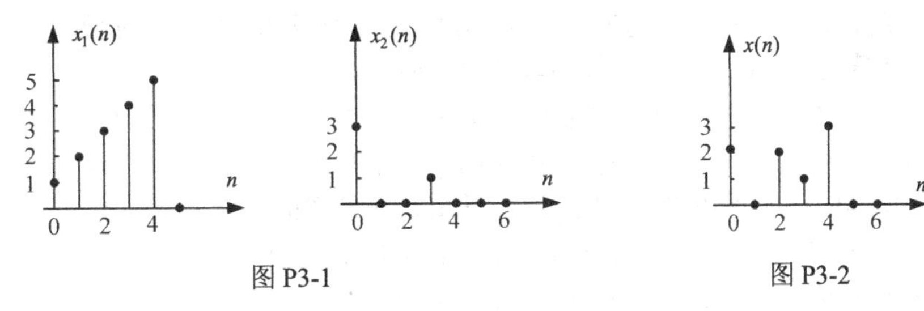

图 P3-1　　　　图 P3-2

3-18　设 $x_1(n)$ 和 $x_2(n)$ 为两个长度为 N 的实序列，其 DFT 分别为 $X_1(k)$ 和 $X_2(k)$。现将 $x_1(n)$ 和 $x_2(n)$ 构成一个 N 点复序列：

$$g(n)=x_1(n)+\mathrm{j}x_2(n)$$

$G(k)=\mathrm{DFT}[g(n)]$，试用 $G(k)$ 来表示 $X_1(k)$ 和 $X_2(k)$。

3-19　已知有限长复序列 $f(n)$ 由两个同长度实序列 $x(n)$、$y(n)$ 组成：

$$f(n)=x(n)+\mathrm{j}y(n),\quad 0\leqslant n\leqslant N-1$$

且

$$F(k)=\mathrm{DFT}[f(n)],\quad 0\leqslant k\leqslant N-1$$

求 $X(k)$、$Y(k)$ 以及 $x(n)$、$y(n)$。

（a）$F(k)=\dfrac{1-a^N}{1-aW_N^k}+\mathrm{j}\dfrac{1-b^N}{1-bW_N^k}$，$0\leqslant k\leqslant N-1$，$a$、$b$ 为实数；

（b）$F(k)=1+\mathrm{j}N$，$0\leqslant k\leqslant N-1$，$N$为整数。

3-20　已知$X(k),k=0,1,\cdots,2N-1$是$2N$点实序列$x(n)$的DFT值，现在需要由$X(k)$求$x(n)$的值，为提高运算效率，试设计用一个N点IFFT运算一次完成。

3-21　序列$x(n)=\left(\frac{1}{2}\right)^n u(n)$的傅里叶变换为$X(\mathrm{e}^{\mathrm{j}\omega})$,已知一有限长序列$y(n)$，除了$0\leqslant n\leqslant 9$外，均有$y(n)=0$，其10点离散傅里叶变换等于$X(\mathrm{e}^{\mathrm{j}\omega})$在其主周期内等间隔的10点取样值，求$y(n)$。

3-22　已知序列$x(n)=a^n u(n),0<a<1$，对$x(n)$的Z变换$X(z)$在单位圆上N点等间隔采样，采样值为

$$X(k)=X(z)\Big|_{z=W_N^{-k}},\quad k=0,1,\cdots,N-1$$

求IDFT$[X(k)]$。

3-23　设$x(n)$，$0\leqslant n\leqslant M-1$，其$Z$变换为

$$X(z)=\sum_{n=0}^{M-1}x(n)z^{-n}$$

今欲求$X(z)$在单位圆上N个等距离点上的采样值$X(z_k)$，其中$z_k=\mathrm{e}^{\mathrm{j}\frac{2\pi}{N}k}$，　$k=0,1,\cdots,N-1$，问在(a) $N<M$；(b) $N\geqslant M$　两种情况下如何用一个N点DFT来算出全部$X(z_k)$的值。

3-24　如果使用某款通用数字信号处理器对信号作频谱分析，信号的最高频率为$f_{\mathrm{m}}=1000\mathrm{Hz}$，若要求频率分辨率$F\leqslant 20\mathrm{Hz}$，试确定：

（a）信号的最小记录时间T_{cmin}；

（b）采样点的最大采样间隔$T_{\max}$；

（c）若要求则最少采样点数$N_{\min}$为多少？

（d）如果f_{m}不变，要求频率分辨率增加一倍，采样点数为2的整数次幂，最少的采样点数$N_{\min}$是多少？

3-25　假定某一款通用计算机的速度为平均每次复数乘需5μs，每次复数加需要1μs，计算1024点DFT，问用直接运算需多少时间？用基2-FFT计算需多少时间？（此处不需考虑三角函数运算所需时间，不需考虑±1,±j等特殊值运算节省的时间）

3-26　如果某款通用数字信号处理器的速度为平均每次复数乘需100ns，每次复数加需要10ns，计算1024点DFT，问用直接运算需多少时间？用基2-FFT计算需多少时间？（此处不需考虑三角函数运算所需时间，不需考虑±1,±j等特殊值运算节省的时间）

3-27　已知一个长度$N=4$的序列$x(n)=\{1,1+\mathrm{j},1-\mathrm{j},-1;n=0,1,2,3\}$：

（a）画出4点长序列时间抽取基2-FFT的运算流图；

（b）利用该流图，逐级计算蝶形运算的输出，得到序列$x(n)$的DFT。

3-28　已知一个长度$N=4$的序列$x(n)=\{1,1-\mathrm{j},1+\mathrm{j},-1;n=0,1,2,3\}$：

（a）画出4点长序列频率抽取基2-FFT的运算流图；

（b）利用该流图，逐级计算蝶形运算的输出，得到序列$x(n)$的DFT。

3-29　现有一个长度$N=4096$的复序列$x_1(n)$与一个长度为$M=256$的复序列$x_2(n)$作线性卷积，试计算：

（a）直接进行线性卷积所需复数乘法次数；

（b）使用256点时间抽取基2-FFT重叠相加法计算该卷积，需要的复数乘法次数是多少？

第 4 章　无限脉冲响应数字滤波器设计

无限脉冲响应（IIR）数字滤波器以较低的滤波器阶数就能获得较好的幅频特性，在相位响应线性特性要求不高的情况下能大大降低实现复杂度。本章将讨论基于模拟低通原型滤波器的 IIR 数字滤波器设计方法，具体包括滤波器基础，模拟低通原型滤波器定义、特点及设计方法，模拟高通、带通、带阻滤波器的设计以及模拟滤波器映射为数字滤波器的方法。

本章主要知识点

- ✧ 滤波器的基本概念与技术指标
- ✧ 典型模拟低通滤波器及其设计
- ✧ 模拟高通、带通、带阻滤波器设计
- ✧ 模拟域的频带变换方法
- ✧ 基于冲激响应不变法的 IIR 数字滤波器设计方法
- ✧ 基于双线性变换法的 IIR 数字滤波器设计方法

4.1　滤波器基础

数字滤波器基础

（概念和分类）

4.1.1　滤波器基本概念

1. 滤波器的作用

什么是滤波器？在回答这个问题之前，先来看图 4.1 所示的电磁波频谱，不难看出我们周围充斥着各种频率的信号，从几赫兹的脑电波信号到数百吉赫兹的红外光，甚至到更高频率的 γ 射线信号。面对着烤肉师傅熟练的操作，我们眼睛看到的是缕缕青烟，耳朵听到的是轻微的嘶嘶声，鼻子闻到的是肉和香料作用散发的复合香气，离烤炉近的话你还能感觉到暖烘烘的，青烟、嘶嘶声、香气、烤炉的热量是同时存在的，为什么眼睛、耳朵、鼻子和皮肤都只注意到烤肉的一个方面呢？广义上讲，人体的感官就是滤波器。尽管我们周围的电磁信号非常丰富，但是眼睛只提取可见光频段的信号，或者说只允许可见光频段的信号通过眼睛进入大脑，其他频段的信号虽说事实上存在，却被眼睛无情地拒之门外，不会通过视觉神经送入大脑。同样我们人类的耳朵则只选取 20Hz~20kHz 的信号送入大脑，而皮肤对红外频段信号敏感。像我们的眼睛、耳朵、鼻子和皮肤，虽然在人体的位置不同、形状不一，但它们工作的共同点是对信号进行筛选，将落入它们各自负责的频段的信号选取出来送入大脑，而其他信号即便存在也会被它们抑制掉、衰减掉或滤除掉。换句话说，信号在通过眼睛、耳朵、鼻子和皮肤之前和之后的频率成分是不同的，会发生改变。

综上不难理解，滤波器是指能改变信号中频率分量比例的系统、模块或软件。实际生活中滤波器应用非常广泛，如直流电源端常使用滤波器降低电压波动；在音频电路中常使用滤波器控制低音和高音；在模拟信号数字化过程中常使用预滤波器限制信号带宽。总的来说，滤波器的作用一般体现在三个方面：一是从输入信号中提取有用频率成分，而抑制无用频率成分，表现为对信号的分离功能，这种功能的滤波器有时也因此称为选频器；二是信号恢复或增强，如照相时对焦不准会造成照片模糊，通过滤波处理可以使照片变得清晰，这即为滤波的信号恢复功能，或增强功能，如图 4.2 所示；还有一类滤波器用于做脉冲成型/脉冲成形（pulse shaping），比如用方波表示的基带数据经过处理后变成升余弦脉冲串，脉冲成形处理会对降低码间串扰有帮助。

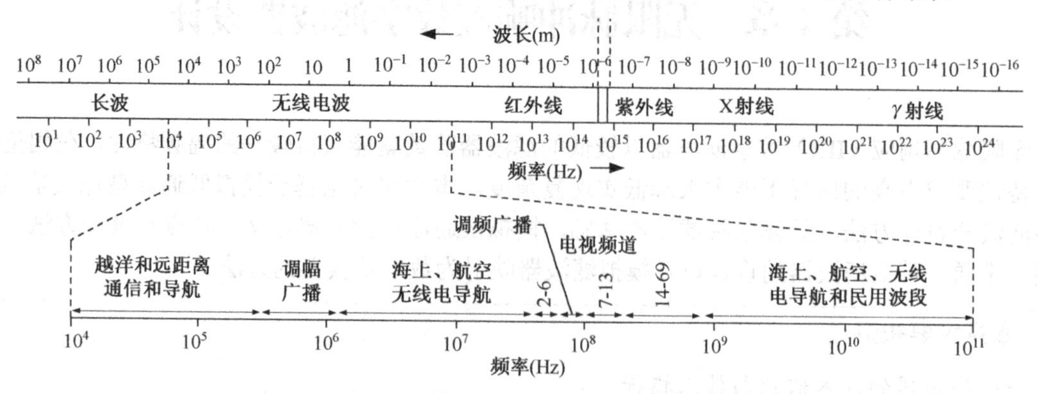

图 4.1　电磁波频谱图

(a) 滤波前　　(b) 滤波后

图 4.2　图像信号增强

2．滤波器分类

滤波器的分类标准有很多，按照不同的分类标准，同一滤波器也会归为不同的类。比如前面所说的耳朵、眼睛和皮肤，按照滤波器的来源分它们就属于天生的，而各种设备中使用的滤波器则是人造的。下面重点介绍信号处理学科常用的五类分类标准。

1）按照信号与噪声的频谱相对位置分类

按照信号与噪声的频谱相对位置分类，分成经典滤波器与现代滤波器。前者能用于有用信号和噪声信号在频谱上互不交叠，至少是有用信号主要能量与噪声信号主要能量不重叠时的信号分离。在有用信号和噪声频谱重叠的情况下，经典滤波器已无能为力，只能根据有用信号或噪声的统计特性，设计匹配滤波器，最大限度地分离出有用信号，如维纳滤波器、卡尔曼滤波器、自适滤波器等现代滤波器。本书将研究经典滤波器的设计与应用，现代滤波器的知识在研究生相关课程中有详细讨论。

2）按照要保留的信号所在频谱位置或滤波器通带所在频谱的位置分类

按照要保留的信号所在频谱位置或滤波器通带所在频谱的位置分类，滤波器可以分为低通（Low Pass，LP）滤波器、高通（High Pass，HP）滤波器、带通（Band Pass，BP）滤波器和带阻（Band Stop，BS 或 Band Reject，BR）滤波器。低通滤波器是指只允许低于某频率值的频率分量通过，而限制高于该频率值的频率分量通过的滤波器。与低通滤波器恰恰相反，高通滤波器是只允许高于某频率值的频率分量通过的滤波器。带通滤波器则是既不允许低于某频率值的频率分量通过，又不允许高于某频率值的频率分量通过，只允许中间某段频率分量通过。带阻滤波器与带通滤波器恰恰相反。按照要保留的信号的频谱位置分类，除了前面介绍的 LP、HP、BP 和 BS 滤波器外，还经常用到多频带（multiband）滤波器。

3）按照被处理信号的形式分类

按照被处理信号的形式分类，分成模拟滤波器和数字滤波器。前者直接以模拟信号为输入，后者输入的信号为数字信号。模拟滤波器通常是指利用元件本身的特性实现滤波器功能的电路。模拟滤波器分为无源滤波器和有源滤波器，其中无源滤波器由 R、L、C 组成，有源滤波器由集成运放和 R、C 组成。数字滤波器是指通过数值运算的方式实现改变信号频谱比例的软件、硬件或系统。下面来看两个数字滤波器的例子。

【例 4.1】 设信号 $x(n)=u(n)+0.25v(n)$，$u(n)$和 $v(n)$是由频率分别为 f_1=250Hz 和 f_2=50Hz 的正弦信号以 1kHz 采样频率采样得到的，试分析该信号通过这样一个系统之后各频率分量的变化情况，其中系统的差分方程描述为 $y(n)=x(n)+x(n-2)$。

解： 若把 $v(n)$和 $u(n)$中的一个看作有效信号，另一个看作干扰信号，则 $x(n)$ 就是有效信号和干扰信号的叠加。

对描述系统的差分方程做 DTFT 可以得到：

$$Y(e^{j\omega})=X(e^{j\omega})+X(e^{j\omega})e^{-2j\omega}$$

式中，$Y(e^{j\omega})$=DTFT[$y(n)$]，$X(e^{j\omega})$=DTFT[$x(n)$]，合并整理后得到：

$$H(e^{j\omega})=\frac{Y(e^{j\omega})}{X(e^{j\omega})}=1+e^{-2j\omega}=1+\cos(2\omega)-j\sin(2\omega)$$

$H(e^{j\omega})$=DTFT[$h(n)$]为系统的频率响应，求解幅频响应可以得到：

$$\left|H(e^{j\omega})\right|=\sqrt{(1+\cos 2\omega)^2+\sin^2 2\omega}=\sqrt{2(1+\cos 2\omega)}=2\left|\cos\omega\right|$$

求解采样频率 f_s=1kHz 下两频率 f_1 和 f_2 对应的归一化频率，可以得到：

$$\omega_1=2\pi f_1/f_s=2\pi\times 250/1000=\frac{\pi}{2},\omega_2=2\pi f_2/f_s=2\pi\times 50/1000=\frac{\pi}{10}$$

将 ω_1 和 ω_2 代入幅频响应表达式，可以得到：

$$\left|H(e^{j\pi/2})\right|=0,\left|H(e^{j\pi/10})\right|\approx 2$$

容易确定系统在 ω_1 和 ω_2 输出的幅度分别为

$$\left|Y(e^{j\omega_1})\right|_{\omega_1=\pi/2}=\left|H(e^{j\omega_1})\right|\cdot\left|X(e^{j\omega_1})\right|=0$$

$$\left|Y(e^{j\omega_2})\right|_{\omega=\pi/10}=\left|H(e^{j\omega_2})\right|\cdot\left|X(e^{j\omega_2})\right|\approx 2\left|X(e^{j\omega_2})\right|_{\omega=\pi/10}$$

即由频率分别为 f_1 和 f_2 的两个单音信号复合而成的信号 $x(n)$经过 $y(n)=x(n)+x(n-2)$这样一个仅由加法和延迟操作的系统后，频率为 250Hz 的分量被滤除，50Hz 的分量信号被近似放大 2 倍，即这个系统是一个具有选频功能的滤波器，而滤波器功能是靠数值运算实现的。

【例 4.2】 用数值计算的方法实现对操作系统启动音的低通滤波。

在 MATLAB 环境下，执行 4.5 节中 pro4_01.m 程序清单即可直接感受到滤波前后声音的变化（需要耳机或音响）。

程序清单中，注释行“Filter it with an IIR DF”下面的代码是用线性卷积通过数值运算的方法实现了对 Windows 启动音的低通滤波，数字滤波器与模拟滤波器的区别可见一斑。

4）按照实现结构或单位脉冲响应分类

按照实现结构或单位脉冲响应分类，可以分成有限长脉冲响应滤波器——Finite Impulse Response（FIR）和无限长脉冲响应滤波器——Infinite Impulse Response (IIR)。FIR 系统对应的 $h(n)$ 为有限长序列，对应的系统的差分方程描述和系统函数描述如式（4.1）所示；IIR 系统对应的 $h(n)$ 为无限长序列，对应的系统的差分方程描述和系统函数描述如式（4.2）所示。

$$y(n)=\sum_{i=0}^{M}b_i x(n-i) \quad H(z)=\sum_{i=0}^{M}b_i z^{-i} \tag{4.1}$$

$$y(n)=\sum_{i=0}^{M}b_i x(n-i)-\sum_{i=1}^{N}a_i y(n-i) \quad H(z)=\frac{\sum_{i=0}^{M}b_i z^{-i}}{1+\sum_{i=1}^{N}a_i z^{-i}} \tag{4.2}$$

其中 M、N、b_i、a_i 是常数，且对于 a_i 而言，在 i=1,2,⋯,N 时不全为零。

5）按照滤波器对信号的处理作用分类

按照滤波器对信号的处理作用分类，又可以将其分为选频滤波器和其他滤波器。上述的低通、带通、高通和带阻滤波器均属选频滤波器。很多实现信号波形成形、变换的系统或模块都可以看成滤波器，如对信号取微分的微分器等，这些均属其他滤波器。

3．模拟滤波器与数字滤波器的特点

模拟滤波器具有速度快、幅度和频率动态范围大等优点。比如在单指令周期为 1μs 的单片机上用 FFT 实现滤波（数字滤波器），每秒可以处理约 10000 个数据，而一个工作在 100kHz~1MHz 的简单运算放大器（模拟滤波器），其响应速度可以达到数字系统的 10~100 倍。

数字滤波器几乎可以完美地模仿所有模拟滤波器的频率特性，而且能提供更平坦的通带、更窄的过渡带以及更大的阻带衰减，而模拟滤波器同时优化这几个参数几乎是不可能的。

数字滤波器还能实现模拟滤波器无法实现的许多功能特性，如宽频带的恒定群延时、噪声与信号同频带的滤波以及对频率非常低的信号进行滤波等。

再者因为数字滤波通过数值运算实现滤波，所以数字滤波器的处理精度高、稳定性好、易于集成、调整方便，且不存在阻抗匹配问题。数字滤波器的优越性能是数字信号处理流行的一个重要原因。

4.1.2 滤波器指标

1．理想滤波器的幅频特性指标

数字滤波器基础技术指标

图 4.3 左侧为四种理想模拟滤波器的幅频特性图，右侧为四种理想数字滤波器的幅频特性图。从幅频特性图看，理想滤波器的“理想”表现为 3 点：①滤波器通带内的幅度是常数，这里为常数 1，阻带内的幅度是常数 0，即对于一个全频段（频率覆盖 0~+∞）信号，在经过滤波器时，落入滤波器通带内各频率分量会被等比例放大，落入滤波器阻带内的各频率分量会被完全抑制或彻底去除；②滤波器的通带到阻带的转换是瞬间完成的，没有中间过渡；③理想滤波器的通带最宽可以做到无穷大。从相频特性看，理想滤波器的“理想”表现出第 4 点：理想滤波器相频响应是频率的严格线性函数，即对通过系统的各频率分量进行相同的延时，或群延时为常数，信号的时域采样与恢复中使用的式（1.54）定义的滤波器就是一个例子。

下面简要地介绍图 4.3 所示理想模拟滤波器与理想数字滤波器的幅频响应图对应关系。

首先看三个结论，结论 1：根据傅里叶变换的性质，实信号的幅频特性图呈现偶对称特性；结论 2：由数字角频率和模拟角频率的关系 $\omega=\Omega/f_s$ 知，对频谱介于 $0\sim2\pi f_H$ 的频带宽度有限的模拟

信号，在以$\Omega_s=2\pi f_H$为采样频率对其进行采样时，得到的数字信号对应的数字角频率范围是0~π；结论3：由时域采样定理可知，时域内的采样对应频域的周期延拓。

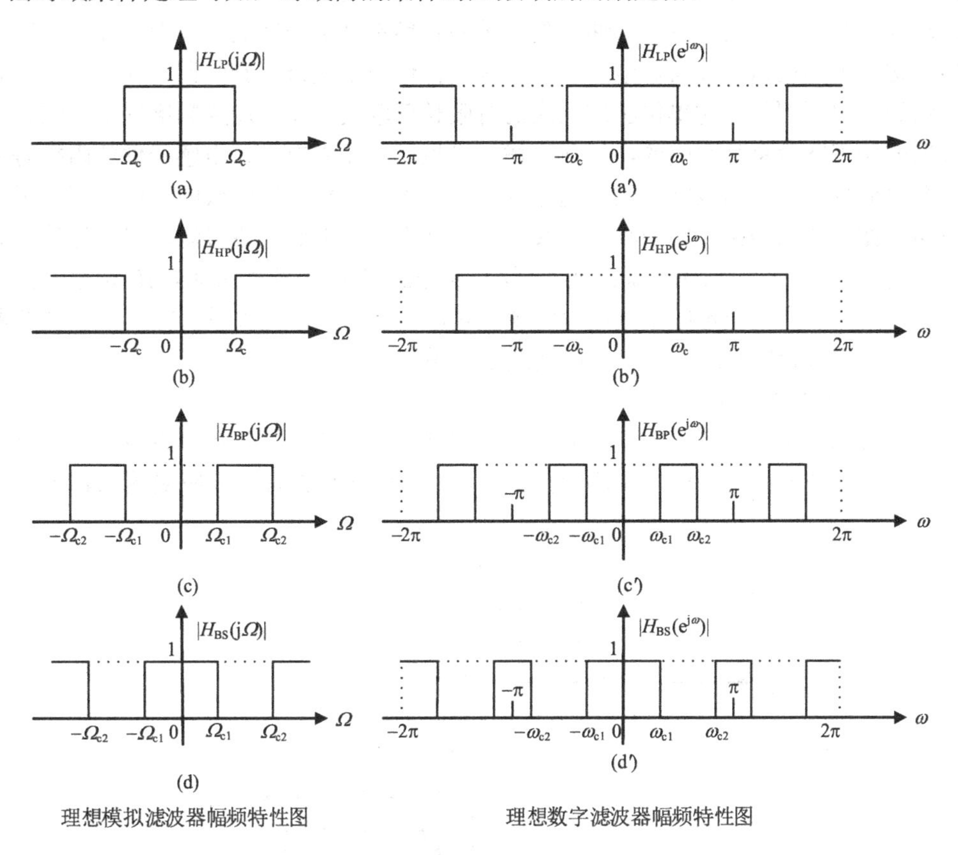

图4.3　理想滤波器幅频特性图

基于上述三个结论，若图4.3中同一行上右侧滤波器单位脉冲响应$h(n)$是左侧滤波器单位冲激响应$h_a(t)$在时域无失真采样得到的结果，则在看右侧数字理想滤波器的幅频特性图时，一般只看−π~π或0~2π的一个周期，甚至只看0~π的半个周期，0代表最低频率，π代表最高频率。例如图4.3(d′)所示的数字带阻滤波器，仅看看0~π的半个周期，可以看到从最低频至最高频的0~π范围内有两个分别在$0\sim\omega_{c1}$和$\omega_{c2}\sim\pi$通带，和一个频率在$\omega_{c1}\sim\omega_{c2}$的阻带，分别与左侧模拟滤波器的两个通带与一个阻带对应。如果有一个全频段（频率覆盖0~+∞）信号，经过4.3(d)所示滤波器后，介于$\Omega_{c1}\sim\Omega_{c2}$的频率分量完全被滤除或抑制，其他频率分量信号被原封不动地输出，只要能做出一个采样率达到+∞的A/D器件，用图4.3(d′)所示的数字带阻滤波器能达到相同的效果。

2．一般滤波器的技术指标

1）一般滤波器的技术指标特点

图4.3中所示滤波器的幅频响应在通带内都是非零常数，再配上严格线性相位的相频响应，则希望保留的频率分量会原封不动地保留下来，想滤除的频率分量一点都不会剩，真是完美之至。但由傅里叶变换知识知道，这些滤波器对应的单位冲激响应或单位脉冲响应都是无限长的，那必然也是非因果的，因此不具有物理可实现性。

从工程实现的角度看，有如下4条结论。结论1：滤波器在通带和阻带的幅度无法取常数，而是存在一定的波动或波纹。比如做模拟滤波器的谐振电路中常用的电容和电感等器件的阻抗等参数会随着频率的变化而变化，不是常数，因此谐振电路的频带宽度是有限的，而且谐振点的输出强度最大，偏离谐振点时输出的幅度会变小；而做数字滤波器的硬件电路，因为总尺寸、总功耗、处理时间等限制，只能用有限多的滤波器系数实现滤波器，因此得到的滤波器的通带和阻带也是有波动的。结论 2：实际滤波器通带到阻带的转换不是瞬间完成的，而是在一定频带宽度后完成转换。这是因为模拟滤波器在电容、电感等元件作用下从谐振到失谐之间的转换需要一个过程；数字滤波器也不例外，对单位脉冲响应的有限长截取过程就会造成频谱展宽。结论 3：实际模拟滤波器的频带宽度总是有限的，如前所述，模拟滤波器中电容、电感器件的阻抗等参数会随着频率的变化而变化；实际数字滤波器通过合理地配置滤波器系统函数的零极点能实现全通滤波器。结论 4：滤波器的相频响应与频率呈线性关系并不总能做到。模拟滤波器通过选用高精度器件和恒增益电路，在较窄的频率范围内能实现相频响应与频率呈线性关系。IIR 数字滤波器通过全通系统的相位矫正后能在一定频带宽度内实现频响应与频率呈线性关系；FIR 数字滤波器只要满足一定条件可以实现相频响应与频率的严格线性关系。

2）滤波器的主要技术指标

滤波器的技术指标有很多，这里主要介绍频率指标、幅度指标和矩形系数。下面以一个较为实际的模拟低通滤波器为例介绍滤波器的技术参数，该滤波器的幅频响应如图 4.4 所示。

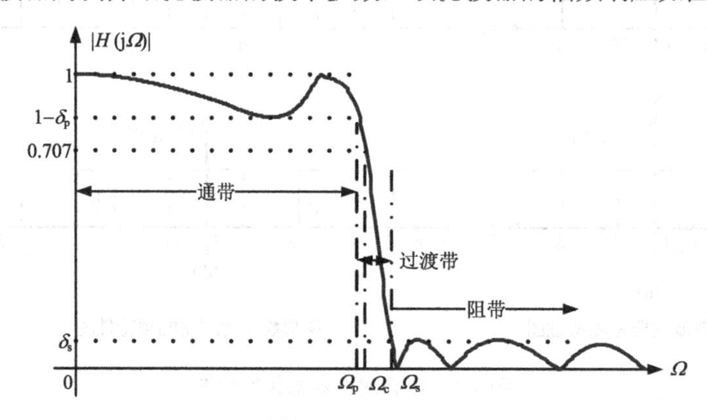

图 4.4　模拟低通滤波器幅频响应

（1）频率指标

在如图 4.4 所示的低通滤波器幅频特性图中，Ω_p 称作通带（passband）边界频率（edge frequency）或通带截止频率，Ω_s 称作阻带（stopband）边界频率或阻带截止频率，Ω_c 处恰逢信号功率下降一半，因此又称为 3dB 截止频率（cuttoff frequency）。低通滤波器的通带为 $0\sim\Omega_p$ 的范围，阻带为 $\Omega_s\sim+\infty$ 的范围，通带和阻带之间幅度缓慢下降的区域称作过渡带（transition band）。

（2）幅度指标

无论是模拟滤波器还是数字滤波器，设计时幅度常常做归一化处理，即将通带中的最大幅值看作 1。下面以低通滤波器为例介绍各频带的衰减指标。

通带内幅度：$1-\delta_p \leqslant |H(j\Omega)| \leqslant 1$，$\Omega \leqslant \Omega_p$，即通带内允许最大波动为 δ_p 或通带内信号幅度最大衰减不能超过 $1-\delta_p$，δ_p 有时也称为通带波纹系数。

阻带内幅度：$|H(j\Omega)| \leqslant \delta_s$，$\Omega_s \leqslant \Omega \leqslant +\infty$，即阻带内允许最大波动为 δ_s 或阻带内信号幅度至少衰减到 δ_s，δ_s 有时也称为阻带波纹系数。

图 4.4 所示的低通滤波器幅频特性图中纵轴为线性比例，其实幅度还可以用对数比例显示。线性比例在观察通带波纹和滚降特性时效果较好；对数比例显示对于观察阻带衰减效果较好。

若用对数比例表示滤波器各频带的幅度，则通带最大允许衰减 α_p 和阻带最小允许衰减 α_s 是用最大幅度值 1 与相应边界频率处的幅度比值的对数定义的：

$$\alpha_{\mathrm{p}} = 20\lg\frac{1}{|H(\mathrm{j}\Omega_{\mathrm{p}})|} = -20\lg|H(\mathrm{j}\Omega_{\mathrm{p}})| = -10\lg(1-\delta_{\mathrm{p}})^2\mathrm{dB} \tag{4.3}$$

$$\alpha_{\mathrm{s}} = 20\lg\frac{1}{|H(\mathrm{j}\Omega_{\mathrm{s}})|} = -20\lg|H(\mathrm{j}\Omega_{\mathrm{s}})| = -10\lg\delta_{\mathrm{s}}^2\mathrm{dB} \tag{4.4}$$

最大幅度用对数表示时对应 0dB，通带边界频率Ω_{p}和阻带边界频率Ω_{s}处的幅度分别对应$-\alpha_{\mathrm{p}}$dB 和$-\alpha_{\mathrm{s}}$dB，相对于最大幅度，两边界频率处幅度分别衰减了α_{p}dB 和α_{s}dB，注意区分这些不同的说法。

（3）矩形系数

对于带通滤波器，有时也会用矩形系数来描述实际滤波器与理想滤波器的接近程度，或描述截止频率附近幅度响应曲线变化的陡峭程度，滤波器的 xdB 矩形系数 $K_{x\mathrm{dB}}$ 定义为滤波器的 xdB 带宽与 3dB 带宽的比值。

$$K_{x\mathrm{dB}} = \frac{\mathrm{BW}_{x\mathrm{dB}}}{\mathrm{BW}_{3\mathrm{dB}}} \tag{4.5}$$

x 通常选择 40dB、30dB、20dB，对应图 4.5 中的−40dB、−30dB 和−20dB。

理想滤波器的矩形系数 $K_{x\mathrm{dB}}=1$，而常用滤波器的 $K_{x\mathrm{dB}}$ 在 1~5 的范围内，$K_{x\mathrm{dB}}$ 越接近 1，滤波器的过渡带越窄，不想保留的频率分量会得到更多的抑制，滤波器的频率选择性越好。

滤波器矩形系数还有其他形式的定义，如图 4.6 所示，用幅频特性降为 0.1 时的带宽比降为 0.9 时的带宽：

$$K = \frac{\mathrm{BW}_{0.1}}{\mathrm{BW}_{0.9}} \tag{4.6}$$

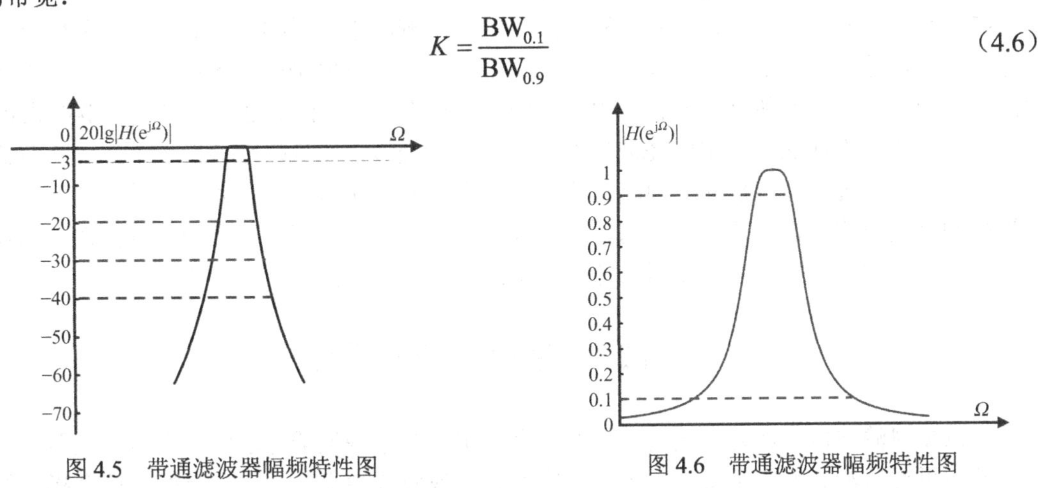

图 4.5　带通滤波器幅频特性图　　　　图 4.6　带通滤波器幅频特性图

除上述滤波器指标外，还包括模拟滤波器的插入损耗、数字滤波器的阶数，以及两类滤波器都涉及的相频响应的带内线性度、延迟等参数，感兴趣的读者可以查询相关资料，这里不再一一赘述。

4.1.3　数字滤波器常用设计方法

如前所述滤波器的分类有很多，这里重点研究数字滤波器的设计与实现。IIR 数字滤波器和 FIR 数字滤波器在频率响应上各有所长，前者易于以较低的滤波器阶数实现指标要求的幅频特性，如边界频率处的衰减指标能精确控制；后者易于实现严格的线性相位。通常在满足同样的幅频特性指标下，FIR 滤波器的阶数要远远大于 IIR 滤波器的阶数，两者之比能达到几十甚至更多。FIR 滤波器可以设计成具有严格线性相位的滤波器，且滤波器系数经过量化后系统总是稳定的。当严格要求群延时相同或线性相位时，运算复杂度的降低便显得不那么重要，这时 FIR 可能会是最好的选择。好在许多应用中，系统频率响应的相位要求并不高，因此 IIR 因其实现复杂度低而成为首选。需要说明的是，无论是 FIR 还是 IIR 数字滤波器，其实现复杂度通常与滤波器的阶数成正比，换句话说滤波器阶数直接影响着滤波的速度（时效）、功耗（续航）、尺寸（便携）和成本等。两者的种种差异，也导致它们在设计方法上有很大差别。

IIR 数字滤波器的常用设计方法有以下几种。

（1）以模拟滤波器设计为基础的变换方法。即在原型滤波器基础上先设计一个满足指标要求的模拟滤波器，并假设其传递函数为 $H_a(s)$，再通过一定的方法将 $H_a(s)$变换为数字滤波器的系统函数 $H(z)$。因有很多成熟原型滤波器设计结论可用，所以设计效率和效果均很好，因此本章将重点讨论该设计方法。

（2）零极点累试法。根据零极点对滤波器频率响应的影响，在 z 平面上通过直接添加零极点和调整零极点位置的方法设计数字滤波器。因这种方法往往需要多次反复尝试才能达到要求，这就是零极点累试法名字的由来。

（3）最优化设计法。利用该方法设计滤波器时，需先概略地构造一个描述滤波器系统的差分方程，而后在一定的最小误差准则下通过不断调整输入输出加权系数大小和个数，最终使所得系统的性能满足所要求的性能。最小误差准则设定后，加权系数的调整均需借助计算机完成。这种方法设计出来的滤波器在通带和阻带的指标富余量最小，阶数最低。

FIR 数字滤波器常用设计方法有如下几种。

（1）窗函数设计法。通过用适当窗型的窗函数对理想滤波器单位脉冲响应进行对称截取，在保持严格线性相位的同时，能得到较好的幅频特性。

（2）频率采样设计法。通过对目标滤波器的频率响应进行采样，之后对频域采样得到的离散点进行 IDFT 得到线性相位 FIR 滤波器的单位脉冲响应。频率采样法还能用于具有非理想幅频特性滤波器的设计。从实现复杂度看，频率采样法相较于窗函数法更适合窄带滤波器的设计。

（3）最优化设计法。与 IIR 滤波器的最优化设计类似，先概略地构造一个描述滤波器系统的差分方程，只不过差分方程中无输出反馈项，即所有 a_i 等于零，且输入项的系数初始设置和调整过程中均呈现对称特性。这种方法保证了滤波器通带衰减指标和阻带衰减的可控性，以及指标富余量最小，因此在所有 FIR 滤波器设计方法中，该方法所得滤波器的阶数最低。

4.2* 模拟滤波器设计

在以模拟滤波器设计为基础的变换方法设计 IIR 数字滤波器方法中，模拟滤波器设计是第一步。然后再通过冲激响应不变法、阶跃响应不变法或双线性变换法将设计好的符合指标要求的模拟滤波器传递函数 $H_a(s)$变换为数字滤波器的系统函数 $H(z)$。最后根据实际需要选择合适的网络结构，如直接型、级联型、并联型等来实现就可以投入使用了。

模拟滤波器的设计已相当成熟，有多种类型的原型滤波器可选，常用的原型滤波器有三种四类：巴特沃斯（Butterworth）型滤波器、切比雪夫（Chebyshev）I 型滤波器、Chebyshev II 型滤波器、考尔（Cauer）滤波器或椭圆滤波器。这些原型滤波器都是以低通滤波器的形式给出的，它们的幅频特性在通带和阻带各有特点：Butterworth 型滤波器通带、阻带内的幅度均单调下降；Chebyshev I 型滤波器通带内幅度等波纹波动、阻带内单调下降；Chebyshev II 型滤波器在通带内幅度单调下降、阻带内等波纹波动；Cauer 型滤波器的通带和阻带都等波纹波动。以这些滤波器为基础，通过频带变换等方法可以构造出具有相应通带阻带特性的高通、带通、带阻滤波器，因此这四类低通形式的滤波器又称为原型（prototype）滤波器。还有一种相频特性较具优势的 Bessel 滤波器，因幅度特性不突出，所以不太常用。

说到模拟滤波器的设计成熟，除了指有多种不同的幅频特性滤波器可选外，还指上述原型滤波器都有严格的数学定义，且前人积累了丰富的设计成果，如公式、表格等。这些滤波器一旦确定了滤波器阶数，便可较为方便地得到分子分母多项式形式或零极点形式的归一化系统函数表达式。随着计算机技术的发展，上述的许多成果都被编制成了程序，供设计者使用，比如 MATLAB 软件中的 Signal Processing Toolbox 中提供了专门的函数来设计这些滤波器。鉴于这些滤波器的理论相当成熟，MATLAB 又有专门的设计函数，这里只简单介绍前四类滤波器的定义式、特点，便于读者日后参考，而重点讨论这些滤波器的设计方法与步骤。

4.2.1 滤波器平方幅度函数到传递函数的转换

由于四类原型滤波器都是以平方幅度函数$|H(\mathrm{j}\Omega)|^2$的形式定义的，而模拟滤波器设计的最终结果以传递函数 $H_a(s)$的形式呈现才便于转化为数字滤波器，因此需要先研究一下平方幅度函数到传递函数的转换问题。

假设经过设计已经得到了符合滤波器指标要求的滤波器平方幅度函数$|H(\mathrm{j}\Omega)|^2$，下面的问题是如何得到滤波器的传递函数 $H_a(s)$，并保证该系统是因果稳定呢？

要回答上述问题，需要在整个 s 平面视域下看待模拟滤波器频率响应和传递函数之间的关系。由于 $\mathrm{j}\Omega$是 s 平面的虚轴，因此有

$$H(\mathrm{j}\Omega)=H_{\mathrm{a}}(s)\big|_{s=\mathrm{j}\Omega}$$

进而平方幅度函数$|H(\mathrm{j}\Omega)|^2$可改写为

$$\left|H(\mathrm{j}\Omega)\right|^2=H(\mathrm{j}\Omega)H^*(\mathrm{j}\Omega)=H_{\mathrm{a}}(s)H_{\mathrm{a}}(-s)\big|_{s=\mathrm{j}\Omega} \tag{4.7}$$

当模拟滤波器传递函数的系数是实数时，其传递函数的零点（极点）若是复数则肯定共轭成对出现，即如果 $a+\mathrm{j}b$ 是 $H_a(s)$的零点（极点），则 $a-\mathrm{j}b$ 也必然是 $H_a(s)$的零点（极点）；且若 $a+\mathrm{j}b$ 是 $H_a(s)$的零点（极点），则$-a-\mathrm{j}b$ 也必然是 $H_a(-s)$的零点（极点），即 $a+\mathrm{j}b$、$a-\mathrm{j}b$、$-a+\mathrm{j}b$、$-a-\mathrm{j}b$ 同为乘积 $H_a(s)H_a(-s)$的零点或极点。因此乘积 $H_a(s)H_a(-s)$在 s 平面上的零点（极点）肯定关于 s 平面的实轴对称（$a+\mathrm{j}b$ 与 $a-\mathrm{j}b$）和原点对称（$a+\mathrm{j}b$ 与$-a-\mathrm{j}b$），另外乘积 $H_a(s)H_a(-s)$在 s 平面上的零点和极点个数肯定也都是偶数。

若对乘积 $H_a(s)H_a(-s)$在 s 平面上的极点和零点进行这样的划分，位于左半平面上的极点全部作为 $H_a(s)$的极点，位于右半平面的极点作为 $H_a(-s)$的极点，零点可以任选一半（前提是任一个零点及其共轭必须分在同一半内），会出现什么结果呢？这样得到的 $H_a(s)$肯定是稳定的，因为 $H_a(s)$的极点都在 s 平面的左半平面，另外由于在将 s 平面的所有零点和极点按上述方式在 $H_a(s)$和 $H_a(-s)$之间分配时，得到的 $H_a(s)$和 $H_a(-s)$对应的也是实系数系统。来看两个例子。

【例 4.3】 设一平方幅度函数$|H(\mathrm{j}\Omega)|^2$的零极点已确定，其分布如图 4.7 所示，试确定稳定系统的传递函数 $H_a(s)$。

解： 容易看出图 4.7 中极点 p_2 与 p_3 共轭成对、p_1 与 p_4 共轭成对，p_5 与 p_6 是互为相反数的实数，p_1 与 p_3、p_2 与 p_4、p_5 与 p_6 分别关于原点对称；零点 z_2 与 z_3 共轭成对、z_1 与 z_4 共轭成对；z_5 与 z_6 是互为相反数的实数，z_1 与 z_3、z_2 与 z_4、z_5 与 z_6 分别关于原点对称之间也有相应的对应关系。

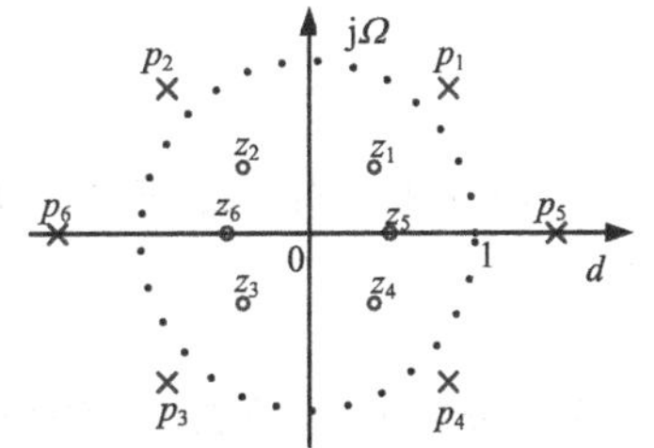

图 4.7 平方幅度函数零极点分布图

为了得到稳定的系统，将 s 平面左半平面的极点 p_2、p_3 与 p_6 全部作为 $H_a(s)$的极点，p_1、p_4 与 p_5 作为 $H_a(-s)$的极点。零点的选择，一般不影响系统的稳定性。这里选 z_2、z_3 与 z_5 作 $H_a(s)$的零点，因此可得：

$$H_{\mathrm{a}}(s)=K\frac{(s-z_2)(s-z_3)(s-z_5)}{(s-p_2)(s-p_3)(s-p_6)}$$

其中 K 为增益调节常数，通常要根据系统在某个频率处的增益要求确定。

$H_a(-s)$的表达式还请你自己根据 $H_a(s)$得出，并分析 $H_a(s)$和 $H_a(-s)$的极点对应关系。

【例 4.4】 已知一滤波器的幅度平方函数$|H(j\Omega)|^2$，试求对应的稳定系统的传递函数 $H_a(s)$。

$$|H(j\Omega)|^2=\frac{36(49-\Omega^2)^2}{(25+\Omega^2)(16+\Omega^2)}$$

解：（1）根据式（4.7），进行变量代换得：

$$\left|H(j\Omega)\right|^2=H_a(s)H_a(-s)\Big|_{s=j\Omega}=\frac{36\left[49-(s/j)^2\right]^2}{\left[25+(s/j)^2\right]\left[16+(s/j)^2\right]}$$

$$H_a(s)H_a(-s)=\frac{36(49+s^2)^2}{(25-s^2)(16-s^2)}$$

（2）求 $H_a(s)H_a(-s)$中所有的零极点。

$H_a(s)H_a(-s)$的极点为：$p_1=5, p_2=-5, p_3=4, p_4=-4$。

$H_a(s)H_a(-s)$的零点为：$z_1=z_2=7j, z_3=z_4=-7j$。

由于 $s=j\Omega$，因此不难理解 $H_a(s)H_a(-s)$的零极点与 $H(j\Omega)H^*(j\Omega)$的零极点的位置相差 90° 或虚数单位 j。

（3）确定 $H_a(s)$的零极点。令 s 平面左半平面极点作为 $H_a(s)$的极点，即 $p_2=-5, p_4=-4$ 为 $H_a(s)$的极点。需要注意的是这里零点均是二重零点，选取互为共轭的一对 z_1 和 z_3 作为 $H_a(s)$的零点，因此有：

$$H_a(s)=K\frac{(s-z_1)(s-z_3)}{(s-p_2)(s-p_4)}=K\frac{(s^2+49)}{(s+5)(s+4)}$$

（4）确定增益调节常数 K。

若要求 $s=0$ 处或直流分量处，$H_a(s)$和 $H_a(-s)$平分系统增益，则 $K=6$；若要求 $s=0$ 处，$H_a(s)$增益为 1，则 $K=20/49$，$H_a(-s)$的增益则为 $36\times49/20$。

至此已经解决了由平方幅度函数$|H(j\Omega)|^2$ 确定传递函数 $H_a(s)$的问题，再利用双线性变换或冲激响应不变法、阶跃响应不变法等方法就可以变换得到数字滤波器的系统函数 $H(z)$。

接下来的问题是如何根据滤波器指标确定滤波器的平方幅度函数或传递函数 $H_a(s)$。下面将按照 Butterworth、Chebyshev I、Chebyshev II、椭圆等四种原型滤波器的顺序逐一介绍它们的定义、具体特点及设计方法与步骤。

4.2.2 Butterworth 型模拟低通滤波器设计

Butterworth 滤波器特点、参数确定及设计步骤

1. Butterworth 型原型滤波器的定义及特点

Butterworth 滤波器是由英国工程师斯蒂芬·巴特沃斯（Stephen Butterworth）在 1930 年发表在《无线电工程》期刊的一篇论文中提出的。N 阶 Butterworth 低通滤波器的平方幅度函数定义为

$$|H(j\Omega)|^2=\frac{1}{1+\left(\dfrac{\Omega}{\Omega_c}\right)^{2N}} \tag{4.8}$$

以Ω_c 为归一化频率因子，且定义归一化频率$\lambda=\Omega/\Omega_c$，式（4.8）可改写为归一化平方幅度函数：

$$|H(j\lambda)|^2=\frac{1}{1+\lambda^{2N}},\quad \lambda\geqslant 0 \tag{4.9}$$

Butterworth 低通滤波器的平方幅频特性如图 4.8(a)所示，可以看出在整个频带内幅频特性曲线呈现单调下降的趋势下，通带内尽可能多地保持了平坦特性，而且 Butterworth 滤波器在$\Omega=0$ 和∞处

对理想低通滤波器进行了非常好的近似（在上述四类滤波器中也是最好的近似）。Butterworth 归一化低通滤波器平方幅频特性与阶数 N 的关系如图 4.8(b)所示，可以看出λ=1 时平方幅度总为$\dfrac{1}{2}$，滤波器阶数越大平方幅频图越接近矩形，矩形系数越接近 1，学完后面的几种滤波器之后你会发现这种滤波器是唯一一种通阻带变化趋势不随阶数变化的滤波器。由于在 Butterworth 滤波器的平方幅度函数$|H(\mathrm{j}\Omega)|^2$在Ω=0 处的 1 到 $2N-1$ 阶导数都为零，该特点也使其成为具有最大平坦性的滤波器。

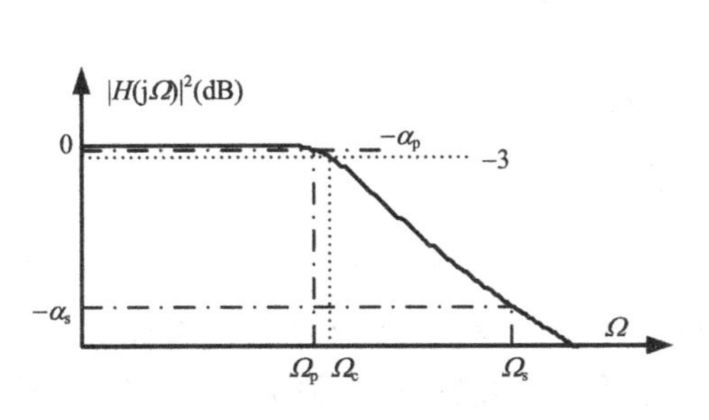

(a) Butterworth 低通滤波器平方幅频特性

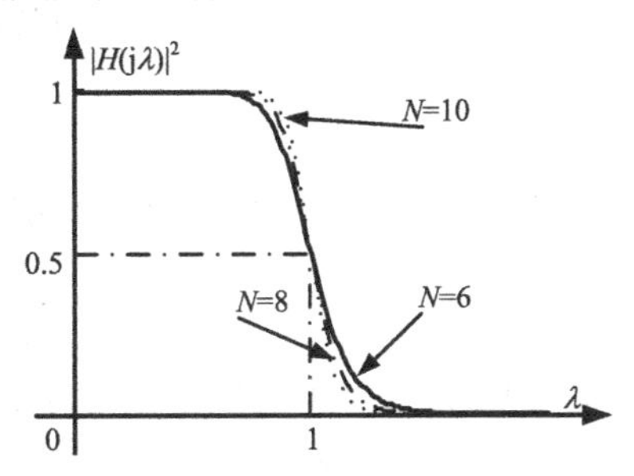

(b) Butterworth 归一化低通滤波器平方幅频特性与阶数关系

图 4.8　低通滤波器特性

从式（4.8）和式（4.9）可以看出 N 阶 Butterworth 滤波器的平方幅度函数是全极点模型（没有零点），且在Ω=0 或λ=0 处取得最大值 1，在$\Omega=\Omega_c$或λ=1 处取值为 1/2，也就是说Ω_c既是 3dB 截止频率，也是 Butterworth 滤波器的归一化频率因子。根据式(4.9)，不管是 3dB 截止频率在 1rad/s 还是在 100000 rad/s 的 Butterworth 低通滤波器，其 N 阶归一化平方幅度函数$|H(\mathrm{j}\lambda)|^2$都是相同的，对应的极点位置λ_k也相同，这就是归一化的魅力所在。

对于 Butterworth 滤波器，容易得知$|H(\mathrm{j}0)|^2=1$，进而有通带边界频率Ω_p处的衰减为

$$\alpha_p = 10\lg\frac{|H(\mathrm{j}0)|^2}{|H(\mathrm{j}\Omega_p)|^2} = 10\lg\left[1+\left(\frac{\Omega_p}{\Omega_c}\right)^{2N}\right] \tag{4.10}$$

阻带边界频率Ω_s处的衰减为

$$\alpha_s = 10\lg\frac{|H(\mathrm{j}0)|^2}{|H(\mathrm{j}\Omega_s)|^2} = 10\lg\left[1+\left(\frac{\Omega_s}{\Omega_c}\right)^{2N}\right] \tag{4.11}$$

2. Butterworth 型原型滤波器的设计

1）Ω_c和 N 的确定

由式(4.8)可知 Butterworth 原型低通滤波器的幅度特性由 3dB 截止频率Ω_c和阶数 N 两个参数决定，而这两个参数在给定通带边界频率Ω_p、通带允许最大衰减α_p、阻带边界频率Ω_s、阻带允许最小衰减α_s四个指标情况下，通过联立求解式（4.10）和式（4.11）可以得到。滤波器阶数 N 的求解方法如下：

$$N = \left\lceil \frac{1}{2}\left[\lg\frac{10^{0.1\alpha_p}-1}{10^{0.1\alpha_s}-1}\right]\Big/\left[\lg\frac{\Omega_p}{\Omega_s}\right]\right\rceil \tag{4.12}$$

其中$\lceil x\rceil$为向上取整运算，表示求大于等于 x 的最小整数。

将滤波器阶数 N 的值代入式（4.10）或式（4.11）中的任何一个，均可求得 3dB 截止频率Ω_c。

$$\Omega_c = \Omega_p\big/(10^{\alpha_p/10}-1)^{1/(2N)} \tag{4.13}$$

$$\Omega_c = \Omega_s\big/(10^{\alpha_s/10}-1)^{1/(2N)} \tag{4.14}$$

两式计算Ω_c结果多数情况下会不一致，但任选一个均满足指标要求，只是会使对侧指标出现富余，这点将在例题中详细说明。对于 Butterworth 型滤波器而言，指标出现富余量的根源是幅频特性的单调变化，为此会使滤波器阶数升高。

2）Butterworth 原型滤波器设计步骤

将式（4.8）所示平方幅度函数写成 s 的函数：

$$H(s)H(-s)=\frac{1}{1+\left(\dfrac{s}{\mathrm{j}\Omega_c}\right)^{2N}}$$

上式是一个全极点模型，且所有极点均可由下式确定：

$$s_k=\mathrm{j}\Omega_c(-1)^{\frac{1}{2N}}=\Omega_c\mathrm{e}^{\mathrm{j}\pi\left(\frac{1}{2}+\frac{2k+1}{2N}\right)},k=0,1,\cdots,2N-1 \tag{4.15}$$

由于 k=0,1,⋯,2N−1 时比值(2k+1)/(2N)不能取整数，因此 s 平面虚轴上必然没有极点。

若定义归一化复变量 $p=s/\Omega_c$，易知归一化复变量 p 和归一化频率λ的关系为 $p=\mathrm{j}\lambda$，而且上述极点公式可以改写为

$$p_k=s_k/\Omega_c=\mathrm{e}^{\mathrm{j}\pi\left(\frac{1}{2}+\frac{2k+1}{2N}\right)},k=0,1,\cdots,2N-1 \tag{4.16}$$

即归一化极点 p_k 的值仅与滤波器的阶数 N 有关，换句话说，知道了阶数 N 就可以完全确定极点 p_k。而对于全极点模型，构造稳定系统只涉及极点的选择，因此选择 s 平面左侧极点就可构造出稳定的归一化传递函数 $H(p)$。位于 s 左半平面的归一化极点包括：

$$p_k=\mathrm{e}^{\mathrm{j}\pi\left(\frac{1}{2}+\frac{2k-1}{2N}\right)},k=1,2,\cdots,N \tag{4.17}$$

利用式（4.17）所示这些极点就可以得出归一化的传递函数 $H(p)$：

$$H(p)=\frac{1}{\prod_{k=1}^{N}(p-p_k)} \tag{4.18}$$

如 N=3 时，根据式（4.16）知 6 个极点分别位于 $\mathrm{e}^{\mathrm{j}4\pi/6}$、$\mathrm{e}^{\mathrm{j}6\pi/6}$、$\mathrm{e}^{\mathrm{j}8\pi/6}$、$\mathrm{e}^{\mathrm{j}10\pi/6}$、$\mathrm{e}^{\mathrm{j}12\pi/6}$、$\mathrm{e}^{\mathrm{j}14\pi/6}$，没有极点在虚轴上，而且 $\mathrm{e}^{\mathrm{j}4\pi/6}$、$\mathrm{e}^{\mathrm{j}6\pi/6}$、$\mathrm{e}^{\mathrm{j}8\pi/6}$ 三个极点全部在 s 平面左侧，与式（4.17）的结果一致。

将 3dB 截止频率Ω_c代入归一化的传递函数 $H(p)$完成去归一化过程，进而得到传递函数 $H_a(s)$：

$$H_a(s)=H(p)|_{p=s/\Omega_c}=\frac{1}{\prod_{k=1}^{N}(s-s_k)}\quad k=1,\cdots,N \tag{4.19}$$

综上所述，Butterworth 型模拟低通滤波器的设计步骤如下：

① 根据式（4.12）确定滤波器阶数 N，根据式（4.13）或式（4.14）确定 3dB 截止频率Ω_c；

② 根据式（4.17）、式（4.18）确定归一化系统函数 $H(p)$；

③ 根据式（4.19）去归一化得到传递函数 $H_a(s)$。

下面的例子演示了 Butterworth 低通滤波器的设计方法与步骤及相关 MATLAB 函数的使用。

【例 4.5】 试设计一个 Butterworth 型低通滤波器，其通带范围 0~40Hz，通带允许最大衰减 1dB，150Hz 以上为阻带，阻带允许最小衰减为 60dB。

解：1）依据指标要求确定 Butterworth 滤波器特征参数：阶数 N 和 3dB 截止频率Ω_c。

（1）确定滤波器阶数 N。根据式（4.12）确定滤波器阶数 N：

$$N=\left\lceil\frac{1}{2}\left[\lg\frac{10^{0.1\times1}-1}{10^{0.1\times60}-1}\right]\Big/\left[\lg\frac{\Omega_p}{\Omega_s}\right]\right\rceil=\lceil 5.7373\rceil=6$$

（2）确定 3dB 截止频率Ω_c和指标富余量。

i）将阶数 N=6 代入式（4.14）得Ω_c的一种取值：

$$\Omega_c = \Omega_s(10^{0.1\alpha_s}-1)^{-\frac{1}{2N}} = 2\pi\times150\times(10^{0.1\times60}-1)^{-\frac{1}{2\times6}} = 2\pi\times47.4342\text{rad/s}$$

将阶数 N=6 和此Ω_c代入式（4.10）得Ω_p处的实际衰减：

$$\alpha_p^1 = 10\lg\left[1+\left(\frac{\Omega_p}{\Omega_c}\right)^{2N}\right] = 10\lg\left[1+\left(\frac{40}{47.4342}\right)^{2\times6}\right] = 0.5281\text{dB}$$

ii）将阶数 N=6 代入式（4.13）得Ω_c的另一种取值：

$$\Omega_c = \Omega_p(10^{0.1\alpha_p}-1)^{-\frac{1}{2N}} = 2\pi\times40\times(10^{0.1\times1}-1)^{-\frac{1}{2\times6}} = 2\pi\times44.7674\text{rad/s}$$

将 N=6 和此Ω_c代入式（4.11）得Ω_s处的实际衰减：

$$\alpha_s^1 = 10\lg\left[1+\left(\frac{\Omega_s}{\Omega_c}\right)^{2N}\right] = 10\lg\left[1+\left(\frac{150}{44.7674}\right)^{2\times6}\right] = 63.0155\text{dB}$$

可见，阶数 N 联合式（4.13）和式（4.14）计算的 3dB 截止频率Ω_c是有差异的，且因$\alpha_s^1 > \alpha_s$，所以前者确定的Ω_c保证通带衰减指标恰好满足要求，而阻带指标会有富余量；因$\alpha_p^1 < \alpha_p$，表明后者确定的Ω_c保证阻带衰减指标恰好满足要求，而通带指标会有富余量。

2）根据滤波器阶数 N 确定归一化系统函数 $H(p)$。

将阶数 N 代入式（4.17）、式（4.18），可得出 $H(p)$：

$$H(p) = \frac{1}{(p+0.2588-\text{j}0.9659)(p+0.2588+\text{j}0.9659)}\times\frac{1}{(p+0.7071-\text{j}07071)(p+0.7071+\text{j}07071)}\times$$
$$\frac{1}{(p+0.9659-\text{j}0.2588)(p+0.9659+\text{j}0.2588)}$$

3）对 $H(p)$去归一化确定传递函数 $H_a(s)$。

根据式（4.19），得 $H_a(s) = H(p)|_{p=s/\Omega_c}$

$$H_a(s) = \left.\frac{1}{p^6+3.8637p^5+7.4641p^4+9.1416p^3+7.4641p^2+3.8637p+1}\right|_{p=s/\Omega_c}$$
$$= \frac{1}{(s/\Omega_c)^6+3.8637(s/\Omega_c)^5+7.4641(s/\Omega_c)^4+9.1416(s/\Omega_c)^3+7.4641(s/\Omega_c)^2+3.8637(s/\Omega_c)+1}$$
$$= \frac{\Omega_c^6}{s^6+3.8637s^5\Omega_c+7.4641s^4\Omega_c^2+9.1416s^3\Omega_c^3+7.4641s^2\Omega_c^4+3.8637s\Omega_c^5+\Omega_c^6}$$

至此，符合指标要求的模拟低通 Butterworth 滤波器设计完成，经历了特征参数（阶数 N 和 3dB 截止频率Ω_c）求解，N 阶归一化系统函数 $H(p)$计算，以及最后的传递函数 $H_a(s)$的确定。本例所用 MATLAB 函数及求解例程见 4.5 节的 pro4_02.m。所设计的模拟滤波器的幅频特性图如图 4.9 所示，对应题设要求不难看出，结果是满足要求的。

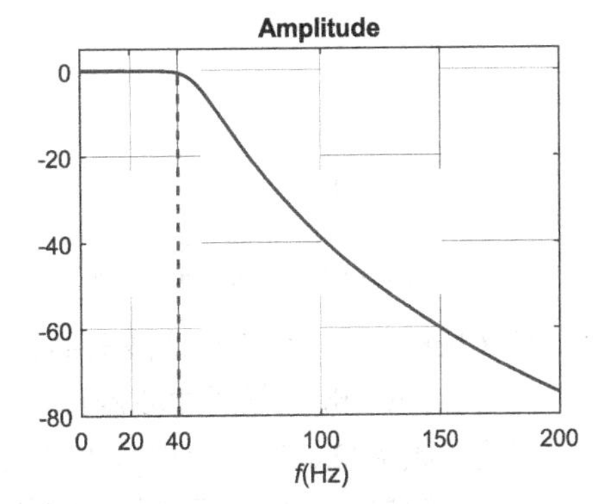

图 4.9　例 4.5 设计结果

4.2.3　Chebyshev 型模拟低通滤波器设计

Butterworth 型低通滤波器的幅频特性曲线无论在通

带内还是阻带内都是随$(\Omega/\Omega_c)^{2N}$的增加而单调下降的，且从图 4.8 可以看出，比值Ω/Ω_c一定的情况下，幅频特性曲线上任意一点Ω处下降的斜率仅与阶数 N 有关。因此，为了使通带的边界处满足指标要求，阻带内肯定会有富余量，反之亦然。能否使通带和阻带分开控制，以避免“牵一发而动全身”。答案是肯定的，Chebyshev 型滤波器就是一种很好的解决方法。

Chebyshev 滤波器有两种类型：幅频特性曲线在通带内等波纹波动、在阻带内单调下降的称为 Chebyshev I 型；幅频特性曲线在通带内单调下降、在阻带内等波纹波动的称为 Chebyshev II 型滤波器，可见 Chebyshev I 和 II 型滤波器的幅频特性曲线恰恰相反。

1. Chebyshev I 型原型滤波器

1）Chebyshev I 型原型滤波器的定义及特点

Chebyshev I 型低通滤波器的平方幅度函数定义为

$$|H(\mathrm{j}\Omega)|^2 = \frac{1}{1+\varepsilon^2 T_N^2(\Omega/\Omega_\mathrm{p})} \tag{4.20}$$

与 Butterworth 滤波器不同，Chebyshev I 型滤波器的频率归一化因子为通带边界频率Ω_p，令归一化后的频率表示为$\lambda=\Omega/\Omega_\mathrm{p}$，式（4.20）可改写为

$$|H(\mathrm{j}\lambda)|^2 = \frac{1}{1+\varepsilon^2 T_N^2(\lambda)} \tag{4.21}$$

式中，$T_N(\lambda)$为 Chebyshev 多项式：

$$T_N(\lambda) = \begin{cases} \cos(N\mathrm{arcco}\lambda), & |\lambda| \leqslant 1 \\ \cosh(N\mathrm{arccosh}\lambda), & |\lambda| > 1 \end{cases} \tag{4.22}$$

式（4.20）中，Ω在 $0\sim\Omega_\mathrm{p}$ 变化时，$\lambda=\Omega/\Omega_\mathrm{p}$ 在 0~1 变化，式（4.22）中 $\arccos(\lambda)$在$\pi/2\sim0$ 变化，阶数 N 使得函数 $\cos(x)$中的 x 在 $N\pi/2\sim0$ 变化（变化规律如图 4.10 所示），N 值大小决定λ在$-1\sim1$ 变化时曲线过零点的次数，最终决定平方幅度函数$|H(\mathrm{j}\Omega)|^2$ 在 $0\sim\Omega_\mathrm{p}$ 出现等波纹波动的频次，而波动范围是 $1/(1+\varepsilon^2)\sim1$。函数 $\cosh(x)$在 $x>0$ 时，随着 x 的增加迅速单调增大。$\lambda>1$ 时使用该函数，且增加了控制因子阶数 N，使得 $\cosh(x)$上升速度更快，从而导致平方幅度函数$|H(\mathrm{j}\Omega)|^2$ 迅速衰减。可见 Chebyshev I 型滤波器通过 Chebyshev 多项式实现了通带和阻带衰减的单独控制，通带呈现等波纹波动性，阻带呈现快速单调衰减。Chebyshev I 型滤波器的幅频特性如图 4.11 所示。

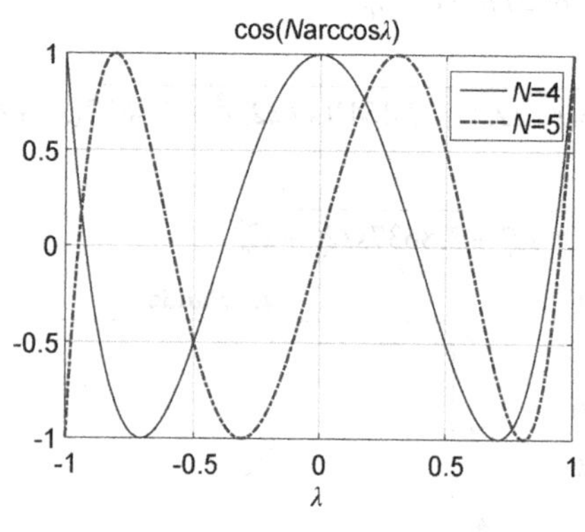

图 4.10　Chebyshev 多项式

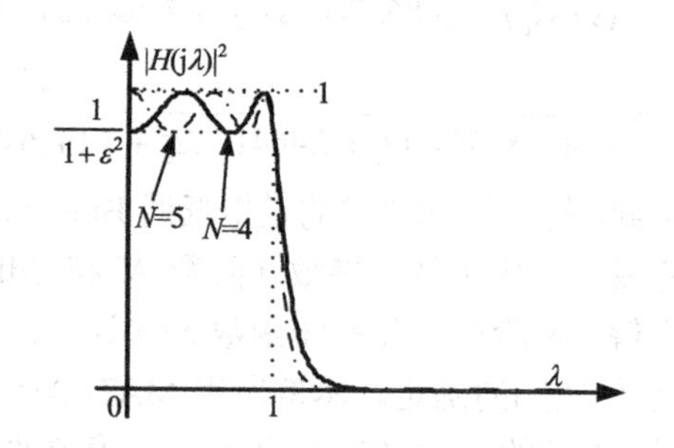

图 4.11　Chebyshev I 型低通滤波器的幅频特性

2）Chebyshev I 型原型滤波器的设计

与 Butterworth 型低通滤波器设计一样，Chebyshev I 型原型滤波器的设计也首先需要根据给定通带边界频率Ω_p、通带允许最大衰减α_p、阻带边界频率Ω_s、阻带允许最小衰减α_s四个指标确定滤波器的关键参数，之后确定归一化传递函数和传递函数。Chebyshev I 型的关键参数包括滤波器

阶数 N 和控制通带波动的参数ε（波纹参数ε）。

由图 4.11 可以看出不论 N 取奇数还是偶数，Chebyshev Ⅰ型滤波器在通带边界频率Ω_p处衰减都达到最大，而这个值仅与ε相关：

$$\alpha_p = 10\lg\frac{1}{\left|H(j\Omega_p)\right|^2} = 10\lg\left[1+\varepsilon^2 T_N^2\left(\frac{\Omega_p}{\Omega_p}\right)\right] = 10\lg\left[1+\varepsilon^2\right] \tag{4.23}$$

纵观式（4.20）~式（4.22）可知，若ε确定，则阻带边界频率Ω_s处的幅度完全由滤波器阶数 N 决定：

$$|H(j\Omega_s)|^2 = \frac{1}{1+\varepsilon^2 T_N^2(\Omega/\Omega_s)} = \frac{1}{1+\varepsilon^2 T_N^2(\lambda_s)} = \frac{1}{1+\varepsilon^2\left[\cosh(N\operatorname{arccosh}\lambda_s)\right]^2} \tag{4.24}$$

其中，$\lambda_s=\Omega_s/\Omega_p$。所以 Chebyshev Ⅰ型滤波器阻带衰减为

$$\alpha_s = 10\lg\frac{1}{\left|H(j\Omega_s)\right|^2} = 10\lg\left[1+\varepsilon^2\left[\cosh(N\operatorname{arccosh}\lambda_s)\right]^2\right] \tag{4.25}$$

进而可以得到 Chebyshev Ⅰ型滤波器阶数 N 的确定方法：

$$N = \left\lceil\frac{\operatorname{arccosh}\left(\sqrt{\left[10^{0.1\alpha_s}-1\right]/\varepsilon^2}\right)}{\operatorname{arccosh}(\lambda_s)}\right\rceil = \left\lceil\frac{\operatorname{arccosh}\left(\sqrt{\left[10^{0.1\alpha_s}-1\right]/\left[10^{0.1\alpha_p}-1\right]}\right)}{\operatorname{arccosh}(\lambda_s)}\right\rceil \tag{4.26}$$

确定了 N 和ε, Chebyshev Ⅰ型滤波器的平方幅度函数就确定了，进而可以确定传递函数 $H_a(s)$。

与 Butterworth 滤波器的设计方法相同，根据关键参数可以先确定 Chebyshev Ⅰ型滤波器的归一化传递函数 $H(p)$，去归一化得到传递函数 $H_a(s)$，具体方法如下：

$$H(p) = \frac{K}{\prod_{k=1}^{N}(p-p_k)} \tag{4.27}$$

$$H_a(s) = H(p)|_{p=s/\Omega_p} = \frac{K\Omega_p^N}{\prod_{k=1}^{N}(s-\Omega_p p_k)} \tag{4.28}$$

其中 $K=\dfrac{1}{\varepsilon\cdot 2^{N-1}}$，归一化极点 p_k 可以这样确定：

$$p_k = \sigma_k + j\Omega_k,\qquad k=1,2,\cdots,N$$

$$\sigma_k = -\xi\sin\left[\frac{(2k-1)\pi}{2N}\right],\quad \Omega_k = \zeta\cos\left[\frac{(2k-1)\pi}{2N}\right] \tag{4.29}$$

$$\xi = \frac{\gamma^2-1}{2\gamma},\quad \zeta = \frac{\gamma^2+1}{2\gamma},\quad \gamma = \left(\frac{1+\sqrt{1+\varepsilon^2}}{\varepsilon}\right)^{1/N} \tag{4.30}$$

关于 Chebyshev Ⅰ原型滤波器设计步骤的归纳稍后将给出。

2. Chebyshev Ⅱ型滤波器

1）Chebyshev Ⅱ型原型滤波器的定义及特点

Chebyshev Ⅱ型滤波器的平方幅度函数定义为

$$\left|H(j\Omega)\right|^2 = \underbrace{\frac{1}{1+\varepsilon^2 T_N^2(\Omega_s/\Omega_p)T_N^{-2}(\Omega_s/\Omega)}}_{①} = \underbrace{\frac{T_N^2(\Omega_s/\Omega)}{T_N^2(\Omega_s/\Omega)+\varepsilon^2 T_N^2(\Omega_s/\Omega_p)}}_{②} \tag{4.31}$$

通带截止频率Ω_p处的平方幅度为

$$\delta_p^2 = \left|H(j\Omega_p)\right|^2 = \frac{1}{1+\varepsilon^2} \tag{4.32}$$

阻带截止频率Ω_s处的平方幅度为

$$\delta_s^2 = \frac{1}{1+\varepsilon^2 T_N^2(\Omega_s / \Omega_p)} \tag{4.33}$$

对于低通滤波器而言，Ω_s肯定大于Ω_p，即式(4.31)中$T_N(\Omega_s/\Omega_p)=\cosh[N\text{arccosh}(\Omega_s/\Omega_p)]$总是大于1，且$\Omega_s/\Omega_p$比值固定时$T_N(\Omega_s/\Omega_p)$为常数。观察式(4.31)中①形式，$|H(j\Omega)|^2$的取值可分成两个阶段进行分析，$\Omega$在0~$\Omega_s$变化时，$T_N(\Omega_s/\Omega)$用cosh函数计算，且随$\Omega$增加单调减小，使得$|H(j\Omega)|^2$随$\Omega$增加单调下降，$\Omega<\Omega_p$时下降慢，$\Omega>\Omega_p$时下降快；$\Omega>\Omega_s$时，$T_N(\Omega_s/\Omega)$用cos函数计算，从而导致平方幅度函数表现出随$\Omega$的增加等波纹波动的特点。与Chebyshev I类似，Chebyshev II型滤波器实现了通带和阻带衰减的单独控制，通带呈现单调下降趋势，而阻带呈现等波纹波动特性。因Chebyshev II型滤波器的通带阻带幅频特性与Chebyshev I型滤波器恰恰相反，所以Chebyshev II型滤波器又称为逆Chebyshev滤波器。Chebyshev II型滤波器幅频特性如图4.12所示。

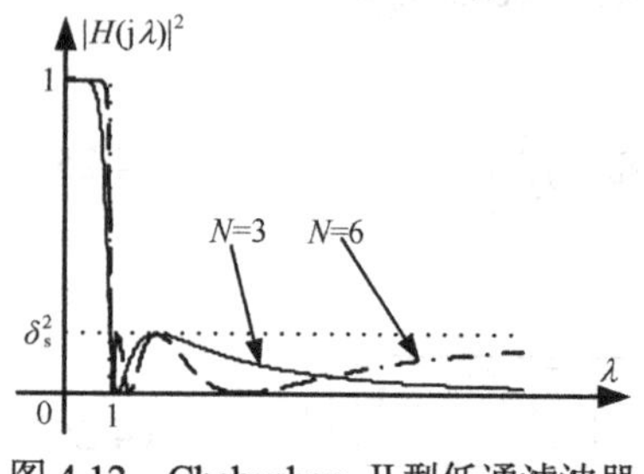

图4.12 Chebyshev II型低通滤波器的幅频特性

以阻带截止频率Ω_s为归一化频率因子，式（4.31）的①形式可改写为

$$\left|H(j\lambda)\right|^2 = \frac{1}{1+\varepsilon^2 T_N^2(1/\lambda_p) T_N^{-2}(1/\lambda)} \tag{4.34}$$

其中，$\lambda=\Omega/\Omega_s$，$\lambda_p=\Omega_p/\Omega_s$。

2）Chebyshev II型原型滤波器的设计

与Chebyshev I型一样，Chebyshev II型低通滤波器通带边界频率处的衰减与阶数N无关，阻带边界频率处衰减取决于ε和N，因此阶数也是由式（4.26）确定，具体过程不再推导。

对比式（4.31）中②形式与式（4.20），Chebyshev II型归一化系统函数$H(p)$及传递函数$H_a(s)$不再是全极点形式，而是既有极点又有零点的形式：

$$H(p) = K\frac{\prod_{k=1}^{N}(p-p_{zk})}{\prod_{k=1}^{N}(p-p_{pk})} \tag{4.35}$$

$$H_a(s) = K\frac{\prod_{k=1}^{N}(s-\Omega_s p_{zk})}{\prod_{k=1}^{N}(s-\Omega_s p_{pk})} \tag{4.36}$$

其中零点p_{zk}均在Ω轴上，且有：

$$p_{zk} = \frac{j}{\cos\left[\dfrac{(2k-1)\pi}{2N}\right]}, \quad k=1,2,\cdots,N \tag{4.37}$$

极点可表示为$p_{pk} = \sigma_k + j\Omega_k, k=1,2,\cdots,N$。

其中：

$$\sigma_k=\frac{\alpha_k}{\alpha_k^2+\beta_k^2},\quad \Omega_k=-\frac{\beta_k}{\alpha_k^2+\beta_k^2}$$

$$\alpha_k=-\Omega_{\mathrm{p}}\xi\sin\left[\frac{(2k-1)\pi}{2N}\right],\quad \beta_k=\Omega_{\mathrm{p}}\zeta\cos\left[\frac{(2k-1)\pi}{2N}\right] \tag{4.38}$$

$$\xi=\frac{\gamma^2-1}{2\gamma},\ \zeta=\frac{\gamma^2+1}{2\gamma},\quad \gamma=(A+\sqrt{A^2-1})^{1/N}$$

从归一化传递函数的零极点看，无论是 Chebyshev I 型滤波器还是 Chebyshev II 滤波器，哪怕仅仅是确定一个 2 阶 Chebyshev I 型滤波器的系统函数都足以让人头痛。好在这些公式是用来查的而不是用来记的。

综上所述可以看出，Chebyshev I 型和 II 型滤波器设计方法和步骤与 Butterworth 型模拟低通滤波器的设计步骤类似，包括如下三个步骤：

① 确定滤波器波纹参数ε和阶数 N；

② 确定归一化传递函数 $H(p)$；

③ 去归一化确定低通滤波器传递函数 $H_{\mathrm{a}}(s)$。

【例 4.6】 试设计一低通 Chebyshev I 型滤波器，其通带范围 0~40Hz，通带允许最大衰减 1dB，150Hz 以上为阻带，阻带允许最小衰减为 60dB。

解：下面按照设计步骤以 step-by-step 的模式设计 Chebyshev I 型滤波器，基于 MATLAB 的方法见 4.5 节的 pro4_03.m。

（1）依据指标要求依次确定 ChebyshevI 型滤波器的特征参数：波纹参数ε、阶数 N。

根据式（4.23）计算波纹参数ε，$\varepsilon=\sqrt{10^{0.1\alpha_{\mathrm{p}}}-1}=\sqrt{10^{0.1\times1}-1}=0.5088$。

根据式（4.26）计算滤波器阶数 N：

$$N=\left\lceil\frac{\operatorname{arccosh}\left(\sqrt{\left[10^{0.1\alpha_{\mathrm{s}}}-1\right]/\left[10^{0.1\alpha_{\mathrm{p}}}-1\right]}\right)}{\operatorname{arccosh}(\lambda_{\mathrm{s}})}\right\rceil=\left\lceil\frac{\operatorname{arccosh}\left(\sqrt{\left[10^{0.1\times60}-1\right]/\left[10^{0.1\times1}-1\right]}\right)}{\operatorname{arccosh}(150/40)}\right\rceil=\lceil 4.4836\rceil=5$$

（2）确定 ChebyshevI 型滤波器的归一化传递函数 $H(p)$。

将已确定的波纹参数ε、阶数 N 代入式（4.29）、式（4.30）确定归一化传递函数的极点，代入式（4.27）确定归一化的传递函数 $H(p)$。

$$\gamma=\left(\frac{1+\sqrt{1+\varepsilon^2}}{\varepsilon}\right)^{1/N}=\left(\frac{1+\sqrt{1+0.5088^2}}{0.5088}\right)^{1/5}=1.3306$$

$$\xi=\frac{\gamma^2-1}{2\gamma}=\frac{1.2623^2-1}{2\times1.2623}=0.2895,\zeta=\frac{\gamma^2+1}{2\gamma}=\frac{1.2623^2+1}{2\times1.2623}=1.0411$$

$$\sigma_k=-\xi\sin\left[\frac{(2k-1)\pi}{2N}\right],\Omega_k=\zeta\cos\left[\frac{(2k-1)\pi}{2N}\right],\quad \lambda_k=\sigma_k+\mathrm{j}\Omega_k,k=1,2,\cdots,N$$

λ_1=–0.0895+0.9901j，λ_2=–0.2342+0.6119j，λ_3= –0.2895+0.0000j，λ_4=–0.2342–0.6119j，λ_5=–0.0895–0.9901j。

$$H(p)=\frac{K}{p^5+0.9368201p^4+1.6888160p^3+0.9743961p^2+0.5805342p+0.1228267}$$

接下来确定增益调节系数 K，一般设计滤波器时会默认通带最大幅度为 1，因此这里令 $H(\mathrm{j}0)=1$，可推出 K=0.1228276。

（3）$H(p)$去归一化确定传递函数 $H_a(s)$

$$H_a(s)=\left.\frac{0.1228}{p^5+0.9368201p^4+1.6888160p^3+0.9743961p^2+0.5805342p+0.1228267}\right|_{p=s/\Omega_p}$$

$$=\frac{0.1228}{(s/\Omega_p)^5+0.9368201(s/\Omega_p)^4+1.6888160(s/\Omega_p)^3+0.9743961(s/\Omega_p)^2+0.5805342(s/\Omega_p)+0.1228267}$$

$$=\frac{0.1228\Omega_p^5}{s^5+0.9368201s^4\Omega_p+1.6888160s^3\Omega_p^2+0.9743961s^2\Omega_p^3+0.5805342s\Omega_p^4+0.1228267\Omega_p^5}$$

将$\Omega_p=2\pi\times40\text{rad/s}$ 代入可求出 $H_a(s)$的具体值，有兴趣的读者可以去尝试。

至此，符合指标的 Chebyshev I 型模拟低通滤波器设计过程就完成。

若同样的指标用 Chebyshev II 型滤波器实现呢？pro4_03.m 中有 step-by-step 的演示和详细注解，这里不再赘述。图 4.13、图 4.14 分别显示了两种设计方法得到的滤波器的幅频特性图。

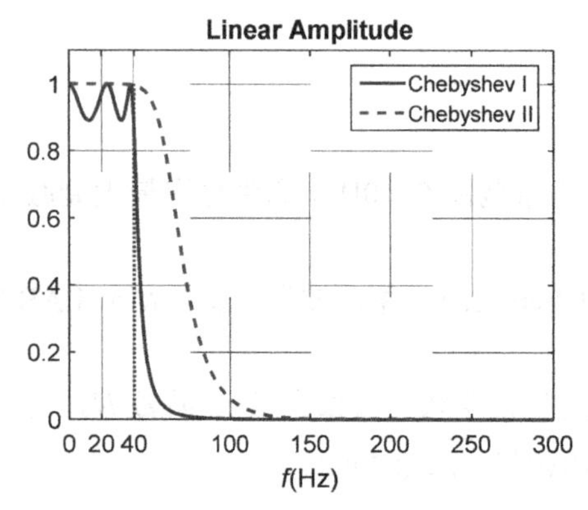

图 4.13　模拟低通滤波器幅频特性线性图

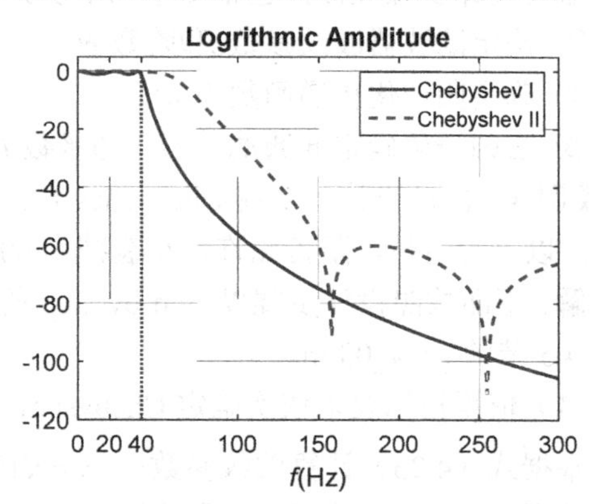

图 4.14　模拟低通滤波器幅频特性对数图

从本例可以得出如下结论。

（1）Chebyshev I、II 型模拟低通滤波器的设计方法与步骤非常相似，先依据性能指标确定滤波器阶数，再依据阶数等指标确定滤波器的归一化传递函数 $H(p)$（零极点形式或多项式形式），最后去归一化得到传递函数 $H_a(s)$。值得注意的是，Chebyshev I 型模拟低通滤波器的归一化频率因子是Ω_p，II 型是Ω_s。

（2）图 4.13、图 4.14 都是满足本例指标的最小阶数 Chebyshev I、II 型模拟低通滤波器的幅频特性图，只是前者纵轴为线性比例，后者纵轴为对数比例。对比可以看出，滤波器幅频特性图纵轴选用线性比例显示对观察通带波纹和滚降特性有利；而对数比例显示对于观察阻带衰减有利。

（3）由图 4.14 可以明显看出 108.51Hz 处为 Chebyshev I 型滤波器满足阻带衰减指标的临界频率，远低于滤波器指标要求中的阻带边界频率，而 II 型阻带满足指标要求的临界频率在略小于 150Hz 的地方，用对数比例图能比较清楚地看清这一区别。

（4）本例还说明相同指标下 Chebyshev I、II 型模拟低通滤波器的阶数相同，通带和阻带内的衰减都是单独控制。对比 Butterworth 滤波器的设计，可以看出相同指标要求下 Chebyshev 滤波器阶数要低于 Butterworth 滤波器。

4.2.4　Cauer 型模拟低通滤波器设计

1．Cauer 型原型滤波器的定义及特点

Butterworth 低通滤波器的幅频特性在通带和阻带内都是单调下降的，这种单调性致使在阻带内若阻带边界频率处恰好满足衰减指标要求，则阻带内其他频率点处的衰减会随着频率的增加越来越多地超过指标要求，即富余量越来越大。富余量的出现似乎表明滤波器的阶数偏高。Chebyshev

I 型低通滤波器也存在阻带内仍有衰减单调增加的情况。考尔（Cauer）滤波器又称椭圆滤波器，其特点是通带和阻带的幅度都呈现等波纹波动的特点，消除了富余量单调变化的情况。事实证明，在阶数一定的情况下，椭圆滤波器与 Butterworth 滤波器、Chebyshev 滤波器相比，过渡带最窄、阶数最低。而且与同阶数的 Chebyshev 滤波器相比，同为有波动的频段内，椭圆滤波器的波动要更小。椭圆滤波器在拥有这些优势的同时，其手动设计也要麻烦得多，但这丝毫不影响专业滤波器设计师常常将其作为首选的强烈愿望。

椭圆滤波器也是由平方幅度函数描述的，与 Butterworth 滤波器、Chebyshev 滤波器有类似的形式：

$$|H(\mathrm{j}\Omega)|^2=\frac{1}{1+\varepsilon^2 R_N^2(\Omega,L)} \tag{4.39}$$

虽然平方幅度函数的形式类似，但是椭圆滤波器要比前三种复杂得多，式（4.39）中 $R_N(\Omega,L)$ 为 N 阶雅可比（Jacobi）椭圆函数，L 表示波纹性质的参量。因雅可比椭圆函数涉及更多数学理论，这里就不再给出其具体表达式，这里只简单介绍 $R_N(\Omega,L)$的几个特点：①在归一化通带($-1\leqslant\Omega\leqslant1$)内，$R_N^2(\Omega,L)$在[0,1]区间震荡；②$|\Omega|>\Omega_L$时，$R_N^2(\Omega,L)$在$[L^2,\infty)$震荡；③$L$ 越大Ω_L越大。这些特点使得 Cauer 滤波器同时在通带和阻带具有任意衰减量。

2. Cauer 型模拟低通滤波器的设计

N 阶椭圆滤波器的归一化传递函数 $H(p)$中既包含零点，又包含极点，具有如下的形式：

$$H(p)=K\frac{\prod_{k=1}^{N}(p-p_{zk})}{\prod_{k=1}^{N}(p-p_{pk})} \tag{4.40}$$

其中，p_{zk}和 p_{pk}分别是归一化传递函数的零点和极点，K 为增益调节系数。

归一化传递函数 $H(p)$确定后，通过去归一化得到模拟低通滤波的传递函数 $H_a(s)$：

$$H_a(s)=H(p)|_{p=s/\Omega_p}=K\frac{\prod_{k=1}^{N}(s-\Omega_p p_{zk})}{\prod_{k=1}^{N}(s-\Omega_p p_{pk})} \tag{4.41}$$

椭圆滤波器的设计方法与步骤与 Butterworth 滤波器、Chebyshev 滤波的相同，都是经过：①滤波器参数（阶数 N 和波动控制参数）估计；②确定归一化传递函数；③去归一化确定传递函数的过程。下面通过一个例子介绍椭圆滤波器基于 MATLAB 工具的设计方法与步骤。

【例 4.7】 试设计一椭圆型低通滤波器，其通带范围 0~40Hz，通带允许最大衰减 1dB，150Hz 以上为阻带，阻带允许最小衰减为 60dB。

解： 因椭圆滤波器的参数按照理论计算比较复杂，所以这里主要介绍基于 MATLAB 的设计方法。

（1）根据通阻带边界频率和衰减指标估计椭圆型滤波器的阶数 N。这里通过调用函数 ellipord 实现。

执行语句[N,Wn]=ellipord(2*pi*40, 2*pi*150,1,60,'s')，返回结果为 N=4；Wn= 251.3274。其中 Wn=Ω_p=2π×40=251.3274rad/s。

（2）依据滤波器阶数等参数调用 ellipap 函数确定归一化传递函数 $H(p)$。

执行[z,p,k]=ellipap(4,1,60)，返回结果：z=[0−6.1909j，0+6.1909j，0−2.6465j，0+2.6465j]；p=[−0.3460−0.4292j，−0.3460+0.4292j，−0.1280−0.9872j，−0.1280+0.9872j]；k=9.9994e-004。

将零点、极点和增益代入式（4.40）便可得到零极点形式的归一化传递函数 $H(p)$。

$$H(p)=\frac{0.001p^4+0.0453p^2+0.2684}{p^4+0.9481p^3+1.472p^2+0.7636p+0.3012}$$

（3）调用函数 ellip 去归一化确定传递函数 $H_{\mathrm{a}}(s)$。

令 $\mathrm{Wn}=\Omega_{\mathrm{p}}=2\pi\times40=251.3274\mathrm{rad/s}$，

执行语句：[num,den]=ellip(4,1,60,251.3274,'s')，

返回结果：num=[0.00099993946541　–0.00000000000000　0.04532922357941
　–0.00000000000000　0.26843989907004]；
den =[1.00000000000000　0.94808495681350　1.47203393226945
　0.76357441788836　0.30119452062754]

若直接计算

$$H_{\mathrm{a}}(s)=\left.\frac{0.001p^4+0.0453p^2+0.2684}{p^4+0.9481p^3+1.472p^2+0.7636p+0.3012}\right|_{p=s/251.3274}$$

可知结果完全相同。

若执行语句[num,den]=ellip(4,1,60,1,'s')，返回结果为：num=[0.0010　–0.0000　0.0453 –0.0000　0.2684]; den=[1.0000　0.9481　1.4720　0.7636　0.3012]。可以看出在 Wn 取 1 时所得 $H_{\mathrm{a}}(s)$与步骤（2）所得 $H(p)$完全相同。

在通带、阻带边界频率(40Hz, 150Hz)、通带最大衰减(1dB)及最小阻带衰减(60dB)完全相同的情况下，选用 Butterworth、Chebyshev Ⅰ型和Ⅱ型、椭圆及 Bessel 原型滤波器分别进行设计并进行比较，Bessel 滤波器的阶数设置为 Buttworth 滤波器阶数。幅频特性图和相频特性图分别如图 4.15 和图 4.16 所示。完整的 MATLAB 实现见 4.5 节的 pro4_04.m。

幅频特性方面，Butterworth 与 Bessel 滤波器在整个频带（通带、过渡带、阻带内）幅频特性函数单调下降，Butterworth 滤波器在通带显现出平坦特性，过渡带较窄；Chebyshev Ⅰ型和Ⅱ型拥有基本相同的过渡带，此过渡带比 Butterworth 的要窄，但是比椭圆滤波器要宽。通带内 Chebyshev Ⅱ型的幅频特性与 Butterworth 几乎是完全一样的。在采用 Buttworth 滤波器相同的阶数时，Bessel 滤波器的幅频最差，其过渡带宽仍为最宽，但通带指标明显不满足要求。

相频特性方面，Butterworth 滤波器通带内具有近似的线性相位，Bessel 滤波器较以上四种滤波器在更宽频带内拥有线性相位，只可惜幅频特性要差得多。

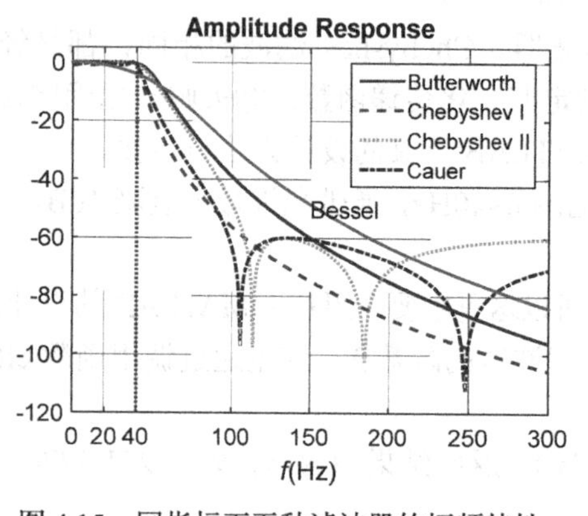

图 4.15　同指标下五种滤波器的幅频特性

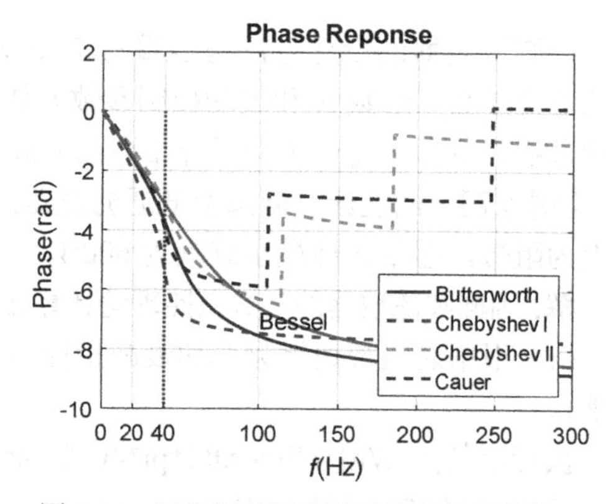

图 4.16　同指标下五种滤波器的相频特性

在不考虑 Bessel 滤波器的情况下，同样的滤波器指标要求，设计出的 Butterworth 滤波器的阶数最高，为 6 阶；椭圆滤波器的阶数最低，为 4 阶；Chebyshev 型为 5 阶。阶数的大小印证了富余量与滤波器阶数的关系。

4.2.5　模拟高通、带通、带阻滤波器设计

前面重点讨论了 Butterworth、Chebyshev 和 Cauer 三种四类模拟低通滤波器的定义、特点及

设计方法，但实际应用中不但要使用低通滤波器，带通、带阻、高通滤波器的使用也非常广泛。如工作在 87~108MHz 的调频广播，每个调频台的选择都用到带通滤波器。模拟高通、带通、带阻滤波器的设计有没有可直接使用的公式或图表呢？很遗憾，没有。不过有了成熟的模拟低通原型滤波器设计方法，这些滤波器的设计也仅有一步之遥。

基于模拟低通滤波器的设计方法，设计模拟高通、带通、带阻滤波器的总体思路是，先将这些类型的滤波器指标按频带映射关系转换为低通滤波器指标，然后设计符合要求的低通滤波器，最后利用变量代换（频带反变换）得到希望的滤波器。

为防止混淆，原型低通滤波传递函数用 $H_a(s)$表示，Laplace 变量为 s，要设计的模拟高通、带通、带阻滤波器或模拟目标滤波器函数的传递函数用 $H_D(s')$表示，Laplace 变量为 s'，D=HP, BP, BS。因此上述频带变换可表示为

$$\begin{aligned} H_D(s') &= H_{LP}(s)\big|_{s=F(s')} \\ H_{LP}(s) &= H_D(s')\big|_{s'=F^{-1}(s)} \end{aligned} \tag{4.42}$$

频带变换仅仅是一变量映射规则，这里仅在示意性分析基础上给出相关结论性的公式。

1．基于模拟低通滤波器设计的模拟高通滤波器设计

对比图 4.17(a)和(b)可以看出，低通滤波器的幅频特性曲线随变量Ω从$+\infty\to0^+$的变化规律，与高通滤波器幅频特性曲线随变量Ω'从 $0\to+\infty$ 的变化规律一致，幅度从 0 增加到 1；低通滤波器的幅频特性曲线随变量Ω从$-\infty\to0^-$的变化规律，也与高通滤波器幅频特性曲线随变量Ω'从 $0\to-\infty$ 的变化规律一致，幅度从 0 增加到 1；而低通滤波器的幅频特性曲线在随变量$\Omega\to+\infty$时的变化趋势与高通滤波器的幅频特性曲线随变量$\Omega'\to0^+$的变化趋势一致；$\Omega\to-\infty$时的低通滤波器的幅频特性与高通滤波器$\Omega'\to0^-$时的幅频特性一致。低通滤波器和高通滤波器的幅频特性在这些关键点上的关系表明，变量Ω与Ω'似乎存在类似倒数的关系。

若低通滤波器的参量Ω以Ω_p 为归一化频率因子进行归一化，并将结果表示为$\lambda=\Omega/\Omega_p$，高通滤波器的参量Ω'以 Ω'_p 进行归一化，结果表示为$\eta=\Omega'/\Omega'_p$，则上述倒数关系可表示为

$$\Omega \leftrightarrow \frac{1}{\Omega'} \Rightarrow \frac{\Omega}{\Omega_p} \leftrightarrow \frac{\Omega'_p}{\Omega'} \Rightarrow \lambda = \frac{1}{\eta} \tag{4.43}$$

当λ从$-\infty$逐步增加到$+\infty$，归一化频率响应 $H_{LP}(j\lambda)$呈现出其固有的低通特性，而因λ与η成倒数关系，所以将变量λ替换成η并从$-\infty$逐步增加到$+\infty$，$H_{LP}(j\eta)$则呈现出高通特性，函数名改用 $H_{HP}(j\eta)$是最恰当不过的了。进而有低通滤波器归一化频率响应 $H_{LP}(j\lambda)$与高通滤波器归一化频率响应 $H_{HP}(j\eta)$的关系：

$$H_{HP}(j\eta) = H_{LP}(j\lambda)\big|_{\lambda=1/\eta} \tag{4.44}$$

式（4.44）表明设计出符合指标的低通滤波器后，只要通过归一化参量取倒数便可得到高通滤波器的归一化传递函数。

结合式（4.43）、式（4.44），基于模拟低通原型滤波器设计的模拟高通滤波器的设计方法与步骤可概括如下：

① 以高通滤波器通带边界频率 Ω'_p 为归一化因子，分别对通带边界频率、阻带边界频率进行归一化：

$$\eta_p = \Omega'_p / \Omega'_p = 1,\ \eta_s = \Omega'_s / \Omega'_p \tag{4.45}$$

② 将高通滤波器的指标映射为低通滤波器指标。其中高通滤波器的通带阻带边界衰减指标直接作为低通滤波器的边界衰减指标，边界频率的映射则依据低通高通滤波器归一化频率之间的倒数对应关系进行：

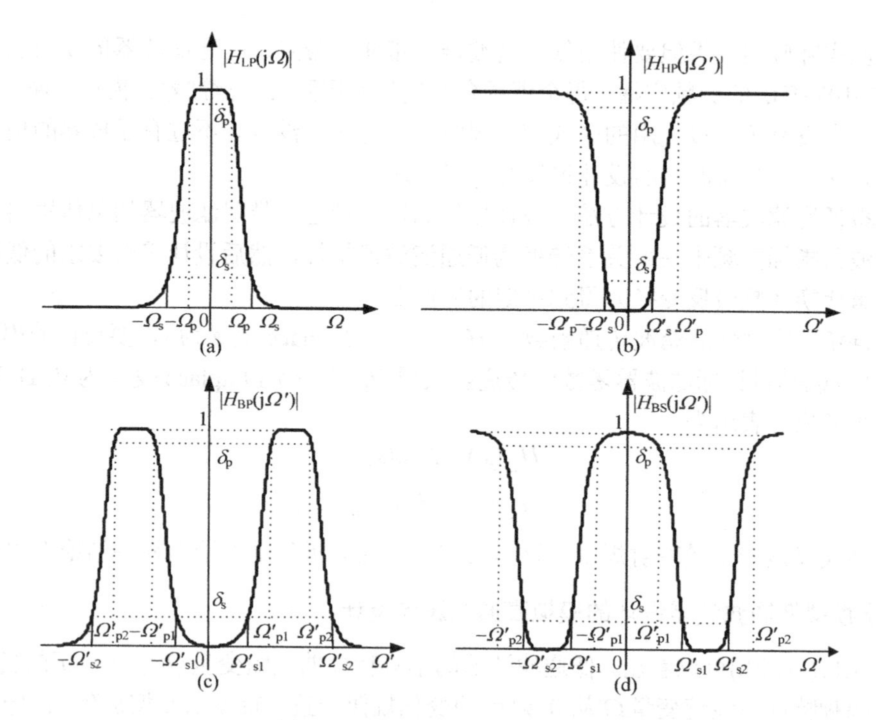

图 4.17　滤波器幅频特性对比图

$$\lambda_p = 1/\eta_p = 1,\ \lambda_s = 1/\eta_s \tag{4.46}$$

③ 根据指标λ_p、α_p、λ_s、α_s及通阻带的衰减特性（单调、波动）选择设计合适的低通滤波器，得出归一化函数 $H_{LP}(p)$；

④ 综合考虑式（4.44）、$\eta = \Omega'/\Omega'_p$及λ=1/η，可从归一化的低通滤波器传递函数 $H_{LP}(p)$直接求得高通滤波器的传递函数 $H_{HP}(s')$。

$$H_{HP}(s') = H_{LP}(p)\big|_{p=\Omega'_p/s'} \tag{4.47}$$

MATLAB 的信号处理工具箱内提供了专门的函数 lp2hp，用于从归一化的传递函数 $H_{LP}(p)$直接得到高通滤波器的传递函数 $H_{HP}(s')$的分子分母多项式系数。还提供了专门的函数如 butter、cheby1、cheby2、ellip，可直接根据滤波器阶数等指标，设计所需的低通、高通、带通、带阻等模拟滤波器。

关于模拟低通滤波器的设计方法与步骤前面章节已经进行了详细讨论，下面例子中讨论的重点为指标变换和从归一化低通向所需滤波器的映射。

【例 4.8】 试设计幅频特性在通带内尽可能平坦和阻带单调变化的高通模拟滤波器，通带边界频率 f_p=100Hz，通带允许最大衰减α_p为 3dB，阻带边界频率f_s=50Hz，50Hz 以下的频率衰减不得小于 30dB。

解：

（1）以高频滤波器通带边界频率f_p为归一化因子进行频率归一化：

$$\eta_p = 100/100 = 1, \eta_s = 50/100 = 0.5$$

（2）将高通滤波器的指标映射为低通滤波器指标：

$$\lambda_p = 1/\eta_p = 1, \lambda_s = 1/0.5 = 2, \alpha_p = 3\text{dB}, \alpha_s = 30\text{dB}$$

（3）设计原型低通滤波器。

从高通滤波器的通阻带幅频特性要求看，要设计 Butterworth 型滤波器。

执行语句[N,Wn] = buttord(1,2,3,30,'s')，返回结果为：N=5，Wn=1.0025。即滤波器阶数为 5。

根据 Butterworth 滤波器阶数，调用函数 butter，得到归一化低通滤波器系统函数的分子、分母多项式系数：

执行语句[num,den]=butter(5,1,'s')，返回结果为 num=[0 0 0 0 0 1.0000]，den=[1.0000 3.2361 5.2361 5.2361 3.2361 1.0000]

因此，归一化的 Butterworth 滤波器的传递函数为

$$H_{\mathrm{LP}}(p)=\frac{1}{p^5+3.2361p^4+5.2361p^3+5.2361p^2+3.2361p+1}$$

（4）去归一化，求高通滤波器的传递函数 $H_{\mathrm{HP}}(s')$。按照本节介绍的原理将 $p=2\pi f_{\mathrm{p}}/s'$ 代入 $H_{\mathrm{LP}}(p)$ 实现去归一化得到模拟高通滤波器传递函数 $H_{\mathrm{HP}}(s')$。这里介绍两种基于 MATLAB 的实现方式：①在步骤（3）得到 $H_{\mathrm{LP}}(p)$基础上利用 lp2hp 求解；②直接调用函数 butter 得到模拟高通滤波器的系统函数。有兴趣的读者可以尝试直接计算并与方法①、②所得结果进行比较。

① 用函数 lp2hp 实现

执行语句[numt,dent]=lp2hp(num,den,2*pi*100)，返回结果

numt=[1.00000000000000 –0.00000000000005 0.00000003377089
0.00001043538050 –0.00000024103236 0.00000000000420]

dent=[1.0e+013 * 0.00000000000010 0.00000000020333 0.00000020671168 0.00012988077794 0.05043559043400 9.79262991312902]

② 用函数 butter 实现

执行语句[b,a]=butter(5,2*pi*100,'high','s')，返回结果 b=[1 0 0 0 0 0],a=1.0e+013*[
0.00000000000010 0.00000000020333
0.00000020671168 0.00012988077794
0.05043559043400 9.79262991312900]

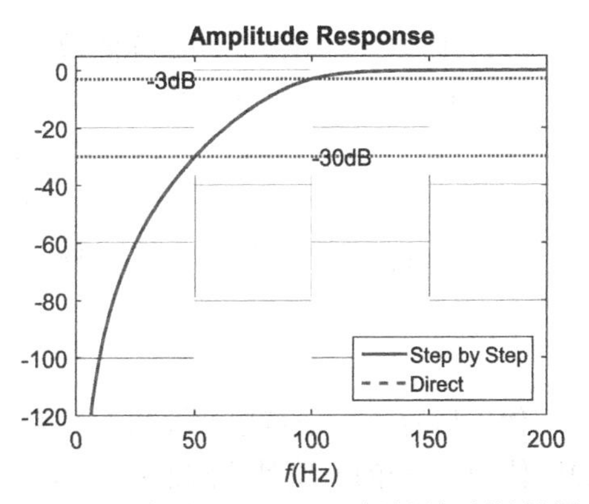

图 4.18 高通 Butterworth 滤波器幅频特性图

可见除了结果在精度上不同外，调用上述两个函数的结果是完全一致的。图 4.18 画出了根据本节介绍原理逐步设计(Step by Step)和直接调用 butter 函数设计(Direct)高通滤波器的幅频特性图，可以看出两者完全重合。本例题完整的 MATLAB 实现见 4.5 节的 pro4_05.m。

2．基于模拟低通滤波器设计的模拟带通滤波器设计

图 4.17 中的 4 个图都是关于纵轴的对称图形，根据傅里叶分析性质知，这是缘于它们在时域对应的单位脉冲响应均为实函数。对比图 4.17(a)低通滤波器幅频特性图和(c)带通滤波器幅频特性图，这两者之间的关系相比图 4.17(a)和(b)的关系似乎复杂得多，一个低通的幅频特性曲线要对应两段跟自己差不多模样的幅频特性曲线。既然图 4.17(c)满足对称特性，不妨先将其中的右半部分与图 4.17(a)进行比较，有如下结论：

①低通滤波器的幅频特性曲线在随变量Ω向+∞逼近时，与带通滤波器幅频特性曲线随变量Ω'向+∞逼近时的变化规律一致；②低通滤波器的幅频特性曲线在随变量Ω逼近–∞时，与带通滤波器幅频特性曲线随变量Ω'从正的方向无限接近 0 时的变化规律一致；③低通滤波的幅频特性曲线$\pm\Omega_{\mathrm{p}}$处的特点分别与带通滤波器幅频特性曲线在Ω'_{p1}和Ω'_{p2}处的取值一致，而且两端点间的幅频特性也一致。图 4.17(c)左半部分与图 4.17(a)比较后也有类似结论。从结论①看，Ω与Ω'在+∞处为正比关系；从结论②看Ω与Ω'在 0 处为反比关系，应满足某种倒数关系，综合来看Ω与Ω'的

关系式至少应在$\Omega'\to0^+$和$\Omega'\to+\infty$中的一处表现为0/0或∞/∞型。

为便于后续的讨论，关于带通滤波器首先定义两个参量，分别是带通滤波器的带宽B和带通滤波器的中心频率Ω_0：

$$B=\Omega'_{p2}-\Omega'_{p1},\Omega_0=\sqrt{\Omega'_{p1}\Omega'_{p2}} \tag{4.48}$$

显然带通滤波器的中心频率为通带截止频率的几何中心，而非算术中心。

带通滤波器的频率指标在进行频率归一化时是以带宽B为归一化因子的，因此有：

$$\eta_0=\frac{\Omega_0}{B},\eta_{si}=\frac{\Omega'_{si}}{B},\eta_{pi}=\frac{\Omega'_{pi}}{B},i=1,2 \tag{4.49}$$

这里低通滤波器的频率指标仍以通带截止频率为归一化因子Ω_p，即$\lambda=\Omega/\Omega_p$，上述三条结论可以用表 4-1 来描述（表格仅描述了低通滤波器全景图与带通滤波器幅频特性图中大于等于零的部分）。

表 4-1　带通滤波器与低通滤波器归一化频率对应关系表

归一化频率	频率对应点						
低通滤波器归一化频率λ	$-\infty$	$-\lambda_s$	$-\lambda_p$	0	λ_p	λ_s	∞
带通滤波器归一化频率η	0	η_{s1}	η_{p1}	η_0	η_{p2}	η_{s2}	∞

应该在λ与η之间建立什么样的数学关系式才能反映出上述各点的对应关系呢？

前人研究后给出如下的结论：

$$\lambda=\frac{\eta^2-\eta_0^2}{\eta} \tag{4.50}$$

为验证该结论的正确性，将λ与η的值代入上式，可得

$$\frac{\Omega}{\Omega_p}=\frac{\Omega'^2-\Omega_0'^2}{\Omega' B} \tag{4.51}$$

代入后容易验证带通滤波器的频率$\Omega'\to\infty$时与低通滤波器$\Omega\to+\infty$的取值是一致的，$\Omega'\to0^+$的取值$\Omega\to-\infty$的取值是一致的；同时还能保证$\Omega'\to-\infty$时对应$\Omega\to-\infty$，$\Omega'\to0^-$对应$\Omega\to+\infty$，即图 4.17(c)的左侧与 4.17(a)图也是完全对应的，即从整体变化趋势上看式（4.50）能很好地反映低通滤波器和带通滤波器的频率对应关系。

再来看，两类滤波器在通带截止频率处的对应关系。对于低通滤波器在$\Omega=\pm\Omega_p$处的归一化值λ应该等于±1，对于带通滤波器而言，通带截止频率处的两个值会怎么样呢？代入式（4.51）得：

$$\frac{\Omega_{p1}'^2-\Omega_0'^2}{\Omega'_{p1}B}=-1,\frac{\Omega_{p2}'^2-\Omega_0'^2}{\Omega'_{p2}B}=1$$

即用式（4.51）描述λ与η的关系，准确反映了两类滤波器在通带截止频率处的对应关系。结合上述整体变化趋势和关键频率点处的一致性，让我们不得不佩服前人的智慧，能注意到低通滤波器与带通滤波器幅频特性曲线之间的关联，并且能用数学表达式严格描述出来。

对于低通滤波器的归一化频率响应，当λ从$-\infty$递增到$+\infty$，$H_{LP}(j\lambda)$呈现出其固有的低通特性。根据式（4.50），当η从0^+递增到$+\infty$，或从$-\infty$递增到0^-，$H_{LP}(j\eta)$则都呈现出带通特性，进而有低通滤波器归一化系统函数$H_{LP}(j\lambda)$与带通滤波器归一化系统函数$H_{BP}(j\eta)$的关系：

$$H_{BP}(j\eta)=H_{LP}(j\lambda)\big|_{\lambda=\frac{\eta^2-\eta_0^2}{\eta}} \tag{4.52}$$

仿照 s 平面归一化复变量 p 和归一化频率λ的关系 $p=\mathrm{j}\lambda$，定义 s'平面归一化复变量 q 和归一化频率η的关系 $q=\mathrm{j}\eta$，并利用 s'平面归一化复变量 q 定义$=s'/B$，代入式（4.50）可得：

$$\lambda=\frac{\eta^2-\eta_0^2}{\eta}\xrightarrow{p=\mathrm{j}\lambda}p=\mathrm{j}\frac{\eta^2-\eta_0^2}{\eta}\xrightarrow{q=\mathrm{j}\eta}p=\frac{q^2+\eta_0^2}{q}\xrightarrow{q=s'/B}p=\frac{s'^2+\Omega_0'^2}{s'B} \tag{4.53}$$

综合式（4.50）和式（4.52）可直接得去归一化得带通滤波器的传递函数：

$$H_{\mathrm{BP}}(s')=H_{\mathrm{LP}}(p)\Big|_{p=\frac{s'^2+\Omega_0'^2}{s'B}} \tag{4.54}$$

综上所述，基于模拟低通滤波器设计的带通滤波器设计方法步骤概括如下：

① 归一化带通滤波器频率指标。计算带通滤波器通带宽度 B 和通带中心频率 Ω_0'，并以 B 为归一化因子对通带、阻带边界频率、通带中心频率进行归一化，得到通带、阻带边界归一化频率和归一化通带中心频率η_{p}、η_{s}、η_0。

② 确定低通滤波器的指标。利用式（4.50）确定低通滤波器的归一化边界频率，因带通滤波器的阻带边界频率有两个，得到的λ_{s} 也有两个，此时要取绝对值小的归一化频率的绝对值作为阻带边界频率，以保证两个阻带边界频率处都能满足指标。带通滤波器通阻带衰减指标直接作为低通滤波器的相应指标。

③ 根据指标λ_{p}、α_{p}、λ_{s}、α_{s}及通阻带的衰减特性（单调、波动）选择设计合适的低通滤波器。

④ 根据式（4.54）确定模拟带通滤波器传递函数 $H_{\mathrm{BP}}(s')$。

MATLAB 信号处理工具箱中也提供了专门的函数 lp2bp 用于完成从低通到带通的频带转换，还在原型滤波器设计中直接提供了设计带通滤波器的函数。下面将通过一个例子演示基于低通滤波器设计的带通滤波器设计方法步骤及相关函数的使用方法。

【例 4.9】 设计一 Chebyshev 带通滤波器，要求带宽为 200Hz，中心频率为 1000Hz，通带衰减不大于 1dB，在频率小于 830Hz 或大于 1200Hz 衰减不小于 15dB。

解：（1）归一化带通滤波器频率指标。

由带通滤波器通带带宽 B=200Hz，中心频率 f_0'=1000Hz，根据式（4.48）可反推得通带边界频率：f'_{p2}=1105Hz，f'_{p1}=905Hz；继而求得$\eta_{\mathrm{p1}}=f'_{\mathrm{p1}}/B=4.525$，$\eta_{\mathrm{p2}}=f'_{\mathrm{p2}}/B=5.525$，$\eta_{\mathrm{s1}}=f'_{\mathrm{s1}}/B=4.15$，$\eta_{\mathrm{s2}}=f'_{\mathrm{s2}}/B=6$，$\eta_0=f'_0/B=5$。

（2）确定低通滤波器的指标。

低通滤波器归一化边界频率：

$$\lambda_{\mathrm{p}}=\frac{\eta_{\mathrm{p2}}^2-\eta_0^2}{\eta_{\mathrm{p2}}}=\frac{5.525^2-5^2}{5.525}\equiv 1$$

$$\lambda_{\mathrm{s1}}=\frac{\eta_{\mathrm{s1}}^2-\eta_0^2}{\eta_{\mathrm{s1}}}=\frac{4.15^2-5^2}{4.15}=-1.8741,\qquad \lambda_{\mathrm{s2}}=\frac{\eta_{\mathrm{s2}}^2-\eta_0^2}{\eta_{\mathrm{s2}}}=\frac{6^2-5^2}{6}=1.8333$$

因$|\lambda_{\mathrm{s1}}|>|\lambda_{\mathrm{s2}}|$，所以取$\lambda_{\mathrm{s}}=\lambda_{\mathrm{s2}}=1.8333$。

低通滤波器通带阻带衰减指标：α_{p}=1dB，α_{s}=15dB。

（3）根据指标λ_{p}、α_{p}、λ_{s}、α_{s}及通阻带的衰减特性（单调、波动）选择设计合适的低通滤波器。

由于题目中只是指定 Chebyshev 滤波器，但未指定Ⅰ型还是Ⅱ型，由于同指标下两者的阶数相同，但前者为全极点形式，而后者为零极点形式，为表示简单起见，这里选择设计 Chebyshev Ⅰ型滤波器并借助 MATLAB 函数完成归一化系统函数的设计。

① 确定滤波器阶数，执行语句[N,Wn]=cheb1ord(1,1.8333,1,15,'s')，返回结果 N=3，Wn=1。

② 根据滤波器阶数和已有参数确定 ChebyshevⅠ型滤波器归一化系统函数分子分母表达式系数。

执行语句[b,a]=cheby1(3,1,1,'s')，返回结果 b=[0 0 0 0.4913]，a=[1.0000 0.9883 1.2384 0.4913]。

即 $H_{\mathrm{LP}}(p)=\dfrac{0.4913}{p^3+0.9883p^2+1.2384p+0.4913}$。

（4）去归一化求带通滤波器的传递函数 $H_{\mathrm{BP}}(s')$

由归一化传递函数求解系统函数的方法有多种，如直接按式（4.54）手工代入运算、调用 MATLAB 频带变换函数及直接设计等。

① 直接代入计算。

将 $p=\dfrac{s'^2+(2\pi\times1000)^2}{2\pi\times200s'}$ 代入 $H_{\mathrm{LP}}(p)$，得到系统函数 $H_{\mathrm{BP}}(s')$的分子分母表达形式。

② 调用 MATLAB 函数 lp2bp 完成低通到带通的转换。

执行语句：[bt,at]=lp2bp(b,a,2*pi*1000,2*pi*200)。

比较①、②的结果，除精度不同外，结果等价。

③ 调用 MATLAB 函数 cheby1 一步完成带通滤波器的设计。

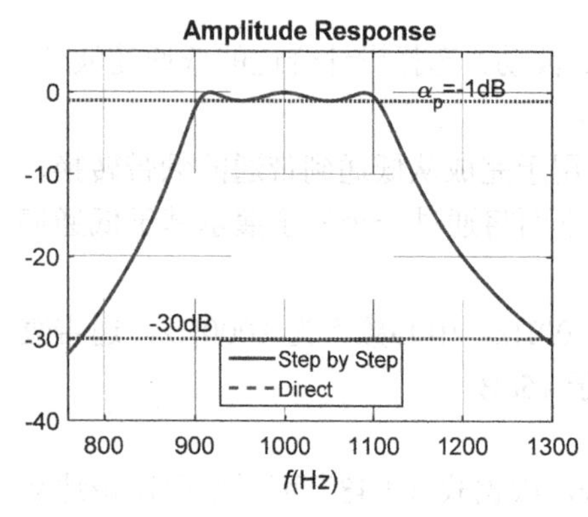

图 4.19 带通滤波器幅频特性图

这里要设计一个 3 阶的 Chebyshev Ⅰ 型滤波器的带通滤波器，通带截止频率分别在 f'_{p1}=905Hz 和 f'_{p2}=1105Hz，通带最大衰减为 1dB。在确定滤波器阶数的前提下直接调用 cheby1 函数可以一步完成模拟带通滤波器的设计。

[b,a]=cheby1(3,1,2*pi*[905 1105],'bandpass','s')

上述三种方法，尤其是后两种方法因有效字长的限制，计算结果可能会出现误差。

图 4.19 画出了根据原理逐步设计（Step by Step）和直接调用 cheby1 函数设计（Direct）带通滤波器的幅频特性图，可以看出两者完全重合。本例题完整的 MATLAB 实现见 4.5 节的 pro4_06.m。

3. 基于模拟低通滤波器设计的带阻滤波器设计

前面已经研究了低通滤波器到高通滤波器、带通滤波器的映射，如何将低通滤波器映射为带阻滤波器呢？观察图 4.17(a)和(d)的低通滤波器幅频特性曲线与带阻滤波器幅频特性曲线，好像并不容易想到能用什么数学表达式来描述它们之间的关系。但是对比图 4.17(c)和(d)，似乎这两者关系更为简单，若以幅度等于 1/2 为对称轴，对图 4.17(c)做上下翻转，可以想像得到上下翻转后的图(c)与图(d)非常相似。即低通滤波器与带阻滤波器的频带关系可以在低通与带通关系的基础上稍做修改得到，过程不再详细叙述，这里直接给出结论。

与研究带通滤波器思路类似，先定义带阻滤波器的阻带带宽 B 和阻带中心频率 $\varOmega'_0$：

$$B=\varOmega'_{\mathrm{s2}}-\varOmega'_{\mathrm{s1}},\ \varOmega'_0=\sqrt{\varOmega'_{\mathrm{s1}}\varOmega'_{\mathrm{s2}}} \tag{4.55}$$

并以阻带带宽 B 为归一化因子对带阻滤波器的频率指标进行频率归一化：

$$\eta_0=\frac{\varOmega_0}{B},\eta_{\mathrm{s}i}=\frac{\varOmega'_{\mathrm{s}i}}{B},\eta_{\mathrm{p}i}=\frac{\varOmega'_{\mathrm{p}i}}{B},i=1,2 \tag{4.56}$$

仿照式（4.50）定义将λ与η的关系式：

$$\lambda=\frac{\eta}{\eta^2-\eta_0^2},\ \eta_0=\left(\frac{\varOmega'_0}{B}\right)^2 \tag{4.57}$$

仿照 s 平面归一化复变量 p 和归一化频率λ的关系 p=jλ，定义 s'平面归一化复变量 q 和归一化频率η的关系 q=jη，并利用 s'平面归一化复变量 q 定义= s'/B，代入式（4.57）可得：

$$\lambda=\frac{\eta}{\eta^2-\eta_0^2}\xrightarrow{p=\mathrm{j}\lambda}p=\mathrm{j}\frac{\eta}{\eta^2-\eta_0^2}\xrightarrow{q=\mathrm{j}\eta}p=\frac{q}{q^2+\eta_0^2}\xrightarrow{q=s'/B}p=\frac{s'B}{s'^2+\Omega_0'^2}\qquad(4.58)$$

进而得到归一化低通滤波器传递函数到去归一化带阻滤波器传递函数的关系式：

$$H_{\mathrm{BS}}(s')=H_{\mathrm{LP}}(p)\Big|_{p=\frac{s'B}{s'^2+\Omega_0'^2}}\qquad(4.59)$$

基于模拟低通滤波器设计的带阻滤波器设计方法步骤概括如下：

① 归一化带阻滤波器频率指标。依据式（4.55）确定带阻滤波器阻带宽度 B 和阻带中心频率 Ω_0'，并以 B 为归一化因子对通带、阻带边界频率、通带中心频率进行归一化，得到通带、阻带边界归一化频率和归一化通带中心频率η_p、η_s≡1、η_0。

② 确定低通滤波器的指标。利用式（4.57）确定低通滤波器归一化边界频率，因带阻滤波器的通带边界频率有两个，得到的λ_p 也有两个，此时要取绝对值大的作为通带边界频率。阻通滤波器通阻带衰减指标直接作为低通滤波器的相应指标。

③ 根据指标λ_p、α_p、λ_s、α_s 及通阻带的衰减特性（单调、波动）选择设计合适的低通滤波器。

④ 按照式（4.59）求带阻滤波器的传递函数 $H_{\mathrm{BS}}(s')$。

MATLAB 信号处理工具箱中也提供了专门的函数 lp2bs 用于完成从低通到带阻的频带转换，还在原型滤波器设计中直接提供了设计带阻滤波器的函数。下面将通过一个例子演示基于低通滤波器设计的带通滤波器设计方法步骤及相关函数的使用方法。

【例 4.10】 试设计一椭圆型模拟带阻滤波器，滤除市电（50Hz）对信号的影响，具体指标为 45Hz~55Hz 信号衰减不小于 50dB，30Hz 以下和 70Hz 以上衰减不得大于 1dB。

解：（1）归一化带阻滤波器频率指标。

由题意可知带通滤波器阻带带宽和阻带中心频率分别为

$$B=2\pi(f_{\mathrm{s}2}'-f_{\mathrm{s}1}')=2\pi\times10\mathrm{rad/s},\ \Omega_0'=\sqrt{\Omega_{\mathrm{s}2}'\Omega_{\mathrm{s}1}'}=2\pi\times49.749410\mathrm{rad/s}$$

$\eta_{\mathrm{p}1}=2\pi\times f_{\mathrm{p}1}'/B=3$，$\eta_{\mathrm{p}2}=2\pi\times f_{\mathrm{p}2}'/B=7$，$\eta_{\mathrm{s}1}=f_{\mathrm{s}1}'/B=4.5$，$\eta_{\mathrm{s}2}=f_{\mathrm{s}2}'/B=5.5$，$\eta_0=f_0'/B=4.9749$。

（2）确定低通滤波器的指标。

低通滤波器归一化边界频率通过如下方式求解：

$$\lambda_{\mathrm{s}2}=\frac{\eta_{\mathrm{s}2}}{\eta_{\mathrm{s}2}^2-\eta_0^2}=\frac{5.5}{5.5^2-4.9749^2}\equiv1,\ \lambda_{\mathrm{s}2}\equiv-1$$

$$\lambda_{\mathrm{p}1}=\frac{\eta_{\mathrm{p}1}}{\eta_{\mathrm{p}1}^2-\eta_0^2}=\frac{3}{3^2-4.9749^2}=-0.1905,\ \lambda_{\mathrm{p}2}=\frac{\eta_{\mathrm{p}2}}{\eta_{\mathrm{p}2}^2-\eta_0^2}=\frac{7}{7^2-4.9749^2}=0.2887$$

选择归一化频率绝对值最大的归一化频率的绝对值作为λ_p，因为归一化频率绝对值越大，说明该频率离阻带中心频率越近，这样选择可以保证两个边的通带边界频率处衰减都能满足要求。显然$|\lambda_{\mathrm{p}1}|<|\lambda_{\mathrm{p}2}|$，所以取$\lambda_\mathrm{p}=\lambda_{\mathrm{sp}2}=0.2887$。

低通滤波器通带阻带衰减指标：α_p=1dB，α_s=50dB。

（3）根据指标λ_p、α_p、λ_s、α_s 及通阻带的衰减特性（单调、波动）选择设计合适的低通滤波器。

由于题目中已经指定椭圆滤波器，所以可以直接设计：

① 确定滤波器阶数，执行语句[N,Wn]=ellipord(0.2887,1,1,50,'s')，返回结果：N=3，Wn=0.2887。

② 根据滤波器阶数和已有参数确定椭圆型滤波器归一化传递函数分子分母表达式系数。

执行语句[b,a]=ellip(3,1,50,0.2887,'s')，返回结果 b=[0 0.0093 -0.0000 0.0122]; a= [1.0000 0.2838 0.1034 0.0122]。

即 $H_{\mathrm{LP}}(p)=\dfrac{0.0093\lambda^2+0.0122}{p^3+0.2838p^2+0.1034p+0.0122}$

（4）去归一化求带通滤波器的传递函数 $H_{\mathrm{BP}}(s')$。

① 直接代入计算。

按照式（4.59）将 $p=\dfrac{20\pi s'}{s'^2+(2\pi\times 49.74941)^2}$ 代入 $H_{\mathrm{LP}}(p)$，得到传递函数 $H_{\mathrm{BS}}(s')$的分子分母表达形式。

② 调用 MATLAB 函数 lp2bs 完成低通到带通的转换。

执行语句：[bt,at]=lp2bs(b,a,2*pi*50,2*pi*10)。

③ 调用 MATLAB 函数 ellip 一步完成带通滤波器的设计。

直接调用：[b,a]=ellip(3,1,50,2*pi*[45 55],'bandstop','s')

上述三种方法，尤其是后两种方法因有效字长的限制，计算结果可能会出现误差。

有些参考书提出用阻带边界频率确定带阻滤波器的阻带带宽、通带边界频率确定中心频率，即

$$B=\Omega'_{s2}-\Omega'_{s1}\text{，}\Omega'_0=\sqrt{\Omega'_{p2}\Omega'_{p1}} \tag{4.60}$$

同等指标参数下，用通带边界频率确定的滤波器的阶数有时要比以阻带边界频率确定的要高，而且获得的阻带指标比要求要宽。

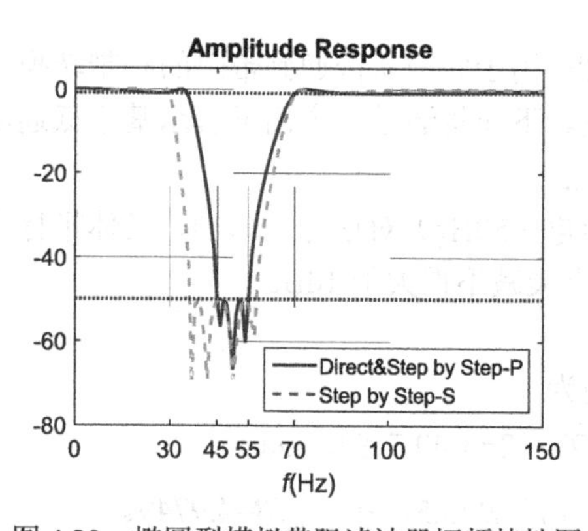

图 4.20　椭圆型模拟带阻滤波器幅频特性图

图 4.20 为满足题目要求的椭圆型模拟带阻滤波器幅频特性图。图中标注为“Step by Step-S”的特性曲线是根据本节介绍原理分步设计，并且阻带带宽和阻带中心频率由阻带边界指标按式（4.55）定义得到的；标注为“Step by Step-P”的特性曲线是按式（4.60）定义阻带带宽和阻带中心频率由阻带边界指标并分步设计得到的；标注为“Direct”的特性曲线是直接调用 ellip 函数得到的。本例题完整的 MATLAB 实现见 4.5 节的 pro4_07.m。

该例中用阻带边界频率按式（4.55）定义时阶数为 3，用通带边界频率按式（4.60）定义时阶数为 4。很明显可以看出用式（4.60）的通带和用式（4.55）的阻带边界频率定义阻带带宽和中心频率时，设计出的滤波器均满足通阻带指标，除了阶数上的区别外，用阻带边界频率定义滤波器时获得的阻带带宽更窄，或者说在满足对 45~55Hz 范围内噪声进行尽可能大程度抑制的同时，最大限度地保护了该频率范围之外的频率分量，从这个意义上讲，在用阻带边界频率定义下，频谱变换得到的效果更好。标注为“Step by Step-P”和“Direct”的两条特性曲线重合，说明 ellip 函数用式（4.60）的阻带边界频率定义阻带带宽和中心频率。

4.3　基于冲激响应不变法的 IIR 数字滤波器设计

脉冲响应不变法思想

4.2 节研究了基于原型滤波器的低通、高通、带通和带阻模拟滤波器的设计方法与步骤，得到了滤波器的传递函数 $H_a(s)$。有了模拟滤波器的传递函数，在模拟域可以直接考虑选用 Sallen-Key 等电路实现，而在数字域则必须知道数字滤波器的系统函数 $H(z)$［或系统的单位脉冲响应 $h(n)$］，才好确定用级联、并联等方式实现滤波器。本节将讨论从模拟滤波器传递函数 $H_a(s)$到数字滤波器系统函数 $H(z)$的变换方法。

将模拟滤波器变换成数字滤波器通常有五种方法：冲激响应不变法、阶跃响应不变法、双线性变换法、微分-差分变换法和匹配 Z 变换法。不管是哪种方法，都是试图将 s 平面上的模拟滤波器传递函数 $H_a(s)$映射为 z 平面上的数字滤波器系统函数 $H(z)$，工程上最常用的是冲激响应不变法和双线性变换法两种。数字滤波器只是滤波器的一种实现方法，基于模拟滤波器的数字滤波器设计不能因变换等原因突破如下两条底线：

（1）数字滤波器的频率响应必须要能模仿或逼近模拟滤波器的频率响应，即 z 平面单位圆上数字滤波器系统函数 $H(z)$的特性要能模仿 s 平面虚轴上模拟滤波器传递函数 $H_a(s)$的特性。换句话说，不论是用模拟的方式实现还是数字的方式实现，从幅频响应看都应做到需要保留的频率分量要尽可能无失真地保留，而需要抑制的频率分量要尽可能地抑制或滤除。

（2）s 平面上因果稳定的 $H_a(s)$，通过映射后所得 z 平面上的 $H(z)$也必须是因果稳定的，即 s 平面的左半平面应该映射到 z 平面的单位圆以内。

冲激响应不变法可以看成是一种时域变换方法，基于信号的时域采样相关理论，适合 IIR 数字低通和带通滤波器的设计；而双线性变换法则更多的是频域变换方法，基于频带压缩相关理论，可用于各类 IIR 数字滤波器的设计。

4.3.1 冲激响应不变法原理

假设 N 阶模拟滤波器的传递函数为 $H_a(s)$，对应的单位冲激响应为 $h_a(t)$，且 $H_a(s)$的分子多项式的次数低于分母多项式的次数，则有如下关系成立：

$$H_a(s)=\sum_{i=1}^{N}\frac{A_i}{s-s_i} \tag{4.61}$$

其中 s_i 为单阶极点，A_i 为增益系数。根据拉普拉斯变换相关知识，易知式（4.61）的反变换具有如下形式：

$$h_a(t)=\mathrm{LT}^{-1}[H_a(s)]=\sum_{i=1}^{N}A_i\mathrm{e}^{s_it}u(t) \tag{4.62}$$

其中 $u(t)$为单位阶跃函数。

对单位冲激响应 $h_a(t)$以 T_s 为间隔进行均匀采样，得到的序列用 $h(n)$表示，即

$$h(n)=h_a(nT_s)=\sum_{i=1}^{N}A_i\mathrm{e}^{s_inT_s}u(nT_s) \tag{4.63}$$

对 $h(n)$进行双边 Z 变换并整理得：

$$\begin{aligned}H(z)=\mathrm{ZT}[h(n)]&=\sum_{n=-\infty}^{\infty}h(n)z^{-n}=\sum_{n=0}^{\infty}\sum_{i=1}^{N}A_i\mathrm{e}^{s_inT_s}z^{-n}\\&=\sum_{i=1}^{N}A_i\sum_{n=0}^{\infty}(\mathrm{e}^{s_iT_s}z^{-1})^n=\sum_{i=1}^{N}\frac{A_i}{1-\mathrm{e}^{s_iT_s}z^{-1}}\end{aligned} \tag{4.64}$$

Laplace 变量 s 为复数，可表示为：$s=\sigma+\mathrm{j}\Omega$。对于稳定的模拟滤波器，式（4.61）中传递函数的极点 s_i 必定在 s 平面的左半平面，即 σ_i 取负值。由式（4.64）知，通过对模拟滤波器的单位冲激响应采样并进行 Z 变换，得 $H(z)$的极点为

$$z_i=\mathrm{e}^{s_iT_s}=\mathrm{e}^{(\sigma_i+\mathrm{j}\Omega)T_s}=\mathrm{e}^{\sigma_iT_s}\mathrm{e}^{\mathrm{j}\Omega T_s},i=1,2,\cdots,N \tag{4.65}$$

因 σ_i 取负值，所以 $H(z)$的极点必然在单位圆内，即通过对模拟滤波器的单位冲激响应进行时域采样得到数字滤波器的方式，能保证将一个稳定的模拟滤波系统变换成一个稳定的数字系统。

对比式（4.61）和式（4.64）可以看出，$H_a(s)$和 $H(z)$的分式之间存在如下对应关系：

$$\frac{A_i}{s-s_i}\leftrightarrow\frac{A_i}{1-e^{s_iT_s}z^{-1}}=\frac{A_iz}{z-e^{s_iT_s}} \tag{4.66}$$

对比式（4.61）、式（4.64）和式（4.66），可得出这样的结论：冲激响应不变法可以保证部分分式表示形式的 $H_a(s)$ 和 $H(z)$ 的每个增益系数 A_i 对应相等，s 平面上的每个极点与 z 平面上的每个极点位置能一一对应，但是不保证零点之间的对应关系。

4.3.2 变换前后频率特性分析

前面的分析表明通过对模拟滤波器的单位冲激响应进行时域采样得到数字滤波器的方式使得稳定性得以保留，接下来分析采样得到的数字滤波器与原模拟滤波器在频域上能否保持一致。下面将分析单位冲激响应 $h_a(t)$ 采样前后的频率特性对应关系。

1. $H(z)$ 与 $H_a(s)$ 的映射关系

s 平面的虚轴上 $s=j\Omega$，传递函数 $H_a(s)$ 对应变成频率响应 $H_a(j\Omega)$，反映模拟滤波器的频率特性。根据时域信号采样相关知识，对单位冲激响应 $h_a(t)$ 以 T_s 为间隔进行均匀采样得到的时域离散信号 $h(n)$ 的频谱与 $H_a(j\Omega)$ 的关系为

$$\widehat{H}(j\Omega)=\frac{1}{T_s}\sum_{k=-\infty}^{\infty}H_a\left(j\Omega-jk\frac{2\pi}{T_s}\right) \tag{4.67}$$

将 $s=j\Omega$ 代入式（4.67）得：

$$\widehat{H}(s)=\frac{1}{T_s}\sum_{k=-\infty}^{\infty}H_a\left(s-jk\frac{2\pi}{T_s}\right) \tag{4.68}$$

由于 $h(n)$ 的频谱也是对序列 $h(n)$ 进行离散时间傅里叶变换的结果，与式（4.67）应该相同，即

$$H(e^{j\omega})=\widehat{H}(j\Omega)\Big|_{\Omega=\omega/T_s}=\frac{1}{T_s}\sum_{k=-\infty}^{\infty}H_a\left(j\frac{\omega}{T_s}-jk\frac{2\pi}{T_s}\right) \tag{4.69}$$

因序列 $h(n)$ 的 Z 变换是离散时间傅里叶变换的扩展版，因此有如下关系：

$$H(e^{j\omega})=H(z)\big|_{z=re^{j\omega}},\ r=1 \tag{4.70}$$

综合式（4.67）~式（4.70），单位冲激响应 $h_a(t)$ 采样前后的频率特性对应关系体现为，$H_a(s)$ 在 s 平面虚轴上的频率特性与 $H(z)$ 在 z 平面单位圆上的频率特性的对应，且有：

$$H(z)=\frac{1}{T_s}\sum_{k=-\infty}^{\infty}H_a\left(s-jk\frac{2\pi}{T_s}\right)\Bigg|_{z=e^{sT_s}} \tag{4.71}$$

上式表明，时域的采样使得模拟滤波器传递函数 $H_a(s)$ 在 s 平面上沿虚轴以 $2\pi/T_s$ 为周期进行周期延拓，然后再经过 $z=e^{sT_s}$ 映射到 z 平面上，便得到 $H(z)$。关于 s 平面上周期延拓是否会产生混叠以及在 z 平面上会有何种反映，稍后将进行详细讨论。

2. s 平面与 z 平面的映射关系

利用 s 平面复变量 $s=\sigma+j\Omega$，将式（4.65）所示极点之间对应关系扩展到两个平面任意点之间的关系：

$$z=e^{sT_s}=e^{\sigma T_s}e^{j\Omega T_s}=re^{j\omega} \tag{4.72}$$

时域均匀采样保证了数字角频率 ω 与模拟角频率 Ω 之间存在严格的线性关系 $\omega=\Omega T_s$。下面分情况归纳 z 平面的点 z 与 s 平面上的点 s 的对应关系。

情况 1：假定 s 平面上 Ω 保持不变，σ 从 $-\infty$ 增加到 $+\infty$，则 z 平面上 z 的极角 $\omega=\Omega T_s$ 保持不变，极径 $r=e^{\sigma T_s}$ 从 0 延伸至 $+\infty$ 远处。

情况 2：假定 s 平面上σ保持不变，Ω从任意值Ω_0增加到$\Omega_0+2\pi/T_s$，则 z 平面上 z 的极径 $r=\mathrm{e}^{\sigma T_s}$ 保持不变，而极角ω从$\Omega_0 T$增加到$\Omega_0 T_s+2\pi$，也就是说在 s 平面Ω沿任意一条平行于虚轴的直线($s=\sigma$)走过 $2\pi/T_s$ 的距离，对应在 z 平面上一个半径为 r 的圆旋转一周。

综合情况 1 和 2 可以得出如下结论：

（1）当σ从$-\infty$增加到$+\infty$，Ω从任意值Ω_0增加到$\Omega_0+2\pi/T_s$，s 平面上任何一个平行于实轴的宽为$2\pi/T_s$的带状区域都会映射出整个 z 平面，带状区域的部分虚轴（σ=0）映射为 z 平面的单位圆；带状区域的虚轴的左侧（σ<0）映射为 z 平面的单位圆的内部；带状区域的虚轴的右侧（σ>0）映射为 z 平面的单位圆的外部，如图 4.21 所示。

（2）整个 s 平面可以看成是由无穷多个平行于实轴的宽为 $2\pi/T_s$ 的带状区域拼接而成的，而每个带状区域都可以映射出整个 z 平面，因此冲激响应不变法使得 z 平面与 s 平面上每条宽为 $2\pi/T_s$ 且平行于实轴的带状区域都对应，属典型的多值映射。

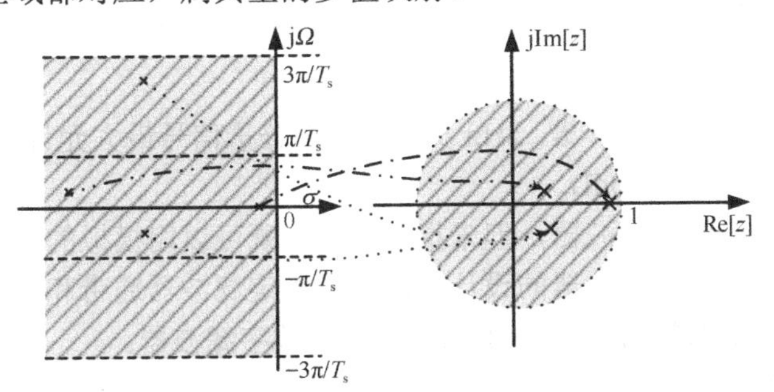

图 4.21　冲激响应不变法 s 平面与 z 平面关系

从式（4.67）~式（4.69）可以看出，时域以 T_s 为间隔对滤波器单位冲击响应 $h_a(t)$的均匀采样，导致频域以 $2\pi/T_s$ 为周期的周期延拓。若采样间隔 T_s 足够小且滤波器通带宽度是有限的，即$|\Omega|>\pi/T_s$ 时$|H_a(\mathrm{j}\Omega)|$恒为零，则周期延拓过程中不会产生失真。从 s 平面看，在Ω取$-\pi/T_s+2k\pi/T_s\sim\pi/T_s+2k\pi/T_s$ 的每个宽为 $2\pi/T_s$ 的带状区域内都有 $H_a(\mathrm{j}\Omega-\mathrm{j}2k\pi/T_s)$，它是$H_a(\mathrm{j}\Omega)$的一次精确重现。按照式（4.72），每个宽为$2\pi/T_s$的带状区域内 $H_a(\mathrm{j}\Omega-\mathrm{j}2k\pi/T_s)$或 $H_a(s-\mathrm{j}2k\pi/T_s)$映射成的 z 平面都与 $H_a(\mathrm{j}\Omega)$映射的 z 平面都是完全等效的，s 平面虚轴上每个宽为 $2\pi/T_s$ 的一段都可用来映射 $H(z)$单位圆的一周。反之，无论因滤波器频带宽度还是采样速率的原因致使$|H_a(\mathrm{j}\Omega)|$满足在$|\Omega|=\pi/T_s$时仍不为零，如图 4.22 所示，则以 $2\pi/T_s$ 为周期进行周期延拓过程中，必然导致失真，在Ω取$-\pi/T_s+2k\pi/T_s\sim\pi/T_s+2k\pi/T_s$ 的每个宽为 $2\pi/T_s$ 的带状区域内都不再是$H_a(\mathrm{j}\Omega)$的精确的重现，而是有 $H_a(\mathrm{j}\Omega-\mathrm{j}2k\pi/T_s)$与相邻的移位版之间的叠加结果，再按式（4.72）取宽为 $2\pi/T_s$ 的带状区域映射 z 平面时，已产生的混叠失真也不会得到纠正，而直接反映到 $H(z)$中，且随着采样速率 f_s 的降低，混叠失真从数字角频率$\omega=\pm\pi$处向 0 延伸。

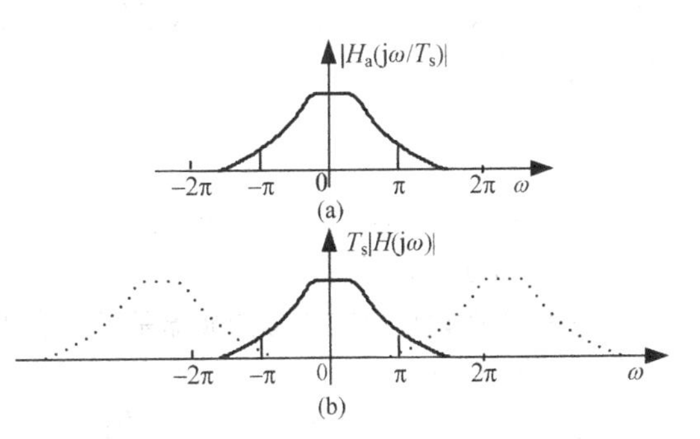

图 4.22　周期延拓中的频谱混叠图

因时域采样可能带来频谱的混叠的问题，显然冲激响应不变法不能用作像数字高通和带阻滤波器那样通带宽度无限宽的滤波器的设计。而对于低通滤波器、带通滤波器这些通带宽度有限的滤波器，通过合理选择采样频率，能够实现无失真采样，即对这些模拟滤波器单位冲激响应 $h_a(t)$ 采样得到数字滤波器单位脉冲响应 $h(n)$的过程是无失真的，或者说从 $h(n)$能无失真恢复 $h_a(t)$，采样及恢复能保持冲激响应不会发生变化，数字滤波器能完全、无失真地模仿模拟滤波器的功能。

这便是冲激响应不变法这种变换思想的内涵，显然这种冲激响应不变是有条件的，即只能适用于低通滤波器、带通滤波器这些通带宽度有限的模拟滤波器的转换。

4.3.3 设计步骤

基于冲激响应不变法的数字 IIR 滤波器设计方法与步骤可概况如下：

① 利用前两节所学内容设计符合指标要求的模拟滤波器，得出滤波器的传递函数 $H_a(s)$。若给定指标为数字滤波器指标，边界频率按照关系 $\Omega=\omega/T_s$ 将数字频率转化为模拟频率，衰减指标不变，而后设计符合要求的模拟滤波器。

② 把 $H_a(s)$表示为部分分式和的形式：

$$H_{\mathrm{a}}(s)=\sum_{i=1}^{N}\frac{A_i}{s-s_i}$$

③ 利用 $z=\mathrm{e}^{sT_s}$ 的映射关系，将 s 平面上 $H_a(s)$的极点 s_i 变换成 z 平面上 $H(z)$的极点，并按照式（4.64）整理出数字滤波器的系统函数 $H(z)$。

【例 4.11】 要求设计一个滤波器，2Hz 及以下频率分量信号最大允许衰减不能超过 3dB，8Hz 及以上频率信号衰减不能低于 20dB。

解： 题目要求设计一低通滤波器，但未指定方法，既可以用模拟的方法实现又可以用数字的方法实现，这里重点讨论数字滤波器的设计。由于未指定滤波器通带和阻带的幅度波动要求，这里将设计一个通带和阻带都单调下降的 Butterworth 型数字滤波器。

（1）模拟滤波器设计

利用 4.2 节的知识，根据滤波器指标确定滤波器阶数、归一化频率等参数，进而得到滤波器传递函数 $H_a(s)$（具体过程略。这里给出了分子分母多项式形式，且为了读者手工验证方便，对系数进行了修正）：

$$H_{\mathrm{a}}(s)=\frac{200}{s^2+20s+200}$$

其幅频特性图如图 4.23(a)所示。

（2）数字滤波器设计

下面将在设计出的模拟滤波器基础上利用冲激响应不变法得到数字滤波器的系统函数 $H(z)$。

i）将 $H_a(s)$展开为部分分式和的形式。

易知 $H_{\mathrm{a}}(s)=\dfrac{-10\mathrm{j}}{s+10-10\mathrm{j}}+\dfrac{10\mathrm{j}}{s+10+10\mathrm{j}}$，j 为虚数单位；$s_1$=–10+10j，$s_2$=–10–10j，$A_1$=–10j，$A_2$=10j。

分式的分解可以借助 MATLAB 函数 residue 求解，如执行语句[r,p,k]=residue(200,[1 20 200])，所求结果为 $\boldsymbol{r}=[A_1;A_2]$，$\boldsymbol{p}=[s_1;s_2]$。

ii）依据采样间隔确定 $H(z)$的极点和 $H(z)$具体表达式。

根据式（4.61）和式（4.64）知，若 $H_a(s)$的极点在 s_i，$H(z)$的极点就在 $z_i=\mathrm{e}^{s_iT_s}$，而 A_i 不变，进而得到部分分式和形式的 $H(z)$，合并后得到 $H(z)$的分子分母多项式形式（这里将通过调用函数 residuez 直接得到分子分母多项式形式）。本例中取样间隔 T_s 取 4 种值，T_s = 1/10,1/20,1/30, 1/40，对应的可无失真采样的信号的最高频率($f_s/2$)为 5、10、15 和 20Hz，以帮助读者理解采样频率大小对于滤波器转换的影响。

① T_s=1/10 时：

$$z_1=\mathrm{e}^{s\times T_s}=\begin{bmatrix}0.1988+0.3096\mathrm{j}\\0.1988-0.3096\mathrm{j}\end{bmatrix}$$

将 z_1 中的两个极点连同前面求出的 r 代入式（4.64）就可以直接得出部分分式和形式的 $H(z)$。

$$H_1(z)=\frac{-10\text{j}}{z-0.1988-0.3096\text{j}}+\frac{10\text{j}}{z-0.1988+0.3096\text{j}}=\frac{6.1912}{z^2-0.3975z+0.1353}$$

直接调用 MATLAB 函数 residuez，在已知 r,p,k 的基础上就可以得到 $H(z)$的分子分母多项式形式。

其实从步骤 i）中求解 r,p,k，再到 $H(z)$的极点映射等步骤可以通过一个函数来实现，该函数为 impinvar。

执行语句[bz az]=impinvar(200,[1 20 200],10)，返回值为 bz= [0　0.6191]，az=[1.0000　–0.3975　0.1353]

用类似的方法可以直接得出 T_s 为其他值时的数字滤波器系统函数。

② T_s=1/20 时：

$$H_2(z)=\frac{-10\text{j}}{z-0.5323-0.2908\text{j}}+\frac{10\text{j}}{z-0.5323+0.2908\text{j}}=\frac{5.8157}{z^2-1.0646z+0.3679}$$

③ T_s=1/30 时：

$$H_3(z)=\frac{-10\text{j}}{z-0.6771-0.2344\text{j}}+\frac{10\text{j}}{z-0.6771+0.2344\text{j}}=\frac{4.6889}{z^2-1.3542z+0.5134}$$

④ T_s=1/40 时：

$$H_4(z)=\frac{-10\text{j}}{z-7546-0.1927\text{j}}+\frac{10\text{j}}{z-7546+0.1927\text{j}}=\frac{3.8536}{z^2-1.5092z+0.6065}$$

细心的读者可能注意到①中 T_s=1/10 时用 impinvar 计算出的 az 与 $H_1(z)$的分母多项式系数完全一致，但是 bz 却变成了 $H_1(z)$分子系数的 1/10 倍。

为了比较公平，通常对系统函数 $H(z)$进行修正，即将 $H(z)$改为 $T_s \times H(z)$，相当于去掉式（4.72）中的系数 $1/T_s$，函数 impinvar 内部已包含了该处理过程。图 4.23 和图 4.24 分别比较了模拟滤波器与数字滤波器的幅频特性和相频特性，两图中右侧子图都对应数字滤波器，频率都经过数字化归一因子 f_s 进行了归一化处理，横坐标为 1 处对应相应采样频率下能处理的最高频率，如 T_s =1/10 时，横坐标为 1 处对应频率为 5Hz，T_s =1/40 时，横坐标为 1 处对应频率为 20Hz。

对比图 4.23(a)和(b)可以看出，随着采样间隔 T_s 的降低或采样速率 f_s 的升高，右侧的图越来越逼近图 4.23(a)。但细看起来每个的近似度都不同，T_s =1/10 时，归一化频率 1 处对应频率为 5Hz，衰减约为 8dB，归一化频率 0.6 处对应频率为 3Hz，衰减约为 5dB，而图 4.23(a)中 5Hz 和 3Hz 处的衰减约为 15dB 和 7dB；T_s =1/20 时，图 4.23(b)中归一化频率 1 处对应频率为 10Hz，衰减约为 18dB，归一化频率 0.8 处对应频率为 8Hz，衰减约为 18dB，而图 4.23(a)中 10Hz 和 8Hz 处的衰减约为 26dB 和 22dB；直接看 T_s =1/40 的情况，图 4.23(b)中归一化频率 0.4 处对应频率为 8Hz，衰减约为 22dB，与图 4.23(a) 8Hz 处的衰减近似相等。T_s =1/10、1/20、1/30s 时，8Hz 对应数字频率处衰减指标达不到要求，这也恰恰反映了采样频率不够高时，欠采样过程带来的频谱周期延拓会造成混叠部分能量叠加，从而造成这部分远离阻带衰减指标，且混叠越严重，离阻带衰减指标越远。从阻带指标看只有 $T_s \leqslant 1/40$ 时，数字滤波器的幅频响应才能很好地逼近模拟滤波器的幅频特性，这也说明在用冲激响应不变法实现模拟滤波器到数字滤波器的转换时，考虑滤波器的通带宽度时应参考阻带截止频率的值。这里我们只分析阻带边界处的指标，有兴趣的读者可以从混叠产生的条件及混叠发生时最易因混叠而产生失真的地方入手自行分析通带处的指标。

图 4.24 演示了基于冲激响应不变法的数字滤波器对模拟滤波器的相位逼近情况，容易看出随着采样间隔 T_s 的降低或采样速率 f_s 的升高，数字滤波器的相频响应越来越逼近模拟滤波器，且同一采样频率下低频部分的逼近度高于高频部分。本例题完整的 MATLAB 实现见 4.5 节的 pro4_08.m。

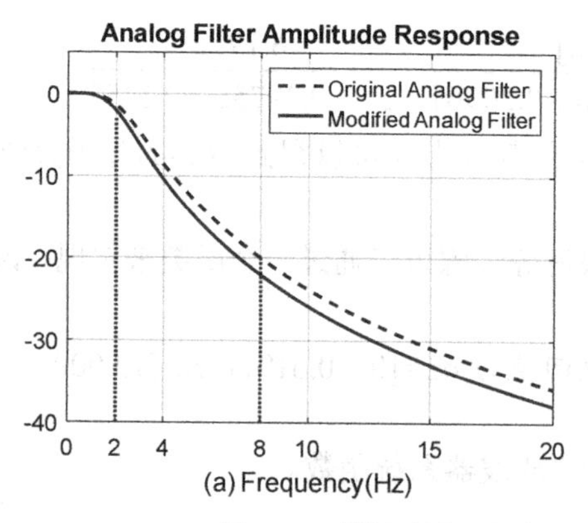

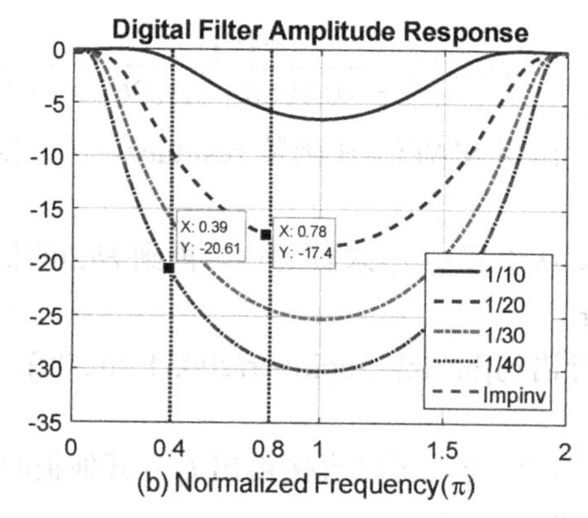

图 4.23　模拟滤波器与基于脉冲采样的数字滤波器幅频特性图

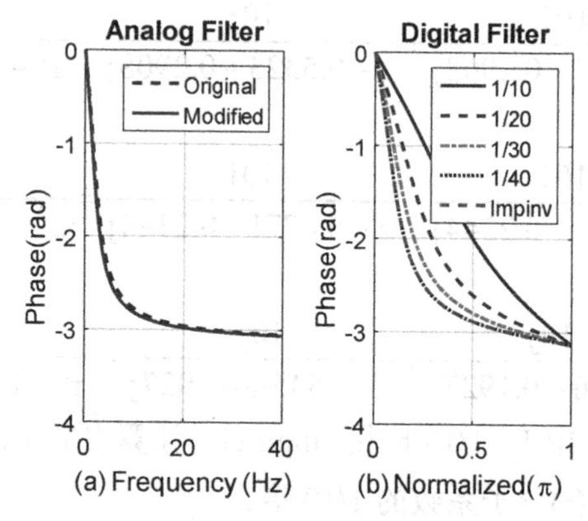

图 4.24　模拟滤波器与基于脉冲取样的数字滤波器相频特性图

尽管冲激响应不变法从数学上保证了数字角频率与模拟角频率的严格线性关系，但是奈奎斯特采样定理决定了这种变换方法仅适合低通和带通这些通带宽度有限的滤波器的转换，而不能用于将高通、带阻等通带宽度无限的模拟滤波器向数字滤波器的转换。

4.4　基于双线性变换法的 IIR 数字滤波器设计

双线性变换法思想及设计步骤

前述冲激响应不变法是通过在时域对模拟滤波器单位冲激响应进行均匀采样的方式得到了数字滤波器，保持数字角频率与模拟角频率呈严格线性关系的同时，由于奈奎斯特采样定理决定了冲激响应不变法的思想仅适合通带宽度有限的低通、带通滤波器的模数转换，而不适合数字高通和带阻滤波器的设计。

冲激响应不变法的局限性抹灭不了该变换方法的重要意义，它建立了 s 平面上点 s 与 z 平面上点 z 之间的标准映射关系 $z = \mathrm{e}^{sT_s}$。利用该关系可以将 s 平面上任何一个平行于实轴且宽为 $2\pi/T_s$ 的带状区域都能映射出整个 z 平面，从这点上看该映射为一一映射。冲激响应不变法的宽为 $2\pi/T_s$ 的带状区是通过截取周期频谱 $\widehat{H}(s)$ 的一个主值区间得到的，若生成 $\widehat{H}(s)$ 的过程中有混叠失真产生，则后续的失真不可避免，从失真的角度看，这也是脉冲响应不变法失真的主要来源。

虽然已经设计出了满足指标要求的模拟滤波器，而最终目标却是数字滤波器，模数转换的过程又有奈奎斯特采样定理需要遵循，模拟低通、带通滤波器可以通过冲激响应不变法完成滤波器的模数转换，模拟高通、带阻等通带宽度无限宽的滤波器能实现无失真模数转换吗？前面的严格分析表明直接对这些滤波器的单位冲激响应采样是不行的，还能怎么办呢？有没有什么办法把模拟高通、带阻等通带宽度无限宽的滤波器变成有限带宽，或者使其定义在$-\infty\sim+\infty$的频率响应变换到一个有限的区域内。如果可以的话，变换后再进行采样，就能保证采样过程不产生失真了。双线性变换就是针对该问题的一种解决方案。

4.4.1 双线性变换法原理

双线性变换法的主要思想是利用非线性压扩的方法将整个 s 平面压缩成宽为 $2\pi/T_s$ 的带状区 $(-\pi/T_s \sim \pi/T_s)$，然后再通过标准变换关系 $z = e^{sT_s}$ 将此带状区域变换到整个 z 平面上去，采样过程没有混叠造成的失真，基本原理如图 4.25 所示。

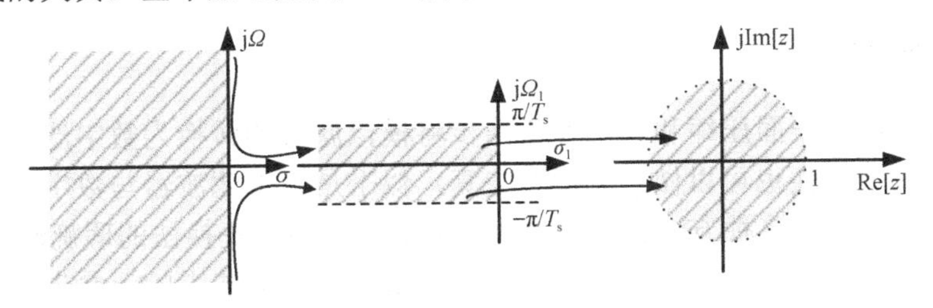

图 4.25 双线性变换法的映射关系

能实现将−∞～+∞区域与有限区域映射的函数有很多，比如正切函数、双曲正切函数等。与其他同类教材一样，这里也以正切函数为例介绍从 s 平面整个虚轴到 s_1 平面上 $\Omega_1 \in (-\pi/T_s \sim \pi/T_s)$ 宽为 $2\pi/T_s$ 的带状区域的映射，具体数学关系式为

$$\Omega = C\tan\left(\frac{\Omega_1 T_s}{2}\right) \tag{4.73}$$

其中，C 为常数，其确定方法稍后介绍。

结合式（4.73）和图 4.25，容易看出 s_1 平面 Ω_1 沿虚轴从 $-\pi/T_s$ 递增到 $+\pi/T_s$ 时，s 平面虚轴上 Ω 会从−∞递增到+∞。反过来说，通过正切函数能将整个 s 平面可以压缩成 s_1 平面上 Ω_1 取 $-\pi/T_s$～π/T_s 宽为 $2\pi/T_s$ 的带状区域。这时若按式（4.72）将 s_1 平面映射到 z 平面，肯定不会产生失真。此时 s 平面与 z 平面各点之间满足什么关系呢？

由三角函数关系及欧拉公式，式（4.73）可改写为

$$j\Omega = C\frac{e^{j\frac{\Omega_1 T_s}{2}} - e^{-j\frac{\Omega_1 T_s}{2}}}{e^{j\frac{\Omega_1 T_s}{2}} + e^{-j\frac{\Omega_1 T_s}{2}}} \tag{4.74}$$

令 $s = j\Omega$，$s_1 = j\Omega_1$，并代入式（4.74）得：

$$s = C\frac{e^{\frac{s_1 T_s}{2}} - e^{-\frac{s_1 T_s}{2}}}{e^{\frac{s_1 T_s}{2}} + e^{-\frac{s_1 T_s}{2}}} = C\frac{1 - e^{-s_1 T_s}}{1 + e^{-s_1 T_s}} \tag{4.75}$$

现在将 s_1 平面上 Ω_1 取 $-\pi/T_s$～π/T_s 的带状区域映射为整个 z 平面，即将标准变换 $z = e^{s_1 T}$ 代入式（4.75）得：

$$s = C\frac{1 - z^{-1}}{1 + z^{-1}} \tag{4.76}$$

或者

$$z = \frac{C + s}{C - s} \tag{4.77}$$

由于上式中分子式和分母式都是 s 的线性函数，因此这个式子就叫作双线性（bilinear）变换。显然双线性变换是一种分式线性变换，蕴含了将整个 s 平面可以压缩成 s_1 平面的一一映射，以及将 s_1 平面 $-\pi/T_s$～π/T_s 宽为 $2\pi/T_s$ 的带状区域映射为整个 z 平面的单值映射。当然双线性变换并不是线性变换。

在标准变换关系下，数字角频率ω与模拟角频率Ω_1为严格线性关系$\omega=\Omega_1 T_s$，所以式（4.73）可改写为

$$\Omega = C\tan\left(\frac{\omega}{2}\right) \tag{4.78}$$

至此，模拟滤波器和数字滤波器的频率之间的关系已确定，且在设计好模拟滤波器后，将传递函数$H_a(s)$中的s用式（4.76）代替就可以得到数字滤波器的系统函数$H(z)$，根本不用担心滤波器是低通、高通、带通还是带阻。

4.4.2 C值的确定

双线性变换法通过平面压缩和标准变换两步将模拟滤波器转换为数字滤波器，即便是高通和带阻滤波器的模数转换也可以做到无混叠失真，似乎是模拟滤波器与数字滤波器之间的一种完美变换方法，不幸的是这种方法也有不尽人意之处。双线性变换法的瑕疵源自于s平面与s_1平面的非线性压扩映射，这种非线性压扩避开了冲激响应不变法中的混叠失真，但也为频率失真产生埋下了伏笔，真可谓“成也萧何败也萧何”。由于标准映射在冲激响应不变法和双线性变换法中都有使用，其影响基本相同，在此不考虑该映射的因素，下面只讨论非线性压扩带来的影响。

1. C值的影响

假设C=1，T_s=1，式（4.73）的函数曲线如图4.26所示。图中虚线表示$\Omega=\Omega_1=\omega$，若以此为基准，可以看出$|\Omega_1|$（或$|\omega|$）从0增加到π的过程中，$|\Omega|$增加的速度越来越快，比如$|\Omega_1|$（或$|\omega|$）从0增加到0.2π引起的$|\Omega|$增量，远远不及$|\Omega_1|$（或$|\omega|$）从0.7π增加到0.9π引起的$|\Omega|$增量。反过来说，当$|\Omega|$非常大时，$|\Omega|$的增减引起$|\Omega_1|$（或$|\omega|$）的增减量不大；而当$|\Omega|$非常小时，$|\Omega|$的增减量与$|\Omega_1|$（或$|\omega|$）的增减量近似成正比，因此式（4.73）代表了一种典型的非线性压扩。

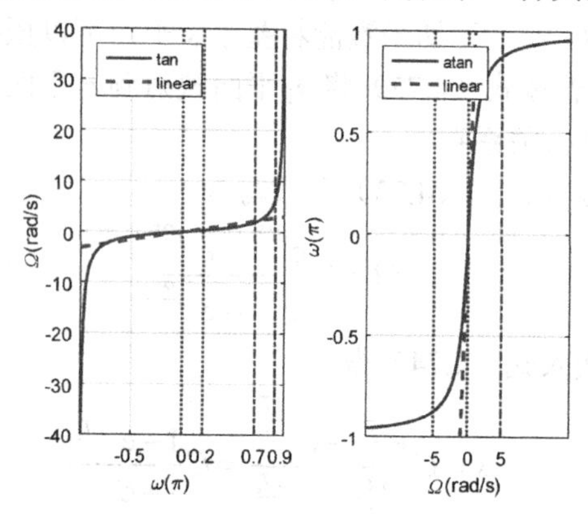

图4.26 双线性变换频率对应关系

双线性变换法中数字角频率ω与模拟角频率Ω之间的非线性压扩关系，在幅频特性图上体现也非常明显。

设有如下的频率响应表达式$H(\mathrm{j}\Omega)$，其特性函数图如图4.27(a)所示，

$$H(\mathrm{j}\Omega)=\begin{cases}2\Omega, & 0<\Omega\leqslant 1\\ 2, & 1<\Omega\leqslant 3\\ 2+0.25\times(\Omega-3), & 3<\Omega\leqslant 15\\ 5, & 15<\Omega\leqslant 50\\ 5-5/50(\Omega-50), & 50<\Omega\leqslant 100\\ 0, & \Omega>100\end{cases}$$

为了演示数字角频率（归一化频率）ω与模拟角频率Ω之间的非线性压扩关系，直接将式（4.78）代入$H(\mathrm{j}\Omega)$并令$C=2/T_s$，得$H(\mathrm{j}\omega)=H(\mathrm{j}\Omega)\big|_{\Omega=(2/T_s)\times\tan(\omega/2)}$。

图 4.27(b)中画出了T_s=1,1/10,1/100 的$H(\mathrm{j}\omega)$函数图。对比图 4.27(a)和(b)可以明显看出，图(a)中$0\leqslant\Omega\leqslant1$的较低频段幅频特性图在图(b)中$\omega$轴上得到了扩展，而图(a)中$50<\Omega\leqslant100$的较高频段在图(b)中$\omega$轴上被明显压缩，这两段的斜率都有明显变化，此变化直接反映到过渡带的变化，压扩特点在“T_s=1”的曲线上表现尤为明显，随着T_s的减小频率失真逐渐得到改善。两子图中幅度特性为常数的部分也有对应的延宽和压缩效应，再没有其他变化。

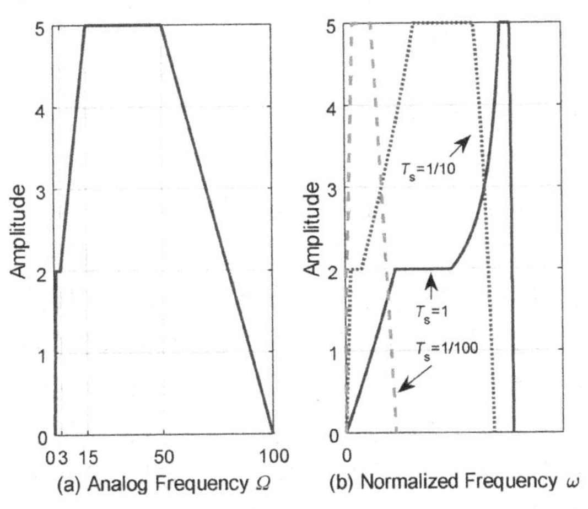

图 4.27　双线性变换幅频特性对应关系

综上所述可以看出，双线性变换法克服了冲激响应不变法的混叠效应，却是以牺牲ω与模拟角频率Ω之间的线性关系为代价的，在幅频特性函数取恒定值时非线性特性会被弱化。双线性变换引起的非线性在设计时必须引起重视，这就是后边提到的频率预畸变。

2．常用原则下 C 值的确定

虽然双线性变换原理决定了数字角频率ω（或$\Omega_1 T_s$）与模拟角频率Ω之间的非线性关系不可避免，但是人们常常希望Ω_1与Ω在某些频段有较严格的线性关系，或比较一致。C 值的选择往往会按低频频率一致优先、通带截止频率一致优先亦或者是阻带截止频率一致优先三个原则中的一个原则进行确定，这里仅介绍低频频率一致优先、通带截止频率一致优先的相关结论。

1）低频频率一致优先

低频频率一致优先原则，即要求在低频处（频率取非常小的值的区间）压缩前后的角频率比较一致，如$\Omega\approx\Omega_1$。由于在低频处有如下关系式成立：

$$\tan\left(\frac{\Omega_1 T_s}{2}\right)\approx\frac{\Omega_1 T_s}{2} \tag{4.79}$$

结合式（4.78），$\Omega\approx\Omega_1$的这个要求转化为

$$\Omega\approx\Omega_1\approx C\frac{\Omega_1 T_s}{2}\Rightarrow C=\frac{2}{T_s}$$

即 C 等于 2 倍的采样频率。在此基础上，式（4.78）、式（4.76）可分别改写为

$$\Omega=\frac{2}{T_s}\tan\left(\frac{\omega}{2}\right) \tag{4.80}$$

$$s=\frac{2}{T_s}\frac{1-z^{-1}}{1+z^{-1}} \tag{4.81}$$

2）通带截止频率一致优先

通带截止频率一致优先原则，顾名思义，即要求在通带截止频率 f_p 附近压缩前后的频率比较一致，此时有

$$\Omega = C\cdot\tan(\omega/2) = \frac{2\pi f_p \tan(\omega/2)}{\tan(\pi f_p/f_s)} \tag{4.82}$$

$$\omega = 2\arctan\left(\frac{\Omega\tan(\pi f_p/f_s)}{2\pi f_p}\right) \tag{4.83}$$

$$H(z) = H_a(s)\Big|_{s=\frac{2\pi f_p}{\tan(\pi f_p/f_s)}\cdot\frac{z-1}{z+1}} \tag{4.84}$$

以上两种情况可以看出 C 值本身不是唯一的，需要在不同原则下进行最终确定。通常情况下会选择低频频率一致优先，此时 $C=2/T_s$。

通过上述讨论，我们进一步认识到双线性变换并非是线性变换，模拟角频率Ω与数字角频率ω不再是线性关系，而是出现了不同程度的压扩。如图 4.26 所示，假设ω匀速增加，则在ω比较小时，ω同样的增量引起的模拟角频率Ω的增量较小；ω比较大时，ω同样的增量引起的模拟角频率Ω的增量较大。模拟角频率Ω与数字角频率ω这种非线性关系，在滤波器幅频响应为常数时表现不明显，但是在滤波器幅频响应为非常数时表现非常明显，而且与非常数所处的频率大小也有关，如图 4.27 所示。因此双线性变换法较为适合幅频响应为常数（至少是分段常数）的滤波器设计，一般目标滤波器都满足这个要求。在设计数字滤波器时，为了削弱Ω与ω这种非线性关系带来的影响，需要将数字滤波器的频率指标按照式（4.80）或式（4.82）进行预畸变，而不能直接用表达式$\omega=\Omega T_s$进行频率指标转换。

4.4.3 设计步骤

C 值确定后，明确了模拟角频率Ω与数字角频率ω的关系，同时也就有了模拟滤波器传递函数 $H_a(s)$与数字滤波器系统函数 $H(z)$之间的关系，综合模拟低通、高通、带通和带阻滤波器的设计步骤，不难归纳出基于双线性变换法的 IIR 数字滤波器设计步骤：

① 用式（4.80）或式（4.82）对数字滤波器频率指标进行预畸变，得到同类型的模拟滤波器的频率指标（即使以模拟频率的形式给出边界频率，也要先对这些频率进行数字化$\omega=2\pi f/f_s$，而后再进行预畸变）；

② 用相应的频率变换公式将相应模拟滤波器的频率指标变换成原型滤波器的频率指标；

③ 用 4.2 节的方法设计模拟低通滤波器并得出归一化传递函数 $H_{LP}(p)$；

④ 用相应的频率逆变换将 $H_{LP}(p)$变换为所需模拟滤波器的传递函数 $H_D(s)$；

⑤ 用式（4.81）或式（4.84）所示的变换式将 $H_D(s)$变换为 $H(z)$。

步骤②中频率指标变换需用频带变换相关结论。

【例 4.12】 用最少阶数设计一 IIR 数字滤波器，要求滤除频率在 2000~2300Hz 的信号，衰减比例不得小于 40dB，1700Hz 以下和 2700Hz 以上的信号要保留，最大允许衰减不能超过 1dB，采样速率为 8000Hz。

解： 题目要求设计一 IIR 带阻滤波器，根据本节的知识，用基于冲激响应不变法的方法必然带来严重失真，因此这里选择双线性变换法，且从滤波器阶数角度考虑应选择椭圆型滤波器。

（1）频率预畸变。

原滤波器指标：f_{p1}=1700Hz, f_{p2}=2700Hz, f_{s1}=2000Hz, f_{s2}=2300Hz,

$\alpha_p=1\text{dB}$, $\alpha_s=40\text{dB}$, f_s=8000Hz。

根据式（4.80）和 $f=\Omega/(2\pi)$，进行预畸变后得到对应模拟带阻滤波器的参数为：

f'_{p1}=2007.482Hz, f'_{p2}=4547.066Hz, f'_{s1}=2546.479Hz, f'_{s2}=3230.193Hz, α_p=1dB, α_s=40dB。

（2）用相应的频率变换公式将模拟带阻滤波器的频率指标变换成原型低通滤波器的频率指标。

模拟带阻滤波器的阻带带宽 $B = f'_{s2} - f'_{s1} = 683.714$ Hz，阻带中心频率 f_0 =28680.034 Hz，所以各边界频率的归一化处理结果为：

$$\eta_{p1} = f'_{p1} / B = 2.9361, \eta_{p2} = 6.6505, \eta_{s1} = 3.7245, \eta_{s2} = 4.7245, \eta_0 = f'_0 / B = 4.189$$

由式（4.57）求得对应的低通归一化边界频率为

$$\lambda_s = 1, \lambda_p = \max\left(\left|\frac{\eta_{p1}}{\eta_{p1}^2 - \eta_0^2}\right|, \left|\frac{\eta_{p2}}{\eta_{p2}^2 - \eta_0^2}\right|\right) = \max\left(|-0.3271|, |0.2497|\right) = 0.3271$$

（3）用 4.2 节的方法设计椭圆型低通滤波器并得到归一化传递函数 $H_{LP}(p)$。

首先依据λ_p、λ_s、α_p、α_s 等指标确定椭圆滤波器低通滤波器的阶数，进而确定低通椭圆滤波器的归一化传递函数。

顺序执行语句[nE, WEn] = ellipord(1,2.4463,Rp,Rs,'s')和[bEs,aEs] = ellip(nE,Rp,Rs,WEn,'s')，得到归一化低通滤波器传递函数为：$H_{LP}(p) = \dfrac{0.0226p^2 + 0.0184}{p^3 + 0.32p^2 + 0.1331p + 0.0184}$

这里参数 Rp=α_p,Rs=α_s，后面的程序中也遵守这一约定。

（4）用相应的频率逆变换将模拟低通滤波器归一化传递函数 $H_{LP}(p)$变换为模拟带阻滤波器的传递函数 $H_D(s)$。

根据式（4.59）将 $p = \dfrac{s \times 2\pi B}{s^2 + (2\pi f_0)^2}$ 代入 $H_{LP}(p)$得到 $H_D(s)$。该过程可以通过调用函数 lp2bs 实现，执行语句[bEst,aEst] = lp2bs(bEs,aEs,2*pi*f0,2*pi*B)。

（5）用式(4.81)或式(4.84)所示的双线性变换式将 $H_D(s)$变换为 $H(z)$。

频率预畸变选择了式（4.80），所以这里将式(4.81)代入 $H_D(s)$即可得到 $H(z)$。该过程可以通过调用函数 bilinear 实现，执行语句[bEz1,aEz1]=bilinear(bEst,aEst,Fs)便可。

至此就设计出了指标要求的数字带阻滤波器。实际上从步骤（2）至步骤（5），可以直接调用两个函数来完成，该实现方法在这里标记为“Direct”。执行语句为

```
[nE3,WE3n] = ellipord([fp1,fp2]/Fs,[fs1,fs2]/Fs,Rp,Rs);
[bEz2,aEz2] = ellip(nE3,Rp,Rs,WE3n,'stop');
```

值得一提的是，利用 MATLAB 信号处理工具箱中 ellip、butter、cheby1、cheby2 等函数设计数字滤波器时，将模拟滤波器转换为数字滤波器时都采用双线性变换法，并自带了预畸变处理功能。

为了说明预畸变的影响及双线性变换和冲激响应不变法的不同，这里还仿真了基于冲激响应不变法的数字带阻滤波器设计，所得滤波器的幅频特性和相频特性分别如图 4.28 和图 4.29 所示。

在采用基于冲激响应不变法的数字 IIR 滤波器设计中，其过程与双线性变换法类似，也分为上述五步，不同之处是基于冲激响应不变法的设计过程所使用边界频率是不能进行预畸变的，且在第五步用部分分式展开和标准映射实现 $H_D(s)$到 $H(z)$的转换，具体 MATLAB 实现方法详见 4.5 节的 pro4_09.m。

图 4.28(a)是按照题目要求设计出的模拟带阻滤波器的幅频特性图。图中标记为“PreD-S”和“PreD-P”的曲线都是频率指标经过预畸变后的滤波器幅频特性图，前者的中心频率按照式（4.55）定义，后者按式（4.60）定义；标记为“Normal-Step”的曲线代表频率指标未畸变情况下按部就班设计的模拟带阻滤波器幅频特性，标记为“Normal-Direct”的曲线代表调用 MATLAB 函数直接设计的模拟带阻滤波器幅频特性。容易看出标记为“Normal-Step”和“Normal-Direct”的两条曲

线基本重合，说明 MATLAB 函数的算法原理与教材中介绍的原理是一致的；标记为“PreD-S”和“PreD-P”的两条曲线通过频率预畸变实现了频带向高频端的搬移和展宽，以便在双线性变换时应对高频被压缩的情况，但是因阻带中心频率定义的不同，二者情况稍有不同。图 4.28(b)是数字滤波器的幅频特性图。按照前述命名习惯，基于双线性（Bilinear）变换的五步法设计的数字滤波器幅频特性曲线应该分别标记为“PreD-S”和“PreD-P”，因后者与直接调用 ellipord 和 ellip 两条语句实现的数字滤波器的幅频特性曲线完全重合，因此两条曲线合并标记为“PreD-P&Direct”；标记为“Normal-Step”的模拟滤波器双线性变换后对应是数字滤波器标记为“Normal”；“Normal-Direct”对应的滤波器用冲激响应不变法（Impulse Invariant）映射得到的数字滤波器标记为“Impinv”。比较图 4.28(b)中的四条曲线，明显可以看出基于冲激响应不变法设计的数字滤波器因过度的混叠失真已不能满足指标要求；标记为“PreD-P&Direct”的两条曲线通带指标均满足要求，阻带指标略微超过指标要求；标记为“PreD-S”的曲线完全满足要求，而且通带指标略有富余，说明该方法更为合理；标记为“Normal”的数字滤波器因在频带压缩过程向低频端移动导致不再满足指标要求，也说明在用双线性变换法时预畸变是必须的。

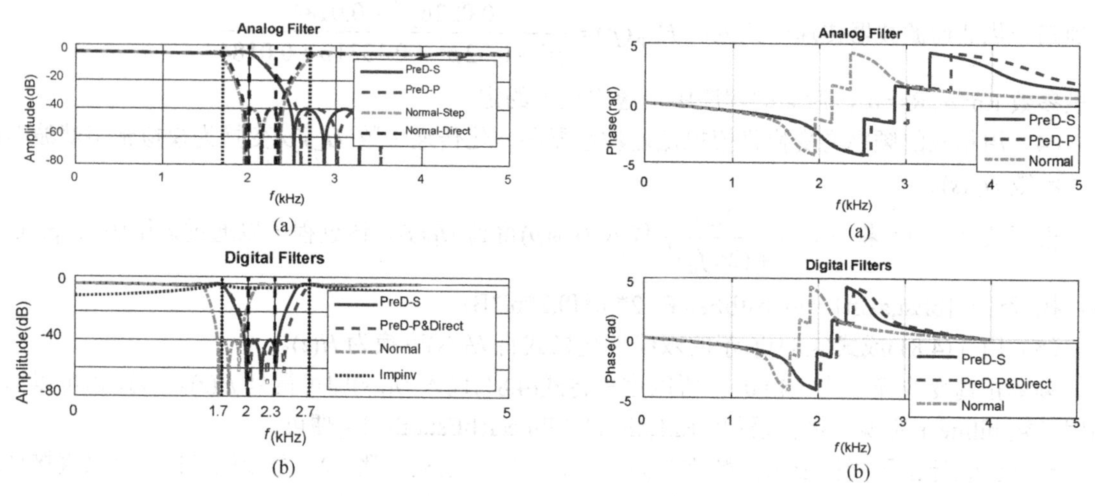

图 4.28　带阻滤波器幅频特性图

图 4.29　带阻滤波器相频特性图

图 4.29(a)是图 4.28 中(a)各模拟滤波器的相频特性图，“PreD-S”“PreD-P”和“Normal”标记的含义同上，前两者都进行了频率预畸变，后者未畸变。可明显看出“PreD-S”和“PreD-P”两条曲线向高频部分移动且进行了预展宽，也是在为双线性变换时高频被压缩做准备。比较图 4.29(a)中标记为“Normal”的相频曲线与图 4.29(b)中标记为“PreD-S”和“PreD-P”的相频曲线，明显看出这两条曲线与图 4.29(a)中的“Normal”最为逼近，再次说明在用双线性变换法时预畸变是必须的。

【例 4.13】用最少阶数设计一数字滤波器，要求最大限度地保留频率在 2000~2300Hz 的信号，最大衰减不能超过 1dB，1700Hz 以下和 2700Hz 以上的信号要滤除，衰减比例不得小于 40dB，采样速率为 8000Hz。

解：题目要求设计一 IIR 数字带通滤波器，基于冲激响应不变法和双线性变换都可以使用，且从滤波器阶数角度考虑应选择椭圆型滤波器。因双线性变换法更复杂一些，因此以基于双线性变换的数字带通滤波器设计为例进行设计方法和步骤的说明。

（1）频率预畸变。

由题目要求，不难看出目标滤波器的指标要求：

f_{p1}=2000Hz, f_{p2}=2300Hz, f_{s1}=1700Hz, f_{s2}=2700Hz, α_p=1dB, α_s=40 dB, f_s=8000Hz。

根据式（4.80）和 $f=\Omega/(2\pi)$，可知预畸变后得到的对应模拟带阻滤波器的参数为：

$f'_{p1}=2546.479\text{Hz}, f'_{p2}=3230.193\text{Hz}, f'_{s1}=2007.482\ \text{Hz}, f'_{s2}=4547.066\text{Hz}, \alpha_p=1\text{dB}, \alpha_s=40\text{dB}$。

（2）用相应的频率变换公式将预畸变处理后的频率指标变换成原型低通滤波器的频率指标。

模拟带通滤波器的通带带宽 $B=f'_{p2}-f'_{p1}=683.714\text{Hz}$，通带中心频率 $f_0=2868.034\text{Hz}$，所以各边界频率的归一化处理结果为

$$\eta_{p1}=f'_{p1}/B=3.7245,\ \eta_{p2}=4.7245,\ \eta_{s1}=2.9361,\ \eta_{s2}=6.6505,\ \eta_0=f'_0/B=4.1948$$

由式（4.50）求得对应的低通归一化边界频率为

$$\lambda_p=1,\ \lambda_s=\min\left(\left|\frac{\eta_{s1}^2-\eta_0^2}{\eta_{s1}}\right|,\left|\frac{\eta_{s2}^2-\eta_0^2}{\eta_{s2}}\right|\right)=3.0568$$

（3）用 4.2 节的方法设计模拟低通滤波器，并得到归一化传递函数 $H_{LP}(p)$。

首先依据 λ_p、λ_s、α_p、α_s 等指标确定椭圆滤波器低通滤波器的阶数，进而确定低通椭圆滤波器的归一化传递函数。所求结果如下：

$$H_{LP}(p)=\frac{0.0692p^2+0.5265}{p^3+0.9782p^2+1.2434p+0.5265}$$

上述结果也可以通过顺序执行语句 [nE, WEn]=ellipord(1,3.0568,Rp,Rs,'s')，[bEs,aEs]=ellip(nE,Rp,Rs,WEn,'s')得到，其中 bEs 为分子多项式系数，aEs 为分母多项式系数。

（4）用相应的频率逆变换将模拟低通滤波器归一化传递函数 $H_{LP}(p)$变换为模拟带通滤波器传递函数 $H_D(s)$。

由于频率预畸变时选用式（4.80），所以将 $p=\dfrac{s^2+(2\pi f_0)^2}{s\times 2\pi B}$ 代入 $H_{LP}(p)$得到 $H_D(s)$。该过程可以通过调用函数 lp2bp 实现，此处执行语句[bEst,aEst] = lp2bp(bEs,aEs,2*pi*f0,2*pi*B)，所得 bEst 为 $H_D(s)$的分子多项式系数，aEst 为分母多项式系数。因数值较大，不在这里给出。

（5）用式（4.81）或式（4.84）将模拟滤波器传递函数 $H_D(s)$变换为数字滤波器系统函数 $H(z)$。

由于频率预畸变时选用式（4.80），所以这里要用式（4.81）完成模数转换。该过程也可以通过调用函数 bilinear 实现。本例需要执行语句是：[bEz1,aEz1] = bilinear(bEst,aEst,Fs)。

仿照例 4.12 从步骤（2）至步骤（5），可以直接调用两个函数来完成，这里标记为“Direct”，执行语句为

```
[nE3,WE3n] = ellipord([fp1,fp2]/Fs,[fs1,fs2]/Fs,Rp,Rs);
[bEz3,aEz3] = ellip(nE3,Rp,Rs,WE3n,'bandpass');
```

所设计的模拟带通滤波器、数字带通滤波器幅频特性图和相频特性图分别如图 4.30 和图 4.31 所示。程序中也对基于冲激响应不变法的数字带通滤波器进行了仿真。在采用基于冲激响应不变法的 IIR 数字滤波器设计中，其过程与双线性变换法类似，也分为上述五步，不同之处是基于冲激响应不变法的设计过程所使用边界频率不进行预畸变，且在第五步用部分分式展开和标准映射实现 $H_D(s)$到 $H(z)$的转换，具体 MATLAB 实现方法详见 4.5 节的 pro4_10.m。

与例 4.12 类似，图 4.30(a)中经频率预畸变的幅频特性图（标记为“PreD”）与未畸变的曲线（标记为“Normal-Step”和“Normal-Direct”，前者按照双线性变换法五步骤实现，后者直接调用 MATLAB 函数实现）相比，滤波器的通带向高频部分移动且有展宽；标记为“Normal-Step”和“Normal-Direct”的两条曲线重合，说明 MATLAB 函数的算法与本书中讨论的算法一致。图 4.30(b)为数字滤波器的幅频特性图，可以看出频率指标预畸变后进行双线性变换法设计的数字滤波器“PreD”与直接调用函数实现的数字滤波器特性曲线“Direct”完全重合；而标记为“Normal-Step”的未在模拟域进行频率预畸变的数字滤波器因频带压缩，已经不能满足指标要求，再次说明用双

线性变换法时预畸变是必须的；标记为“Impinv”的曲线在阻带略有超标，适度降低采样间隔 T 或增加阶数应该可以解决这一问题。

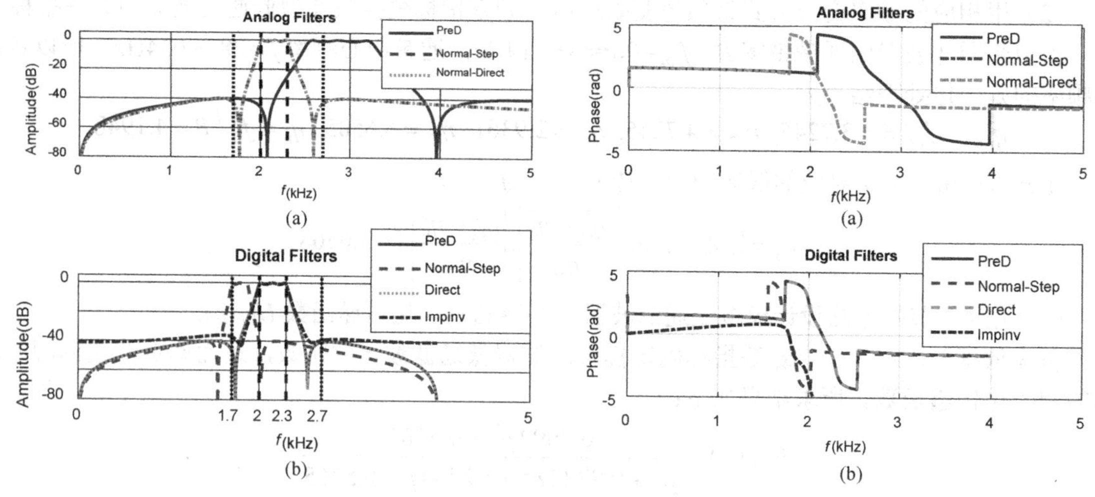

图 4.30　带通滤波器幅频特性图

图 4.31　带通滤波器相频特性图

图 4.31 是模拟带通滤波器和数字带通滤波器的相频特性图。图 4.31(b)中频率预畸变并按照双线性变换五步骤设计得到的标记为“PreD”的相频曲线和调用 MATLAB 函数直接得到的标记为“Direct”的相频曲线都能与图 4.31(a)中标记为“Normal-Step”和“Normal-Direct”的两条曲线重合；未进行频率预畸变的“Normal-Step”因双线性变换的频带压缩作用，相频特性向低频端移动和压缩；标记为 “Impinv”的冲激响应不变法出现失真，这源于频谱周期延拓中的混叠失真，适度降低采样间隔 T 或增加阶数应该可以解决这一问题。

综上两例，可以看出双线性变换法既能用于通带宽度有限的数字滤波器的设计，又能用于非带限数字滤波器的设计，但必须进行预畸变处理；冲激响应不变法尽管保持了模拟频率与数字频率的严格线性关系，但只能用于通带宽度有限的数字滤波器的设计。

4.5　MATLAB 实现举例

本节内容主要是本章所用例题的 MATLAB 实现程序，以帮助读者更好地理解将理论转化为实践的一种方法。为节省篇幅，各例题的题目未在这里进行完整重现，更多地侧重程序中函数的选用以及相关函数的使用说明。

1. 时域滤波在数字信号处理领域只是一种运算

例 4.2 的实现代码如下。

```
%pro4_01.m
[s,Fs,nbits] = wavread('C:\WINDOWS\Media\Windows starup.wav');
fp = 0.5*1e+3; fs = 1.5*1e+3;Rp = 1;Rs = 60;
%%%%%%%%%%%%%%%%%%%%%%%%%%%%%%%% Filter it with an IIR DF
[n Wn] = buttord(2*pi*fp/Fs/pi,2*pi*fs/Fs/pi,Rp,Rs);[b,a] = butter(n,Wn);
filtereds(:,1) = filter(b,a,s(:,1));                    %对左声道进行低通滤波
filtereds(:,2) = filter(b,a,s(:,2));                    %对右声道进行低通滤波
sound(filtereds,Fs);                                    %比较滤波前后声音效果
pause（5）;
```

```
sound(s,Fs);
 %%%%%%%%%%%%%%%%%%%% Filter s with an FIR DF
clear filtereds
Wn = 2*pi*(fp+fs)/2/Fs/pi;N = ceil(11*pi/(2*pi*(fs-fp)/Fs))-1;b = fir1(N,Wn,blackman(N+1));
filtereds(:,1) = conv(b,s(:,1));                    %对左声道进行低通滤波
filtereds(:,2) = conv(b,s(:,2));                    %对右声道进行低通滤波
sound(filtereds,Fs);                                %比较滤波前后声音效果
pause（5）;
sound(s,Fs);
disp(['The order of the IIR Digital Filter is ' num2str(n),' and the one of the FIR Digital Filter is ' num2str(N)])
```

2. Butterworth 型模拟低通滤波器设计

对于例 4.5，调用 MATLAB 函数、流程及 m 文件 pro4_02。

（1）依据指标要求确定 Butterworth 滤波器特征参数：阶数 N 和 3dB 截止频率 Ω_c。

调用 MATLAB 中函数 buttord 实现阶数 N 和 3dB 截止频率 Ω_c 的确定。

调用格式：[N, Wn] = buttord(Wp, Ws, Rp, Rs,‘s’)。

该函数用于根据滤波器指标确定 Butterworth 滤波器的阶数。其中输入参数 Wp、Ws 分别是通带和阻带边界频率，单位既可以是 Hz，又可以是 rad/s； $\mathrm{Rp}=\alpha_p$， $\mathrm{Rs}=\alpha_s$。返回参数 N 为滤波器阶数，该函数同时还返回参数 Wn，Wn 是 3dB 截止频率，其单位与 Wp、Ws 一致。

执行语句：[N, Wn] = buttord(2π×40, 2π×150,1,60,‘s’)

执行结果为 $N=6$，Wn = 298.037672810367，所以 $\Omega_c = 2\pi\times 47.4342\mathrm{rad/s}$。

可见 butterord 函数选择了用阻带指标计算的 3dB 截止频率 Ω_c。

（2）根据滤波器阶数 N 确定归一化系统函数 $H(\mathrm{j}\lambda)$。

调用 MATLAB 函数 buttap 确定零极点形式的归一化系统函数 $H(\mathrm{j}\lambda)$。

调用格式：[z,p,k] = buttap(N)

该函数用于根据滤波器的阶数 N 确定 N 阶 Butterworth 滤波器零点-极点-增益形式的归一化系统函数。其中 N 为滤波器阶数，返回值 z、p 和 k 分别为归一化系统函数 $H(\mathrm{j}\lambda)$的零点，极点和增益。

执行语句：[z,p,k] = buttap(6)

返回结果：

z = []

p =

-0.2588 + 0.9659i， -0.2588 - 0.9659i， -0.7071 + 0.7071i， -0.7071 - 0.7071i， -0.9659 + 0.2588i， -0.9659 - 0.2588i

k = 1

调用 poly 函数可直接计算出以极点 p 为根的多项式系数，所得多项式按降幂排列。

执行语句：poly(p)

返回结果：

1.0000　3.8637　7.4641　9.1416　7.4641　3.8637　1.0000

由此可得 $H(p)$的分子分母多项式表示的形式：

$$H(p)=\frac{1}{p^6+3.8637p^5+7.4641p^4+9.1416p^3+7.4641p^2+3.8637p+1}$$

要想得到上述分子分母多项式表示形式的 $H(j\lambda)$，在已知滤波器阶数 N 的基础上实际上可以通过调用函数 butter 直接实现，该函数的调用格式为

```
[b, a] = butter(n,Wn,'s')
```

该函数用于根据滤波器阶数和 3dB 截止频率确定分子分母为多项式形式的模拟 Butterworth 滤波器系统函数。其中输入参数 n 为滤波器阶数，Wn 为 3dB 截止频率。返回参数 b 和 a 分别为分子分母表示形式系统函数的分子系数矩阵和分母系数矩阵。因这里要求归一化系统函数 $H(j\lambda)$，3dB 截止频率的归一化频率为 1，因此在用 butter 函数求 $H(j\lambda)$时，Wn=1。

执行语句：[b, a] = butter(6,1,'s')

返回结果：

```
b =
0 0 0 0 0 0 1
a =
1.0000    3.8637    7.4641    9.1416    7.4641    3.8637    1.0000
```

（3）直接调用函数 butter 得到去归一化的系统函数 $H_a(s)$。

将步骤（1）得到的参数 $N = 6$，Wn = 298.037672810367 直接作为函数 butter 的输入参数。

执行语句：[num den] = butter(6,298.03767281,'s')

返回结果：

```
num = 0 0    0    0    0    0    700853072537841.4
den  =  1      1151.5291414970818      663009.6818585024      242011867.8354854      58892799281.64532
9085724993295.303      700853072537841.4
```

```
% pro4_02.m 本例 MATLAB 实现代码清单
clear all
close all
clc

Rp = 1;Rs = 60;fp = 40;fs = 150;
%%%%%%%%%%%%%%%%%%%%%%%%%%%%
n = ceil(log10(sqrt((10^(Rs/10)-1)/(10^(Rp/10)-1)))/log10((2*pi*fs)/(2*pi*fp)));
Omegac1 = 2*pi*fp*(10^(Rp/10)-1)^(-1/(2*n));
Omegac2 = 2*pi*fs*(10^(Rs/10)-1)^(-1/(2*n));
%%%% [n2,Wn] = buttord(2*pi*fp,2*pi*fs,Rp,Rs,'s');
[n n2 Omegac1 Omegac2 Wn]
%%%%%%%%%%%%%% %%%%%
lambdak = exp(j*pi*((n+2*[0:n-1]+1)/(2*n)));

a = 1;
for nn = 1:n
      a = conv(a,[1 -lambdak(nn)]);
end
b = real(prod(lambdak)*(-1)^n);
%%%% Compute the parameters by invoking a MATLAB function
[b2,a2] = butter(n,1,'s')
```

```
blambda = b2;alambda = a2;
[a;a2]
%%%%%%%%%%%%%%%%%%%%
a = 1;
for nn = 1:n
    a = conv(a,[1 -Omegac2*lambdak(nn)]);
end
b = real(prod(Omegac2*ones(size(lambdak))));
[b2,a2] = butter(n,Omegac2,'s');
[a;a2]
bOmega = b2;aOmega = a2;
```

3. Chebyshev 型模拟低通滤波器设计

例 4.6 的 MATLAB step-by-step 求解及完整清单如下。

（1）依据指标要求确定 ChebyshevI 型滤波器的特征参数：波纹参数 ε、阶数 N。

MATLAB 工具箱中提供了依据通带阻带指标确定 Chebyshev I 型滤波器阶数 N 的函数 cheb1ord。

调用格式：[N, Wn] = cheb1ord (Wp, Ws ,Rp, Rs,‘s’)。

该函数用于根据滤波器指标确定 Chebyshev I 型滤波器的阶数 N。其输入参数 Wp、Ws 分别为通带边界频率和阻带边界频率，单位是 Hz 或 rad/s；Rp 和 Rs 分别为通带最大衰减和阻带最小衰减，单位是 dB。返回值 N 为满足指标的滤波器最小阶数，该函数同时还返回通带截止频率 Wn，单位与 Wp 一致。因 Chebyshev I 型滤波器的平方幅度函数以 Ω_p 为通带截止频率，因此返回值 Wn = Wp。

执行语句：[N, Wn] = cheb1ord (40, 150, 1, 60,‘s’)

返回值 N = 5，Wn = 40。

（2）确定 ChebyshevI 型滤波器的归一化系统函数 $H(j\lambda)$。

调用 MATLAB 函数 cheby1 可直接得到归一化系统函数。

调用格式：[b,a] = cheby1(N,Rp,Wn,‘s’)

该函数用于根据滤波器阶数等指标确定 Chebyshev I 型滤波器分子分母多项式形式的系统函数。其中输入参数为滤波器阶数 N、通带最大衰减 Rp 及通带边界频率 Wn，当 Wn 取 1($1 = \Omega_p/\Omega_p$) 时返回结果为归一化系统函数 $H(j\lambda)$的分子分母多项式形式，分子系数包含在 b 中，分母系数包含在 a 中（均对应 λ 的降幂排列）。

执行语句：[b,a] = cheby1(5,1,1,‘s’)

执行结果：

```
b = 0         0      0      0      0      0.1228
a = 1.0000           0.9368       1.6888       0.9744       0.5805       0.1228
```

若同样的指标用 Chebyshev II 型滤波器实现,下面演示借助 MATLAB 函数设计的方法。

（1）依据指标要求依次确定 Chebyshev II 型滤波器的阶数 N。

调用函数 cheb2ord 确定 Chebyshev II 型滤波器的阶数 N：

```
[N, Wn] = cheb2ord (2*pi*40, 2*pi*150, 1, 60,‘s’)
```

返回值 N = 5，Wn = 681.8129，且 Wn = 681.8129<2π×150，即阻带的临界频率小于边界频率。

（2）根据阶数 N、阻带最小衰减 α_s 确定 Chebyshev II 型滤波器的系统函数 $H_a(s)$。

调用 MATLAB 函数 cheby2 确定 Chebyshev II 型滤波器的系统函数。

执行语句[b,a] = cheby2(5, 60, 681.8129,'s')

返回结果：

```
b = 0      3.4091     -6.1573e-013    6.3391e+006    -8.2848e-007    2.3575e+012
a = 1      947.98     4.4932e+005     1.3221e+008    2.4361e+010     2.3575e+012
```

因此完全借助 MATLAB 工具箱内的函数完成从给定的滤波器指标到设计出符合要求的 Chebyshev 模拟低通滤波器系统函数可以依次调用如下函数：

```
% 设计 Chebyshev I 型低通滤波器
[N, Wn] = cheb1ord(Wp, Ws, Rp, Rs,'s') ;
[num,den] = cheby1(N,Rp,1,'s'); %%%返回 H(jλ)多项式形式的分子分母系数
[num,den] = cheby1(N,Rp, Ωp,'s'); %%%返回 Ha(s)多项式形式的分子分母系数
%%%%%%%%%%%%%%%%%
% 设计 Chebyshev II 型低通滤波器
[N, Wn] = cheb2ord(Wp, Ws, Rp, Rs,'s') ;
[num,den] = cheby(N,Rs, Wn,'s'); %%%返回 Ha(s)多项式形式的分子分母系数
```

```
% pro4_03.m 本例 MATLAB 实现代码清单
Rp = 1;Rs = 60;fp = 40;fs = 150;Fs = 10*fs;
%%%%%%%%%%%%%%%%%%%%%%%%%%%%%%%%%%%%%%%%%%%%%%%%%%
epsilon = sqrt(10^(Rp/10)-1);
lamdasp = fs/fp;
n = ceil(acosh(sqrt(10^(Rs/10)-1)/epsilon^2)/acosh(lamdasp));
Wp = 2*pi*fp/Fs/pi;
Ws = 2*pi*fs/Fs/pi;
%%%% Compute the parameters by invoking a MATLAB function
[n2,Wp2] = cheb1ord(Wp,Ws,Rp,Rs);

if n = = n2
     disp('Congratulations')
else
     n = n2;
end
%%%%%%%%%
gamma = ((1+sqrt(1+epsilon^2))/epsilon)^(1/n);
xi = (gamma^2-1)/(2*gamma);
varsigma = (gamma^2+1)/(2*gamma);
k = 1:n;
sigmak = -xi*sin((2*k-1)*pi/(2*n));
Omegak = varsigma*cos((2*k-1)*pi/(2*n));
lambdak = sigmak+j*Omegak;

a = 1;
for nn = 1:n
```

```
        a = conv(a,[1 -lambdak(nn)]);
    end
    b = real(prod(lambdak)*(-1)^n);
    [z,p,k] = cheby1(n,Rp,1,'s');[b2,a2] = cheby1(n,Rp,1,'s');

    alambda = a2;blambda = b2;klambda = k;

    a = 1;
    for nn = 1:n
        a = conv(a,[1 -2*pi*fp*lambdak(nn)]);
    end
    b = real(prod(2*pi*fp*lambdak)*(-1)^n);

     [z,p,k] = cheby1(n,Rp,Wp*pi*Fs,'s');[b2,a2] = cheby1(n,Rp,Wp*pi*Fs,'s');

    bOmega1 = b2;aOmega1 = a2;
    %%%%%%%%%%%%%%%%%%%%%%%%%%
     [n,Ws] = cheb2ord(Wp,Ws,Rp,Rs);
    [bOmega2,aOmega2] = cheby2(n,Rs,Ws*pi*Fs,'s');
```

4．同指标下多种模拟低通滤波器实现方式对比

例 4.7 的 MATLAB 实现代码如下。

```
% pro4_04.m
fp = 40;fs = 150;
% Fs = 10*fs;
Rp = 1;Rs = 60;Wp = 2*pi*fp;Ws = 2*pi*fs;
[nB,WnB] = buttord(Wp,Ws,Rp,Rs,'s');[bB,aB] = butter(nB,WnB,'s');
[nCh1,WnCh1] = cheb1ord(Wp,Ws,Rp,Rs,'s');[bCh1,aCh1] = cheby1(nCh1,Rp,WnCh1,'s');
[nCh2,WnCh2] = cheb2ord(Wp,Ws,Rp,Rs,'s');[bCh2,aCh2] = cheby2(nCh2,Rs,WnCh2,'s');
[nCa,WnCa] = ellipord(Wp,Ws,Rp,Rs,'s');
[bCa,aCa] = ellip(nCa,Rp,Rs,WnCa,'s');[bBe,aBe] = besself(nB,1.5*Wp);
[nB nCh1 nCh2 nCa nB]
```

5．Butterworth 型模拟高通滤波器设计

例 4.8 的 MATLAB 实现代码如下。

```
%pro4_05.m
fp = 100;
fs = 50;
Rp = 3;
Rs = 30;

etap = fp/fp;
etas = fs/fp;
lambdap = 1/etap;
lambdas = 1/etas;
```

```
Wp = lambdap;
Ws = lambdas;
[n,Wn] = buttord(Wp,Ws,Rp,Rs,'s');
[blambda,alambda] = butter(n,Wn,'s');
[bs1,as1] = lp2hp(blambda,alambda,2*pi*fp);
[bs2,as2] = butter(n,2*pi*fp,'high','s');
```

6. Chebyshev 型模拟带通滤波器设计

例 4.9 的 MATLAB 实现代码如下。

```
%pro4_06.m
f0 = 1000;B = 200;f
p = roots([1,B,-f0^2]);fp1 = fp(fp>0);
clear fp
fp2 = fp1+B;fs1 = 830;fs2 = 1200;Rp = 1;Rs = 15;
etap1 = fp1/B;etap2 = fp2/B;etas1 = fs1/B;etas2 = fs2/B;eta0 = f0/B;
lambdap1 = (etap1^2-eta0^2)/etap1;lambdap2 = (etap2^2-eta0^2)/etap2;
lambdap = max(abs(lambdap1),abs(lambdap2));
lambdas1 = (etas1^2-eta0^2)/etas1;lambdas2 = (etas2^2-eta0^2)/etas2;
lambdas = min(abs(lambdas1),abs(lambdas2));
[n,Wn] = cheb1ord(lambdap,lambdas,Rp,Rs,'s');
[blambda,alambda] = cheby1(n,Wn,Rp,'s');
[bs1,as1] = lp2bp(blambda,alambda,2*pi*f0,2*pi*B);
[bs2,as2] = cheby1(n,Rp,2*pi*[fp1 fp2],'bandpass','s');
```

7. 椭圆型模拟带阻滤波器设计

例 4.10 的 MATLAB 实现代码清单如下。

```
% pro4_07.m
fp1 = 30; fp2 = 70;fs1 = 45;fs2 = 55;B = fs2-fs1;f0 = sqrt(fs1*fs2);Rp = 1;Rs = 50;
etap1 = fp1/B;etap2 = fp2/B;etas1 = fs1/B;etas2 = fs2/B;eta0 = f0/B;
lambdap1 = etap1/(etap1^2-eta0^2);lambdap2 = etap2/(etap2^2-eta0^2);lambdas1 = etas1/(etas1^2-eta0^2);
lambdas2 = etas2/(etas2^2-eta0^2);lambdas = lambdas2;
lambdap = max(abs(lambdap1),abs(lambdap2));
[n,Wn] = ellipord(lambdap,lambdas,Rp,Rs,'s');
[blambda,alambda] = ellip(n,Rp,Rs,Wn,'s');
[bs1,as1] = lp2bs(blambda,alambda,2*pi*f0,2*pi*B);
[n,Wn] = ellipord(2*pi*[fp1 fp2],2*pi*[fs1 fs2],Rp,Rs,'s');
[bs2,as2] = ellip(n,Rp,Rs,Wn,'stop','s');
B = fp2-fp1; f0 = sqrt(fp1*fp2);
etap1 = fp1/B; etap2 = fp2/B; etas1 = fs1/B; etas2 = fs2/B;eta0 = f0/B;

lambdap1 = etap1/(etap1^2-eta0^2);lambdap2 = etap2/(etap2^2-eta0^2);lambdas1 = etas1/(etas1^2-eta0^2);
lambdas2 = etas2/(etas2^2-eta0^2);lambdap = lambdap2;lambdas = min(abs(lambdas1),abs(lambdas2));

[n,Wn] = ellipord(lambdap,lambdas,Rp,Rs,'s');
```

```
[blambda,alambda] = ellip(n,Rp,Rs,Wn,'s');
[bs3,as3] = lp2bs(blambda,alambda,2*pi*f0,2*pi*B);
```

8．基于冲激响应不变法的数字低通滤波器设计

例 4.11 的 MATLAB 实现代码清单如下。

```
% pro4_08.m

fp=2;
fs=8;
Rp=3;
Rs=20;

Wp=2*pi*fp;
Ws=2*pi*fs;

[n,Wn]=buttord(Wp,Ws,Rp,Rs,'s');
[bs,as]=butter(n,Wn,'s');

bms=[0 0 200];
ams=[1 20 200];

f=0:.1:40;
Hs=polyval(bs,j*2*pi*f)./polyval(as,j*2*pi*f);
Hms=polyval(bms,j*2*pi*f)./polyval(ams,j*2*pi*f);

[rs,ps,ks]=residue(bms,ams);

T1=1/10;
rz=rs;
kz=ks;
pz=exp(ps*T1);
[bz1,az1]=residue(rz,pz,kz);

T2=1/20;
pz=exp(ps*T2);
[bz2,az2]=residue(rz,pz,kz);

T3=1/30;
pz=exp(ps*T3);
[bz3,az3]=residue(rz,pz,kz);

T4=1/40;
pz=exp(ps*T4);
[bz4,az4]=residue(rz,pz,kz);
[bz5,az5] = impinvar(bms,ams,1/T4);
```

```
omega=0:pi/100:2*pi;

Hz1=polyval(bz1,exp(-j*omega))./polyval(az1,exp(-j*omega));

Hz2=polyval(bz2,exp(-j*omega))./polyval(az2,exp(-j*omega));

Hz3=polyval(bz3,exp(-j*omega))./polyval(az3,exp(-j*omega));

Hz4=polyval(bz4,exp(-j*omega))./polyval(az4,exp(-j*omega));
Hz5=polyval(bz5,exp(-j*omega))./polyval(az5,exp(-j*omega));
```

9. 基于双线性变换的数字带阻滤波器设计

例 4.12 的 MATLAB 实现代码清单如下。

```
% pro4_09.m
clear all
close all
clc
Rp=1;
Rs=40;

Fs=8*1e+3;
fp1=1.7*1e+3;
fp2=2.7*1e+3;
fs1=2*1e+3;
fs2=2.3*1e+3;

ws1=2*pi*fs1/Fs;
ws2=2*pi*fs2/Fs;
Ws=[ws1 ws2];
wp1=2*pi*fp1/Fs;
wp2=2*pi*fp2/Fs;
Wp=[wp1 wp2];

PWp=2*Fs*tan([Wp]/2);
PWs=2*Fs*tan([Ws]/2);

%%%%%% Predistortion and Central frequency defined by stopband cutoff
%%%%%% frequencies
B=abs(PWs(1)-PWs(2));
Omega0=sqrt(PWs(1)*PWs(2));                %%%%%%%%%%Defined by stopband cutoff frequencies
etap=PWp./B;
etas=PWs./B;
eta0=Omega0/B;
lamdas=1;
```

```
lamdap=max(abs(etap(1)/(etap(1)^2-eta0^2)),abs(etap(2)/(etap(2)^2-eta0^2)));

% [nE, WEn] = ellipord(1,2.4463,Rp,Rs,'s');
[nE, WEn] = ellipord(lamdap,1,Rp,Rs,'s');

[bEs0,aEs0] = ellip(nE,Rp,Rs,WEn,'s');

[bEst0,aEst0] = lp2bs(bEs0,aEs0,Omega0,B);
[bEz0,aEz0]=bilinear(bEst0,aEst0,Fs);

%%%%%% Predistortion and Central frequency defined by passband cutoff
%%%%%% frequencies

B=abs(PWs(1)-PWs(2));
Omega0=sqrt(PWp(1)*PWp(2));
%%%%%%%%%%Defined by passband cutoff frequencies same as MATLAB
etap=PWp./B;
etas=PWs./B;
eta0=Omega0/B;
lamdas=1;
lamdap=max(abs(etap(1)/(etap(1)^2-eta0^2)),abs(etap(2)/(etap(2)^2-eta0^2)));
[nE, WEn] = ellipord(lamdap,1,Rp,Rs,'s');

[bEs1,aEs1] = ellip(nE,Rp,Rs,WEn,'s');

[bEst1,aEst1] = lp2bs(bEs1,aEs1,Omega0,B);
[bEz1,aEz1]=bilinear(bEst1,aEst1,Fs);

%%%%%% Without Predistortion
B=abs(Ws(1)-Ws(2))*Fs;
Omega0=sqrt(Wp(1)*Fs*Wp(2)*Fs);
etap=Wp*Fs./B;
etas=Ws*Fs./B;
eta0=Omega0/B;
lamdas=1;
lamdap=max(abs(etap(1)/(etap(1)^2-eta0^2)),abs(etap(2)/(etap(2)^2-eta0^2)));
[nE, WEn] = ellipord(lamdap,1,Rp,Rs,'s');
[bEs2,aEs2] = ellip(nE,Rp,Rs,WEn,'s');
[bEst2,aEst2] = lp2bs(bEs1,aEs1,Omega0,B);
[bEz2,aEz2]=bilinear(bEst2,aEst2,Fs);
%%%%%%%%%%%%%%%%%Digital Bandstop Filter Designed by MATLAB directly
[n,Wn]=ellipord(Wp/pi,Ws/pi,Rp,Rs);
[bEz3,aEz3]=ellip(n,Rp,Rs,Wn,'stop');
%%%%%Analog Bandstop Filter Designed by MATLAB directly Digital Filter designed by
%%%%%%%%%%%%%%%%%%%%%%%%%%%%%%%%%ImpulseInvariant
[n,Wn]=ellipord(2*pi*[fp1 fp2],2*pi*[fs1 fs2],Rp,Rs,'s');
```

```
[bEs2,aEs2]=ellip(n,Rp,Rs,Wn,'stop','s');
[bEz4,aEz4] = impinvar(bEs2,aEs2,Fs);
%%%%%%%%%%%%%%%%%%%%%%%%%%%%%%%%%%%%%% Calculate Frequency Response
[hEs0,ws]=freqs(bEst0,aEst0,2*pi*[0:5000]);
[hEs1,ws]=freqs(bEst1,aEst1,2*pi*[0:5000]);
[hEs2,ws]=freqs(bEst2,aEst2,2*pi*[0:5000]);
[hEs3,ws]=freqs(bEs2,aEs2,2*pi*[0:5000]);

[hEz0,wz]=freqz(bEz0,aEz0,512,8000);
[hEz1,wz]=freqz(bEz1,aEz1,512,8000);
[hEz2,wz]=freqz(bEz2,aEz2,512,8000);
[hEz3,wz]=freqz(bEz3,aEz3,512,8000);
[hEz4,wz]=freqz(bEz4,aEz4,512,8000);

figure
subplot(211)
plot(ws/pi/2/1000,20*log10(abs(hEs0)),'linewidth',2)
hold on
plot(ws/pi/2/1000,20*log10(abs(hEs1)),'--','linewidth',2)
plot(ws/pi/2/1000,20*log10(abs(hEs2)),'-.','linewidth',2)
plot(ws/pi/2/1000,20*log10(abs(hEs3)),'--','linewidth',2)

title('Analog Filter')
line([1.700 1.700],[-80 5],'LineStyle',':','LineWidth',2,'color','k')
line([2.700 2.700],[-80 5],'LineStyle',':','LineWidth',2,'color','k')
line([2.000 2.000],[-80 5],'LineStyle','--','LineWidth',2,'color','k')
line([2.300 2.300],[-80 5],'LineStyle','--','LineWidth',2,'color','k')
xlabel('\itf\rm(kHz)')
ylabel('Amplitude(dB)')
axis([0 5 -80 5])
grid
legend('PreD-S','PreD-P','Normal-Step','Normal-Direct')
ax = gca; % current axes
ax.FontSize = 12;

subplot(212)
plot(wz/1000,20*log10(abs(hEz0)),'linewidth',2)
hold on
plot(wz/1000,20*log10(abs(hEz1)),'--','linewidth',2)
plot(wz/1000,20*log10(abs(hEz2)),'-.','linewidth',2)
A=abs(hEz4);
maxA=max(A);
plot(wz/1000,20*log10(A/maxA(:,1)),':','linewidth',2)

grid
line([1.7 1.7],[-80 5],'LineStyle',':','LineWidth',2,'color','k')
```

```
line([2.7 2.7],[-80 5],'LineStyle',':','LineWidth',2,'color','k')
line([2 2],[-80 5],'LineStyle','--','LineWidth',2,'color','k')
line([2.3 2.3],[-80 5],'LineStyle','--','LineWidth',2,'color','k')

legend('PreD-S','PreD-P&Direct','Normal','Impinv')
xlabel('\itf\rm(kHz)')
ylabel('Amplitude(dB)')
title('Digital Filters')
axis([0 5 -80 5])
ax = gca; % current axes
ax.FontSize = 14;
ax.XTick=[0 1.7 2    2.3 2.7 5];
%%%%%%%%%%%%%%%%Phase Response
figure
subplot(211)
plot(ws/pi/2/1000,unwrap(angle(hEs0)),'linewidth',2)
hold on
plot(ws/pi/2/1000,unwrap(angle(hEs1)),'--','linewidth',2)
plot(ws/pi/2/1000,unwrap(angle(hEs2)),'-.','linewidth',2)

title('Analog Filter')
xlabel('\itf\rm(kHz)')
ylabel('Amplitude(dB)')
grid
legend('PreD-S','PreD-P','Normal')
ax = gca; % current axes
ax.FontSize = 12;
subplot(212)
plot(wz/1000,unwrap(angle(hEz0)),'linewidth',2)
hold on
plot(wz/1000,unwrap(angle(hEz1)),'--','linewidth',2)
plot(wz/1000,unwrap(angle(hEz2)),'-.','linewidth',2)

grid
legend('PreD-S','PreD-P&Direct','Normal')

xlabel('\itf\rm(kHz)')
ylabel('Amplitude(dB)')
title('Digital Filters')
axis([0 5 -5 5])
ax = gca; % current axes
ax.FontSize = 14;
% ax.XTick=[0 1.7 2    2.3 2.7 5];
```

10．基于双线性变换的带通滤波器设计

例 4.13 的 MATLAB 实现代码清单如下。

```
% pro4_10.m
clear all
close all
clc

Rp=1;
Rs=40;

Fs=8*1e+3;
fs1=1.7*1e+3;
fs2=2.7*1e+3;
fp1=2*1e+3;
fp2=2.3*1e+3;

ws1=2*pi*fs1/Fs;
ws2=2*pi*fs2/Fs;
Ws=[ws1 ws2];
wp1=2*pi*fp1/Fs;
wp2=2*pi*fp2/Fs;
Wp=[wp1 wp2];
PWp=2*Fs*tan([Wp]/2);
PWs=2*Fs*tan([Ws]/2);
%%%%%%%%%%%%%% PreDistortion
B=abs(PWp(1)-PWp(2));
Omega0=sqrt(PWp(1)*PWp(2));
etap=PWp./B;
etas=PWs./B;
eta0=Omega0/B;
lamdap=1;
lamdas=min(abs((etas(1)^2-eta0^2)/etas(1)),abs((etas(2)^2-eta0^2)/etas(2)));

[nE, WEn] = ellipord(1,lamdas,Rp,Rs,'s');
[bEs1,aEs1] = ellip(nE,Rp,Rs,WEn,'s');

[bEst0,aEst0] = lp2bp(bEs1,aEs1,Omega0,B);
[bEz0,aEz0]=bilinear(bEst0,aEst0,Fs);

%%%%%%%%%%%%%% Without PreDistortion
B=abs(Wp(1)*Fs-Wp(2)*Fs);
Omega0=sqrt(Wp(1)*Fs*Wp(2)*Fs);

etap=Wp*Fs./B;
etas=Ws*Fs./B;
```

```
eta0=Omega0/B;

lamdap=1;
lamdas=min(abs((etas(1)^2-eta0^2)/etas(1)),abs((etas(2)^2-eta0^2)/etas(2)));

[nE, WEn] = ellipord(1,lamdas,Rp,Rs,'s');
[bEs1,aEs1] = ellip(nE,Rp,Rs,WEn,'s');

[bEst1,aEst1] = lp2bp(bEs1,aEs1,Omega0,B);
[bEz1,aEz1]=bilinear(bEst1,aEst1,Fs);
%%%%%%%%%%%%%%%%%%%%%%Digital Bandpass Filter Designed directly by MATLAB
[n,Wn]=ellipord(Wp/pi,Ws/pi,Rp,Rs);
[bEz2,aEz2]=ellip(n,Rp,Rs,Wn,'bandpass');

%%%%%%%%%%%%%%Analog Bandpass Filter Designed directly by MATLAB
[n,Wn]=ellipord(2*pi*[fp1 fp2],2*pi*[fs1 fs2],Rp,Rs,'s');
[bEs2,aEs2]=ellip(n,Rp,Rs,Wn,'bandpass','s');
[bEz3,aEz3] = impinvar(bEs2,aEs2,Fs)

%%%%%%%%%%%%%%%%%%%%%%%%%%%%%%%%%%%% Calculate Frequency Response
[hEs0,ws]=freqs(bEst0,aEst0,2*pi*[0:5000]);
[hEs1,ws]=freqs(bEst1,aEst1,2*pi*[0:5000]);
[hEs2,ws]=freqs(bEs2,aEs2,2*pi*[0:5000]);

[hEz0,wz]=freqz(bEz0,aEz0,512,8000);
[hEz1,wz]=freqz(bEz1,aEz1,512,8000);
[hEz2,wz]=freqz(bEz2,aEz2,512,8000);
[hEz3,wz]=freqz(bEz3,aEz3,512,8000);

figure
subplot(211)
plot(ws/pi/2/1000,20*log10(abs(hEs0)),'linewidth',2)
hold on
plot(ws/pi/2/1000,20*log10(abs(hEs1)),'--','linewidth',2)
plot(ws/pi/2/1000,20*log10(abs(hEs2)),':','linewidth',2)

title('Analog Filter')
line([1.700 1.700],[-80 5],'LineStyle',':','LineWidth',2,'color','k')
line([2.700 2.700],[-80 5],'LineStyle',':','LineWidth',2,'color','k')
line([2.000 2.000],[-80 5],'LineStyle','--','LineWidth',2,'color','k')
line([2.300 2.300],[-80 5],'LineStyle','--','LineWidth',2,'color','k')
xlabel('\itf\rm(kHz)')
ylabel('Amplitude(dB)')
axis([0 5 -80 5])
grid
legend('PreD','Normal-Step','Normal-Direct')
```

```
ax = gca; % current axes
ax.FontSize = 12;

subplot(212)
plot(wz/1000,20*log10(abs(hEz0)),'linewidth',2)
hold on
plot(wz/1000,20*log10(abs(hEz1)),'--','linewidth',2)
plot(wz/1000,20*log10(abs(hEz2)),':','linewidth',2)
plot(wz/1000,20*log10(abs(hEz3)),'-.','linewidth',2)

grid
line([1.7 1.7],[-80 5],'LineStyle',':','LineWidth',2,'color','k')
line([2.7 2.7],[-80 5],'LineStyle',':','LineWidth',2,'color','k')
line([2 2],[-80 5],'LineStyle','--','LineWidth',2,'color','k')
line([2.3 2.3],[-80 5],'LineStyle','--','LineWidth',2,'color','k')

legend('PreD','Normal-Step','Direct','Impinv')
xlabel('\itf\rm(kHz)')
ylabel('Amplitude(dB)')
title('Digital Filters')
axis([0 5 -80 5])
ax = gca; % current axes
ax.FontSize = 14;
ax.XTick=[0 1.7 2    2.3 2.7 5];
%%%%%%%%%%%%%%%%%%Phase Response
figure
subplot(211)
plot(ws/pi/2/1000,unwrap(angle(hEs0)),'linewidth',2)
hold on
plot(ws/pi/2/1000,unwrap(angle(hEs1)),'-.','linewidth',2)
plot(ws/pi/2/1000,unwrap(angle(hEs2)),'-.','linewidth',2)
title('Analog Filter')
xlabel('\itf\rm(kHz)')
ylabel('Amplitude(dB)')
% axis([0 5 -80 5])
grid
legend('PreD','Normal-Step','Normal-Direct')
ax = gca; % current axes
ax.FontSize = 12;
% ax.XTick=[0    3    15    50 100];
subplot(212)
plot(wz/1000,unwrap(angle(hEz0)),'linewidth',2)
hold on
plot(wz/1000,unwrap(angle(hEz1)),'--','linewidth',2)
plot(wz/1000,unwrap(angle(hEz2)),'--','linewidth',2)
plot(wz/1000,unwrap(angle(hEz3)),'-.','linewidth',2)
```

```
grid
legend('PreD','Normal-Step','Direct','Impinv')
xlabel('\itf\rm(kHz)')
ylabel('Amplitude(dB)')
title('Digital Filters')
axis([0 5 -5 5])
ax = gca; % current axes
ax.FontSize = 14;
```

思 考 题

4-1 模拟滤波器与数字滤波器幅频特性图的主要区别有哪些？

4-2 幅频特性图的对数比例显示和线性比例显示的各自优缺点是什么？

4-3 试分析 Butterworth 型模拟低通滤波器通带、阻带衰减出现富裕量的原因及对滤波器阶数的影响。

4-4 冲激响应不变法和双线性变换法的优缺点各有哪些？

4-5 试分别分析 IIR 数字低通、高通、带通、带阻等类型滤波器最为合适的映射方法和设计步骤。

4-6 以数字带阻滤波器的设计为例，分析理想数字带阻滤波器与实际所得数字带阻滤波器在幅频特性上的差异及差异产生原因。

习 题

4-1 设计一个在通带和阻带衰减都单调增加的模拟低通滤波器，要求通带截止频率 f_p=5kHz，通带最大衰减 α_p=1dB，阻带截止频率 f_s=15kHz，阻带最小衰减 α_s=30dB。求滤波器归一化频率传输函数 $H_a(p)$和绝对频率传输函数 $H_a(s)$。

4-2 设计一个 Chebyshev I 型低通滤波器，要求通带截止频率 f_p=5kHz，通带最大衰减 α_p=1dB，阻带截止频率 f_s=15kHz，阻带最小衰减 α_s=30dB。求滤波器归一化频率传输函数 $H_a(p)$和绝对频率传输函数 $H_a(s)$。

4-3 已知模拟滤波器的传输函数 $H_a(s)$为

（a）$H_a(s)=\dfrac{s+a}{(s+a)^2+b^2}$；

（b）$H_a(s)=\dfrac{b}{(s+a)^2+b^2}$。

式中，a,b 为常数，设 $H_a(s)$因果稳定。

试证明当采用冲激响应不变法实现从模拟滤波器传递函数 $H_a(s)$到数字滤波器系统函数 $H(z)$映射时，系统函数 $H(z)$具有如下的形式，并确定 c_1、c_2和 XXXX 的具体表示。

$$H(z)=\frac{\text{XXXX}}{z^2-2zc_1\cos c_2+c_1^2}$$

4-4 设采样间隔 T_s=0.2s，试用冲激响应不变法和双线性变换法分别将如下模拟滤波器传递函数转换为数字滤波器系统函数 $H(z)$。

（a）$H_a(s)=\dfrac{1}{2s^2+3s+1}$；

（b）$H_a(s)=\dfrac{15(s+2)}{(s+3)(s^2+2s+5)}$。

4-5　用冲激响应不变法设计一 IIR 数字低通滤波器，并设采样间隔 T_s=0.5ms，通带截止频率 f_p=0.5kHz。试回答如下问题：

（a）没有产生混叠时的归一化边界频率ω_p是多少？

（b）采样间隔不变，若用双线性变换法设计，ω_p是多少？

4-6　设计衰减在通带和阻带都单调加大的低通数字滤波器，用冲激响应不变法进行转换，采样间隔 $T_s=1\text{ms}$，要求通带内频率低于 0.2πrad 时，容许幅度误差在 1dB 之内；频率在 0.3πrad 到 π 之间的阻带衰减大于 10dB。

4-7　设计衰减在通带和阻带都单调加大的低通数字滤波器，用双线性变换法进行转换，抽样频率 $f_s=200\text{Hz}$，低通滤波器的各种指标和参量要求如下：

（a）当 $0\leqslant f\leqslant 2.5\text{Hz}$ 时，衰减小于 3dB；

（b）当 $f\geqslant 50\text{Hz}$ 时，衰减大于或等于 40dB。

试确定系统函数 $H(z)$，并求每级阶数不超过二阶的级联系统函数。

4-8　需设计一个数字低通滤波器，通带内幅度特性在低于 ω=0.3π 的频率衰减在 0.75dB 内，阻带在 ω=0.5π 到 π 之间的频率上衰减至少为 25dB。采用冲激响应不变法及双线性变换法，试确定模拟系统函数及其极点，请指出如何得到数字滤波器的系统函数。（设采样周期 $T_s=1$）。

4-9　用双线性变换法设计一数字 Butterworth 低通滤波器，通带截止频率为 4kHz，最大衰减为 0.5dB，阻带截止频率为 20kHz，最小衰减为 45dB，采样频率为 80kHz。要求：

（a）按照公式确定模拟滤波器原型的阶数；

（b）用 MATLAB 函数 buttap 设计滤波器原型；

（c）用 MATLAB 函数 bilinear 实现模拟滤波器传递函数到数字滤波器系统函数的转换；

（d）在 MATLAB 下画出所设计数字滤波器的幅频响应和相频响应曲线。

4-10　用 MATLAB 的 impinvar 函数代替 4-9 题中的 bilinear 函数，重新完成上述数字 Butterworth 低通滤波器的设计。

4-11　用双线性变换法和冲激响应不变法设计一数字 Chebyshev Ⅰ型低通滤波器，通带截止频率为 4kHz，通带允许最大衰减为 0.5dB，阻带截止频率为 20kHz，阻带允许最小衰减为 45dB，采样频率为 80kHz。要求：

（a）按照公式确定模拟滤波器原型的阶数；

（b）用 MATLAB 函数 cheb1ap 设计滤波器原型；

（c）分别用 MATLAB 函数 bilinear 和 impinvar 实现模拟滤波器传递函数到数字滤波器系统函数的转换；

（d）在 MATLAB 下画出所设计数字滤波器的幅频响应和相频响应曲线并进行比较。

4-12　用双线性变换法和冲激响应不变法设计一数字椭圆低通滤波器，通带截止频率为 4kHz，通带允许最大衰减为 0.5dB，阻带截止频率为 20kHz，阻带允许最小衰减为 45dB，采样频率为 80kHz。要求：

（a）按照公式确定模拟滤波器原型的阶数；

（b）用 MATLAB 函数 ellipap 设计滤波器原型；

（c）分别用 MATLAB 函数 bilinear 和 impinvar 实现模拟滤波器传递函数到数字滤波器系统函数的转换；

（d）在 MATLAB 下画出所设计数字滤波器的幅频响应和相频响应曲线并进行比较。

4-13　用双线性变换法设计一数字椭圆高通滤波器，通带截止频率为 325kHz，通带最大波纹为 0.5dB，阻带截止频率为 225kHz，阻带最小衰减为 50dB，采样频率为 1MHz。要求：

（a）确定模拟高通滤波器的指标；

（b）确定模拟原型低通滤波器的指标；

（c）选择合适的函数实现设计，并显示所有相关的传递函数；

（d）在 MATLAB 下画出模拟低通滤波器、模拟高通滤波器和数字高通滤波器的幅频响应曲线。

4-14 用双线性变换法设计一数字 Chebyshev Ⅱ 型带通滤波器，通带截止频率分别为 560Hz 和 780Hz，阻带截止频率分别为 375Hz 和 1000Hz，通带最大波纹为 1.2dB，阻带最小衰减为 25dB，采样频率为 2500Hz。要求：

（a）确定模拟带通滤波器的指标；

（b）确定模拟原型低通滤波器的指标；

（c）选择合适的函数实现设计，并显示所有相关的传递函数；

（d）在 MATLAB 下画出原型模拟低通滤波器、模拟带通滤波器和数字带通滤波器的幅频响应曲线。

4-15 用双线性变换法设计一数字 Butterworth 带阻滤波器，通带截止频率分别为 500Hz 和 2125Hz，阻带截止频率分别为 1050Hz 和 1400Hz，通带最大波纹为 2dB，阻带最小衰减为 40dB，采样频率为 5kHz。要求：

（a）确定模拟带阻滤波器的指标；

（b）确定模拟原型低通滤波器的指标；

（c）选择合适的函数实现设计，并显示所有相关的传递函数；

（d）在 MATLAB 下画出原型模拟低通滤波器、模拟带阻滤波器和数字带阻滤波器的幅频响应曲线。

第 5 章　有限脉冲响应数字滤波器设计

有限脉冲响应（FIR）数字滤波器相较于 IIR 滤波器的最大优势是易于实现严格的线性相位，这对于通过滤波器的各频率分量保持同步的延迟非常重要。本章首先介绍 FIR 滤波器的线性相位条件及特点，接着讨论线性相位 FIR 数字滤波器的两种常用设计方法——窗函数法和频率采样法，最后对 IIR 滤波器和 FIR 滤波器进行多维度比较。

本章主要知识点

- ✧ 线性相位 FIR 数字滤波器的条件、特点
- ✧ 线性相位 FIR 数字滤波器的窗函数设计法
- ✧ 线性相位 FIR 数字滤波器的频率采样设计法
- ✧ IIR 与 FIR 滤波器的比较

5.1　线性相位 FIR 数字滤波器的条件及特点

5.1.1　波形无失真条件

LTI 离散时间系统如图 5.1 所示，对于通过其中的信号而言，其作用在频域表现为

$$Y(\mathrm{e}^{\mathrm{j}\omega}) = H(\mathrm{e}^{\mathrm{j}\omega})X(\mathrm{e}^{\mathrm{j}\omega})$$

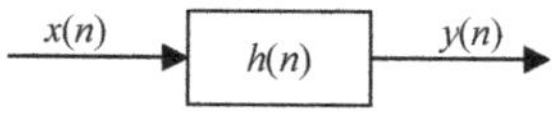

其中 $Y(\mathrm{e}^{\mathrm{j}\omega})$=DTFT[$y(n)$]，$H(\mathrm{e}^{\mathrm{j}\omega})$=DTFT[$h(n)$]，$X(\mathrm{e}^{\mathrm{j}\omega})$=DTFT[$x(n)$]。

$x(n)$ → $h(n)$ → $y(n)$

图 5.1　LTI 离散时间系统

如前面章节所述，$H(\mathrm{e}^{\mathrm{j}\omega})$称为系统的频率响应，通常可以写成如下形式：

$$H(\mathrm{e}^{\mathrm{j}\omega}) = \left|H(\mathrm{e}^{\mathrm{j}\omega})\right|\mathrm{e}^{\mathrm{j}\arg[H(\mathrm{e}^{\mathrm{j}\omega})]}$$

进而，前述 LTI 离散时间系统输出的频域表达式可写成如下关系式：

$$Y(\mathrm{e}^{\mathrm{j}\omega}) = \left|H(\mathrm{e}^{\mathrm{j}\omega})\right|\mathrm{e}^{\mathrm{j}\arg[H(\mathrm{e}^{\mathrm{j}\omega})]}X(\mathrm{e}^{\mathrm{j}\omega})$$

其中，$|H(\mathrm{e}^{\mathrm{j}\omega})|$称为系统的幅频响应，决定对通过其中各频率分量信号的选择性（或保留或衰减）；$\arg[H(\mathrm{e}^{\mathrm{j}\omega})]$称为相频响应，影响各频率分量的延迟。如式（1.54）所示的模拟滤波器频率响应，会保证通带内各频率分量被原封不动地保留，阻带内的信号被彻底滤除。

有些条件下，系统的频率响应 $H(\mathrm{e}^{\mathrm{j}\omega})$可以写成如下形式：

$$H(\mathrm{e}^{\mathrm{j}\omega}) = H(\omega)\mathrm{e}^{\mathrm{j}\theta(\omega)} \tag{5.1}$$

其中 $H(\omega)$为数字角频率ω的实函数，称为幅度特性函数；而 $\theta(\omega)$为ω的线性函数，称为相位特性函数。

根据 2.3 节的知识，当$\theta(\omega)$为ω的线性函数时，此系统称为线性相位系统，而且线性相位系统分为两种情况：

第一类线性相位：$\theta(\omega)=-\alpha\omega$　　（5.2）

第二类线性相位：$\theta(\omega)=-\alpha\omega+\beta$　　（5.3）

其中α和β为常数，β通常取$\dfrac{\pi}{2}$或$-\dfrac{\pi}{2}$。

若 $H(\omega)$在通带内取常数 K，且$\theta(\omega)$是第一类线性相位的形式，则此时的频率响应表达式可以写成：

$$H(\mathrm{e}^{\mathrm{j}\omega}) = K\mathrm{e}^{-\mathrm{j}\alpha\omega} \tag{5.4}$$

此时上述 LTI 系统输出的频域表示可改写为

$$Y(\mathrm{e}^{\mathrm{j}\omega}) = K\mathrm{e}^{-\mathrm{j}\alpha\omega} X(\mathrm{e}^{\mathrm{j}\omega})$$

若信号 $x(n)$各频率分量都在上述 LTI 系统的通带内，根据 DTFT 的性质可知，则上述系统的时域输出表达式为

$$y(n) = Kx(n-\alpha)$$

即该系统会对信号 $x(n)$各频率分量进行等比例放大且进行同步延迟，如例 2.21 所示肯定不会出现波形失真，也因此式（5.4）称为波形无失真条件。

波形无失真条件容易满足吗？回想第 4 章的各种滤波器，你会发现 Butterworth 型滤波器在阶数足够高的情况下能得到足够平坦的幅频特性（但仍不是常数），而 Chebyshev 型、Cauer 型等滤波器距离常数的幅频特性更远，当然通过对第 4 章的学习你会发现没有一种 IIR 数字滤波器表现出严格的线性相位特性。那么即将结识的 FIR 数字滤波器会怎样呢？可以提前剧透一下，只要能满足一定条件，FIR 数字滤波器就可以具有严格线性相位，而且滤波器阶数足够高的情况下，也能使通带内的波动足够小，但也无法使幅度特性函数取常数。这不能说 FIR 滤波器可以完胜 IIR 滤波器，毕竟 FIR 滤波器在逼近无失真传输条件的过程中是以非常高的阶数或非常大的资源消耗为代价的。

综上，波形无失真条件是一个理想条件，实际工程中能实现的滤波器都是对于理想滤波器不同程度的逼近，可利用的硬件资源越多，往往就能实现越好的逼近。当然对于产生的失真要能辩证地看待，比如我们的耳机、相机上的镜头都不是信号的理想处理系统，失真越小，越能帮助你更完整准确地还原声音和影像本来的样子；允许的失真越大，你购买这类产品的成本越低。

接下来将具体讨论 FIR 滤波器实现线性相位的条件，以及线性相位 FIR 系统的幅度特性和零点特点。

FIR 系统的线性相位条件

5.1.2　FIR 滤波器的线性相位条件及特点

下面将逐一证明，对于一个单位脉冲响应为 $h(n)(0 \leqslant n \leqslant N-1)$的 FIR 滤波器而言，当 $h(n)$为实数序列且满足偶对称或奇对称时，即 $h(n)=h(N-1-n)$或 $h(n)=-h(N-1-n)$，其系统的相位特性函数便是ω的线性函数，该系统也称为线性相位系统。由于 $h(n)$呈现奇对称或偶对称条件下，滤波器抽头（系数）个数 N 可取奇偶两种情况，所以共有四种情况，下面将一一进行分析。

情况 1：$h(n)=h(N-1-n)$，N 为奇数

下面我们以图 5.2 所示 N=9 点长 $h(n)$为例，研究奇数点长偶对称的单位脉冲响应 $h(n)$对应的频率响应的数学描述特点、幅度特性和相位特性。

根据 DTFT 定义，容易得出该系统频率响应的表达式：

$$\begin{aligned} H(\mathrm{e}^{\mathrm{j}\omega}) &= \sum_{n=0}^{8} h(n)\mathrm{e}^{-\mathrm{j}\omega n} \\ &= h(0) + h(1)\mathrm{e}^{-\mathrm{j}\omega} + h(2)\mathrm{e}^{-\mathrm{j}2\omega} + h(3)\mathrm{e}^{-\mathrm{j}3\omega} + h(4)\mathrm{e}^{-\mathrm{j}4\omega} + \\ &\quad h(5)\mathrm{e}^{-\mathrm{j}5\omega} + h(6)\mathrm{e}^{-\mathrm{j}6\omega} + h(7)\mathrm{e}^{-\mathrm{j}7\omega} + h(8)\mathrm{e}^{-\mathrm{j}8\omega} \end{aligned}$$

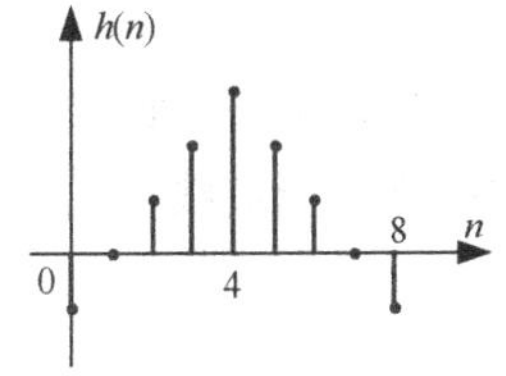

图 5.2　奇数点长偶对称 $h(n)$

如图 5.2 所示，$h(n)=h(N-1-n)$的偶对称条件，在 N=9 的情况下具体化为 $h(0)=h(8)$, $h(1)=h(7)$, $h(2)=h(6)$, $h(3)=h(5)$，利用此结论对上式进行如下改写：

$$\begin{aligned} H(\mathrm{e}^{\mathrm{j}\omega}) = &\left[h(0) + h(8)\mathrm{e}^{-\mathrm{j}8\omega}\right] + \left[h(1)\mathrm{e}^{-\mathrm{j}\omega} + h(7)\mathrm{e}^{-\mathrm{j}7\omega}\right] + \left[h(2)\mathrm{e}^{-\mathrm{j}2\omega} + h(6)\mathrm{e}^{-\mathrm{j}6\omega}\right] + \\ &\left[h(3)\mathrm{e}^{-\mathrm{j}3\omega} + h(5)\mathrm{e}^{-\mathrm{j}5\omega}\right] + h(4)\mathrm{e}^{-\mathrm{j}4\omega} \end{aligned}$$

现在对于每个两两求和项提取 $e^{-j(N-1)\omega/2}$，即 $e^{-j4\omega}$，上式可改写为

$$H(e^{j\omega})=e^{-j4\omega}\left[h(0)e^{j4\omega}+h(8)e^{-j4\omega}\right]+e^{-j4\omega}\left[h(1)e^{j3\omega}+h(7)e^{-j3\omega}\right]+e^{-j4\omega}\left[h(2)e^{j2\omega}+h(6)e^{-j2\omega}\right]+$$
$$e^{-j4\omega}\left[h(3)e^{j\omega}+h(5)e^{-j\omega}\right]+h(4)e^{-j4\omega}$$

利用单位脉冲响应的偶对称条件和欧拉公式，上式可以改写为

$$\begin{aligned}H(e^{j\omega})&=e^{-j4\omega}\left[2h(0)\cos(4\omega)+2h(1)\cos(3\omega)+2h(2)\cos(2\omega)+2h(3)\cos(\omega)+h(4)\right]\\&=e^{-j4\omega}H(\omega)\end{aligned}$$

其中 $H(\omega)$为ω的实函数，具体表达式描述如下：

$$H(\omega)=2h(0)\cos(4\omega)+2h(1)\cos(3\omega)+2h(2)\cos(2\omega)+2h(3)\cos(\omega)+h(4) \tag{5.5}$$

从表达式 $H(e^{j\omega})=H(\omega)e^{-j4\omega}$看，该式与式（5.1）具有相同的形式，相位特性函数$\theta(\omega)=-\alpha\omega=-4\omega$符合第一类线性相位形式，其中$\alpha=(N-1)/2$。

现在进行更一般化推广，对于拥有任意奇数点长、偶对称的单位脉冲响应的系统而言，其频率响应可以这样展开：

$$H(e^{j\omega})=\sum_{n=0}^{N-1}h(n)e^{-j\omega n}=\sum_{n=0}^{(N-3)/2}h(n)e^{-j\omega n}+\sum_{n=(N+1)/2}^{N-1}h(n)e^{-j\omega n}+h\left(\frac{N-1}{2}\right)e^{-j\omega\frac{N-1}{2}}$$

对上式第二个求和项用 $h(N-1-n)$代替 $h(n)$，之后将第一、第二求和项中的 n 变量代换为 $\dfrac{N-1}{2}-m$，并整理可得：

$$H(e^{j\omega})=\sum_{m=1}^{(N-1)/2}h\left(\frac{N-1}{2}-m\right)e^{-j\omega\left(\frac{N-1}{2}-m\right)}+\sum_{m=1}^{(N-1)/2}h\left(\frac{N-1}{2}-m\right)e^{-j\omega\left(\frac{N-1}{2}+m\right)}+h\left(\frac{N-1}{2}\right)e^{-j\omega\left(\frac{N-1}{2}\right)}$$

将 m 用 n 代替，并采用欧拉公式进行合并，得：

$$H(e^{j\omega})=e^{-j\omega\frac{N-1}{2}}\left[2\sum_{n=1}^{(N-1)/2}h\left(\frac{N-1}{2}-n\right)\cos(\omega n)+h\left(\frac{N-1}{2}\right)\right]$$

令

$$a(n)=\begin{cases}h\left(\dfrac{N-1}{2}\right), & n=0\\ 2h\left(\dfrac{N-1}{2}-n\right), & n=1,2,\cdots,\dfrac{N-1}{2}\end{cases}$$

上式可表示为

$$H(e^{j\omega})=e^{-j\omega\frac{N-1}{2}}\sum_{n=0}^{(N-1)/2}a(n)\cos(\omega n) \tag{5.6}$$

显然，对于奇数点长、偶对称单位脉冲响应的情况 1，此类系统的频率响应 $H(e^{j\omega})$的相位特性函数符合第一类线性相位定义：

$$\theta(\omega)=-\frac{N-1}{2}\omega=-\alpha\omega \tag{5.7}$$

且幅度特性函数为

$$H(\omega)=\sum_{n=0}^{(N-1)/2}a(n)\cos(\omega n) \tag{5.8}$$

拥有奇数点长偶对称单位脉冲响应的系统，其幅度特性函数具有哪些基本特点呢？我们不妨先来看一下 N=9 时的幅度特性函数 $H(\omega)$的情况。观察式（5.5）不难发现，$H(\omega)$是以 $h(0)$、$h(1)$、$h(2)$、$h(3)$为加权系数的、四个余弦函数 $\cos 4\omega$、$\cos 3\omega$、$\cos 2\omega$、$\cos\omega$的加权和，外加一个常量 $h(4)$。

图 5.3 是这四个余弦函数的图像，容易判定四个余弦函数的一个周期的长度分别是$\pi/2$、$2\pi/3$、π 和 2π，而且都是以π为对称轴的偶对称。不难理解以 $h(0)$、$h(1)$、$h(2)$、$h(3)$为加权系数对这四个余弦函数求和，得到的结果也是以$\omega=\pi$偶对称的。当然在 $0\sim2\pi$区间取常数的 $h(4)$也可以看成是以 $\omega=\pi$ 偶对称的。所以 $H(\omega)$在 $0\sim2\pi$ 区间内关于$\omega=\pi$ 偶对称。

图 5.4 是抽头个数为 9，$h(0)$、$h(1)$、$h(2)$、$h(3)$、$h(4)$随机取一组数时的幅度特性函数。图中可以明显看出 $H(\omega)$是关于$\omega=\pi$ 偶对称的。

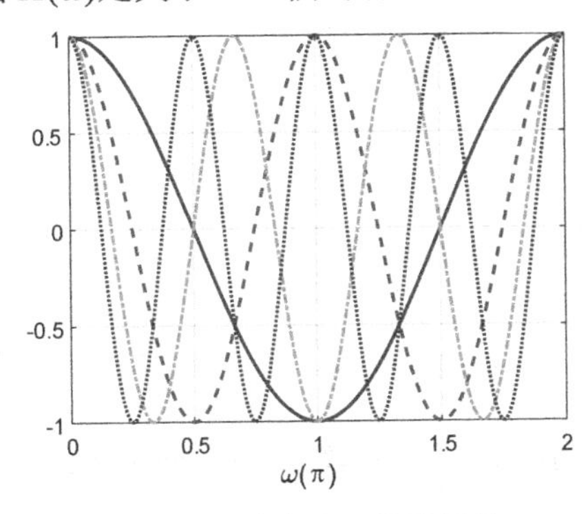

图 5.3　四个余弦函数的图像

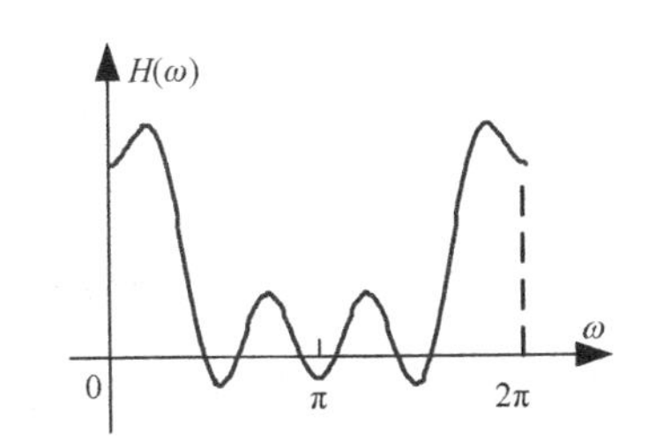

图 5.4　奇数点长偶对称幅度特性函数

由于余弦函数是ω 的偶函数，因此 $H(\omega)$也是关于$\omega=0$ 偶对称的，所以 $H(\omega)$关于 $\omega=0,\pi,2\pi$ 偶对称。因此，情况 1——拥有奇数点长偶对称单位脉冲响应 $h(n)$的系统，其相位特性函数符合第一类线性相位定义，其幅度特性函数 $H(\omega)$关于 $\omega=0,\pi,2\pi$ 偶对称，可以用来实现各种（低通、高通、带通和带阻）滤波器，这个结论或许在学习完其他三种情况后会更好理解。

情况 2：$h(n)=h(N-1-n)$，N 为偶数

下面我们以图 5.5 所示 N=8 点长 $h(n)$为例，研究偶数点长偶对称的单位脉冲响应 $h(n)$对应的频率响应的特点，研究的思路同情况 1，即从具体到一般。

根据 DTFT 定义，容易得出图 5.5 所示系统频率响应的表达式：

$$
\begin{aligned}
H(\mathrm{e}^{\mathrm{j}\omega}) &= \sum_{n=0}^{7} h(n)\mathrm{e}^{-\mathrm{j}\omega n} \\
&= h(0)+h(1)\mathrm{e}^{-\mathrm{j}\omega}+h(2)\mathrm{e}^{-\mathrm{j}2\omega}+h(3)\mathrm{e}^{-\mathrm{j}3\omega}+ \\
&\quad h(4)\mathrm{e}^{-\mathrm{j}4\omega}+h(5)\mathrm{e}^{-\mathrm{j}5\omega}+h(6)\mathrm{e}^{-\mathrm{j}6\omega}+h(7)\mathrm{e}^{-\mathrm{j}7\omega}
\end{aligned}
$$

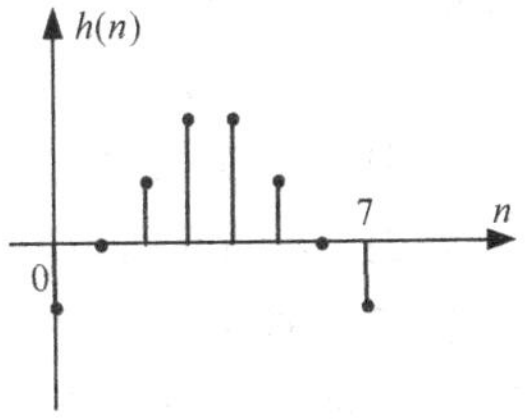

图 5.5　偶数点长偶对称 $h(n)$

将上式中系数相同的项两两合并，合并过程中每个两两求和项提取 $\mathrm{e}^{-\mathrm{j}(N-1)\omega/2}$，即 $\mathrm{e}^{-\mathrm{j}3.5\omega}$，并利用欧拉公式，上式可改写为

$$
H(\mathrm{e}^{\mathrm{j}\omega}) = \mathrm{e}^{-\mathrm{j}\frac{7}{2}\omega}\left[2h(0)\cos\left(\frac{7}{2}\omega\right)+2h(1)\cos\left(\frac{5}{2}\omega\right)+2h(2)\cos\left(\frac{3}{2}\omega\right)+2h(3)\cos\left(\frac{1}{2}\omega\right)\right]
$$

显然，上式也可以整理成 $H(\mathrm{e}^{\mathrm{j}\omega})=H(\omega)\mathrm{e}^{-\mathrm{j}3.5\omega}$的形式，其中相位特性函数$\theta(\omega)=-\alpha\omega=-3.5\omega$符合第一类线性相位定义，其中$\alpha=(N-1)/2$；$H(\omega)$为$\omega$ 的实函数，具体表达式描述如下：

$$
H(\omega) = 2h(0)\cos\left(\frac{7}{2}\omega\right)+2h(1)\cos\left(\frac{5}{2}\omega\right)+2h(2)\cos\left(\frac{3}{2}\omega\right)+2h(3)\cos\left(\frac{1}{2}\omega\right) \tag{5.9}
$$

现在进行更一般化推广，对于拥有任意偶数点长、偶对称的单位脉冲响应系统而言，其频率响应可以这样展开：

$$
H(\mathrm{e}^{\mathrm{j}\omega}) = \sum_{n=0}^{N/2-1} h(n)\mathrm{e}^{-\mathrm{j}\omega n} + \sum_{n=N/2}^{N-1} h(n)\mathrm{e}^{-\mathrm{j}\omega n}
$$

对上式第一个求和项进行变量代换 $n=\dfrac{N}{2}-m$，第二个求和项中的 $h(n)$用 $h(N-1-n)$替换，并令 $m=n-\left(\dfrac{N}{2}-1\right)$，整理后可得：

$$\begin{aligned}H(\mathrm{e}^{\mathrm{j}\omega})&=\sum_{m=1}^{N/2}h\left(\frac{N}{2}-m\right)\mathrm{e}^{-\mathrm{j}\omega\left(\frac{N}{2}-m\right)}+\sum_{m=1}^{N/2}h\left(\frac{N}{2}-m\right)\mathrm{e}^{-\mathrm{j}\omega\left(m+\frac{N}{2}-1\right)}\\&=\mathrm{e}^{-\mathrm{j}\omega\frac{N-1}{2}}\left\{2\sum_{m=1}^{N/2}h\left(\frac{N}{2}-m\right)\cos\left[\omega\left(m-\frac{1}{2}\right)\right]\right\}\end{aligned}$$

将 m 用 n 代替，得：

$$H(\mathrm{e}^{\mathrm{j}\omega})=\mathrm{e}^{-\mathrm{j}\omega\frac{N-1}{2}}\sum_{n=1}^{N/2}b(n)\cos\left[\omega\left(n-\frac{1}{2}\right)\right]\tag{5.10}$$

式中，

$$b(n)=2h\left(\frac{N}{2}-n\right),\qquad n=1,2,\cdots,\frac{N}{2}$$

显然，对于偶数点长、偶对称单位脉冲响应的情况 2，此类系统的频率响应 $H(\mathrm{e}^{\mathrm{j}\omega})$的相位特性函数符合第一类线性相位定义：

$$\theta(\omega)=-\frac{N-1}{2}\omega\tag{5.11}$$

其幅度特性函数的形式为

$$H(\omega)=\sum_{n=1}^{N/2}b(n)\cos\left[\omega\left(n-\frac{1}{2}\right)\right]\tag{5.12}$$

情况 2 对应的幅度特性函数又有哪些特点呢？我们还是从上述的具体例子开始研究。观察式（5.9）不难发现，$H(\omega)$是以 $h(0)$、$h(1)$、$h(2)$、$h(3)$为加权系数的、四个余弦函数 $\cos3.5\omega$、$\cos2.5\omega$、$\cos1.5\omega$、$\cos0.5\omega$ 的加权和。图 5.6 是这四个余弦函数的图像，容易判定这四个余弦函数的一个周期的长度分别是 $4\pi/7$、$4\pi/5$、$4\pi/3$、4π，而且都是以π为对称轴的奇对称。不难理解以 $h(0)$、$h(1)$、$h(2)$、$h(3)$为加权系数对这四个余弦函数求和，得到的结果也是以$\omega=\pi$奇对称的，那么无论 $h(0)$、$h(1)$、$h(2)$、$h(3)$取何值，在$\omega=\pi$ 处 $H(\omega)$必然为零。所以 $H(\omega)$在 $0\sim2\pi$区间内关于$\omega=\pi$奇对称。

图 5.7 是抽头个数为 8，$h(0)$、$h(1)$、$h(2)$、$h(3)$随机取一组数时的幅度特性函数，图中可以明显看出 $H(\omega)$是关于$\omega=\pi$ 奇对称的，$\omega=\pi$ 处 $H(\omega)$为零。

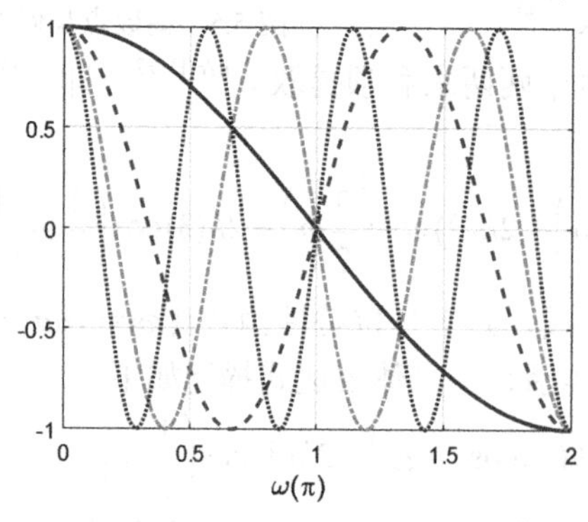

图 5.6　四个余弦函数的图像

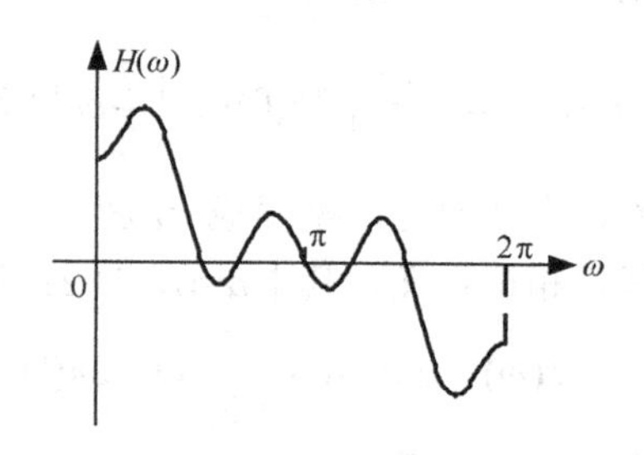

图 5.7　偶数点长偶对称幅度特性函数

再来看更一般的情况，研究式（5.12）不难发现，$\omega=\pi$时余弦项 $\cos[\omega(n-1/2)]=0$，且关于$\omega=\pi$奇对称，因此 $H(\omega)$ 关于$\omega=\pi$奇对称，且在$\omega=\pi$处 $H(\omega)$总等于 0；另外式（5.12）是余弦函数的加权和，因此关于$\omega=0$、2π偶对称。

综上，情况 2——拥有偶数点长偶对称单位脉冲响应 $h(n)$的系统，其相位特性函数符合第一类线性相位定义，其幅度特性函数 $H(\omega)$关于$\omega=\pi$奇对称，关于$\omega=0$、2π偶对称，且在$\omega=\pi$处无论$h(n)$取何值 $H(\omega)\equiv0$。由于数字角频率$\omega=\pi$在无失真采样的情况下对应模拟信号的最高频率，因此$H(\pi)\equiv0$ 决定了情况 2 不能用于数字高通和带阻滤波器的设计。

情况 3：$h(n)=-h(N-1-n)$，N 为奇数

对于奇数点长、奇对称单位脉冲响应对应的频率响应的特点，这里先以图 5.8 所示 $N=9$ 为例，做具体分析，而后再推导更一般形式。

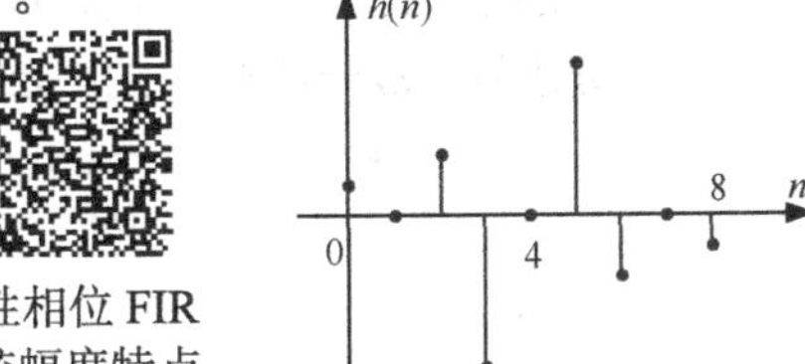

线性相位 FIR 系统幅度特点

图 5.8　奇数点奇对称 $h(n)$

与情况 1、情况 2 中 $N=9$、$N=8$ 的推导类似，对相同系数的项进行合并、提取 $\mathrm{e}^{\mathrm{j}(N-1)\omega/2}$、运用欧拉公式，整理后可以得到如下表达式：

$$H(\mathrm{e}^{\mathrm{j}\omega})=\mathrm{e}^{\mathrm{j}(-4\omega+\pi/2)}[2h(0)\sin(4\omega)+2h(1)\sin(3\omega)+2h(2)\sin(2\omega)+2h(3)\sin(\omega)]$$

上式也可以整理成 $H(\mathrm{e}^{\mathrm{j}\omega})=H(\omega)\mathrm{e}^{\mathrm{j}(-4\omega+\pi/2)}$的形式，相位特性函数$\theta(\omega)=-\alpha\omega+\beta=-4\omega+\pi/2$，其中$\alpha=(N-1)/2$，属于第二类线性相位；$H(\omega)$为$\omega$ 的实函数，具体表达式描述如下：

$$H(\omega)=2h(0)\sin(4\omega)+2h(1)\sin(3\omega)+2h(2)\sin(2\omega)+2h(3)\sin(\omega) \tag{5.13}$$

再来看抽头个数 N 为一般奇数、$h(n)$呈奇对称特性情况下 $H(\mathrm{e}^{\mathrm{j}\omega})$所具有的形式。因为 $h(n)$是以 $n=\dfrac{N-1}{2}$ 为中心的奇对称，所以必有 $h\left(\dfrac{N-1}{2}\right)=0$，于是频率响应表达式可以这样展开：

$$H(\mathrm{e}^{\mathrm{j}\omega})=\sum_{n=0}^{(N-3)/2}h(n)\mathrm{e}^{-\mathrm{j}\omega n}+\sum_{n=(N+1)/2}^{N-1}h(n)\mathrm{e}^{-\mathrm{j}\omega n}$$

将对上式第二个求和项中 $h(n)$用$-h(N-1-n)$替换，并令 $m=N-1-n$，再用 n 替换 m，整理后则有下式：

$$\begin{aligned}H(\mathrm{e}^{\mathrm{j}\omega})&=\sum_{n=0}^{(N-3)/2}h(n)\mathrm{e}^{-\mathrm{j}\omega n}-\sum_{n=0}^{(N-3)/2}h(n)\mathrm{e}^{-\mathrm{j}\omega(N-1-n)}\\&=\mathrm{e}^{-\mathrm{j}\omega\frac{N-1}{2}}\sum_{n=0}^{(N-3)/2}h(n)\left[\mathrm{e}^{-\mathrm{j}\omega\left(n-\frac{N-1}{2}\right)}-\mathrm{e}^{\mathrm{j}\omega\left(n-\frac{N-1}{2}\right)}\right]\end{aligned}$$

将 $m=\dfrac{N-1}{2}-n$ 代入上式进行复指数函数合并处理后，再用 n 替换 m，整理得：

$$H(\mathrm{e}^{\mathrm{j}\omega})=\mathrm{e}^{\mathrm{j}\left(\frac{\pi}{2}-\frac{N-1}{2}\omega\right)}\sum_{n=1}^{(N-1)/2}c(n)\sin(\omega n) \tag{5.14}$$

式中，
$$c(n)=2h\left(\frac{N-1}{2}-n\right),\qquad n=1,2,\cdots,\frac{N-1}{2}$$

显然情况 3 对应的频率响应 $H(\mathrm{e}^{\mathrm{j}\omega})$的相位特性函数符合第二类线性相位定义：

$$\theta(\omega)=-\frac{N-1}{2}\omega+\frac{\pi}{2} \tag{5.15}$$

其幅度特性函数为

$$H(\omega)=\sum_{n=1}^{(N-1)/2}c(n)\sin(\omega n) \tag{5.16}$$

情况 3 对应的幅度特性函数又有哪些特点呢？我们还是先观察式（5.13），不难发现 $H(\omega)$是以 $h(0)$、$h(1)$、$h(2)$、$h(3)$为加权系数的、四个正弦函数 $\sin4\omega$、$\sin3\omega$、$\sin2\omega$、$\sin\omega$ 的加权和。图 5.9 是这四个正弦函数的图像，容易判定这四个正弦函数的一个周期的长度分别是$\pi/2$、$2\pi/3$、π、2π，而且都是以π为对称轴奇对称的。不难理解以 $h(0)$、$h(1)$、$h(2)$、$h(3)$为加权系数对这四个正弦函数求和，得到的结果也是以$\omega=\pi$奇对称的，那么无论 $h(0)$、$h(1)$、$h(2)$、$h(3)$取何值，在$\omega=\pi$处 $H(\omega)$必然为零。

图 5.10 是抽头个数为 9，$h(0)$、$h(1)$、$h(2)$、$h(3)$随机取一组数时的幅度特性函数，图中可以明显看出 $H(\omega)$是关于$\omega=\pi$奇对称的，$\omega=0,\pi,2\pi$处 $H(\omega)$为零。

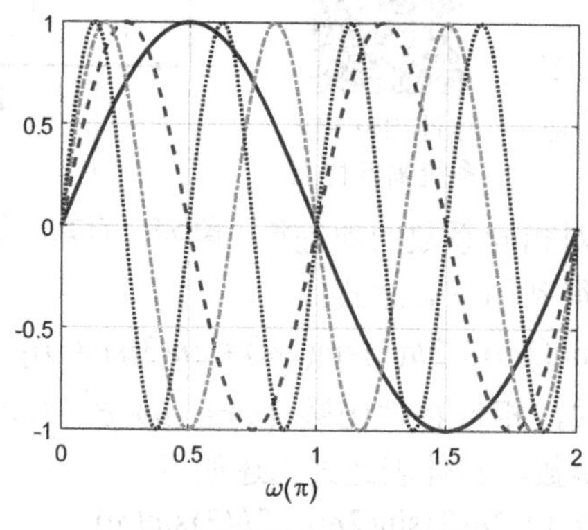

图 5.9　四个函数的图像

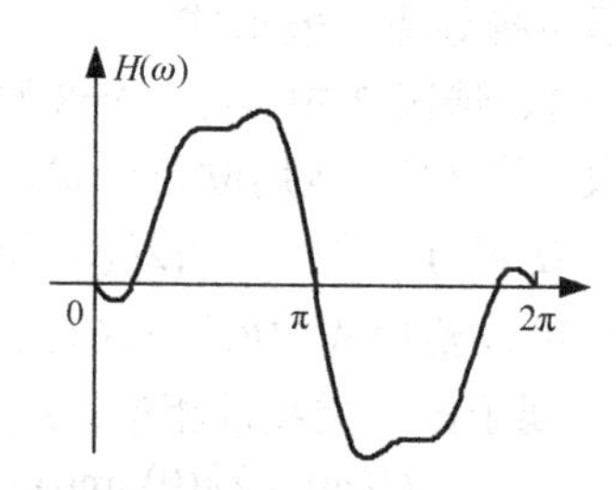

图 5.10　奇数点长奇对称幅度特性函数

再来看更一般的情况，观察式（5.16）不难发现，这是$(N-1)/2$ 个正弦函数的加权和，而正弦函数是奇函数，因此在$\omega=0$ 处 $H(\omega)$必然也为零。综上 $H(\omega)$在 0~2π区间内是以$\omega=0,\pi,2\pi$为对称轴的奇对称。

综上，情况 3——拥有奇数点长、奇对称单位脉冲响应 $h(n)$的系统，其相位特性函数符合第二类线性相位定义，其幅度特性函数 $H(\omega)$关于$\omega=0$、π、2π都是奇对称的，无论 $h(n)$取何值，在$\omega=0$、π、2π处 $H(\omega)\equiv0$。由于数字角频率$\omega=\pi$在无失真采样的情况下对应模拟信号的最高频率，0 对应最低频率，因此 $H(0)=H(\pi)\equiv0$ 决定了情况 3 不能用于低通、高通和带阻滤波器的设计，只能用于带通滤波器的设计。

情况 4：$h(n)=-h(N-1-n)$，N 为偶数

推导的过程同情况 3，这里直接给出任意偶数点长、奇对称单位脉冲响应对应的频率响应的结果。

$$H(\mathrm{e}^{\mathrm{j}\omega})=\mathrm{e}^{\mathrm{j}\left(\frac{\pi}{2}-\frac{N-1}{2}\omega\right)}\sum_{n=1}^{N/2}d(n)\sin\left[\left(n-\frac{1}{2}\right)\omega\right] \tag{5.17}$$

式中，

$$d(n)=2h\left(\frac{N}{2}-n\right)\quad n=1,2,\cdots,\frac{N}{2}$$

显然情况 4 对应的频率响应 $H(\mathrm{e}^{\mathrm{j}\omega})$的相位特性函数也符合第二类线性相位定义

$$\theta(\omega)=-\frac{N-1}{2}\omega+\frac{\pi}{2} \tag{5.18}$$

且幅度特性函数为

$$H(\omega)=\sum_{n=1}^{N/2}d(n)\sin\left[\omega\left(n-\frac{1}{2}\right)\right] \tag{5.19}$$

分析式（5.19）可得，由于正弦项 $\sin[\omega(n-1/2)]$在$\omega=0,2\pi$处总为零，因此 $H(\omega)$在$\omega=0,2\pi$处总为零，并关于 0、2π奇对称，关于π偶对称。

通过对式（5.18）、式（5.19）的分析，不难归纳出情况 4——拥有偶数点长、奇对称单位脉冲响应 $h(n)$的系统，其相位特性函数符合第二类线性相位定义，其幅度特性函数 $H(\omega)$关于$\omega=0,2\pi$

都是奇对称，关于π偶对称，无论 $h(n)$取何值，在ω=0、2π处 $H(\omega)\equiv 0$。由于数字角频率 0 对应模拟信号的最低频率，$H(0)\equiv 0$ 决定了情况 4 不能用于低通和带阻滤波器的设计，只能用于带通和高通滤波器的设计。

观察图 5.11 所示 N=8 点长奇对称单位脉冲响应及对应的幅度特性函数，会对于你理解上述结论有帮助。

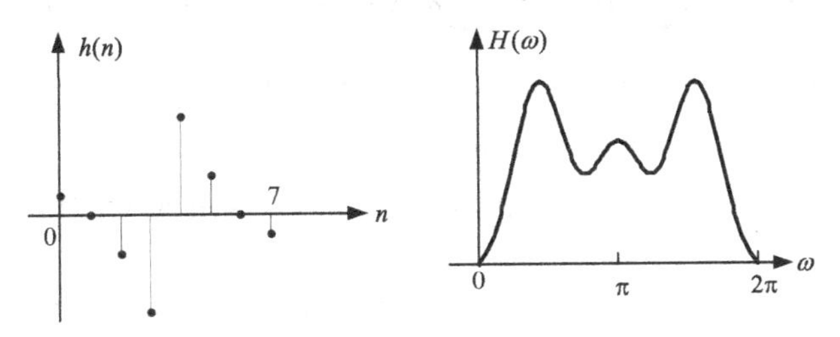

图 5.11　$h(n)$ 奇对称 N=8，FIR 滤波器的幅度特性

综合以上四种情况，不难发现只要FIR系统的单位脉冲响应满足对称特性，即 $h(n)=\pm h(N-1-n)$，不论 N 取奇数还是偶数，都可以实现线性相位，即相位特性函数具有$\theta(\omega)=-\alpha\omega+\beta$的形式，其中$\alpha=(N-1)/2$。当 $h(n)=h(N-1-n)$时，$\beta=0$，可实现第一类线性相位；当 $h(n)=-h(N-1-n)$时，$\beta=\pi/2$，可实现第二类线性相位。实际应用中，满足第一类线性相位的系统通常用来设计成选频滤波器，而满足第二类线性相位的系统常常用来做其他滤波器，如微分器、移相器等。

从四种情况的幅频特性函数看，随着系统单位脉冲响应的对称特点不同、抽头个数奇偶的差异，表现出迥异的通带特性，通过调整 $h(n)$各样点值的大小能够改变滤波器的幅频特性。值得注意的是，情况 2、3、4 的幅度函数存在某些点上幅度恒为零的情形，从而限制了它们不能用于某些类型滤波器的设计，这点在用频率采样法设计线性相位 FIR 数字滤波器时要引起足够的重视。

四种情况 FIR 滤波器的频率响应幅度特性计算，可调用 5.6 节中的函数程序 hr_type1.m、hr_type2.m、hr_type3.m 和 hr_type4.m。

5.1.3　线性相位 FIR 滤波器的零点分布

线性相位 FIR 系统的零点特点

对于 FIR 系统而言，其系统函数 $H(z)$有极点的话，其极点总在 z 平面的原点处，这也决定了 FIR 系统总是稳定的系统，因此我们只需研究 FIR 系统的零点分布。有了零点分布特点便可以讨论此类系统是否为最小相位系统或最大相位系统了。

前面我们讨论 FIR 系统的线性相位条件时，描述单位脉冲响应对称性用到的公式是 $h(n)=\pm h(N-1-n)$，其中 N 表示滤波器的抽头个数或滤波器系数的个数，从差分方程的角度看应称其为 $N-1$ 阶 FIR 滤波器。对于 $N-1$ 阶 FIR 滤波器而言，其系统函数 $H(z)$在整个 z 平面有 $N-1$ 个零点，在线性相位约束或单位脉冲响应呈对称特性约束下，这些零点在 z 平面上的分布具有什么样的规律呢？是否存在线性相位的最小相位系统呢？我们将通过数学推导先回答第一个问题。

对于第一类线性相位系统，其单位脉冲响应 $h(n)$满足偶对称，即 $h(n)=h(N-1-n)$，其系统函数 $H(z)$可以写成

$$H(z)=\sum_{n=0}^{N-1}h(n)z^{-n}=\sum_{n=0}^{N-1}h(N-1-n)z^{-n}$$

令 $m=N-1-n$ 并代入上式可得：

$$H(z)=\sum_{m=0}^{N-1}h(m)z^{-(N-1-m)}=z^{-(N-1)}H(z^{-1}) \tag{5.20}$$

要研究系统函数的零点，即求方程 $H(z)=0$ 的解。由于式（5.20）中 $z^{-(N-1)}$只影响极点，那么确

定零点变成求 $H(z)=H(z^{-1})=0$ 的解。对于方程 $H(z)=H(z^{-1})=0$ 而言，只要方程有解，那么解必然成对出现，比如 z_k 能使 $H(z)=0$，那么 $1/z_k$ 必然能使 $H(z^{-1})=0$。另外若单位脉冲响应 $h(n)$为实系数序列，则 $H(z)$的一个解 z_k 若是复数，则$(z_k)^*$也必然是 $H(z)$的一个解。

当 $h(n)$满足奇对称时，即 $h(n)=-h(N-1-n)$，系统函数 $H(z)$ 可以写成：

$$H(z)=\sum_{n=0}^{N-1}h(n)z^{-n}=-\sum_{n=0}^{N-1}h(N-1-n)z^{-n}=-z^{-(N-1)}H(z^{-1}) \tag{5.21}$$

与 $h(n)$满足偶对称一样，$h(n)$满足奇对称时其系统函数 $H(z)$的零点分布具有相同的规律，因为$-z^{-(N-1)}$只影响极点，不影响零点个数及分布。

满足式（5.20）的实系数多项式称为镜像对称多项式，满足式（5.21）的实系数多项式称为反镜像对称多项式。

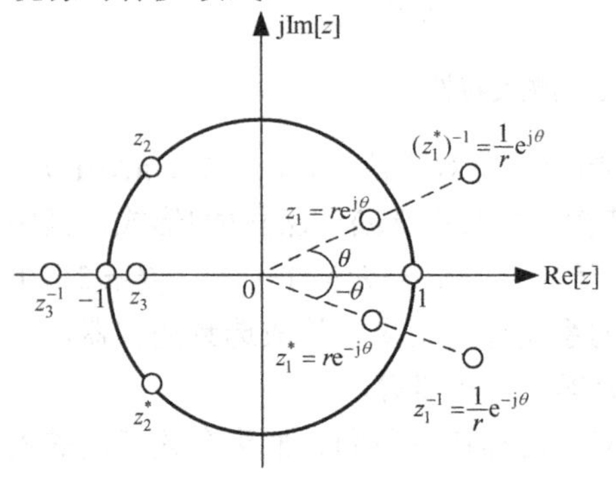

图 5.12　线性相位 FIR 系统函数的零点位置

综合式（5.20）和式（5.21）可以看出：线性相位系统的函数 $H(z)$的零点若存在则必然成对出现；若 $h(n)$还为实数序列，则其系统函数 $H(z)$的复数零点必定共轭成对出现。因此，对于实系数的线性相位 FIR 系统而言，若当 z_k 为 $H(z)$的零点，那么 z_k、z_k 的共轭、z_k 的倒数、z_k 的共轭的倒数都是 $H(z)$的零点，这些零点的分布也称为互为倒数的共轭对。因线性相位滤波器的零点的位置不同，互为倒数的共轭对中包含的零点个数会有所不同。总的来说，零点位置共有四种可能的情况，如图 5.12 所示。

（1）既不在坐标轴上也不在单位圆上的零点。比如 $z=z_1$ 和 $z=z_1^*$ 是 $H(z)$ 的一对共轭零点，则 $z=z_1^{-1}$、$z=(z_1^*)^{-1}$ 也是 $H(z)$ 的一对共轭零点。$z_1=re^{j\theta}$ 时，$z_1^*=re^{-j\theta}$，$z_1^{-1}=e^{-j\theta}/r$，$(z_1^*)^{-1}=e^{j\theta}/r$，它们关于单位圆镜像对称，是互为倒数的两组共轭零点对，互为倒数的共轭对中共有 4 个零点。

（2）位于单位圆上但不在实轴上的零点。比如复数零点 $z=z_2$ 及其共轭 $z=z_2^*$ 是成对出现的，互为倒数，互为共轭，此情此景互为倒数的共轭对只有两个零点。

（3）位于实轴上但不在单位圆上的零点。比如实数零点 $z=z_3$，有一个倒数零点 $z=z_3^{-1}$，它们是成对出现的，此情此景互为倒数的共轭对只有两个零点。

（4）既位于实轴上又位于单位圆上的零点。如 $z=1$ 和 $z=-1$，共轭和倒数都是自身，它们是单独出现的。

上面分析了线性相位 FIR 系统的零点分布，知道了实系数的线性相位 FIR 系统的零点以互为倒数的共轭对的形式出现，那么线性相位系统是最小相位系统吗？相信你根据 2.3 节的相关内容能够找到答案。

5.2　窗函数法 FIR 数字滤波器设计

窗函数法是线性相位 FIR 数字滤波器的一种常用设计方法。通常采用的窗函数有矩形窗、汉宁窗、汉明窗、布莱克曼窗和凯塞窗等。各种窗函数具有不同的时域形状和频率响应特性，在滤波器设计时能够产生不同的效果，应根据技术指标要求灵活选取。本节先以 FIR 数字低通滤波器设计为例说明窗函数设计法的原理，然后再讨论高通、带通、带阻滤波器的设计。

5.2.1 设计原理

线性相位 FIR 数字滤波器窗函数设计法思想

1. 窗函数设计法的思想

下面将以数字低通滤波器的设计为例，揭开窗函数设计法的思想。理想低通滤波器的频率响应定义如下：

$$H_d(e^{j\omega}) = H_d(\omega)e^{-j\alpha\omega} = \begin{cases} e^{-j\omega\alpha}, & |\omega| \leqslant \omega_c \\ 0, & \omega_c < |\omega| \leqslant \pi \end{cases} \tag{5.22}$$

其中ω_c为理想低通滤波器的通带截止频率，α为常数。

对上式进行 IDTFT，可以得到对应的单位脉冲响应序列：

$$h_d(n) = \frac{1}{2\pi}\int_{-\pi}^{\pi} H_d(e^{j\omega})e^{j\omega n}d\omega = \frac{1}{2\pi}\int_{-\omega_c}^{\omega_c} e^{-j\omega\alpha}e^{j\omega n}d\omega = \frac{\sin\omega_c(n-\alpha)}{\pi(n-\alpha)} \tag{5.23}$$

理想低通滤波器的幅度特性函数 $H_d(\omega)$及单位脉冲响应 $h_d(n)$如图 5.13 所示。观察图 5.13 不难发现 $h_d(n)$是以 $n=\alpha$为对称轴的无限长非因果序列，因此是一个非因果系统。而且 $h_d(n)$在对称中心 $n=\alpha$处幅度最大，对称中心两侧随着对称中心的偏离，幅度有变小的趋势。

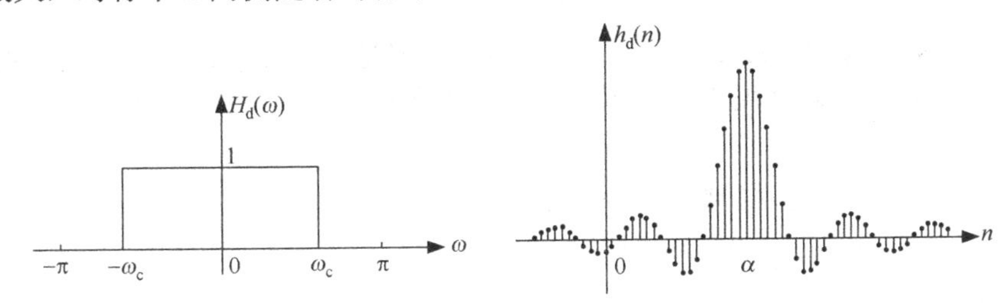

图 5.13　理想低通滤波器幅度特性函数及单位脉冲响应

根据 DTFT 的定义，理想低通滤波器的频率响应表达式可以展开为

$$H(e^{j\omega}) = \sum_{n=-\infty}^{\infty} h_d(n)e^{-j\omega n} = \cdots + h_d(\alpha-1)e^{-j\omega(\alpha-1)} + h_d(\alpha)e^{-j\omega\alpha} + h_d(\alpha+1)e^{-j\omega(\alpha+1)} + \cdots \tag{5.24}$$

可以将式（5.24）看成是以ω为基波的各次谐波和的形式，此时单位脉冲响应各样点可以看成是各个复指数信号的加权系数。结合 $h_d(n)$随着 n 对于α的偏离逐渐变小的这么一个特点，可以得出这样一个结论，幅度越小的序列样点对于 $H(e^{j\omega})$的贡献越小。若仅保留幅度比较大的这些样点的影响，而忽略幅度小的样点的影响，便能得到一个 FIR 的系统；若是以 $n=\alpha$为中心对称保留 $h_d(n)$的样点，便可以得到一个线性相位的 FIR 系统；由于只是忽略了影响比较小的样点，可以期望得到的这个滤波器的幅频特性是理想的，至少是近似理想的。这便是窗函数设计法的思想，那么窗函数设计法的思想如何具体实现呢？

窗函数法是用一个形状和长度适当的窗函数 $w(n)(0 \leqslant n \leqslant N-1)$ 对 $h_d(n)$进行对称截断，得到有限长序列：

$$h(n) = h_d(n)w(n), \quad n = 0,1,\cdots,N-1 \tag{5.25}$$

比如用图 5.14 所示矩形窗函数 $w_R(n)$对图 5.13 所示理想低通滤波器单位脉冲响应以 $n=\alpha$为中心进行对称截取，可以得到图 5.15 所示奇数点长偶对称的单位脉冲响应 $h(n)$。由于此时 $h(n)$ 满足对称性，所得系统为因果稳定的线性相位系统。

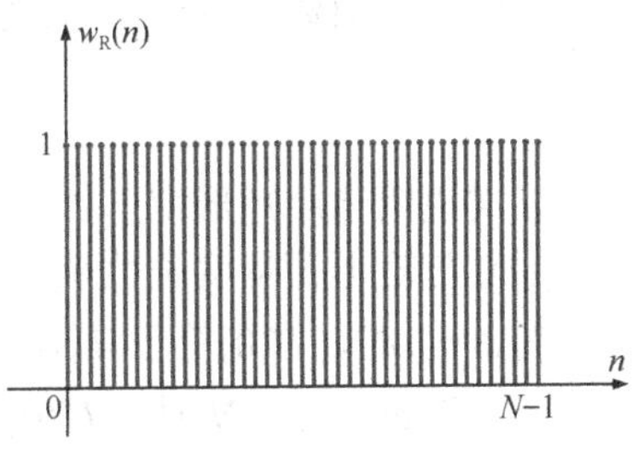

图 5.14　矩形窗函数

2. 加窗影响分析

按照上述思路，将理想低通滤波器单位脉冲响应 $h_d(n)$中幅度较大的样点都保留下来了，除保

持了线性相位特性外，理想低通滤的幅度特性有没有被很好地保留呢？下面就来研究这个问题。

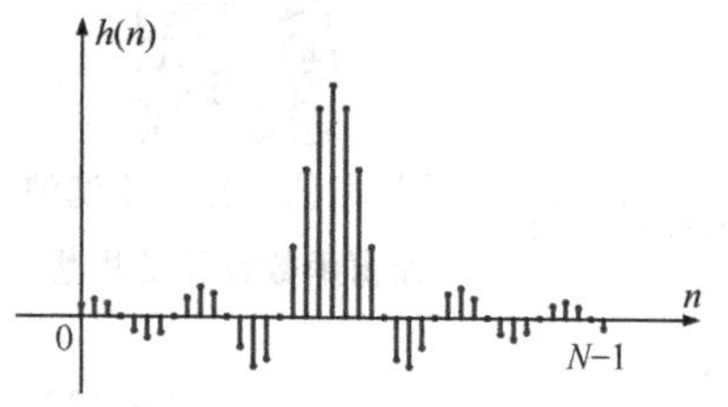

图 5.15　截取后的单位脉冲响应

设计思想中的截取，在数学上描述为序列 $h(n)$是窗函数序列 $w(n)$和 $h_d(n)$相乘的结果。根据复卷积定理，$H(e^{j\omega})$=DTFT[$h(n)$]应等于 $w(n)$的傅里叶变换 $W(e^{j\omega})$与 $H_d(e^{j\omega})$的卷积，即

$$H(e^{j\omega})=\frac{1}{2\pi}H_d(e^{j\omega})*W(e^{j\omega})=\frac{1}{2\pi}\int_{-\pi}^{\pi}H_d(e^{j\theta})\cdot W(e^{j(\omega-\theta)})d\theta \tag{5.26}$$

图 5.14 所示 N 长的矩形窗函数 $w_R(n)$定义为

$$w_R(n)=\begin{cases}1, & 0\leqslant n\leqslant N-1\\ 0, & 其他\end{cases} \tag{5.27}$$

其离散时间傅里叶变换为

$$W_R(e^{j\omega})=\sum_{n=0}^{N-1}w_R(n)e^{-j\omega n}=\frac{\sin(\omega N/2)}{\sin(\omega/2)}e^{-j\frac{N-1}{2}\omega}=W_R(\omega)\cdot e^{-j\omega\alpha} \tag{5.28}$$

式中，
$$W_R(\omega)=\frac{\sin(\omega N/2)}{\sin(\omega/2)}，\quad \alpha=\frac{N-1}{2}$$

矩形窗函数序列的频谱幅度函数如图 5.16 所示。容易看出 $W_R(\omega)$有这样两个特点：一是在 $\pm 2\pi/N$ 之间有一主瓣，主瓣宽度 $\Delta\omega=4\pi/N$，主瓣峰值为 N；二是主瓣两侧呈现振荡衰减，形成许多旁瓣，旁瓣宽为 $2\pi/N$。

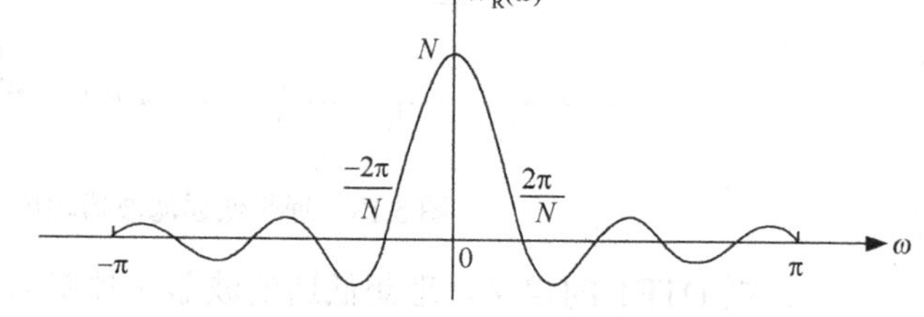

图 5.16　矩形窗频谱幅度特性函数

式（5.22）中 $H_d(e^{j\omega})$ 写成 $H_d(e^{j\omega})=H_d(\omega)e^{-j\omega\alpha}$ 的形式，其中幅度特性函数为

$$H_d(\omega)=\begin{cases}1, & |\omega|\leqslant\omega_c\\ 0, & \omega_c<|\omega|\leqslant\pi\end{cases} \tag{5.29}$$

将 $H_d(e^{j\omega})$ 和 $W_R(e^{j\omega})$ 代入式（5.26）中，得到

$$\begin{aligned}H(e^{j\omega})&=\frac{1}{2\pi}\int_{-\pi}^{\pi}H_d(\theta)\cdot e^{-j\theta\alpha}\cdot W_R(\omega-\theta)\cdot e^{-j(\omega-\theta)\alpha}d\theta\\&=\frac{1}{2\pi}e^{-j\omega\alpha}\int_{-\omega_c}^{\omega_c}H_d(\theta)\cdot W_R(\omega-\theta)d\theta\end{aligned} \tag{5.30}$$

由于截取得到的单位脉冲响应保持了与原理想滤波器单位脉冲响应的对称性，所以还是一个线性相位系统，因此得到的滤波器的频率响应 $H(e^{j\omega})$ 能表示成式（5.1）所示形式：

$$H(e^{j\omega})=H(\omega)e^{-j\omega\alpha}$$

其中幅度特性函数 $H(\omega)$具体表述为

$$H(\omega)=\frac{1}{2\pi}\int_{-\omega_c}^{\omega_c}H_d(\theta)\cdot W_R(\omega-\theta)d\theta \tag{5.31}$$

该式说明当用矩形窗函数进行截取时，滤波器的幅度特性函数等于理想低通滤波器的幅度函数 $H_d(\omega)$ 与矩形窗幅度函数 $W_R(\omega)$ 的卷积。图 5.17 显示了卷积过程几个关键点的情形。

当 $\omega=0$ 时，$H(0)$等于 $W_R(\theta)$ 在 $-\omega_c$～ω_c 之间的积分面积，对应于图 5.17(a)与(b)两波形乘积的积分。当 $\omega_c\gg 2\pi/N$ 时，$H(0)$ 近似 $W_R(\theta)$ 在 $\pm\pi$ 之间的波形积分，这样假设的目的是保证有足够多矩形窗函数谱的旁瓣能参与积分运算。下面的讨论均以 $H(0)$为幅度基准对幅度进行归一化处理。

当 $\omega=\omega_c-2\pi/N$ 时，情况如图 5.17(c)所示，$W_R(\omega-\theta)$ 的主瓣全在 $H_d(\theta)$ 通带内，而主瓣右

侧第一旁瓣恰好刚刚移出区间$[-\omega_c,\omega_c]$，第一旁瓣的极性与主瓣极性相反，幅度在旁瓣中最大，此时卷积为最大值，故$H(\omega)$在该点出现最大的正峰，称为正肩峰，且$H(\omega_c-2\pi/N)>1$。

当$\omega=\omega_c$时，情况如图5.17(d)所示，$W_R(\omega-\theta)$有近似一半的主旁瓣参与积分运算，卷积值近似为$H(0)$的一半，即$H(\omega_c)\approx 0.5$。

当$\omega=\omega_c+2\pi/N$时，情况如图5.17(e)所示，$W_R(\omega-\theta)$的主瓣完全移到区间$[-\omega_c,\omega_c]$外，第一旁瓣完全在区间$[-\omega_c,\omega_c]$内，此时卷积为最小值，故$H(\omega)$在该点出现最大的负峰，称为负肩峰。图5.17(f)为$H_d(\omega)$与$W_R(\omega)$卷积形成的$H(\omega)$波形，正负肩峰对应的频率相距$4\pi/N$。

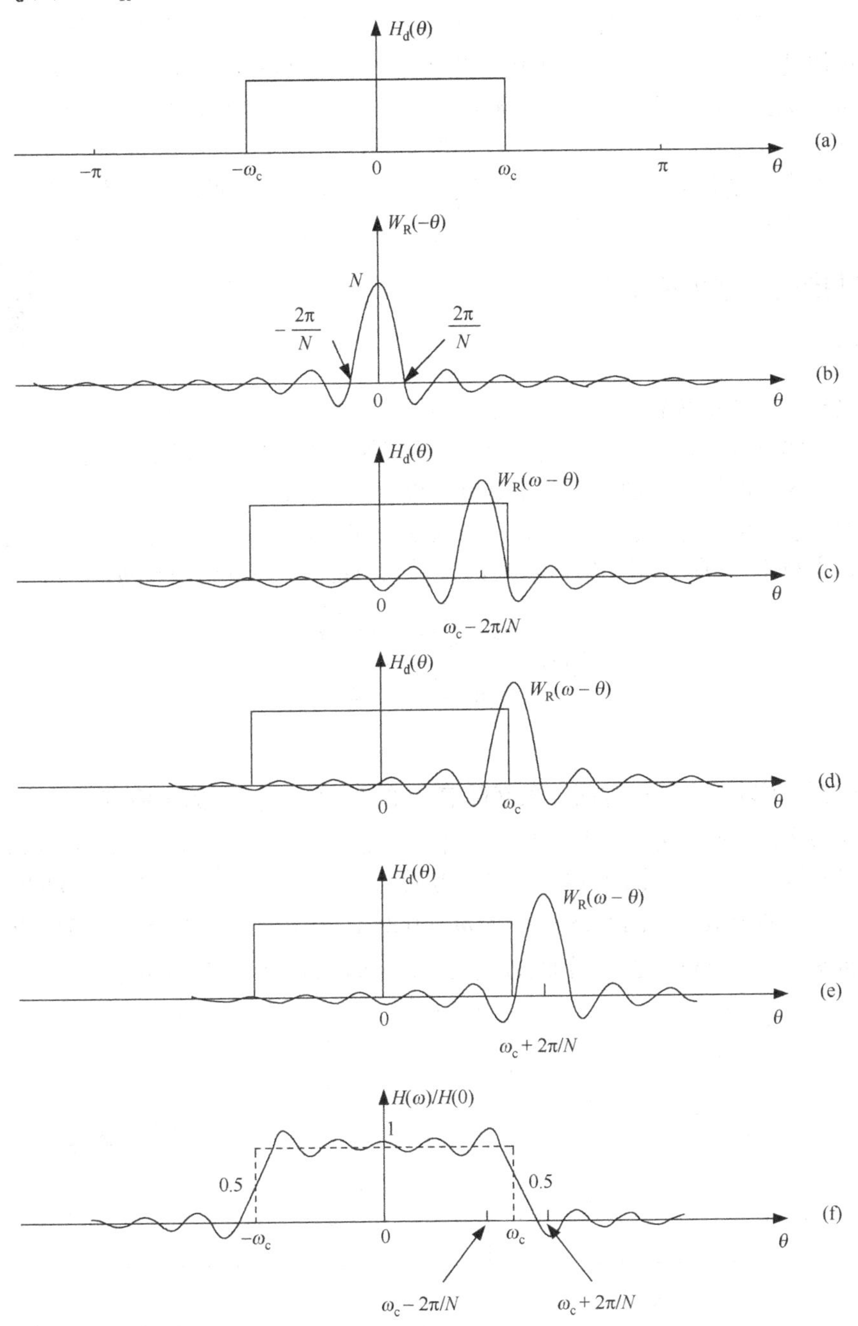

图5.17　加矩形窗的影响

通过以上分析可知，对$h_d(n)$加矩形窗处理后，所得$H(\omega)$和原理想低通$H_d(\omega)$的差别有以下几点：

（1）$H(\omega)$ 在理想幅度特性不连续点 $\omega=\pm\omega_c$ 附近形成过渡带。过渡带的宽度近似等于 $W_R(\omega)$ 的主瓣宽度，对于矩形窗而言该值为 $4\pi/N$ 。（注意，这里所说的过渡带是指两个肩峰之间的宽度，实际上滤波器的过渡带要小于这个数值。）

（2）在通带和阻带内出现了波动。通带和阻带内的波动情况与窗函数的幅度函数 $W_R(\omega)$ 有关，$W_R(\omega)$ 旁瓣的相对大小直接影响 $H(\omega)$ 波动幅度的大小。

（3）过渡带两侧形成肩峰。$\omega=\omega_c-2\pi/N$ 处是通带的最大波峰（正肩峰），$\omega=\omega_c+2\pi/N$ 处是阻带的最大负波峰（负肩峰）。

综上可看出，时域内对理想低通滤波器单位脉冲响应 $h_d(n)$加窗截断后，在频域内表现为通带和阻带都出现波动，且在幅度的间断点附近波动较大（有些资料称之为振铃），另外通带和阻带之间出现过渡带，过渡带的宽度近似等于窗函数的主瓣宽度，这种现象也称为吉布斯（Gibbs）效应。Gibbs 效应有哪些危害呢？由于理想滤波器幅度间断点处的波动直接影响通带的最大衰减和阻带的最小衰减，过大的波动可能会导致滤波器的性能不能满足指标要求。过渡带的存在，会导致过渡带附近想保留的频率分量幅度上有所衰减，想滤除的频率分量不能被完全抑制。

5.2.2 改进措施及常用窗函数

加窗截断效应的改进措施

1. 改进措施

怎么会这样呢？加窗截断过程中，不是已经强调了要保留幅度较大的样点，仅去除幅度较小样点的影响吗？是不是前面截取的过程过多地去除了一些幅度不那么小的样点呢？要是这样的话，增加窗长是不是就可以解决呢？研究显示，调整窗口长度 N 可以有效控制过渡带的宽度，但增加窗长并不是减小吉布斯效应的有效方法。下面对这一问题进行说明。

在 $W_R(\omega)$ 主瓣附近ω取值很小的区域内，分母式满足关系 $\sin(\omega/2)\approx\omega/2$ ，进而有：

$$W_R(\omega)=\frac{\sin\frac{N}{2}\omega}{\sin\frac{\omega}{2}}\approx\frac{\sin\frac{N}{2}\omega}{\frac{\omega}{2}}=N.\frac{\sin x}{x} \qquad (5.32)$$

这里，$x=N\omega/2$

由式（5.32）可以看出，一方面，虽然随着 N 的增大，$W_R(\omega)$ 的主瓣宽度减小，但主瓣峰值和旁瓣峰值都增大，主瓣与旁瓣的相对值保持不变（这个相对值由 $\sin x/x$ 决定，或者说是由窗函数的形状决定的），因此不能减小肩峰值；另一方面，N 增大时单位频率内 $W_R(\omega)$ 的旁瓣增多，通、阻带内的振荡幅度并未减小。图 5.18 所示为 $\omega_c=0.2\pi$ ，窗长分别为 N = 11、31、91 时，用矩形窗设计的低通滤波器。可以看出，增加 N，能够减小过渡带，但阻带衰减不会改变。

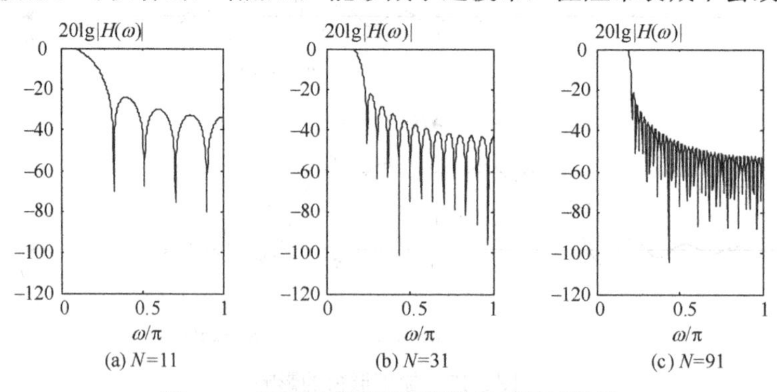

图 5.18　不同长度矩形窗设计的低通滤波器

既然增加窗长 N 只能使过渡带宽变窄，不能降低通带和阻带内的波动，只能考虑其他措施来减小吉布斯效应了。前人研究表明如果窗函数幅频响应的主瓣与旁瓣幅度相对比值较大，就可以减小滤波器幅频响应在通带、阻带内的波动幅度，这样就能够增加通带的平坦性加大阻带衰减。因此减少通带内波动、加大阻带衰减只能从窗函数的形状上找解决办法。下面介绍几种常用的窗函数。

2. 常用窗函数

为了定量地描述和比较不同的窗函数，首先定义几个窗函数和滤波器参数：

- 最大旁瓣衰减 α_n——窗函数幅频特性 $|W(\omega)|$ 最大旁瓣的峰值相对主瓣最大值的衰减值（dB）；
- 过渡带宽度 B——用该窗函数设计的 FIR 数字滤波器的过渡带宽（通常用窗函数的主瓣宽度作为近似值）；
- 阻带最小衰减 α_s——用该窗函数设计的 FIR 数字滤波器阻带最大峰值相对最大值的衰减值（dB）。

（1）矩形窗

时域定义
$$w_R(n) = R_N(n) \tag{5.33}$$

频域表示
$$W_R(e^{j\omega}) = W_R(\omega)e^{-j\frac{N-1}{2}\omega} \tag{5.34}$$

其中
$$W_R(\omega) = \frac{\sin\left(\frac{\omega}{2}N\right)}{\sin\left(\frac{\omega}{2}\right)} \tag{5.35}$$

矩形窗三个参数为：$\alpha_n = 13\text{dB}$，$B = 4\pi/N$，$\alpha_s = 21\text{dB}$，如图 5.19(a)所示。

（2）三角窗——巴特利特窗（Bartlett）

时域定义
$$w_T(n) = \begin{cases} \dfrac{2n}{N-1}, & 0 \leqslant n \leqslant \dfrac{1}{2}(N-1) \\ 2 - \dfrac{2n}{N-1}, & \dfrac{1}{2}(N-1) < n \leqslant (N-1) \end{cases} \tag{5.36}$$

频域表示
$$W_T(e^{j\omega}) = \frac{2}{N}e^{-j\frac{N-1}{2}\omega}\left[\frac{\sin(\omega N/4)}{\sin(\omega/2)}\right]^2 = W_T(\omega)e^{-j\frac{N-1}{2}\omega} \tag{5.37}$$

其中
$$W_T(\omega) = \frac{2}{N}\left[\frac{\sin(\omega N/4)}{\sin(\omega/2)}\right]^2 \tag{5.38}$$

三角窗三个参数为：$\alpha_n = 25\text{dB}$，$B = 8\pi/N$，$\alpha_s = 25\text{dB}$，如图 5.19(b)所示。

（3）汉宁窗（Hanning）——升余弦窗

时域定义
$$w_{Hn}(n) = \frac{1}{2}\left[1 - \cos\left(\frac{2\pi n}{N-1}\right)\right]R_N(n) \tag{5.39}$$

频域表示
$$W_{Hn}(e^{j\omega}) = \left\{0.5W_R(\omega) + 0.25\left[W_R\left(\omega - \frac{2\pi}{N-1}\right) + W_R\left(\omega + \frac{2\pi}{N-1}\right)\right]e^{-j\frac{N-1}{2}\omega}\right\} = W_{Hn}(\omega)e^{-j\left(\frac{N-1}{2}\right)\omega} \tag{5.40}$$

其中
$$W_{Hn}(\omega) \approx 0.5W_R(\omega) + 0.25\left[W_R\left(\omega - \frac{2\pi}{N}\right) + W_R\left(\omega + \frac{2\pi}{N}\right)\right] \tag{5.41}$$

由式（5.41）可以看出，汉宁窗的幅度函数 $W_{Hn}(\omega)$是由三个矩形窗幅度函数 $W_R(\omega)$平移加权和组成的，矩形窗的旁瓣互相抵消，使能量更集中在主瓣。

汉宁窗的三个参数为：$\alpha_n = 31\text{dB}$，$B = 8\pi/N$，$\alpha_s = 44\text{dB}$，如图 5.19(c)所示。

（4）汉明（Hamming）窗——改进的升余弦窗

时域定义 $$w_{\mathrm{Hm}}(n)=[0.54-0.46\cos\frac{2\pi n}{N-1}]R_{\mathrm{N}}(n) \tag{5.42}$$

频域表示 $$W_{\mathrm{Hm}}(\mathrm{e}^{\mathrm{j}\omega})=0.54W_{\mathrm{R}}(\mathrm{e}^{\mathrm{j}\omega})+0.23[W_{\mathrm{R}}(\mathrm{e}^{\mathrm{j}(\omega-\frac{2\pi}{N-1})})+W_{\mathrm{R}}(\mathrm{e}^{\mathrm{j}(\omega+\frac{2\pi}{N-1})})] \tag{5.43}$$

汉明窗的幅度特性函数可以表示为

$$W_{\mathrm{Hm}}(\omega)\approx 0.54W_{\mathrm{R}}(\omega)+0.23\left[W_{\mathrm{R}}\left(\omega-\frac{2\pi}{N}\right)+W_{\mathrm{R}}\left(\omega+\frac{2\pi}{N}\right)\right] \tag{5.44}$$

汉明窗也称为改进的升余弦窗。这种改进的升余弦窗，能将99.96%的能量集中在主瓣内，主瓣宽度与汉宁窗相同，但旁瓣更小。

汉明窗三个参数为：$\alpha_{\mathrm{n}}=41\mathrm{dB}, B=8\pi/N, \alpha_{\mathrm{s}}=53\mathrm{dB}$，如图5.19(d)所示。

（5）布莱克曼（Blackman）窗——二阶升余弦窗

时域定义 $$w_{\mathrm{Bl}}(n)=\left[0.42-0.5\cos\left(\frac{2\pi n}{N-1}\right)+0.08\cos\left(\frac{4\pi n}{N-1}\right)\right]R_{\mathrm{N}}(n) \tag{5.45}$$

频域表示 $$\begin{aligned}W_{\mathrm{Bl}}(\mathrm{e}^{\mathrm{j}\omega})=&0.42W_{\mathrm{R}}(\mathrm{e}^{\mathrm{j}\omega})+0.25[W_{\mathrm{R}}(\mathrm{e}^{\mathrm{j}(\omega-\frac{2\pi}{N-1})})+W_{\mathrm{R}}(\mathrm{e}^{\mathrm{j}(\omega+\frac{2\pi}{N-1})})]+\\&0.04[(W_{\mathrm{R}}(\mathrm{e}^{\mathrm{j}(\omega-\frac{4\pi}{N-1})}))+W_{\mathrm{R}}(\mathrm{e}^{\mathrm{j}(\omega+\frac{4\pi}{N-1})})]\end{aligned} \tag{5.46}$$

其中 $$\begin{aligned}W_{\mathrm{Bl}}(\omega)=&0.42W_{\mathrm{R}}(\omega)+0.25\left[W_{\mathrm{R}}\left(\omega-\frac{2\pi}{N-1}\right)+W_{\mathrm{R}}\left(\omega+\frac{2\pi}{N-1}\right)\right]+\\&0.04\left[(W_{\mathrm{R}}\left(\omega-\frac{4\pi}{N-1}\right)+W_{\mathrm{R}}\left(\omega+\frac{4\pi}{N-1}\right)\right]\end{aligned} \tag{5.47}$$

由式（5.47）可以看出，布莱克曼窗的幅度函数是由五个不同幅度和移位的$W_{\mathrm{R}}(\omega)$叠加而成的，各部分的旁瓣进一步抵消，幅度谱主瓣宽度进一步增加，是矩形窗的3倍。

布莱克曼窗的三个参数为：$\alpha_{n}=57\mathrm{dB}$，$B=12\pi/N, \alpha_{\mathrm{s}}=74\mathrm{dB}$，如图5.19(e)所示。

由图5.19描绘的窗函数曲线和对应频谱，可以看到这五种窗函数旁瓣衰减逐步得到提高，但与此同时主瓣宽度也相应加宽了。

图5.20为理想低通滤波器的截止频率$\omega_{\mathrm{c}}=0.2\pi$，窗长$N=21$时，用以上五种窗函数设计的低通滤波器。从图中可以看出，用矩形窗时过渡带最窄，而阻带衰减最小；布莱克曼窗过渡带最宽，但是阻带衰减加大。

（6）凯塞-贝塞尔窗（Kaiser-Basel Window）

以上五种窗函数的旁瓣幅度都是固定的，用这些窗设计的滤波器的阻带最小衰减是固定的。凯塞-贝塞尔窗（简称凯塞窗）是一种参数可调整的窗函数，通过调整参数可使设计的滤波器达到不同的阻带衰减和最窄过渡带。对于给定的指标，可以使设计的滤波器阶数最低，因此，凯塞窗函数是一种最优窗函数。

凯塞窗函数是这样定义的：

$$w_{\mathrm{k}}(n)=\frac{I_0(\beta)}{I_0(\alpha)},\quad 0\leqslant n\leqslant N-1 \tag{5.48}$$

式中，$$\beta=\alpha\sqrt{1-\left(\frac{2n}{N-1}-1\right)^2}$$

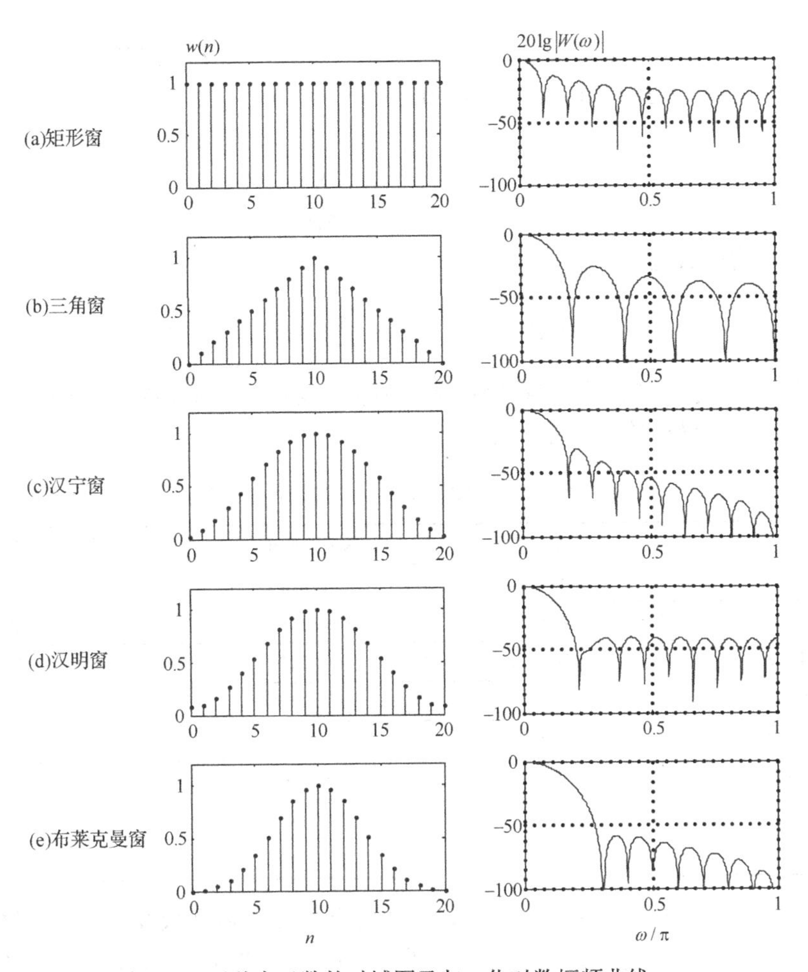

图 5.19　五种窗函数的时域图及归一化对数幅频曲线

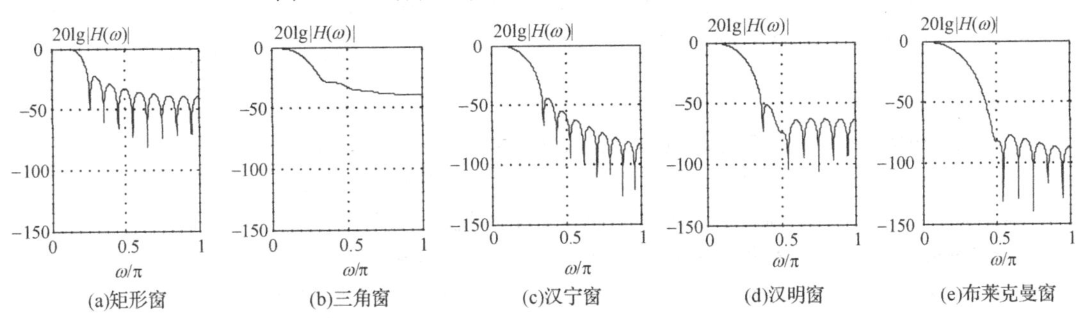

图 5.20　用五种窗函数设计的 FIR 滤波器的幅频特性

$I_0(x)$ 是零阶第一类修正贝塞尔函数，可用下面级数计算：

$$I_0(x)=1+\sum_{k=1}^{\infty}\left[\frac{1}{k!}\left(\frac{x}{2}\right)^k\right]^2$$

这个无穷级数可用有限项去近似，实际中取前 20 项可以满足精度要求。参数 α 可以控制窗的形状，典型取值为 $4<\alpha<9$。随着 α 增大，主瓣加宽，旁瓣幅度减小。当 $\alpha=5.44$ 时，窗函数接近汉明窗；当 $\alpha=7.865$ 时，窗函数接近布莱克曼窗。估算 α 和抽头个数 N 的公式为

$$\alpha=\begin{cases}0.112(\alpha_s-8.7), & \alpha_s>50\text{dB}\\ 0.5842(\alpha_s-21)^{0.4}+0.07886(\alpha_s-21), & 21\text{dB}<\alpha_s<50\text{dB}\\ 0, & \alpha_s<21\end{cases} \tag{5.49}$$

$$N=\frac{\alpha_s-8}{2.285B} \tag{5.50}$$

凯塞窗的幅度函数为

$$W_k(\omega)=w_k(0)+2\sum_{n=1}^{(N-1)/2}w_k(n)\cos(\omega n) \tag{5.51}$$

从式（5.48）~式（5.50）不难看出α是控制凯塞窗性能的重要参数。表 5.1 列出了α的 8 种典型取值时用凯塞窗设计的滤波器性能。

表 5.1　凯塞窗参数对滤波器性能的影响

α	过渡带宽 B	通带波纹/dB	阻带最小衰减 α_s /dB
2.120	$3.00\pi/N$	±0.27	30
3.384	$4.46\pi/N$	±0.0864	40
4.538	$5.86\pi/N$	±0.0274	50
5.568	$7.24\pi/N$	±0.00868	60
6.764	$8.64\pi/N$	±0.00275	70
7.865	$10.0\pi/N$	±0.000868	80
8.960	$11.4\pi/N$	±0.000275	90
10.056	$10.8\pi/N$	±0.000087	100

为便于读者在设计滤波器时查阅方便，这里将上述 6 种窗函数及设计滤波器的基本参数归纳成了表 5.2，可供设计时参考。为便于工程技术人员进行滤波器的设计，在多款软件中都提供了窗函数序列的生成函数，比如在 MATLAB 平台下，只要给定窗函数长度或滤波器抽头个数 N，便可以方便地得到窗函数各个样点的幅度值。MATLAB 信号处理工具箱中，六种窗函数产生及其调用格式为：

```
wn=boxcar(N)          %列向量 wn 中返回长度为 N 的矩形窗函数 w(n)
wn=bartlett(N)        %列向量 wn 中返回长度为 N 的三角窗函数 w(n)
wn=hanning(N)         %列向量 wn 中返回长度为 N 的汉宁窗函数 w(n)
wn=hamming(N)         %列向量 wn 中返回长度为 N 的汉明窗函数 w(n)
wn=blackman(N)        %列向量 wn 中返回长度为 N 的布莱克曼窗函数 w(n)
wn=kaiser(N,beta)     %列向量 wn 中返回长度为 N 的凯塞-贝塞尔窗函数 w(n)
```

窗函数不仅应用在滤波器设计中，而且应用在频谱分析、信号检测等方面，应针对不同处理目的选择窗函数。除上述 6 种窗函数外，还有其他多种形式的窗函数。上述窗函数实现程序参见 5.6 节中程序%pro5.01.m。

表 5.2　6 种窗函数及设计滤波器的基本参数

窗函数类型	最大旁瓣衰减 α_n /dB	过渡带宽 B		阻带最小衰减 α_s /dB
		近似值	精确值	
矩形窗	13	$4\pi/N$	$1.8\pi/N$	21
三角窗	25	$8\pi/N$	$6.1\pi/N$	25
汉宁窗	31	$8\pi/N$	$6.2\pi/N$	44

续表

窗函数类型	最大旁瓣衰减 α_n /dB	过渡带宽 B		阻带最小衰减 α_s /dB
		近似值	精确值	
汉明窗	41	$8\pi/N$	$6.6\pi/N$	53
布莱克曼窗	57	$12\pi/N$	$11\pi/N$	74
凯塞窗（$\beta=7.865$）	57		$10\pi/N$	80

5.2.3 设计步骤

1. 数字低通滤波器的设计

线性相位 FIR 滤波器窗函数设计法

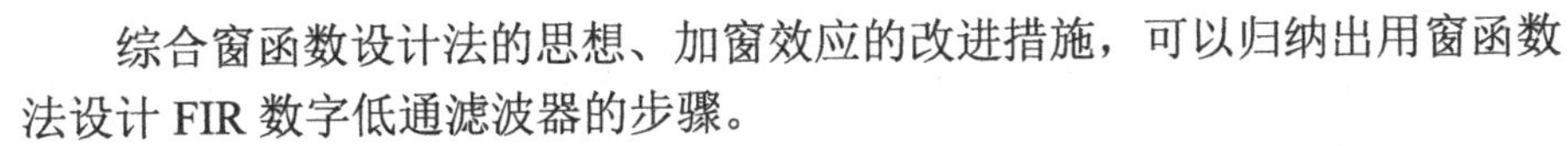

综合窗函数设计法的思想、加窗效应的改进措施，可以归纳出用窗函数法设计 FIR 数字低通滤波器的步骤。

（1）根据滤波器阻带衰减指标确定窗型

根据滤波器阻带衰减指标α_s查表确定窗函数的类型。原则是在保证阻带衰减满足要求的情况下，尽量选择主瓣窄的窗函数。

（2）根据滤波器过渡带宽要求，确定窗长 N，其中滤波器过渡带宽$\Delta\omega=\omega_s-\omega_p$。设所选窗函数的过渡带宽为 $B=A/N$，这个值应不大于所要求的过渡带宽度$\Delta\omega$，即

$$\Delta\omega \geqslant \frac{A}{N}$$

这里系数 A 取决于窗函数类型，根据步骤（1）选择的窗函数确定。参数 A 的近似和精确取值参考表 5.2，例如，对于矩形窗，A 的近似值 4π，精确值 1.8π；汉明窗 A 的近似值 8π，精确值 6.6π。由此得到窗的长度：

$$N \geqslant \frac{A}{\Delta\omega} \tag{5.52}$$

N 为满足该条件的正整数，如果考虑窗长对性能的影响，可取满足该条件的最小正整数。

若滤波器的频率指标是以模拟角频率的形式给出，如通带截止频率Ω_p、阻带频率Ω_s，则需预先确定采样周期T_s，进而确定相应的数字频率 $\omega_p=\Omega_p T_s$，$\omega_s=\Omega_s T_s$。

（3）构造希望逼近的频率响应函数 $H_d(e^{j\omega})$

$$H_d(e^{j\omega})=H_d(\omega)e^{-j\alpha\omega}$$

通常选用理想低通滤波器作为逼近函数。由图 5.17*f* 可知，理想滤波器的截止频率 ω_c 近似位于所设计 FIR 数字滤波器的过渡带的中心频率点，幅度函数衰减一半（约为−6dB）。若已知通带边界频率 ω_p 和阻带边界频率 ω_s，则截止频率 ω_c 可由下式确定：

$$\omega_c=\frac{\omega_p+\omega_s}{2} \tag{5.53}$$

进而得到理想低通滤波器的幅度特性函数：

$$H_d(\omega)=\begin{cases}1, & |\omega|\leqslant\omega_c \\ 0, & \omega_c<|\omega|\leqslant\pi\end{cases} \tag{5.54}$$

对于线性相位 FIR 滤波器而言，参数α与窗长 N 的关系为：$\alpha=(N-1)/2$。

（4）确定理想滤波器的单位脉冲响应

对 $H_d(e^{j\omega})$ 求离散时间傅里叶反变换，求得 $h_d(n)$。如果 $H_d(e^{j\omega})$ 较为复杂，不便用 IDTFT 求出 $h_d(n)$的闭合表达式，则可以对 $H_d(e^{j\omega})$ 在 $\omega=0\sim2\pi$ 的区间均匀采样 M 点，采样值为

$$H_{dM}(k)=H_d(e^{j\frac{2\pi}{M}k}),\quad k=0,1,\cdots,M-1$$

$H_{dM}(k)$ 的 M 点离散傅里叶反变换为

$$h_{dM}(n)=\text{IDFT}[H_{dM}(k)],\quad n=0,1,\cdots,M-1$$

根据频域采样定理，当频域采样点数 M 不小于 $h_d(n)$的长度 N 时，$h_{dM}(n)=h_d(n)$ 。

理想低通滤波器 $H_d(e^{j\omega})$ 对应的单位脉冲响应具体描述如下：

$$h_d(n)=\frac{\sin[\omega_c(n-\alpha)]}{\pi(n-\alpha)} \tag{5.55}$$

（5）确定所设计的数字滤波器的单位脉冲响应 $h(n)$

$$h(n)=h_d(n)w(n) \tag{5.56}$$

（6）指标验证

审查技术指标是否已经满足。对于线性相位 FIR 滤波器而言，只需要验证幅度指标是否满足要求，这时需要知道 FIR 滤波器的频率响应：

$$H(e^{j\omega})=\sum_{n=0}^{N-1}h(n)e^{-j\omega n}$$

对于 N 为奇数、目标滤波器为理想低通滤波器的情况，用下式计算 $H(e^{j\omega})$：

$$H(e^{j\omega})=e^{-j\left(\frac{N-1}{2}\right)\omega}\left[2\sum_{n=1}^{(N-1)/2}h\left(\frac{N-1}{2}-n\right)\cos(n\omega)+h\left(\frac{N-1}{2}\right)\right] \tag{5.57}$$

若阻带衰减不够，根据表 5.2 重新选取窗函数；若过渡带不满足要求，应选取较大的 N，之后再重复步骤（5）、（6）。

2. 其他通带数字滤波器的设计

1）直接设计法

窗函数法能直接设计其他通带滤波器吗？比如高通、带通、带阻滤波器？为什么会提出这个问题呢？会不会出现 IIR 滤波器设计中需要频带变换的过程呢？其实窗函数法可以直接用来设计其他通带滤波器，只需将目标滤波器的频率响应换成想要的通带滤波器频率响应，其他就都一样了。与低通滤波器的设计一样，窗函数类型的选择取决于阻带衰减，窗函数的长度取决于过渡带宽。下面将直接给出理想高通、带通和带阻滤波器的频率响应表达式、单位脉冲响应表达式。

（1）理想高通滤波器

理想高通滤波器的频率响应表达式为

$$H_d(e^{j\omega})=\begin{cases}e^{-j\omega\alpha}, & \omega_c\leqslant|\omega|\leqslant\pi\\ 0, & 0\leqslant|\omega|<\omega_c\end{cases} \tag{5.58}$$

其中 ω_c 为截止频率，$\alpha=(N-1)/2$ 。对应的单位脉冲响应为

$$\begin{aligned}h_d(n)&=\frac{1}{2\pi}\int_{-\pi}^{\pi}H_d(e^{j\omega})e^{j\omega n}d\omega=\frac{1}{2\pi}\left[\int_{-\pi}^{-\omega_c}e^{j\omega(n-\alpha)}d\omega+\int_{\omega_c}^{\pi}e^{j\omega(n-\alpha)}d\omega\right]\\&=\begin{cases}\dfrac{1}{\pi(n-\alpha)}\left\{\sin\left[(n-\alpha)\pi\right]-\sin\left[(n-\alpha)\omega_c\right]\right\}, & n\neq\alpha\\ \dfrac{1}{\pi}(\pi-\omega_c)=1-\dfrac{\omega_c}{\pi}, & n=\alpha\end{cases}\end{aligned} \tag{5.59}$$

选定窗函数 $w(n)$ 即可求得所需 FIR 高通滤波器的单位脉冲响应：

$$h(n)=h_d(n)w(n) \tag{5.60}$$

（2）理想带通滤波器

理想带通滤波器的频率响应表达式为

$$H_d(e^{j\omega})=\begin{cases} e^{-j\omega\alpha}, & 0\leqslant\omega_{c1}\leqslant|\omega|\leqslant\omega_{c2}\leqslant\pi \\ 0, & 其他\omega \end{cases} \tag{5.61}$$

其中 ω_{c1} 和 ω_{c2} 为理想带通滤波器的两个截止频率，$\alpha=(N-1)/2$。对应的单位脉冲响应为

$$h_d(n)=\frac{1}{2\pi}\int_{-\pi}^{\pi}H_d(e^{j\omega})e^{j\omega n}d\omega=\frac{1}{2\pi}\left[\int_{-\omega_{c2}}^{-\omega_{c1}}e^{j\omega(n-\alpha)}d\omega+\int_{\omega_{c1}}^{\omega_{c2}}e^{j\omega(n-\alpha)}d\omega\right]$$

$$=\begin{cases}\dfrac{1}{\pi(n-\alpha)}\{\sin[(n-\alpha)\omega_{c2}]-[\sin[(n-\alpha)\omega_{c1}]\}, & n\neq\alpha \\ \dfrac{1}{\pi}(\omega_{c2}-\omega_{c1}), & n=\alpha\end{cases} \tag{5.62}$$

当 $\omega_{c1}=0$，$\omega_{c2}=\omega_c$ 时，理想带通滤波器变成理想低通滤波器；当 $\omega_{c1}=\omega_c$，$\omega_{c2}=\pi$ 时，理想带通滤波器变成理想高通滤波器。无论采用偶对称或奇对称的单位脉冲响应，N 等于奇数和偶数均可实现 FIR 带通滤波器。加窗截断步骤同式（5.60）。

（3）理想带阻滤波器

理想带阻滤波器的频率响应表达式为

$$H_d(e^{j\omega})=\begin{cases} e^{-j\omega\alpha}, & 0\leqslant|\omega|\leqslant\omega_{c1},\ \omega_{c2}\leqslant|\omega|\leqslant\pi \\ 0, & 其他\omega \end{cases} \tag{5.63}$$

对应的单位脉冲响应为

$$h_d(n)=\frac{1}{2\pi}\int_{-\pi}^{\pi}H_d(e^{j\omega})e^{j\omega n}d\omega=\frac{1}{2\pi}\left[\int_{-\pi}^{-\omega_{c2}}e^{j\omega(n-\alpha)}d\omega+\int_{-\omega_{c1}}^{\omega_{c1}}e^{j\omega(n-\alpha)}d\omega+\int_{\omega_{c2}}^{\pi}e^{j\omega(n-\alpha)}d\omega\right]$$

$$=\begin{cases}\dfrac{1}{\pi(n-\alpha)}\{\sin[(n-\alpha)\pi]+\sin[(n-\alpha)\omega_{c1}]-\sin[(n-\alpha)\omega_{c2}]\}, & n\neq\alpha \\ \dfrac{1}{\pi}(\pi+\omega_{c1}-\omega_{c2}), & n=\alpha\end{cases} \tag{5.64}$$

根据 5.1 节对线性相位系统四种情况的分析讨论，线性相位 FIR 带阻滤波器只能采用奇数点长、偶对称的单位脉冲响应来实现。加窗截断步骤同式（5.60）。

低通、高通、带通和带阻滤波器均可按上述步骤进行设计，也可以直接调用 MATLAB 函数实现。MATLAB 工具箱中用于窗函数法设计 FIR 滤波器的函数包括 fir1 和 fir2，下面对这两个函数进行说明。

fir1 的调用格式及功能说明：

① hn=fir1(N,wc); hn=fir1(N,wc,'low');

该函数语句实现截止频率为 wc 的 N 阶线性相位 FIR 数字低通滤波器设计。其中，hn 是长度为 N+1 维的实向量，与滤波器的单位脉冲响应 $h(n)$的关系为

$$h(n)=\mathrm{hn}(n+1),\ n=0,1,2,\cdots,N \tag{5.65}$$

wc 为对 π 归一化的数字频率，范围为 0<wc<1，滤波器在该频率处的衰减为 6dB。默认选用汉明窗。

当 wc=[wc1 wc2]时，返回值 hn 表示带通滤波器的系数向量，通带为 wc1 <w<wc2。

② hn=fir1(N,wc,'high');设计 FIR 数字高通滤波器。

③ hn=fir1(N,wc,'stop');wc=[wc1 wc2]时，设计 FIR 数字带阻滤波器。

④ hn=fir1(N,wc,window);设计 FIR 数字滤波器时，可以指定窗函数类型，缺省 window 参数时默认为汉明窗。如

hn=fir1(N,wc,blackman(N+1)); 表示使用布莱克曼窗设计，其他参数含义同上。

⑤ hn=fir1(N,wc,'dc-1');表示第一频带为通带的多通带滤波器。

⑥ hn=fir1(N,wc,'dc-0');表示第一频带为阻带的多通带滤波器。

fir2 的调用格式及功能说明：

```
hn=fir2(N,w,m,'window');
```

该函数用于设计基于窗函数的任意频率响应 FIR 滤波器设计。函数中 N 为滤波器阶数，window 为窗的类型，长度为 N+1，默认窗为汉明窗，w 为归一化频率向量，取值在[0,1]之间，m 为与 w 对应的频率点上理想滤波器频率响应取值。

2）间接设计法

上面介绍了基于窗函数设计法的线性相位数字高通、带通和带阻滤波器的设计方法，还能想到其他方法吗？或者说有了线性相位 FIR 低通滤波器的设计步骤，能不能直接用这个结果经过简单处理就得到一个高通滤波器呢？比如说已经编制好了线性相位 FIR 低通滤波器的设计程序，能否基于这个程序设计高通滤波器呢？这在编程实现中尤为重要，能复用的部分尽可能复用，以充分利用前期代码优化的成果。为了回答上述问题，看一下图 5.21。

理想高通、带通和带阻滤波器与低通滤波器的频域特性关系如图 5.21 所示。一个高通滤波器等效于一个全通滤波器减去一个低通滤波器；一个带通滤波器等效于截止频率分别为 ω_{c2} 和 ω_{c1} 的两个低通滤波器相减；一个带阻滤波器等效于一个全通滤波器减去一个上下限截止频率分别为 ω_{c2} 和 ω_{c1} 的带通滤波器，单位脉冲响应也有同样的关系。这些关系也可用来设计高通、带通和带阻滤波器。

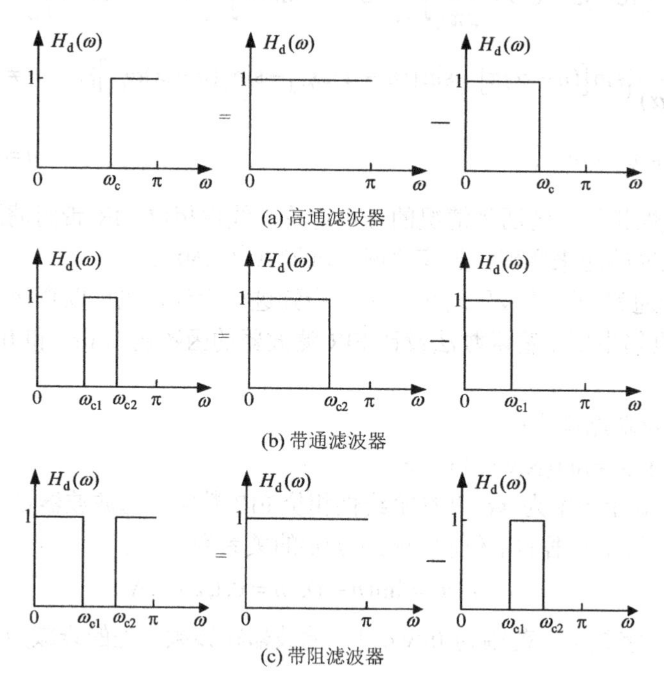

图 5.21　高通、带通、带阻滤波器与低通滤波器的关系

5.2.4　设计举例

前面介绍了窗函数法设计各类线性相位 FIR 数字滤波器的方法，下面举例说明设计方法的运用，为了说明窗函数法的普适性，下面几个例子将设计不同的线性相位 FIR 滤波器。

【例 5.1】 试用窗函数设计法设计一线性相位 FIR 数字低通滤波器，要求满足如下技术指标：在 $\Omega_p = 30\pi$ rad/s 及以下频率的衰减不大于 3dB；在 $\Omega_s = 46\pi$ rad / s 及以上频率的衰减不小 40dB，设对模拟信号进行采样的周期$T_s = 0.01\text{s}$。

解：根据技术指标可画出模拟滤波器和数字滤波器的幅频特性示意图，如图 5.22 所示。 接下来将按部就班进行数字低通滤波器的设计。

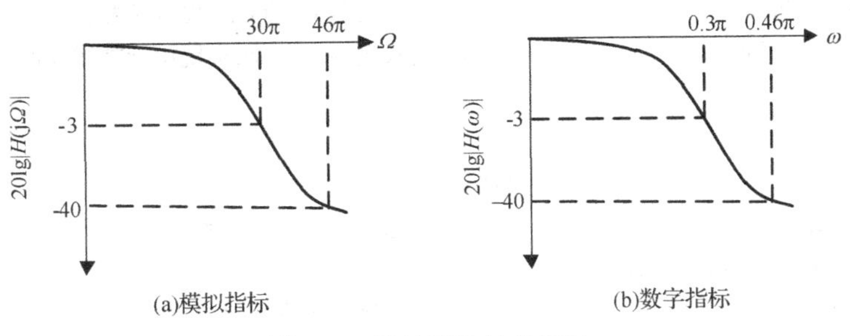

图 5.22 滤波器的技术指标

（1）根据滤波器阻带衰减指标确定窗型。

题设说明截止频率$\omega_s = 0.46\pi\text{rad}$处衰减不小于 40dB，查表 5.2 可知汉宁窗及汉明窗、布莱克曼窗等都满足要求，由于汉宁窗过渡带宽最窄，因此确定选用汉宁窗。

（2）确定窗长 N。

由$\omega = \Omega T_s$得：$\omega_s = \Omega_s \cdot T_s = 46\pi \times 0.01 = 0.46\pi$，$\omega_p = \Omega_p \cdot T_s = 30\pi \times 0.01 = 0.3\pi$

进而可确定滤波器过渡带宽$\Delta\omega = \omega_s - \omega_p = 0.46\pi - 0.3\pi = 0.16\pi$。查表 5.2 可知，汉明窗的近似过渡带宽 A=8π，根据式（5.52）可得

$$N \geqslant A / \Delta\omega = 8\pi / 0.16\pi = 50$$

要设计第一类线性相位的数字低通滤波器，抽头个数既可以取奇数又可以取偶数，这里将以$N = 51$为例进行设计。有了窗型和窗长，不难得到窗函数具体表达式：

$$w_{\text{Hn}}(n) = \frac{1}{2}\left[1 - \cos\left(\frac{2\pi n}{N-1}\right)\right] R_N(n),\ 0 \leqslant n \leqslant N-1, N = 51$$

（3）确定理想低通滤波器的频率响应表达式 $H_d(e^{j\omega})$。此时需要求解参数α和截止频率 ω_c，其中$\alpha = (N-1)/2 = 25$，$\omega_c = \frac{1}{2}(0.46\pi + 0.3\pi) = 0.38\pi$。

（4）确定理想低通滤波器的单位脉冲响应。此时只需要对 $H_d(e^{j\omega})$进行 IDTFT 即可，可得：

$$h_d(n) = \frac{\sin[0.38\pi(n-25)]}{\pi(n-25)}。$$

（5）确定所设计滤波器的单位脉冲响应：

$$h(n) = h_d(n) w_{\text{Hm}}(n)$$

（6）检验指标。对$h(n)$傅里叶变换得到$H(e^{j\omega})$，画出$20\lg\left|H(e^{j\omega})\right|$，判断衰减指标是否满足题设要求。在 MATLAB 平台下调用函数 freqz 即可实现频率响应的计算，这里将采用这种方法。

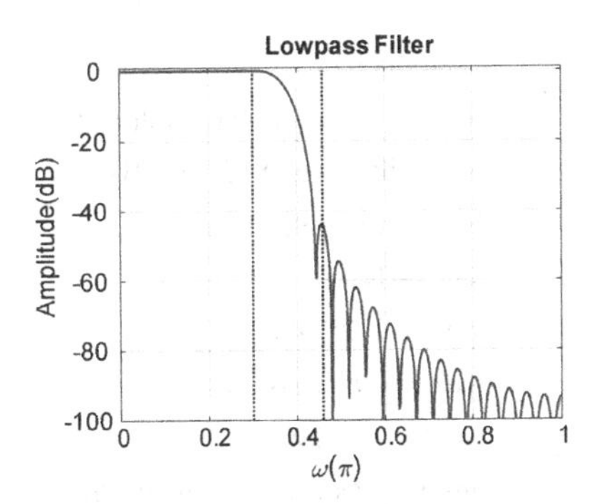

图 5.23 设计低通滤波器的幅频特性

如图 5.23 所示，设计出来的滤波器在截止频率 ω_s=0.46πrad 处衰减稍大于 40dB，满足设计指标要求，通带指标也可满足要求。可以看出 FIR 滤波器的幅度衰减指标不像 IIR 滤波器那样能精确控制。另外从幅度响应对数图能明确看到，所设计的滤波器的阻带衰减呈现振荡下降趋势。本例的 MATLAB 参考程序 samp5.01.m。

```
%samp5.01.m
wp=0.3*pi;ws=0.46*pi;B=wp-ws;
deltaw= ws- wp;                              %计算过渡带宽Δω
No=ceil(8*pi/ deltaw);                       %计算窗长度No,ceil(x)函数是取大于等于x的最小整数
N=No+mod(No+1,2);                            %确保窗长度N是奇数,实现第一类滤波器
n=0:N-1;
alpha=(N-1)/2;
wdhan=(hanning(N))';                         %汉宁窗
wc=(wp+ws)/2;                                %计算理想滤波器截止频率
hd=wc/pi*sinc(wc*(n-alpha)/pi);
h=hd.*wdhan;                                 %计算设计滤波器单位脉冲响应
[H,w]=freqz(h,1);                            %计算滤波器频率响应，对设计结果进行验证
dw=2*pi/1000;                                %频率分辨率
db=20* log10 (abs(H));                       %计算滤波器频率响应对数幅值
alphp=min(db(1:wp/dw+1))                     %计算滤波器通带最小衰减
alphs=round(max(db(ws/dw+1:501)))            %计算阻带最大衰减
plot(w/pi, db,'linewidth',2);
hold on
line([wp/pi wp/pi],[-100 0],'LineStyle',':','LineWidth',1.5,'color','k')
line([ws/pi ws/pi],[-100 0],'LineStyle',':','LineWidth',1.5,'color','k')
grid
axis([0 1 -100 1])
xlabel('\it\omega\rm(\it\omega\rm/\pi)','FontSize',16)
ylabel('Amplitude(dB)','FontSize',16)
title('Lowpass Filter','FontSize',16)
```

说明：① 语句N=No+mod(No+1,2)的作用是保证N为奇数。当No为偶数时mod(No+1,2)=1，N=No+1就变为奇数；当No为奇数时mod(No+1,2)=0，N=No+1仍为奇数。

② 计算结果：alfap =–0.0118dB，alfas =–54dB。

【例5.2】 试用窗函数设计法设计一个线性相位数字低通滤波器，要求用凯塞窗作为窗函数，滤波器的技术指标为：$\omega_p=0.2\pi$rad，$\alpha_p=0.25$dB，$\omega_s=0.3\pi$rad，$\alpha_s=50$dB。

解：本例的设计方法与步骤与例5.1基本相同，区别在于窗型已经限定，在此条件下需要确定凯塞窗的控制参数。这里不再赘述，直接给出如samp5.02.m所示的MATLAB参考程序。

```
%samp5.02.m
wp=0.2*pi;ws=0.3*pi;alphs=50;B= ws-wp;
No=ceil((alphs -8)/2.285 /B);                %计算窗长度No,ceil(x)函数是取大于等于x的最小整数
N=No+mod(No+1,2);
alpha=(N-1)/2;
alph=0.112*(alphs-8.7);                      %按式（5.49）计算凯塞窗的控制参数
wdkai=(kaiser(N,alph))';                     %凯塞窗函数
wc=(wp+ws)/2;                                %计算理想滤波器通带截止频率
hd=wc/pi*sinc(wc*(n-alpha)/pi);
hn=hd.*wdkai;
[H,w]=freqz(hn,1);                           %计算滤波器频率响应，对设计结果进行验证
db=20* log10 (abs(H));
```

```
subplot(1,2,1);stem(hn,'.'); axis([1 N -0.1 0.3]);
subplot(1,2,2);plot(w/pi, db);axis([0,1,-120,0]);
```

所设计的低通滤波器的单位脉冲响应及幅频特性图如图 5.24 所示，从幅频特性图可以看出所设计的滤波器是满足指标要求的。而且从单位脉冲响应图可以看出凯塞窗在完成对理想低通滤波器单位脉冲响应截断的同时，还对单位脉冲响应各样点进行不同程度的衰减。

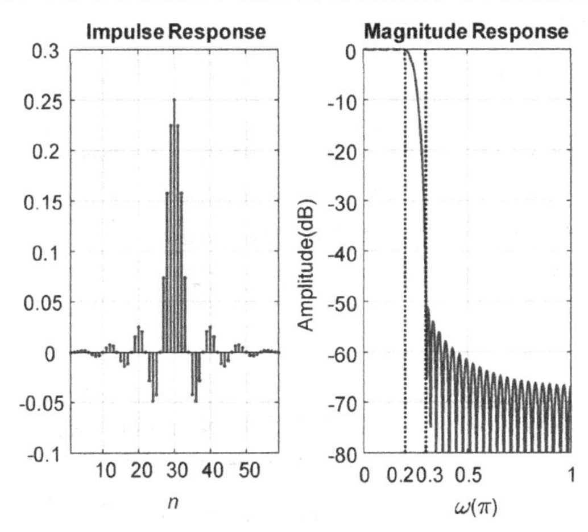

图 5.24　低通滤波器的 $h(n)$ 及幅频特性

【例 5.3】 试用窗函数法设计一个线性相位高通 FIR 数字滤波器，要求通带截止频率 $\omega_p=\pi/2\text{rad}$，阻带截止频率 $\omega_s=\pi/4\text{rad}$，通带最大衰减 $\alpha_p=1\text{dB}$，阻带最小衰减 $\alpha_s=40\text{dB}$。

解：与前两例不同，本例要求设计线性相位数字高通滤波器，但是设计方法与步骤与例 5.1 完全相同，区别是将理想低通滤波器的单位脉冲响应换成理想高通滤波器的单位脉冲响应。

（1）根据阻带衰减指标确定窗函数类型。

题设要求阻带最小衰减 $\alpha_s=40\text{dB}$，查表 5.2 可知汉宁窗、汉明窗和布莱克曼窗等均满足要求，选择阻带最小衰减最接近 40dB 的汉宁窗。

（2）根据过渡带宽和窗型确定窗长。

根据题设条件可求得滤波器过渡带宽 $\Delta\omega=\omega_p-\omega_s=\pi/4$，汉宁窗的精确过渡带宽 $B_t=6.2\pi/N$，即 $A=6.2\pi$，根据式（5.52）可得

$$N\geqslant\frac{A}{\Delta\omega}=\frac{6.2\pi}{\pi/4}=\lceil 24.8\rceil=25$$

但 N 只能取奇数，因为对单位脉冲响应满足偶对称的情况，当 N 为偶数时 $H(\omega)$ 在 $\omega=\pi$ 处为 0。

取 $N=25$，由式（5.39），有

$$w_{\text{Hn}}(n)=\frac{1}{2}\left[1-\cos\left(\frac{\pi n}{12}\right)\right]R_{25}(n)$$

（3）确定理想高通滤波器频率响应表达式。

根据窗长和通阻带截止频率可完全确定参数 α 和截止频率 ω_c。

$$\alpha=(N-1)/2=12,\quad \omega_c=\frac{\omega_s+\omega_p}{2}=\frac{3}{8}\pi$$

$$H_d(e^{j\omega})=\begin{cases}e^{-12j\omega}, & 3\pi/8\leqslant|\omega|\leqslant\pi\\ 0, & \text{其他}\end{cases}$$

（4）求理想高通滤波器的单位脉冲响应。

将 $\alpha=12$，$\omega_c=3\pi/8$ 代入式（5.59），得

$$h_{\mathrm{d}}(n)=\delta(n-12)-\frac{\sin\left[3\pi(n-12)/8\right]}{\pi(n-12)}$$

观察理想高通滤波器的单位脉冲响应 $h_{\mathrm{d}}(n)$，不难发现它是由全通滤波器的单位脉冲响应 $\delta(n-12)$ 和截止频率是 $3\pi/8$ 的理想低通滤波器单位脉冲响应 $\dfrac{\sin\left[3\pi(n-12)/8\right]}{\pi(n-12)}$ 相减得到的。

（5）确定高通滤波器的单位脉冲响应。

$$\begin{aligned}h(n)&=h_{\mathrm{d}}(n)w(n)\\&=\left\{\delta(n-12)-\frac{\sin\left[3\pi(n-12)/8\right]}{\pi(n-12)}\right\}\left\{\frac{1}{2}\left[1-\cos\left(\frac{\pi n}{12}\right)\right]\right\}R_{25}(n)\end{aligned}$$

本例中生成理想高通滤波器的单位脉冲响应各样点值、窗函数各样点值以及二者的相乘都用函数 fir1 来实现，有兴趣的读者可将结果与上式进行比较。MATLAB 参考程序如下：

```
%samp5.03.m
wp=pi/2;ws=pi/4;Bt=wp-ws;
No=ceil(6.2*pi/Bt);                 %计算窗长度 No,ceil(x)函数是取大于等于 x 的最小整数
N=No+mod(No+1,2);                   %确保窗长度 N 是奇数
wc=(wp+ws)/2/pi;                    %计算理想高通滤波器通带截止频率（关于 π 归一化）
hn=fir1(N-1,wc,'high',hanning(N));  %调用 fir1 计算 FIR 高通滤波器的单位脉冲响应
[H,w]=freqz(hn,1);                  %计算滤波器频率响应，对设计结果进行验证
db=20* log10 (abs(H));              %计算滤波器频率响应对数幅值
```

绘图语句同例 5.2，运行得到 $h(n)$ 和归一化对数幅度特性特性曲线如图 5.25 所示。从幅频特性图容易看出，滤波器的幅度指标满足题设要求。

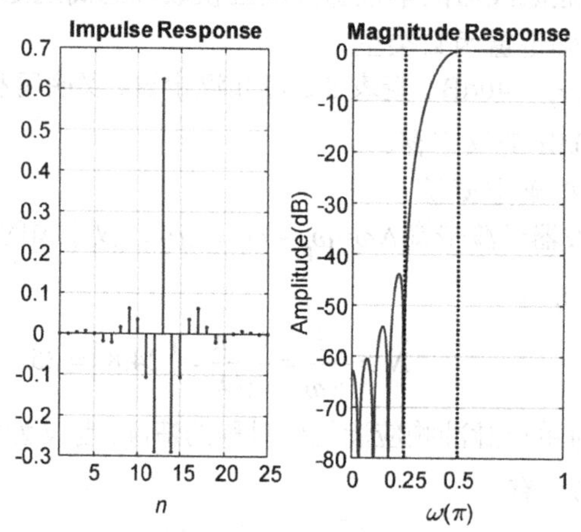

图 5.25　高通滤波器 $h(n)$ 及幅频特性

【例 5.4】 试用窗函数法设计一个线性相位带阻滤波器，要求满足如下指标：通带下截止频率 $\omega_{\mathrm{lp}}=0.2\pi$，阻带下截止频率 $\omega_{\mathrm{ls}}=0.35\pi$，阻带上截止频率 $\omega_{\mathrm{hs}}=0.65\pi$，通带上截止频率 $\omega_{\mathrm{hp}}=0.8\pi$，通带允许最大衰减 $\alpha_{\mathrm{p}}=1\mathrm{dB}$，阻带允许最小衰减 $\alpha_{\mathrm{s}}=60\mathrm{dB}$。

解： 虽然本例要求设计线性相位的带阻滤波器，但是设计步骤仍然同低通滤波器。

（1）根据阻带衰减指标确定窗函数类型。

由于给定的阻带允许最小衰减 $\alpha_{\mathrm{s}}=60\mathrm{dB}$，查表 5.2 可知布莱克曼窗满足要求。

（2）根据过渡带宽和所选窗型过渡带宽指标确定窗长 N。

布莱克曼窗的过渡带宽 $B_{\mathrm{t}}=12\pi/N$，所以

$$\frac{12\pi}{N} \leqslant \omega_{\mathrm{ls}} - \omega_{\mathrm{lp}} = 0.35\pi - 0.2\pi = 0.15\pi$$

进而可以解得 $N = 80$，理想带阻截止频率 $\omega_{\mathrm{c}} = \left[\frac{\omega_{\mathrm{lp}} + \omega_{\mathrm{ls}}}{2}, \frac{\omega_{\mathrm{hs}} + \omega_{\mathrm{hp}}}{2}\right]$。

可以看到带通滤波器的通带截止频率有两个。

有了窗型、窗长，可直接写出布莱克曼窗函数的表达式。根据窗长和通带截止频率可以直接理想带阻滤波器的频率响应表达式，或者根据式（5.64）直接写出脉冲响应表达式。

本例中生成理想带通滤波器的单位脉冲响应各样点值、窗函数各样点值以及二者的相乘都用函数 fir1 来实现。MATLAB 参考程序如下所示。

```
%samp5.04.m
w1p=0.2*pi;wls=0.35*pi; whs=0.65*pi; whp =0.8*pi;
B=wls-w1p;                                  %过渡带宽
N=ceil(12*pi/B);                            %计算阶数 N,ceil(x)函数是取大于等于 x 的最小整数
wc=[(w1p+wls)/2/pi, (whs+whp)/2/pi];        %计算理想带阻滤波器通带截止频率
hn=fir1(N-1,wc,'stop',blackman(N+1));
[H,w]=freqz(hn,1);                          %计算滤波器频率响应，对设计结果进行验证
db=20* log10 (abs(H));                      %计算滤波器频率响应对数幅值
```

略去绘图语句，运行得到 $h(n)$ 和归一化对数幅度特性曲线如图 5.26 所示。从幅频特性图可以看出所设计滤波器的指标满足题设要求。

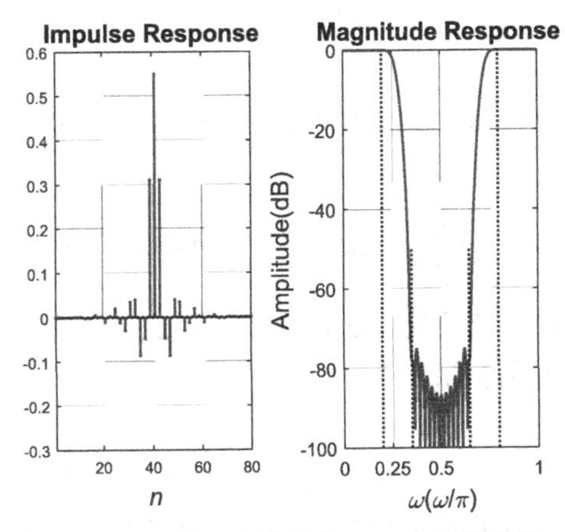

图 5.26　FIR 带阻滤波器的 $h(n)$ 及幅频特性

【例 5.5】 用窗函数法设计一个多通带滤波器，设归一化通带截止频率为[0,0.2]π、[0.4,0.6]π、[0.8,1]π。

解： 由于高频端为通带，滤波器阶数应为偶数，设为 50，滤波器幅频特性如图 5.27 所示。

实现程序如下：

```
%samp5.05.m
wc=[0.2 0.4 0.6 0.8];
hn=fir1(50,wc,'dc-1'); [H,w]=freqz(hn,1);
dw=2*pi/1000;db=20* log10 (abs(H));
plot(w/pi, db);axis([0,1,-80,0]);
```

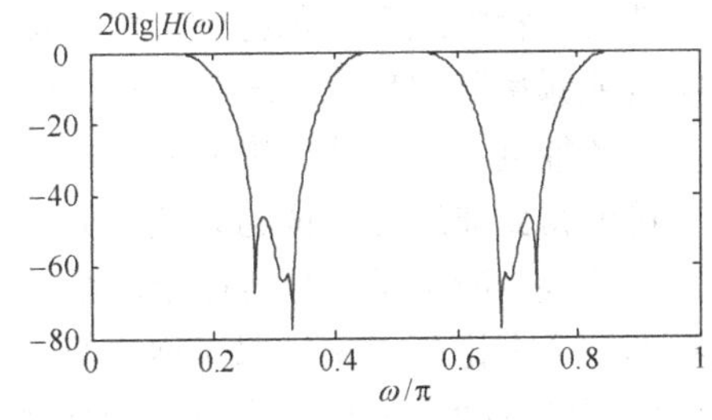

图 5.27　多通带 FIR 数字滤波器

当然窗函数法除了设计上述例子表述的滤波器外，还可设计其他形式的滤波器，这里不一一列举。

综上可以看出，窗函数法能够比较方便地设计出线性相位数字低通、带通、高通和带阻滤波器，所得滤波器的幅频响应是相应理想滤波器的不同程度逼近，窗长越长过渡带越窄，窗函数的主旁瓣比越大，所得滤波器的通带和阻带波动越小。相对于 IIR 滤波器而言，有便于实现线性相位的优势，也有边界频率处衰减不易控制的不足。

5.3 频率采样法 FIR 数字滤波器设计

线性相位 FIR 滤波器频率取样设计法（设计思想）

前一节讨论的窗函数设计法，是通过对于理想滤波器单位脉冲响应进行截取得到线性相位 FIR 滤波器，且所得滤波器的幅频响应是相应理想滤波器的不同程度逼近。如果目标滤波器的幅频特性图不是理想滤波器的类型，则逼近会更加困难；而且通带宽度越窄，过渡带的影响就越大，需要更高的滤波器阶数。

本节将要介绍的频率采样法是通过对目标滤波器的频率响应进行频域采样，得到频域离散值 $H_d(k)$，对其进行 IDFT 得到系统单位脉冲响应的方法。

5.3.1 设计原理

1. 频率采样法的思想

设待设计的数字滤波器或目标滤波器的频率响应为 $H_d(e^{j\omega})$，对其在 $[0,2\pi)$ 等间隔采样 N 个样点（第一个采样点在 $\omega=0$ 处），可以得到离散采样值：

$$H_d(k)=H_d(e^{j\omega})\Big|_{\omega=\frac{2\pi}{N}k,}\quad k=0,1,2,\cdots,N-1 \tag{5.66}$$

只要是频域采样没有出现失真，那么对 $H_d(k)$进行 N 点 IDFT，便能得到实际滤波器的单位脉冲响应 $h(n)$：

$$h(n)=\frac{1}{N}\sum_{k=0}^{N-1}H_d(k)W_N^{-kn},\qquad n=0,1,2,\cdots,N-1 \tag{5.67}$$

此时，若想得到滤波器的系统函数 $H(z)$，则既可以通过对单位脉冲响应 $h(n)$求 Z 变换的方式获得，也可以按式（3.41）内插得到：

$$H(z)=\frac{1}{N}\sum_{k=0}^{N-1}H_d(k)\frac{1-z^{-N}}{1-W_N^{-k}\cdot z^{-1}} \tag{5.68}$$

这样看来，是不是基于频率采样法的 FIR 数字滤波器设计非常简单呀！思路确实简单，而且也适用于非理想幅频特性图的滤波器设计，毕竟上述内容并没有对于滤波器的幅频响应的形状做任何限制。那么频率采样法能设计出线性相位的 FIR 滤波器吗？

频率采样设计法当然可以用来设计线性相位 FIR 滤波器。可是，怎么实现呢？在 5.1 节线性相位 FIR 滤波器的条件学习中，我们了解到线性相位 FIR 滤波器在时域表现为单位脉冲响应呈现出偶对称特性或奇对称特性。可惜按照频率采样法的设计思路，最先得到的是目标滤波器的频率响应或频率脉冲响应的离散采样值，而不是系统的单位脉冲响应。需要对 $H_d(k)$进行 IDFT 得到 $h(n)$之后才能判定所设计出来的滤波器是否是线性相位系统。如果是的话，说明经过一番周折之后还有可能得到非线性相位的系统；如果不是的话，则说明从目标滤波器的频率响应或其离散采样值就应该能判断出是否是线性相位系统。答案是后者。在研究线性相位 FIR 系统的条件及特点时，我们知道无论是 $h(n)$呈偶对称的第一类相位系统还是 $h(n)$呈奇对称的第二类线性相位系统，都会因为滤波器抽头个数 N 取奇数和偶数的不同，导致在频域对应不同对称的幅度特性函数 $H(\omega)$，也就是说幅度特性函数 $H(\omega)$的对称特性与线性相位的类别以及 N 的奇偶密切相关。

再来思考两个问题。问题 1：滤波器指标是以何种形式给定的？你可以在 5.2 节和第 4 章关于滤波器设计的例题中寻找答案。问题 2：就数字滤波器而言，关于幅度指标有没有对应数字角频率在$(\pi,2\pi)$区间内的描述？答案是否定的。也就是说若用频率采样法设计线性相位 FIR 滤波器，那么需要设计者依据$[0,\pi]$区间的幅度指标，按照期望的线性相位类型和采样点的奇偶，自己补充出$(\pi,2\pi)$的幅度特性，之后再进行频率域的采样。来看一个例子。

【例 5.6】 请根据图 5.28 所示的幅频响应图，画出$[0,2\pi)$区间的幅度特性函数图，并判定哪些幅度特性图对应线性相位系统，以及对应的滤波器抽头个数的奇偶。

解：要根据图示$[-\pi,\pi)$区间的幅频响应图画出$[0,2\pi)$区间的幅度特性函数图，首先要利用幅频响应图的周期特性，得到$[0,2\pi)$的幅频响应图，如图 5.29 所示。

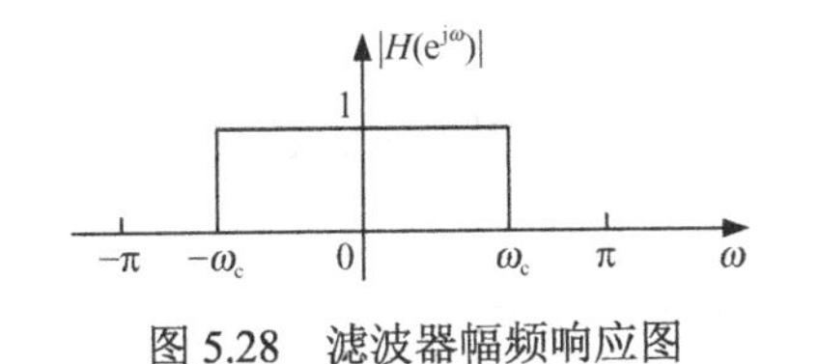

图 5.28　滤波器幅频响应图

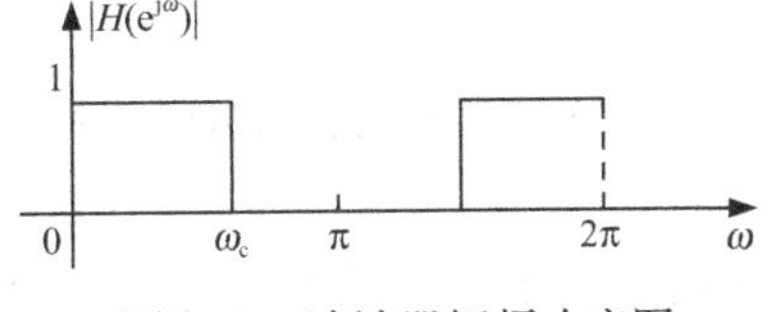

图 5.29　滤波器幅频响应图

假定图 5.29 对应的幅度特性函数为 ω 的实函数，那么可以由此得出图 5.30 所示四种情况。容易看出情况 I 和 III 呈现偶对称特性；情况 II 和 IV 呈现奇对称特性。

这四种类型对应了线性相位 FIR 滤波器的几种情况呢？答案是两种情况，分别是抽头个数为奇数和偶数的第一类线性相位系统。回想线性相位 FIR 滤波器的条件及特点可知，当 $h(n)$满足奇对称时，所对应的两种幅度特性函数都是关于 $\omega=0$ 奇对称的，所以 $\omega=0$ 处幅度特性函数取值为应该为零，由此可判断四种类型无一对应奇对称的单位脉冲响应，都对应偶对称的单位脉冲响应。只不过情况 III 是情况 I 的极性翻转，情况 IV 是情况 II 的极性翻转，也就是说若情况 I（II）对应的单位脉冲响应为 $h(n)$，则情况 III（IV）对应的单位脉冲响应为$-h(n)$。

如前所述，在设计数字滤波器前能确定的滤波器的指标基本上是在$[0,\pi]$的频率范围内，若要用频率采样法进行设计，就需要自己补充$(\pi,2\pi)$区间的幅度信息。要补成第 I 种类型的形式，要求采样点数 N 应该为奇数；要补成第 II 种类型的形式，要求采样点数 N 应该为偶数。

尽管这些图在频率采样时未必要画出来，但是其形状和采样点数的对应关系必须要牢记。

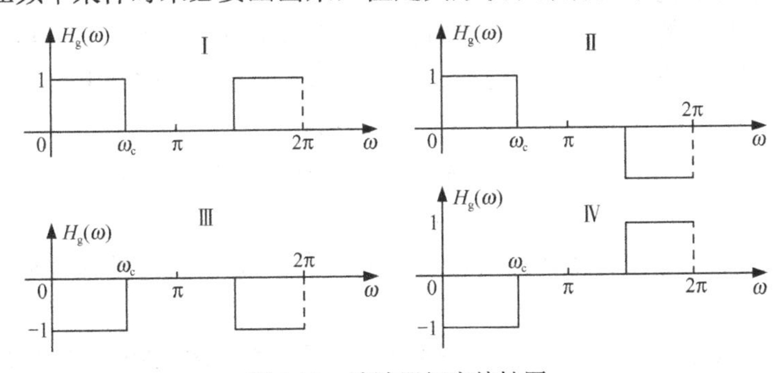

图 5.30　滤波器幅度特性图

2．线性相位 FIR 滤波器频域采样特点

由 5.1 节讨论知道，FIR 滤波器具有线性相位的条件是 $h(n)$满足对称性。下面将以 $h(n)$满足偶对称性或第一类线性相位系统为例，研究 FIR 滤波器频率采样的特点。尽管 $h(n)$满足偶对称，即 $h(n)=h(N-1-n)$，其系统的相位特性函数就会呈现出第一类线性相位的形式，但是其幅度函数的对称特性还是会因 N 取奇偶的不同，呈现各异的对称性。

为描述方便，这里将待逼近的目标滤波器的频率响应记作 $H_d(e^{j\omega})$。设 5.1 节中所划分的情况 1

和情况 2 的线性相位 FIR 滤波器频率响应均为待逼近的目标滤波器，其频率响应 $H_d(e^{j\omega})$均可以用下式表示：

$$H_d(e^{j\omega}) = H_g(\omega)e^{j\theta(\omega)} \tag{5.69}$$

其中，相位函数

$$\theta(\omega) = -\frac{N-1}{2}\omega \tag{5.70}$$

情况 1 的幅度特性函数 $H_g(\omega)$关于 $\omega=\pi$ 呈现偶对称特性，即

$$H_g(\omega) = H_g(2\pi-\omega) \tag{5.71}$$

情况 2 的幅度特性函数 $H_g(\omega)$关于 $\omega=\pi$ 呈现奇对称特性，即

$$H_g(\omega) = -H_g(2\pi-\omega) \tag{5.72}$$

此时若对式（5.69）在$[0,2\pi)$区间进行 N 点的等间隔采样，可得如下表达式：

$$H_d(k) = H_g(k)e^{j\theta(k)} \tag{5.73}$$

其中两种情况下的相位特性函数采样的结果都可以这样来表示：

$$\theta(k) = -\left(\frac{N-1}{2}\right)\frac{2\pi}{N}k \tag{5.74}$$

两种情况幅度特性函数采样的结果都可以这样来描述：

$$H_g(k) = H_g(\omega)\Big|_{\omega=\frac{2\pi}{N}k} \tag{5.75}$$

而对于情况 1 而言，幅度特性函数采样后的结果表现的特点是：

$$H_g(k) = H_g(N-k) \tag{5.76}$$

对于情况 2，幅度特性函数采样后的结果表现的特点是：

$$H_g(k) = -H_g(N-k) \tag{5.77}$$

式（5.74）~式（5.77）就是对第一类线性相位 FIR 滤波器频率响应进行频率采样所得样点值的特点。

如果用例 5.6 所示截止频率在 ω_c 的理想低通滤波器作为目标滤波器，对其按照频率采样法进行采样时会出现如下的情况。

如果要得到线性相位的 FIR 滤波器，且将采样点数 N 设定为奇数，则需要将幅度特性图补充为图 5.30 之 I（或 III，这里以 I 为例）的样式。对其幅度函数采样的结果为

$$\begin{cases} H_g(k)=1, & k=0,1,2,\cdots,k_c \\ H_g(k)=0, & k=k_c+1,k_c+2,\cdots,N-k_c-1 \\ H_g(N-k)=1, & k=1,2,\cdots,k_c \end{cases} \tag{5.78}$$

式中，k_c 为通带内最后一个采样点的序号，取值是不大于 $\omega_c N/(2\pi)$ 的最大整数，会在后续例题中详细说明。

若将采样点数 N 设定为偶数，则需要将幅频特性图补充为图 5.30 之 II（或 IV，这里以 II 为例）的样式。对其幅度特性函数采样的结果为

$$\begin{cases} H_g(k)=1, & k=0,1,2,\cdots,k_c \\ H_g(k)=0, & k=k_c+1,k_c+2,\cdots,N-k_c-1 \\ H_g(N-k)=-1, & k=1,2,\cdots,k_c \end{cases} \tag{5.79}$$

不论 N 取奇数还是偶数，相位特性函数采样的结果均可以表示为式（5.74）的形式。

有了 $H_g(k)$和$\theta(k)$的表达式，不论 N 取奇数还是偶数，目标滤波器频率响应 $H_d(e^{j\omega})$在$[0,2\pi)$区间内的 N 点等间隔采样均可以表示为式（5.73）的形式。

同理，可以得到 $h(n)$满足奇对称，N 为奇数（情况 3）和 $h(n)$满足奇对称，N 为偶数（情况 4）的线性相位 FIR 滤波器频域采样的通式，不再赘述。

5.3.2 误差分析及改进措施

1. 误差分析

先来看一个例子，希望通过下面的例子帮助你理解频率采样法带来的误差现象，之后通过时域和频率分析，帮你理解产生误差的根源。

【例 5.7】试用频率采样法设计一个第一类线性相位的数字低通滤波器，要求截止频率 $\omega_c=\pi/2\text{rad}$，采样点数 N=33。

解：题目要求设计一个线性相位的低通滤波器，而且指定了采样点数 N=33，显然这是一个奇数，我们不妨以理想低通滤波器为目标滤波器。

首先写出目标滤波器（理想低通滤波器）的频率响应表达式：

$$H_d(e^{j\omega})=\begin{cases}e^{-j\omega\alpha}, & |\omega|\leqslant\omega_c\\ 0, & \omega_c<|\omega|\leqslant\pi\end{cases},\alpha=\frac{N-1}{2}=16$$

对应的幅频特性如图 5.31 所示。

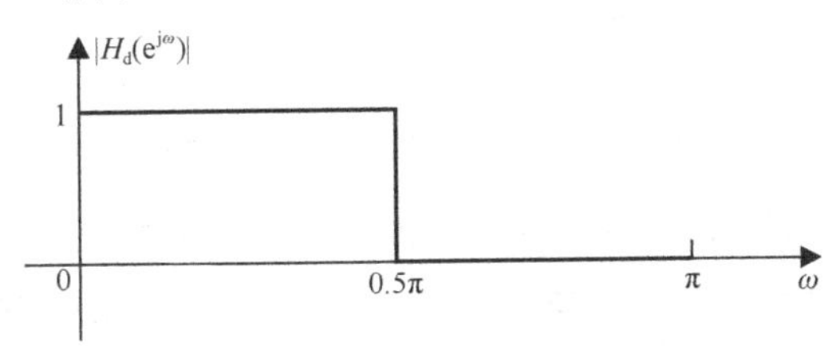

图 5.31 目标滤波器幅频特性图

由于题设要求 N=33 为奇数，相位特性函数是第一类线性相位，因此若想清晰地掌握[0,2π)的幅度特性，可以将图 5.31 所示的幅频特性图变换并补充为图 5.30 之 I 形式的幅度特性图，之后进行频域的采样，或者直接按照式（5.78）写出各点的采样值。幅度和相位的采样表达式如下：

$$\begin{cases}H_g(k)=1, & k=0,1,2,\cdots,k_c\\ H_g(k)=0,k=k_c+1,k_c+2,\cdots,N-k_c-1 & \\ H_g(N-k)=1, & k=1,2,\cdots,k_c\\ \theta(k)=-\left(\dfrac{N-1}{2}\right)\dfrac{2\pi}{N}k & \end{cases}\tag{5.80}$$

N=33，易知频率分辨率 $F=2\pi/33$，根据定义 $\omega_k=2\pi k/N=kF$，可知π 弧度对应的 k 值为 16.5，容易想到π/2 对应的 k 值为 8.25，那 k_c 到底是取 8 还是 9 呢？设计的结果告诉你，选 8 是对的，也就是说应该对 ω_c 和 $2\pi/N$ 的比值进行向下取整作为 k_c 的值。确定了 k_c 的值，式（5.80）就完全确定了。图 5.32 是幅频响应图采样的示意图。

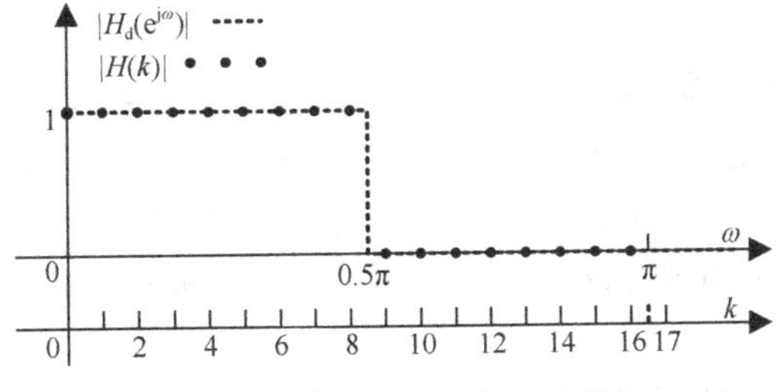

图 5.32 滤波器幅频特性采样图

有了幅度采样和相位采样的表达式 $H_g(k)$与$\theta(k)$，$H_d(k)$就可以确定了：

$$H_d(k) = H_g(k)e^{j\theta(k)} \tag{5.81}$$

接下来对 $H_d(k)$进行 IDFT 就可以得到实际系统的单位脉冲响应 $h(n)$。

下面进行指标验证。对 $h(n)$做 DTFT 得到 $H(e^{j\omega})$，并画出幅频特性图，结果如图 5.33 所示。

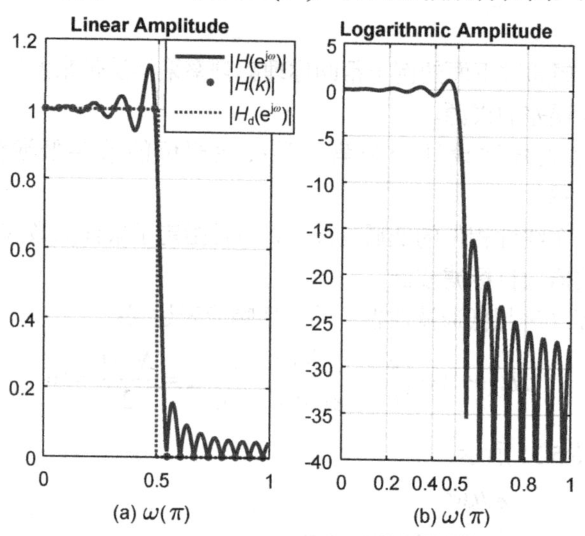

图 5.33　实际滤波器的幅频特性图

图 5.33(a)中虚线表示目标滤波器（待逼近滤波器）的幅频响应图$|H_d(e^{j\omega})|$，实线表示实际设计出的滤波器的幅频响应图$|H(e^{j\omega})|$，而点图表示对幅频响应图$|H_d(e^{j\omega})|$以 $2\pi/N$ 为间隔进行采样的结果或者说是$|H(k)|$。比较实际设计出来的滤波器与目标滤波器的幅频响应图，可以看到，通带内实际滤波器的幅度围绕目标滤波器幅度上下波动，而在通带截止频率处出现了一段较为明显的凸起；实际滤波器在阻带内的幅度也有相应的变化。另外，可以看到实际滤波器的幅度在频域采样点处的幅度与目标滤波器是完全一致的。而且通带到阻带的变化不是瞬间完成的，而是有一个 $2\pi/N=2\pi/33$ 的过渡带，这也是采样点数为 33 时的频率分辨率。本例用实证说明说对ω_c和 $2\pi/N$ 的比值进行向下取整作为 k_c 的值是正确的，你可以想象 k_c 取 9 时的幅频响应图的效果。

从图 5.33(b)可以看出阻带内有明显波动，而且最小阻带衰减为−20dB，相当于比通带的幅度衰减了 1/10，显然这个衰减的幅度是比较小的。

怎么会这样呢？或者说由频域离散采样点怎么恢复不出来原系统频率响应呢？这个问题还需要从频域采样定理寻找答案。

由频域采样定理的推导过程可知，在频域的采样会导致在时域的周期延拓。具体来说，对 $H_d(e^{j\omega})$在$[0,2\pi)$区间进行的 N 点等间隔采样得到 $H_d(k)$，对 $H_d(k)$进行 IDFT 得到的 $h(n)$，那么 $h(n)$是 $h_d(n)$以 N 为周期进行周期延拓序列的主值区间序列，即

$$h(n) = \sum_{r=-\infty}^{\infty} h_d(n+rN)R_N(n) \tag{5.82}$$

其中 $h_d(n)$为 $H_d(e^{j\omega})$IDTFT 的结果，对于理想滤波器而言，$h_d(n)$是无限长序列。对于无限长的 $h_d(n)$，按照式（5.82）进行周期延拓过程中必然产生混叠，从而导致 $h(n)$与 $h_d(n)$之间产生偏差。尽管 $h_d(n)$是无限长序列，由于越偏离中心对称点的样点幅度越小，因此随着频域采样点数 N 越大、r 越大，$h_d(n)$各次左移对于主值区间的影响越小，设计出的滤波器 $H(e^{j\omega})$越逼近 $H_d(e^{j\omega})$。因此，应尽可能增大采样点数，减少偏差。

以上是从时域对产生误差原因的分析，下面从频域对误差现象进行分析。令 $z=e^{j\omega}$，并代入

式（5.68）中，得到$H(\mathrm{e}^{\mathrm{j}\omega})$的内插表示形式：

$$H(\mathrm{e}^{\mathrm{j}\omega})=\frac{1}{N}\sum_{k=0}^{N-1}H_{\mathrm{d}}(k)\frac{1-\mathrm{e}^{-\mathrm{j}\omega N}}{1-\mathrm{e}^{-\mathrm{j}\left(\omega-\frac{2\pi}{N}k\right)}} \tag{5.83a}$$

$$=\frac{1}{N}\sum_{k=0}^{N-1}H_{\mathrm{d}}(k)\frac{\mathrm{e}^{-\mathrm{j}\frac{\omega N}{2}}\left(\mathrm{e}^{\mathrm{j}\frac{\omega N}{2}}-\mathrm{e}^{-\mathrm{j}\frac{\omega N}{2}}\right)}{\mathrm{e}^{-\mathrm{j}\frac{\omega-2\pi k/N}{2}}\left(\mathrm{e}^{\mathrm{j}\frac{\omega-2\pi k/N}{2}}-\mathrm{e}^{-\mathrm{j}\frac{\omega-2\pi k/N}{2}}\right)} \tag{5.83b}$$

$$=\frac{1}{N}\sum_{k=0}^{N-1}H_{\mathrm{d}}(k)\frac{\mathrm{e}^{-\mathrm{j}\frac{\omega N}{2}}\sin(\omega N/2)}{\mathrm{e}^{-\mathrm{j}\frac{\omega-2\pi k/N}{2}}\sin\left(\frac{\omega-2\pi k/N}{2}\right)} \tag{5.83c}$$

$$=\frac{1}{N}\sum_{k=0}^{N-1}H_{\mathrm{g}}(k)\mathrm{e}^{-\mathrm{j}\frac{N-1}{2}\frac{2\pi k}{N}}\frac{\mathrm{e}^{-\mathrm{j}\frac{\omega N}{2}}\sin(\omega N/2)}{\mathrm{e}^{-\mathrm{j}\frac{\omega-2\pi k/N}{2}}\sin\left(\frac{\omega-2\pi k/N}{2}\right)} \tag{5.83d}$$

$$=\frac{1}{N}\sum_{k=0}^{N-1}H_{\mathrm{g}}(k)\frac{\sin(\omega N/2)}{\sin\left(\frac{\omega-2\pi k/N}{2}\right)}\mathrm{e}^{-\mathrm{j}\left[\frac{N-1}{2}\frac{2\pi k}{N}+\frac{\omega N}{2}-\frac{\omega-2\pi k/N}{2}\right]} \tag{5.83e}$$

$$=\frac{1}{N}\mathrm{e}^{-\mathrm{j}\frac{N-1}{2}\omega}\sum_{k=0}^{N-1}H_{\mathrm{g}}(k)\frac{\sin(\omega N/2)}{\sin\left(\frac{\omega-2\pi k/N}{2}\right)}\mathrm{e}^{-\mathrm{j}\pi k} \tag{5.83f}$$

$$=\frac{1}{N}\mathrm{e}^{-\mathrm{j}\frac{N-1}{2}\omega}\sum_{k=0}^{N-1}(-1)^k H_{\mathrm{g}}(k)\frac{\sin\left(\frac{\omega-2\pi k/N}{2}N\right)}{\sin\left(\frac{\omega-2\pi k/N}{2}\right)} \tag{5.83g}$$

$$H(\mathrm{e}^{\mathrm{j}\omega})=\mathrm{e}^{-\mathrm{j}\frac{N-1}{2}\omega}\sum_{k=0}^{N-1}\frac{1}{N}(-1)^k H_{\mathrm{g}}(k)\cdot\phi\left(\omega-\frac{2\pi}{N}k\right) \tag{5.83h}$$

其中，内插函数

$$\phi(\omega)=\frac{1}{N}\cdot\frac{\sin(\omega N/2)}{\sin(\omega/2)} \tag{5.84}$$

上述推导过程中，式（5.83b）到式（5.83c）用到了欧拉公式，将$H_{\mathrm{d}}(k)$的定义式（5.73）代入到式（5.83c）得到式（5.83d），将式（5.83d）中的复指数函数进行合并得到式（5.83e），整理得到式(5.83f)，进一步整理得到式(5.83g)，将式(5.83g)的求和项中的分式看成是内插函数的移位，整理可以得到式（5.83h）。

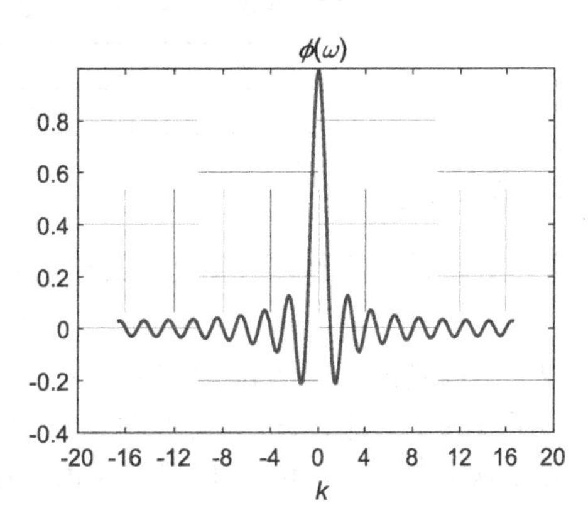

图 5.34　内插函数图像

由于式（5.83h）的求和式为ω的实函数，所以式（5.83h）为第一类线性相位的形式，说明得到的系统为线性相位系统。图 5.34 是内插函数$\phi(\omega)$的图像，横轴k代表的$\omega_k=2\pi k/N$序号。

由图 5.34 知，在i个频率采样点处，$\omega_i=2\pi i/N$，

$\phi(\omega-2\pi i/N)\big|_{\omega=\omega_i}=1$，$\phi(\omega-2\pi i/N)\big|_{\omega=\omega_j}=0$，$i$=0,1,2,⋯,$N$−1，$j\neq i\in\{0,1,2,\cdots,N-1\}$。

结合图 5.33、图 5.34 和式（5.83h）、式（5.84）不难得出如下结论：

（1）$|H_d(e^{j\omega})|$与$|H(e^{j\omega})|$在采样点上 ω_i 完全相等，误差为零，$\omega_i=2\pi i/N$，i=0,1,2,⋯,N−1。

（2）$|H(e^{j\omega})|$在两两采样点之间的值由 N 项 $H_d(k)$内插而成，从而形成波动，误差的大小随 ω 所处的位置、$H_d(k)$取值的大小不同而不同。以图 5.30 之 I 所示的幅度特性图为例进行分析，由于 $H_d(e^{j\omega})$在通带内的采样幅度为 1，阻带内的采样幅度为 0，按照式（5.83h）可知$|H(e^{j\omega})|$在阻带内幅值只受所有通带内采样点 $H_d(k)$的影响，而不会受到阻带采样点 $H_d(k)$的影响。尽管所有通带内采样点 $H_d(k)$幅度全部为 1，由内插函数幅度变化的特点知，离被插值点越近的样点产生的影响越大，因此不难理解阻带内离 0.5π越近的频率处幅度越大，离π越近的频率处幅度相对越小。

（3）在间断点附近形成过渡带，过渡带宽近似为 2π/N。

如上所述，频率采样得到的滤波器相对于理想滤波器在通带和阻带产生波动，理想滤波器频率响应的不连续点处产生起伏的肩峰（最大值），通带和阻带之间出现过渡带，便是频域采样法产生的误差，这种误差也是 Gibbs 效应。

2．改进措施

综上可知，仅利用对于 $H_d(e^{j\omega})$直接采样得到的样点构造一个新的滤波器，若原滤波器是线性相位的，那么得到的实际滤波器也是线性相位的，但是从幅度特性或幅频特性看，通带和阻带内都会出现波动，而且间断点处会出现过渡带。

根据频域采样定理，容易想到要解决频率采样法带来的幅度波动与过渡带的问题，最直观的办法就是增加采样点数，即加大 N 值。对于 Gibbs 效应而言，增加采样点数能改善幅频响应平区的逼近误差，减少过渡带的带宽，但是对于通带和阻带的肩峰并没有显著改善。而且 N 太大，使滤波器的阶数和复杂度增加，即增加了运算量和成本，所以采样点数 N 的大小应折中考虑。

在频率采样法中，降低通带和阻带波动的方法是根据经验在幅频响应间断点出增加过渡点。改进的具体措施是，在频响间断点附近区间插值一个或多个过渡采样点，以减小频带边缘的幅度突变，这样，虽然加大了过渡带，但阻带中相邻内插函数的旁瓣正负对消，可明显增大阻带衰减。当然，阻带衰减的效果与过渡带采样点的取值大小和多少有很大关系，精心设计过渡带采样点，就有可能使通带和阻带的波纹减小，设计出性能较好的滤波器。过渡带采样点的个数与阻带衰减 α_s 的关系，以及使α_s最大化的每个采样值大小应用优化算法实现，这部分内容本书不做讲解。

实际设计中，一般在过渡带插入 1~3 个过渡点值就可得到满意的结果。过渡带采样点的个数与阻带衰减α_s的经验数据列于表 5.3。

表 5.3　过渡带采样点的个数 m 与阻带衰减α_s的经验数据

m	1	2	3
α_s	44~54dB	65~75dB	85~95dB

5.3.3　设计步骤

根据频率采样法的思想和误差改进措施，不难归纳出如下的频率采样法的设计步骤：

（1）根据阻带最小衰减 α_s，查表 5.3 确定过渡带采样点的个数 m。

（2）由过渡带宽 B 和 m 确定频域采样点数 N。

由于过渡点只能设置在 2π/N 处，因此若增加 m 个过渡带采样点，频率采样后滤波器的过渡带宽度近似变为(m+1)2π/N。而对给定的过渡带宽 B，要求 $(m+1)2\pi/N\leqslant B$，则有：

$$N\geqslant(m+1)2\pi/B \tag{5.85}$$

（3）构造希望逼近的滤波器频率响应函数 $H_d(e^{j\omega})$：

$$H_d(e^{j\omega})=H_g(\omega)e^{-j\omega\frac{N-1}{2}}$$

（4）对 $H_d(e^{j\omega})$进行频域采样，得到 $H_d(k)$：

$$H_d(k)=H_d(e^{j\omega})\Big|_{\omega=\frac{2\pi}{N}k},\qquad k=0,1,\cdots,N-1 \tag{5.86}$$

若待逼近的滤波器为理想滤波器，可以根据 N 的奇偶，在类似式（5.78）或式（5.79）基础上加入过渡带采样值，即将对位于过渡带内的实际采样值进行修正，从而使幅度平滑变化。过渡带采样值往往需要根据经验设置。

（5）对 $H_d(k)$进行 N点 IDFT，得到偶对称的线性相位 FIR 数字滤波器的单位脉冲响应：

$$h(n)=\text{IDFT}[H_d(k)]=\frac{1}{N}\sum_{k=0}^{N-1}H_d(k)W_N^{-kn},\qquad n=0,1,\cdots,N-1 \tag{5.87}$$

（6）指标验证。计算 $H(e^{j\omega})$并画出幅频特性图，如果阻带衰减不满足技术指标要求，则调整过渡带采样值，直到满足指标为止。如果滤波器的边界频率未达到指标要求，则要微调 $H_d(e^{j\omega})$的边界频率。

5.3.4 设计举例

上述的频率采样法的线性相位 FIR 滤波器设计步骤非常清楚，但是过渡点的样值大小的设置需要反复的试探，设计过程比较烦琐，下面将简要介绍用 MATLAB 工具实现的方法。

【例 5.8】 试用频率采样法设计一个第一类线性相位数字低通滤波器，要求截止频率 $\omega_c=\pi/2$rad，采样点数 $N=33$，并研究过渡采样点的设置及采样点个数对于所设计滤波器的影响。

解：不难看出本例是例 5.7 的延续，为阅读方面，这里将简要重现上例中的步骤，而后讨论过渡点设置的影响。

（1）只进行频率采样得到滤波器

首先确定 k_c的值。$\omega_c\times\dfrac{N}{2\pi}=\dfrac{\pi}{2}\times\dfrac{33}{2\pi}=8.25$，取 $k_c=\lfloor 8.25\rfloor=8$。

这里还是以理想低通滤波器为逼近对象，并将 k_c的值代入式（5.80）可得：

$$\begin{cases}H_g(k)=1, & k=0,1,2,\cdots,8\\ H_g(k)=0, & k=9,10,\cdots,24\\ H_g(N-k)=1, & k=1,2,\cdots,8\\ \theta(k)=-\left(\dfrac{N-1}{2}\right)\dfrac{2\pi}{N}k\end{cases}$$

进而有了如式（5.81）所示的目标滤波器的频率采样点值 $H_d(k)$，对 $H_d(k)$进行 N点 IDFT，得到 $h(n)$，对 $h(n)$进行 DTFT 便可以在频域进行指标验证了。前例已经详细说明了指标验证的结果，这里直接给出结论。目标滤波器的幅频特性图采样结果和实际设计滤波器的幅频响应图，如图 5.35 所示，在 ω_c附近形成了一个宽度为 $2\pi/33$ 的过渡带，阻带衰减不足 20dB。MATLAB 参考程序如 samp5.06.m 所示。

（2）频率采样基础上增加一个过渡点。

如例 5.7 所述，仅由频率采样点直接得到滤波器的阻带衰减太小了。为加大阻带衰减，将按照设计步骤在过渡带的位置加入过渡点，这里将加入一个过渡点并做两种尝试，即将 $H_g(9)$的值分别由 0 改为 0.5 和 0.38，之后研究滤波器的指标。两种情况下滤波器的幅频响应离散值和实际所得滤波器的幅频响应分别如图 5.36(a)、(b)和图 5.36(c)、(d)所示。如图 5.36(a)所示，$H_g(9)=0.5$ 时，图(b)中过渡带增加到了 $4\pi/33$，同时阻带衰减增加到大约 30dB，说明增加过渡点在加宽过渡带的同时使阻带衰减变大。图 5.36(c)是增加一个过渡点并令 $H_g(9)=0.38$ 的情形，从图 5.36(d)可以看出过渡带仍为 $4\pi/33$，但阻带最小衰减达到 43.44dB，说明过渡点取值不同，对阻带衰减的影响也不同。因此具体过渡点值的大小如何设置才能达到令人满意的效果，往往需要借助计算机进行优化设计。该步骤的 MATLAB 仿真参考程序见 samp5.07.m。

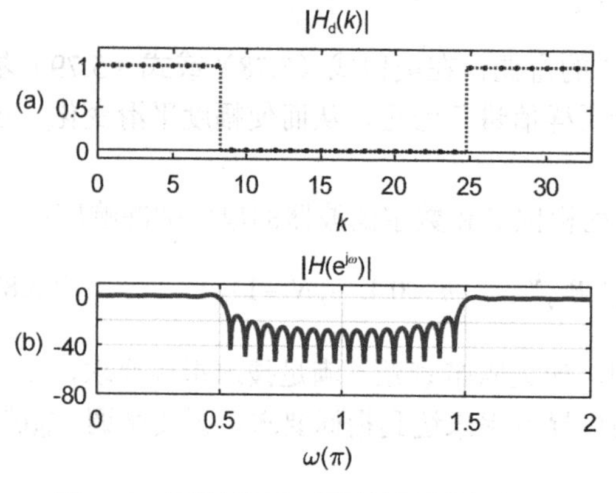

图 5.35　只进行频率采样滤波器的幅频图

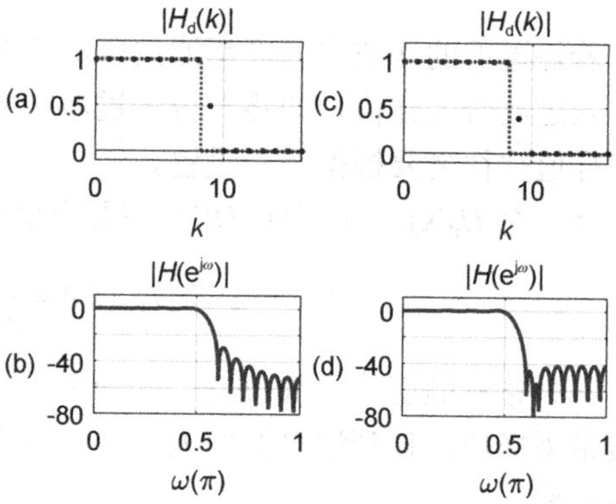

图 5.36　$N=33$ 且增加一个过渡点的滤波器的幅频响应

（3）频率采样基础上增加两个过渡点。

如果过渡点增加到两个，过渡点的值分别设置为 $T_1=0.5886$，$T_2=0.1065$，并令采样点数分别取 $N=33$ 和 $N=65$ 两种，得到滤波器的对数幅频特性分别如图 5.37(a)、(b)和图 5.37(c)、(d)所示。从图 5.37(b)和(d)可以看到，在设置上述两个过渡点值的情况下，所得实际滤波器的阻带最小衰减都接近 65dB。另外，$N=33$ 的滤波器，过渡带增加为 $6\pi/33$；$N=65$ 的滤波器，过渡带为 $6\pi/65$，比较说明同时增加过渡点和频率采样的点数可以在增加阻带衰减的同时，能降低过渡带的相对带宽。该步骤的程序请参考 samp5.08.m。

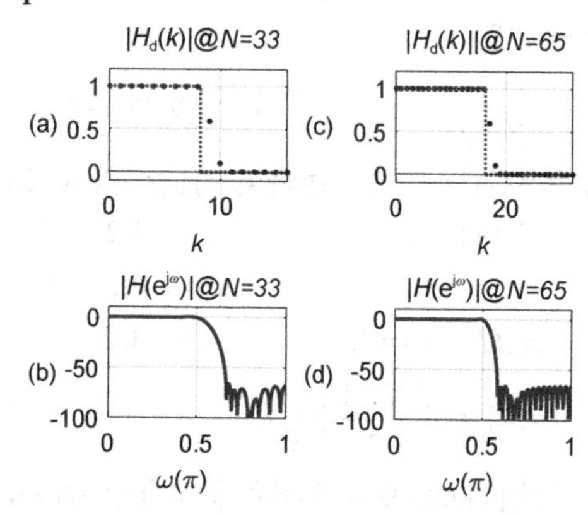

图 5.37　增加两个过渡点两种不同采样点数的滤波器的对数幅频特性

```
%%samp5.06.m
wc=pi/2;N=33;
v=0:N-1;
Np=fix(wc/(2*pi/N));                          % Np+1 为通带[0,wc]上采样点数
Ns=N-2*Np-1;                                  % Ns 为阻带[wc,2*pi-wc]上采样点数
Hk=[ones(1,Np+1),zeros(1,Ns),ones(1,Np)];     %N 为奇数，幅度采样向量偶对称 H_k = H_{N-k}
subplot(3,1,1),stem(v, Hk,'k.');axis([0,N,-0.1,1.2]);
faik =-pi*(N-1)*(0:N-1)/N;                    %计算相位采样向量
```

```
Hkk=Hk.*exp(j* faik);                          %构造频域采样向量
hn=real(ifft(Hkk));
subplot(3,1,2),stem(v,hn,'k.');axis([0,N,min(hn)*1.2,max(hn)*1.2]);
Hww=fft(hn,1024);                              %计算频率响应函数
wk =2*[0:1023]/1024;                           %频率变量
Hw= Hww.* exp(j*wk*(N-1)/2);                   %计算幅度响应函数
w=linspace(0,2*pi,1024);
subplot(3,1,3),plot(w/pi,20*log10( abs (Hw)));axis([0,2,-80,10])
```

```
%samp5.07.m
T=0.5;                                         %输入过渡带过渡采样值
wc=pi/2; m=1;N=33;
Np=fix(wc/(2*pi/N));                           % Np+1 为通带[0, wc]上采样点数
Ns=N-2*Np-1;                                   % Ns 为阻带[wc, 2*pi-wc]上采样点数
Hk=[ones(1,Np+1),zeros(1,Ns),ones(1,Np)];      % N 为奇数，幅度采样向量偶对称 H_k = H_{N-k}
Hk(Np+2)=T;Hk(N-Np)=T;                         %增加一个过渡采样
faik =-pi*(N-1)*(0:N-1)/N;                     %计算相位采样向量 φ_k = -kπ(N-1)/N
Hkk=Hk.*exp(j* faik);                          %构造频域采样向量 H(k)
hn=real(ifft(Hkk)); v=0:N-1;
Hww=fft(hn,1024);                              %计算频率响应函数 H(e^{jω})
wk =2*[0:1023]/1024;                           %频率变量
Hw= Hww.* exp(j*wk*(N-1)/2);                   %计算幅度响应函数 H(ω)
w=linspace(0,2*pi,1024);
Rp=max(20*log10(abs(Hw)));                     %计算通带最大衰减 α_p
hgmin=min(real(Hw));
Rs=min(20*log10(abs(hgmin)));                  %计算阻带最小衰减 α_s
%绘图部分略
```

```
%samp5.08.m
T1=0.5886; T2=0.1065;                          %输入过渡带过渡采样值
wc=pi/2; m=2;N=33;
Np=fix(wc/(2*pi/N));                           % Np+1 为通带[0,wc]上采样点数
Ns=N-2*Np-1;                                   % Ns 为阻带[wc,2*pi-wc]上采样点数
Hk=[ones(1,Np+1),zeros(1,Ns),ones(1,Np)];      %N 为奇数，幅度采样向量偶对称 H_k = H_{N-k}
Hk(Np+2)=T1;Hk(N-Np)=T1;                       %增加一个过渡采样
Hk(Np+3)=T2;Hk(N-Np-1)=T2;                     %增加一个过渡采样
faik =-pi*(N-1)*(0:N-1)/N;                     %计算相位采样向量 φ_k = -kπ(N-1)/N
Hkk=Hk.*exp(j* faik);                          %构造频域采样向量 H(k)
hn=real(ifft(Hkk)); v=0:N-1;
Hww=fft(hn,1024);                              %计算频率响应函数 H(e^{jω})
wk =2*[0:1023]/1024;                           %频率变量
Hw= Hww.* exp(j*wk*(N-1)/2);                   %计算幅度响应函数 H(ω)
w=linspace(0,2*pi,1024);
%绘图部分略
```

【例 5.9】 试用频率采样法设计一个第一类线性相位 FIR 数字低通滤波器，要求通带截止频率 $\omega_c=\pi/3$rad，阻带最小衰减不低于 40dB，过渡带宽度 $B\leqslant\pi/16$，并研究过渡点取值大小对于阻带衰减的影响。

解： 根据题设条件可知并未指定具体的目标滤波器幅频特性，那么不妨在这里以理想低通滤波器为逼近目标；另外还知道阻带允许的最小衰减α_s=40dB，查表 5.3 可知需要增加 1 个过渡点（$m=1$）。将 m 和 B 取值代入式（5.85），可得滤波器抽头个数：

$$N\geqslant(m+1)2\pi/B=\frac{2\times2\pi}{\pi/16}=64$$

已知滤波器抽头个数 N，就可以构造出理想低通滤波器：$H_d(e^{j\omega})=H_g(\omega)e^{-j31.5\omega}$

T 取 4 种不同值时，设计出的实际滤波器的幅频特性如图 5.38 所示。

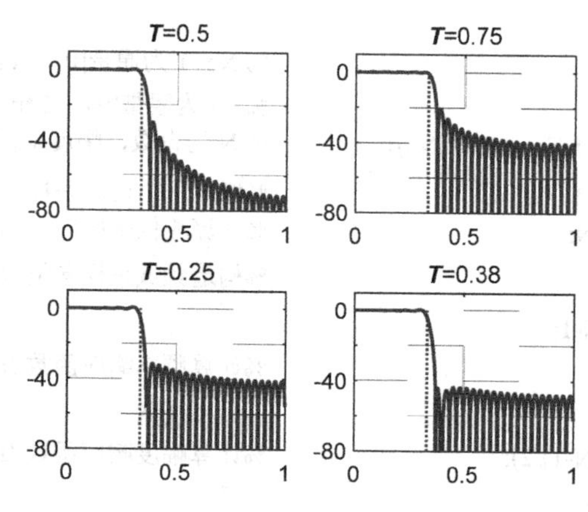

图 5.38 滤波器的幅频特性

仔细观察可以发现，$T=0.5$,0.75 和 0.25 时，幅频响应的阻带衰减均达不到要求；而当 $T=0.38$ 时，阻带衰减大于 40dB，过渡带宽 $B\leqslant\pi/16$，完全满足条件。由此可见，当过渡带采样点数给定时，过渡带采样值不同，则逼近误差不同。谁能一下子就想到 T=0.38 时是可以满足要求呢？本例再次说明频率采样设计法中过渡样点幅值的设置用计算机优化更为可行。本例的 MATLAB 程序请参考 samp5.09.m。

```
%samp5.09.m
T=input('T= ')                                   %输入过渡采样值
datB=pi/16;wc=pi/3;                              %过渡带宽度 pi/16，通带截止频率为 pi/3;
m=1;
N=(m+1)*2*pi/datB+1;                             %估算采样点数 N
N=N+mod(N+1,2);                                  %确保 h(n)长度 N 为奇数
Np=fix(wc/(2*pi/N));                             % Np+1 为通带[0,wc]上采样点数
Ns=N-2*Np-1;                                     % Ns 为阻带[wc,2*pi-wc]上采样点数
Hk=[ones(1,Np+1),zeros(1,Ns),-ones(1,Np)];       %N 为奇数，幅度采样向量 H_k = H_{N-k}
Hk(Np+2)=T;Hk(N-Np)=-T;                          %加一个过渡采样
faik =-pi*(N-1)*(0:N-1)/N;                       %相位采样向量 φ_k
Hkk=Hk.*exp(j*faik);                             %构造频域采样向量 H(k)
hn=real(ifft(Hkk));                              % h(n) = IDFT[H(k)]
Hww=fft(hn,1024);                                %计算频率响应函数：DFT[h(n)]
wk=2*[0:1023]/1024;
Hw=Hww.*exp(j*wk*(N-1)/2);                       %计算幅度响应函数 H(ω)
```

```
w=linspace(0,2*pi,1024);                                  %频率变量
Rp=max(20*log10(abs(Hw))) ;                               %计算通带最大衰减 Rp = αp
hgmin=min(real(Hw));Rs=20*log10(abs(hgmin)) ;             %计算阻带最小衰减 Rs = αs
plot(w/pi,20*log10( abs (Hw)));axis([0,1,-80,10])
```

从上述频率采样法的设计思想和设计举例，不难看出该法直接从频域出发逼近滤波器的特性，非常直观；除此之外，该法也适合设计任意幅度特性的滤波器(任意幅频响应 FIR 滤波器设计程序见 5.6 节的 pro5.02.m)的设计。由于在均匀采样时，频率采样点只能在 $2\pi/N$ 的整倍数处，不能保证截止频率恰为 $2\pi/N$ 的整倍数，因此滤波器指标比较难控制。尽管增加采样点数 N 会对确定边界频率有好处，但同时会增加滤波器的成本。因此，这种方法更适合于窄带滤波器的设计，这个结论在学习完 FIR 滤波的网络结构之后会更好理解。

至此，我们已经讨论了线性相位 FIR 数字滤波器的两种常用设计方法，窗函数法和频率采样法。它们都是 FIR 滤波器设计的基本方法，具有设计思想简单、易于实现严格线性相位的优势。同时，它们存在的共同问题是所设计出的滤波器在通带和阻带都存在幅度的波动，并且在通带和阻带的边缘处波动相对较大。从对数谱幅度特性可以看到，在阻带边界频率附近的衰减最小，距阻带边界频率越远，衰减越大。因此，如果在阻带边界频率附近衰减达到设计指标要求，则阻带中其他频段的衰减就有很大的富余量。克服这种缺点的最优设计方法是等波纹逼近法，这部分内容本书不作介绍，有兴趣的读者可参考有关书籍。

5.4* FIR 数字滤波器应用实例

FIR 数字滤波器在工程实践中应用非常广泛，如淹没在噪声中的地震波提取，低频干扰的滤除，语音去噪，图像增强等方面。下面举例说明。

5.4.1 滑动平均提取股市行情走势

单位脉冲响应为

$$h(n)=\frac{1}{N_2-N_1+1}\sum_{k=N_1}^{N_2}\delta(n-k) \tag{5.88}$$

的 FIR 滤波器称为滑动平均滤波器。该滤波器常用于对输入信号的平滑处理，滑动平均滤波器的输出

$$y(n)=\frac{1}{N_2-N_1+1}\sum_{k=N_1}^{N_2}x(n-k) \tag{5.89}$$

是 N 个输入值的算术平均。

一个 $N=5$ 的滑动平均滤波器的单位脉冲响应和频率响应幅频特性见图 5.39，它实质上是一个低通滤波器。

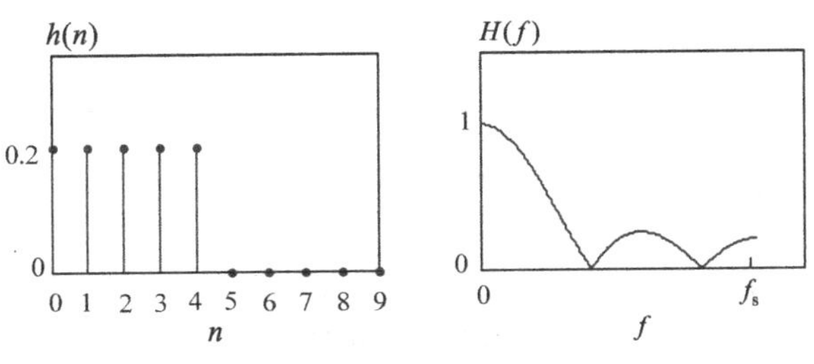

图 5.39 N=5 的滑动平均滤波器单位脉冲响应和频率响应幅频特性

当输入信号 $x(n)$ 如图 5.40(a)所示，个别采样值出现突变，经过五阶（N=5）滑动平均滤波器后的输出如图 5.40(b)所示，可以看到，滤波使输入信号中偏离 1 的大跳变平滑掉了，输出的起始几个样值变化是滤波器的边界效应所致，长度等于 $h(n)$ 的长度。计算滑动平均滤波器的输出在时域可以用差分方程，也可用脉冲响应与输入序列的卷积，频域计算程序如下：

```
%samp5_10.m
x=[1 1 1 1 1 1 1 1 1 2.5 1 1 1 1 1 1 1 1 1 1 1];
xx=fft(x,1024);
h=[0.2 0.2 0.2 0.2 0.2];hh=fft(h,1024);
yy=hh.*xx;
y=real(ifft(yy,1024));y1(1:21)=y(1:21);
t=[0:20];
subplot(221);stem(t,x,'.');axis([0 20 0 3]);
subplot(222);stem(t,y1,'.');axis([0 20 0 3]);
```

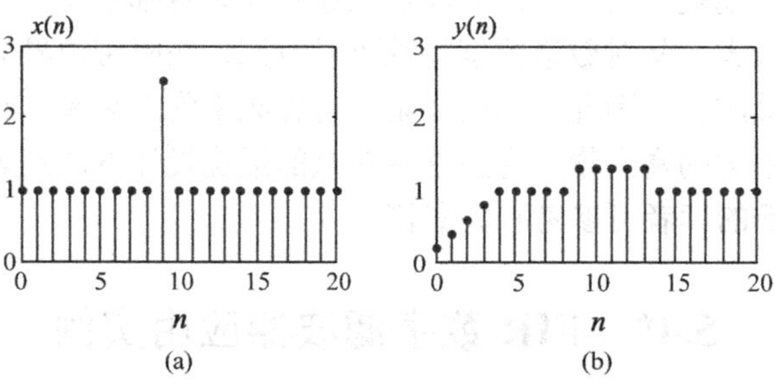

图 5.40　N=5 的滑动平均滤波器的输入输出

滑动平均滤波器对找出快速变化数据的变化趋势很有帮助。例如股市行情，对如图 5.41 所示的一段模拟的某股票价格在几个月中的变化情况，每日股价随时间波动。用滑动平均滤波器对数据进行平滑处理，滤除了信号的波动（即高频分量），得到股票价格随时间变化的走势（低频分量）。图 5.41(b)为 3 点平滑结果，图 5.41(c)为 9 点平滑结果，平滑点数越多，曲线越光滑。

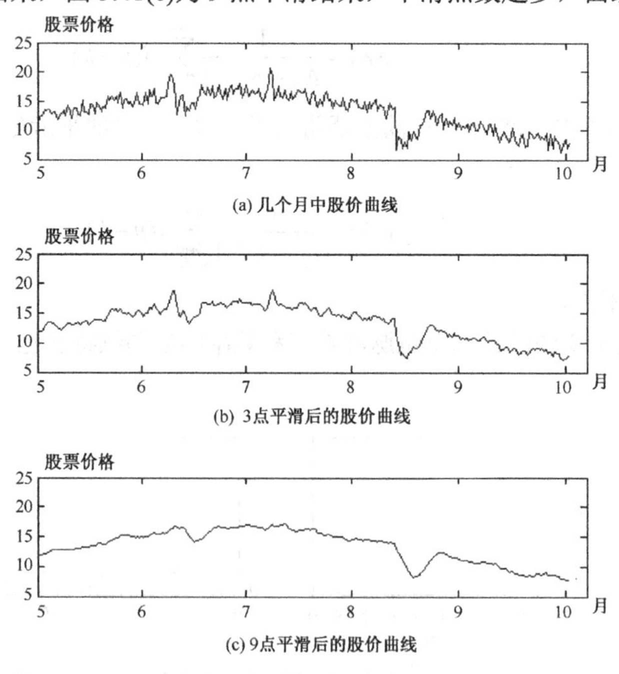

图 5.41　股价数据的平滑处理

5.4.2 一阶高通滤波实现语音信号预加重

语音是人们相互交流和传递信息的最主要手段，在人类通信中占有很重要的地位。在语音处理中常常要对信号进行频谱分析，但是由于语音信号的频谱幅度随着频率增大出现衰减趋势（大约按 6dB/倍频程跌落），使得高频部分的频谱参数比低频部分难求。预加重（Pre-emphasis）是对语音信号进行频谱分析前的一项预处理，其目的在于提升高频分量，使信号的频谱变得平坦，从而在低频到高频的整个频带中，能用同样的信噪比提取频谱参数。

预加重采用具有高频提升特性的一阶 FIR 高通数字滤波器来实现，系统函数为

$$H(z)=1-\alpha z^{-1} \tag{5.90}$$

式中，α 取值接近于 1，典型取值在 0.94~0.98 之间。

该滤波器的频率响应

$$H(\mathrm{e}^{\mathrm{j}\omega})=1-\alpha\mathrm{e}^{-\mathrm{j}\omega}$$

则幅频响应

$$\left|H(\mathrm{e}^{\mathrm{j}\omega})\right|=\left|1-\alpha\mathrm{e}^{-\mathrm{j}\omega}\right|=\sqrt{1-2\alpha\cos\omega+\alpha^2}$$

由于α 是接近于 1 的实数，因此有

$$\left|H(\mathrm{e}^{\mathrm{j}\omega})\right|\approx\sqrt{2(1-\cos\omega)}$$

当$\alpha=0.95$ 时，预加重滤波器的幅频特性如图 5.42 所示。

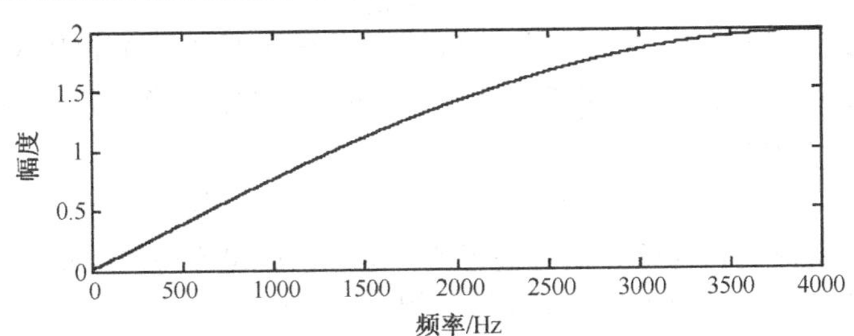

图 5.42　预加重滤波器幅频特性

设 n 时刻语音采样值为$x(n)$，得到经过预加重处理的语音信号为

$$y(n)=x(n)-\alpha x(n-1)$$

图 5.43 分别给出了预加重前和预加重后一段语音信号的频谱，可以看到预加重后高频段得到一定提升，频谱变得比较平坦。图中圆圈标记的处于高频段的峰值，在预加重之后与低频段的几个峰值更接近同一水平线，有利于该频率峰值的提取。

需要说明的是，在参数提取完成后，需要从做过预加重的信号频谱求实际频谱时，还应对信号进行去加重（De-emphasis）处理，即加上 6dB/倍频程下降的频率特性来还原成原来的特性。

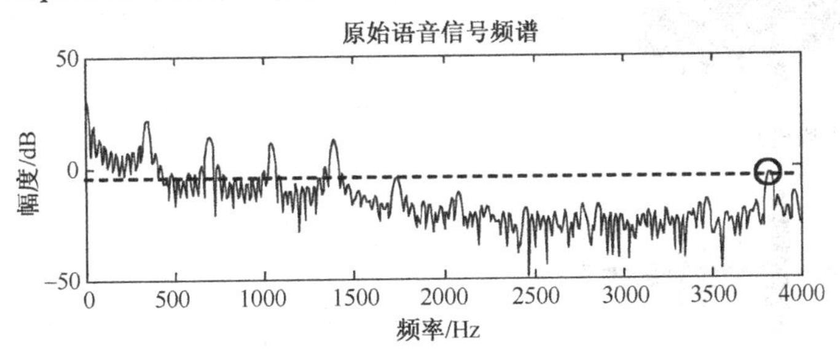

图 5.43　预加重前后信号的幅频特性

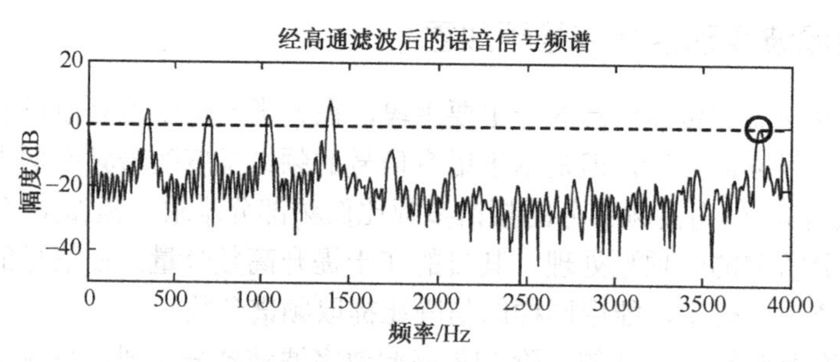

图 5.43　预加重前后信号的幅频特性（续）

5.4.3　梳状滤波器滤除谐波干扰

图 5.44(a)所示为绪论所述某无线电台接收机收到的带噪语音（话音）信号时域波形，高幅值时段为语音段，低幅值时段是语音间隙或无话段，试听表明无论在无话段还是有话段啸叫声持续不断。图 5.45(a)为在声音文件开始无话段截取的一段信号，图 5.45(b)所示该段信号频域有明显的谐波特性——170Hz 基波及其各次倍频。分析表明，这是由于定向机用于控制天线的选通脉冲信号形成的。如何消除干扰，保障正常的通话质量？

由 2.3.1 节讨论知，梳状滤波器滤的系统函数为

$$H(z)=\frac{1-z^{-N}}{1-dz^{-N}},\quad d<1 \tag{5.91}$$

N 个零点等间隔地分布在单位圆上，所以幅频响应在区间 $[0,2\pi)$ 上有 N 个等间隔的零值点 $\omega_k=2\pi k/N(k=0,1,2,\cdots,N-1)$，且是以 $2\pi/N$ 为周期的周期函数，能够用于抑制周期性谐波干扰。

由式（5.91），写出差分方程

$$y(n)=dy(n-N)+x(n)-x(n-N)$$

选取合理的参数 d 和阶数 N，对输入信号进行差分运算，就可实现对带噪信号的滤波处理。

根据信号采样频率 $f_s=8500\text{Hz}$，计算得到滤波器阶数

$$N=8500/170=50$$

当 $d=0.96, N=50$ 时，采用上述梳状滤波器对图 5.44(a)带噪语音进行滤波，得到增强后的信号如图 5.44(b)所示。将算法固化在设计好的数字信号处理器内，使音频输出降噪后的信号。可以看到，高幅值的语音得以保留，明显消除了干扰声，试听表明滤波显著地改善了接收语音质量。

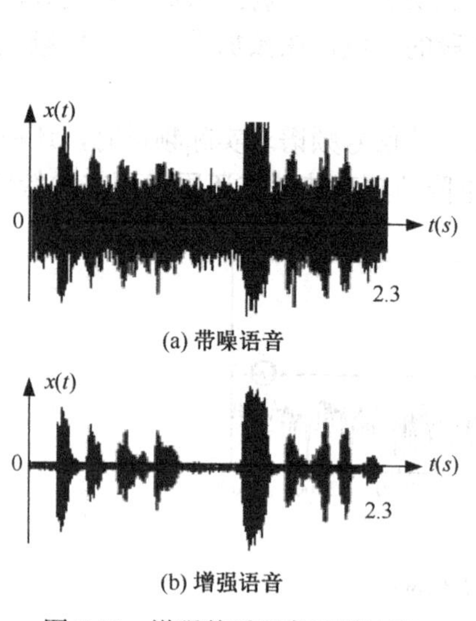

图 5.44　增强前后语音时域波形

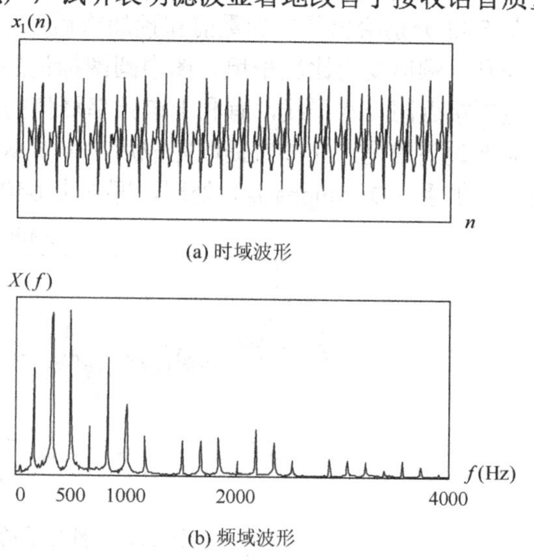

图 5.45　语音噪声段

5.5 IIR 与 FIR 数字滤波器的比较

IIR 数字滤波器与 FIR 数字滤波器比较（结论）

本章和前一章分别讨论了 FIR 滤波器和 IIR 滤波器的设计，在实际应用中应该选用哪一种滤波器，采取什么设计方法？这个问题不能一概而论，应根据具体情况确定。下面对这两种滤波器的特点先通过实证方法进行比较，而后再做归纳，以便于读者在实际运用时选择。

下面将以相同的频率指标 Fpass=9600Hz，Fstop=12000Hz 和不同的幅度衰减指标 Apass=1dB，Astop=80dB 以及 Apass=3dB，Astop=60dB，分别用 FIR Equiripple（FIR 计算机优化设计法，通带阻带都是等波纹波动）、FIR Window（FIR 滤波器窗函数设计法）、IIR Butterworth（Butterworth 型 IIR 滤波器设计）、IIR Chebyshev I（Chebyshev I 型 IIR 滤波器设计）、IIR Elliptic（椭圆型 IIR 滤波器设计）这几种方法设计出五类 10 个滤波器，并将它们的幅度响应、相位响应、脉冲响应、滤波器阶数等几个参数汇总在一起，结果如表 5.4 所示。感兴趣的读者也可以借助 MATLAB 软件的 FDATool 进行验证。

表 5.4　不同滤波器指标、不同设计方法滤波器

设计方法	幅频响应	相频响应	脉冲响应	指标可控性	滤波器阶数	
					Apass=1dB Astop=80dB	Apass=3dB Astop=60dB
FIR Equiripple	通带等波动、阻带等波动	线性相位	偶对称	双截止频率可控	50	32
FIR Window	通带非等幅波动、阻带非等幅波动	线性相位	偶对称	仅阻带截止频率粗略可控	101	73
IIR Butterworth	通带和阻带单调下降	非线性相位	非对称	通带截止频率和阻带截止频率之一可控	31	22
IIR Chebyshev I	通带等幅波动阻带单调下降	非线性相位	非对称	通带截止频率和阻带截止频率基本都可控	13	10
IIR Elliptic	通带等波动、阻带等波动	非线性相位	非对称	通带截止频率和阻带截止频率基本都可控	8	6

可以得出以下几点结论：

（1）从幅频响应可以看出，所有方法设计出来的滤波器在通带内幅度都不是常量，多数都是有上下波动，只有 Butterworth 是单调下降。当然未在这里展示的 Chebyshev II 通带也是单调下降的。

（2）从相频响应可以看出，这里设计出来的所有 FIR 滤波器都是线性相位的，而 IIR 滤波器都是非线性相位的。

（3）从脉冲响应可以看出，这里设计出的所有 FIR 滤波器都具有左右对称的单位脉冲响应，而 IIR 滤波器的单位脉冲响应都是非左右对称的。

（4）指标可控性，这个问题略显复杂。这里将指标可控性定义为通带截止频率、阻带截止频率处衰减的精确可控制能力。

（a）FIR Equirriple 设计方法，所设计滤波器的通带截止频率、阻带截止频率处的衰减基本上可精确控制，而且在通带、阻带内都是等幅度波动的。

（b）FIR Window 设计方法，所设计滤波器通带内处波动小，通带边缘处衰减大，阻带内的波

动随着对于阻带截止频率的远离，其衰减越来越大。通带和阻带截止频率处的衰减受窗长、窗的主旁瓣比等因素影响，边界频率处的衰减也无法精确控制。

（c）IIR Butterworth 设计方法，只能精确控制通带截止频率处或阻带截止频率处的衰减指标。对于低通滤波器而言，通带起始频率处衰减小，通带截止频率处衰减大，阻带截止频率处衰减小，越远离衰减越大，这些频率处衰减指标会出现富余。

（d）IIR Chebyshev I 设计方法，能精确控制通带截止频率处和阻带截止频率处的衰减指标。对于低通滤波器而言，通带内等幅度衰减，阻带截止频率处衰减小，越远离衰减越大，这些频率处衰减指标会出现富余。

（e）IIR Elliptic 设计方法，能精确控制通带截止频率处和阻带截止频率处的衰减指标，通带内等幅度波动，阻带内等幅度波动。

无论是通带截止频率或阻带截止频率处不能够精确控制，还是通带或阻带内出现衰减指标富余，都会造成滤波器的指标浪费，这一点从滤波器阶数就可以得到印证。

（5）滤波器的阶数。表 5.4 最右端的两列中，左侧一列的阶数对应幅度衰减指标为 Apass=1dB，Astop=80dB；右侧则对应 Apass=3dB，Astop=60dB。

不论哪种指标下，都可以看出 FIR Window 法设计出的滤波器阶数最高，其次是 FIR Equiripple 方法。IIR 设计法所得滤波器阶数总体比较低，最低的是 Elliptic。

无论是 FIR 还是 IIR 设计方法，都是通带和阻带存在等波纹波动衰减的设计方法，不会出现指标富余，因此阶数最低，比如 FIR Equiripple 和 IIR Elliptic。

表 5.4 还说明滤波器指标要求越高（通带衰减尽可能小、阻带衰减尽可能大），设计出来的滤波器阶数越高，比如表 5.4 最后一列就是放松了对于通带和阻带衰减的要求设计的结果，因此相比前一列每种情况的阶数都有了一定程度的下降。

从幅频响应特点、相频响应特点、单位脉冲响应特点、指标可控性及滤波器阶数等几个方面对 FIR 滤波器和 IIR 滤波器进行的详细对比可以看到，两大类滤波差别还是蛮大的。

（1）IIR 滤波器易于用较低的滤波器阶数实现幅度衰减指标，而 FIR 滤波器易于实现严格的线性相位；相应的，IIR 不易实现线性相位，FIR 很难把阶数做的很低。因此，在对相位要求不敏感的场合，如语音通信中，可优先选用 IIR 滤波器；在对线性相位要求高的场合，如图像处理、数据传输等，应优先选用 FIR 滤波器。

（2）设计方法方面，IIR 滤波器设计可借助模拟滤波器现成的闭合公式、数据和表格，因而设计工作量较小，对计算工具要求不高。FIR 滤波器计算通带和阻带衰减无显式表达式，其边界频率也不易控制。窗函数法只给出窗函数的计算公式，为满足预定的技术指标，可能还需做一些迭代运算，频率采样法和等波纹逼近法也往往不是一次就能完成的。

（3）实现网络结构方面，IIR 滤波器常用的网络结构包括直接型、级联型、并联型及格型结构等。而 FIR 滤波器常用的网络结构包括直接型、级联型、频率采样型及格型结构等。线性相位的 FIR 滤波器还有线性相位网络结构，这种结构能够使得乘法器的使用量减半。IIR 滤波器是递归结构，所用存储单元少，运算次数少；在相同技术指标下，FIR 需要较多存储器和较多运算，成本较高，信号延迟较大。

IIR 与 FIR 滤波器各有优缺点，实际应用中应综合考虑计算量大小、技术指标要求、实现结构复杂度等诸多因素，灵活选择。

5.6 其他 MATLAB 实现程序

本章程序函数：

```
% hr_type1.m
function [Hr,w,a,L]=hr_type1(h);                %计算线性相位 FIR 滤波器情况 1 幅频特性函数
%Hr=频率响应幅度特性;  %a=滤波器系数;
%L=Hr 的阶次;  %h=滤波器单位脉冲响应;
% w=在[0,2π] ]区间内频率点
N=length(h);L=(N-1)/2;a=[h(L+1)   2*h(L:-1:1)];
n=[0:1:L];w=[0:1:500]'*2*pi/500;
Hr=cos(w*n)*a';

% hr_type2.m
function [Hr,w,b,L]=hr_type2(h);                %计算线性相位 FIR 滤波器情况 2 幅频特性函数
N=length(h);L=N/2;b=2*[h(L:-1:1)];
n=[1:1:L];n=n-0.5;w=[0:1:500]'*2*pi/500;
Hr=cos(w*n)*b';

% hr_type3.m
function [Hr,w,c,L]=hr_type3(h);                %计算线性相位 FIR 滤波器情况 3 幅频特性函数
N=length(h);L=(N-1)/2;
c=[2*h(L+1:-1:1)];n=[0:1:L];w=[0:1:500]'*2*pi/500;
Hr=sin(w*n)*c';

% hr_type4.m
function [Hr,w,d,L]=hr_type4(h);                %计算线性相位 FIR 滤波器情况 4 幅频特性函数
N=length(h);L=N/2;
d=2*[h(L:-1:1)];n=[1:1:L];n=n-0.5;w=[0:1:500]'*2*pi/500;
Hr=sin(w*n)*d';

function   hd=ideallp(wc,N); ;                  %计算理想低通滤波器单位脉冲响应 hd
                                                %wc、N 分别为理想滤波器截止频率和长度
alpha =(N-1)/2;
n=[0:(N-1)];
m=n- alpha +eps;                                %加一个小数避免零做除数
hd=sin(wc*m)./(pi*m);

% idealhp.m
function hd=idealhp(wc,N);                      %计算理想高通滤波器的单位脉冲响应 hd(n)
alpha=(N-1)/2;
n=0:1:N-1;
m=n-alpha+eps;
hd=[sin(pi*m)-sin(wc*m)]./(pi*m);
```

1．产生三角窗、布莱克曼窗、矩形窗、汉明窗、汉宁窗

```
%pro5.01.m
N=input('input N=');
n=0:N-1;
y=bartlett(N);subplot(231);stem(n,y); axis([-2,N+2,0,1.2]);title('三角窗');
```

```
y=blackman(N);subplot(232);stem(n,y); axis([-2,N+2,0,1.2]);title('布莱克曼窗');
y=boxcar(N);subplot(233);stem(n,y); axis([-2,N+2,0,1.2]);title('矩形窗');
y=hamming(N);subplot(234);stem(n,y); axis([-2,N+2,0,1.2]);title('汉明窗');
y=hanning(N);subplot(235);stem(n,y); axis([-2,N+2,0,1.2]);title('汉宁窗');
```

2．频率采样法设计具有任意幅频响应的 FIR 数字滤波器

```
%pro5. 02.m
w=[0 0.19 0.2 0.3 0.31 0.59 0.6 0.8 0.81 1];     % 给定频率轴离散点
                                                % w 是归一化频率向量，其值在[0,1]之间
m=[0 0 1 1 0 0 1 1 0 0];                        % 给定这些频率点上理想滤波器频率响应取值
N=30;                                           % 滤波器长度
hn=fir2(N,w,m);                                 % 滤波器系数
[H,w]=freqz(hn,1);                              % H:设计滤波器频率响应
db=20* log10 (abs(H));                          % 计算滤波器频率响应对数幅值
subplot(121); stem(hn,'.'); axis([0,35,-0.4,0.4]);ylabel('h(n)');xlabel('n');
subplot(122); plot(w/pi, db);axis([0,1,-110,0]); ylabel ('20log |H(ejw)|'); xlabel('w');
```

3．带通滤波器设计

%pro5.03.m 用两个低通滤波器相减设计带通滤波器,要求：
%低端阻带边缘 $\omega_{s1}=0.2\pi$, $\alpha_{s1}=60\text{dB}$ ，%低端通带边缘 $\omega_{p1}=0.4\pi$, $\alpha_{p1}=1\text{dB}$ ，
%高端通带边缘 $\omega_{p2}=0.6\pi$, $\alpha_{p2}=1\text{dB}$ ，%高端阻带边缘 $\omega_{s2}=0.8\pi$, $\alpha_{s2}=60\text{dB}$ ，

```
ws1=0.2*pi;wp1=0.4*pi; wp2=0.6*pi;ws2=0.8*pi;alphs=60;
B =min((wp1-ws1),(ws2-wp2));            %求两个过渡带中的小者
N0=ceil(11*pi/B);                       %计算阶数 N,ceil(x)函数是取大于等于 x 的最小整数
N=N0+mod(N0+1,2);                       %确保 N 为奇数
wdbla=(blackman(N))';                   %选择布莱克曼窗
wc1=(ws1+wp1)/2;                        %求理想低通滤波器的截止频率
wc2=(ws2+wp2)/2;
hd=ideallp(wc2,N)- ideallp(wc1,N);      %求理想带通滤波器的 hd(n)
hn=hd.* wdbla;                          %求设计带通滤波器的 h(n)
[H,w]=freqz(hn,1);                      %计算滤波器频率响应，对设计结果进行验证
db=20* log10 (abs(H));                  %计算滤波器频率响应对数幅值
subplot(1,2,1), stem(hn,'.');axis([0,60,-0.4,0.6])
subplot(1,2,2), plot(w/pi, db);axis([0,1,-150,20])
```

4．已知单位脉冲响应 $h(n)$ ，求幅度响应 $H(\omega)$ 及零点分布。

```
%pro5. 04.m
%各参数参考取值：
%1 型 h(n)=[-4 2 -1 -2 5 6 5 -2 -1 2 -4]; %2 型 h(n)=[-4 1 -1 -2 5 6 6 5 -2 -1 1 -4];
%3 型 h(n)=[-4 1 -1 -2 5 0 5 -2 -1 1 -4]; %4 型 h(n)=[-4 2 -1 -2 5 -6 6 -5 2 1 -2 4]
disp('(1 型)h(n)偶对称,N 为奇数') ;disp('(2 型)h(n)偶对称,N 为偶数') ;
disp('(3 型)h(n)奇对称,N 为奇数') ;disp('(4 型)h(n)奇对称,N 为偶数') ;
Number=input('input  型号(1,2,3,4)=');
switch Number
    case 1
        h=input('input h='); M=length(h);n=0:M-1; [Hr,w,a,L]=hr_type1(h);
```

```
        subplot(221);stem(n,h);title('1 型单位脉冲响应 h(n)');
        text(M,min(h) ,'n');
        subplot(222);plot(w/pi,Hr);title('1 型幅度响应 H(w)');
        axis([0,2,min(Hr) ,max(Hr)]);
        text(2,min(Hr)+1,'\omega');
        text(0.6,min(Hr)-2,'\pi');text(1.6,min(Hr)-2,'\pi');
        text(0.99,min(Hr)-2,'\pi');text(2.05,min(Hr)-2,'\pi');
        subplot(223);stem(0:L,a);title('a(n)系数');
        subplot(224);zplane(h,1);title('零极点分布');
    case 2
        h=input('input h='); M=length(h);n=0:M-1; [Hr,w,b,L]=hr_type2(h); %绘图部分略
    case 3
        h=input('input h='); M=length(h);n=0:M-1; [Hr,w,c,L]=hr_type3(h); %绘图部分略
    case 4
        h=input('input h='); M=length(h);n=0:M-1; [Hr,w,d,L]=hr_type4(h); %绘图部分略
    otherwise
        disp('Enter Error');
    end
```

5．对带噪信号进行滑动平均滤波

```
%pro5.05.m
R = 50;
d = rand(R,1)-0.5;                                  %产生随机信号
m = 0:1:R-1;
s = 2*m.*(0.9.^m);                                  %产生纯净信号
x = s + d';                                         %产生带噪信号
subplot(211),plot(m,d,'r-',m,s,'b--',m,x,'g:')
xlabel('Time index n'); ylabel('Amplitude')
legend('d[n]','s[n]','x[n]');
N = input('Number of input samples = ');            %N:滑动滤波器的阶数
h= ones(N,1)/N;                                     %h:滑动滤波器的单位脉冲响应
y = filter(h,1,x);                                  %y:滤波器输出
subplot(212),plot(m,s,'r-',m,y,'b--')               %画出滤波前后信号
legend('s[n]','y[n]');
xlabel ('Time index n');ylabel('Amplitude')
```

思　考　题

5-1　理想低通滤波器为什么是不可实现的？

5-2　FIR 滤波器具有线性相位的条件是什么？

5-3　若要设计线性相位的 FIR 高通滤波器，$h(n)(0 \leqslant n \leqslant N-1)$ 适合采用哪种形式（奇对称/偶对称，N 为偶数/奇数）？为什么？

5-4　窗函数设计法进行 FIR 滤波器设计时，窗长是否可选偶数点？这时设计的滤波器能保证线性相位吗？

5-5　窗函数设计法设计 FIR 滤波器时，三角窗、汉宁窗、布莱克曼窗等非矩形窗的作用是什

么？与矩形窗有什么不同？

5-6 窗函数法 FIR 滤波器设计的基本原理是什么？

5-7 频率采样法设计出的 FIR 滤波器的频域特点是什么？

5-8 线性相位 FIR 数字滤波器零点分布具有什么特点？

5-9 使用窗函数法设计 FIR 数字滤波器时，增加窗函数长度 N，会产生什么效果？能减小肩峰和波动吗？为什么？

5-10 用频率采样法设计 FIR 数字滤波器，为了增加阻带衰减，可采取什么措施？

习　题

5-1 若 $h(n)=h(N-1-n)$，$(0\leqslant n\leqslant N-1)$，分别推导 $N=11$ 和 $N=10$ 时 $H(\mathrm{e}^{\mathrm{j}\omega})$的表达式。

5-2 试推导矩形窗和汉宁窗函数的傅里叶变换表示式。

5-3 分别画出长度为 9 的矩形窗、汉宁窗、汉明窗和布莱克曼窗的时域波形。

5-4 分别画出长度为 9 的矩形窗、汉宁窗、汉明窗和布莱克曼窗的对数幅度特性曲线（用 MATLAB 编程实现），并比较它们的异同。

5-5 设理想低通滤波器的频率响应为

$$H_{\mathrm{d}}(\mathrm{e}^{\mathrm{j}\omega})=\begin{cases}1, & |\omega|\leqslant\pi/4\\ 0, & \pi/4<|\omega|\leqslant\pi\end{cases}$$

试推导单位脉冲响应 $h_{\mathrm{d}}(n)$的表示式，并写出 $n=-8,-7,\cdots,0,\cdots,8$ 共 17 点 $h_{\mathrm{d}}(n)$的值。

5-6 根据上题的 $h_{\mathrm{d}}(n)$，试求 $h'_{\mathrm{d}}(n)=h_{\mathrm{d}}(n-8)$ 的系统频率响应。

5-7 假设系统的单位脉冲响应为

$$\{h(n)\}=\left\{\frac{1}{10}(1,0.9,2.1,0.9,1);\ n=0,1,2,3,4\right\}$$

（a）求该系统的系统函数；

（b）判断该系统是否具有线性相位；

（c）求该系统的频响幅度特性函数和相位特性函数。

5-8 假设有这样的滤波器技术指标：在 30π rad/s 及以下频率的衰减不大于 3dB，在 40π rad/s 及以上频率衰减不小于 40dB，设模拟信号的采样频率为 100Hz，试设计一个符合指标要求的 FIR 数字低通滤波器。（提示：先将模拟指标转换为数字指标。）

5-9 对下面两种滤波器指标，若用窗函数法进行设计，试确定窗函数类型和长度。

（a）阻带衰减 40dB，过渡带宽 1kHz，采样频率 12kHz；

（b）阻带衰减 50dB，过渡带宽 500Hz，采样频率 5kHz。

5-10 拟对模拟信号进行滤波处理，要求通带 $0\leqslant f\leqslant 1.5$kHz 内衰减小于 1dB，阻带 $2.5\text{kHz}\leqslant f<\infty$ 内衰减大于 40dB。希望对模拟信号用线性相位 FIR 数字滤波器实现上述滤波，采样频率 $f_{\mathrm{s}}=10$kHz。用窗函数法设计满足要求的 FIR 数字低通滤波器，并画出滤波器单位脉冲响应和幅频响应图。

5-11 用矩形窗设计线性相位高通滤波器，逼近滤波器频率响应函数为

$$H_{\mathrm{d}}(\mathrm{e}^{\mathrm{j}\omega})=\begin{cases}\mathrm{e}^{-\mathrm{j}\omega\alpha}, & \omega_{\mathrm{c}}\leqslant|\omega|\leqslant\pi\\ 0, & 0<|\omega|\leqslant\omega_{\mathrm{c}}\end{cases}$$

要求过渡带宽不超过π/8 rad。

（a）求出所设计的单位脉冲响应 $h(n)$的表达式，确定α与 $h(n)$的长度 N 的关系式；

（b）对 N 的取值有什么限制？为什么？

5-12　调用 MATLAB 工具箱函数 fir1 设计线性相位低通 FIR 数字滤波器，要求希望逼近的理想低通滤波器通带截止频率 $\omega_c=\pi/4$ rad，滤波器长度 N=21。分别用矩形窗和布莱克曼窗进行设计，绘出计算 $h(n)$和频响幅度特性曲线，并对两种窗的设计性能进行比较。

5-13　用频率采样法设计一个线性相位 FIR 数字低通滤波器，要求截止频率 $\omega_c=0.3\pi$ rad，采样点取 $N=15$。

（a）画出设计滤波器的频率响应幅度特性和单位脉冲响应；

（b）比较 $N=45$ 与 $N=15$ 时频率响应幅度特性的异同。

5-14　用频率采样法设计一个线性相位 FIR 数字低通滤波器，给定 N=12，要求通带截止频率 $\omega_c=0.15\pi$ rad，求出 $h(n)$。为了改善其频率响应，应采取什么措施？

5-15　用最小阶数 N 实现 FIR 低通滤波器。通带边界频率 f_p=400Hz，通带允许最大衰减 α_p=3dB，阻带边界频率 f_s=500Hz，阻带允许最小衰减α_s=40dB，采样频率 f_s=2kHz。

5-16　已知滤波器的单位脉冲响应为：

（a）$N=6$, $h(0)=h(5)=1.5$, $h(1)=h(4)=2$, $h(2)=h(3)=3$

（b）$N=7$, $h(0)=-h(6)=3$, $h(1)=-h(5)=-2$，$h(2)=-h(4)=1$，$h(3)=0$

试分析它们各自的幅度特性、相位特性各有什么特点。

5-17　对于七项滑动平均滤波器，写出以下表达式：

（a）差分方程；　　　　（b）单位脉冲响应；

（c）系统函数；　　　　（d）频率响应。

第 6 章　系统网络结构

由前面章节可以看出，一个有理系统函数的离散线性时不变系统，可以有几种不同的描述方法：线性常系数差分方程反映了系统的输入和输出序列之间的关系；单位脉冲响应刻画了系统的时域特性；系统函数反映了系统的复频域特性，系统频率响应是系统函数在单位圆上的取值。系统函数是单位脉冲响应的 Z 变换，差分方程与系统函数一一对应。因此，差分方程、单位脉冲响应和系统函数（系统频率响应）都是线性时不变系统输入、输出关系的等价描述。当这样的系统用软、硬件实现时，需要将这些系统表征为一种可实现的算法结构，这就是系统的网络结构。数字滤波器的运算结构对于滤波器的设计及性能指标的实现非常重要。本章主要介绍几种不同类型的网络结构：IIR 和 FIR 系统的基本网络结构、FIR 系统的线性相位结构、频率采样结构以及格型网络结构。

本章主要知识点

- ✧ IIR 系统的直接型、级联型、并联型网络结构
- ✧ FIR 系统的直接型、级联型网络结构
- ✧ FIR 系统的线性相位结构
- ✧ 格型网络结构

6.1　系统的信号流图表示

系统网络结构基础

假设一个系统的系统函数为

$$H(z)=\frac{b_0+b_1z^{-1}}{1-az^{-1}},\ \ |z|>|a| \tag{6.1}$$

显然该系统为一 IIR 系统，其单位脉冲响应为

$$h(n)=b_0a^nu(n)-b_1a^{n-1}u(n-1) \tag{6.2}$$

容易求出该系统的一阶差分方程为

$$y(n)=b_0x(n)+b_1x(n-1)+ay(n-1) \tag{6.3}$$

上式提供了一个计算 n 时刻输出值的递推算法。

系统的实现，通常有软件实现和硬件实现两种方法。软件实现是指把要完成的运算编成程序，利用计算机实现的方法。如式（6.3）的运算，可按图 6.1 流程编程。系统的硬件实现是指利用数字器件，如加法器、常数乘法器和延时器等设计专用的 DSP 芯片，或通用的可编程 DSP 芯片来实现诸如 FFT、数字滤波、卷积、相关等运算。式（6.3）所示的运算可用图 6.2 所示的硬件结构实现。

显然，同一系统的表示形式不唯一，相应的运算方法也不唯一，这样，可以有多种运算结构实现输入和输出序列之间的运算关系。当然，无论何种运算结构，系统流图的表示是其基础，因此我们首先介绍系统的流图表示方法。

实现一个数字信号处理系统要求有输入、输出、中间序列的延时以及相关线性叠加运算，因此实现离散时间系统所需的运算单元主要包括：加法器、常数乘法器和单位延时器，这些运算单元的互连可以用信号流图来表示，基本运算单元如图 6.3 所示。式（6.3）表示的一阶系统信号流图如图 6.4 所示，该网络结构可以作为系统的编程基础，如果系统用离散单元或者作为一个整体

由 VLSI 技术来实现的话，那么该流图也可以作为系统硬件实现的基础。

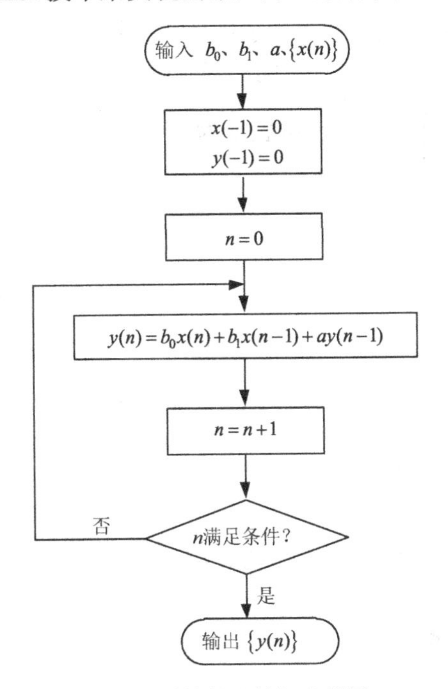

图 6.1　一阶系统的计算机流程图

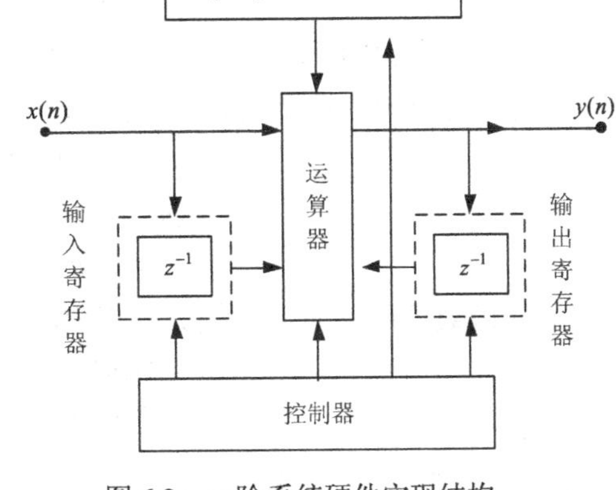

图 6.2　一阶系统硬件实现结构

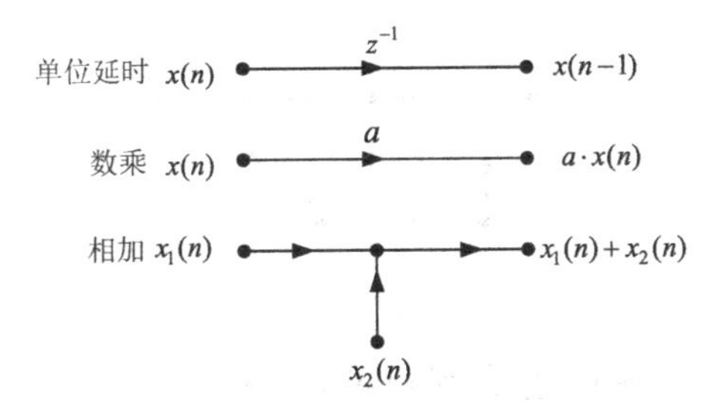

图 6.3　信号流图表示符号

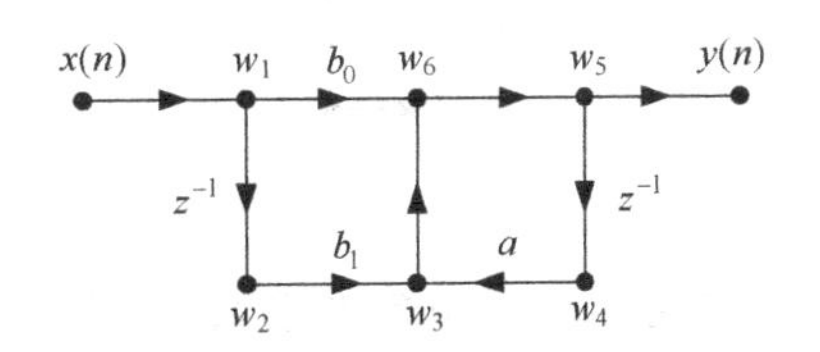

图 6.4　一阶系统的信号流图

信号流图通常由节点和支路组成。节点有三种：网络节点，例如图 6.4 中 w_1、w_2、…、w_6，$x(n)$ 处为输入节点，$y(n)$ 处为输出节点，节点上的信号值称为节点变量。节点间用支路连接，支路有传输系数和方向，方向用箭头表示。当支路增益为 1 时，可不标注增益符号。标有延时算子 z^{-1} 的支路为延时支路，即表示有单位延时。每个网络节点可以有多条输入支路和多条输出支路。但输入节点只有输出支路，输出节点只有输入支路。任意一节点变量等于它的所有输入支路的信号之和。例如，图 6.4 信号流图上各节点变量为

$$w_1(n)=x(n)$$
$$w_2(n)=w_1(n-1)=x(n-1)$$
$$w_4(n)=w_5(n-1)=y(n-1)$$
$$w_3(n)=b_1w_2(n)+aw_4(n)=b_1x(n-1)+ay(n-1)$$
$$w_5(n)=w_6(n)=b_0w_1(n)+w_3(n)=b_0x(n)+b_1x(n-1)+ay(n-1)=y(n)$$

利用信号流图转置定理，可以把一个信号流图转化为另一个等价的信号流图。

信号流图转置定理　将信号流图中所有支路倒向，增益不变；然后调换输入、输出符号，则系统函数不变。

例如，图 6.4 中的信号流图的转置形式如图 6.5 所示，习惯上更多使用的是图 6.4 的形式。

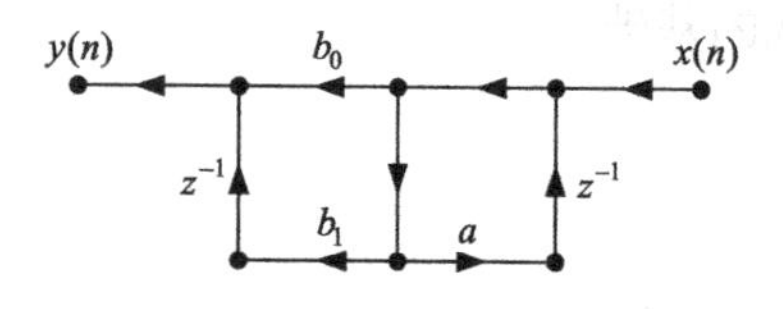

图 6.5 信号流图的转置形式

信号流图单元的复杂程度体现了数字系统算法的复杂程度及实现系统需要的硬件代价，对于同一个系统而言，不同形式的流图也对应系统实现时不同的复杂度。

例如，$H(z)=\dfrac{b_0+b_1z^{-1}}{1-az^{-1}}$ 也可表示为

$$H(z)=\frac{b_0}{1-az^{-1}}+\frac{b_1z^{-1}}{1-az^{-1}} \tag{6.4}$$

$$H(z)=\frac{1}{1-az^{-1}}\cdot(b_0+b_1z^{-1}) \tag{6.5}$$

这样，同一个 $H(z)$ 有三种表示形式，对应三种不同的运算结构。式（6.4）可用下面一组差分方程来实现，对应的信号流图如图 6.6 所示。

$$v_1(n)-av_1(n-1)=b_0x(n)$$
$$v_2(n)-av_2(n-1)=b_1x(n-1)$$
$$y(n)=v_1(n)+v_2(n)$$

式（6.5）系统函数可用下面一对差分方程来实现，对应的信号流图如图 6.7 所示。

$$w(n)=aw(n-1)+x(n)$$
$$y(n)=b_0w(n)+b_1w(n-1)$$

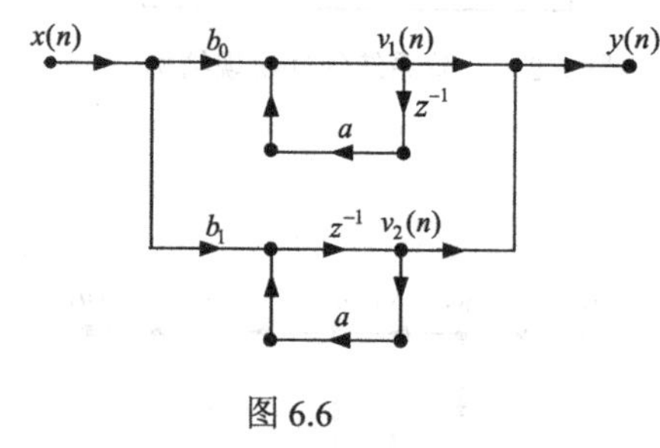

图 6.6

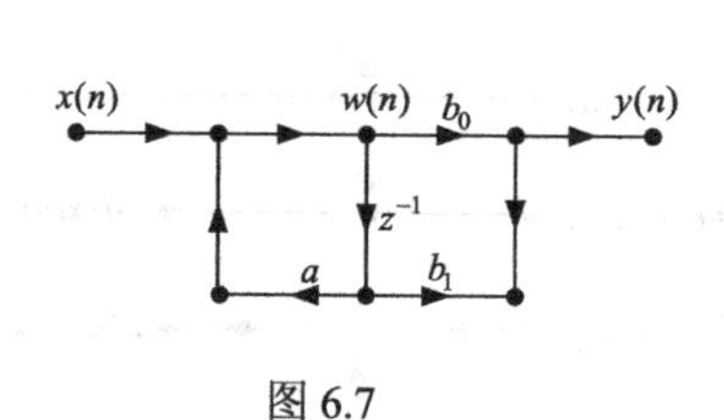

图 6.7

上面对确定的有理系统函数式（6.1），给出了三种等效的差分方程和网络结构。对任何给定的有理系统函数，有多种不同的等效差分方程，也就有多种网络结构存在。在这些不同结构中要根据实际情况选择一种合适的，例如，可以选择一种计算复杂度较小的结构。一般乘法在硬件实现中耗时较多，而每个延时单元都对应一个存储寄存器，所以乘法器的减少意味着速度的提高，而延时单元的减少意味着所需存储器的减少。由此可知，用不同的网络结构实现同一系统功能对硬件的要求是不同的，因此优化系统的网络结构非常重要。

IIR 与 FIR 这两类系统在结构上各有不同的特点，下面分别讨论。

6.2 无限脉冲响应系统的基本结构

一个 N 阶 IIR 系统的系统函数可表示为

$$H(z)=\frac{\sum\limits_{k=0}^{M}b_kz^{-k}}{1-\sum\limits_{k=1}^{N}a_kz^{-k}}$$

IIR 系统网络结构

IIR 系统网络结构对比

其差分方程为

$$y(n)=\sum_{k=0}^{M}b_k x(n-k)+\sum_{k=1}^{N}a_k y(n-k) \tag{6.6}$$

IIR 系统的主要特点是 $h(n)$ 为无限长序列；$H(z)$ 在有限平面有极点存在；在结构上存在着输出到输入的反馈网络，即结构是递归型的。下面介绍几种常用的 IIR 系统网络结构。

6.2.1 直接 I 型

由差分方程式（6.6）可以看出，该系统是一阶系统的高阶推广，$y(n)$ 可以看作由两部分组成。第一部分 $\sum_{k=0}^{M}b_k x(n-k)$ 表示将输入信号延时，组成 M 级的延时网络，每节延时抽头后加权相加，为一横向结构网络。第二部分 $\sum_{k=1}^{N}a_k y(n-k)$ 也为一个 N 级延时链的横向结构网络，是对 $y(n)$ 延时，因此是个反馈网络。直接 I 型结构是由流图的基本约定给出的，如图 6.8 所示，从中可以看出该结构需要 $M+N$ 级延时单元。

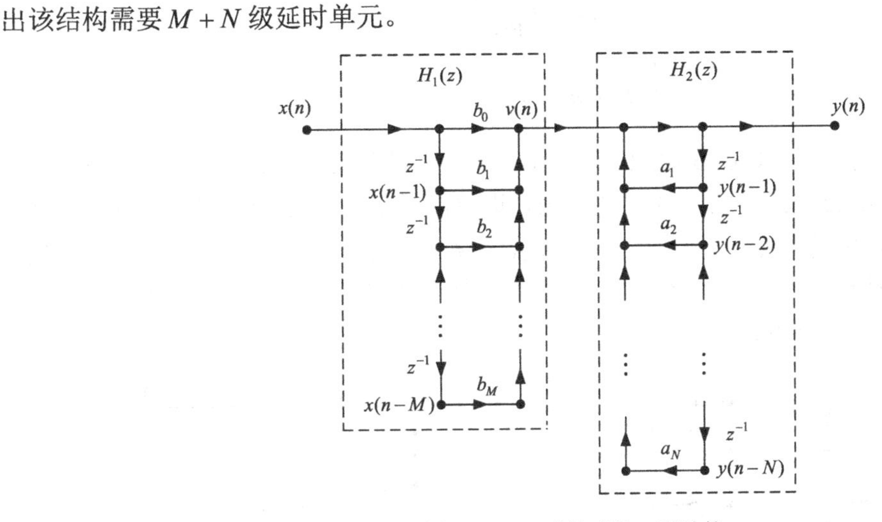

图 6.8 IIR 系统直接 I 型结构

6.2.2 直接 II 型

因为

$$H(z)=\left[\sum_{k=0}^{M}b_k z^{-k}\right]\left[\frac{1}{1-\sum_{k=1}^{N}a_k z^{-k}}\right]=H_1(z)H_2(z) \tag{6.7}$$

直接 I 型可看成两部分网络 $H_1(z)$ 与 $H_2(z)$ 的级联，如图 6.9(a)所示。若 $x(n)$ 经过系统 $H_1(z)$ 的输出为 $v(n)$，则

$$H_1(z)=\sum_{k=0}^{M}b_k z^{-k}=\frac{V(z)}{X(z)} \tag{6.8}$$

$$H_2(z)=\frac{1}{1-\sum_{k=1}^{N}a_k z^{-k}}=\frac{Y(z)}{V(z)} \tag{6.9}$$

$$y(n)=v(n)+\sum_{k=1}^{N}a_k y(n-k) \tag{6.10}$$

因为 $H(z)=H_1(z)H_2(z)$（线性时不变系统，交换 $H_1(z)$、$H_2(z)$ 子系统次序，系统函数不变），

所以 $y(n)$ 也可看成是 $x(n)$ 先经过系统 $H_2(z)$ 后，再经过系统 $H_1(z)$ 的结果，见图 6.9(b)。

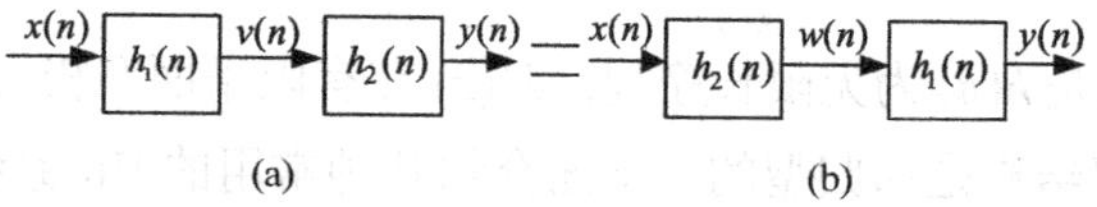

$x(n)$ → $h_1(n)$ → $v(n)$ → $h_2(n)$ → $y(n)$ = $x(n)$ → $h_2(n)$ → $w(n)$ → $h_1(n)$ → $y(n)$

(a) (b)

图 6.9　系统 $H_1(z)$ 和 $H_2(z)$ 的级联

若 $x(n)$ 经过系统 $H_2(z)$ 后输出为 $w(n)$，这时

$$H_2(z)=\frac{1}{1-\sum_{k=1}^{N}a_k z^{-k}}=\frac{W(z)}{X(z)} \tag{6.11}$$

$$w(n)=\sum_{k=1}^{N}a_k w(n-k)+x(n) \tag{6.12}$$

$$H_1(z)=\sum_{k=0}^{M}b_k z^{-k}=\frac{Y(z)}{W(z)} \tag{6.13}$$

$$y(n)=\sum_{k=0}^{M}b_k w(n-k) \tag{6.14}$$

则可得到直接 I 型结构的变形，如图 6.10(a)所示。由于所有延时单元初始节点信号均为 $w(n)$，故可将两子系统 $H_1(z)$、$H_2(z)$ 的延时单元合并为一组，进而得到直接 II 型结构，如图 6.10(b)所示。可以看到，直接 II 型结构只需 N 个延时单元（假定 $N>M$），相比直接 I 型结构可以节省大量的延时单元。在硬件实现时，可节省寄存器。直接 I 型和直接 II 的共同缺点是，a_k、b_k 对系统性能控制关系不直接，因此调整不方便。

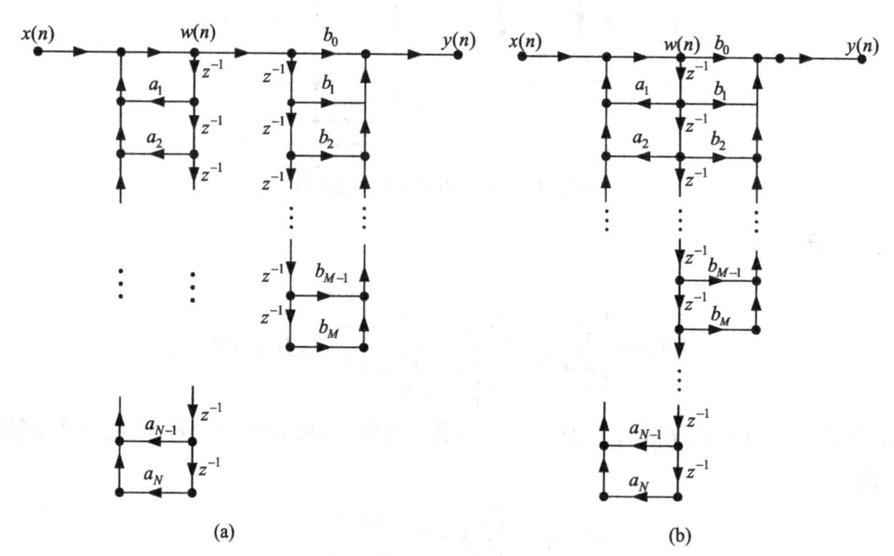

图 6.10　IIR 系统的直接 II 型结构

当 $M=N=2$ 时，$H(z)=\dfrac{\sum_{k=0}^{2}b_k z^{-k}}{1-\sum_{k=1}^{2}a_k z^{-k}}$ 是一个二阶网络，结构如图 6.11 所示。

【例 6.1】 IIR 数字滤波器的系统函数 $H(z)$ 为

$$H(z)=\frac{8-4z^{-1}+11z^{-2}-2z^{-3}}{1-\frac{5}{4}z^{-1}+\frac{3}{4}z^{-2}-\frac{1}{8}z^{-3}}$$

画出该滤波器的直接型结构。

解：由$H(z)$写出差分方程如下：

$$y(n)=\frac{5}{4}y(n-1)-\frac{3}{4}y(n-2)+\frac{1}{8}y(n-3)+8x(n)-4x(n-1)+ \\ 11x(n-2)-2x(n-3)$$

由此可画出如图 6.12 所示的直接型网络结构。

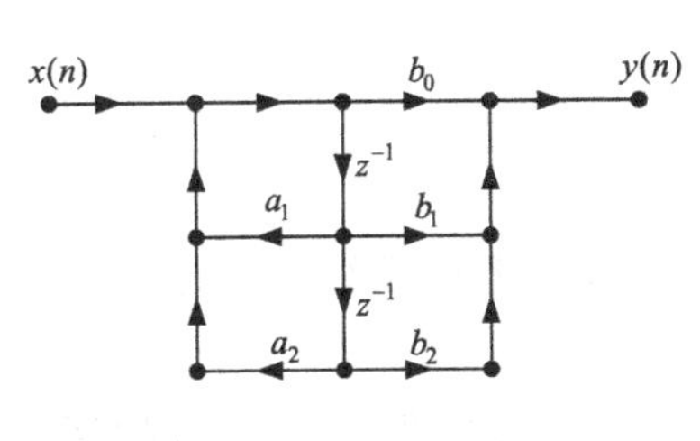

图 6.11　二阶网络结构

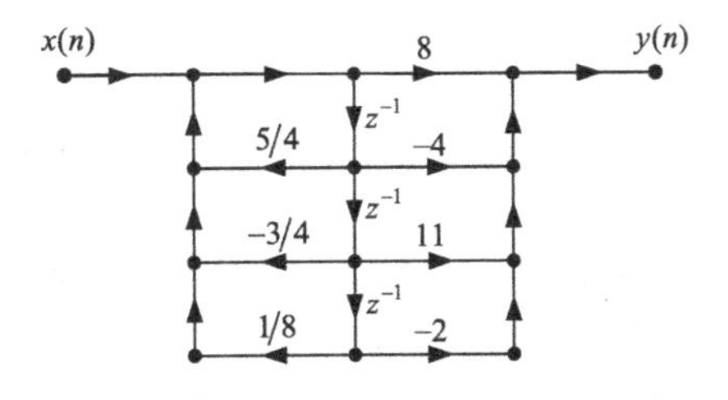

图 6.12　例 6.1 图

6.2.3　级联型

将系统函数的分子和分母多项式分别进行因式分解，就可以将$H(z)$表示成

$$H(z)=\frac{\sum_{k=0}^{M}b_k z^{-k}}{1-\sum_{k=1}^{N}a_k z^{-k}}=A\frac{\prod_{k=1}^{M}(1-c_k z^{-1})}{\prod_{k=1}^{N}(1-d_k z^{-1})}$$

当系数a_k、b_k均为实数时，

$$H(z)=A\frac{\prod_{k=1}^{M_1}(1-c_k z^{-1})\prod_{k=1}^{M_2}(1-q_k z^{-1})(1-q_k^* z^{-1})}{\prod_{k=1}^{N_1}(1-d_k z^{-1})\prod_{k=1}^{N_2}(1-p_k z^{-1})(1-p_k^* z^{-1})} \tag{6.15}$$

式中，$M_1+2M_2=M$，$N_1+2N_2=N$，分子的一阶因式表示实零点在c_k，二阶因式表示一对复共轭零点分别在q_k和q_k^*；分母的一阶因式表示实极点在d_k，二阶因式表示一对复共轭极点分别在p_k和p_k^*，这表示了一般情况的零极点分布情况。式（6.15）表示网络系统可以用一阶和二阶子系统级联组成。为简化级联形式，将每一对共轭因子合并起来构成一个实系数的二阶因子。因此零（极）点$c_k(d_k)$或者是实零（极）点，或者是复共轭零（极）点。

$$H(z)=A\frac{\prod_{k=1}^{M_1}(1-c_k z^{-1})\prod_{k=2}^{M_2}(1+b_{1k}z^{-1}+b_{2k}z^{-2})}{\prod_{k=1}^{N_1}(1-d_k z^{-1})\prod_{k=1}^{N_2}(1-a_{1k}z^{-1}-a_{2k}z^{-2})} \tag{6.16}$$

这样的 IIR 系统可以看作由一阶和二阶子系统级联组成的结构形式，只是当子系统的选择和级联的前后顺序不同时，结构形式有所变化。实际上，为了方便系统实现及编程，将单实数因子

看成二阶因子的特例（b_{2k}、$a_{2k}=0$），整个 $H(z)$ 一般情况下被分解成实系数二阶因子形式

$$H(z)=A\prod_{k=1}^{N_c}\frac{1+b_{1k}z^{-1}+b_{2k}z^{-2}}{1-a_{1k}z^{-1}-a_{2k}z^{-2}} \tag{6.17}$$

式中 $N_c=\left\lceil\frac{N+1}{2}\right\rceil$ 是不小于 $\frac{N+1}{2}$ 的最小整数。

这样，系统可以用若干二阶网络级联起来构成，这些二阶网络也称为系统的二阶基本节。

$$H(z)=H_1(z)H_2(z)\cdots H_k(z)\cdots H_{N_c}(z) \tag{6.18}$$

其中

$$H_k(z)=\frac{1+b_{1k}z^{-1}+b_{2k}z^{-2}}{1-a_{1k}z^{-1}-a_{2k}z^{-2}} \tag{6.19}$$

考虑复杂度，每个二阶基本节 $H_k(z)$ 采用直接 II 型结构来实现，而整个系统是它们的级联。图 6.13 表示一个四阶系统的级联结构。

容易看出，每个基本节只与数字系统的一对极点和一对零点相关联。当通过调整系统的零极点来调整系统整体性能时，只需要调整与该零极点相应二阶网络的系数，不会影响其他基本节的参数。所以这种级联结构的最大优点是便于准确地实现零极点，便于整体调整系统的性能。极、零点配对方式和二阶基本节级联次序都具有很大的灵活性，可减少存储单元，但是级联结构不可避免存在计算误差累积。另外，各种实现方案所带来的误差不同，存在最优化问题。若将四阶 IIR 系统的系统函数表示为

$$H(z)=\frac{P_1(z)P_2(z)}{D_1(z)D_2(z)} \tag{6.20}$$

其中，

$$P_1(z)=1+b_{11}z^{-1}+b_{21}z^{-2},\quad P_2(z)=1+b_{12}z^{-1}+b_{22}z^{-2}$$
$$D_1(z)=1-a_{11}z^{-1}-a_{21}z^{-2},\quad D_2(z)=1-a_{12}z^{-1}-a_{22}z^{-2}$$

则该系统的实现方式有四种，如图 6.14 所示。

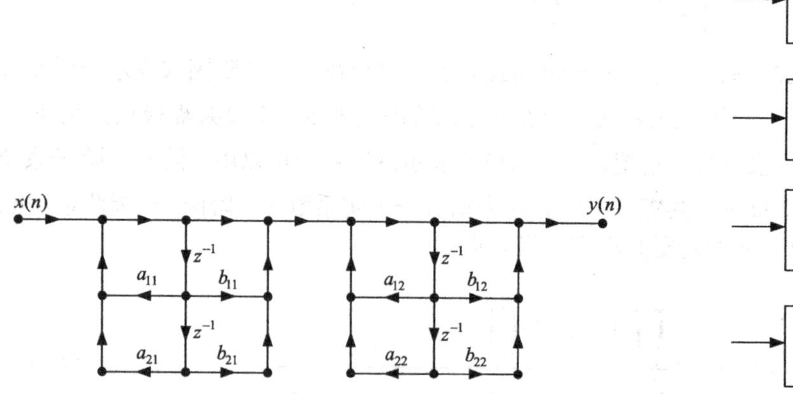

图 6.13　四阶 IIR 系统的级联型结构

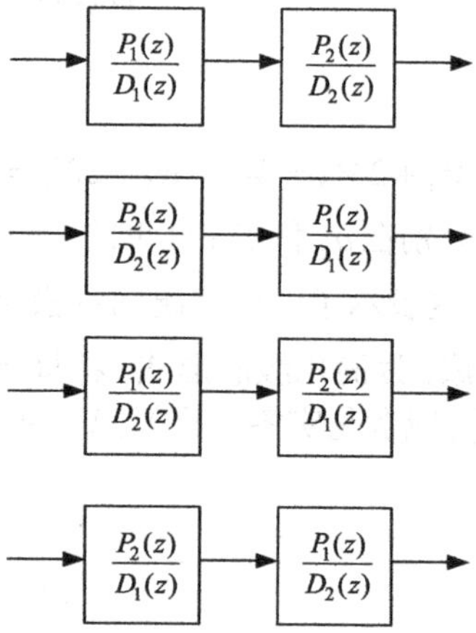

图 6.14　四阶 IIR 系统的四种级联结构

【例 6.2】 设系统函数 $H(z)$ 如下式：

$$H(z)=\frac{8-4z^{-1}+11z^{-2}-2z^{-3}}{1-1.25z^{-1}+0.75z^{-2}-0.125z^{-3}}$$

试画出其级联型网络结构。

解：将 $H(z)$ 的分子、分母进行因式分解，得到：

$$H(z)=\frac{(2-0.379z^{-1})(4-1.24z^{-1}+5.264z^{-2})}{(1-0.25z^{-1})(1-z^{-1}+0.5z^{-2})}$$

为减少单位延时单元的数目，将一阶的分子、分母多项式组成一个一阶网络，二阶的分子、分母多项式组成一个二阶网络，画出结构图如图 6.15 所示。

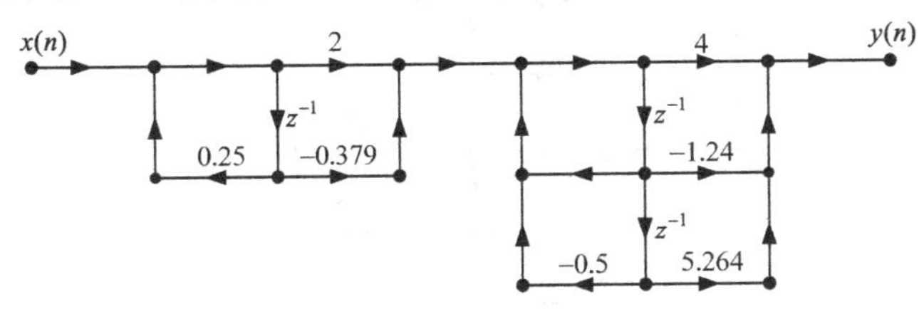

图 6.15　例 6.2 图

6.2.4　并联型

将 $H(z)$ 按部分分式形式展成：

$$H(z)=\frac{\sum_{k=0}^{M}b_k z^{-k}}{1-\sum_{k=1}^{N}a_k z^{-k}}=A_0+\sum_{k=1}^{L_1}\frac{A_k}{1-p_k z^{-1}}+\sum_{k=1}^{L_2}\frac{B_k(1-D_k z^{-1})}{(1-d_k z^{-1})(1-d_k^{*}z^{-1})} \tag{6.21}$$

$$=A_0+\sum_{k=1}^{L_1}\frac{A_k}{1-p_k z^{-1}}+\sum_{k=1}^{L_2}\frac{\alpha_{0k}+\alpha_{1k}z^{-1}}{1-\beta_{1k}z^{-1}-\beta_{2k}z^{-2}}$$

式中，$L_1+2L_2=N$，这样就可以用 L_1 个一阶网络，L_2 个二阶网络，以及常数 A_0 网络并联起来组成滤波器 $H(z)$。以 $\frac{b_0+b_1z^{-1}}{1-a_1z^{-1}}=A+\frac{B}{1-a_1z^{-1}}$ 表示单根的情况，而以

$$\frac{b_0+b_1z^{-1}+b_2z^{-2}}{1-a_1z^{-1}-a_2z^{-2}}=A+\frac{A_1}{1-d_1z^{-1}}+\frac{A_2}{1-d_1^{*}z^{-1}}=A+\frac{B_1+B_2z^{-1}}{(1-d_1z^{-1})(1-d_1^{*}z^{-1})}$$

表示共轭复根的情况。

一般地，

$$H(z)=H_1(z)+H_2(z)+\cdots+H_k(z)+\cdots H_{N_p}(z) \tag{6.22}$$

其中
$$H_k(z)=\frac{b_{0k}+b_{1k}z^{-1}}{1-a_{1k}z^{-1}-a_{2k}z^{-2}}$$

$N_p=\left\lceil\frac{N+1}{2}\right\rceil$ 是不小于 $\frac{N+1}{2}$ 的最小整数。

因此，

$$Y(z)=X(z)\cdot H_1(z)+X(z)\cdot H_2(z)+\cdots+X(z)\cdot H_{N_p}(z) \tag{6.23}$$

$$y(n)=y_1(n)+y_2(n)+\cdots+y_{N_p}(n) \tag{6.24}$$

这种结构可通过改变 a_{1k}、a_{2k} 的值，单独调整极点位置，但不能像级联型那样直接控制零点。并联结构的主要优点是不存在误差积累。图 6.16 画出了 $N=6$ 时的并联型结构形式。

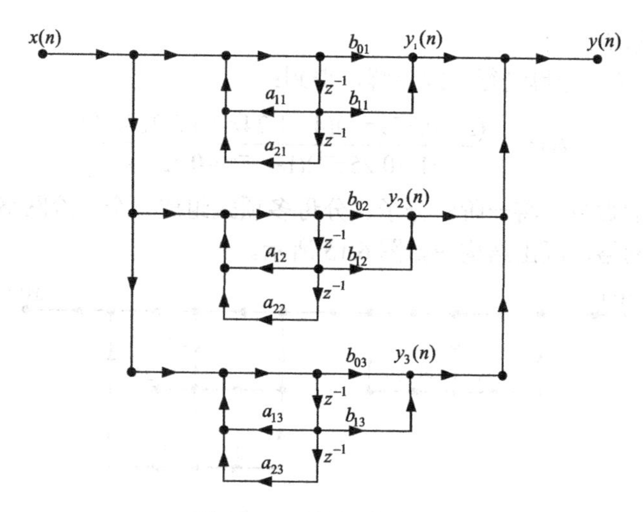

图 6.16　系统并联型结构

由以上讨论看到，可以按照 $H(z)$ 的不同表达形式，画出对应的信号流图。这些不同的组合方式相当于用不同的结构来实现同一系统。

例如，
$$H(z)=\frac{0.44z^2+0.362z+0.02}{z^3+0.4z^2+0.18z-0.2}=\frac{0.44z^{-1}+0.362z^{-2}+0.02z^{-3}}{1+0.4z^{-1}+0.18z^{-2}-0.2z^{-3}}$$

可表示为
$$H(z)=\frac{0.44+0.362z^{-1}+0.02z^{-2}}{1+0.8z^{-1}+0.5z^{-2}}\frac{z^{-1}}{1-0.4z^{-1}}$$

或
$$H(z)=\frac{z^{-1}}{1+0.8z^{-1}+0.5z^{-2}}\frac{0.44+0.362z^{-1}+0.02z^{-2}}{1-0.4z^{-1}}$$

$$H(z)=-0.1+\frac{0.6}{1-0.4z^{-1}}+\frac{-0.5-0.2z^{-1}}{1+0.8z^{-1}+0.5z^{-2}}=\frac{0.24}{z-0.4}+\frac{0.2z+0.25}{z^2+0.8z+0.5}$$

$$H(z)=\frac{0.24z^{-1}}{1-0.4z^{-1}}+\frac{0.2z^{-1}+0.25z^{-2}}{1+0.8z^{-1}+0.5z^{-2}}$$

这里，同一个 $H(z)$，有四种表示形式，对应四种不同的网络结构。它们对应的信号流图分别如图 6.17(a)~(d)所示。

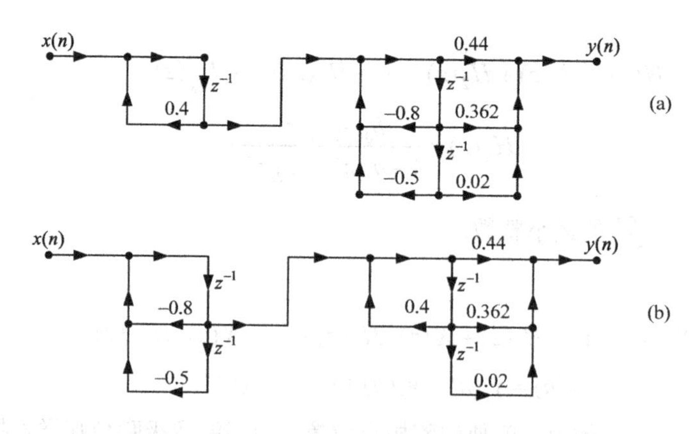

图 6.17　同一 $H(z)$的四种网络结构

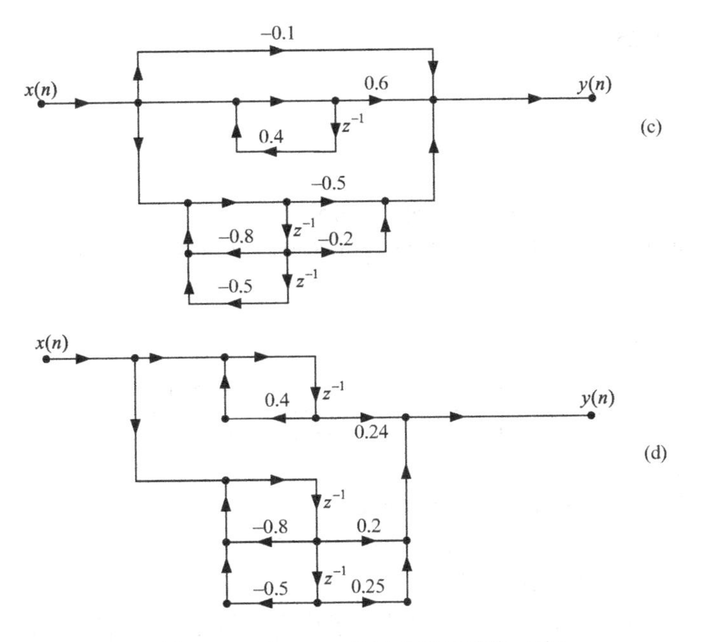

图 6.17　同一 $H(z)$的四种网络结构（续）

【例 6.3】 画出例题 6.2 中的 $H(z)$ 的并联型结构。

解：将例 6.2 中 $H(z)$ 展成部分分式形式：

$$H(z)=16+\frac{8}{1-0.5z^{-1}}+\frac{-16+20z^{-1}}{1-z^{-1}+0.5z^{-2}}$$

将每一部分用直接型结构实现，其并联型网络结构如图 6.18 所示。

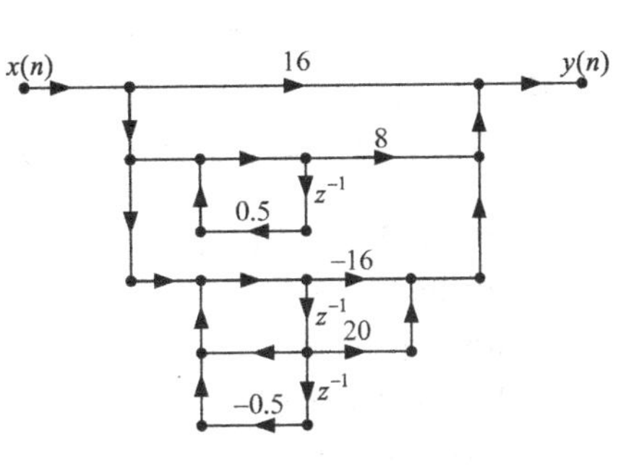

图 6.18　例 6.3 图

MATLAB 信号处理工具箱提供了线性系统网络结构变换函数，实现各种结构之间的变换。下面介绍两种常用的变换函数。

（1）tf2sos 直接型到级联型结构变换：

[S,G]= tf2sos(B,A)

$\boldsymbol{B}$ 和 $\boldsymbol{A}$ 分别为直接型系统函数的分子和分母多项式系数向量

$$\boldsymbol{B}=[b_0\ b_1\ b_2\ \cdots b_M],\boldsymbol{A}=[1-a_1-a_2\ \cdots-a_N]$$

当 $\boldsymbol{A}=1$ 时，表示 FIR 系统函数。返回 L 级二阶级联型结构的系数矩阵 $\boldsymbol{S}$ 和增益常数 G。

$$\boldsymbol{S}=\begin{bmatrix} b_{01} & b_{11} & b_{21} & 1 & -a_{11} & -a_{21} \\ b_{02} & b_{12} & b_{22} & 1 & -a_{12} & -a_{22} \\ & & & \vdots & & \\ b_{0L} & b_{1L} & b_{2L} & 1 & -a_{1L} & -a_{2L} \end{bmatrix}$$

$\boldsymbol{S}$ 为 $L\times 6$ 矩阵，每一行表示一个系统函数的系数向量，第 k 行对应的 2 阶系统函数为

$$H_k(z)=\frac{b_{0k}+b_{1k}z^{-1}+b_{2k}z^{-2}}{1-a_{1k}z^{-1}-a_{2k}z^{-2}},\quad k=1,2,\cdots,L$$

级联结构的系统函数为

$$H(z)=H_1(z)H_2(z)\cdots H_k(z)\cdots H_L(z)$$

例 6.2 的求解程序如下：

```
B=[8,-4,11,-2];
```

```
A=[1,–1.25,0.75,–0.125];
[S,G]=tf2sos(B,A)
```

运行结果：

```
S =
      1.0000    –0.1900          0    1.0000    –0.2500          0
      1.0000    –0.3100     1.3161    1.0000    –1.0000     0.5000
G =
      8
```

所以

$$H(z)=8\frac{1-0.19z^{-1}}{1-0.25z^{-1}}\cdot\frac{1-0.31z^{-1}+1.3161z^{-2}}{1-z^{-1}+0.5z^{-2}}$$

与例 6.2 所得结果一致。

（2）sos2tf 级联型到直接型网络结构的变换：

[B, A]= sos2tf(S, G)

B、A、S 和 G 的含义与 tf2sos(B,A)中相同。

【例 6.4】 一个滤波器由下面差分方程描述，求出它的级联形式结构并画出零、极点图。

$$\begin{aligned}&16y(n)+12y(n-1)+2y(n-2)-4y(n-3)-y(n-4)\\&=x(n)-3x(n-1)+11x(n-2)-27x(n-3)+18x(n-4)\end{aligned}$$

解：该系统是一个 4 阶 IIR 滤波器，采用两级二阶结构实现。调用 tf2sos 实现级联结构系数的计算，调用 tf2zp 得到系统的零、极点。程序如下：

```
B= [1, –3, 11, –27, 18];            %系统函数分子多项式系数
A=[16, 12, 2, –4, –1];              %系统函数分母多项式系数
[sos, G]= tf2sos(B, A);             %级联结构的系数
[zer, pol]= tf2zp(B, A);            %求零、极点
zplane(zer，pol);                   %画零、极点图
```

程序运行结果为

```
sos =
     1.0000    –3.0000    2.0000    1.0000    –0.2500    –0.1250
     1.0000     0.0000    9.0000    1.0000     1.0000     0.5000
G =
     0.0625
zer =
   –0.0000 + 3.0000i
   –0.0000 – 3.0000i
    2.0000
    1.0000
pol =
    0.5000
   –0.5000 + 0.5000i
   –0.5000 – 0.5000i
   –0.2500
```

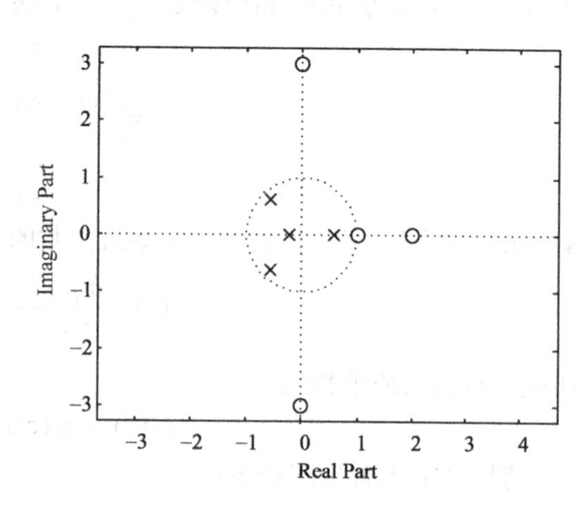

图 6.19　例 6.4 系统零、极点图

显然根据运行结果 sos 和 G 的值写出滤波器级联结构方程，容易画出系统零、极点图，如图 6.19 所示。

6.3 有限脉冲响应系统的基本结构

FIR 系统网络结构 1

设有限脉冲响应 FIR 系统单位脉冲响应为$h(n),0 \leqslant n \leqslant N-1$，则系统函数和差分方程为

$$H(z)=\sum_{n=0}^{N-1} h(n) z^{-n} \tag{6.25}$$

$$y(n)=\sum_{k=0}^{N-1} h(k) x(n-k) \tag{6.26}$$

其特点是$h(n)$为有限长序列；$H(z)$是关于z^{-1}的$N-1$次多项式，有$N-1$个零点，可分布于整个z平面；在$z=0$处有$N-1$阶极点，除$z=0$外$H(z)$在z平面无极点；结构是非递归型。

6.3.1 直接型

按式（6.26）直接构造的信号流图称为直接型结构，也称为横截型结构。例如，$N=5$时，

$$y(n)=h(0)x(n)+h(1)x(n-1)+h(2)x(n-2)+h(3)x(n-3)+h(4)x(n-4)$$

信号流图如图 6.20(a)所示，其转置形式如图 6.20(b)所示。

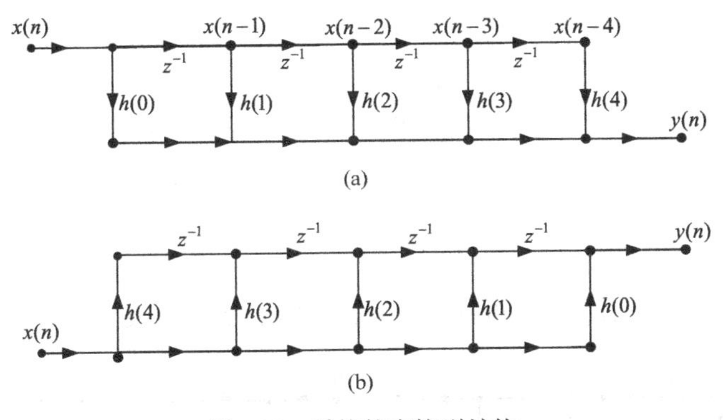

图 6.20 系统的直接型结构

6.3.2 级联型

将多项式系统函数$H(z)$因式分解就可以得到 FIR 系统的级联型结构：

$$H(z)=\sum_{n=0}^{N-1} h(n) z^{-n}=\prod_{k=1}^{N_{\mathrm{c}}}\left(\beta_{0k}+\beta_{1k} z^{-1}+\beta_{2k} z^{-2}\right) \tag{6.27}$$

$$H(z)=H_1(z) H_2(z) \cdots H_i(z) \cdots H_{N_{\mathrm{c}}}(z) \tag{6.28}$$

其中，

$$H_i(z)=\beta_{0i}+\beta_{1i} z^{-1}+\beta_{2i} z^{-2} \tag{6.29}$$

式中$N_{\mathrm{c}}=\left\lceil\frac{N}{2}\right\rceil$是不小于$\frac{N}{2}$的最小整数。

FIR 系统实际上是 IIR 系统中所有a_k都为零时的结构，故 FIR 系统直接型是 IIR 系统直接型的一种特殊情况。对照 IIR 系统的级联型结构，容易得到 FIR 系统的级联型结构。当$N=6$时，级联型结构信号流图如图 6.21 所示。该结构的每一级控制一对零点，所需系数β_{0k}、β_{1k}、β_{2k}比直接型系数$h(n)$多，所以乘法次数多。

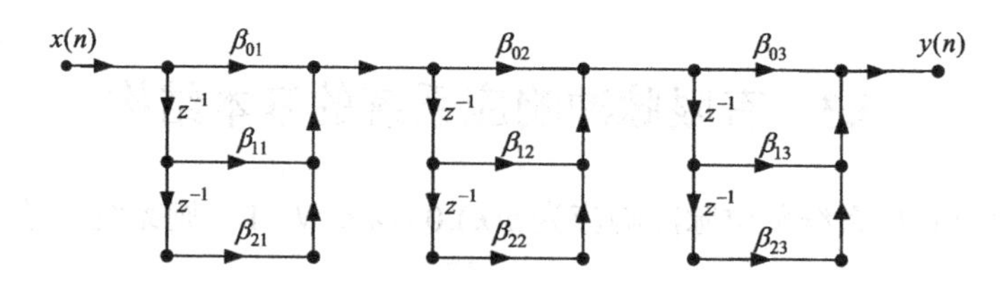

图 6.21　$N=6$ 时 FIR 系统级联型结构

【例 6.5】 设 FIR 网络系统函数 $H(z)$ 为

$$H(z)=0.96+2.0z^{-1}+2.8z^{-2}+1.5z^{-3}$$

画出 $H(z)$ 的直接型结构和级联型结构。

解：将 $H(z)$ 进行因式分解

$$H(z)=(0.6+0.5z^{-1})(1.6+2z^{-1}+3z^{-3})$$

容易画出其级联型结构和直接型结构如图 6.22 所示。MATLAB 程序如下：

```
B=[0.96, 2, 2.8, 1.5];
A=1;
[S，G]=tf2sos(B, A)
```

运行结果为

```
S =
    1.0000    0.8333         0    1.0000         0         0
    1.0000    1.2500    1.8750    1.0000         0         0
G =
    0.9600
```

容易写出级联结构的系统函数为

$$H(z)=0.96(1+0.833z^{-1})(1+1.25z^{-1}+1.875z^{-2})$$

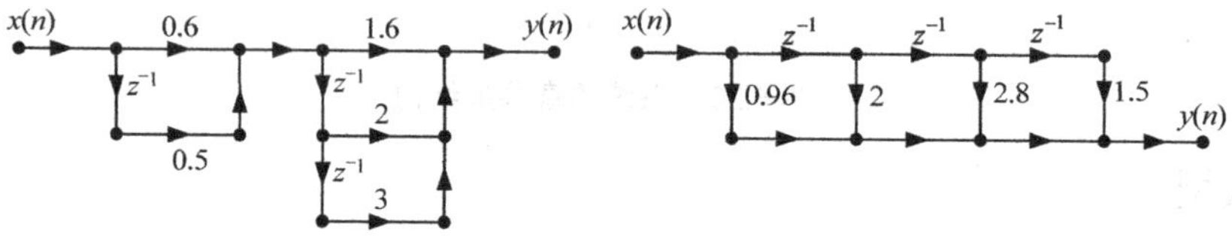

(a) 级联型　　(b) 直接型

图 6.22　例 6.5 图

FIR 系统网络结构 2

6.3.3　频率采样结构

设 FIR 滤波器单位脉冲响应 $h(n)$ 的长度为 N，系统函数 $H(z)=\mathrm{ZT}[h(n)]$，离散傅里叶变换为 $H(k)$，则 $H(k)$ 和 $H(z)$ 的关系式为

$$H(k)=H(z)\Big|_{z=\mathrm{e}^{\mathrm{j}\frac{2\pi}{N}k}}，\quad k=0,1,\cdots,N-1$$

在第 3 章频域采样中，我们已经知道，用 $H(k)$ 表示 $H(z)$ 的内插公式为

$$H(z)=(1-z^{-N})\frac{1}{N}\sum_{k=0}^{N-1}\frac{H(k)}{1-W_N^{-k}z^{-1}} \tag{6.30}$$

式（6.30）提供了一种由两部分级联组成的 FIR 网络结构，由于这种结构是通过频域采样原理得来的，所以称为频率采样结构。

将式（6.30）写成下式：

$$H(z)=\frac{1}{N}H_{\mathrm{c}}(z)\sum_{k=0}^{N-1}H_k'(z) \tag{6.31}$$

式中，第一部分 $H_{\mathrm{c}}(z)=1-z^{-N}$ 是一个 FIR 子系统，是由 N 阶延时单元构成的梳状滤波器，在单位圆上等间隔分布 N 个零点：

$$z_k=\mathrm{e}^{\mathrm{j}\frac{2\pi}{N}k}=W_N^{-k},\quad k=0,1,\cdots,N-1$$

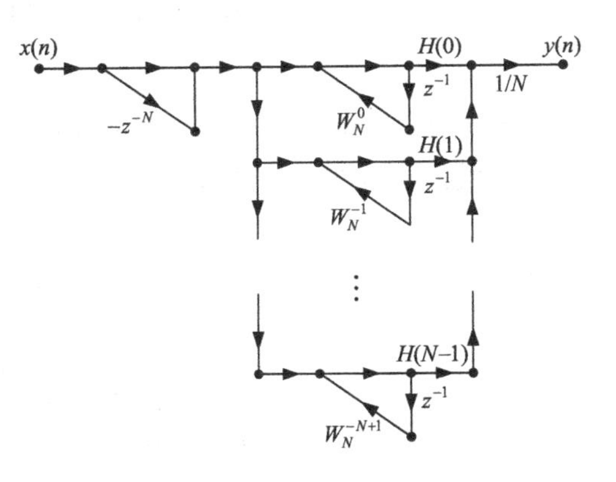

图 6.23　FIR 滤波器频率采样结构

第二部分由 N 个一阶 IIR 网络并联组成，每个一阶网络 $H_k'(z)=\dfrac{H(k)}{1-W_N^{-k}z^{-1}}$ 都是一个谐振器，它们在单位圆上各有一个极点 z_k：

$$z_k=\mathrm{e}^{\mathrm{j}\frac{2\pi}{N}k}=W_N^{-k},\quad k=0,1,\cdots,N-1$$

这样，$H(z)$ 由梳状滤波器 $H_{\mathrm{c}}(z)$ 和有 N 个极点的谐振网络级联而成的，其网络结构如图 6.23 所示。谐振网络的极点与梳状滤波器的零点互相抵消，总的系统函数是 N 个（N–1）阶多项式的和，仍是一个稳定的 FIR 系统。

由于这种结构是通过频域采样得来的，存在时域混叠的问题，因此不适合 IIR 系统，只适合 FIR 系统。但这种网络结构又存在反馈网络，不同于前面介绍的 FIR 网络结构。频率采样结构有以下两个突出的优点：

（1）并联谐振网络的系数 $H(k)$，就是 FIR 滤波器在频率采样点 ω_k 处的频率响应，因此可以通过调整 $H(k)$，有效控制滤波器的频响特性。

（2）只要 $h(n)$ 长度 N 相同，对于任何频响形状，其梳状滤波器部分和 N 个一阶网络部分结构完全相同，只是各支路增益 $H(k)$ 不同。这样，相同部分便于标准化、模块化。

然而，上述频率采样结构有以下两个缺点：

（1）系统稳定是靠位于单位圆上的 N 个零极点对消来保证的。实际上，因为寄存器字长都是有限的，在对网络中支路增益 W_N^{-k} 量化时会产生量化误差，可能使零、极点不能完全对消，这样在单位圆上存在极点，将使系统不稳定。

（2）结构中，系数 $H(k)$ 和 W_N^{-k} 一般为复数，要求乘法器完成复数乘法运算，这对硬件实现是不方便的。

为了克服上述缺点，对频率采样结构进行以下修正。

首先将单位圆上的零、极点向单位圆内收缩一点，收缩到半径为 r 的圆上，取 $r<1$ 且 $r\approx1$。此时 $H(z)$ 为

$$H(z)=(1-r^N z^{-N})\frac{1}{N}\sum_{k=0}^{N-1}\frac{H_r(k)}{1-rW_N^{-k}z^{-1}} \tag{6.32}$$

式中，$H_r(k)$ 是在半径为 r 的圆上对 $H(z)$ 的 N 点等间隔采样值。由于 $r\approx1$，所以 $H_r(k)\approx H(k)$，即

$$H_r(k)=H(z)\Big|_{z=rW_N^{-k}}\approx H(z)\Big|_{z=W_N^{-k}}=H(k) \tag{6.33}$$

$$H(z)\approx(1-r^N z^{-N})\frac{1}{N}\sum_{k=0}^{N-1}\frac{H(k)}{1-rW_N^{-k}z^{-1}} \tag{6.34}$$

这样，$H(z)$ 零、极点均为 $re^{j(2\pi k/N)}, k=0,1,2\cdots,N-1$。如果由于某种原因（如量化误差），零、极点不能抵消时，极点位置仍在单位圆内，保持系统稳定。

另外，由 DFT 的共轭对称性知道，如果 $h(n)$ 是实序列，则其离散傅里叶变换 $H(k)$ 关于 $N/2$ 点共轭对称，即

$$H(k)=H^*(N-k)\quad\begin{cases}k=1,2,\cdots,\dfrac{N-1}{2}, & N\text{为奇数}\\ k=1,2,\cdots,\dfrac{N}{2}-1, & N\text{为偶数}\end{cases}\tag{6.35}$$

又因为 $W_N^{-k}=W_N^{N-k}$，可将式（6.34）中第 k 个 IIR 一阶网络和第 $N-k$ 个 IIR 一阶网络合并为一个实系数的二阶网络，记为 $H_k(z)$，则

$$\begin{aligned}H_k(z)&=\frac{H(k)}{1-rW_N^{-k}z^{-1}}+\frac{H(N-k)}{1-rW_N^{-(N-k)}z^{-1}}=\frac{H(k)}{1-rW_N^{-k}z^{-1}}+\frac{H^*(k)}{1-r(W_N^{-k})^*z^{-1}}\\&=\frac{\alpha_{0k}+\alpha_{1k}z^{-1}}{1-2r\cos\left(\dfrac{2\pi}{N}k\right)z^{-1}+r^2z^{-2}}\quad\begin{cases}k=1,2,\cdots,\dfrac{N-1}{2}, & N\text{为奇数}\\ k=1,2,\cdots,\dfrac{N}{2}-1, & N\text{为偶数}\end{cases}\end{aligned}\tag{6.36}$$

式中，

$$a_{0k}=2\mathrm{Re}[H(k)],\quad a_{1k}=-2\mathrm{Re}[rH(k)W_N^k]$$

其网络结构如图 6.24 所示。

图 6.24　二阶结构网络

$H(z)$ 除共轭复根外，还有实根。当 N 为偶数时，有一对实根 $z=\pm r$，如图 6.25(a)所示，对应的一阶网络为

$$H_0(z)=\frac{H(0)}{1-rz^{-1}}\tag{6.37}$$

$$H_{N/2}(z)=\frac{H(N/2)}{1+rz^{-1}}\tag{6.38}$$

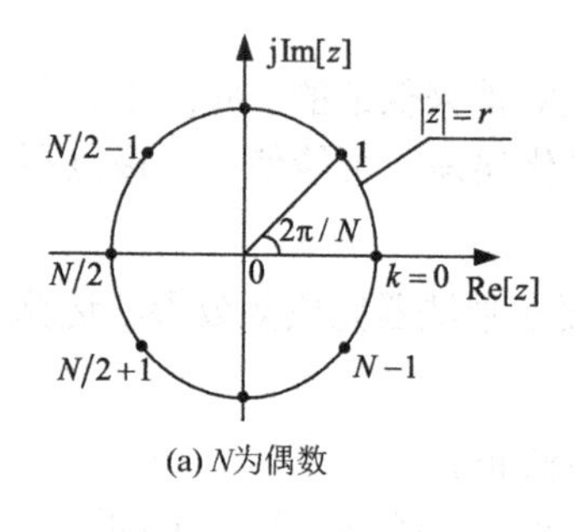

(a) N为偶数

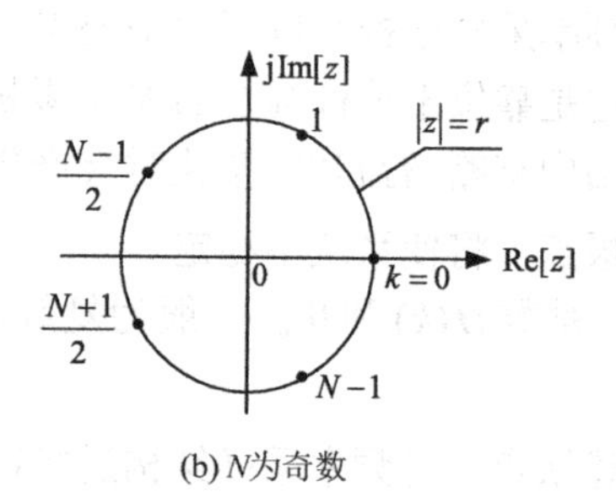

(b) N为奇数

图 6.25　二阶网络各个根的位置

式中，$H(0)$ 和 $H(N/2)$ 为实数，这时 $H(z)$ 可表示为

$$H(z)=(1-r^Nz^{-N})\frac{1}{N}\left[H_0(z)+H_{N/2}(z)+\sum_{k=1}^{N/2-1}H_k(z)\right]\tag{6.39}$$

对应的频率采样修正结构由 $N/2-1$ 个二阶网络和两个一阶网络并联构成，如图 6.26 所示。

当 N=奇数时，只有一个采样值 $H(0)$ 为实数，一个实根 $z=r$，如图 6.25(b)所示，对应一个一阶网络 $H_0(z)$，这时 $H(z)$ 可表示为

$$H(z)=(1-r^N z^{-N})\frac{1}{N}\left[H_0(z)+\sum_{k=1}^{N/2-1}H_k(z)\right] \tag{6.40}$$

即 N 等于奇数时的修正结构由一个一阶网络和 $(N-1)/2$ 个二阶网络结构构成，如图 6.27 所示。

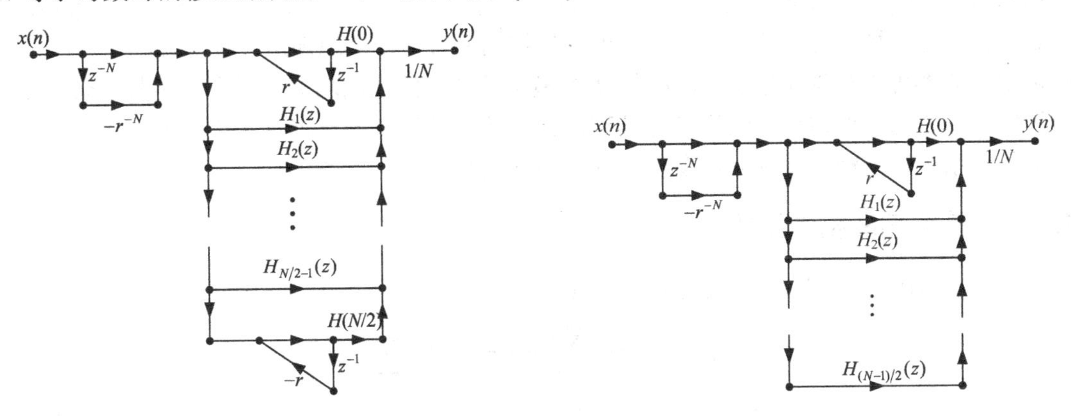

图 6.26　频率采样修正结构（N 为偶数）

图 6.27　频率采样修正结构（N 为奇数）

一般来说，频率采样结构比较复杂，尤其是当采样点数 N 很大时，需要的乘法器和延时单元很多。但由于窄带滤波器大部分频率采样值 $H(k)$ 为零，从而使二阶网络个数大大减少，这样系统的复杂度可以控制在适当范围内。

6.3.4　线性相位结构

前已证明，当 $h(n)$ 为实数且满足对称条件时，FIR 系统具有线性相位。当 $h(n)$ 满足偶对称 $h(n)=h(N-1-n)$，N 分别为奇数（例 $N=7$）和偶数（例 $N=8$）时，其网络结构可用图 6.28(a)、(b)的信号流图来实现，从而可以节省近一半数量的乘法器。当 $h(n)$ 满足奇对称 $h(n)=-h(N-1-n)$ 时，只要将图 6.28 中的相应加法运算改为减法运算即可。

例 $N=7$ 时，$H(z)=h(0)(1+z^{-6})+h(1)(z^{-1}+z^{-5})+h(2)(z^{-2}+z^{-4})+h(3)z^{-3}$

例 $N=8$ 时，$H(z)=h(0)(1+z^{-7})+h(2)(z^{-1}+z^{-6})+h(2)(z^{-2}+z^{-5})+h(3)(z^{-3}+z^{-4})$

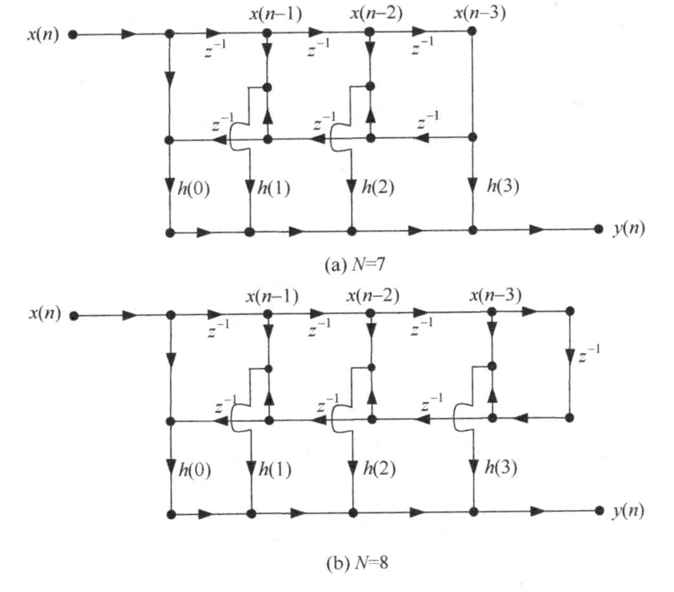

图 6.28　具有线性相位的 FIR 系统结构

6.4　数字滤波器的格型结构

格型网络结构

1973 年，Gray 和 Markel 提出一种新的系统结构形式，即格型结构（lattice structure）。这是一种很有用的结构，具有模块化结构并且便于实现高速并行处理；m 阶格型滤波器可以提供 1 阶到 M 阶的 M 个横向滤波器的输出功能；对有限字长的舍入误差不灵敏等优点，在功率谱估计、语音信号处理、自适应滤波等方面已得到了广泛的应用。下面分别讨论全零点系统、全极点系统以及零极点系统的格型结构。

6.4.1　全零点 FIR 格型结构

一个 M 阶前向 FIR 滤波器的系统函数可以写成：

$$H(z)=A(z)=\sum_{n=0}^{M-1}h(n)z^{-n}=1+\sum_{k=1}^{M-1}a_M(k)z^{-k} \tag{6.41}$$

可以假设首项系数 $h(0)=1$，$a_M(k)$ 表示 M 阶系统的第 k 个系数，该 FIR 系统的全零点格型结构如图 6.29 所示。格型结构是由多个基本单元级联起来的一种极为规范化的结构，与 FIR 滤波器的直接型结构一样，全零点格型结构也是没有反馈支路的。图 6.30 表示其中的第 m 级基本单元，输入输出关系表达式为

$$\begin{aligned}f_m(n)&=f_{m-1}(n)+k_m g_{m-1}(n-1), \qquad m=1,2,\cdots,M\\ g_m(n)&=k_m f_{m-1}(n)+g_{m-1}(n-1), \qquad m=1,2,\cdots,M\end{aligned} \tag{6.42}$$

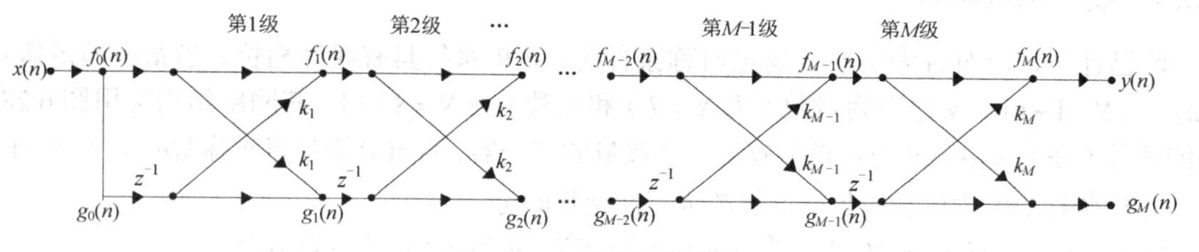

图 6.29　全零点格型结构

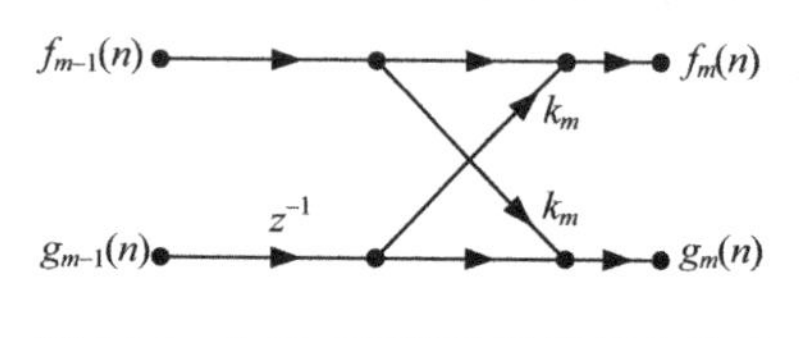

图 6.30　全零点格型结构的基本单元

图 6.30 中，以 $x(n)$ 为输入序列，后接 M 个格型基本单元，这样就形成 M 个滤波器：第 $m(m=1,2,\cdots,M)$ 个滤波器有两个输出，即上输出 $f_m(n)$ 和下输出 $g_m(n)$，以 $f_m(n)$ 为输出的滤波器称为前向滤波器，以 $g_m(n)$ 为输出的滤波器称为后向滤波器。

用 $A_m(z)$ 表示第 m 个基本单元上输出对应的系统函数：

$$H_m(z)=A_m(z)\text{，}\quad A_m(z)=1+\sum_{k=1}^{m}a_m(k)z^{-k}, \qquad 1\leqslant m\leqslant M \tag{6.43}$$

其中 m 表示滤波器序号，也表示滤波器的阶数，例如，给定 $a(0)=1$ 以及 $a(1),a(2),\cdots,a(M)$，则第 4 个滤波器的系统函数为

$$H_4(z)=1+a_4(1)z^{-1}+a_4(2)z^{-2}+a_4(3)z^{-3}+a_4(4)z^{-4}$$

设第 m 个滤波器的输入、输出序列分别是 $x(n)$ 和 $y(n)$，则

$$y(n)=x(n)+\sum_{k=1}^{m}a_m(k)x(n-k) \tag{6.44}$$

$m=1$ 阶滤波器的输出表示为

$$y(n)=x(n)+a_1(1)x(n-1)$$

该输出可以从图 6.29 所示的第一级格型滤波器得到，两个输入端连在一起，激励信号为 $x(n)$。从两个输出端得到的信号分别为 $f_1(n)$ 和 $g_1(n)$：

$$\begin{cases}f_1(n)=x(n)+k_1x(n-1)\\g_1(n)=k_1x(n)+x(n-1)\end{cases}\tag{6.45}$$

二阶 FIR 滤波器的直接型结构输出为

$$y(n)=x(n)+a_2(1)x(n-1)+a_2(2)x(n-2)\tag{6.46}$$

相应地，二阶滤波器可以用两个级联的格型单元（图 6.29 前两级）来实现。输出为

$$\begin{cases}f_2(n)=f_1(n)+k_2g_1(n-1)\\g_2(n)=k_2f_1(n)+g_1(n-1)\end{cases}\tag{6.47}$$

将式（6.45）代入式（6.47），得：

$$\begin{aligned}f_2(n)&=x(n)+k_1x(n-1)+k_2[k_1x(n-1)+x(n-2)]\\&=x(n)+k_1(1+k_2)x(n-1)+k_2x(n-2)\end{aligned}\tag{6.48}$$

因为 $f_2(n)$ 就是二阶滤波器的输出，所以式（6.46）和式（6.48）的系数相等，即

$$a_2(2)=k_2,\quad a_2(1)=k_1(1+k_2)\tag{6.49}$$

可以得到二阶格型结构的参数：

$$k_2=a_2(2),\qquad k_1=\frac{a_2(1)}{1+a_2(2)}\tag{6.50}$$

滤波器直接型和格型结构等效，所以有 $k_2=a_2(2)$。因此可以推论，若有 m 级格型，则其最右边的支路 k_m 与直接型结构的参数 $a_m(m)$ 相等：

$$k_m=a_m(m)\tag{6.51}$$

为了得到其他支路传输值 $k_{m-1},k_{m-2},\cdots,k_1$ 与直接型结构的参数之间的关系，需要从图 6.29 所示的 M 阶格型结构的最右边做起，根据 M 阶滤波器的直接型参数，依次求 $M-1,M-2,\ M-3,\cdots,1$ 阶滤波器的直接型参数。

按照图 6.29，格型滤波器可用递归方程表示：

$$\begin{aligned}&f_0(n)=g_0(n)=x(n)\\&f_m(n)=f_{m-1}(n)+k_mg_{m-1}(n-1),\qquad m=1,2,\cdots,M\\&g_m(n)=k_mf_{m-1}(n)+g_{m-1}(n-1),\qquad m=1,2,\cdots,M\end{aligned}\tag{6.52}$$

因此，第 M 级滤波器的输出为

$$y(n)=f_M(n)$$

二级格型滤波器输出 $g_2(n)$ 为

$$\begin{aligned}g_2(n)&=k_2f_1(n)+g_1(n-1)=k_2[x(n)+k_1x(n-1)]+k_1x(n-1)+x(n-2)\\&=k_2x(n)+k_1(1+k_2)x(n-1)+x(n-2)=a_2(2)x(n)+a_2(1)x(n-1)+x(n-2)\end{aligned}\tag{6.53}$$

对于 $g_2(n)$ 为输出的后向滤波器，滤波系数组为 $[a_2(2)\ \ a_2(1)\ \ 1]$，而对于以 $f_2(n)$ 为输出的滤波器，滤波系数组按相反次序排列，为 $[1\ \ a_2(1)\ \ a_2(2)]$。

根据以上分析，上、下输出 $f_m(n)$、$g_m(n)$ 可以表示为

$$f_m(n)=\sum_{k=0}^{m}a_m(k)x(n-k),\qquad a_m(0)=1\tag{6.54}$$

$$g_m(n)=\sum_{k=0}^{m}\beta_m(k)x(n-k),\tag{6.55}$$

式中，滤波器系数：

$$\beta_m(k)=a_m(m-k),\qquad k=0,1,\cdots,m \tag{6.56}$$

在 z 域中，将式（6.52）变换到 z 域，得：

$$\begin{aligned}&F_0(z)=G_0(z)=X(z)\\&F_m(z)=F_{m-1}(z)+k_m z^{-1}G_{m-1}(z),\quad m=1,2,\cdots,M\\&G_m(z)=k_m F_{m-1}(z)+z^{-1}G_{m-1}(z),\quad m=1,2,\cdots,M\end{aligned} \tag{6.57}$$

式（6.54）是两个序列的卷积和，根据 Z 变换的时域卷积定理，可得 $F_m(z)=A_m(z)X(z)$，所以

$$A_m(z)=\frac{F_m(z)}{X(z)}=\frac{F_m(z)}{F_0(z)} \tag{6.58}$$

对式（6.55）进行 Z 变换，

$$G_m(z)=B_m(z)X(z) \tag{6.59}$$

即

$$B_m(z)=\frac{G_m(z)}{X(z)} \tag{6.60}$$

$B_m(z)$ 表示下输出端相对于输入端的系统函数：

$$B_m(z)=\sum_{k=0}^{m}\beta_m(k)z^{-k} \tag{6.61}$$

因为 $\beta_m(k)=a_m(m-k)$，故

$$B_m(z)=\sum_{k=0}^{m}a_m(m-k)z^{-k}=\sum_{j=0}^{m}a_m(j)z^{j-m}=z^{-m}\sum_{j=0}^{m}a_m(j)z^{j}=z^{-m}A_m(z^{-1}) \tag{6.62}$$

代入式（6.57），可得：

$$\begin{aligned}&A_0(z)=B_0(z)=1\\&A_m(z)=A_{m-1}(z)+k_m z^{-1}B_{m-1}(z),\ m=1,2,\cdots,M\\&B_m(z)=k_m A_{m-1}(z)+z^{-1}B_{m-1}(z),\ m=1,2,\cdots,M\end{aligned} \tag{6.63}$$

因此，在 z 域，一个格型级可用矩阵方程描述为

$$\begin{bmatrix}A_m(z)\\B_m(z)\end{bmatrix}=\begin{bmatrix}1 & k_m\\k_m & 1\end{bmatrix}\begin{bmatrix}A_{m-1}(z)\\z^{-1}B_{m-1}(z)\end{bmatrix} \tag{6.64}$$

【例 6.6】 给定三级格型滤波器如图 6.31 所示，确定与之等效的直接型结构的 FIR 滤波器系数。

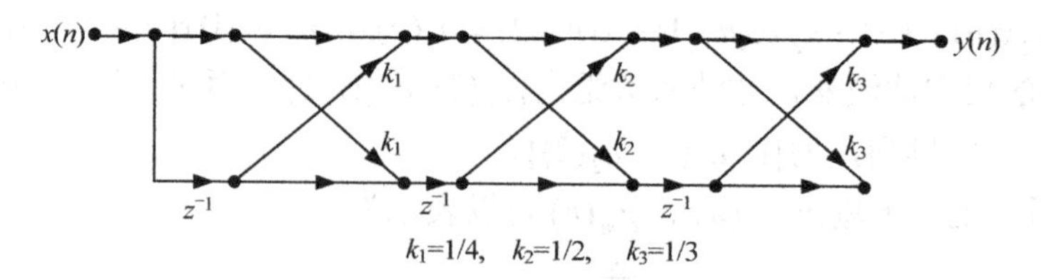

图 6.31　三级格型滤波器

解：根据式（6.63），得：

$$A_1(z)=A_0(z)+k_1z^{-1}B_0(z)=1+k_1z^{-1}=1+\frac{1}{4}z^{-1}$$

因此，对应于单级格型的 FIR 滤波器系数为 $a_1(0)=1$。

$a_1(1)=k_1=\frac{1}{4}$，因 $B_m(z)$ 是 $A_m(z)$ 的反转多项式，故 $B_1(z)=\frac{1}{4}+z^{-1}$。

其次，对于 $m=2$ 格型滤波器，可得

$$A_2(z)=A_1(z)+k_2z^{-1}B_1(z)=1+\frac{3}{8}z^{-1}+\frac{1}{2}z^{-2}$$

$$B_2(z)=k_2A_1(z)+z^{-1}B_1(z)=\frac{1}{2}+\frac{3}{8}z^{-1}+z^{-2}$$

因此，对应于二级格型的 FIR 滤波器系数为 $a_2(0)=1$，$a_2(1)=\frac{3}{8}$，$a_2(2)=\frac{1}{2}$。此外，$B_2(z)=\frac{1}{2}+\frac{3}{8}z^{-2}+z^{-3}$，最后，加上第三个格型级，得出多项式：

$$A_3(z)=A_2(z)+k_3z^{-1}B_2(z)=1+\frac{13}{24}z^{-1}+\frac{5}{8}z^{-2}+\frac{1}{3}z^{-3}$$

因此，与给定三级格型滤波器等效的直接型 FIR 滤波器系数为

$$a_3(0)=1,a_3(1)=\frac{13}{24},a_3(2)=\frac{5}{8},a_3(3)=\frac{1}{3}$$

假定已知 M 阶直接型 FIR 滤波器的系数或者多项式 $A_M(z)$，我们希望确定相应的格型滤波器的系数组 $\{k_i,i=1,2,\cdots,M\}$。对于第 M 个格型级，可直接得出 $k_M=A_M(M)$，所以，只需从 $M-1$ 开始降阶递推过程。为了得到 k_{M-1}，只需求出多项式：

$$A_{M-1}(z)=1+A_{M-1}(1)z^{-1}+\cdots+A_{M-1}(M-1)z^{-(M-1)}$$

可得 $k_{M-1}=A_{M-1}(M-1)$。

根据式（6.63），可得降阶递推关系：

$$A_m(z)=A_{m-1}(z)+k_mz^{-1}B_{m-1}(z)=A_{m-1}(z)+k_m[B_m(z)-k_mA_{m-1}(z)]$$

可得
$$A_{m-1}(z)=\frac{A_m(z)-k_mB_m(z)}{1-k_m^2},\quad m=M,M-1,M-2,\cdots,1$$

6.4.2 IIR 系统的全极点格型结构

设 IIR 滤波器的全极点系统函数 $H(z)$ 为

$$H(z)=\frac{1}{1+\sum_{k=1}^{M}a_kz^{-k}} \tag{6.65}$$

全极点滤波器是全零点滤波器的逆滤波器，因此全极点网络的格型结构可由全零点型格型结构求得。

给定一阶 FIR 系统函数为

$$H(z)=\frac{Y(z)}{X(z)}=c+k_1z^{-1} \tag{6.66}$$

则差分方程为

$$y(n)=cx(n)+k_1x(n-1) \tag{6.67}$$

逆系统的系统函数为

$$H'(z)=\frac{1}{c+k_1z^{-1}} \tag{6.68}$$

其差分方程为

$$y(n)=\frac{1}{c}[x(n)-k_1y(n-1)] \tag{6.69}$$

因此，比照图 6.29 的全零点格型结构可得到全极点格型结构，如图 6.32 所示。

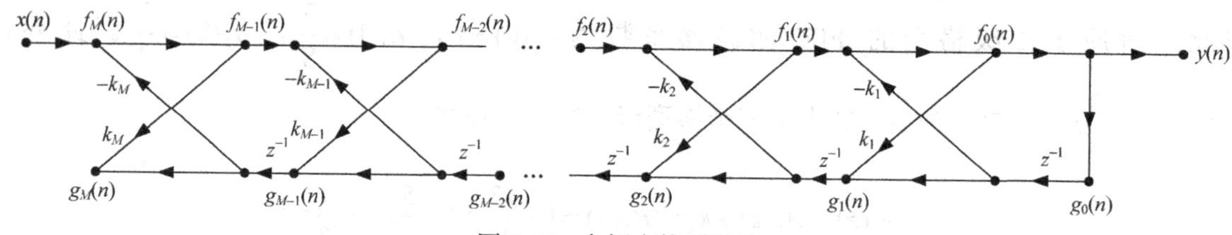

图 6.32　全极点格型结构

【例 6.7】 已知 IIR 系统函数为$H_{\text{IIR}}(z)=\dfrac{1}{1+\dfrac{13}{24}z^{-1}+\dfrac{5}{8}z^{-2}+\dfrac{1}{3}z^{-3}}$，求其格型结构系数并画出该结构。

解：由于逆系统$H_{\text{FIR}}(z)=\dfrac{1}{H_{\text{IIR}}(z)}$，可求出 FIR 系统函数为$H_{\text{FIR}}(z)=1+\dfrac{13}{24}z^{-1}+\dfrac{5}{8}z^{-2}+\dfrac{1}{3}z^{-3}$的格型结构，如图 6.31 所示。

根据上述求逆系统流图的方法，可得$H_{\text{IIR}}(z)$的格型结构如图 6.33 所示。

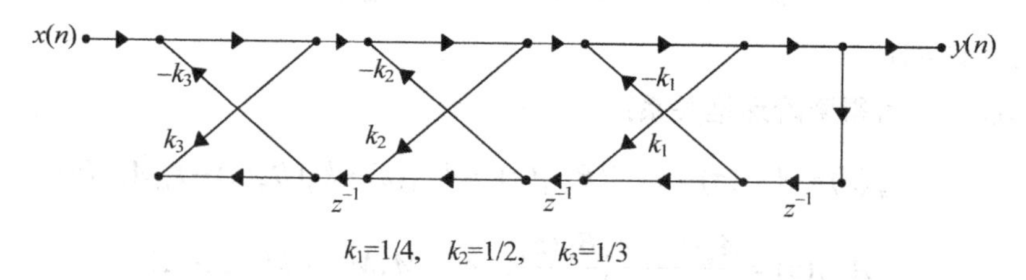

图 6.33　例 6.7 的格型结构

【例 6.8】 已知 IIR 系统函数为$H(z)=\dfrac{1}{1-1.7z^{-1}+1.53z^{-2}-0.648z^{-3}}$，求其格型结构系数并画出该结构。

解：利用 MATLAB 函数 dir2latc 可以由已知的直接型结构求出格型结构系数。本例的 MATLAB 程序如下：

```
b = [1 –1.7 1.53 –0.648];
k = dir2latc(b)
```

运行结果：

```
k = 1.0000    –0.7026    0.7385    –0.6480
```

所得的格型结构如图 6.34 所示。

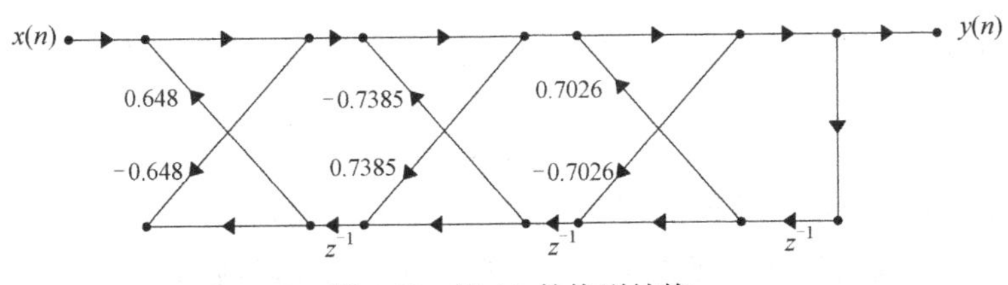

图 6.34　例 6.8 的格型结构

其中，dir2latc 函数为

```
function [K] = dir2latc(b)
M = length(b);K = zeros(1,M);b1 = b(1);
if b1 == 0
  error('b(1)  等于零')
end
K(1) = b1; A = b/b1;
for m=M:-1:2
  K(m) = A(m);
  J = fliplr(A);
  A = (A-K(m)*J)/(1-K(m)*K(m));
  A = A(1:m-1);
end
```

6.4.3　IIR 系统的零极点格型结构

既有极点又有零点的 IIR 系统函数为

$$H(z)=\frac{B(z)}{A(z)}=\frac{\sum_{k=0}^{M} b_k z^{-k}}{1+\sum_{k=1}^{N} a_k z^{-k}} \tag{6.70}$$

其格型结构如图 6.35 所示。由该图可以看出：

（1）如果 $c_1=c_2=\cdots=c_N=0,c_0=1$，则图 6.35 和图 6.32 的全极点系统的格型结构完全一样。

（2）如果 $k_1=k_2=\cdots=k_N=0$，则图 6.35 变成一个 N 阶 FIR 系统的直接实现形式。

因此，图 6.35 的上半部对应全极点系统 $1/A(z)$，其输出点在图中的 Y 点。显然，下半部对上半部无任何反馈。于是，参数 $k_1,k_2,\cdots,k_N$ 仍可按全极点系统的方法求出。上半部对下半部有影响，所以系数组 $\{c_i\}$ 和 $\{b_i\}$ 不会完全相同。现在的任务是求出 $c_i,i=0,1,\cdots,N$。

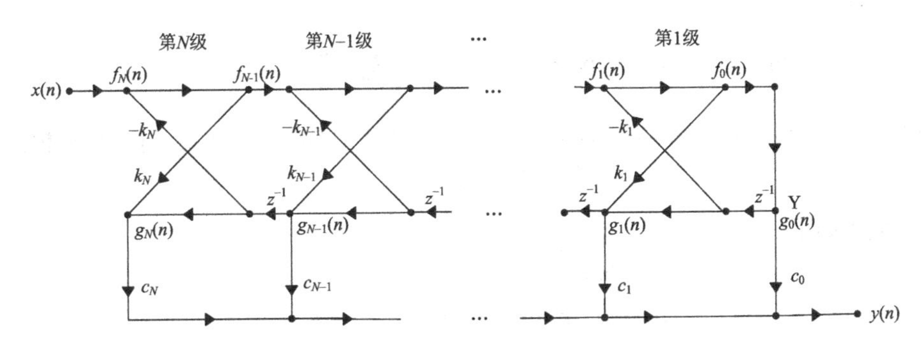

图 6.35　零、极点系统的格型结构

由图 6.35 可以看出：下半部的 N 个输入就是 N 个后向滤波器的输出 $g_m(n)$，$m=0,1,\cdots,N$。

将图 6.35 与图 6.30 对比可知，对于图 6.35 来说，后向滤波器的系统函数为

$$B_m(z)=\frac{G_m(z)}{Y(z)},\quad m=1,2,\cdots,N \tag{6.71}$$

按照全极点格型结构计算方法计算图 6.35 的系数 $k_1,k_2,\cdots,k_N$ 时，同时算出了 $B_m(z)$。

定义整个系统的输入端到下半部的 N 个输入端之间的系统函数为

$$\overline{H}_m(z)=G_m(z)/X(z) \tag{6.72}$$

故得

$$\overline{H}_m(z)=\frac{G_m(z)}{G_0(z)}\frac{G_0(z)}{X(z)}=B_m(z)/A(z) \tag{6.73}$$

整个系统的系统函数应是 $\overline{H}_0(z),\overline{H}_1(z),\cdots,\overline{H}_N(z)$ 加权后的总和，即

$$H(z)=\sum_{m=0}^{N}c_m\overline{H}_m(z)=\sum_{m=0}^{N}\frac{c_mB_m(z)}{A(z)}=\frac{B(z)}{A(z)} \tag{6.74}$$

式中，$B_m(z)=z^{-m}A_m(z^{-1})$。在求解 $k_1,k_2,\cdots,k_N$ 时，同时产生出 $A_m(z)$ 和 $B_m(z)$。代入式（6.74），得：

$$B(z)=\sum_{m=0}^{N}b_mz^{-m}A_m(z^{-1}) \tag{6.75}$$

下面说明系数组 $\{c_i\}$ 的递推计算法。

m 阶多项式 $A_m(z^{-1})$ 的形式如下：

$$A_m(z^{-1})=1+a_m(1)z+a_m(2)z^2+\cdots+a_m(m)z^m \tag{6.76}$$

将式（6.75）代入式（6.74），可求出多项式系数 $\{b_m\}$ 与 $\{c_m\}$ 和 $\{a_m(i)\}$ 的关系为

$$c_N=b_N,\ b_m=c_m+\sum_{i=m+1}^{N}c_ia_i(i-m),\quad m=0,1,\cdots,N-1 \tag{6.77}$$

这样，若给出图 6.35 中的系数组 $\{c_m\}$，则可求出该系统的系统函数分子多项式的系数。反之，若给定零极型系统的系统函数，则可得到系统的格型实现。

【例 6.9】 已知一个 IIR 系统的系统函数为

$$H(z)=\frac{3+\frac{5}{3}z^{-1}+\frac{2}{3}z^{-2}}{1+\frac{1}{6}z^{-1}+\frac{1}{3}z^{-2}-\frac{1}{6}z^{-3}}$$

画出该系统的格型结构。

解：根据给出的分子多项式，知 $b_3=0,b_2=3,b_1=\frac{5}{3},b_0=\frac{2}{3}$

先求出全极点子系统 $H(z)=\dfrac{1}{1+\frac{1}{6}z^{-1}+\frac{1}{3}z^{-2}-\frac{1}{6}z^{-3}}$ 的格型结构的系数组 $\{k\}$；然后根据式（6.77）求得系数组 $\{c_m\}$ 如下：

$$c_3=b_3=0$$
$$c_2=b_2-c_3a_3(1)=0.6667$$
$$c_1=b_1-c_2a_2(1)-c_3a_3(2)=1.15143$$
$$c_0=b_0-c_1a_1(1)-c_2a_2(2)-c_3a_3(3)=2.5$$

最后，画出零、极点格型结构如图 6.36 所示。

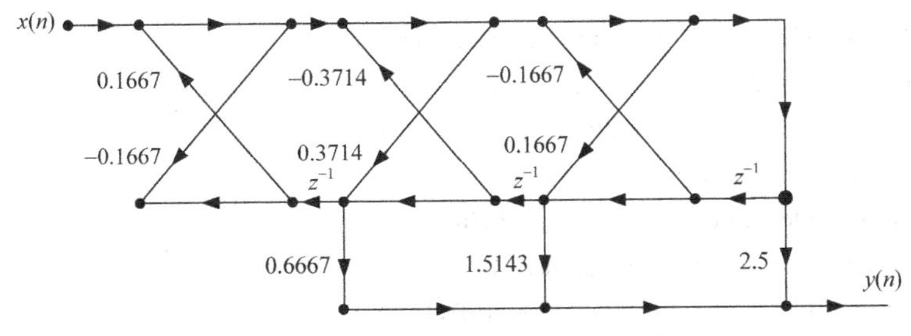

图 6.36 例 6.9 的零、极点格型结构

利用 MATLAB 函数 dir2ladr 验证以上计算结果，这个函数将直接Ⅱ型结构转换为格型结构。

% function[K，C] = dir2ladr(b，a)
% K = 格型系数 $k_1,k_2,\cdots,k_N$
% C = 梯型系数 $c_0,c_1,\cdots,c_N$
% b = 直接型的分子多项式系数
% a = 直接型的分母多项式系数

程序如下：

```
b = [3 5/3 2/3];
a = [1 1/6 1/3 −1/6]
[K C] = tf2latc(b,a)
```

运行结果：

```
K =  0.1667    0.3714    −0.1667
C =  2.5000    1.5143     0.6667
```

由几种结构的分析可以看出，格型结构需要较大的运算量。N 阶格型结构需要 $2N$ 次乘法，而直接型和级联型仅需要 N 次乘法。但用格型结构实现的系统对有限字长效应的敏感度低。

6.5 MATLAB 实现举例

1．系统的级联

各参数参考取值：x(n)=[1 1 1 1 1 1]　h1(n)=[3 0 5 4 1 0 8 4]　h2(n)=[5 4 1 2 8 0 4 6 7 7]

```
%pro6_01.m
x=input('input x(n)=');h1=input('input h1(n)=');h2=input('input h2(n)=');
y1=conv(x,h1);y=conv(y1,h2);y2=conv(x,h2);%线性卷积
y=conv(y2,h1);h=conv(h1,h2);y=conv(x,h);
maxy1=max(y1);maxy2=max(y2);maxy=max(y);maxh=max(h);
miny1=min(y1);miny2=min(y2);miny=min(y);minh=min(h);
maxz=max(maxy1,max(maxy2,max(maxy,maxh)));
minz=min(miny1,min(miny2,min(miny,minh)));
maxl=max(length(y1),max(length(y2),max(length(y),length(h))));
subplot(321);stem(0:length(y1)−1,y1);title('y1(n)=x(n)*h1(n)');
axis([0,maxl,minz,maxy1]);text(maxl+1,minz,'n');
subplot(322);stem(0:length(y)−1,y);title('y(n)=y1(n)*h2(n)');
axis([0,maxl,minz,maxy]);text(maxl+1,minz,'n');
```

```
subplot(323);stem(0:length(y2)-1,y2);title('y2(n)=x(n)*h(n)');
axis([0,maxl,minz,maxy2]);text(maxl+1,minz,'n');
subplot(324);stem(0:length(y)-1,y);title('y(n)=y2(n)*h1(n)');
axis([0,maxl,minz,maxy]);text(maxl+1,minz,'n');
subplot(325);stem(0:length(h)-1,h);title('h(n)=h1(n)*h2(n)');
axis([0,maxl,minz,maxh]);text(maxl+1,minz,'n');
subplot(326);stem(0:length(y)-1,y);title('y(n)=x(n)*h(n)');
axis([0,maxl,minz,maxy]);text(maxl+1,minz,'n');
```

2．系统的并联

各参数参考取值：x(n)=[1 1 1 1 1 1]　　h1(n)=[3 0 5 4 1 0 8 4]　　h2(n)=[5 4 1 2 8 0 4 6 7 7]

```
%pro6_02.m
x=input('input x(n)=');h1=input('input h1(n)=');h2=input('input h2(n)=');
y1=conv(x,h1);y2=conv(x,h2);
if length(y1)>length(y2)        y2=[y2 zeros(1,length(y1)-length(y2))]
else   y1=[y1 zeros(1,length(y2)-length(y1))]
end
if length(h1)>length(h2)        h2=[h2 zeros(1,length(h1)-length(h2))]
else   h1=[h1 zeros(1,length(h2)-length(h1))]
end
y=y1+y2; h=h1+h2;y=conv(x,h);
maxy1=max(y1);maxy2=max(y2);maxy=max(y);maxh=max(h);
miny1=min(y1);miny2=min(y2);miny=min(y);minh=min(h);
maxz=max(maxy1,max(maxy2,max(maxy,maxh)));
minz=min(miny1,min(miny2,min(miny,minh)));
maxl=max(length(y1),max(length(y2),max(length(y),length(h))));
subplot(321);stem(0:length(y1)-1,y1);title('y1(n)=x(n)*h1(n)');
axis([0,maxl,minz,maxy1]);text(maxl+1,min(minz,0),'n');
subplot(323);stem(0:length(y2)-1,y2);title('y2(n)=x(n)*h2(n)');
axis([0,maxl,minz,maxy2]);text(maxl+1,min(minz,0),'n');
subplot(324);stem(0:length(h)-1,h);title('h(n)=h1(n)+h2(n)');
axis([0,maxl,minz,maxh]);text(maxl+1,min(minz,0),'n');
subplot(325);stem(0:length(y)-1,y);title('y(n)=y1(n)+y2(n)');
axis([0,maxl,minz,maxy]);text(maxl+1,min(minz,0),'n');
subplot(326);stem(0:length(y)-1,y);title('y(n)=x(n)*h(n)');
axis([0,maxl,minz,maxy]);text(maxl+1,min(minz,0),'n');
```

思　考　题

6-1　解释为什么 FIR 系统线性相位型结构比直接型结构可以减少一半的乘法次数？

6-2　为什么频率采样型结构称为 FIR 网络结构？

6-3　IIR 系统的直接 II 型与直接 I 型比较有什么特点？

习　题

6-1　如图 P6-1 为系统流图，求该系统的差分方程、系统函数及在以下参数下的零、极点图、单位脉冲响应和频率响应。

(a) $b_1 = 0.5,\ a_0 = 0,\ a_1 = 1$

(b) $b_1 = 0.5,\ a_0 = 1,\ a_1 = 0$

(c) $b_1 = 0.5,\ a_0 = 0.5,\ a_1 = 1$

(d) $b_1 = 0.5,\ a_0 = -0.5,\ a_1 = 1$

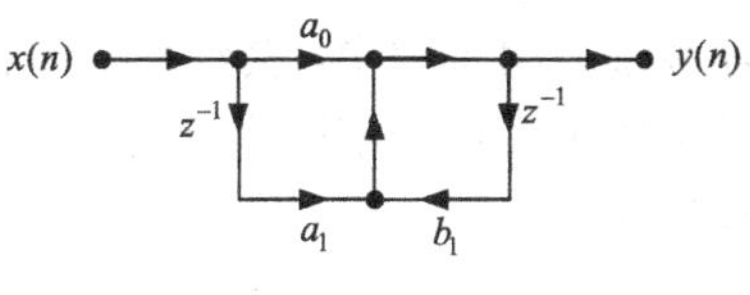

图 P6-1

6-2　设系统用下面差分方程描述：

$$y(n) - \frac{3}{4}y(n-1) + \frac{1}{8}y(n-2) = x(n) + \frac{1}{3}x(n-1)$$

试画出系统的直接型、级联型和并联型结构。

6-3　已知系统的单位脉冲响应为 $h(n) = 0.9^n \mathrm{R}_5(n)$，求出系统函数，并画出其直接型结构。

6-4　令 $H_1(z) = 1 - 0.6z^{-1} - 1.414z^{-2} + 0.864z^{-3}$，$H_2(z) = 1 - 0.982z^{-1} + 0.9z^{-2} - 0.898z^{-3}$，$H_3(z) = H_1(z)/H_2(z)$，试分别画出直接型结构。

6-5　已知 FIR 系统，单位脉冲响应 $h(n) = \delta(n) - \delta(n-1) + \delta(n-4)$

(a) 画出 $N = 5$ 的频率采样结构；

(b) 设修正半径 $r = 0.9$，画出修正后的频率采样结构。

6-6　用频率采样结构实现系统函数 $H_1(z) = \dfrac{5 - 2z^{-3} - 3z^{-6}}{1 - z^{-1}}$，采样点数 $N = 5$，修正半径 $r = 0.9$。

6-7　已知 FIR 滤波器的系统函数为

$$H(z) = \frac{1}{10}(1 + 0.9z^{-1} + 2.1z^{-2} + 0.9z^{-3} + z^{-4})$$

试画出该滤波器的直接型结构和线性相位结构。

6-8　已知 FIR 滤波器的单位脉冲响应为

(a) $N = 6,\ h(0) = h(5) = 15$，$h(1) = h(4) = 2, h(2) = h(3) = 3$

(b) $N = 7,\ h(0) = h(6) = 3$，$h(1) = -h(5) = -2, h(2) = -h(4) = 1, h(3) = 0$

试画出该滤波器的直接型结构和线性相位结构，并分别说明它们的幅度特性、相位特性各有什么特点。

6-9　已知 FIR 滤波器的系统函数为

(a) $H(z) = 1+0.8z^{-1}+0.65z^{-2}$

(b) $H(z) = 1-0.6z^{-1}+0.825z^{-2}-0.9^{z-3}$

试分别画出它们的直接型结构和格形结构，并求出格型结构的有关参数。

6-10　已知 IIR 滤波器的系统函数为

$$H(z) = \frac{1 + 0.85z^{-1} - 0.42z^{-2} + 0.34z^{-3}}{1 - 0.6z^{-1} - 0.78z^{-2} + 0.48z^{-3}}$$

试求该系统的格型结构。

第 7 章*　多采样频率数字信号处理基础

在前面章节的讨论过程中，数字信号处理系统的采样频率 f_s 默认是一个固定的取值。但是在实际系统应用过程中，会经常碰到采样频率的转换问题，或者要求系统工作在多种采样频率状态。本章讲述多采样频率数字信号处理的基础理论知识，介绍三种常用采样频率转换系统的基本原理、构成和实现方法。

本章主要知识点

- ✧ 信号的抽取与插值
- ✧ 抽取与插值相结合的采样频率转换
- ✧ 信号的多相表示
- ✧ 采样频率转换的实现方法

7.1　信号的抽取

在数字信号处理过程中，经常需要进行采样频率的转换。比如，过高的采样频率会造成采样后的数据速率很高，导致后续信号处理的速度难以跟上，尤其是对于一些计算量比较大的算法，很难满足实时性的要求，这时就很有必要对数据流进行降速处理。降低数据采样频率，以去掉冗余数据的过程称为信号的抽取。又比如，在音频广播中，常用的采样频率是 32kHz，而 CD 音频信号采样频率为 44.1kHz，要实现数据共享就需要进行采样频率的转换。

采样频率转换的实现思路总体上分为两种：①将离散时间序列 $x(n)$ 经过 D/A 变换器，变换为模拟信号 $x_a(t)$，再经过 A/D 变换器进行重新采样；②在数字域进行信号处理，基于原数字序列的抽取、插值和滤波处理，实现采样频率的转换。其中，前一种方法会受到 D/A 变换器和 A/D 变换器量化误差的影响，而后一种方法在数字域进行转换，不会引入额外的误差问题。

假设 $x(n)=x_a(t)\big|_{t=nT_s}$，其中 T_s 为均匀采样的采样周期，现在要把采样频率降低为原来的 $1/M$（其中 M 为整数），则新的采样周期为 MT_s，新的采样频率为 f_s/M。最简单直观的方法，就是在原数字序列 $x(n)$中，每 M 个样点抽取其中一个，以组成一个新的序列 $x_d(n)$，则：

$$x_d(n)=x(nM)\quad n\in(-\infty,\infty) \tag{7.1}$$

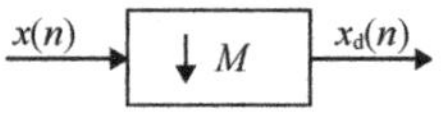

图 7.1　信号抽取框图

完成上述操作的系统称为下采样器（抽取器），图 7.1 给出了信号抽取的框图。其中 M 常称为抽取因子，当 M 为整数时，称为数字序列的整数倍抽取。

信号的整数倍抽取过程，看似比较简单，只需要对原数字序列每隔 M−1 个样点抽取一个就可以了。但抽取前后，采样频率降低，数字序列频谱的变化，值得我们重点关注。这里，首先给出序列 $x_d(n)$和 $x(n)$的 DTFT 之间的关系：

$$X_d(e^{j\omega})=\frac{1}{M}\sum_{k=0}^{M-1}X(e^{j(\omega-2\pi k)/M}) \tag{7.2}$$

为方便推导，我们以 3 倍抽取为例，给出序列的抽取示意图（见图 7.2）。其中，图 7.2(a)为原序列，图 7.2(d)为抽取后的序列。

由式（7.1），$x_{\mathrm{d}}(n)$ 的 Z 变换为

$$X_{\mathrm{d}}(z)=\sum_{n=-\infty}^{+\infty} x_{\mathrm{d}}(n) z^{-n} \tag{7.3}$$

在这里，为了推导出 $X_{\mathrm{d}}(z)$ 与 $X(z)$ 之间的关系，我们首先定义一个中间序列 $x_{\mathrm{p}}(n)$，它是通过对 $x(n)$ 进行脉冲采样得到的，即

$$x_{\mathrm{p}}(n)=\begin{cases}x(n), & n=0, \pm M, \pm 2M, \cdots \\ 0, & \text{其他}\end{cases} \tag{7.4}$$

需要指出的是，$x_{\mathrm{p}}(n)$ 的采样频率仍为 f_{s}，而 $x_{\mathrm{d}}(n)$ 的采样频率是 f_{s}/M。我们不妨仔细观察一下图 7.2，$x(n)$，$x_{\mathrm{p}}(n)$ 和 $x_{\mathrm{d}}(n)$ 的关系是清晰明确的。

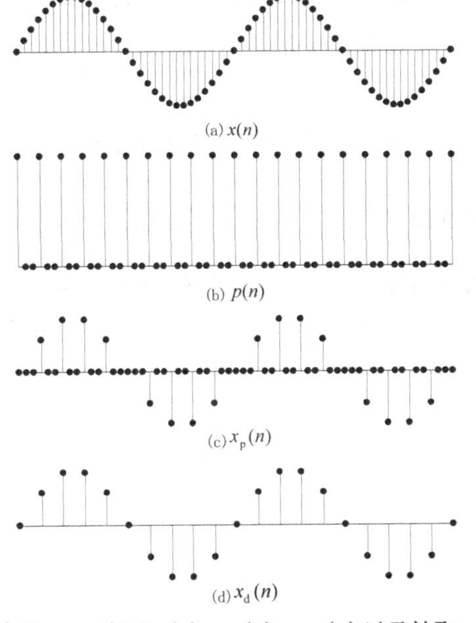

图 7.2　序列 $x(n)$、$p(n)$、$x_{\mathrm{p}}(n)$ 以及抽取序列 $x_{\mathrm{d}}(n)$ 之间的关系

显然有 $x_{\mathrm{d}}(n)=x(nM)=x_{\mathrm{p}}(nM)$，根据 Z 变换定义，有

$$X_{\mathrm{d}}(z)=\sum_{n=-\infty}^{+\infty} x(nM) z^{-n}=\sum_{n=-\infty}^{+\infty} x_{\mathrm{p}}(n) z^{-n/M} \tag{7.5}$$

也即

$$X_{\mathrm{d}}(z)=X_{\mathrm{p}}(z^{1/M}) \tag{7.6}$$

现在我们需要厘清 $X_{\mathrm{p}}(z)$ 与 $X(z)$ 之间的关系。

在图 7.2 中，$p(n)$ 是一个脉冲序列：

$$p(n)=\sum_{r=-\infty}^{\infty} \delta(n-rM) \tag{7.7a}$$

它在 M 的整数倍处的值为 1，其余为零，采样频率同样为 f_{s}。根据第 3 章的式（3.6），$p(n)$ 又可以表示为

$$p(n)=\frac{1}{M}\sum_{k=0}^{M-1} W_M^{-kn}, \quad W_M=\mathrm{e}^{-\mathrm{j}2\pi/M} \tag{7.7b}$$

由 $x_{\mathrm{p}}(n)=x(n)p(n)$，可以得出 $X_{\mathrm{p}}(z)$ 与 $X(z)$ 之间的关系为

$$\begin{aligned}X_{\mathrm{p}}(z) &=\sum_{n=-\infty}^{\infty} x(n) p(n) z^{-n}=\frac{1}{M} \sum_{n=-\infty}^{\infty} x(n) \sum_{k=0}^{M-1} W_M^{-kn} z^{-n} \\ &=\frac{1}{M} \sum_{k=0}^{M-1}\left[\sum_{n=-\infty}^{\infty} x(n)(zW_M^k)^{-n}\right]\end{aligned} \tag{7.8}$$

即

$$X_{\mathrm{p}}(z)=\frac{1}{M}\sum_{k=0}^{M-1} X(zW_M^k) \tag{7.9}$$

将式（7.9）代入式（7.6），可以得出

$$X_{\mathrm{d}}(z)=\frac{1}{M}\sum_{k=0}^{M-1} X(z^{\frac{1}{M}}W_M^k) \tag{7.10}$$

再将 $z=\mathrm{e}^{\mathrm{j}\omega}$ 代入式（7.10），就可以得到式（7.2）给出的结论。我们有时候也将式（7.10）写为如下的形式：

$$X_{\mathrm{d}}(z^M)=\frac{1}{M}\sum_{k=0}^{M-1} X(zW_M^k) \tag{7.11}$$

式（7.2）表明，做 M 倍抽取后得到的信号序列的频谱 $X_{\mathrm{d}}(\mathrm{e}^{\mathrm{j}\omega})$，等于将原序列 $x(n)$ 的频谱 $X(\mathrm{e}^{\mathrm{j}\omega})$ 先做 M 倍的扩展，再在 ω 轴上做 $2\pi k(k=1,2,\cdots,M-1)$ 的移位，幅度降为原幅度的 $1/M$ 做叠加。

假设 $X(\mathrm{e}^{\mathrm{j}\omega})$ 如图 7.3(a)所示，M=3，由式（7.2）得到 $X_{\mathrm{d}}(\mathrm{e}^{\mathrm{j}\omega})=\frac{1}{3}X(\mathrm{e}^{\mathrm{j}\omega/3})+\frac{1}{3}X(\mathrm{e}^{\mathrm{j}(\omega-2\pi)/3})+\frac{1}{3}X(\mathrm{e}^{\mathrm{j}(\omega-4\pi)/3})$，共由 3 项组成，分别是：将 $X(\mathrm{e}^{\mathrm{j}\omega})$ 做 3 倍扩展，如图 7.3(b)所示；将 $X(\mathrm{e}^{\mathrm{j}\omega})$ 做 3 倍扩展再平移 2π，如图 7.3(c)所示；将 $X(\mathrm{e}^{\mathrm{j}\omega})$ 做 3 倍扩展再平移 4π，如图 7.3(d)所示；然后将这 3 项叠加得到 $X_{\mathrm{d}}(\mathrm{e}^{\mathrm{j}\omega})$，如图 7.3(e)所示。

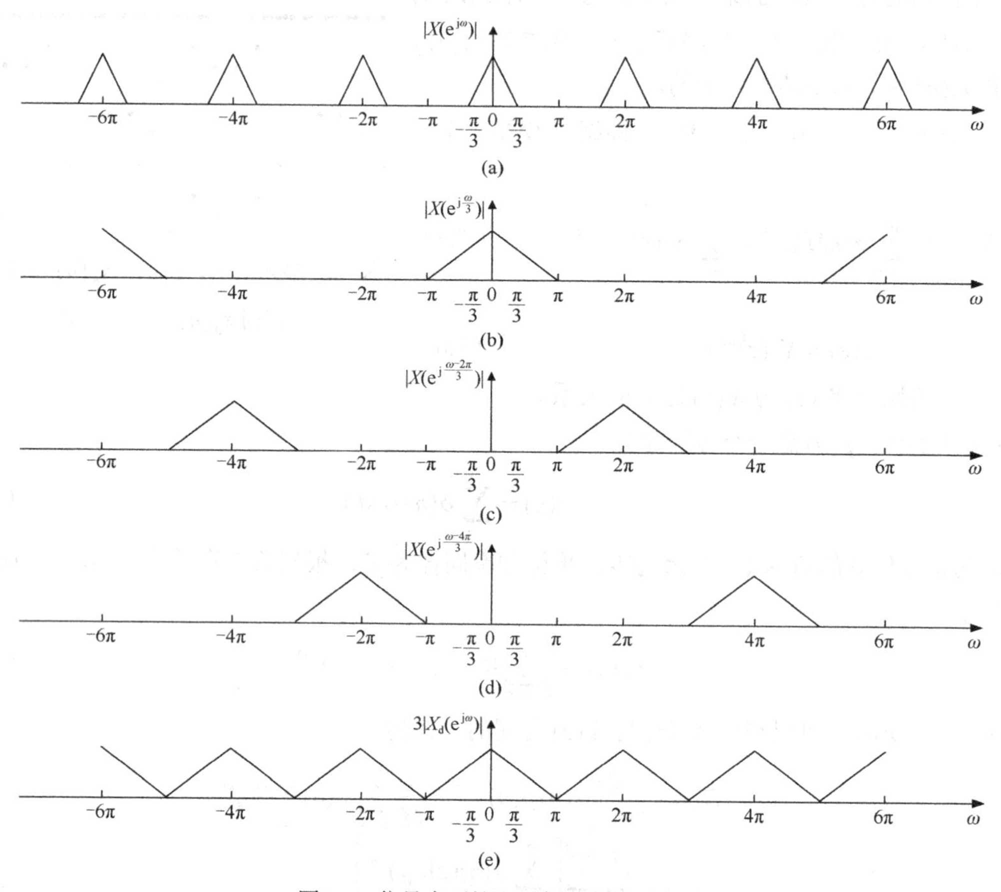

图 7.3　信号序列抽取后频谱变化示意图

根据第 1 章介绍的采样定理，当信号的采样频率 f_{s} 满足 $f_{\mathrm{s}}\geqslant 2f_{\mathrm{c}}$（$f_{\mathrm{c}}$ 为模拟信号最高频率）时，采样结果不会发生频谱混叠。现在我们对采样得到的序列 $x(n)$ 再做 M 倍抽取，如果 $(f_{\mathrm{s}}/M)\geqslant 2f_{\mathrm{c}}$ 成立，那么抽取后序列 $x_{\mathrm{d}}(n)$ 的频谱依然不会混叠。图 7.3 中给出的就是一种临界情况，原信号序列的频谱 $X(\mathrm{e}^{\mathrm{j}\omega})$ 的一个周期限定在 $-\pi/3\sim\pi/3$ 范围内，做 3 倍抽取之后，扩展到 $-\pi\sim\pi$，平移叠加之后，刚好不会发生混叠。

但由于 M 是可变的，如果 $f_{\mathrm{s}}\geqslant 2Mf_{\mathrm{c}}$ 条件不能得到满足，那么 $X_{\mathrm{d}}(\mathrm{e}^{\mathrm{j}\omega})$ 中将会发生混叠，从而无法根据 $x_{\mathrm{d}}(n)$ 重建 $x_{\mathrm{a}}(t)$。图 7.4 给出了一个示意图，由于原信号序列 $x(n)$ 频谱 $X(\mathrm{e}^{\mathrm{j}\omega})$ 在 $|\omega|>\pi/2$ 时仍有值，对 $x(n)$ 继续做 2 倍抽取，不可避免地发生了频谱混叠。

结合在绪论和第 1 章学到的知识，为了防止 $X_{\mathrm{d}}(\mathrm{e}^{\mathrm{j}\omega})$ 发生混叠，我们可以在抽取之前对原信号

序列 $x(n)$ 先进行低通滤波，压缩它的频带范围，也就是将 $X(e^{j\omega})$ 中 $|\omega|>\dfrac{\pi}{M}$ 的频率成分滤除，这样做会舍弃一些高频成分，但可以有效地避免频谱混叠。

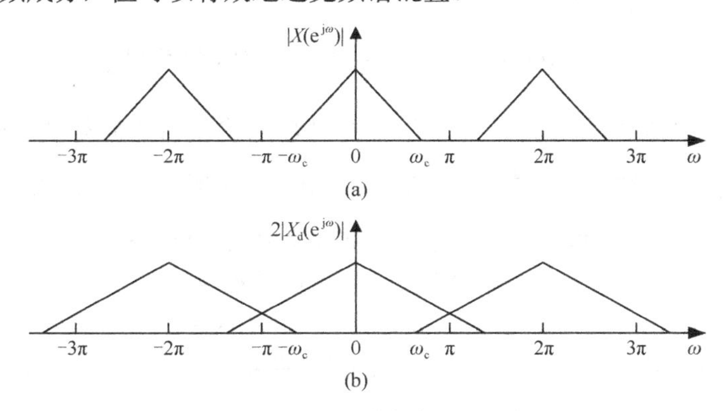

图 7.4　抽取后频谱发生混叠示意图

图 7.5(a)给出了先滤波后抽取的框图，其中，$H(z)$ 是一个理想低通滤波器

$$H(e^{j\omega})=\begin{cases}1, & |\omega|\leqslant \pi/M\\ 0, & 其他\end{cases} \tag{7.12}$$

如图 7.5(b)所示。设滤波后输出为 $v(n)$：

$$v(n)=\sum_{k=-\infty}^{\infty}h(k)x(n-k) \tag{7.13}$$

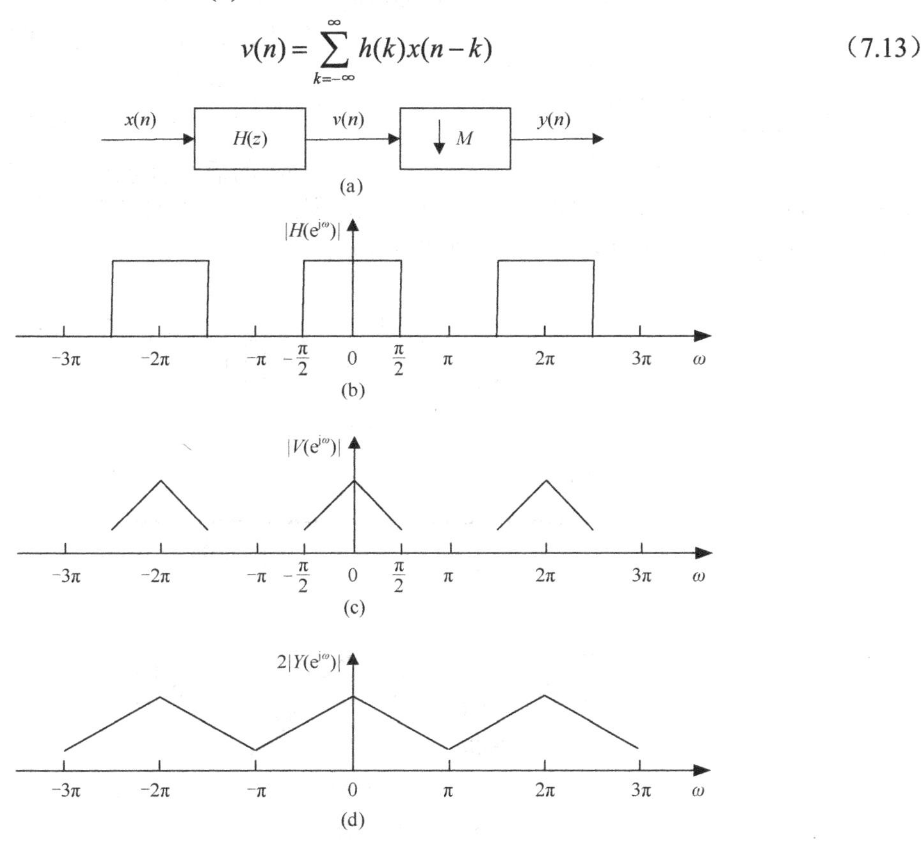

图 7.5　对原序列先低通滤波再抽取的频谱变化示意图

设对 $v(n)$ 进行 M 倍抽取得到的序列为 $y(n)$，则

$$y(n)=v(nM)=\sum_{k=-\infty}^{\infty}h(k)x(nM-k)=\sum_{k=-\infty}^{\infty}x(k)h(nM-k) \tag{7.14}$$

根据式（7.2）以及 DTFT 的性质，可以得出

$$Y(\mathrm{e}^{\mathrm{j}\omega})=\frac{1}{M}\sum_{k=0}^{M-1}X[\mathrm{e}^{\mathrm{j}(\omega-2\pi k)/M}]H[\mathrm{e}^{\mathrm{j}(\omega-2\pi k)/M}] \tag{7.15}$$

例如图 7.4 中发生混叠的情况，$x(n)$ 经过抗混叠滤波器 $h(n)$ 后得到 $v(n)$ 的频谱 $|V(\mathrm{e}^{\mathrm{j}\omega})|$ 如图 7.5(c)所示，2 倍抽取后得到 $y(n)$ 的频谱 $|Y(\mathrm{e}^{\mathrm{j}\omega})|$ 如图 7.5(d)所示。可以看出，对序列先通过低通滤波器进行带限之后再抽取，可以有效地避免因抽取带来的频谱混叠。

这里需要指出的是，在一个多采样频率系统中，由于抽取器前后的信号工作在不同的采样频率下，因此在图 7.5(b)、(c)和(d)中，横坐标 ω 对应了不同的内涵，下一节介绍信号的插值时，存在同样的细节。这需要我们把握好抽样率变化前后的频率关系，以明晰各示意图中信号的频率关系。

7.2 信号的插值

假设现在我们要将序列 $x(n)$ 的采样频率 f_{s} 增加为原来的 L 倍（采样频率变为 Lf_{s}），可以在数字域通过插值来实现。一种最简单的思路，就是在 $x(n)$ 的每两个点之间补入 $L-1$ 个零点，然后对信号做低通滤波，得到 L 倍插值结果。这种插值的框图如图 7.6 所示。

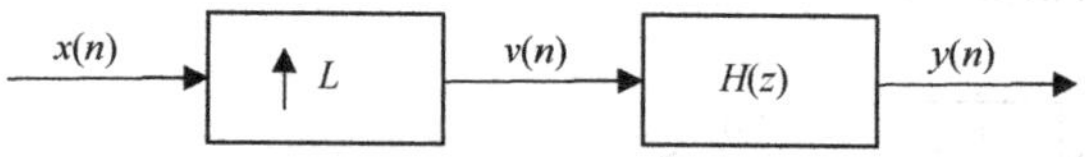

$x(n)$ → $\uparrow L$ → $v(n)$ → $H(z)$ → $y(n)$

图 7.6　信号插值框图

图中，设插入零值之后的序列为 $v(n)$，则

$$v(n)=\begin{cases}x(n/L), & n=0,\pm L,\pm 2L,\cdots\\ 0, & \text{其他}\end{cases} \tag{7.16}$$

序列的插值示意图如图 7.7 所示。图 7.7(a)为原序列 $x(n)$；首先在采样点之间插入 $L-1$ 个零点，得到 $v(n)$，如图 7.7(b)所示；然后通过低通滤波器，得到插值后的输出序列 $y(n)$，如图 7.7(c)所示。

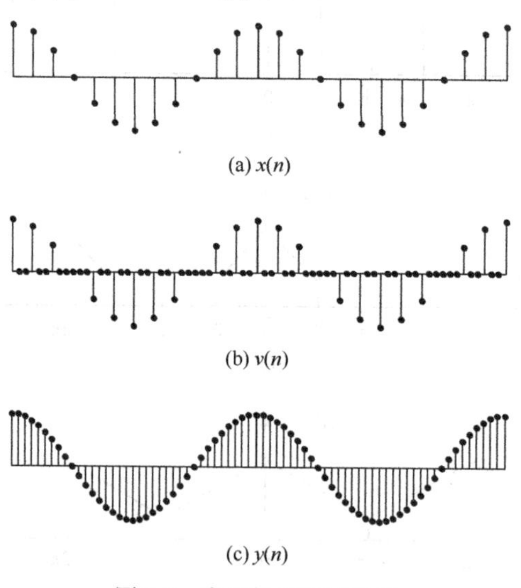

(a) $x(n)$

(b) $v(n)$

(c) $y(n)$

图 7.7　序列的插值示意图

下面分析一下插值系统在频域的表现情况。假设原序列 $x(n)$ 的频谱的为 $X(\mathrm{e}^{\mathrm{j}\omega})$，如图 7.8(a)所示，通过一个零插值器之后，得到 $v(n)$ 的频谱为

$$V(\mathrm{e}^{\mathrm{j}\omega})=\sum_{n=-\infty}^{\infty}v(n)\mathrm{e}^{-\mathrm{j}\omega n}=\sum_{n=-\infty}^{\infty}x(n/L)\mathrm{e}^{-\mathrm{j}\omega n}=\sum_{k=-\infty}^{\infty}x(k)\mathrm{e}^{-\mathrm{j}\omega kL} \tag{7.17}$$

也即

$$V(\mathrm{e}^{\mathrm{j}\omega})=X(\mathrm{e}^{\mathrm{j}\omega L}) \tag{7.18}$$

同理可得

$$V(z)=X(z^L) \tag{7.19}$$

从形式上看，由于$X(\mathrm{e}^{\mathrm{j}\omega})$是一个以$2\pi$为周期的函数，$X(\mathrm{e}^{\mathrm{j}\omega L})$的周期为$2\pi/L$，也即$V(\mathrm{e}^{\mathrm{j}\omega})$的周期为$2\pi/L$。式（7.18）的内涵是：在$-\pi\sim\pi$的范围内，$X(\mathrm{e}^{\mathrm{j}\omega})$的带宽被压缩为$1/L$（可称为压缩了$L$倍），同时产生了$L-1$个“镜像”。如此，在原频谱$X(\mathrm{e}^{\mathrm{j}\omega})$一个周期$-\pi\sim\pi$内，包含了$L$个$X(\mathrm{e}^{\mathrm{j}\omega})$的压缩样本，如图7.8(b)所示。

在频域，我们有必要将多余的$L-1$个镜像频谱进行去除；而在时域，正像图7.6显示的那样，由于插入零点不会增加任何信息，这样的操作是无意义的，真正有效的插值，是在补入零点之后，再将$v(n)$通过一个低通滤波器，理想情况下

$$H(\mathrm{e}^{\mathrm{j}\omega})=\begin{cases}G, & |\omega|\leqslant\pi/L\\0, & \text{其他}\end{cases} \tag{7.20}$$

式中，G为增益常数。通常，为了保证$y(0)=x(0)$，选取$G=L$。推导如下：

因为

$$Y(\mathrm{e}^{\mathrm{j}\omega})=V(\mathrm{e}^{\mathrm{j}\omega})H(\mathrm{e}^{\mathrm{j}\omega})=GV(\mathrm{e}^{\mathrm{j}\omega})=GX(\mathrm{e}^{\mathrm{j}\omega L}),\quad |\omega|\leqslant\pi/L \tag{7.21}$$

所以

$$\begin{aligned}y(0)&=\frac{1}{2\pi}\int_{-\pi}^{\pi}Y(\mathrm{e}^{\mathrm{j}\omega})\mathrm{d}\omega=\frac{G}{2\pi}\int_{-\pi/L}^{\pi/L}X(\mathrm{e}^{\mathrm{j}\omega L})\mathrm{d}\omega\\&=\frac{G}{2\pi L}\int_{-\pi}^{\pi}X(\mathrm{e}^{\mathrm{j}\omega})\mathrm{d}\omega=\frac{G}{L}x(0)\end{aligned}$$

这样，如果选取$G=L$，则$y(0)=x(0)$。图7.8(b)中的虚线部分，给出了理想低通滤波器$H(\mathrm{e}^{\mathrm{j}\omega})$的频域波形。

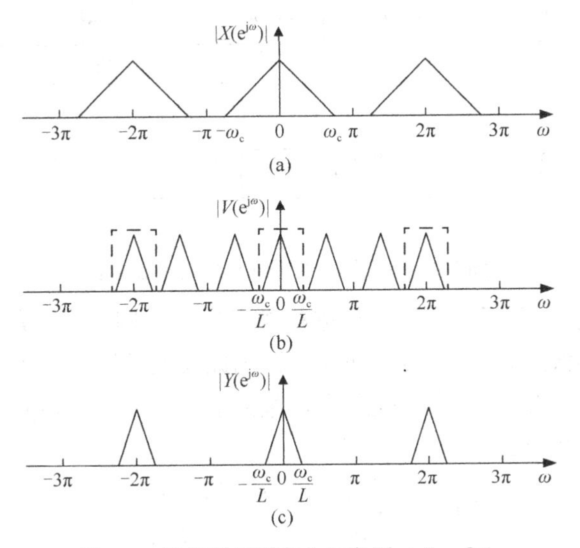

图7.8　插值后频谱变化示意图（$L=3$）

事实上，滤波器$H(z)$实现的效果，可以从时域和频域两个视角去理解。

在时域，通过卷积运算，实现对$v(n)$的平滑。

$$y(n)=v(n)*h(n)=\sum_k v(k)h(n-k)=\sum_k x(k/L)h(n-k)$$

或者

$$y(n)=\sum_{k=-\infty}^{\infty} x(k)h(n-kL) \tag{7.22}$$

图 7.7(c)给出了 $y(n)$ 的时域波形示意图。

在频域，滤波器 $H(z)$ 实现了对 $V(\mathrm{e}^{\mathrm{j}\omega})$ 中多余 $L-1$ 个镜像频谱的去除，图 7.8(c)中给出了插值后序列频谱 $Y(\mathrm{e}^{\mathrm{j}\omega})$ 的示意图。

7.3 抽取与插值相结合的采样频率转换

前面两节，我们讨论了将采样频率降低到 $1/M$ 的抽取，和将采样频率提高到 L 倍的插值，其中的 M 、L 均为正整数。本节探讨一下将采样频率变化为 L/M 倍的一般情况。按照前面讨论的方法，我们可以先将 $x(n)$ 做 M 倍的抽取，再做 L 倍的插值来实现；也可以先做 L 倍的插值，再做 M 倍的抽取来实现。一般认为，抽取使得 $x(n)$ 的数据点减少，容易造成信息的丢失，因此通常选择先做插值再做抽取。

比如对于图 7.4 所示的情况，现在要将 $x(n)$ 的采样频率由 f_s 转换为 $3f_s/2$ ，显然可以选择 $M=2$， $L=3$。由于原信号序列 $x(n)$ 频谱 $X(\mathrm{e}^{\mathrm{j}\omega})$ 在 $|\omega|>\pi/2$ 时仍有值，如果先做 2 倍的抽取，会丢掉一些数据，并且频谱扩展带来混叠失真；如果想避免失真，需要先让信号通过低通抗混叠滤波器，必然带来信息丢失。而如果先进行 3 倍插值，频带先压缩为原频带的 $1/3$ ，再进行 2 倍抽取，频带变为原频带的 $2/3$ ，不会产生混叠。

图 7.9(a)给出了一种先插值再抽取的采样频率转换器框图。原信号序列 $x(n)$ ，首先通过一个 L 倍的补零插值，然后通过去镜像滤波器 $H_1(z)$ ，得到插值输出；之后通过一个抗混叠滤波器 $H_2(z)$ ，最后经过 M 倍抽取器，得到输出 $y(n)$ 。

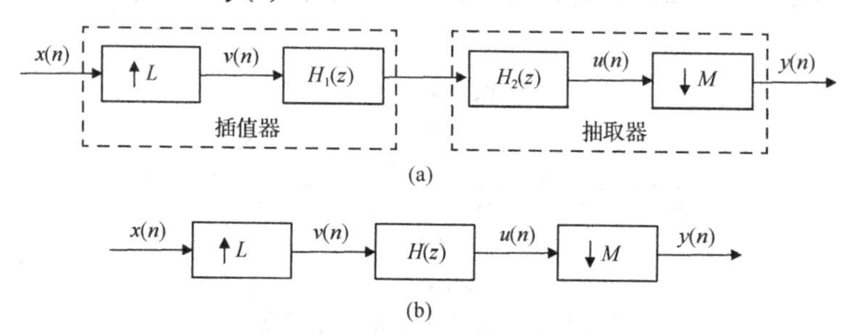

图 7.9 级联形式的采样频率转换器框图

从上述过程可以看出，假设序列 $x(n)$ 的采样频率为 f_s ，则 $v(n)$ 和 $u(n)$ 的采样频率均为 Lf_s ，并且 $H_1(z)$ 和 $H_2(z)$ 均为低通滤波器只是功能不同，因此我们可以将这两个滤波器合称为一个滤波器 $H(z)$ ，由此得到如图 7.9(b)所示的处理框图，最终输出转换后序列 $y(n)$ ，采样频率为 Lf_s/M 。其中，滤波器 $H(z)$ 的频率响应为

$$H(\mathrm{e}^{\mathrm{j}\omega})=\begin{cases}L, & |\omega|\leqslant\min(\pi/L,\pi/M)\\ 0, & \text{其他}\end{cases} \tag{7.23}$$

该滤波器起到了去除镜像和防止混叠的双重作用。

下面分析一下图 7.9(b)中 $x(n)$ 、 $v(n)$ 、 $u(n)$ 和 $y(n)$ 之间的关系。

首先可以将式（7.16）重写如下

$$v(n)=\begin{cases}x(n/L), & n=0,\pm L,\pm 2L,\cdots\\ 0, & \text{其他}\end{cases}$$

根据式（7.22），$v(n)$ 通过低通滤波器之后得到

$$u(n)=\sum_{k=-\infty}^{\infty}h(n-kL)x(k) \tag{7.24}$$

根据上式和抽取关系式（7.1），可得

$$y(n)=u(nM)=\sum_{k=-\infty}^{\infty}h(nM-kL)x(k) \tag{7.25}$$

至此，得到了 L/M 倍采样频率转换前后的信号关系，可以看出，它是抽取和插值的时域关系的结合。

实际多采样频率系统中，要求 $h(n)$ 是因果滤波器，滤波的实现方式也有多种，为方便后续多相结构的推导，令

$$k=\left\lfloor\frac{nM}{L}\right\rfloor-i \tag{7.26}$$

式中 $\left\lfloor\frac{nM}{L}\right\rfloor$ 表示取得小于或等于 $\frac{nM}{L}$ 的最大整数，也就是“向下取整”。式（7.25）可以写为

$$y(n)=\sum_{i=-\infty}^{\infty}h\left(nM-\left\lfloor\frac{nM}{L}\right\rfloor L+iL\right)x\left(\left\lfloor\frac{nM}{L}\right\rfloor-i\right) \tag{7.27}$$

又由于

$$nM-\left\lfloor\frac{nM}{L}\right\rfloor L=(nM)\ \bmod\ L$$

式（7.27）可以写为

$$y(n)=\sum_{i=-\infty}^{\infty}h(iL+((nM))_L)x\left(\left\lfloor\frac{nM}{L}\right\rfloor-i\right) \tag{7.28}$$

其中 $((\bullet))_L$ 表示模 L 求余。

时域分析之后，再来看一下 $y(n)$ 和 $x(n)$ 频域的关系。式（7.18）重写如下

$$V(\mathrm{e}^{\mathrm{j}\omega})=X(\mathrm{e}^{\mathrm{j}\omega L})$$

根据前两节的结论

$$\begin{aligned}U(\mathrm{e}^{\mathrm{j}\omega})&=V(\mathrm{e}^{\mathrm{j}\omega})H(\mathrm{e}^{\mathrm{j}\omega})=X(\mathrm{e}^{\mathrm{j}\omega L})H(\mathrm{e}^{\mathrm{j}\omega})\\&=\begin{cases}LX(\mathrm{e}^{\mathrm{j}\omega L}), & |\omega|\leqslant\min(\pi/L,\pi/M)\\ 0, & \text{其他}\end{cases}\end{aligned} \tag{7.29}$$

$$\begin{aligned}Y(\mathrm{e}^{\mathrm{j}\omega})&=\frac{1}{M}\sum_{k=0}^{M-1}U[\mathrm{e}^{\mathrm{j}(\omega-2\pi k)/M}]\\&=\begin{cases}\frac{L}{M}X(\mathrm{e}^{\mathrm{j}\omega L/M}), & |\omega|\leqslant\min(M\pi/L,\pi)\\ 0, & \text{其他}\end{cases}\end{aligned} \tag{7.30}$$

这里，需要注意把握采样频率变化前后，数字角频率的对应关系。

7.4 采样频率转换滤波器的实现

前面三节介绍了整数 M 倍抽取、整数 L 倍插值和按 L/M 倍采样频率转换等几种情况。可以

发现，采样频率转换系统的核心是去镜像和抗混叠滤波器的实现，常称这种滤波器为采样频率转换滤波器。实际工作中，无论抽取还是插值，采样频率转换滤波器一般都选取截止性能好的线性相位 FIR 滤波器。这种滤波器性能稳定，并且容易实现高效结构。本节重点介绍采样频率转换滤波器的设计，主要包括直接型 FIR 滤波器实现和多相滤波器实现。

7.4.1　直接型 FIR 滤波器实现

在图 7.9(b)给出的采样频率转换框图中，如果采用直接型 FIR 滤波器实现其中的采样频率转换，可以得到如图 7.10 所示的结构。其中的转换因子 L 和 M 为互质的正整数。直接型 FIR 滤波器结构，信号处理流程相对简单，清晰明了。但分析一下可以发现，这个系统的效率比较低，运算资源的浪费比较严重，体现在两个方面：①滤波器的乘法和加法运算，是对 $v(n)$［信号 $x(n)$ 进行零插值之后］执行，$v(n)$ 的每 L 个样值中，至少有 $L-1$ 个取值为零，这就造成了大量的无效运算；②FIR 滤波器输出的序列 $u(n)$，每 M 个输出值，系统只取其中一个，其余的 $M-1$ 个取值被舍弃。基于以上两点，这种直接型 FIR 滤波器结构效率比较低下。

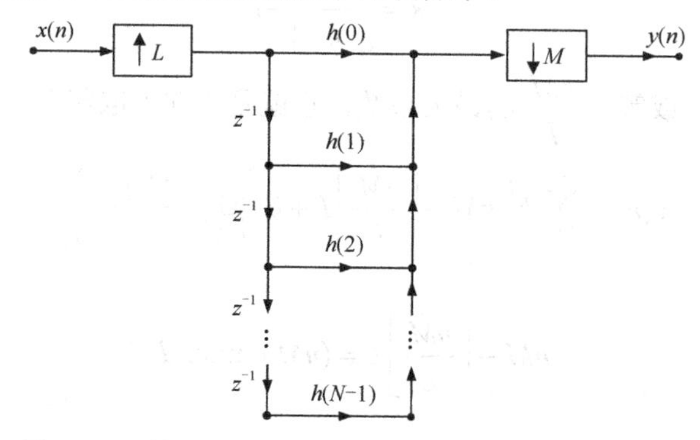

图 7.10　采样频率转换滤波器的直接型 FIR 滤波器结构

为提高运算效率，可以设计一些高效结构，核心在于减少无效运算。下面对 M 倍抽取、L 倍插值和 L/M 倍采样频率转换分别讨论。

1．整数倍抽取系统的直接型 FIR 结构

按照图 7.5(a)给出的“低通滤波+抽取”流程，可以画出整数 M 倍抽取的直接型 FIR 结构，如图 7.11(a)所示。这种结构的缺点在于，滤波器 $h(n)$ 工作在采样频率 f_s 下，$x(n)$ 的每一个样值都需要和滤波器系数做乘法运算，但是输出 $y(n)$ 只在滤波器每 M 个乘加输出中抽取一个，而丢掉了剩下的 $M-1$ 个，对运算资源的浪费是显而易见的。

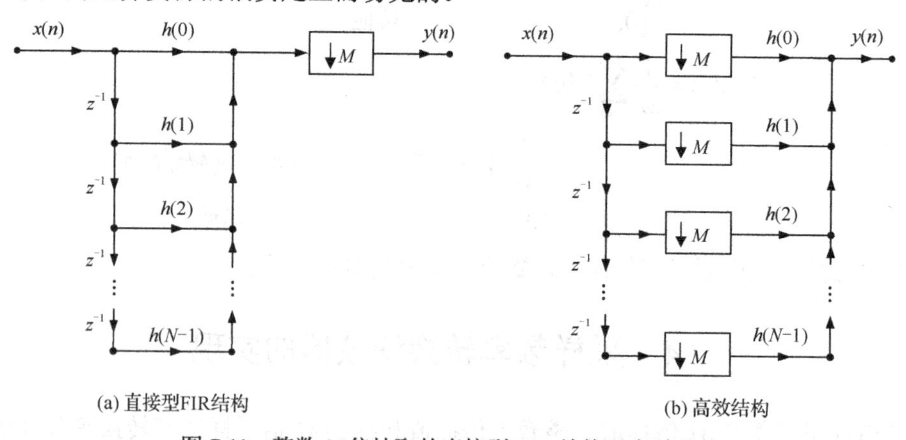

图 7.11　整数 M 倍抽取的直接型 FIR 结构及高效结构

为了提高运算效率，利用多采样频率系统的恒等关系：两个信号先分别定标（被常数乘）再相加后的抽取，等于各自抽取之后再定标和相加。这样，我们可以将抽取操作嵌入到滤波器结构中，如图 7.11(b)所示，先对输入信号及其延迟序列分别做抽取，然后再做乘法和加法运算，得到的输出与原来的结构相同，但是运算量降低为原来的$1/M$ 。

结合 7.1 节相关知识，可以将M倍抽取系统的输入输出关系写为

$$y(n)=\sum_{k=0}^{N-1}x(nM-k)h(k) \tag{7.31}$$

可以看出，对于图 7.11(a)中的结构，先不区分时刻，做卷积运算，然后对滤波器输出，在nM时刻选通，得到一个抽取系统的输出。而对于图 7.11(b)中的结构，在选通时刻nM，$x(nM),x(nM-1),\cdots x(nM-N+1)$分别与$h(0),h(1),\cdots h(N-1)$相乘之后再相加，得到一个输出，其他时刻不选通，同样实现了式（7.31），可见两种结构确实是等效的。注意这种结构仍然是“先滤波再抽取”的。

2. 整数倍插值系统的直接型 FIR 结构

针对图 7.6 给出的插值的信号处理流程，可以画出整数L倍插值的直接型 FIR 结构，如图 7.12(a)所示。这种结构的缺点依然是运算资源的利用率比较低，$x(n)$通过零插值之后，信号的采样频率由f_s提升为Lf_s，而去镜像滤波器正是工作在这个较高的采样频率下，并且每L个样值中，至少有$L-1$个取值为零，大量的无效运算耗费处理器资源。

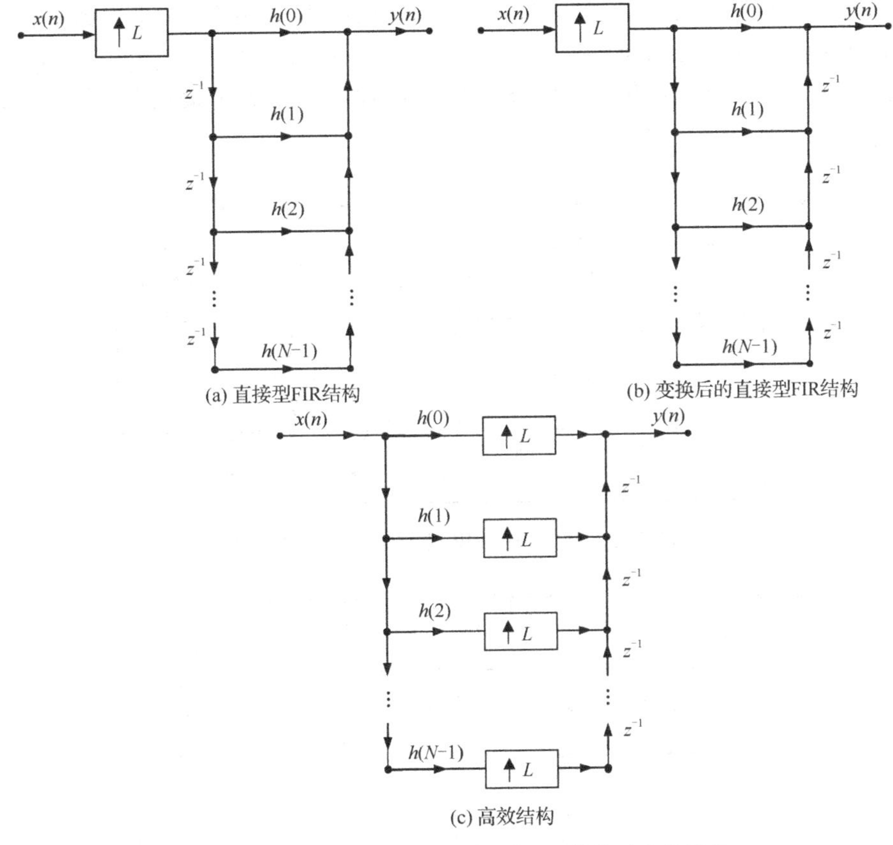

图 7.12　整数L倍插值的直接型 FIR 结构及高效结构

为了提高运算效率，可以首先将图 7.12(a)中的延迟器移动到滤波器的右侧，得到图 7.12(b)所示的等效结构。这里，需要注意，信号经单位延迟之后做L倍插值，和先做L倍插值再延迟L个

样本等效，因此将延迟器移动到滤波器的右侧是必要的步骤，否则得不到等效的结构。

之后，利用多采样频率系统的恒等关系：两个信号分别定标（被常数乘）以后再相加后的插值，等于各自插值之后再定标和相加。我们可以将插值操作嵌入到滤波器结构中，如图 7.12(c)所示，将输入信号经过 N 个乘法器，L 倍零内插器嵌入到乘法器之后，经过延迟链输出 $y(n)$ 。比较图 7.12(b)和(c)，可以发现，先插入零值再做乘法运算，和先做乘法运算再插入零值，得到的效果是一样的，但 7.12(c)的高效结构，避免了大量的"与零相乘"，运算量降低为原来的$1/L$ ，效率的提升还是很明显的。

3. L/M 倍采样频率转换系统的直接型 FIR 结构

当要实现 L/M 倍采样频率转换时，"去镜像+抗混叠"滤波器可以按照图 7.10 实现。为改善效率偏低的问题，可以采用图 7.11(b)或者图 7.12(c)给出的高效结构。也就是从整数 M 倍抽取的高效直接型 FIR 结构和整数 L 倍插值的高效直接型 FIR 结构中选择其一。为了降低运算量，FIR 滤波器应该工作在较低的采样频率状态，当 $L<M$ 时，选择图 7.11(b)给出的实现结构；当 $L>M$ 时，选择图 7.12(c)给出的结构。

7.4.2 整数倍抽取和插值的线性相位 FIR 滤波器实现

前文提到，采样频率转换滤波器一般都选取截止性能好的线性相位 FIR 滤波器，根据滤波器单位脉冲响应 $h(n)$ 的对称性特点，可以利用 6.3.4 节介绍的线性相位结构，减少约一半的运算量，进一步提高滤波器的资源利用效率。图 7.13 给出了滤波器长度 N 为奇数，单位脉冲响应 $h(n)$ 满足偶对称时，线性相位 FIR 滤波器的高效抽取结构。图 7.14 给出了滤波器长度 N 为偶数，单位脉冲响应 $h(n)$ 满足偶对称时，线性相位 FIR 滤波器的高效插值结构。$h(n)$ 满足奇对称的情况，只需要将图中的加法运算改为减法运算即可。

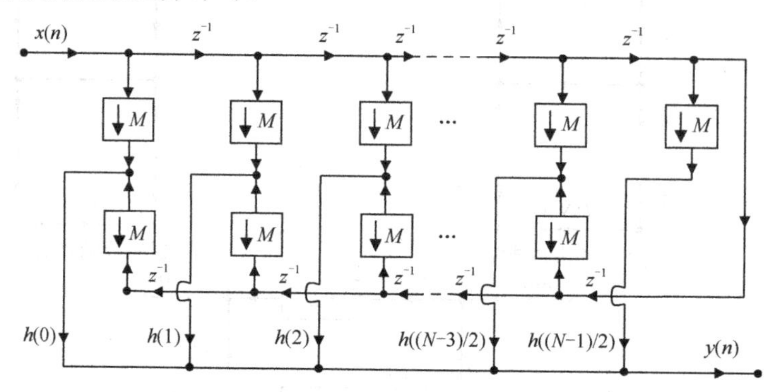

图 7.13　线性相位 FIR 滤波器高效抽取结构

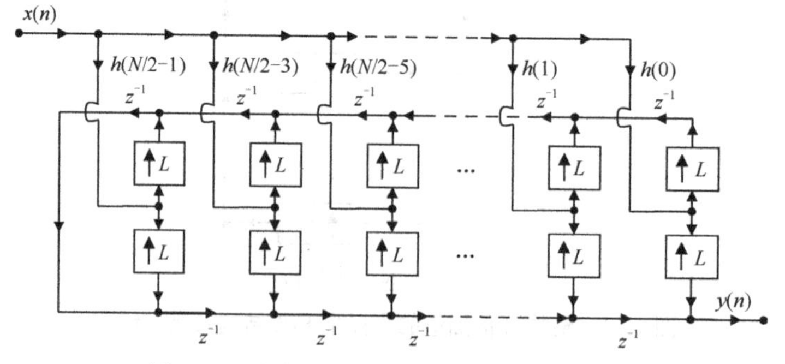

图 7.14　线性相位 FIR 滤波器高效插值结构

7.4.3 多相滤波器实现

多相滤波器由k（$k=M$ 或L）个较短的等长子滤波器构成，是多采样频率系统的一种重要结构，常用于多采样频率信号处理中的理论推导，可以在采样频率转换的过程中去掉许多不必要的计算。

1. 整数倍抽取系统的多相 FIR 结构

我们从图 7.11(b)的高效直接型 FIR 结构出发，讨论整数M倍抽取系统的多相 FIR 实现。将式（7.31）重写如下：

$$y(n)=\sum_{k=0}^{N-1}x(nM-k)h(k)$$

其中N为滤波器长度，假定$N=12$，$M=4$。仔细分析一下上式，可以发现：

当$k=0$时，与$h(0)$相乘的样值为$x(nM)$，也即$\{x(n),x(n+4),x(n+8),\cdots\}$；

当$k=1$时，与$h(1)$相乘的样值为$x(nM-1)$，也即$\{x(n-1),x(n+3),x(n+7),\cdots\}$；

当$k=2$时，与$h(2)$相乘的样值为$x(nM-2)$，也即$\{x(n-2),x(n+2),x(n+6),\cdots\}$；

当$k=3$时，与$h(3)$相乘的样值为$x(nM-3)$，也即$\{x(n-3),x(n+1),x(n+5),\cdots\}$。

当$k=4$时，与$h(4)$相乘的样值为$x(nM-4)$，也即$\{x(n-4),x(n),x(n+4),\cdots\}$，将其视为一个序列的话，它正好是送给系数$h(0)$的输入序列延时$M$个单位；同样的道理，系数$h(5)$、$h(6)$、$h(7)$的输入序列分别是$h(1)$、$h(2)$、$h(3)$输入序列延时$M$个单位。继续分析的话，系数$h(8)$、$h(9)$、$h(10)$、$h(11)$的输入序列分别是$h(5)$、$h(6)$、$h(7)$、$h(8)$的输入序列再延迟$M$个单位。根据以上的分析，我们可以将图 7.11(b)的直接型 FIR 结构进行分组，导出抽取的多相结构。

通常取滤波器长度N为抽取倍数M的整数倍，表示为$N=M\cdot Q$。在式（7.31）中，令$k=qM+i$，其中$i=0,1,\cdots,M-1$，$q=0,1,\cdots,Q-1$，这样，q、i组合使得k遍历$0\sim N-1$。由此，可以将式（7.31）写为：

$$y(n)=\sum_{i=0}^{M-1}\sum_{q=0}^{Q-1}h(qM+i)x[(n-q)M-i] \tag{7.32}$$

例如，当$N=12$，$M=4$时，$Q=3$。抽取结构可以分为 4 组，每组都是一个长度为 3 的短滤波器结构，图 7.15 给出了抽取器的多相结构。另外，如果应用多采样频率系统的恒等关系：信号延迟M个样本后做M倍抽取和先抽取再延迟一个样本等效，我们同样可以由图 7.11(b)导出图 7.15 的多相结构。

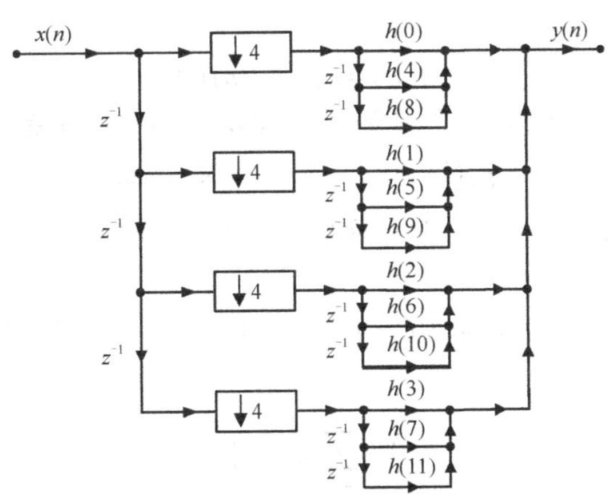

图 7.15　$N=12$,4 倍抽取系统的多相 FIR 高效结构

由图 7.15 和式（7.32）可以看出，对于整数M倍抽取，多相结构共有M个子滤波器，子滤波器的长度为$Q=N/M$。特别强调的是，这些子滤波器可以称为多相滤波器，对于抽取系统来说，这些子滤波器是同时工作的，并且多相滤波器组并没有颠覆“先滤波后抽取”的处理步骤。可以将M个子滤波器表示为

$$g_i(q)=h(qM+i),\ \ i=0,1,\cdots,M-1,\ \ q=0,1,\cdots,Q-1 \tag{7.33}$$

相应的，式（7.32）可以写为

$$y(n)=\sum_{i=0}^{M-1}\sum_{q=0}^{Q-1}g_i(q)x[(n-q)M-i] \tag{7.34}$$

显然，多相滤波器$g_i(q),\ i=0,1,\cdots,M-1$工作在低采样频率$f_s/M$下。对于一般意义的整数$M$，可以得出$M$倍抽取系统的多相 FIR 高效结构，如图 7.16 所示。

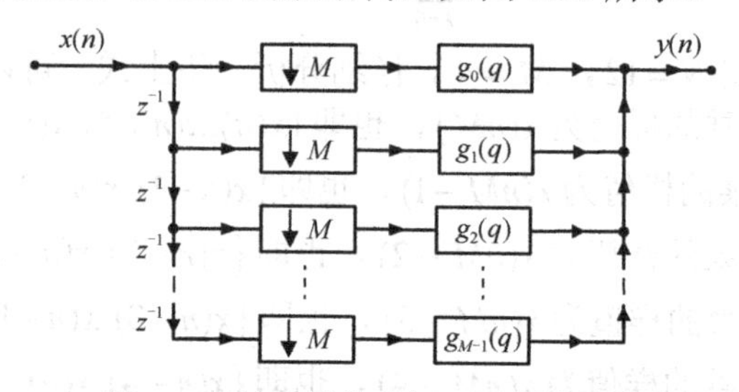

图 7.16　抽取器的多相 FIR 高效结构

2. 整数倍插值系统的多相 FIR 结构

针对整数倍插值系统，在 7.2 节中，我们得到了时域表达式（7.22），重写如下：

$$y(n)=\sum_{k=-\infty}^{\infty}x(k)h(n-kL)$$

又根据 7.3 节的讨论，对式（7.26）取$M=1$，可以简化为

$$k=\left\lfloor\frac{n}{L}\right\rfloor-i \tag{7.35}$$

式（7.22）可以改写为

$$\begin{aligned}y(n)&=\sum_{i=-\infty}^{\infty}h\left(n-\left\lfloor\frac{n}{L}\right\rfloor L+iL\right)x\left(\left\lfloor\frac{n}{L}\right\rfloor-i\right)\\&=\sum_{i=-\infty}^{\infty}h(iL+((n))_L)x\left(\left\lfloor\frac{n}{L}\right\rfloor-i\right)\end{aligned} \tag{7.36}$$

令

$$g_n(i)=h(iL+((n))_L) \tag{7.37}$$

可以发现，随着n的变化，$g_n(i)$是一个时变的滤波器，并且是周期变化的，周期为L。即：

$$g_n(i)=g_{n+jL}(i),\quad j=0,\pm1,\pm2,\cdots \tag{7.38}$$

可以将$g_n(i)$表示为$g_{((n))_L}(i)$，基于这种周期性，$g_n(i)$仅有$g_0(i),g_1(i),\cdots,g_{L-1}(i)$共$L$个子集，称为多相滤波器，可以表示为

$$g_n(i)=h(iL+n),\quad n=0,1,\cdots,L-1,\ 对所有i \tag{7.39}$$

式（7.36）可以写为

$$y(n)=\sum_{i=-\infty}^{\infty}g_n(i)x\left(\left\lfloor\frac{n}{L}\right\rfloor-i\right) \tag{7.40}$$

式（7.40）是一个非常重要的公式，可以发现，多相滤波器$g_n(i)$是分时间歇工作的，对于

$y(0), y(L),\cdots y(kL),\cdots$，用的是 $g_0(i)$；对于 $y(1), y(L+1),\cdots y(kL+1),\cdots$，用的是 $g_1(i)$，以此类推，$y(L-1), y(2L-1),\cdots y(kL+L-1),\cdots$，用的是 $g_{L-1}(i)$。从该式还可以发现，对于 $\left\lfloor \frac{n}{L} \right\rfloor$，只有 n 增加到 L 时才增加 1，故输出 $y(0), y(1),\cdots y(L-1)$ 用的是同一组输入 $x(-i)$；同样，$y(L), y(L+1),\cdots y(2L-1)$ 用的是同一组输入 $x(1-i)$；以此类推，$y(kL), y(kL+1),\cdots y(kL+L-1)$ 用的是同一组输入 $x(k-i)$。可以发现，每输出一组 L 个数据，只需更新一个输入值。正因如此，输入 $x(n)$ 工作在采样频率 f_s 下，输出 $y(n)$ 则工作在采样频率 Lf_s 下，实现了 L 倍的采样频率提升。

根据式（7.40）以及上述分析，可以得出整数 L 倍插值系统的多相结构，如图 7.17 所示。对于每一个输入 $x(n)$，有 L 路输出，第一路通过 $g_0(i)=h(iL)$，其输出在 kL 时刻非零，对应输出 $y(kL)$；第二路通过 $g_1(i)=h(iL+1)$，其输出在 $kL+1$ 时刻非零，对应输出 $y(kL+1)$，是一个插值输出；以此类推，第 $3,4,\cdots,L$ 路分别通过 $g_2(i), g_3(i),\cdots, g_{L-1}(i)$，对应 $y(kL+2), y(kL+3),\cdots y(kL+L-1)$，均为插值输出。图 7.17 中滤波器的乘、加运算都是在系统中较低的采样频率 f_s 下完成的，是一个高效的网络结构。

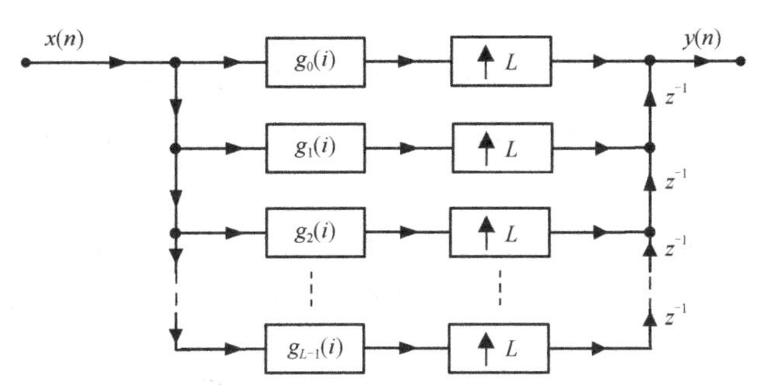

图 7.17　整数倍插值的多相 FIR 高效结构

举一个例子，设插值系统中的去镜像滤波器长度 $N=12$，插值倍数 $L=3$，令 $Q=N/L=4$，可以得出 3 倍插值系统的多相 FIR 高效结构，如图 7.18 所示。

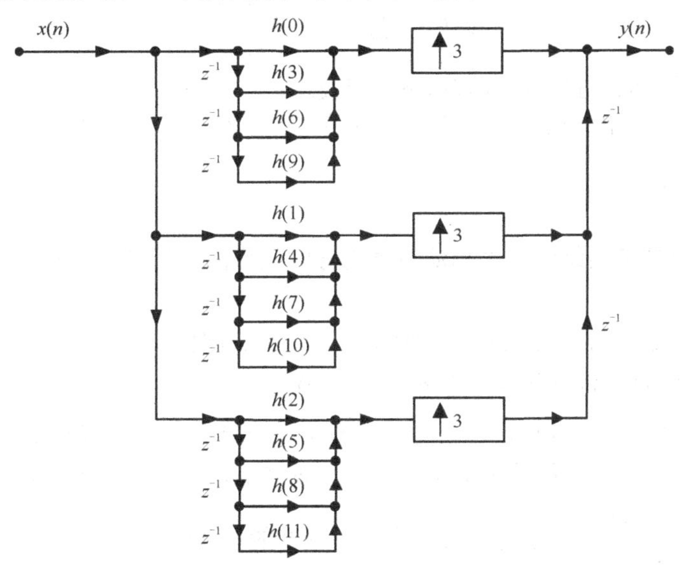

图 7.18　$N=12$ 时，3 倍插值系统的多相 FIR 高效结构

此时，式（7.40）具化为

$$y(n)=\sum_{i=0}^{3}g_n(i)x\left(\left\lfloor\frac{n}{3}\right\rfloor-i\right)$$

其中，$g_0(i),g_1(i),g_2(i)$ 分别是长度为 4 的多相滤波器。需要注意的是，该结构中，多相滤波器分时工作，由于延迟器的存在，该结构并没有颠覆“先插值后滤波”的处理步骤。

3. L/M 倍采样频率转换系统的多相 FIR 结构

当输入 $x(n)$ 通过一个 L/M 倍采样频率转换系统时，得到输出 $y(n)$。可以确定，从比例关系上看，应该是每 M 个输入产生 L 个输出。式（7.28）给出了转换系统的输入输出关系，重写如下：

$$y(n)=\sum_{i=-\infty}^{\infty}h(iL+((nM))_L)x\left(\left\lfloor\frac{nM}{L}\right\rfloor-i\right)$$

采用 FIR 滤波器实现该系统，延续插值系统多相结构的分析思路，令

$$g_n(i)=h(iL+((nM))_L) \tag{7.41}$$

可以发现，$g_n(i)$ 是一个时变的滤波器，并且由于 $((nM))_L$ 是 nM 对 L 取模，随着 n 的变化，$g_n(i)$ 是周期变化的，周期为 L。即：

$$g_n(i)=g_{n+jL}(i),\quad j=0,\pm1,\pm2\cdots \tag{7.42}$$

可以将 $g_n(i)$ 表示为 $g_{((n))_L}(i)$，基于这种周期性，$g_n(i)$ 仅有 $g_0(i),g_1(i),\cdots,g_{L-1}(i)$ 共 L 个子集，称为多相滤波器，可以表示为

$$g_n(i)=h(iL+((nM))_L),\quad n=0,1,\cdots,L-1,\text{对所有}i \tag{7.43}$$

可见，我们得出了与插值系统多相滤波器相似的结论，只是 $g_n(i)$ 的定义式有所不同。

将式（7.41）代入式（7.28），可得

$$y(n)=\sum_{i=-\infty}^{\infty}g_n(i)x\left(\left\lfloor\frac{nM}{L}\right\rfloor-i\right) \tag{7.44}$$

假定设计的“去镜像+抗混叠”滤波器 $h(n)$ 的长度 N，是 L 的 Q 倍，式（7.44）可以写为

$$y(n)=\sum_{i=0}^{Q-1}g_{((n))_L}(i)x\left(\left\lfloor\frac{nM}{L}\right\rfloor-i\right) \tag{7.45}$$

观察一下这个重要的公式，可以有以下几点发现：

（1）对于每一个输出 $y(n)$，由 Q 次乘法和 $Q-1$ 次加法运算得到，用到的输入数据为 $x\left(\left\lfloor\frac{nM}{L}\right\rfloor-i\right)$，$i=0,1,\cdots,Q-1$。

（2）在采样频率转换系统中，多相滤波器是分时工作的，用到哪一相，由输出时刻 n 确定，为 $g_{((n))_L}(i)$。

（3）多相滤波器的分时工作是有规律的，呈现出周期性，周期为 L，也就是说，$y(n)$ 和 $y(n+kL),k=1,2,\cdots$ 用的是同一个多相滤波器 $g_{((n))_L}(i)$。

根据式（7.45）以及上述分析，可以得出 L/M 倍采样频率转换系统的高效结构，如图 7.19 所示。在该图中，给出了对于系统输出 $y(n)$，在某一时刻 n，输入数据的准备以及滤波器系数的选取。输入数据是从 $x\left(\left\lfloor\frac{nM}{L}\right\rfloor\right)$ 开始的连续 Q 个值，选择的子滤波器为 $g_{((n))_L}(i)$。

举一个例子，领会一下这个转换过程。假定 $L=4$，$M=3$，FIR 滤波器长度 $N=12$，则 $Q=N/L=3$。根据式（7.43）和式（7.45），可以得到

$$y(0)=\sum_{i=0}^{2}g_0(i)x(-i)=\sum_{i=0}^{2}h(iL)x(-i)=h(0)x(0)+h(4)x(-1)+h(8)x(-2)$$

$$y(1)=\sum_{i=0}^{2}g_1(i)x(-i)=\sum_{i=0}^{2}h(iL+3)x(-i)=h(3)x(0)+h(7)x(-1)+h(11)x(-2)$$

$$y(2)=\sum_{i=0}^{2}g_2(i)x(1-i)=\sum_{i=0}^{2}h(iL+2)x(1-i)=h(2)x(1)+h(6)x(0)+h(10)x(-1)$$

$$y(3)=\sum_{i=0}^{2}g_3(i)x(2-i)=\sum_{i=0}^{2}h(iL+1)x(2-i)=h(1)x(2)+h(5)x(1)+h(9)x(0)$$

因为$L=4$，多相滤波器个数为4，输出$y(n)$，n从0到$L-1$，也就是0到3，为一组。为便于总结规律，再写出下一组输出数据：

$$y(4)=\sum_{i=0}^{2}g_0(i)x(3-i)=\sum_{i=0}^{2}h(iL)x(3-i)=h(0)x(3)+h(4)x(2)+h(8)x(1)$$

$$y(5)=\sum_{i=0}^{2}g_1(i)x(3-i)=\sum_{i=0}^{2}h(iL+3)x(3-i)=h(3)x(3)+h(7)x(2)+h(11)x(1)$$

$$y(6)=\sum_{i=0}^{2}g_2(i)x(4-i)=\sum_{i=0}^{2}h(iL+2)x(4-i)=h(2)x(4)+h(6)x(3)+h(10)x(2)$$

$$y(7)=\sum_{i=0}^{2}g_3(i)x(5-i)=\sum_{i=0}^{2}h(iL+1)x(5-i)=h(1)x(5)+h(5)x(4)+h(9)x(3)$$

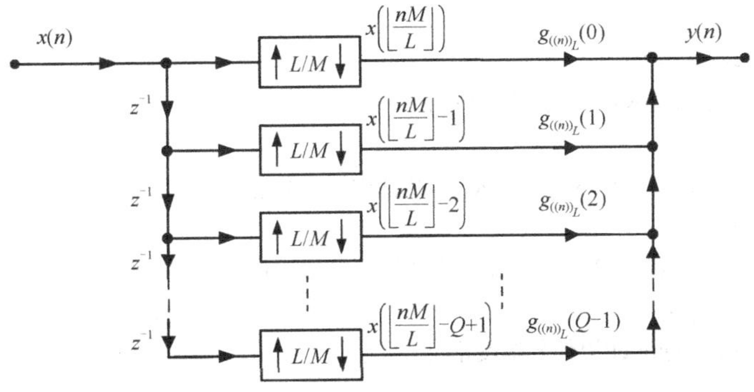

图 7.19　L/M 倍采样频率转换系统的高效结构

分析以上数据，可以发现，每一组有L个输出单元，分别使用L组多相滤波器系数$g_n(i)$，$n=0,1,2,3$。

再来看一下输入数据，对于第一组来说，$x(-1)$、$x(-2)$为零，求取输出共用到了$x(0)$、$x(1)$、$x(2)$，3个输入数据；对于第二组来说，求取输出，需要送入$x(3)$、$x(4)$、$x(5)$，3个新的输入数据。也就是说，$y(n)$每L个输出，需要$x(n)$ M个输入。这一点也不难理解，从式（7.45）来看，对$\left\lfloor\frac{nM}{L}\right\rfloor$来说，当$n$从$n_0$变化到$n_0+L-1$时，$\left\lfloor\frac{nM}{L}\right\rfloor$正好取得$M$个不同的取值，也即是需要更新一组$M$个输入数据。这也印证了：$L/M$倍采样频率转换系统，本就应该是每$M$个输入产生$L$个输出。而输入数据更新的时机，如果从$y(0)$开始输出，则当$n$为$L$整数倍的时候，送入一组新的数据。

在分析过程中，我们需要注意的是：输入$x(n)$工作在采样频率f_s下，输出$y(n)$工作在采样频率Lf_s/M下。

从本节的分析来看，在多采样频率信号处理系统中，由于L倍插值过程，会涉及大量的与零相乘的操作，而 M 倍抽取过程，又涉及大量的数据被舍弃。由此，基于提升处理器资源利用效率的考虑，应该尽可能减少无效计算。而多采样频率系统的实现结构多种多样，有兴趣的读者可以参阅相关的文献。

7.5 MATLAB实现举例

1．序列 $x(n)$ 为低通 FIR 数字滤波器的单位脉冲响应，直接抽取该序列会产生混叠，先滤波再抽取避免混叠

```
%pro7_01.m
clear all; close all;
M=4;N=128;n=[0:N-1];                              %配置4倍抽取
xn=firls(127,[0 0.25 0.30 1],[1 1 0 0]);          %产生低通滤波器单位脉冲响应
x1n=downsample(xn,M);                             %产生混叠失真
x2n=decimate(xn,M);                               %抗混叠滤波器，避免混叠
X=abs(fftshift(fft(xn)));                         %原信号FFT
X1=abs(fftshift(fft(x1n)));                       %直接抽取信号FFT
X2=abs(fftshift(fft(x2n)));                       %先滤波再抽取信号FFT
nx=floor(n-N/2+0.5);
Nx1=ceil(N/M);
nx1=[0:Nx1-1];
nx1=floor(nx1-Nx1/2+0.5);
subplot(321);stem(n,xn(1:N),'.');title('原信号');
xlabel('n');ylabel('x(n)');
subplot(323);stem(nx1,x1n(1:Nx1),'.');title('直接抽取后信号');
xlabel('n');ylabel('x1(n)');
subplot(325);stem(nx1,x2n(1:Nx1),'.');title('先滤波再抽取后信号');
xlabel('n');ylabel('x2(n)');
subplot(322);plot(nx,X);title('原信号幅度谱');
xlabel('k');ylabel('|X(k)|');
subplot(324);plot(nx1,X1);title('直接抽取后信号幅度谱');
xlabel('k');ylabel('|X1(k)|');
subplot(326);plot(nx1,X2);title('先滤波再抽取后信号幅度谱');
xlabel('k');ylabel('|X2(k)|');
```

2．序列 $x(n)$ 为低通 FIR 数字滤波器的单位脉冲响应，插入零值后会产生镜像，先插入零值再滤波起到抗镜像效果

```
%pro7_02.m
clear all; close all;
L=4;N=128;n=[0:N-1];                              %配置4倍插值
xn=firls(127,[0 0.4 0.5 1],[1 1 0 0]);            %产生低通滤波器单位脉冲响应
x1n=upsample(xn,L);                               %插入零值后，产生镜像
[x2n,h]=interp(xn,L);                             %插入零值再滤波，抗镜像
X=abs(fftshift(fft(xn)));                         %原信号做FFT
X1=abs(fftshift(fft(x1n)));                       %插入零值后信号做FFT
X2=abs(fftshift(fft(x2n)));                       %插入零值再滤波后信号做FFT
```

```
nx=floor(n-N/2+0.5);
Nx1=N*L;
nx1=[0:Nx1-1];
nx1=floor(nx1-Nx1/2+0.5);
subplot(321);
stem(n,xn(1:N),'.');title('原信号');
xlabel('n');ylabel('x(n)');
subplot(323);stem(nx1,x1n(1:Nx1),'.');title('插入零值后信号');
xlabel('n');ylabel('x1(n)');
subplot(325);stem(nx1,x2n(1:Nx1),'.');title('插入零值再滤波后信号');
xlabel('n');ylabel('x2(n)');
subplot(322);plot(nx,X);title('原信号幅度谱');
xlabel('k');ylabel('|X(k)|');
subplot(324);plot(nx1,X1);title('插入零值后信号幅度谱');
xlabel('k');ylabel('|X1(k)|');
subplot(326);plot(nx1,X2);title('插入零值再滤波后信号幅度谱');
xlabel('k');ylabel('|X2(k)|');
```

3．序列 $x(n)$ 为低通 FIR 数字滤波器的单位脉冲响应，对该序列进行有理因子为 3/2 的采样频率转换

```
%pro7_03.m
clear all; close all;
N=128;M=2;L=3;                                  %配置 3/2 倍的变采样频率
n=0:N-1;
xn=firls(127,[0 0.3 0.4 1],[1 1 0 0]);          %产生低通滤波器单位脉冲响应
x1n=resample(xn,L,M);                           %对序列进行变采样频率处理
X=abs(fftshift(fft(xn)));                       %原信号 FFT
X1=abs(fftshift(fft(x1n)));                     %变采样频率后信号 FFT
nx=floor(n-N/2+0.5);
Nx1=ceil(N*L/M);
nx1=[0:Nx1-1];
nx1=floor(nx1-Nx1/2+0.5);
subplot(221);stem(n,xn(1:N),'.');title('原信号');
xlabel('n');ylabel('x(n)');
subplot(223);stem(nx1,x1n(1:Nx1),'.');title('变采样频率后');
xlabel('n');ylabel('x1(n)');
subplot(222);plot(nx,X);title('原信号幅度谱');
xlabel('k');ylabel('|X(k)|');
subplot(224);plot(nx1,X1);title('变采样频率后信号幅度谱');
xlabel('k');ylabel('|X1(k)|');
```

思　考　题

7-1　为什么在对信号序列做抽取之前，需要先使用低通数字滤波器进行抗混叠滤波？

7-2　信号插值过程中，镜像频谱是如何产生的？如何滤除？

7-3　什么是多相滤波器？它是如何在信号处理过程中降低运算量的？

7-4　在语音信号处理过程中，一般认为音频带宽为 4kHz，为滤除带外频率成分，会在采样前进行模拟预滤波，以防止采样后发生混叠失真。如果采用 8kHz 采样频率，则要求模拟低通滤波器为一理想低通滤波器，难以设计实现。根据本章所学知识，思考一下：若对语音信号进行 16kHz 采样，之后通过数字低通滤波器，再进行 2 倍插值，采样频率降为 8kHz，可否降低对模拟预滤波器的性能要求？

习　题

7-1　假定对原信号序列 $x(n)$ 每隔 2 个样点抽取一个样点，得到新的信号序列为 $x_d(n)$，证明序列 $x_d(n)$ 和 $x(n)$ 的 DTFT 之间的关系满足：

$$X_d(e^{j\omega}) = \frac{1}{3}\sum_{k=0}^{2} X(e^{j(\omega-2\pi k)/3})$$

7-2　已知正弦信号 $x_a(t)=\sin(2\pi f_0 t)$，其中 $f_0 = 5\,\text{Hz}$，现以 150Hz 采样频率对该正弦信号进行采样，得到数字序列 $x(n)$，可以对 $x(n)$ 进行周期为 3 的脉冲采样得到序列 $x_p(n)$，也可以进行 3 倍抽取得到序列 $x_d(n)$，即：

$$x_p(n)=\begin{cases} x(n), & n = 0,\pm3,\pm6,\pm9\cdots \\ 0, & \text{其他} \end{cases}$$

$$x_d(n) = x(3n) \quad n\in(-\infty,+\infty)$$

试编制一段程序：

（a）画出两个周期的 $x(n)$、$x_p(n)$ 和 $x_d(n)$ 的信号波形；

（b）画出信号 $x(n)$、$x_p(n)$ 和 $x_d(n)$ 的幅频特性图。

7-3　有一线性相位 FIR 数字滤波器，其幅频特性为

$$\left|H(e^{j\omega})\right| = \begin{cases} 1, & 0<\omega<0.3\pi \\ 0, & 0.4\pi<\omega<\pi \end{cases}$$

如图 P7-1 所示，现欲对单位脉冲响应 $h(n)$ 进行 3 倍抽取，也即 $M=3$。试完成以下题目：

（a）分析一下：若抽取之前不进行抗混叠滤波，会否产生频谱混叠？如果有混叠发生，那么混叠的频带是什么？

（b）编制一段程序，分别画出 $h(n)$ 抽取前后的波形图和幅频特性图。

（c）编制一段程序，画出抗混叠滤波之后再抽取，得到序列的波形图和幅频特性图。

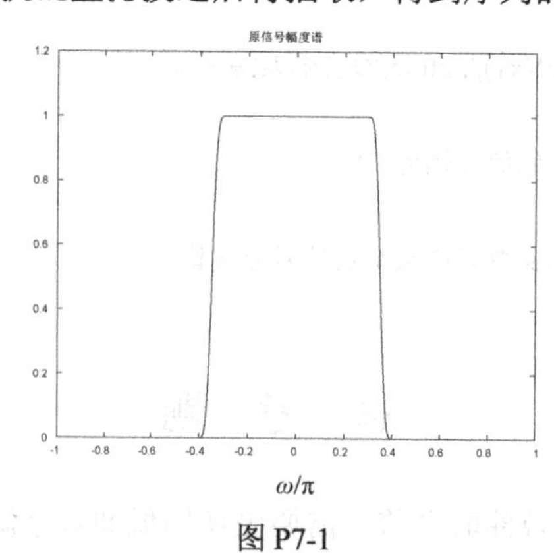

图 P7-1

7-4　假定对原信号序列 $x(n)$ 每两个样点之间插入 2 个零点，得到序列 $v(n)$，试证明 $v(n)$ 和

$x(n)$ 的频谱之间满足：

$$V(\mathrm{e}^{\mathrm{j}\omega}) = X(\mathrm{e}^{\mathrm{j}3\omega})$$

7-5　已知正弦信号 $x_{\mathrm{a}}(t) = \cos(2\pi f_0 t)$，其中 $f_0 = 1\mathrm{kHz}$，现以 5kHz 采样频率对该正弦信号进行采样，得到数字序列 $x(n)$，可以对 $x(n)$ 每两个样点之间插入 2 个零点，得到序列 $v(n)$，将 $v(n)$ 通过一个抗镜像滤波器 $H(\mathrm{e}^{\mathrm{j}\omega})$ 得到序列 $y(n)$，即：

$$v(n) = \begin{cases} x(n/3), & n = 0, \pm 3, \pm 6, \pm 9 \cdots \\ 0, & \text{其他} \end{cases}$$

$$H(\mathrm{e}^{\mathrm{j}\omega}) = \begin{cases} 3, & |\omega| \leqslant \pi/3 \\ 0, & \text{其他} \end{cases}$$

试编制一段程序：

（a）画出两个周期的 $x(n)$、$v(n)$ 和 $y(n)$ 的信号波形图；

（b）画出信号 $x(n)$、$v(n)$ 和 $y(n)$ 的幅频特性图。

7-6　已知用有理数 L/M 做采样频率转换的两个系统，如图 P7-2 所示。试完成以下题目：

（a）写出 $Y_1(z), Y_2(z), Y_1(\mathrm{e}^{\mathrm{j}\omega}), Y_2(\mathrm{e}^{\mathrm{j}\omega})$ 的表达式。

（b）如果 $L = M$，是否有 $y_1(n) = y_2(n)$，分析一下原因。

（c）在什么条件下，会满足 $y_1(n) = y_2(n)$。

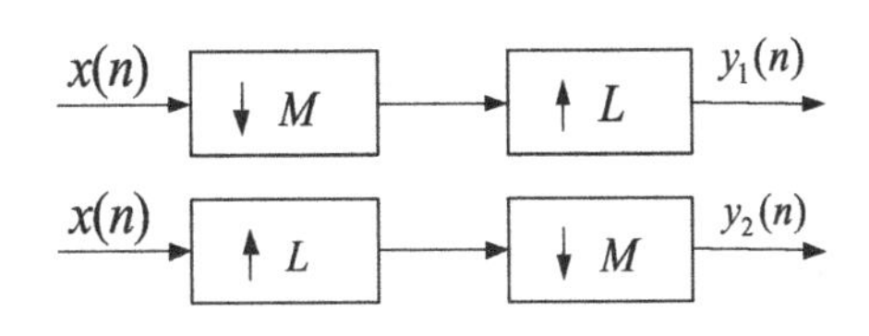

图 P7-2

7-7　已知序列 $x(n)$ 的幅频特性为

$$|X(\mathrm{e}^{\mathrm{j}\omega})| = \begin{cases} 1, & 0 < \omega < 0.3\pi \\ 0, & 0.35\pi < \omega < \pi \end{cases}$$

现欲对 $x(n)$ 进行 4/3 倍的采样频率转换，也即 $L = 4,\ M = 3$。试编制一段程序，分别画出 $x(n)$ 采样频率转换前后的波形图和幅频特性图。

7-8　已知线性相位 FIR 抗镜像滤波器的阶数为 7，试画出 3 倍插值系统的多相 FIR 高效结构。

7-9　设计一个按照有理因子 4/7 的采样频率转换系统，画出系统的原理框图，要求其中的 FIR 数字低通滤波器的通带最大衰减为 1dB，阻带最小衰减为 40dB，过渡带为 0.08π，求出滤波器的单位脉冲响应，并画出该采样频率转换系统的高效结构。

附录 A　MATLAB 中的滤波器设计工具

FDATool（Filter Design and Analysis Tool）是 MATLAB 环境下一个交互式可视化的滤波器设计分析工具，使用 FDATool 工具，用户可以设计出满足各种性能指标的 FIR 和 IIR 滤波器。SPTool（Singnal Processing Tool）是 MATLAB 信号处理工具箱中的一个集成环境，用户能方便、快捷地进行信号时域、频域分析，并将滤波器作用于选定的信号。这两个工具为工程中信号处理提供了很大方便。

A.1　FDATool 界面及窗口命令

在 MATLAB 命令窗口下执行“fdatool”命令，启动滤波器分析设计工具，用户界面如图 A.1 所示。

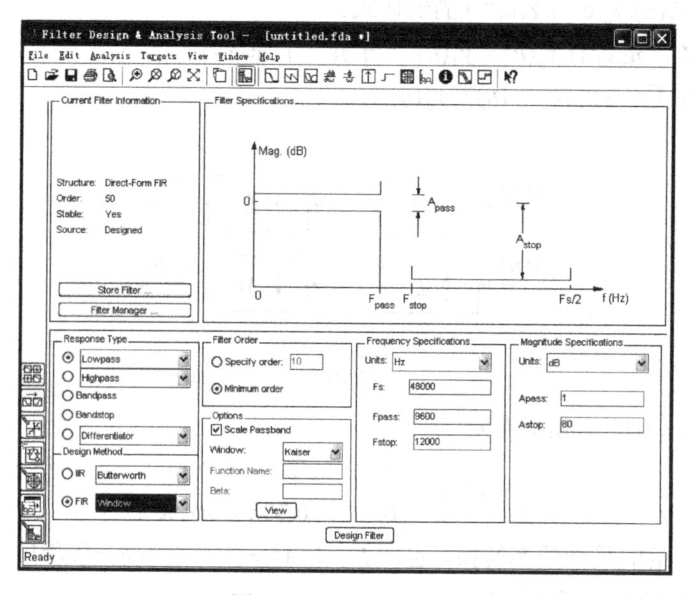

图 A.1　FDATool 界面

FDATool 界面分上下两个部分：上半部分显示有关滤波器信息，下半部分用来指定设计指标参数。

1. File 菜单

【File / Store Filter】将设计保存到滤波器管理器（Filter Manager）中，随时调用。

【File / Import Filter from Workspace】将工作空间中的滤波器系数导入到当前窗口。

【File / Import Filter from XILINX Coefficient (.COE) File】将 XILINX 滤波器系数文件导入到当前窗口。

【File / Export to Simulink Model】建立 Simulink 模型。

【File/ Export】导出或保存滤波器设计结果。把导出结果保存为 MATLAB 空间中的变量、文本文件或.mat 文件。

【File /Generate MATLAB code】生成 MATLAB 代码。

使用与 Session 有关的子菜单，可以把整个设计保存为一个.fat 文件，或调入一个已有的.fat 文件，继续进行设计。

2. Edit 菜单

【Edit/Convert】转换当前滤波器的实现结构。所有滤波器都能在直接型、转置型和格型等结构之间转换。

【Edit/Convert to Second-order Sections】实现滤波器级联结构与直接型结构之间的转换。

3. Analysis 菜单

进行滤波器设计规格及性能分析，以下子菜单与工具条上的按钮一一对应。

【Magnitude Response】幅度响应。

【Phase Response】相位响应。

【Magnitude and Phase Response】幅度和相位响应。

【Group Delay Response】群延迟。

【Phase Delay】相位延迟。

【Impulse Response】冲激响应。

【Step Response】阶跃响应。

【Pole/Zero Plot】零、极点图。

【Filter Coefficients】滤波器系数。

【Filter Information】滤波器阶数、结构等信息。

【Magnitude Response Estimate】幅度响应估值。

【Round -off Noise Power Spectrum】舍入噪声功率谱。

【Overlay Analysis】相位、幅度等重叠分析。

【Analysis Parameters】分析参数。

【Sampling Frequency】采样频率。

4. Targets 菜单

【Targets/ generate C header 】把滤波器系数保存为 C 语言格式的头文件。

【Targets/Code Composer Studio(tm) IDE】把滤波器系数直接传递到 TI CCS Studio 或 DSP 的内存中。

【Targets/XILINX Coefficient (.COE) File】生成滤波器的 XILINX 系数文件。

A.2 滤波器设计步骤

（1）在 Response Type 下选择设计滤波器的类型（频域类型）：低通、高通、带通、带阻、多带、任意频率响应、微分器、Hilbert 变换器等。

（2）在 Design Method 下首先选择 FIR 或 IIR 滤波器（时域类型），然后再选择具体的设计方法。FIR 和 IIR 滤波器都有多种不同的设计方法可供选择，如 IIR 滤波器设计有巴特沃斯、切比雪夫、椭圆滤波器等方法，FIR 滤波器有窗函数、等波纹逼近、最小均方等方法。

（3）在 Filter Order 下选择滤波器阶数：满足要求的最小滤波器阶数或指定滤波器阶数。

根据选择的滤波器类型和设计方法，Options 下会显示对应的可调节参数。例如，选择 FIR 窗函数法设计时，在 Options 面板中可选择不同的窗函数及其参数，单击 View 按钮可以查看所选窗函数的时域和频域特性。

在 Filter Specifications 中，图形直观显示出与以上选定的滤波器类型、设计方法和阶数相应的设计指标及其含义。不同的滤波器类型和设计方法需要不同的设计参数，这些参数设置栏会自动显示在 Frequency Specifications 和 Magnitude Specifications 中。

（4）在 Frequency Specifications 下设置频率单位（归一化频率单位或 Hz）、采样频率 Fs、通带截止频率 Fpass、阻带截止频率 Fstop 等；在 Magnitude Specifications 下设置幅度单位（dB 或线性）通带最大衰减 Apass、阻带最小衰减 Astop 等参数。

（5）指定所有设计指标后，单击 FDATool 最下面的 Design Filter 按钮即可完成滤波器设计。这时，在 FDATool 界面上取代 Filter Specifications 的是 Magnitude Response，显示设计滤波器的幅度特性。

（6）用 FDATool 界面左下侧竖向工具栏内【Set quantization parameters】按钮完成滤波器量化分析。

在 MATLAB 环境下，运行在 PC 上的滤波器具有双精度格式（滤波器系数为 64 位双精度浮点制），可认为没有量化误差，但实际工程中可能需要对滤波器进行定点或浮点量化。对设计的低通滤波器进行 8 位定点（Fixed-point）量化后的低通滤波器幅度特性如图 A.2 所示。图中实线部分为量化后的曲线，虚线部分为量化前的曲线。可见，系数量化后的量化滤波器与系数未量化的参考滤波器在通带差别不大，但在阻带内有较大差别。

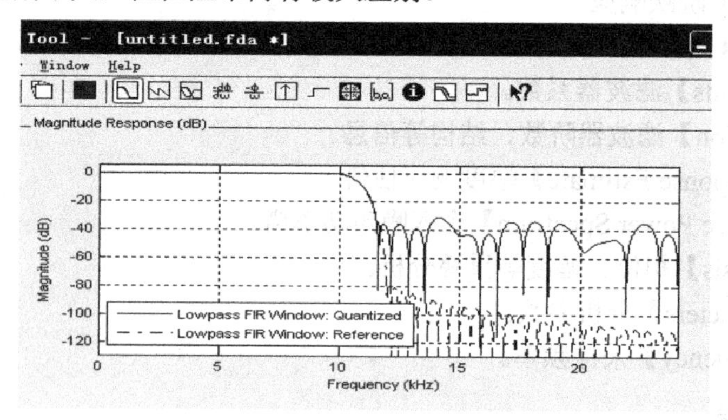

图 A.2　量化设计滤波器幅度特性

A.3　SPTool 界面及信号滤波

在 MATLAB 命令窗口下执行“SPTool”命令，打开 SPTool 窗口，用户界面如图 A.3 所示。共有【Signals】、【Filters】、【Spectra】三个栏目，每个栏目都存入系统原来已保存的信号、滤波器和频谱名称。

下面通过举例说明用 FDATool 设计一个滤波器以及通过 SPTool 工具，将滤波器作用于信号的过程。

（1）在 MATLAB 命令窗口产生信号。

```
clc;
F=100;
t=0:1/F:2;
x1=2*sin(2*pi*10*t);
x2=sin(5*pi*10*t);
xn=x1+x2+0.5*rand(size(t));
```

（2）导入信号。

在 SPTool 文件菜单中选择【Import】，将信号 xn 导入到 SPTool 程序中，确定采样频率 100 和信号文件名 sig3，如图 A.4 所示。

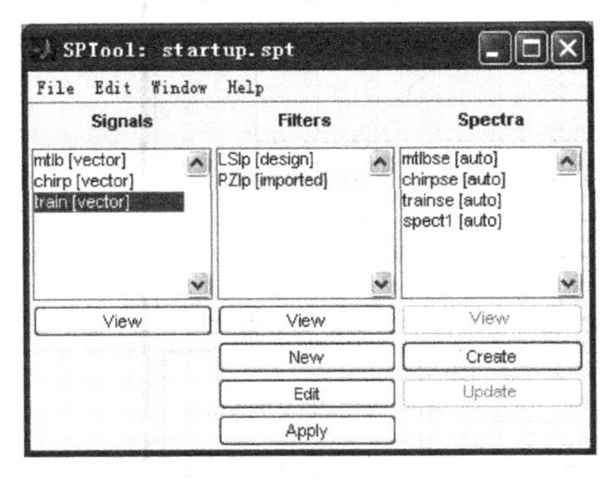

图 A.3　SPTool 界面

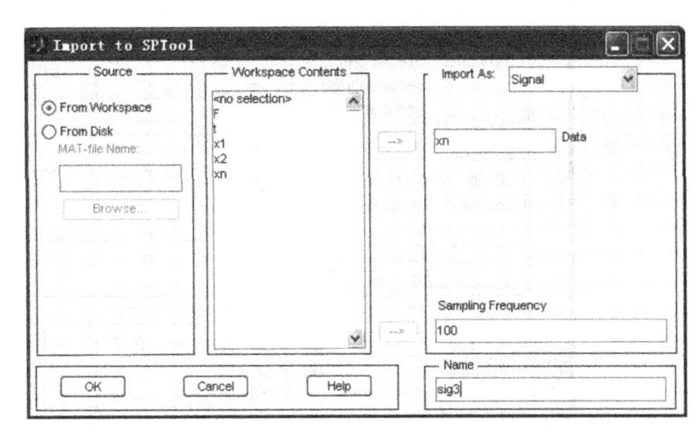

图 A.4　信号导入

（3）观察信号。

单击 SPTool【Signals】栏目下方【View】按钮，进入【Signals Browser】视窗，观察信号 sig3 的时域波形，如图 A.5 所示。选定 sig3，在【Spectra】栏下单击【Create】，出现频谱观测界面，选定频谱计算方法和点数，然后单击【Apply】，出现信号频谱曲线如图 A.6 所示。信号 xn 是包含 10Hz 和 25Hz 频率成分的带噪信号。

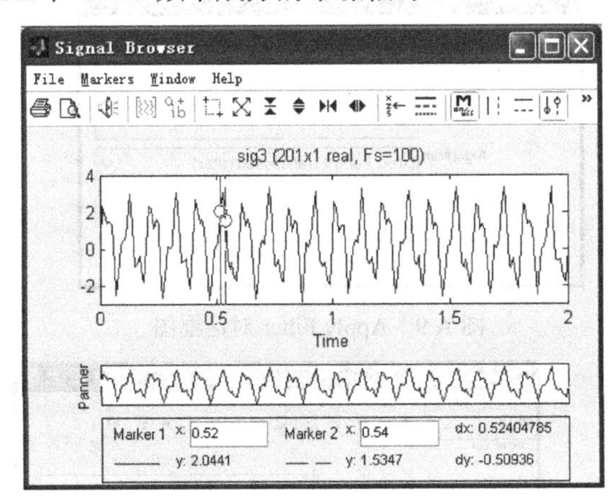

图 A.5　导入信号时域波形

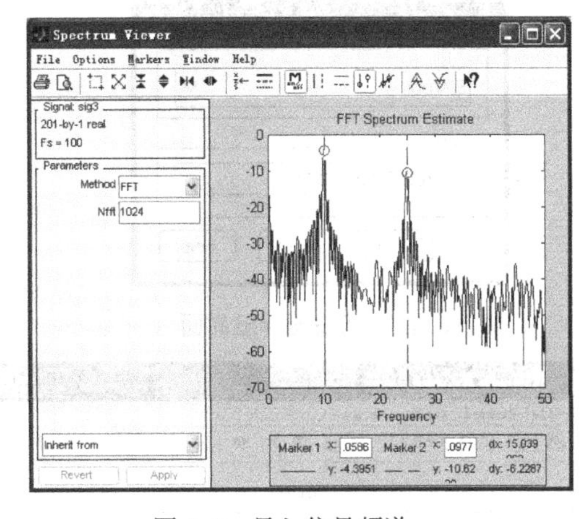

图 A.6　导入信号频谱

（4）用 FDATool 设计一个带通滤波器。

选择设计滤波器类型：Bandpass__IIR__Butterworth。

选择设计滤波器参数：阶数_10，采样率 Fs=100Hz，上限截止频率 Fc1=15Hz，下限截止频率 Fc2=35Hz。

依据以上选择设计的滤波器如图 A.7 所示。

（5）从 FDATool 导出滤波器。

在文件菜单中选择【export】，将滤波器导出到 SPTool【Filters】栏目中，命名为 filter2，如图 A.8 所示。

（6）将滤波器作用于信号，观察信号通过滤波器的效果。

选定 sig3 和 filter2，单击【Filters】栏目下方【Apply】按钮，出现对话框图 A.9，单击【OK】完成信号滤波。滤波后的信号 sig4 时域波形和频谱如图 A.10、图 A.11 所示。可以看到 10 Hz 信号明显被削弱。

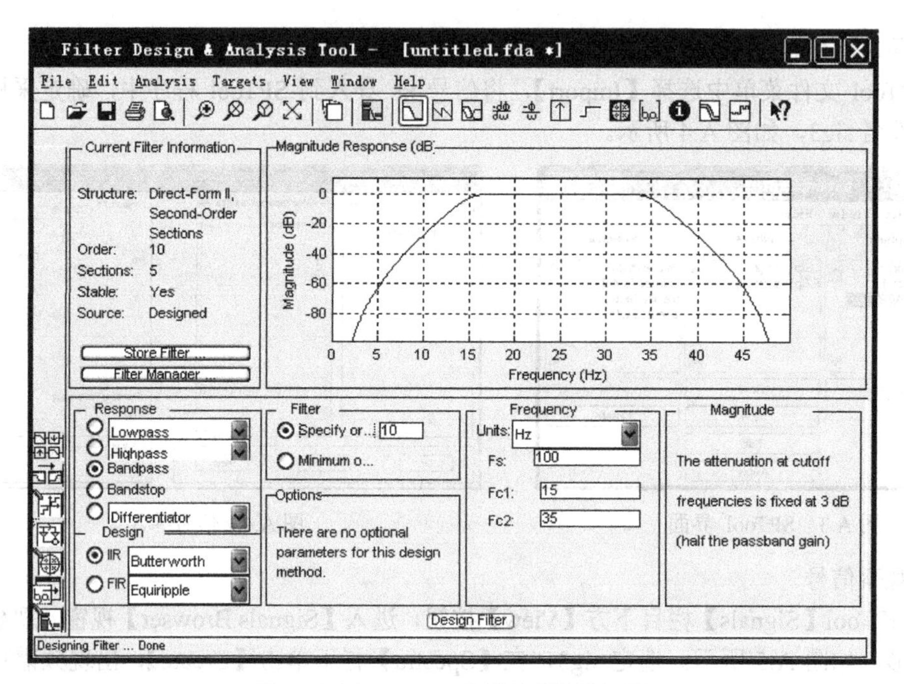

图 A.7　用 FDATool 设计的带通滤波器

图 A.8　滤波器导出界面

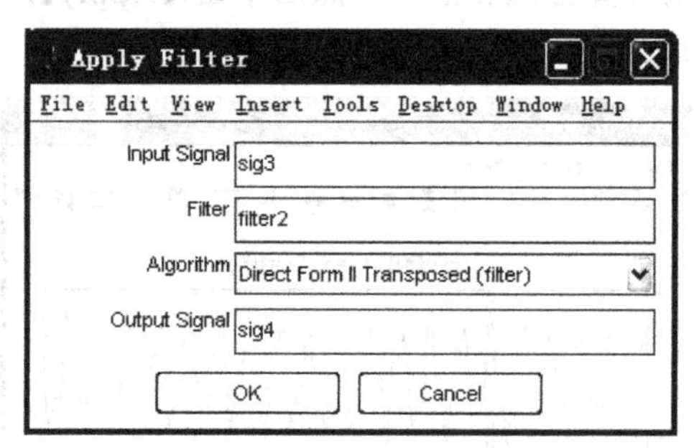

图 A.9　Apply Filter 对话框图

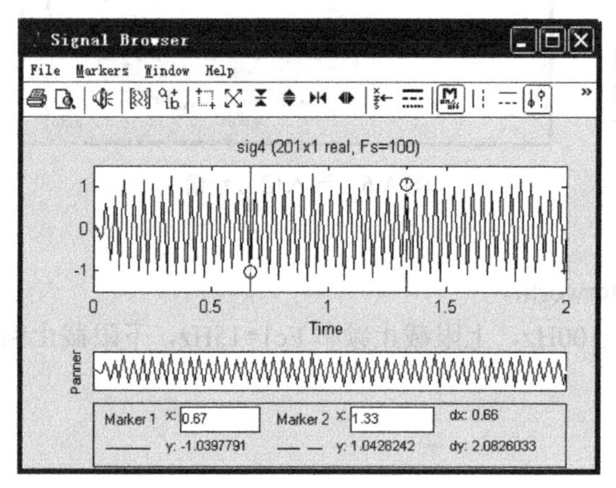

图 A.10　滤波信号时域波形

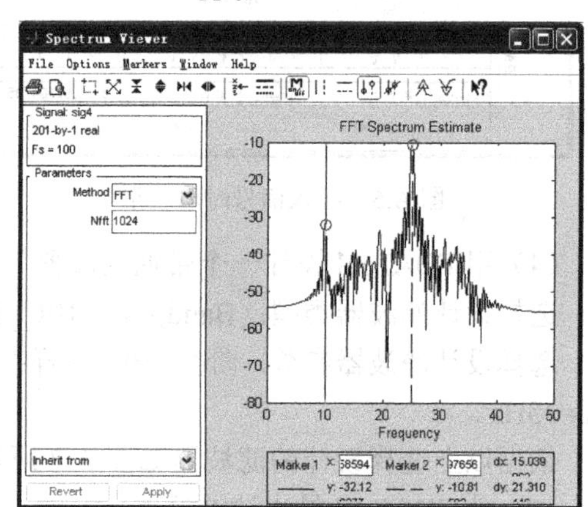

图 A.11　滤波信号频谱

参 考 文 献

[1] Oppenheim A V，Schafer R W. 离散时间信号处理[M]. 3 版. 黄建国，刘树堂，张国梅，译. 北京：电子工业出版社，2015.

[2] Mitra S K. 数字信号处理——基于计算机的方法[M]. 4 版. 余翔宇，译. 北京：电子工业出版社，2020

[3] McCleean J H，Schafer R W，Yoder M A. 信号处理引论[M]. 周利清，等译. 北京：电子工业出版社，2005

[4] 胡广书. 数字信号处理导论[M]. 2 版. 北京：清华大学出版社，2003

[5] 郑南宁，程洪. 数字信号处理[M]. 北京：清华大学出版社，2007

[6] Joyce van de vegte. 数字信号处理基础[M]. 侯正信，王安国，译. 北京：电子工业出版社，2006

[7] 高西全，丁玉美，阔永红. 数字信号处理——原理、实现及应用[M]. 3 版. 北京：电子工业出版社，2016

[8] 杨行竣，迟惠生. 语音信号数字处理[M]. 北京：电子工业出版社，1995

[9] 马新民. 概率论与数理统计[M]. 2 版. 北京：机械工业出版社，2017

[10] 张强. 随机信号分析的工程应用[M]. 北京：国防工业出版社，2009

[11] 陈怀琛. 数字信号处理教程——MATLAB 释义与实现[M]. 2 版. 北京：电子工业出版社，2008

[12] 孙明. 数字信号处理[M]. 北京：清华大学出版社，2018

[13] 胡念英. 数字信号处理[M]. 北京：清华大学出版社，2016

[14] 王艳芬，王刚，张晓光，等. 数字信号处理原理及实现[M]. 3 版. 北京：清华大学出版社，2017

[15] 程佩青. 数字信号处理教程[M]. 5 版. 北京：清华大学出版社，2018

[16] Mitra S K. Digital Signal Processing A Computer-Based Approach[M]. 3rd ed. 北京：清华大学出版社，2006

[17] 张群，罗迎. 雷达目标微多普勒效应[M]. 北京：国防工业出版社，2013

[18] 陈树新，尹玉富，石磊. 通信原理[M]. 北京：清华大学出版社，2020

[19] 李永忠. 现代通信原理与技术[M]. 北京：国防工业出版社，2010

[20] 章毓晋. 图像工程上册:图像处理[M]. 4 版. 北京：清华大学出版社，2018

[21] Oppenheim A V，Willsky S and Nawab S H. 信号与系统[M]. 2 版. 刘树棠，译. 北京：电子工业出版社，2020

[22] 胡广书. 现代信号处理教程[M]. 2 版. 北京：清华大学出版社，2021

[23] 杨毅明. 数字信号处理[M]. 2 版. 北京：机械工业出版社，2017

[24] Thomas F，Quatieri，T F. 离散时间语音信号处理——原理与应用[M]. 赵胜辉、刘家康，谢湘，等译. 北京：电子工业出版社，2004

[25] 许可，万建伟. 数字信号处理[M]. 北京：清华大学出版社，2020

[26] 刘波，文忠，曾涯，等. MATLAB 信号处理[M]. 北京：电子工业出版社，2006